“十四五”普通高等教育力学基础课程系列教材

# 简 明 理 论 力 学

赵慧明　杨卫明　李福林◎主编

中国铁道出版社有限公司
CHINA RAILWAY PUBLISHING HOUSE CO., LTD.

## 内 容 简 介

本书根据编者多年教学经验，结合教学实践和工程实际需要而编写。本书内容包括：静力学的基本公理、物体的受力分析、平面汇交力系、平面力偶系、平面任意力系、摩擦问题、空间任意力系；运动学的点的运动学、刚体的基本运动、点的合成运动、刚体的平面运动；动力学的基本定律、点的运动微分方程、动量定理、动量矩定理、动能定理、达朗贝尔原理、虚位移原理，囊括了理论力学体系的基本内容，可以满足大多数高等学校"理论力学"课程的教学要求。

本书内容全面、叙述简明，适合作为普通高等学校各工科专业40~64学时"理论力学"课程的教材，也可作为硕士研究生入学考试"理论力学""工程力学"等课程的参考书，还可供工程技术人员参考使用。

**图书在版编目(CIP)数据**

简明理论力学 / 赵慧明，杨卫明，李福林主编.
北京：中国铁道出版社有限公司，2025. 6.
("十四五"普通高等教育力学基础课程系列教材).
ISBN 978-7-113-32238-0

Ⅰ. O31

中国国家版本馆CIP数据核字第2025HW3806号

**书　　名**：简明理论力学
**作　　者**：赵慧明　杨卫明　李福林

**策　　划**：曾露平　　**编辑部电话**：(010)63551926
**责任编辑**：曾露平　徐盼欣
**封面设计**：高博越
**责任校对**：苗　丹
**责任印制**：赵星辰

**出版发行**：中国铁道出版社有限公司(100054，北京市西城区右安门西街8号)
**网　　址**：https://www.tdpress.com/51eds
**印　　刷**：河北燕山印务有限公司
**版　　次**：2025年6月第1版　2025年6月第1次印刷
**开　　本**：787 mm×1 092 mm 1/16　**印张**：20.5　**字数**：511千
**书　　号**：ISBN 978-7-113-32238-0
**定　　价**：55.00元

“十四五”普通高等教育力学基础课程系列教材

# 编审委员会

# 前　　言

“理论力学”是普通高等学校工科专业重要的专业技术基础课，是后续各门力学课程的基础。但是，现在这门课程在大学里的学时却日趋减少，如何让学生在有限的学时内理解清楚概念，掌握解决实际问题的思想和方法，成为一个迫切需要解决的问题。编者根据多年的教学经验，结合教学实践和工程实际需要，对理论力学课程的学习内容进行合理的规划和简化，希望能够解决少学时理论力学教学中的问题。

本书有如下几个特点：

1. 内容简明化

本书内容简明，但自成逻辑闭环，便于教学和学习；提供丰富的参考目录，供学有余力的学生拓展学习。总体上做到“好用”：教师易教，学生易学。

2. 思路清晰化

每章开始通过文字介绍本章主要内容，及其与前面章节的关系，起到承前启后的作用；重要内容开始前，先介绍推导思路，便于教师教和学生学；对于重要概念和定理，使用蓝色字体，重点内容辅以加粗显示。

3. 思考题趣味化

每章思考题多多益善，不少思考题源于魔术，可以增强学生学习的积极性，提高学生学习的参与度，也可以用来组织课堂研讨活动。

4. 习题实践化

课后的习题丰富，尽量做到有实践来源，突出行业背景。编者根据教学和科研实践，对习题进行编辑，明确习题的工程来源。

5. 思政融入无声化

本书编写时注意融入思政元素，如在章节开始部分融入大国工程和科学史，定理概念的引出部分融入科学家和科学精神，例题、习题的题干部分融入工程背景等等，在“润物细无声”中引导学生爱党爱国，创新实干，为实现中国梦贡献自己的力量。

本书内容包括：静力学的基本公理、物体的受力分析、平面汇交力系、平面力偶系、平面任意力系、摩擦问题、空间任意力系；运动学的点的运动学、刚体的基本运动、点的合成运动、刚体的平面运动；动力学的基本定律、点的运动微分方程、动量定理、动量矩定理、动能定理、达朗贝尔原理、虚位移原理，囊括了理论力学体系的基本内容，可以满足大多数学校理论力学课程的教学要求。

本书由中国矿业大学、安徽理工大学、山东科技大学和河南理工大学一线教师联合编写，中国矿业大学赵慧明、杨卫明、李福林任主编，中国矿业大学赵玉成，安徽理工大学崔智丽、考四明、刘文震、冯或雷，山东科技大学陈俊国、李龙飞、马静敏、冯元慧，河南理工大学蔺海晓、曹正正、王文贞参与编写。具体编写分工如下：绪论由赵玉成编写，第1~4章由崔智丽、考四明、刘文震、冯或雷编写，第5章由李福林编写，第6~9章由陈俊国、李龙飞、马静敏、冯元慧编写,第 10~12 章由蔺海晓、曹正正、王文贞编写,第 13~15 章由杨卫明、赵玉成、赵慧明编写。全书由赵玉成、李福林、赵慧明统稿,赵慧明定稿。

本书的编写得到了中国矿业大学力学学科建设专项和“孙越崎力学拔尖学生培养基地建设”的支持,在此表示感谢!

因编写时间仓促,书中存在疏漏及不妥之处在所难免,恳请广大读者批评指正!

编　者

2024 年 12 月

# 目　　录

## 第三编 动 力 学

# 绪　论

理论力学是研究机械运动一般规律的课程。所谓机械运动，是指物体在空间的位置和形状随时间的变化。“理论力学”课程是力学系列课程的第一门，它不仅是其他各门力学学科的基础，也是各门与机械运动密切相关的工程技术学科的基础。

理论力学研究的内容是以牛顿基本定律为基础的，属于经典力学的范畴，它不适用于速度接近光速的宏观物体的运动，也不适用于微观粒子的运动。但是，在一般的过程问题中，物体都是宏观的，且其运动速度远远小于光速，应用经典力学理论研究这些物体的运动是足够精确的。深入掌握理论力学的基本概念、基本理论及基本方法对提高未来科技人员的素质是十分重要的。

理论力学和现代工程技术有着极为广泛的联系，无论“两弹一星”还是“嫦娥登月”，无论高铁还是航母，都离不开理论力学知识支撑。现代生产的日益发展和科学技术的日益进步对力学提出了更多、更高的要求，力学的内容已渗透到其他学科领域。因此，理论力学不仅是一门基础科学，也是现代工程技术的重要理论基础之一。

理论力学属于自然科学范畴，其研究方法也必须满足自然科学研究通常做法：首先从实践出发，经过抽象化、综合、归纳，建立公理，再应用数学演绎和逻辑推理而得到定理和结论，形成理论体系，然后再通过实验实践来证实理论的正确性。理论力学的分析和研究方法在科学领域中有一定的典型性，有助于培养学生分析问题和解决问题的能力，使学生在整个学习过程中，逐步形成科学的逻辑思维和对实际问题的抽象、简化和正确地进行理论分析的能力。

理论力学是一门演绎性较强的课程，对训练逻辑思维颇有好处。学习理论力学时应该善于联系实际、多进行分析，特别是定性分析；同时，习题变化多样，亦便于培养学生灵活运用知识的能力。

根据循序渐进的认识规律及科学体系，本书将理论力学的内容划分为静力学、运动学及动力学三部分：静力学研究物体在力系作用下的平衡问题；运动学是从几何观点研究点和刚体的运动；动力学研究作用于物体上的力与物体的运动之间的关系。

# 第一编　静　力　学

静力学研究物体机械运动的特殊情况,即物体的平衡问题。所谓物体的平衡,是指物体相对于周围物体保持静止或匀速直线运动的状态。要使物体保持平衡状态,作用于物体上的一群力(力系)要满足一定的条件,这条件称为力系的平衡条件。若作用于物体上的力系使物体保持平衡,则该力系称为平衡力系。研究物体的平衡问题,就是研究物体在各种力系作用下的平衡条件,并应用这些平衡条件解决工程技术问题。为了便于研究各种力系对于物体作用的总效应和力系的平衡条件,需要将复杂力系进行简化,使其变换为另一个与其作用效应相同的简单力系,这两个力系互为等效力系,这种等效简化力系的方法称为力系的简化。所以,在静力学中将要解决如下两个基本问题:①力系的简化;②力系的平衡条件及其应用。

静力学理论是从生产实践中总结出来的,是对机械零件和结构构件进行受力分析和计算的基础,在工程技术中有着广泛的应用。例如,当设计土建或机械工程时,首先就要分析和计算各构件或零部件所受的力;然后根据它们的受力情况和选用的材料,确定所需的截面尺寸,以满足安全和经济的要求。

下面介绍两个重要的概念。

### 1. 刚体

理论力学的主要研究对象是刚体,所谓刚体是指在外界的任何作用下形状和大小都始终保持不变的物体,或者在力的作用下,任意两点间的距离保持不变的物体。刚体是一种理想的力学模型,一个物体能否视为刚体,不仅取决于变形的大小,而且和问题本身的要求有关。实际上,物体在力的作用下都会产生不同程度的变形,称之为内效应或变形效应,但是当这些微小变形对研究的问题不起主要作用时,可以忽略不计。当问题的方向转为研究物体的变形时,则无论其变形如何小,均应视为变形体。

理论力学主要研究物体的宏观运动状态变化,即外效应或运动效应,所以刚体这个理想化的模型将作为主要力学模型出现在静力学、运动学和动力学中。

### 2. 力

力是物体之间相互的机械作用,这种作用的效果是使物体的运动状态发生变化,同时使物体的形状发生改变。

决定力的作用效果三要素包括大小、方向、作用点。其中力的大小,表示物体间相互机械作用的强弱程度,可以用弹簧秤或测力计来测定,力的单位用牛顿(N)或千牛顿(kN)。力的方向表示力的作用线在空间的方位和指向。力的作用点表示力的作用位置,实际上力作用的位置并不是一个点,而是物体的一部分面积或体积,当作用面积或体积很小时,人为地将其抽象或简化为点,作用于该点的力称为集中力,过力作用点的方位线称为力的作用线。当力的作用范围不能抽象化为点则为分布力,这种分布力在理论力学中可以用与之等效的集中力来替换。

综上，根据力的三要素可以将力用一个矢量表示，且是一个定位矢量。如图 0-1 所示，线段的长度按一定的比例尺表示力的大小；线段的方位和箭头指向表示力的方向；线段的起点（或终点）表示力的作用点，与线段重合的直线表示力的作用线。本书中采用黑体字母 **F** 表示力的矢量，用普通字母 $F$ 表示力的大小。

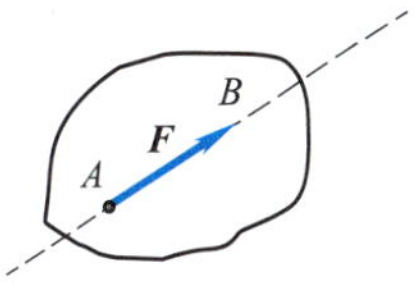

图 0-1

# 第 1 章　静力学的基本公理与物体的受力分析

本章将介绍静力学理论基础的几个公理、常见工程约束类型及其约束力,以及对物体进行受力分析的方法。

## §1-1　静力学公理

公理是人们在生活和生产实践中长期积累的经验总结,又经过实践反复检验,被确认是符合客观实际的最普遍、最一般的规律。静力学公理是静力学中已被实践反复证实并被认为无须再证明的真理。它们是研究静力学的理论基础。

**公理 1　二力平衡公理**

作用于刚体上的两个力平衡的必要和充分条件是:这两个力大小相等、方向相反且作用于同一直线上(简称为等值、反向、共线)。

例如,图 1-1 中,若物体在力 $\boldsymbol{F}_A$ 及 $\boldsymbol{F}_B$ 的作用下保持平衡,则此两力必须等值、反向,且沿着其作用点 $A$、$B$ 的连线。受两力作用而平衡的构件或直杆分别称为二力构件[见图 1-1(a)]或二力杆[见图 1-1(b)]。

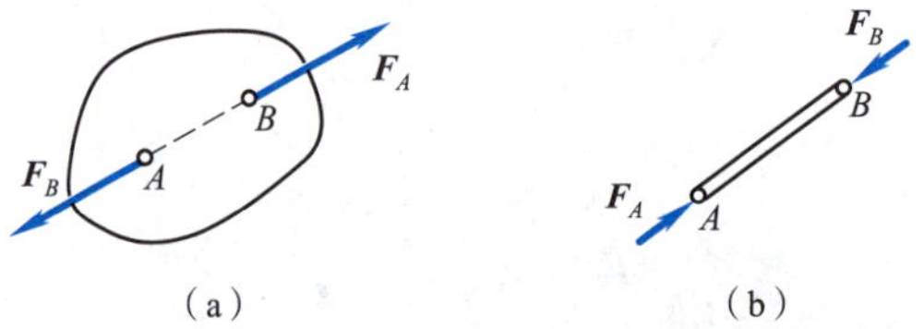


图　1-1

这个公理所指出的条件,对于刚体是必要和充分的,但对于变形体是不充分的。例如,软绳的两端如果受的是大小相等、方向相反的拉力可以平衡,如果是压力则不能平衡。

**公理 2　加减平衡力系公理**

在作用于刚体的任意力系上加上或减去任何平衡力系,并不改变原力系对刚体的作用效应。

该公理是力系简化的理论依据。它表明,彼此相差平衡力系的两个力系是等效力系,显然,此公理仅适用于刚体。

应用公理 1 和公理 2 可以得出一个重要推论。

**推论 1　力的可传性原理**

作用于刚体上的力可沿其作用线移至刚体内任意一点,并不改变它对于刚体的作用效应。

**证明**　设力 $\boldsymbol{F}$ 作用于刚体的 $A$ 点(见图 1-2)。在力 $\boldsymbol{F}$ 的作用线上任取一点 $B$,加上两个等值、反向、共线的力 $\boldsymbol{F}_1$ 和 $\boldsymbol{F}_2$,并使 $\boldsymbol{F}_1=-\boldsymbol{F}_2=\boldsymbol{F}$[见图 1-2(b)]。由公理 2 知,这并不影响原

力 $\boldsymbol{F}$ 对刚体作用的效应,即力系($\boldsymbol{F}$,$\boldsymbol{F}_1$,$\boldsymbol{F}_2$)与原力 $\boldsymbol{F}$ 等效,再在该力系中去掉平衡力系($\boldsymbol{F}$,$\boldsymbol{F}_2$),则剩下的力 $\boldsymbol{F}_1$ 与原力 $\boldsymbol{F}$ 等效。这样,就把原来作用在 $A$ 点的力 $\boldsymbol{F}$ 沿作用线移动到 $B$ 点,而作用效应不变。

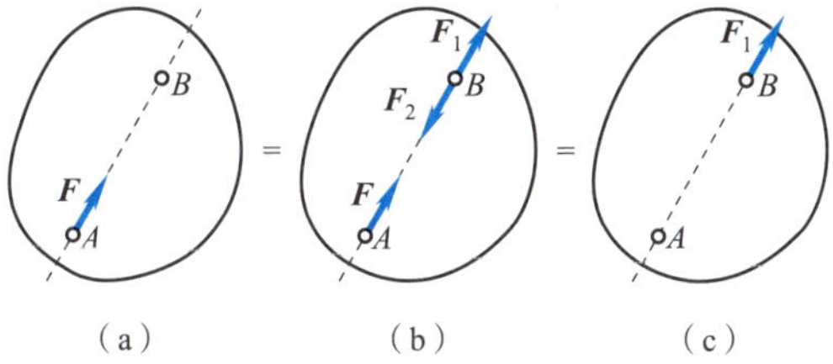

图　1-2

根据力的可传性,力在刚体上的作用点可以用它的作用线所代替,所以作用于刚体上力的三要素又可表述为:力的大小、方向和作用线。因此,作用于刚体上的力矢是滑移矢量。

**公理 3　力的平行四边形法则**

作用于物体上同一点的两个力,可以合成为一个合力。合力的作用点也在该点,合力的大小和方向由这两个力为边构成的平行四边形的对角线确定。或者说,合力矢等于这两个力矢的矢量和,即

$$\boldsymbol{F}_R=\boldsymbol{F}_1+\boldsymbol{F}_2$$

事实上,当已知作用在同一点 $A$ 的两个力 $\boldsymbol{F}_1$ 和 $\boldsymbol{F}_2$,欲求其合力 $\boldsymbol{F}_R$,并不一定要按图 1-3(a)作出平行四边形,可以作出三角形图 1-3(b)或图 1-3(c)就可以求出其合力。这种求合力的方法称为力的三角形法则。

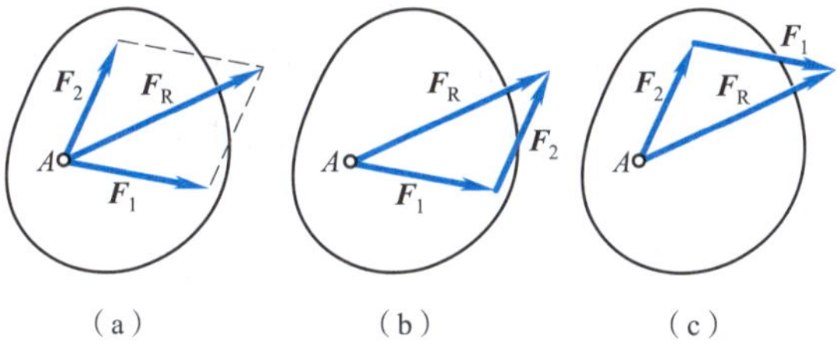

图　1-3

应用前面的公理和推论 1 可以得到推论 2。

**推论 2　三力平衡汇交定理**

仅受三个力作用的刚体处于平衡状态,若其中两个力的作用线相交于一点,则此三力必处于同一平面,且它们的作用线必汇交于一点。

**证明**　设图 1-4(a)所示的刚体在 $\boldsymbol{F}_1$、$\boldsymbol{F}_2$ 和 $\boldsymbol{F}_3$ 三个力作用下处于平衡状态,且这三个力中,$\boldsymbol{F}_1$ 和 $\boldsymbol{F}_2$ 的作用线交于 $O$ 点。根据力的可传性原理可将 $\boldsymbol{F}_1$ 和 $\boldsymbol{F}_2$ 分别沿它们的作用线移到 $O$ 点,并应用平行四边形法则求出 $\boldsymbol{F}_1$ 和 $\boldsymbol{F}_2$ 的合力 $\boldsymbol{F}_{12}$,如图 1-4(b)所示。因为 $\boldsymbol{F}_{12}$ 与 $\boldsymbol{F}_1$、$\boldsymbol{F}_2$ 等效,所以刚体在 $\boldsymbol{F}_3$ 和 $\boldsymbol{F}_{12}$ 作用下同样保持平衡。根据二力平衡公理可知,$\boldsymbol{F}_3$ 与 $\boldsymbol{F}_{12}$ 共线,因此 $\boldsymbol{F}_3$ 的作用线也必过 $O$ 点。又由于 $\boldsymbol{F}_{12}$ 与 $\boldsymbol{F}_1$、$\boldsymbol{F}_2$ 构成平行四边形关系,$\boldsymbol{F}_{12}$ 必与 $\boldsymbol{F}_1$、$\boldsymbol{F}_2$ 共面,于是可知与 $\boldsymbol{F}_{12}$ 共线的 $\boldsymbol{F}_3$ 必然也在力 $\boldsymbol{F}_1$、$\boldsymbol{F}_2$ 所在的平面里。

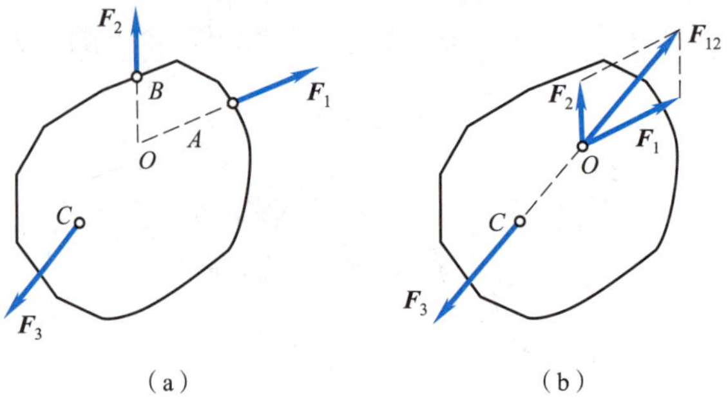


图 1-4

**公理 4　作用与反作用定律**

两物体间的相互作用力总是大小相等、方向相反、沿同一直线，分别作用在这两个物体上。

此公理概括了任何两物体间相互作用的关系，对于力学中的一切相互作用的现象都普遍适用。有作用力，必定有反作用力，两者总是同时存在，又同时消失。可见，力总是成对地出现在两相互作用的物体之间的。

应该注意，尽管作用力与反作用力等值、反向、共线，但它们并不互成平衡，更不能把这个公理与二力平衡公理混淆起来。因为作用力与反作用力不是作用在同一物体上，而是分别作用在两个相互作用的不同的物体上。

**公理 5　刚化公理**

变形体在某一力系作用下处于平衡，若将该变形体刚化为刚体，则平衡状态保持不变。

此公理表明，若已知力系能保证变形体平衡，则该变形体刚化为刚体后，该力系仍能保证其平衡。对已知处于平衡状态的变形体，可以应用刚体静力学的平衡条件。但是，刚体静力学中得到的平衡条件，对于刚体而言是充分和必要的，而对变形体的平衡来说，却只是必要的而不一定是充分的，它还需要满足由变形体的物理性质所决定的其他附加条件。例如，对刚体来说，二力平衡的必要和充分条件是二力等值、反向、共线。而对一根重量略去不计的绳索来说，二力平衡条件只是必要条件，而不是充分条件，还需要一个附加条件，即此两力必须是拉力，而不是压力。

公理 5 建立了刚体静力学和变形体静力学间的关系，根据该公理可应用刚体的平衡理论研究工程实际经常遇到的刚体系统和变形体的平衡问题。

## §1-2　约束与约束力

按照物体在空间的运动是否受到限制，可把物体分为两类。一类物体的运动不受任何限制，在空间可以自由运动，称这类物体为自由体。例如，在空中飞行的飞机、炮弹，巷道顶板冒落的岩块等。另一类是工程实际中的大多数物体，它们的运动受到周围其他物体对它的限制，不能自由运动，称这类物体为非自由体。例如，放在桌面上的水杯，铅垂向下的运动受到桌面的限制；吊灯受到吊绳的限制，不能沿吊绳伸长方向运动等。

在静力学中，称限制非自由体运动的物体为该非自由体的约束。例如，上述例子中，桌面是水杯的约束，吊绳是吊灯的约束。约束作用在被约束物体上的力称为约束反力，简称约束力或反力。

约束的类型是各种各样的，其约束反力也各不相同，然而它们有一点是共同的，即约束反力的方向总是与约束所能阻止物体的运动或运动趋势的方向相反，其作用点就是约束与物体的接触点。这就是研究约束及其特性的理论依据。物体除受约束力作用外，必然还受到促使物体运动的力，如重力、电磁力等，这类力称为主动力。一般来说，主动力的大小和方向都是能确定的，而约束力的大小往往不能预先确定，需通过力学理论分析来确定。

正确确定约束力的方向是物体进行静力学分析的重要内容，下面介绍工程中常见的几种基本约束类型，并对其约束反力进行分析。

### 1. 柔性体约束

绳索、钢丝绳、胶带、链条等都是柔性体。由于柔性体只能限制物体沿着柔性体的中心线伸长方向的运动，所以柔性体的约束反力必定是沿柔性体的中心线背离被约束的物体，即柔性体只能承受拉力。例如，用钢丝绳吊起吊灯[见图 1-5(a)]。根据约束特性，钢丝绳只能承受拉力。因此，钢丝绳给吊灯的拉力为 $\boldsymbol{F}_{\mathrm{T}}$，作用线沿钢丝绳中心线方向，大小要根据平衡条件来确定[见图 1-5(b)]。又如，图 1-6 所示皮带轮传动系统，上下两段皮带分别作用在两轮上的拉力，即是皮带分别给两轮的约束力 $\boldsymbol{F}_{\mathrm{T1}}$、$\boldsymbol{F}_{\mathrm{T2}}$ 和 $\boldsymbol{F}'_{\mathrm{T1}}$、$\boldsymbol{F}'_{\mathrm{T2}}$。

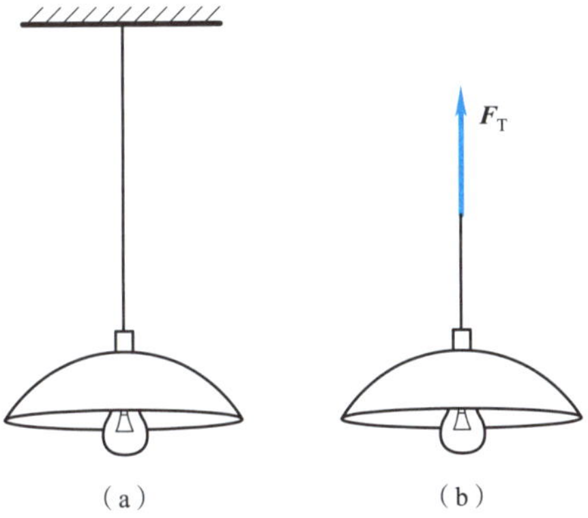


图 1-5

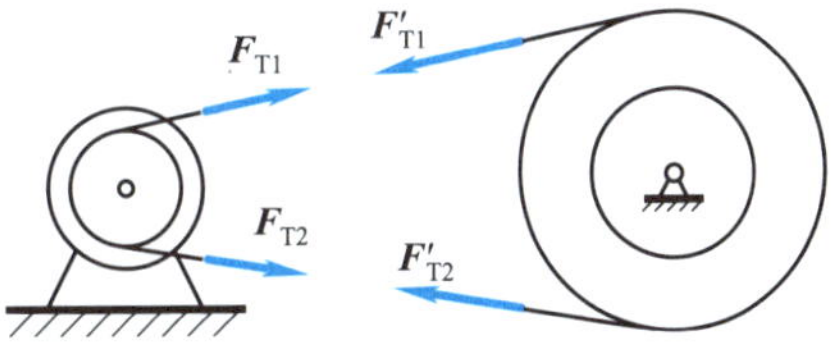


图 1-6

### 2. 光滑接触面约束

当两物体接触面上的摩擦力很小，可以略去不计时，即可认为光滑接触。这种约束只能限制物体沿接触面的公法线指向支承面的运动，而不能阻止物体沿接触处切面任何方向的运动，所以，光滑接触面的约束力作用在接触点，沿接触面在接触点处的公法线，指向被约束物体，使物体受压，如图 1-7 中的 $\boldsymbol{F}_{\mathrm{N}}$、$\boldsymbol{F}_{\mathrm{N}A}$、$\boldsymbol{F}_{\mathrm{N}B}$。

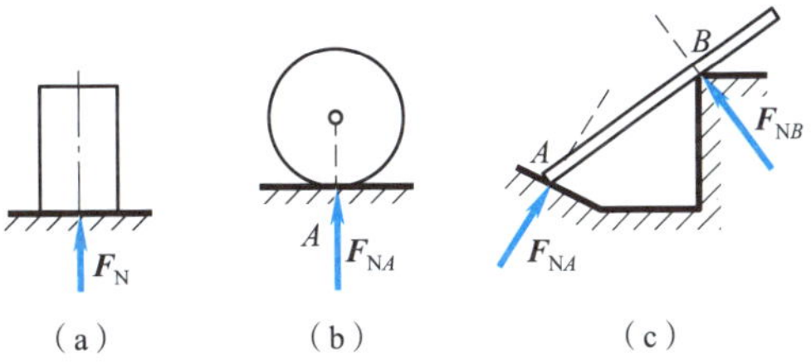


图 1-7

### 3. 光滑圆柱铰链约束

光滑圆柱铰链简称铰链,在工程结构和机械设备中常用于连接构件或零部件。铰链是由一个圆柱形销钉插入两个物体的圆孔中构成[见图 1-8(a)、(b)]。铰链的简图如图 1-8(c)所示。

若销钉与物体之间的接触是光滑的,则这种约束只能限制物体在垂直于销钉轴线的平面内作任意方向的运动,但不能限制物体绕销钉的转动和沿其轴线方向的滑动。被连接物体在此处只受到销钉的作用力,这个力就称为铰链约束力。由于销钉与圆孔之间是光滑接触,所以其约束力作用线必过圆孔中心[见图 1-8(d)],即铰链中心。但因销钉与圆孔接触点位置往往不能预先确定,所以不能预先确定约束力的方向,故光滑圆柱铰链的约束力,通常用过铰链中心,且垂直于销钉轴线的两个正交分力 $\boldsymbol{F}_x$、$\boldsymbol{F}_y$ 表示,如图 1-8(e)所示,其指向一般先假设为坐标轴正向,再根据计算结果判断其正确性。

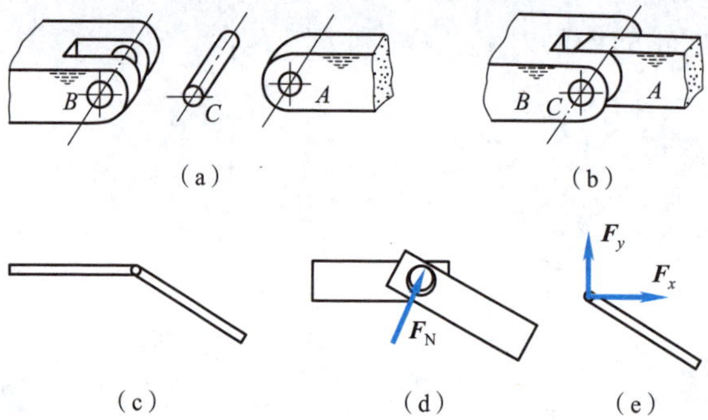


图 1-8

### 4. 固定铰支座

如果铰链所连接的物体中有一个物体固定不动,这时的铰链约束称为固定铰支座。其基本构造如图 1-9(a)所示,它的计算简图如图 1-9(b)所示,其约束力表示方法与铰链约束相同,用过铰链中心的两个正交分力 $\boldsymbol{F}_x$、$\boldsymbol{F}_y$ 表示,如图 1-9(c)所示。

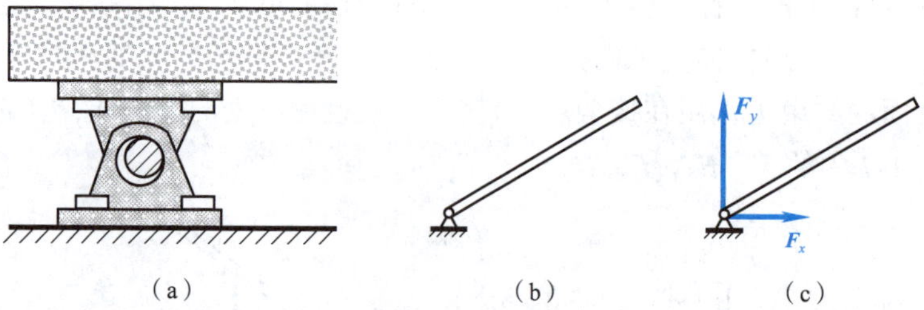


图 1-9

### 5. 活动铰支座(滚动铰支座或辊轴支座)

工程中另一种常见的支座是在固定铰支座的底部安装有辊轴,辊轴放在固定支承面上,如图 1-10(a)所示。这种支座约束允许支座沿固定支承面移动,即辊轴可以滚动,故称其为活动铰支座,或称为滚动铰支座,或称为辊轴支座,其计算简图可用图 1-10(b)、(c)、(d)中的任一种表示。这种支座在桥梁、屋架和其他工程结构上经常采用,以便当温度变化而引起桥梁跨度伸长或缩短时,允许两支座间的距离有微小的变化。这种支座只限制被支承的梁端沿支承面法线的移动,所以,活动铰支座的约束力过支座中心,垂直于支承面,如图 1-10(e)所示。

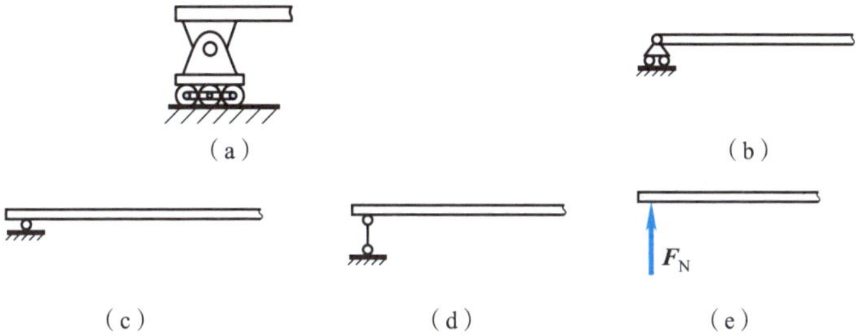


图　1-10

### 6. 链杆约束

链杆是指两端用光滑铰链与其他物体连接起来的杆件,并且不计该杆件的质量。显然,链杆只在其两端受两个力作用而处于平衡状态,符合二力平衡条件,因此链杆是二力构件。所以,无论是链杆受到的力,还是链杆给所连物体的约束力,其作用线必沿着链杆两端铰链中心的连线,方向待定。例如,图 1-11(a)所示托架,在不计重力的情况下,*AB* 杆可以视为链杆约束,约束反力沿 *AB* 连线方向,如图 1-11(b)所示。

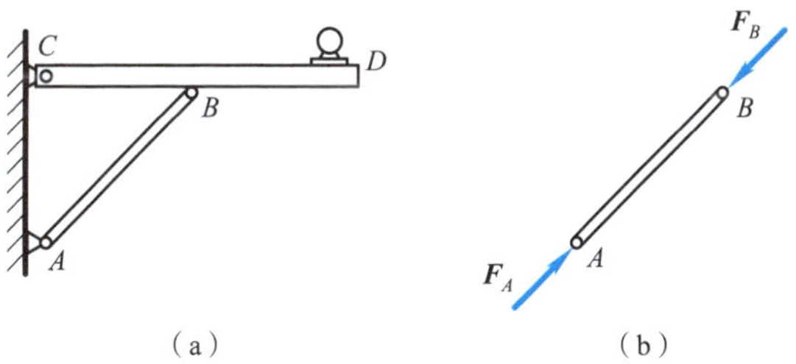


图　1-11

### 7. 球铰支座、径向轴承与止推轴承

在空间力系中经常遇到另外一种支座,物体的一端为光滑球体嵌入另一固定球窝之中,如图 1-12(a)所示,这种支座称为球铰支座,简称球铰。它允许物体绕球心自由转动,但不允许球体沿任何方向相对球窝移动。在不计摩擦的情况下,构成球铰链的两个物体之间是光滑球面接触,物体只能绕球心相对转动,因而约束反力必通过球心且垂直于球面(即沿半径方向)。

由于预先不能确定接触点的位置，故约束反力在空间的方位未能确定，球铰支座的约束力，通常用过球心的三个正交分力 $\boldsymbol{F}_x$、$\boldsymbol{F}_y$、$\boldsymbol{F}_z$ 表示，如图 1-12(b)所示。

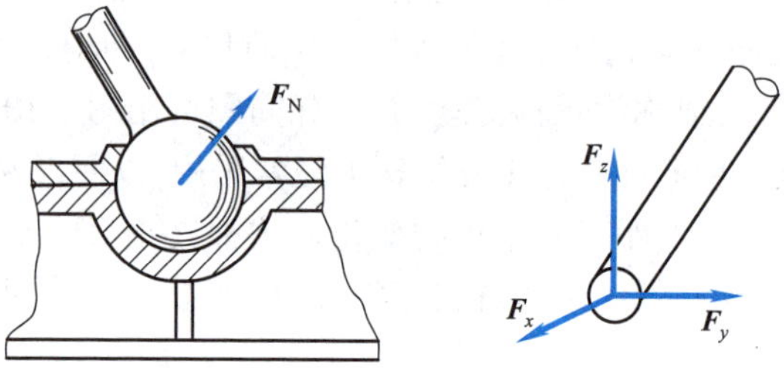

(a) (b)

图 1-12

在工程机械中常见到各种类型的轴承，其中最常见的是径向轴承或向心轴承，如图 1-13(a)所示。径向轴承是转轴的约束，它允许转轴转动，但不允许与转轴垂直方向的移动，其计算简图如图 1-13(b)所示。在不计摩擦的情况下，构成轴承的两个物体之间是光滑面接触，由于预先不能确定接触点的位置，故径向轴承的约束反力在空间的方位未能确定，通常用过轴心的一对正交分力 $\boldsymbol{F}_x$、$\boldsymbol{F}_y$ 表示，如图 1-13(c)所示。

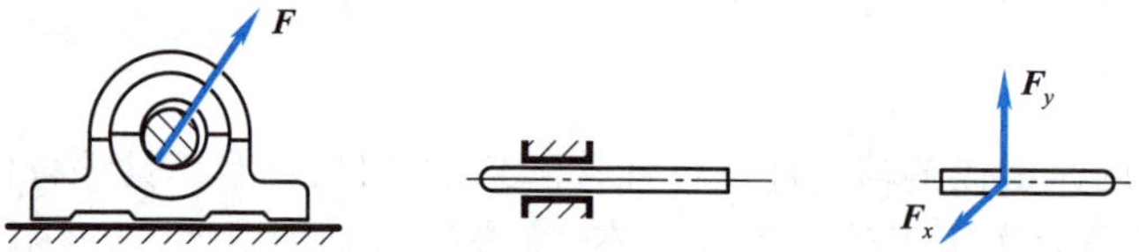

(a) (b) (c)

图 1-13

机械工程中还常见到另一种轴承，它不仅限制轴的径向移动，而且还限制轴沿轴线方向的移动，称该轴承为止推轴承，如图 1-14(a)所示。止推轴承的约束力，在空间问题中用三个正交分力——两个径向力 $\boldsymbol{F}_{Ax}$、$\boldsymbol{F}_{Ay}$ 和一个轴向力 $\boldsymbol{F}_{Az}$ 表示，如图 1-14(b)所示。

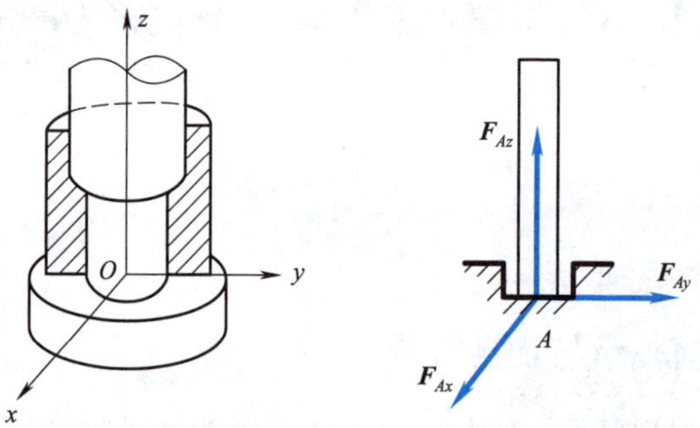

(a) (b)

图 1-14

以上只介绍了几种简单约束，在工程实际中，约束的类型远不止这些。应当指出，工程上有些约束并不一定都做成与上述的典型形式一模一样。要把工程的约束简化为基本类型的约束,需要对实际约束的构造及其性质进行具体仔细的分析,进行简化或抽象化,在以后的某些章节中将适当地加以介绍。

## §1-3　受力分析与受力图

当研究物体平衡或运动状态变化时,都必须先分析物体的受力情况。工程上分析物体的受力是解决各种力学问题的重要步骤。为了清晰地表示物体的受力情况,我们把需要研究的物体(研究对象)从周围的物体(约束)中分离出来,单独画出它的简图,这个步骤称为取研究对象或取分离体,然后把作用在研究对象的力(包括主动力和约束反力)全部画出来。这种表示物体受力的简明图形,称为受力图。画受力图时,需要注意以下几点:

(1)明确研究对象,即确定要画哪一个物体的受力图,并从与它相联系的其他物体中分离出来,解除全部约束,单独画出其简图。

(2)根据约束的类型及其约束特性,在分离体上正确画出约束反力,并将它所受到的主动力一并画出。每画一力都要有依据,不多不漏。如果取几个物体组成的系统为研究对象,则内力不必画出。

(3)不要画错力的方向(或方位),反力要和约束性质相符,物体间的相互约束力要符合作用与反作用公理,必要时使用二力平衡公理、三力平衡汇交定理确定约束力的方向(或方位)。

下面举例说明。

**【例 1-1】** 绞车通过钢丝绳牵引重为 $W$ 的矿车沿斜面轨道运动[见图 1-15(a)],矿车与斜面间的摩擦略去不计,画出矿车的受力图。

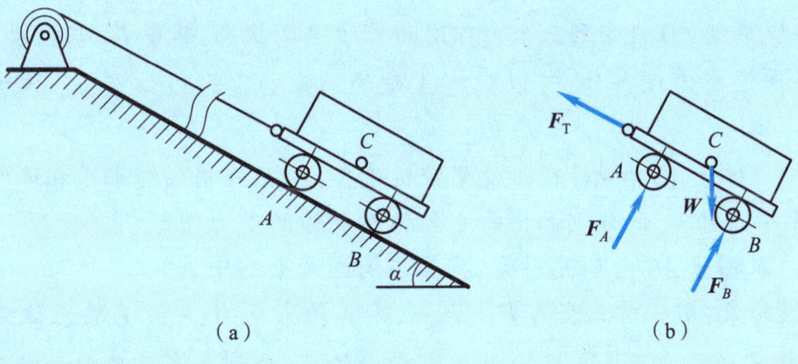


图 1-15

**【解】** (1)取矿车为研究对象,将矿车与周围的约束解除,画出简图。

(2)在矿车上画出主动力,矿车的重力 $W$,铅垂向下。

(3)矿车受钢丝绳的约束力 $F_T$,沿绳的中心线背离矿车;斜面钢轨为光滑接触面约束,其约束力 $F_A$、$F_B$,分别过车轮与轨道的接触点 $A$、$B$,沿轨面的法线方向指向矿车。受力图如图 1-15(b)所示。

**【例 1-2】** 如图 1-16(a)所示结构,画出杆 *BC* 和 *AD* 的受力图。

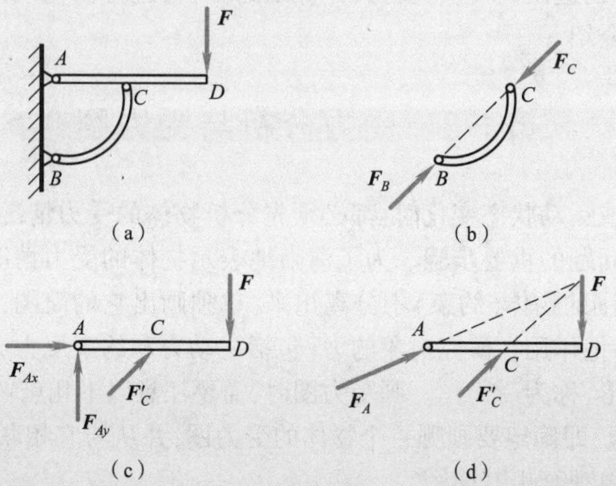


图 1-16

**【解】** (1)取 *BC* 杆为研究对象,把 *BC* 杆与周围的约束解除,画出简图。由于 *BC* 杆在 *B* 端和 *C* 端各受到一个力的作用,符合二力平衡条件,因此 *BC* 为二力构件,在 *B* 端和 *C* 端分别受 $\boldsymbol{F}_B$、$\boldsymbol{F}_C$ 作用,方向沿着 *BC* 连线方向,如图 1-16(b)所示。

(2)取 *AD* 杆为研究对象,把 *AD* 杆与周围的约束解除,画出简图。在 *D* 端受主动力 $\boldsymbol{F}$ 作用。*C* 处受到 *BC* 杆的 *C* 端给 *AD* 杆的约束力,其与 *AD* 杆给 *BC* 杆的 *C* 端力满足作用和反作用关系,可用 $\boldsymbol{F}'_C$ 表示,方向与 $\boldsymbol{F}_C$ 受力方向相反。*A* 端为固定铰支座约束,约束反力可用一对正交力 $\boldsymbol{F}_{Ax}$、$\boldsymbol{F}_{Ay}$ 表示,如图 1-16(c)所示。

另外,可以观察到 *AD* 杆受到三个力作用而处于平衡状态,其中 $\boldsymbol{F}'_C$ 与主动力 $\boldsymbol{F}$ 相交于一点,符合三力平衡汇交定理条件,可以判定 *A* 端的约束力也通过该交点,受力如图 1-16(d)所示。

**【例 1-3】** 一梯子 *AB* 和 *AC* 在 *A* 处用铰链连接,*D*、*E* 处用细绳水平相连,放置在光滑水平地面上,不计各杆自重,试分别画出每个物体及整体的受力图。

**【解】** (1)取梯子 *AC* 为研究对象,将其与周围约束解除。

*A* 处为铰链约束,用一对正交力 $\boldsymbol{F}_{Ax}$、$\boldsymbol{F}_{Ay}$ 表示其约束反力;*E* 处为柔性体约束,受到沿着绳子方向背离梯子的拉力 $\boldsymbol{F}_E$ 作用;*C* 处为光滑面约束,受到垂直于支承面指向梯子的力 $\boldsymbol{F}_C$ 作用,受力图如图 1-17(b)所示。注意,*A* 处约束力的方位也可通过三力平衡汇交定理确定。

(2)取梯子 *AB* 为研究对象,将其与周围约束解除。

首先画出其主动力 $\boldsymbol{F}$;*A* 处为铰链约束,其约束力与梯子 *AC* 在 *A* 处的受力满足作用与反作用关系,用一对正交力 $\boldsymbol{F}'_{Ax}$、$\boldsymbol{F}'_{Ay}$ 表示其约束力;*D* 处为柔性体约束,受到沿着绳子方向背离梯子的拉力 $\boldsymbol{F}_D$ 作用;*B* 处为光滑面约束,受到垂直于支承面指向梯子的力 $\boldsymbol{F}_B$ 作用,受力图如图 1-17(c)所示。

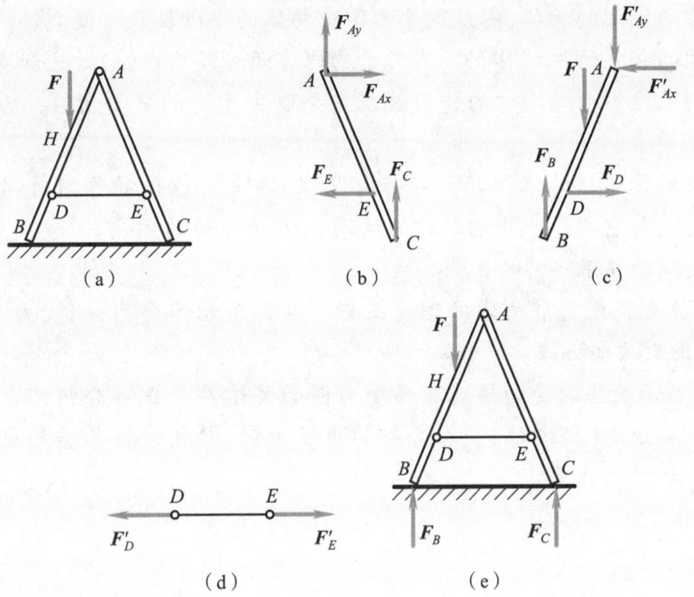

图　1-17

(3)取绳子 $DE$ 为研究对象，将其与周围约束解除。

绳子两端的拉力分别和梯子 $AB$ 在 $D$ 处绳子的拉力、梯子 $AC$ 在 $E$ 处绳子的拉力互为作用力与反作用力，因此，绳子两端的拉力分别用 $\boldsymbol{F}'_D$ 和 $\boldsymbol{F}'_E$ 表示，受力图如图 1-17(d)所示。

(4)取整体为研究对象，将其与周围约束解除。

在画系统(梯子)的整体受力图时，梯子 $AB$ 与 $AC$ 两部分在 $A$ 处相互有力作用，在点 $D$ 与点 $E$ 绳子对其也有力作用，这些力成对地作用在系统内。系统内各物体之间相互作用的力称为内力。由于内力是成对出现的，对系统的作用效应相互抵消，因此在受力图上一般不画出。在受力图上只画出系统以外的物体对系统的作用力，这种力称为外力。这里，整个系统受主动力 $\boldsymbol{F}$ 作用，以及地面给梯子的约束反力 $\boldsymbol{F}_B$、$\boldsymbol{F}_C$ 作用，受力图如图 1-17(e)所示。

当然，内力与外力不是绝对的。例如，当把梯子的两部分拆开时，$A$ 处的作用力和绳子的拉力即为外力，但取整体时，这些力又为内力。因此，内力与外力的区分只有相对某一确定的研究对象才有意义。

## 小　结

本章讨论了静力学的基本概念、静力学公理、基本类型的约束和对物体进行受力分析的方法。

(1)静力学研究的基本问题：①力系的简化；②力系的平衡条件。

(2)静力学的基本概念：平衡、刚体、力、约束。

在工程实际中，平衡是指相对地面静止或匀速直线的运动。

刚体是受力不变形的物体,它是理论力学中物体的一种抽象化模型。

力是物体间的相互的机械作用。力对于物体有两种效应:运动效应和变形效应,理论力学中只研究运动效应。力对刚体的作用效应完全取决于力的三要素——力的大小、方向和作用线。

约束是阻碍物体运动的限制物。在静力学里,约束对物体的作用可用约束力来代替。约束力的方向总是与它所能阻止的物体的运动或运动趋势的方向相反,其作用点就是约束与被约束物体之间的接触点。

(3)静力学公理是研究静力学的理论基础。在讨论物体受力分析、力系的简化和平衡等问题时,都要用到这些公理。

(4)受力图表示物体的受力情况。画受力图的关键在于正确分析约束反力,确定约束反力的作用位置和方向(或方位)。在分析约束反力时,必须掌握各类约束的性质,注意作用力与反作用力之间的关系。

## 思 考 题

1-1 力的三要素是什么?两个力相等的条件是什么?图示的两个力矢量 $\boldsymbol{F}_1$ 与 $\boldsymbol{F}_2$ 相等,问这两个力对刚体的作用是否相等。

1-2 刚体上 $A$ 点受力 $\boldsymbol{F}$ 作用,如图所示,能否在 $B$ 点加上一个力使刚体平衡?为什么?

1-3 楔形块 $A$、$B$ 在光滑的斜面 I—I 处相接触,如图所示,自重不计。若力 $\boldsymbol{F}_1$ 与 $\boldsymbol{F}_2$ 的大小相等、方向相反、共线,力 $\boldsymbol{F}_1$ 与 $\boldsymbol{F}_2$ 是否组成一个平衡力系?楔形块 $A$ 与 $B$ 是否均处于平衡状态?

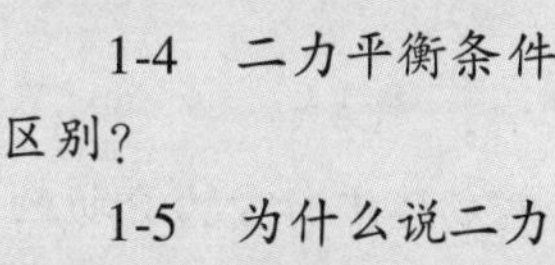


思考题 1-1 图

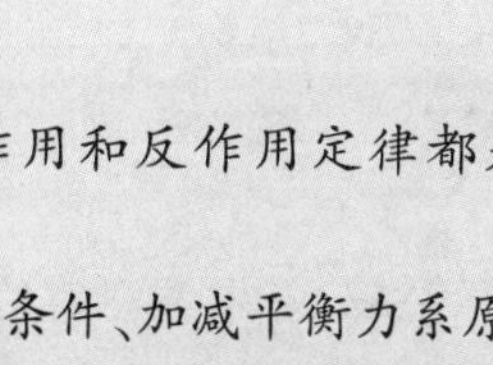


思考题 1-2 图

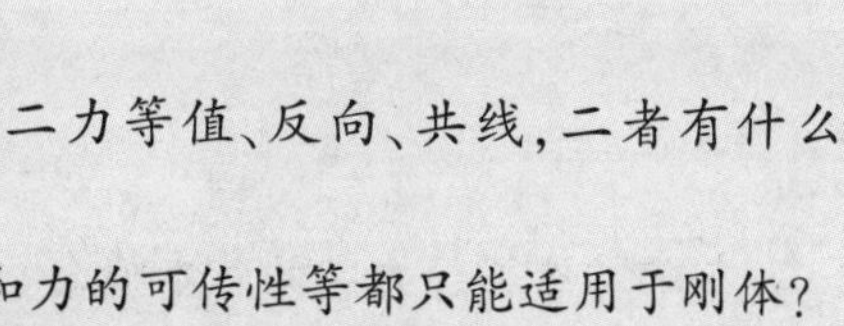


思考题 1-3 图

1-4 二力平衡条件与作用和反作用定律都是说二力等值、反向、共线,二者有什么区别?

1-5 为什么说二力平衡条件、加减平衡力系原理和力的可传性等都只能适用于刚体?

1-6 刚体上三力汇交于一点,但不共面,此刚体能平衡吗?

1-7 确定约束反力方向的原则是什么?光滑铰链约束有什么特点?

1-8 分析二力构件受力时与二力构件的形状有关系吗?图中哪些构件是二力构件?其约束力的作用线如何确定?

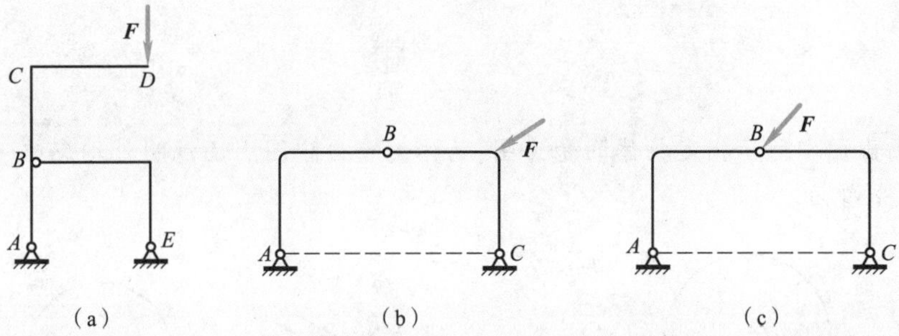


思考题 1-8 图

1-9　光滑圆柱铰链约束的约束力,一般可用两个相互垂直的分力表示,该两分力是否一定沿水平方向和铅垂方向?是否一定要用两个相互垂直的分力表示?

1-10　图示各物体的受力图是否正确?如有错误,如何改正?

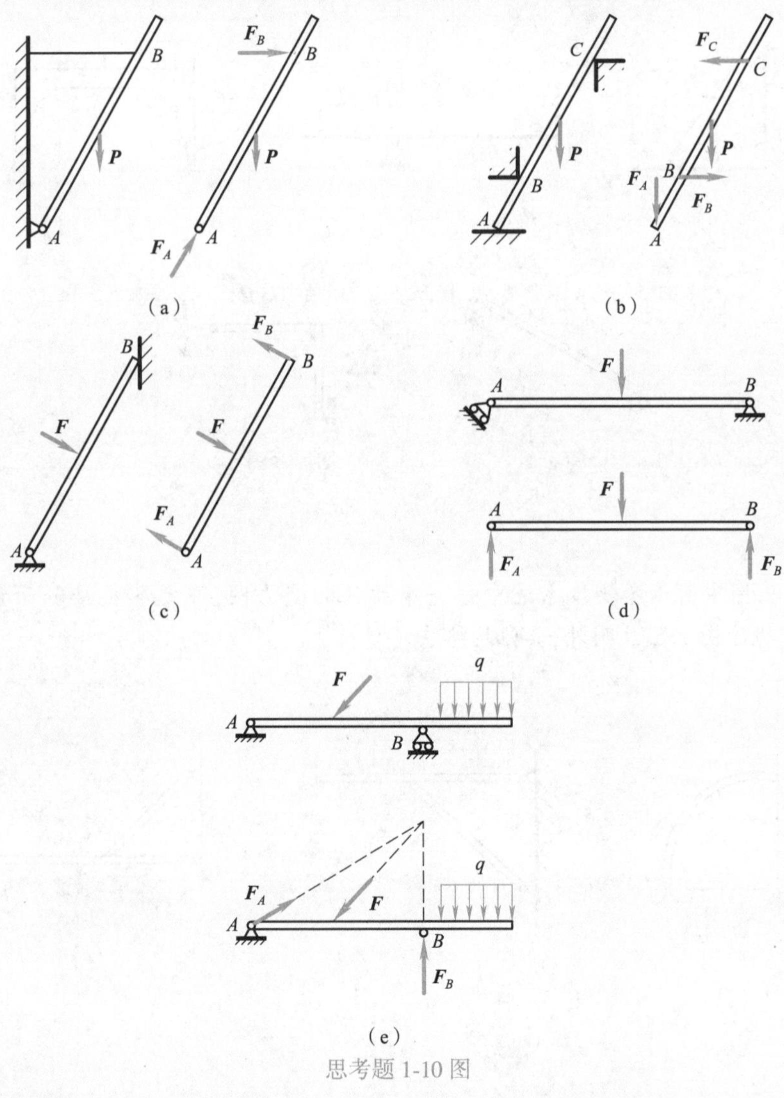


思考题 1-10 图

# 习　　题

1-1　画出图中所示指定物体的受力图，物体的重力除图上已注明外均忽略不计。设各接触面均为光滑面。

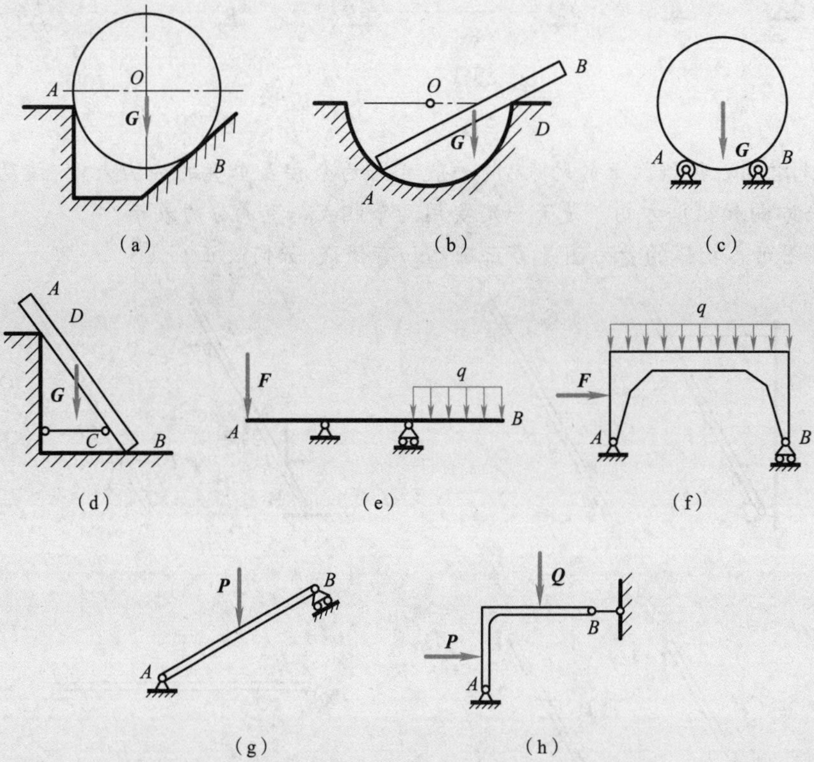


习题1-1图

1-2　画出图中所示各物体系统中每一个构件的受力图，假定各类接触面都是光滑接触，物体的重力除图上已注明外，其他均略去不计。

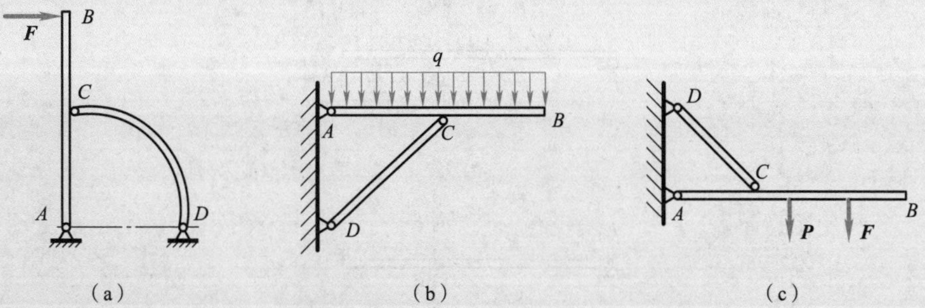

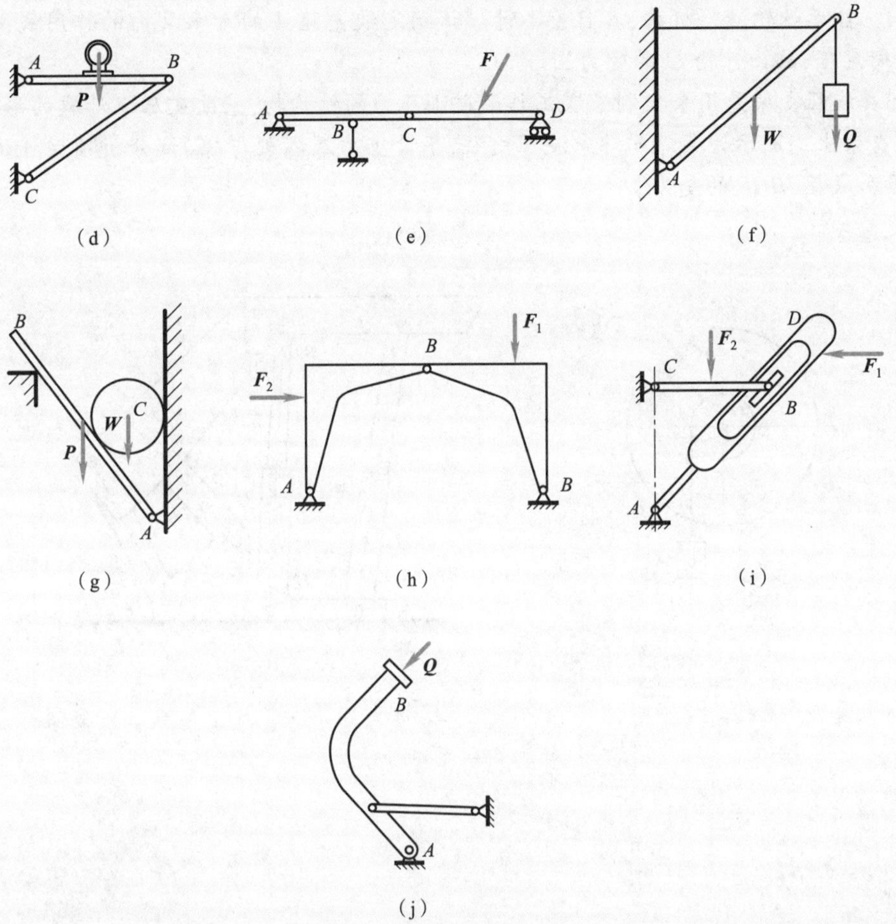


习题 1-2 图

1-3　图示构架，$B$、$C$、$D$、$H$ 为铰链，$A$ 为固定铰支座，$K$ 为可动铰支座，绳索的一端固定在 $G$ 点，另一端绕过滑轮 $E$ 并与重物（重为 $\boldsymbol{W}$）连接。不计各构件的重量，画出构件 $AB$、$CB$、$CD$ 与滑轮 $E$ 的受力图。

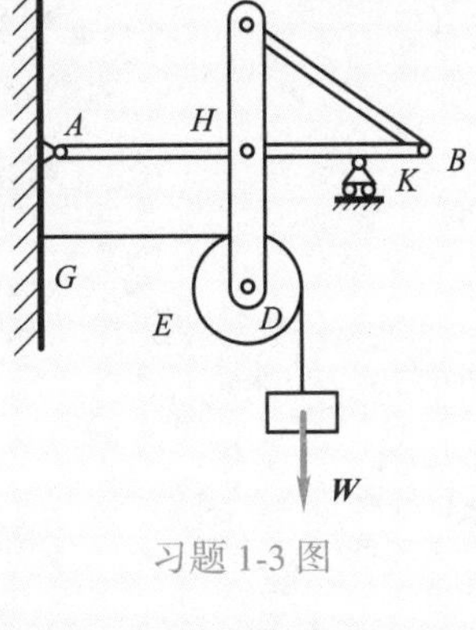


习题 1-3 图

1-4 图示棘轮棘爪机构，其自重不计。试确定铰支座 $A$ 的约束反力的作用线，并根据三力平衡定理，画出棘轮 $O$ 的受力图。

1-5 液压支架是用来控制采煤工作面矿山压力的结构物，采面矿压以外载的形式作用在液压支架上。图示为某煤矿综采液压支架，不计重力及各处摩擦，试分析顶梁 $ABC$、掩护梁 $CDE$ 和底座 $IHGF$ 的受力。

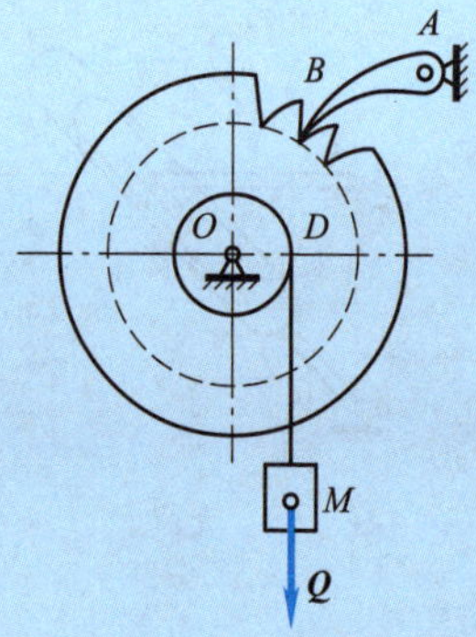


习题 1-4 图

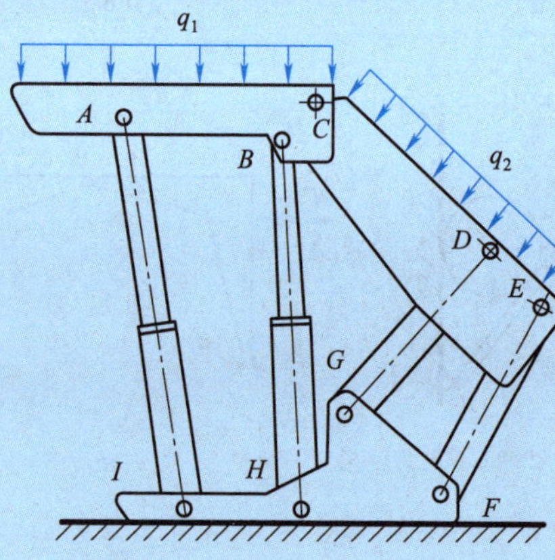


习题 1-5 图

# 第 2 章 平面汇交力系与平面力偶系

平面汇交力系和平面力偶系是两种最简单、最基本的力系,是研究复杂力系的基础。本章将研究平面汇交力系的合成与平衡问题,同时介绍平面力矩和力偶的概念、特性,研究平面力偶系的合成与平衡问题。

## §2-1 力的投影

### 2.1.1 力在坐标轴上的投影

如图 2-1(a)所示,力 $\boldsymbol{F}$ 放在平面直角坐标系 $Oxy$ 中,力 $\boldsymbol{F}$ 的大小为 $F$,与 $x$、$y$ 轴的正向夹角分别为 $\alpha$、$\beta$。从力 $\boldsymbol{F}$ 两端 $A$、$B$ 向坐标轴作垂线,则将两垂线在坐标轴上所截线段(即两垂足之间的距离)冠以正负号,其值称为力在坐标轴上的投影。规定力的投影的指向(即力的始端到终端投影的连线方向)与坐标轴的正方向相同为正,与坐标轴正方向相反为负。图 2-1(a)所示力 $\boldsymbol{F}$ 在 $x$、$y$ 轴所得的投影分别为

$$\begin{cases} F_x = \pm ab = F\cos\alpha \\ F_y = \pm a'b' = F\cos\beta \end{cases} \tag{2-1}$$

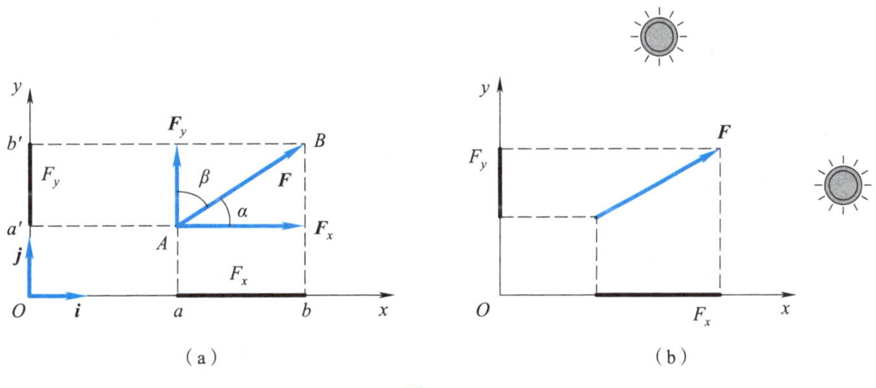


图 2-1

简单地说,力的投影就是力在坐标轴上的影子。如图 2-1(b)所示,当太阳光从正上方垂直照射该力时,力在 $x$ 轴上形成的影子,即力所挡住太阳光的范围 $F_x$ 就是力在 $x$ 轴上的投影;同理,当太阳光从右侧水平照射该力时,力在 $y$ 轴上形成的影子 $F_y$ 则为力在 $y$ 轴上的投影。

由式(2-1)可知,力在坐标轴上的投影是代数量。当力与坐标轴平行或重合时,力在坐标轴上投影的绝对值等于力的大小;当力与坐标轴垂直时,力在坐标轴上投影等于零。力在坐标轴上的投影与力的大小和方向有关,而与力的作用点或作用线的位置无关。

应注意到,力在坐标轴上的投影与分力的概念是不同的。一是分力是矢量,投影是代数量。二是分力与作用点的位置有关,而投影与力的作用位置无关。三是两者与原力的关系规律不同,分力与原力遵循力的平行四边形法则,投影只与坐标轴的方向有关。只有在直角坐标系中,分力的大小才与同一坐标轴上的投影的绝对值相等,如图 2-1(a)所示。

在直角坐标系中,分力可以用投影来表示,如图 2-1(a)所示,力 $\boldsymbol{F}$ 可以正交分解为分力 $\boldsymbol{F}_x$ 和 $\boldsymbol{F}_y$,同时力 $\boldsymbol{F}$ 在坐标轴上的投影分别为 $F_x$ 和 $F_y$,则有

$$\boldsymbol{F}_x = F_x\boldsymbol{i},\quad \boldsymbol{F}_y = F_y\boldsymbol{j} \tag{2-2}$$

式中,$\boldsymbol{i}$、$\boldsymbol{j}$ 分别为沿 $x$、$y$ 轴正向的单位矢量。

已知一个力矢可以计算该力矢在坐标轴的投影。反之,若已知某力在坐标轴上的投影,同样可以求出该力的大小和方向。

如图 2-1 所示,若已知力 $\boldsymbol{F}$ 在 $x$、$y$ 轴上的投影 $F_x$ 和 $F_y$,则有

$$\begin{cases} F = \sqrt{F_x^2 + F_y^2} \\ \tan\alpha = \dfrac{F_y}{F_x} \end{cases} \tag{2-3}$$

方向角 $\alpha$ 亦可由方向余弦计算。

### 2.1.2 合力投影定理

如图 2-2 所示,在直角坐标系 $Oxy$ 中的力多边形 $ABCD$ 表示三力 $\boldsymbol{F}_1$、$\boldsymbol{F}_2$ 和 $\boldsymbol{F}_3$ 的合成关系(合成方法将在 §2-2 节中介绍),用矢量表示为 $\boldsymbol{F}_R = \boldsymbol{F}_1 + \boldsymbol{F}_2 + \boldsymbol{F}_3$。将各力向 $x$ 轴投影,得到合力 $\boldsymbol{F}_R$ 的投影 $F_{Rx} = ad$,得到各分力 $\boldsymbol{F}_1$、$\boldsymbol{F}_2$ 和 $\boldsymbol{F}_3$ 的投影分别为 $F_{1x} = ab$、$F_{2x} = bc$、$F_{3x} = -cd$,合力投影与分力的投影关系为

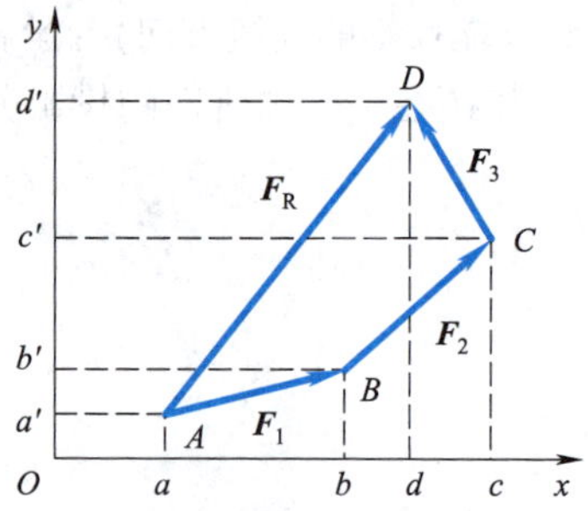


图 2-2

$$ad = ab + bc + (-cd),\quad 即\ F_{Rx} = F_{1x} + F_{2x} + F_{3x}$$

同理,可得合力与分力在 $y$ 轴上的投影关系为

$$a'd' = a'b' + b'c' + c'd',\quad 即\ F_{Ry} = F_{1y} + F_{2y} + F_{3y}$$

由此类推,设由 $n$ 个分力组成的平面汇交力系作用一个刚体上,此汇交力系的合力与分力在直角坐标系中的投影关系可表示为

$$\begin{cases} F_{Rx} = F_{1x} + F_{2x} + \cdots + F_{nx} = \sum\limits_{i=1}^{n} F_{ix} \\ F_{Ry} = F_{1y} + F_{2y} + \cdots + F_{ny} = \sum\limits_{i=1}^{n} F_{iy} \end{cases} \tag{2-4}$$

式(2-4)说明,合力在坐标轴上的投影等于各分力投影的代数和。这就是合力投影定理。

## §2-2 平面汇交力系的合成与平衡

作用于刚体上的各力的作用线都在同一平面内且汇交于一点的力系,称为平面汇交力系。如图 2-3 所示,起重机的挂钩受到三个拉力的作用,此三力的作用线在同一平面内且汇交于一

点，它们构成一个平面汇交力系；如图 2-4 所示，构件受到四个力的作用，此四力的作用线在同一平面内且汇交于 $O$ 点，它们也构成一个平面汇交力系。

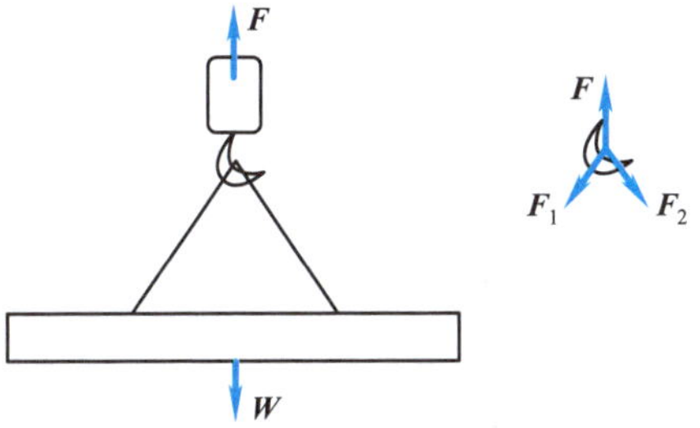


图　2-3

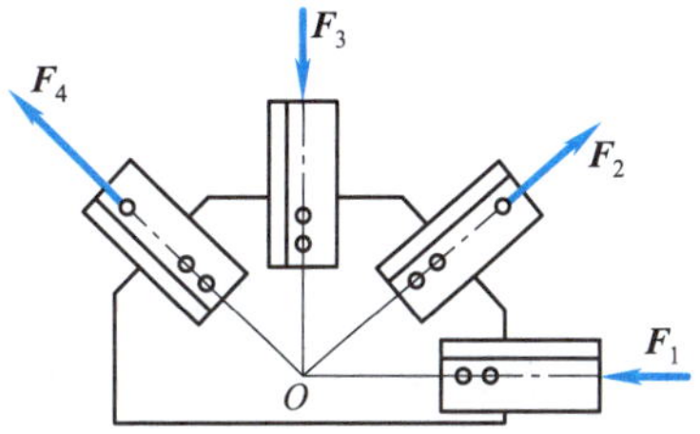


图　2-4

平面汇交力系的合成与平衡有两种方法，即几何法和解析法。

### 1. 平面汇交力系的合成与力的多边形法则

如图 2-5(a)所示，四力 $\boldsymbol{F}_1$、$\boldsymbol{F}_2$、$\boldsymbol{F}_3$ 和 $\boldsymbol{F}_4$ 作用在同一刚体上，且汇交于一点 $A$。首先根据力的可传性原理，将各力滑移到 $A$ 点，形成共点力系，如图 2-5(b)所示。然后根据力的三角形法则，顺次合成。即 $\boldsymbol{F}_1$ 和 $\boldsymbol{F}_2$ 合成 $\boldsymbol{F}_{R1}$，$\boldsymbol{F}_{R1}$ 和 $\boldsymbol{F}_3$ 合成 $\boldsymbol{F}_{R2}$，$\boldsymbol{F}_{R2}$ 和 $\boldsymbol{F}_4$ 最后合成合力 $\boldsymbol{F}_R$，如图 2-5(c)所示。略去 $\boldsymbol{F}_{R1}$、$\boldsymbol{F}_{R2}$，由此，力矢 $\boldsymbol{F}_1$、$\boldsymbol{F}_2$、$\boldsymbol{F}_3$、$\boldsymbol{F}_4$ 和 $\boldsymbol{F}_R$ 构成了力的多边形。合力矢 $\boldsymbol{F}_R$ 为力多边形的封闭边，方向为从第一个力矢的起点指向最后一个力矢的尾端，合力的作用线仍通过汇交点 $A$。以上求合力的方法称为力的多边形法则。若任意改变各分力矢的连接作图顺序，可获得不同形状的力多边形，但其合力矢的大小、指向均不变，如图 2-5(d)所示。

力的三角形法则和力的多边形法则都源于力的平行四边形法则，但用它们求作汇交力系的合力时，显得简洁方便。

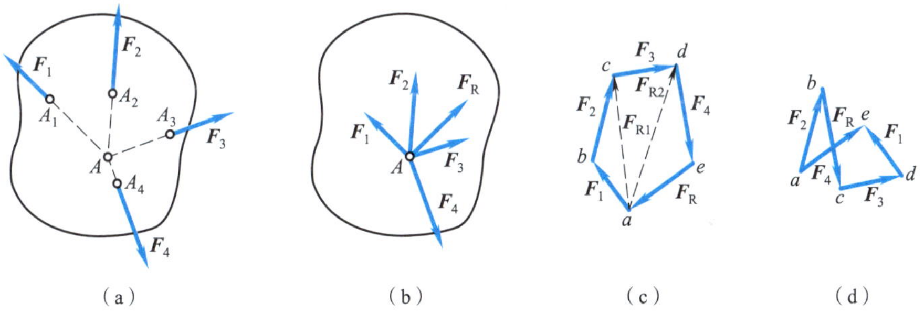


图　2-5

综上所述，平面汇交力系可简化为一合力，其合力矢等于力系中各分力的矢量和，合力的作用线通过汇交点。设平面汇交力系包含 $n$ 个力，以 $\boldsymbol{F}_R$ 表示它们的合力矢，则有

$$\boldsymbol{F}_R = \boldsymbol{F}_1 + \boldsymbol{F}_2 + \cdots + \boldsymbol{F}_n = \sum_{i=1}^{n} \boldsymbol{F}_i \tag{2-5}$$

合力 $\boldsymbol{F}_R$ 对刚体的作用与原汇交力系对刚体的作用等效。

若力系中各力的作用线都在同一条直线上，则称为共线力系，此力系为平面汇交力系的特殊情况。共线力系的合力可以通过代数和的方式求解，即在同一直线上，取一个方向为正，与之相反的方向为负，然后将各力加起来，所得的代数和即为合力，数值的正负号表示了合力的方向。其表达式为

$$F_R = \sum_{i=1}^{n} F_i \tag{2-6}$$

**【例 2-1】** 如图 2-6(a)所示，平面吊环上作用四个力 $\boldsymbol{F}_1$、$\boldsymbol{F}_2$、$\boldsymbol{F}_3$ 和 $\boldsymbol{F}_4$，它们的作用线汇交于吊环中心。其中 $F_1=10$ kN，$F_2=15$ kN，$F_3=8$ kN，$F_4=15$ kN，各力的方向如图 2-6(a)所示。试用几何法求该汇交力系的合力。

**【解】** 取比例尺如图 2-6(c)所示，按比例大小作出四个力，并按一定顺序首尾连接起来，形成力的多边形，连接 $\boldsymbol{F}_1$ 的首端到 $\boldsymbol{F}_4$ 的尾端，则得到合力矢 $\boldsymbol{F}_R$。测量合力的大小为 $F_R=30$ kN，测量合力的方向(与水平方向形成的夹角)$\alpha=65°$，如图 2-6(b)所示。合力作用线通过原汇交力系的汇交点。

**讨论：**

(1)几何作图法求合力误差大。由于作图存在多种误差，因此，几何作图法求汇交力系的合力，其误差比较大，在工程应用中，只能用在粗略计算或估算中。

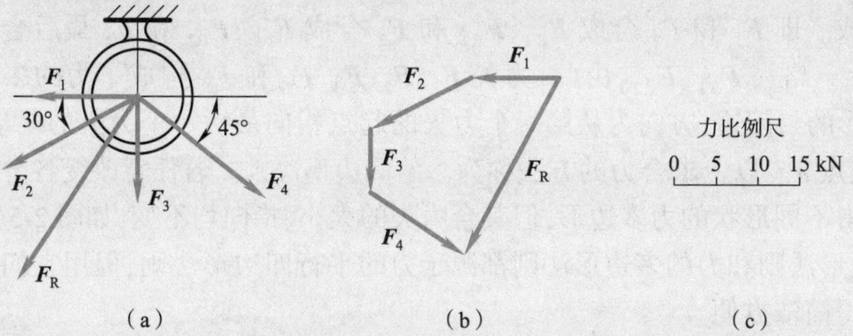


图 2-6

(2)几何计算法可精确地计算合力。当作用力较少时，特别是只有两个力进行合成时，可以利用几何计算法求解汇交力系的合力。即先作出力的多边形，然后依据三角形计算定理，进行合力计算。这样可以精确地计算出合力的大小和方向。当作用力较多时，几何计算法的计算量较大，甚至无法应用。

### 2. 平面汇交力系平衡的几何条件

平面汇交力系可以合成为一个合力，若刚体在汇交力系作用下处于平衡状态，那么该汇交力系的合力必定为零；反之，若汇交力系的合力为零，那么刚体在该力系作用下必定处于平衡状态。因此，平面汇交力系平衡的必要充分条件是力系的合力为零。此结论用矢量式表达为

$$\boldsymbol{F}_R = \boldsymbol{F}_1 + \boldsymbol{F}_2 + \cdots + \boldsymbol{F}_n = \sum_{i=1}^{n} \boldsymbol{F}_i = \boldsymbol{0} \tag{2-7}$$

在几何法中，若力多边形中最后一个力的终点与第一个力的起点重合，则封闭边变成一个点，即合力等于零。这样的力多边形称为封闭的力多边形。于是可得，平面汇交力系平衡的必

要与充分的几何条件是力系所构成的力多边形自行封闭。

求解平面汇交力系的平衡问题时，可先选定比例尺，画出力的封闭多边形，然后应用几何作图法或几何计算法，确定未知力。

**【例 2-2】** 图 2-7(a) 所示为一门式刚架。在 $B$ 点受一水平方向力 $\boldsymbol{F}$ 作用，$F=50$ kN，刚架的结构尺寸如图 2-7(a) 所示，$h=4$ m，$l=8$ m，不计刚架自重，试求支座 $A$、$D$ 的约束力。

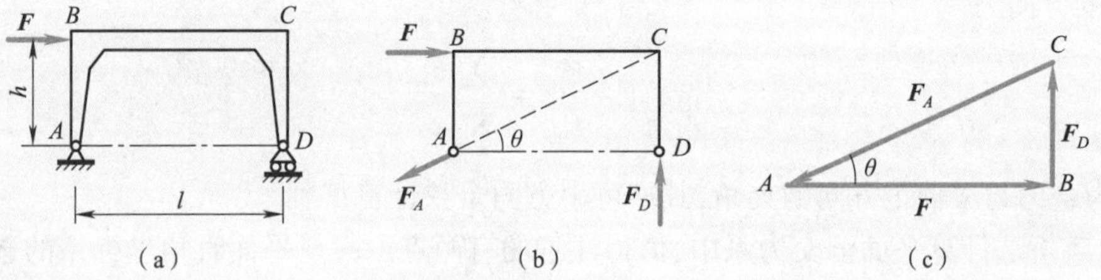


图　2-7

**【解】** (1) 取刚架为研究对象，作其受力图。作用在刚架上的力有：主动力 $\boldsymbol{F}$，水平向右；活动铰支座 $D$ 的约束力 $\boldsymbol{F}_D$，垂直向上；根据三力平衡定理知，刚架在 $A$ 点的约束力 $\boldsymbol{F}_A$ 的作用线，一定汇交在力 $\boldsymbol{F}$ 与力 $\boldsymbol{F}_D$ 的交点 $C$ 处，即力 $\boldsymbol{F}_A$ 沿着 $A$、$C$ 连线方向。刚架的受力图如图 2-7(b) 所示。

(2) 应用几何计算法求未知力。

刚架处于平衡状态，可作出汇交力系的封闭的力三角形，如图 2-7(c) 所示。利用直角三角形函数关系可得

$$F_D=F\tan\theta,\quad F_A=\frac{F}{\cos\theta}$$

根据刚架的结构关系可得

$$\tan\theta=\frac{h}{l}=\frac{4}{8}=\frac{1}{2},\quad \cos\theta=\frac{l}{\sqrt{l^2+h^2}}=\frac{8}{4\sqrt{5}}=\frac{2\sqrt{5}}{5}$$

代入上式可得

$$F_D=F\tan\theta=50\times\frac{1}{2}\ \text{kN}=25\ \text{kN},\quad F_A=\frac{F}{\cos\theta}=\frac{50}{\frac{2\sqrt{5}}{5}}\ \text{kN}=25\sqrt{5}\ \text{kN}$$

**讨论：**

(1) 简单平面汇交力系平衡问题用几何计算法求解简单明了。本题是三个力所形成的平面汇交力系的平衡问题，利用三角函数关系，能够精确地求解问题。

(2) 对于多个力形成的平面汇交力系不仅在纸上作图麻烦，更是难以精确计算。所以，在实际应用中，多用解析法求解平衡汇交力系的合成与平衡问题。

### 3. 平面汇交力系合成的解析法

解析法是通过力矢在坐标轴上的投影来分析力系的合成及其平衡的方法。利用力在直角

坐标系中的投影和力的矢量关系及合力投影定理,可以用解析法来计算平面汇交力系的合力。

首先选定合适的平面直角坐标系,然后求出各分力在坐标轴上的投影 $F_{ix}$ 和 $F_{iy}$,利用合力投影定理,根据式(2-4)求出合力在坐标轴上的投影 $F_{Rx}$ 和 $F_{Ry}$,再根据式(2-3)求出合力 $F_R$ 大小为

$$F_R = \sqrt{F_{Rx}^2 + F_{Ry}^2} = \sqrt{(\sum F_{ix})^2 + (\sum F_{iy})^2} \tag{2-8}$$

合力 $\boldsymbol{F}_R$ 的方向为

$$\tan\alpha = \frac{F_{Ry}}{F_{Rx}} = \frac{\sum F_{iy}}{\sum F_{ix}} \tag{2-9}$$

式中,$\alpha$ 为合力与 $x$ 轴正方向的夹角,其亦可由方向余弦计算得到。

以上解析法计算平面汇交力系中,值得注意的有两点。一是平面直角坐标系的选定,应尽可能使运算过程简便。也就是说,选择投影轴时,应尽可能使更多的力与投影轴垂直或平行。二是合力方向的确定,可以先计算合力与 $x$ 轴所夹的锐角,然后再根据合力在坐标轴上的投影 $F_{Rx}$ 和 $F_{Ry}$ 的正负值,确定合力的指向。

**【例 2-3】** 用解析法计算例 2-1 的合力。

**【解】** (1)如图 2-8 所示,取坐标系 $Oxy$,计算各分力在坐标轴上的投影:

$F_{1x}=-F_1=-10\text{ kN},\quad F_{1y}=0\text{ kN}$

$F_{2x}=-F_2\cos 30°=-15\times\frac{\sqrt{3}}{2}\text{ kN}=-12.99\text{ kN},\quad F_{2y}=-F_2\sin 30°=-7.5\text{ kN}$

$F_{3x}=0,\quad F_{3y}=-F_3=-8\text{ kN}$

$F_{4x}=F_4\cos 45°=7.07\text{ kN},\quad F_{4y}=-F_4\sin 45°=-7.07\text{ kN}$

(2)根据合力投影定理计算合力的大小和方向。

由合力投影定理有

$F_{Rx}=F_{1x}+F_{2x}+F_{3x}+F_{4x}=(-10-12.99+7.07)\text{kN}=-15.92\text{ kN}$

$F_{Ry}=F_{1y}+F_{2y}+F_{3y}+F_{4y}=(-7.5-8-7.07)\text{kN}=-22.57\text{ kN}$

$F_R=\sqrt{F_{Rx}^2+F_{Ry}^2}=\sqrt{(-15.92)^2+(-22.57)^2}\text{ kN}=27.62\text{ kN}$

因此,合力 $\boldsymbol{F}_R$ 的大小为 $F_R=27.62$ kN。

又

$$\tan\alpha=\left|\frac{F_{Ry}}{F_{Rx}}\right|=\frac{22.57}{15.92}=1.418,\quad 故\ \alpha=54.8°$$

因此,合力与 $x$ 轴所夹的锐角为 $\alpha=54.8°$,由于 $F_{Rx}<0$,$F_{Ry}<0$,故合力 $\boldsymbol{F}_R$ 的方向为通过原汇交点,指向左下方,如图 2-8 所示。

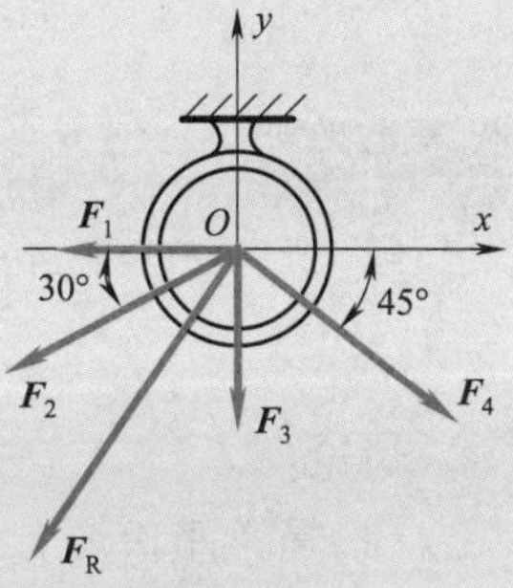

图 2-8

### 4. 平面汇交力系的平衡方程

由简化结果可知,平面汇交力系的平衡的必要充分条件是:力系的合力等于零。由式(2-8)得

$$F_R=\sqrt{(\sum F_{ix})^2+(\sum F_{iy})^2}=0$$

欲使上式成立,必须同时满足

$$\begin{cases}\sum F_{ix}=0\\ \sum F_{iy}=0\end{cases} \tag{2-10}$$

即刚体在平面汇交力系作用下处于平衡状态时,各力在两个坐标轴上投影的代数和分别为零。这就是平面汇交力系平衡的解析条件。式(2-10)称为平面汇交力系的平衡方程。为书写方便,常将下标 $i$ 略去。

平面汇交力系有两个独立的平衡方程,最多能求解两个未知量,它们可以是力的大小,也可以是力的方向,但一般不以力的指向作为未知量,在力的指向不能预先判明时,可先任意假定,代入平衡方程进行计算。若求出的力为正值,则表示所假定的指向与实际方向一致;若求出的力为负值,则表示假定的指向与实际指向相反。

**【例 2-4】** 用绳索拉重为 $W=600$ N 的圆柱,沿光滑斜面匀速上升,如图 2-9(a)所示。试求绳索的拉力和斜面的约束力。

**【解】** (1)取圆柱为研究对象,作其受力图。

圆柱受到绳索的拉力 $\boldsymbol{F}_T$、重力 $\boldsymbol{W}$ 和斜面的约束力 $\boldsymbol{F}_N$,三力汇交于圆柱中心,受力图如图 2-9(b)所示。

(2)建立坐标系,列平衡方程。

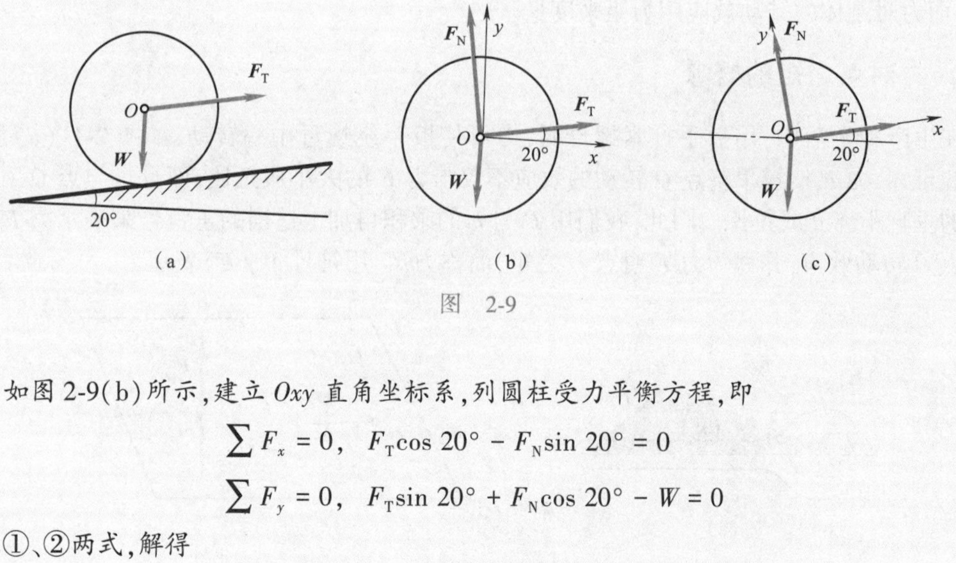


图 2-9

如图 2-9(b)所示,建立 $Oxy$ 直角坐标系,列圆柱受力平衡方程,即

$$\sum F_x=0,\quad F_T\cos 20°-F_N\sin 20°=0 \qquad ①$$

$$\sum F_y=0,\quad F_T\sin 20°+F_N\cos 20°-W=0 \qquad ②$$

联立①、②两式,解得

$$F_T=W\sin 20°=600\times0.342\ 0\ \text{N}=205.2\ \text{N}$$

$$F_N=W\cos 20°=600\times0.939\ 7\ \text{N}=563.8\ \text{N}$$

**讨论:**

建立合适的坐标系,能够使所列的平衡方程简单,求解更方便。本例若建立图 2-9(c)所示坐标系,则列出的两个平衡方程为

$$\sum F_x = 0,\quad F_T - W\sin 20° = 0$$

$$\sum F_y = 0,\quad F_N - W\cos 20° = 0$$

从上面方程中,可直接得到 $F_T = W\sin 20°$,$F_N = W\cos 20°$。

**平面汇交力系拓展案例:** 平面汇交力系虽然简单,但如果应对不当,也会发生事故。比如,1988 年 7 月,某地一仓库为对起重机进行维护保养工作,自制一个简易木质维修平台。如图 2-10 所示,用两根等长链条交叉端部固定在平台的四角处,再将两根吊装链条悬挂在电动葫芦吊钩上。当载有两位维修工人的平台被吊升至距地面 12 m 高时,一根链条突然断裂,造成平台倾覆,维修人员 1 死 1 伤。分析这个平台的受力:重力 $\boldsymbol{G}$,绳的拉力 $\boldsymbol{F}_{T1}$、$\boldsymbol{F}_{T2}$,它们构成了一个平面汇交力系。那么,该如何分析这个事故原因呢?推荐同学们在学银在线或中国大学 MOOC 加入中国矿业大学的"理论力学"在线课程,看具体案例分析。

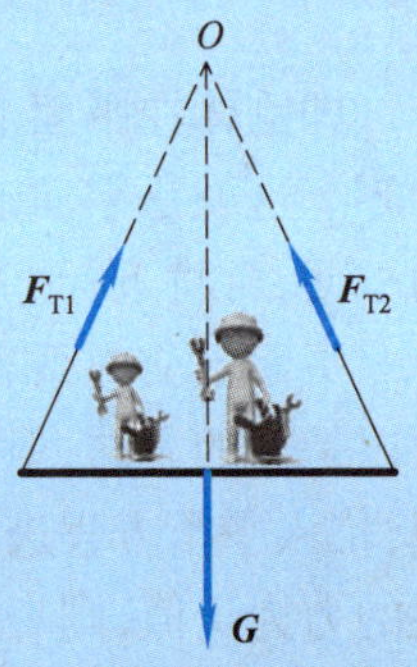

图 2-10

## §2-3 平面力对点之矩的概念与计算

力对刚体作用的外效应除了移动效应外,还有转动效应。力对刚体的移动效应用力矢来度量,而力对刚体的转动效应用力矩来度量。

### 1. 力对点之矩的概念

在生产和生活中,用扳手拧紧螺母时,力可使扳手绕螺母中心转动,如图 2-11(a)所示。由经验可知,力 $\boldsymbol{F}$ 使扳手绕点 $O$ 转动的效应不仅与力 $\boldsymbol{F}$ 的大小成正比,而且也与点 $O$ 到力作用线的垂直距离 $d$ 成正比。因此,我们用 $F$ 与 $h$ 的乘积再加上适当的正负号来表示力 $\boldsymbol{F}$ 使物体绕点 $O$ 转动效应,并称为力 $\boldsymbol{F}$ 对点 $O$ 之矩,简称力矩,用符号 $M_O(\boldsymbol{F})$ 表示。

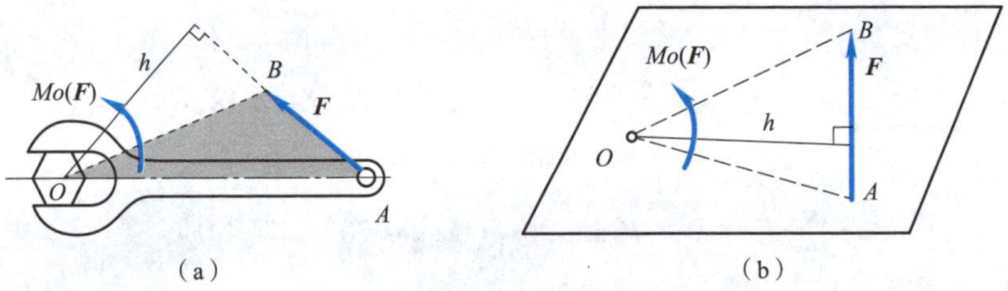

图 2-11

一般地,力 $\boldsymbol{F}$ 与点 $O$ 位于同一平面内,点 $O$ 称为矩心,点 $O$ 到力 $\boldsymbol{F}$ 作用线的距离 $h$ 称为力臂,如图 2-11(b)所示。则在平面内,力对点之矩定义为:力对点之矩是一个代数量,它的绝对值等于力的大小和力臂的乘积,并规定力使物体逆时针方向转动时力矩为正,顺时针方向转动时力矩为负。用表达式表示为

$$M_O(\boldsymbol{F}) = \pm Fh \tag{2-11}$$

力对点之矩可以用力矢与矩心形成的三角形面积计算，如图 2-11(a)所示的阴影部分面积的 2 倍即为力 $\boldsymbol{F}$ 对点 $O$ 之矩的值，即

$$M_O(\boldsymbol{F}) = \pm 2S_{\triangle OAB} \tag{2-12}$$

应注意，力矩的矩心位置是可以任意选取的，矩心不一定是实际的转动点。但在实际计算中，经常选取物体的实际支点或转动点为矩心。

在国际单位制中，力矩常用的单位为牛顿·米(N·m)，或牛顿·毫米(N·mm)、千牛顿·米(kN·m)。

根据力对点之矩的定义，可知力矩具有以下性质：

(1)力矩的大小和转向与矩心的位置有关，同一力对不同矩心的力矩大小和正负不同。

(2)力的作用点沿其作用线滑移时，力对点之矩不变，因为此时力的大小、方向和力臂均未改变。

(3)力的大小为零或力的作用线通过矩心(力臂为零)时，力矩为零。

**力对点之矩课外拓展：**《墨经》中的杠杆原理：“衡，加重于其一旁，必垂。……长重者下，短轻者上。”(见图 2-12)在我国古代历史上，这个定理从春秋时期就开始传承了。墨子对于杠杆定理的描述，比阿基米德早了两百年。

达·芬奇(见图 2-13)严格确定了“力矩”的概念：杆上物体的平衡“由它们的重量和距支点的距离决定”。但没有提出“moment of force”这个力学名词。关于“力矩”的发展简史，推荐感兴趣的同学参考《“力矩”一词的前世今生》(《力学与实践》2017 年第 39 卷第 4 期第 429 页)。

图　2-12

图　2-13

## 2. 合力矩定理

如果平面汇交力系 $\boldsymbol{F}_1, \boldsymbol{F}_2, \cdots, \boldsymbol{F}_n$ 的合力为 $\boldsymbol{F}_R$，则合力对刚体产生的转动效应与各分力同时作用产生的效应相同。因此，平面汇交力系的合力对于平面内任意一点之矩，等于各分力对同一点之矩的代数和，这就是合力矩定理。其表达式为

$$M_O(\boldsymbol{F}_R) = M_O(\boldsymbol{F}_1) + M_O(\boldsymbol{F}_2) + \cdots + M_O(\boldsymbol{F}_n) = \sum_{i=1}^{n} M_O(\boldsymbol{F}_i) \tag{2-13}$$

## 3. 力对点之矩的计算

力对点之矩的计算方法有两种。一种是利用力对点之矩定义的直接计算法；另一种是利用合力矩定理的间接计算法。

(1)利用定义直接求力矩。这种方法的关键是确定力臂 $h$ 的长度，需要特别注意的是：力

臂是矩心到力作用线之间的垂直距离。

(2)利用合力矩定理间接求力矩。用定义计算力矩时,有时力臂的求解计算比较烦琐。此时可先将力进行适当的正交分解,然后分别求分力对矩心之矩,最后利用合力矩定理求出原力之矩。采用这种方法时,应选择力臂容易确定的方向对原力进行正交分解,才能简化计算过程。

**【例 2-5】** 如图 2-14 所示,直齿圆柱齿轮的压力角为 $\alpha=20°$,作用在齿廓法向的啮合力 $F_n=2$ kN,齿轮的节圆半径 $r=60$ mm,试求啮合力 $\boldsymbol{F}_n$ 对轴心 $O$ 点之矩。

**解法一:**利用力对点之矩求解。

由图 2-14(a)可得,力臂为

$$h=r\cos\alpha=60\times\cos 20°\ \text{mm}=56.4\ \text{mm}$$

所以力 $\boldsymbol{F}_n$ 对 $O$ 点之矩为

$$M_O(\boldsymbol{F}_n)=F_n h=2\times 56.4\ \text{kN}\cdot\text{mm}=112.8\ \text{kN}\cdot\text{mm}=112.8\ \text{N}\cdot\text{m}$$

**解法二:**利用合力矩定理求解。

先将力 $\boldsymbol{F}_n$ 正交分解为切向力 $\boldsymbol{F}_t$ 和径向力 $\boldsymbol{F}_r$,如图 2-14(b)所示。由于径向力 $\boldsymbol{F}_r$ 通过轴心 $O$,产生的力矩为零,因此

$$M_O(\boldsymbol{F}_n)=M_O(\boldsymbol{F}_r)+M_O(\boldsymbol{F}_t)=F_t\cdot r=F_n\cos\alpha\cdot r=2\times\cos 20°\times 60\ \text{N}\cdot\text{m}=112.8\ \text{N}\cdot\text{m}$$

以上两种计算结果完全相同。

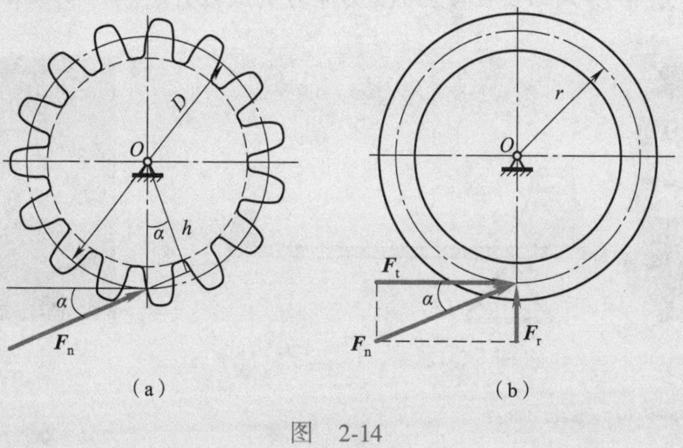


图 2-14

**讨论:**

(1)两种计算力对点之矩的计算结果应该完全相同,至于选择哪种方法,主要取决于计算力臂的难易度。例 2-5 中,两种解法的难易度相差不大,在实际计算中,任选一种方法计算即可。

(2)利用合力矩定理计算力矩时,往往将一个力进行正交分解,其分力具有一定的物理意义。如例 2-5 中的正交分力切向力 $\boldsymbol{F}_t$ 和径向力 $\boldsymbol{F}_r$ 具有一定物理意义。其意义是,驱使齿轮转动的是切向分力 $\boldsymbol{F}_t$,$\boldsymbol{F}_t$ 是有效分力;径向分力 $\boldsymbol{F}_r$ 不能使齿轮转动,同时对轴产生挤压,不利于轴的转动,$\boldsymbol{F}_r$ 是无效分力;在不改变啮合力 $\boldsymbol{F}_n$ 大小的时候,通过调节压力角 $\alpha$ 可以增大 $\boldsymbol{F}_t$ 以增强力对齿轮的转动效应。

# §2-4　平 面 力 偶

## 1. 力偶的概念

在生活和生产实践中，我们经常见到汽车驾驶员用双手转动转向盘[见图 2-15(a)]，电动机的转子在电磁力作用下旋转[见图 2-15(b)]，等等。对于这些工程实例，可以看到在转向盘或转子等旋转物体上，都作用了两个大小相等、方向相反、作用线相互平行的力。这两个等值反向平行力的矢量和等于零，但是它们不共线，不能相互平衡，它们能使物体的转动状态发生变化。这种由两个大小相等、方向相反且不共线的平行力组成的力系，称为力偶，如图 2-15(c)所示，记为符号($\boldsymbol{F},\boldsymbol{F}'$)。力偶中两力之间的垂直距离 $d$ 称为力偶臂，力偶所在的平面称为力偶的作用面。

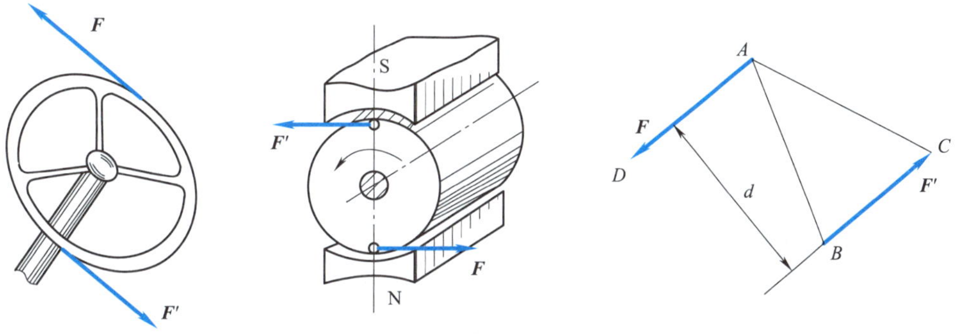


图　2-15

由于力使物体转动的效应用力对点之矩来度量，因此力偶的转动效应自然可以用力偶中的两个力对其作用面内任一点的矩的代数和来度量。

设物体上作用一力偶臂为 $d$ 的力偶($\boldsymbol{F},\boldsymbol{F}'$)，如图 2-16 所示，则该力偶对作用面内任一点 $O$ 的矩为

$$M_O(\boldsymbol{F})+M_O(\boldsymbol{F}')=-Fx+F'(x+d)=Fd$$

由于 $O$ 点是任取的，故以上结果表明：力偶对作用面内任一点的矩恒等于力偶中一力的大小与力偶臂的乘积，再加上表示转向的正负号，就称为力偶矩，表示为 $M(\boldsymbol{F},\boldsymbol{F}')$ 或简写为 $\boldsymbol{M}$，因此力偶对物体的作用效应用力偶矩来度量。力偶矩用代数式表示为

$$M(\boldsymbol{F},\boldsymbol{F}')=M=\pm Fd \tag{2-14}$$

式中，表示转向的正负号的规定依然为逆时针转向为正，顺时针转向为负。力偶矩的单位和力矩相同，也是牛顿·米(N·m)。

力偶对物体的作用效应取决于力偶的三要素，即力偶矩的大小、力偶的转向和力偶的作用面。当力偶三要素任一个发生变化时，力偶对物体的作用效应也会发生变化。

### 2. 力偶的基本性质

**性质 1　力偶无合力，力偶不能用一个力来等效。**

力对物体有移动和转动效应，而力偶对物体只有转动效应。图 2-17 所示为一块板分别在一个力和一个力偶作用下的不同效应。在一个力 $\boldsymbol{F}$ 作用下的板，有移动和转动两种运动效应；在一个力偶($\boldsymbol{F}$,$\boldsymbol{F}'$)的作用下，板只有转动效应，没有移动效应。因此，力偶只能用力偶来等效，力偶也只能用力偶来平衡。力偶和力分别是力学两个基本要素。

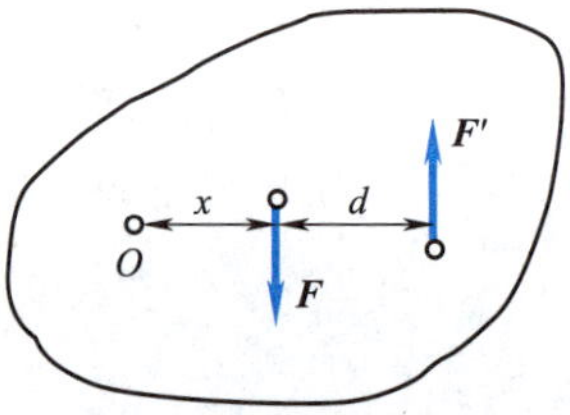


图　2-16

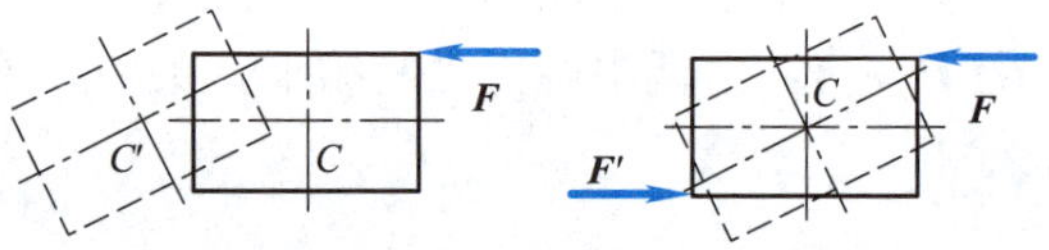


图　2-17

**性质 2　力偶矩的大小与矩心位置无关。**

通过力偶矩计算推导可知，力偶在其作用面内，对任意一点之矩恒等于力偶矩，说明力偶矩的大小，不随着矩心的变化而变化，与矩心无关。这与力矩的性质不同。

**性质 3　力偶的等效性**

在同一平面内的两个力偶，如果它们的力偶矩大小相等，转向相同，则这两个力偶是等效的。这称为力偶的等效定理。这一等效性质，已被实践所证实。同时可得推论：

①力偶可在其作用面内任意移动和转动，而不改变它对刚体的转动效应。

即力偶对物体的转动效应与它在作用面内的位置无关。例如，汽车驾驶员操纵转向盘时，不管手放在转向盘的 1—1 位置还是 2—2 位置，其转动效果都一样，因为此时的力偶臂和力的大小都没变，如图 2-18(a)所示。

②只要力偶矩的大小不变，转向不变，就可以相应地改变组成力偶的力的大小和力偶臂的长短，而不改变它对刚体的转动效应。

由此可见，力偶矩是平面力偶作用效应的唯一量度。在研究力偶的转动效应时，只需考虑力偶矩的大小和转向，而不必追究其在作用面内的位置、组成力偶的力的大小及力偶臂的长短。在工程中可用一段带箭头的弧线来表示力偶，箭头表示转向，$M$ 表示力偶矩的大小，如图 2-18(b)所示。

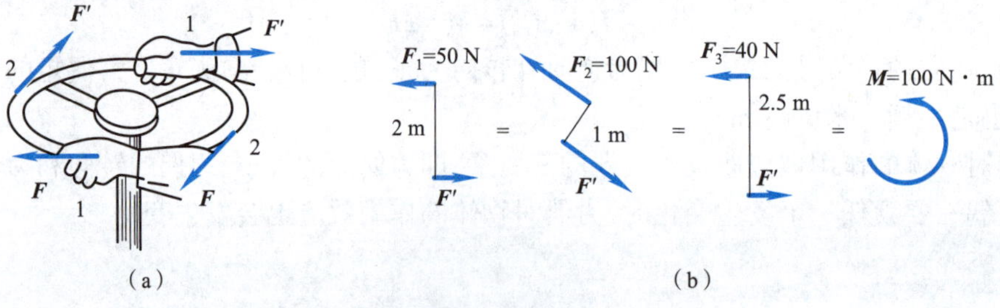


图　2-18

### 3. 平面力偶系的合成

作用在物体上同一平面内的多个力偶称为平面力偶系。例如，多轴钻床在水平工件上钻孔时，如图 2-19 所示，工件被加工的平面上有多轴钻头施加的力偶，这些力偶就形成了平面力偶系。

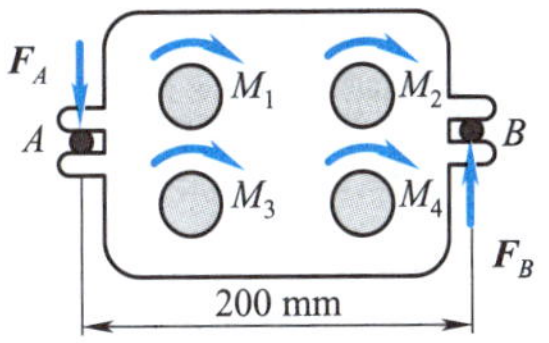


图 2-19

本着由简单到复杂的原则，先讨论两个力偶的合成，而后推广到任意个力偶组成的平面力偶系的合成。设在物体的同一平面内作用有两个力偶($\boldsymbol{F}_1,\boldsymbol{F}_1'$)和($\boldsymbol{F}_2,\boldsymbol{F}_2'$)，它们的力偶臂分别为 $d_1$ 和 $d_2$，如图 2-20(a)所示，则该两力偶的力偶矩分别为

$$M_1=F_1d_1,\quad M_2=-F_2d_2$$

根据力偶的等效性，在保持力偶矩不变的条件下，同时改变这两个力偶的力和力偶臂，并保持该力偶具有等长力偶臂 $d$，而后将这两个力偶在作用面内作适当转动，使力的作用线两两重合，如图 2-20(b)所示。于是得到与原力偶等效的两个新力偶($\boldsymbol{F}_3,\boldsymbol{F}_3'$)和($\boldsymbol{F}_4,\boldsymbol{F}_4'$)，其力偶矩可表示为

$$M_1=F_3d,\quad M_2=-F_4d$$

分别将作用在 $A$、$B$ 两点的力合成得(设 $F_3>F_4$)

$$F=F_3-F_4,\quad F'=F_3'-F_4'$$

于是 $\boldsymbol{F}$ 和 $\boldsymbol{F}'$组成了一个与原力偶等效的合力偶($\boldsymbol{F},\boldsymbol{F}'$)，如图 2-20(c)所示，则合力偶矩为

$$M=Fd=(F_3-F_4)d=F_3d-F_4d=M_1+M_2$$

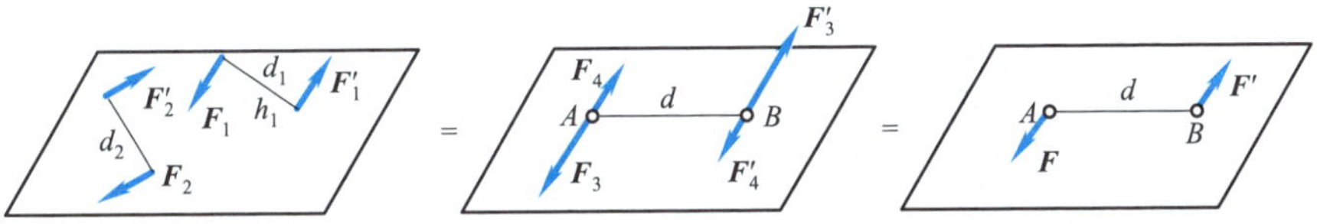


(a)　(b)　(c)

图 2-20

将两个平面力偶合成的结果推广到由任意个力偶组成的平面力偶系，则有

$$M=M_1+M_2+\cdots+M_n=\sum_{i=1}^{n}M_i \tag{2-15}$$

即平面力偶系合成的结果是一个合力偶，合力偶矩等于力偶系中各力偶矩的代数和。

### 4. 平面力偶系的平衡条件

当平面力偶系的合力偶矩等于零时，则力偶系中各力偶对物体的作用效果相互抵消，物体处于平衡状态。因此，平面力偶系平衡的必要和充分条件是：力偶系中各力偶矩的代数和等于零，即平衡方程为

$$\sum M_i=0 \tag{2-16}$$

为书写方便，常将下标 $i$ 略去。

平面力偶系的平衡方程只有一个，故可以求解一个未知量。

**【例 2-6】** 如图 2-21 所示，电动机轴通过联轴器与工作轴相连，联轴器上四个螺栓 $A$、$B$、$C$、$D$ 的孔心均匀地分布在同一圆周上，此圆的直径 $d=200$ mm，电动机轴传给联轴器的力偶矩 $M=2.0$ kN·m，设联轴器上四个螺栓 $A$、$B$、$C$、$D$ 所受力相等，试求当电动机与联轴器匀速转动时每个螺栓所受的力。

**【解】** (1)取联轴器为研究对象，作其受力图。

作用于联轴器上的力有电动机传给联轴器的力偶 $M$，$A$、$B$、$C$、$D$ 四个螺栓的约束力 $\boldsymbol{F}_1$、$\boldsymbol{F}_2$、$\boldsymbol{F}_3$、$\boldsymbol{F}_4$，受力图如图 2-21 所示。由于四个螺栓受力相等，取 $F_1=F_2=F_3=F_4=F$。于是 $\boldsymbol{F}_1$、$\boldsymbol{F}_2$、$\boldsymbol{F}_3$、$\boldsymbol{F}_4$ 组成两个力偶($\boldsymbol{F}_1$,$\boldsymbol{F}_3$)、($\boldsymbol{F}_2$,$\boldsymbol{F}_4$)。

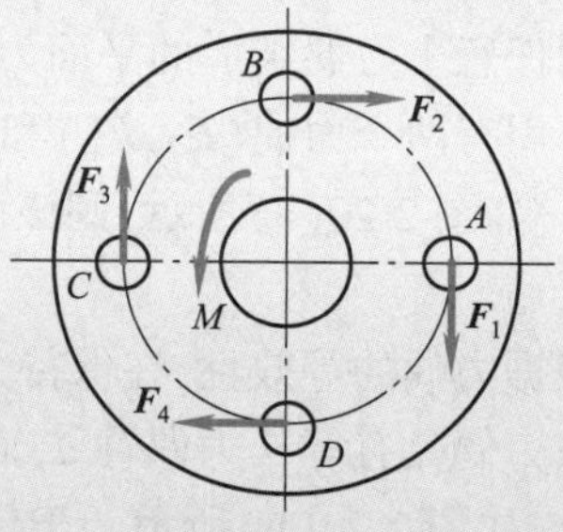

图 2-21

(2)列平衡方程。

当电动机与联轴器匀速转动时，联轴器处于平衡状态，根据 $\sum M=0$，则有

$$M-2F\times d=0$$

解得

$$F=\frac{M}{2d}=\frac{2}{2\times 0.2}\ \text{kN}=5\ \text{kN}$$

**讨论：**

(1)力偶只能用力偶来平衡，这是力偶系平衡的基本性质。

在作受力偶作用的物体的受力图时，力偶只能用力偶来平衡的基本性质，可以帮助我们确定未知力的方向和大小，这是在求解力偶系平衡时值得注意的地方。

(2)力偶平衡问题中若出现多于两个约束力时，这些约束力可能不会都组成力偶了，其约束力的方向和大小不易确定，这就涉及下面研究的平面任意力系的内容了。

**力偶的性质课外拓展：**路易·班锁在 1834 年发表的《力偶转动新论》中讨论了力偶的性质，推荐感兴趣的同学查阅相关资料。

# 小　结

## 1. 平面汇交力系的合成

(1)几何法。平面汇交力系运用力的四边形法则或力的多边形法则可以合成为一个合力，其合力的作用线通过汇交点。表达式为

$$\boldsymbol{F}_{\mathrm{R}}=\boldsymbol{F}_1+\boldsymbol{F}_2+\cdots+\boldsymbol{F}_n=\sum_{i=1}^{n}\boldsymbol{F}_i$$

(2)解析法。

力在直角坐标轴上的投影：$\begin{cases}F_x=F\cos\alpha\\F_y=F\cos\beta\end{cases}$

合力投影定理:合力在坐标轴上的投影等于各分力投影的代数和。

表达式为
$$\begin{cases} F_{Rx} = F_{1x} + F_{2x} + \cdots + F_{nx} = \sum_{i=1}^{n} F_{ix} \\ F_{Ry} = F_{1y} + F_{2y} + \cdots + F_{ny} = \sum_{i=1}^{n} F_{iy} \end{cases}$$

平面汇交力系合成的解析计算:合力的大小为

$$F_{R} = \sqrt{F_{Rx}^{2} + F_{Ry}^{2}} = \sqrt{\left(\sum F_{ix}\right)^{2} + \left(\sum F_{iy}\right)^{2}}$$

合力的方向为
$$\tan\alpha = \frac{F_{Ry}}{F_{Rx}} = \frac{\sum F_{iy}}{\sum F_{ix}}$$

## 2. 平面汇交力系的平衡条件

(1)平面汇交力系平衡的必要充分条件:力系的合力为零。表达式为 $\boldsymbol{F}_{R} = \sum_{i=1}^{n} \boldsymbol{F}_{i} = \boldsymbol{0}$。

(2)平面汇交力系平衡的几何条件是:力系所构成的力多边形自行封闭。

(3)平面汇交力系平衡的解析条件(平衡方程)是 $\sum F_{x} = 0, \sum F_{y} = 0$。

## 3. 平面力对点之矩

(1)力对点之矩的概念。平面力对点之矩是一代数量,它的绝对值等于力的大小和力臂的乘积,并规定力使物体逆时针方向转动时力矩为正,顺时针方向转动时力矩为负。

平面力 $\boldsymbol{F}$ 对 $O$ 点之矩记为 $M_{O}(\boldsymbol{F})$,表达式为 $M_{O}(\boldsymbol{F}) = \pm F \times h = \pm 2 S_{\triangle OAB}$。

(2)合力矩定理。平面汇交力系的合力对于平面内任意一点之矩,等于各分力对同一点之矩的代数和。表达式为

$$M_{O}(\boldsymbol{F}_{R}) = M_{O}(\boldsymbol{F}_{1}) + M_{O}(\boldsymbol{F}_{2}) + \cdots + M_{O}(\boldsymbol{F}_{n}) = \sum_{i=1}^{n} M_{O}(\boldsymbol{F}_{i})$$

## 4. 平面力偶

(1)力偶和力偶矩。力偶是两个大小相等、方向相反且不共线的平行力组成的特殊力系。力偶矩的大小等于组成力偶的力与力偶臂的乘积,表达式为

$$M(\boldsymbol{F}, \boldsymbol{F}') = M = \pm Fd$$

(2)力偶的基本性质。力偶无合力,力偶不能用一个力来等效;力偶矩的大小与矩心位置无关;力偶的等效性。

(3)力偶系的合成。平面力偶系合成的结果是一个合力偶,合力偶矩等于力偶系中各力偶矩的代数和,即

$$M = M_{1} + M_{2} + \cdots + M_{n} = \sum_{i=1}^{n} M_{i}$$

(4)力偶系的平衡。平面力偶系平衡的必要和充分条件是：力偶系中各力偶矩的代数和等于零，即 $\sum M = 0$。

## 思 考 题

2-1 想象与思考：一根直立的电线杆，在一天的不同时段里，电线杆留在地面上的影子长度是不同的，这是为什么？

2-2 动动手：如果用圆珠笔代表力（笔长度代表力的大小、笔身的倾斜度代表力的方向），讨论圆珠笔在不同方位时，其在坐标轴上投影的变化情况：

(1)当力与坐标轴垂直时，力在该轴上的投影为零；

(2)当力与坐标轴平行时，其投影的绝对值与该力的大小相等；

(3)当力平行于原来位置移动时，其在坐标轴上的投影不变。

2-3 交流与讨论：力的投影与分力的区别是什么？

2-4 练一练：关于力在坐标轴上的投影，下列说法错误的是（　　）。

A. 力的投影与坐标轴选取有关

B. 当力沿作用线移动时，其在坐标轴上的投影不变

C. 若两个力在同一坐标轴上投影相等，则这两个力大小相等

D. 若两个力在相互垂直的两个坐标轴上的投影分别相等，则这两个力大小相等

2-5 “合力一定比分力大。”这种说法对吗？请举例说明。

2-6 图示的两个力三角形中三个力的关系是否相同？

2-7 输电线跨度 $l$ 相同，电线下垂量 $h$ 越小，电线越易于拉断，为什么？

2-8 若力在某轴上的投影为零，则该力是否一定为零？

2-9 力 $\boldsymbol{F}$ 沿平面坐标系中的轴 $Ox$ 和 $Oy$ 的分力，与该力在这两轴上的投影有何区别？试以图示两种坐标系为例，予以分析说明。

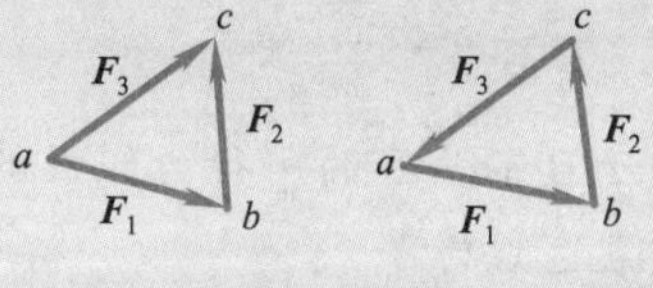

思考题 2-6 图

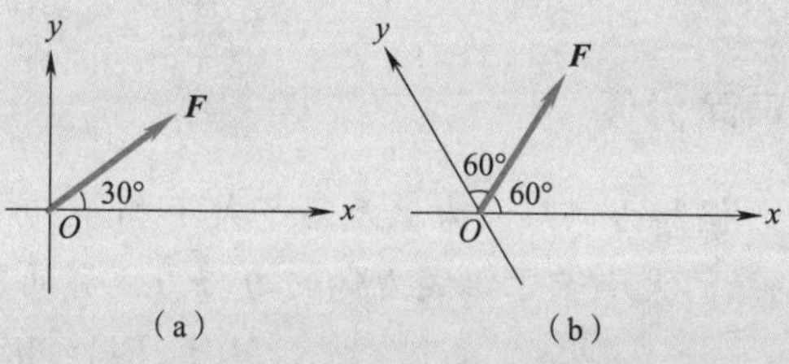

思考题 2-9 图

2-10 用解析法求平面汇交力系的合力时，若选取不同的直角坐标系，计算出的合力的大小有无变化？合力与坐标轴的夹角有无变化？为什么？

2-11 平面汇交力系平衡的几何条件是什么？解析条件是什么？

2-12 力矩与力偶有什么区别？力偶有哪些等效性质？

2-13 如图所示的圆轮保持平衡，这是否能够说明一个力可以和一个力偶平衡？

2-14　如图所示的四杆机构，不计杆的自重，$M_1$ 和 $M_2$ 大小相等，问此机构能否平衡？

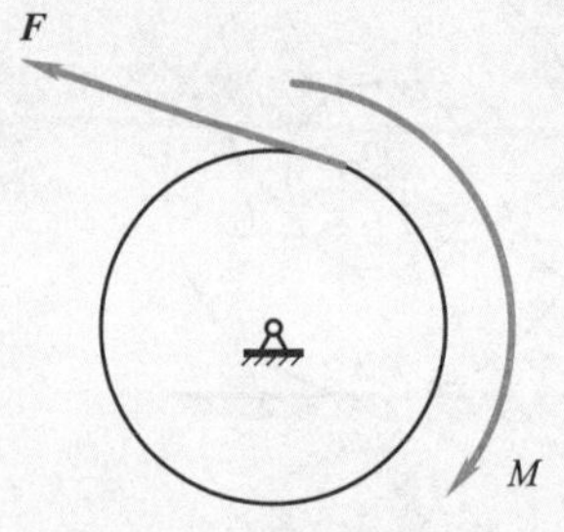


思考题 2-13 图

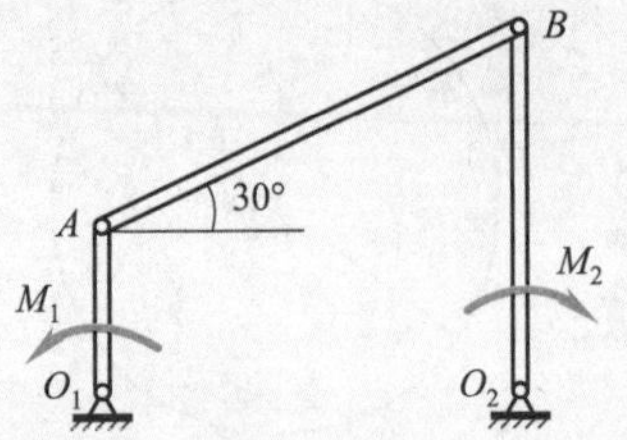


思考题 2-14 图

## 习　题

2-1　一固定于房顶的吊钩上有三个力 $\boldsymbol{F}_1$、$\boldsymbol{F}_2$、$\boldsymbol{F}_3$，其数值与方向如图所示。用解析法求此三力的合力。

答案：$F_R=2\ 000\ \mathrm{N},\alpha=60°$

2-2　图示一圆柱体放置于夹角为 $\alpha$ 的 V 形槽内，并用压板 $D$ 夹紧。已知压板作用于圆柱体上的压力为 $\boldsymbol{F}$。试求槽面对圆柱体的约束反力。

答案：$F_{NB}=F_{NC}=\dfrac{F}{2\sin\dfrac{\alpha}{2}}$

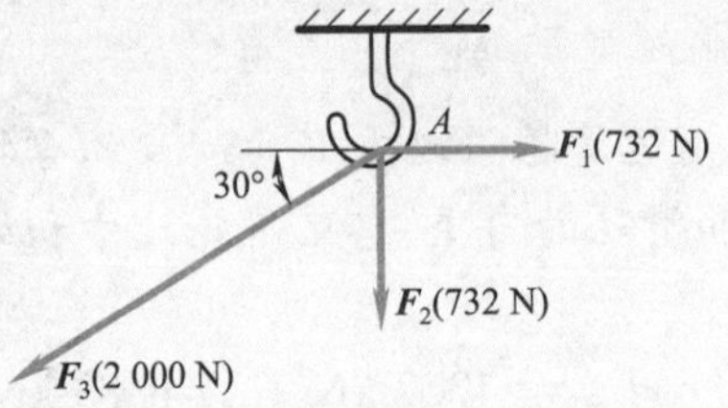


习题 2-1 图

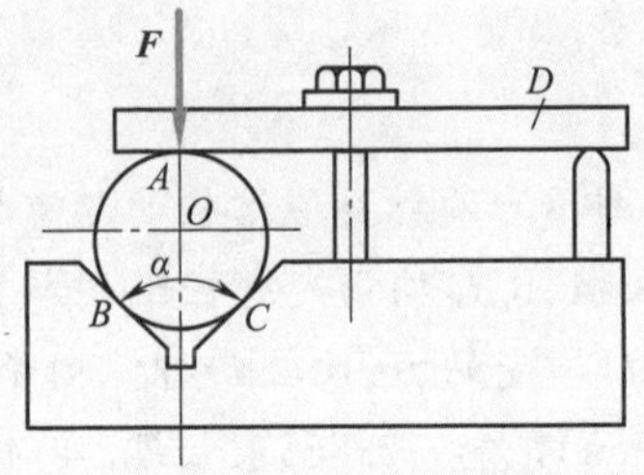


习题 2-2 图

2-3　图示圆柱齿轮的齿面受一啮合角 $\alpha=20°$的法向压力 $F_n=1\ \mathrm{kN}$ 的作用，齿面分度圆直径 $d=60\ \mathrm{mm}$。试计算力对轴心 $O$ 的力矩。

答案：$M_O(\boldsymbol{F}_R)=28.2\ \mathrm{N\cdot m}$

2-4　一轮在轮轴 $B$ 处受一切向力 $\boldsymbol{F}$ 的作用，如图所示。已知 $F$、$R$、$r$、$\alpha$，试求此力对轮与地面接触点 $A$ 的力矩。

答案：$M_A(\boldsymbol{F})=F(r-R\cos\alpha)$

2-5　如图所示，铆接薄板在孔心 $A$、$B$、$C$ 处受到三个力的作用。已知 $F_1=160\ \mathrm{N}$，$F_2=80\ \mathrm{N}$，$F_3=120\ \mathrm{N}$，试求此三力的合力。

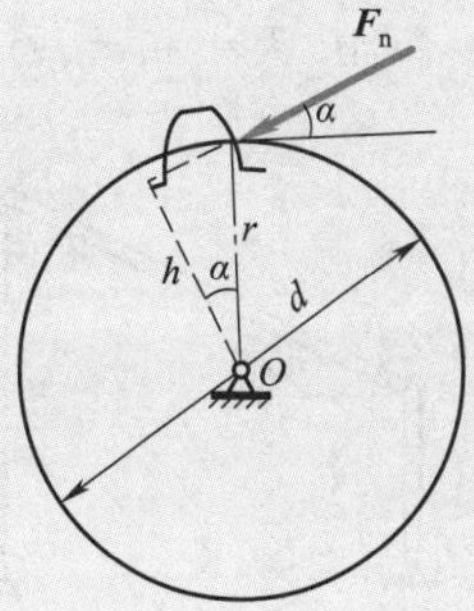


习题 2-3 图

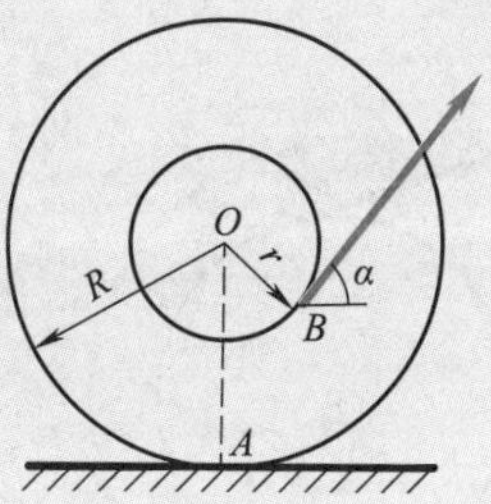


习题 2-4 图

答案：$F_R = 241.7\ \text{N}$，$\alpha = 53.13°$，在第一象限

2-6　均质杆 $AB$ 重为 $\boldsymbol{W}$，杆长为 $l$，两端置于相互垂直的两光滑斜面上，如图所示。已知斜面与水平面的夹角为 $\alpha$，求平衡时，杆与水平方向所成的夹角 $\varphi$ 及 $OA$ 的长度。

答案：$\varphi = 90° - 2\alpha$，$OA = l\sin\alpha$

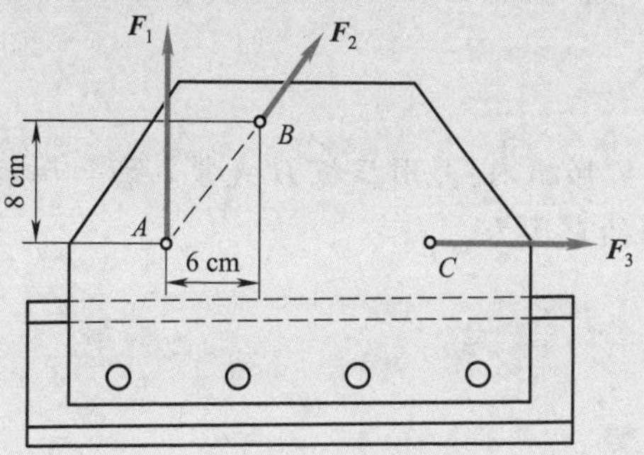


习题 2-5 图

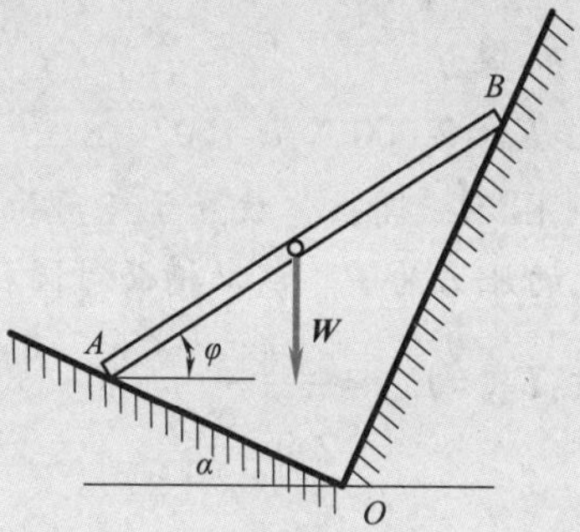


习题 2-6 图

2-7　图示为两种类似结构的起重机，用钢索通过滑轮吊起重 $W = 5\ \text{kN}$ 的重物，起重机架的铰接处 $A$、$B$、$C$ 均用光滑铰链连接。不计杆和滑轮的自重，忽略滑轮尺寸和摩擦，试求杆 $AB$ 和 $AC$ 所受的力；比较哪种结构受力更合理。

答案：(a) $F_{AC} = -7.865\ \text{kN}$，$F_{AB} = -1.035\ \text{kN}$；(b) $F_{AC} = -13.2\ \text{kN}$，$F_{AB} = 6.83\ \text{kN}$

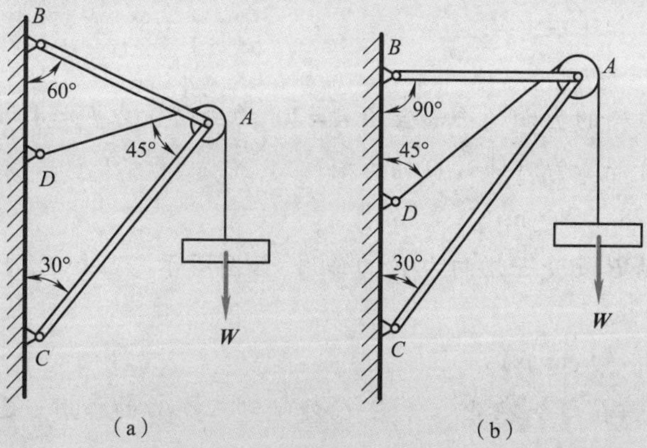


习题 2-7 图

2-8　如图所示压路机的碾子重 $G=20$ kN，半径 $r=40$ cm，若用一通过其中心的水平力 $\boldsymbol{F}$ 拉碾子越过高 $h=8$ cm 的石坎，拉力 $\boldsymbol{F}$ 至少需要多大？若要使拉力 $\boldsymbol{F}$ 为最小，力 $\boldsymbol{F}$ 与水平线的夹角 $\alpha$ 应为多大，此时拉力 $\boldsymbol{F}_{\min}$ 应为多大？

答案：$F=15$ kN，$\alpha=59°$，$F_{\min}=11.66$ kN

2-9　图示为一增力机构示意图。$A$、$B$、$C$ 三处均为光滑铰链连接，杆 $AB$、$BC$ 等长，在铰接点 $B$ 处作用外力 $F=3$ kN，通过杆 $AB$、$BC$ 使滑块 $C$ 向右压紧工件。已知压紧时 $\alpha=8°$，如不计工件和各杆件的自重及接触处的摩擦，求杆 $AB$、$BC$ 所受的力、滑块 $C$ 对底面的压力以及工件所受的压力。

答案：$F_{AB}=F_{BC}=1.5$ kN，$F_{\rm N}=0.21$ kN，$F_C=1.5$ kN

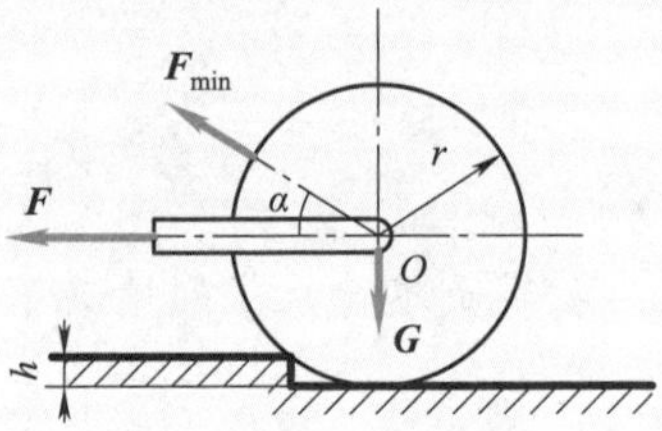


习题 2-8 图

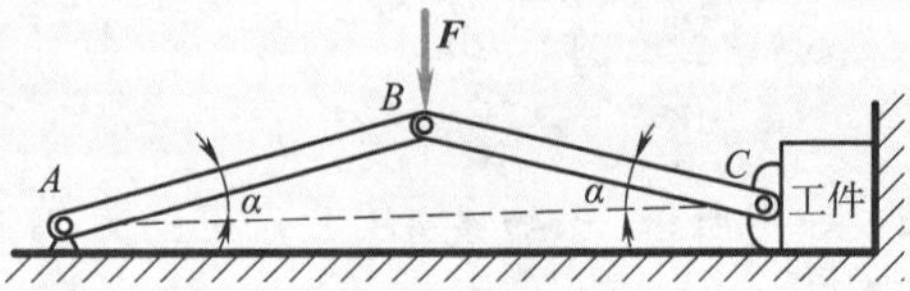


习题 2-9 图

2-10　重为 $\boldsymbol{W}$ 的均质圆球放置在杆 $AB$ 与墙壁之间，$D$、$E$ 两处均为光滑接触，结构尺寸如图所示。设杆 $AB$ 的重量不计，求 $A$ 处的约束力及绳 $BC$ 的拉力。

答案：$F_A=F_{BC}=\dfrac{2\sqrt{3}}{3}W$

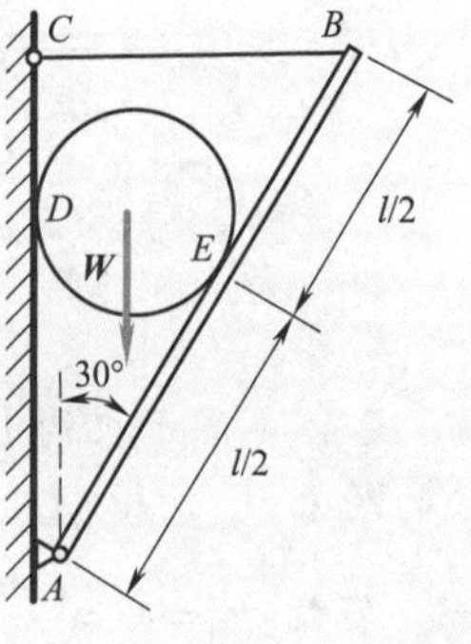


习题 2-10 图

2-11　试计算如图所示各图中力 $\boldsymbol{F}$ 对 $O$ 点之矩。

答案：$Fl$；0；$Fl\sin\theta$；$-Fa$；$F(l+r)$；$F\sin\alpha\sqrt{l^2+b^2}$

2-12　如图所示，一钢结构节点，在沿 $OA$、$OB$、$OC$ 的方向受到三个力的作用，已知 $F_1=1$ kN，$F_2=1.41$ kN，$F_3=2$ kN，试求这三个力的合力。

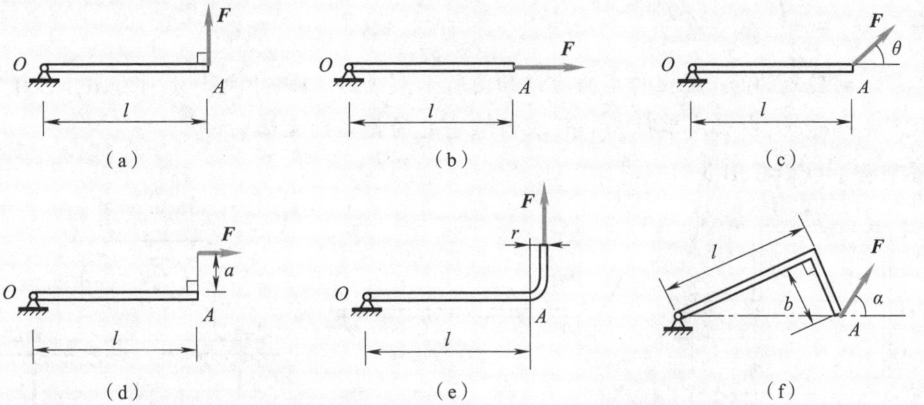


习题 2-11 图

答案：$F_R = 3.6$ kN

2-13　如图所示，作用在扳手上一力 $F$，其大小为 250 N，试计算此力对螺栓中心 $O$ 的力矩。

答案：$M_O = 39.6$ N·m

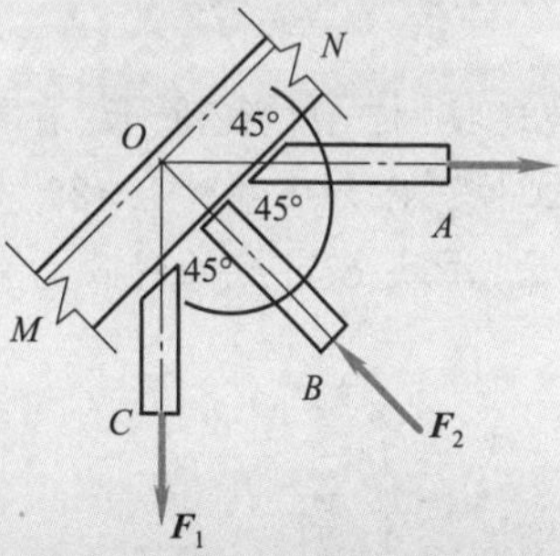


习题 2-12 图

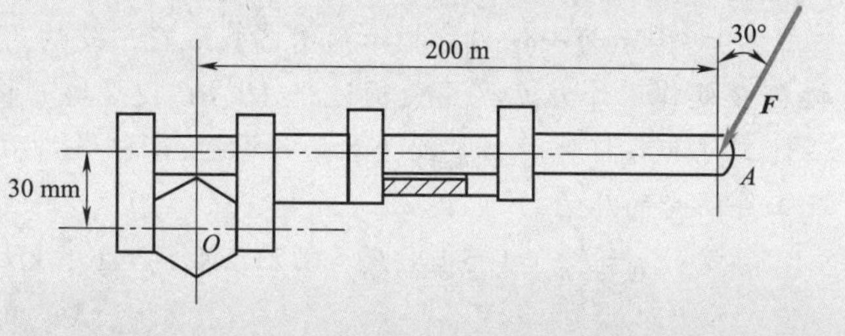


习题 2-13 图

2-14　如图所示，已知梁 $AB$ 上作用一力偶 $M$，梁长为 $l$，梁重不计。下列情况下，求支座 $A$、$B$ 的约束力。

答案：(a) $F_A = F_B = M/l$；(b) $F_A = F_B = M/l$；(c) $F_A = F_B = M/l\cos\theta$

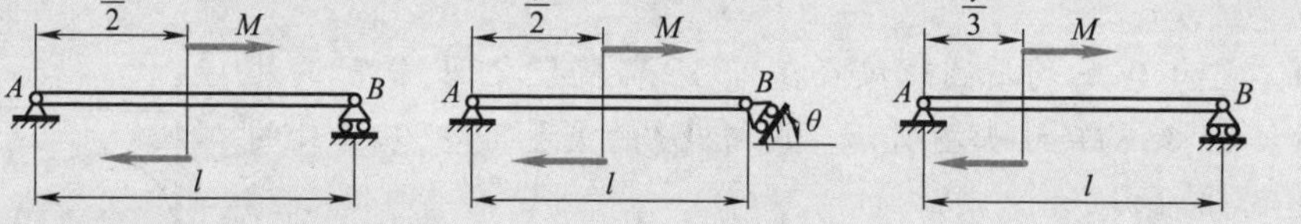


(a)　　(b)　　(c)

习题 2-14 图

2-15　图示机构中，各构件的自重略去不计。在构件 $AB$ 上作用一力偶 $M$，求支座 $A$ 和 $C$ 的约束力。

答案：$F_A = F_C = \dfrac{M}{2\sqrt{2}a}$

2-16　图示结构，在已知力偶 $M$ 作用下，自重不计。$A$ 处为光滑面接触，求 $D$ 处的约束力。

答案：$F_D = \dfrac{2M}{a}$

2-17　齿轮箱的两个轴上作用的力偶如图所示，它们的力偶矩大小分别为 $M_1 = 500$ N·m，$M_2 = 125$ N·m。图中长度单位为 cm，求两螺栓处的铅垂约束力。

答案：$F_A = F_B = 750$ N

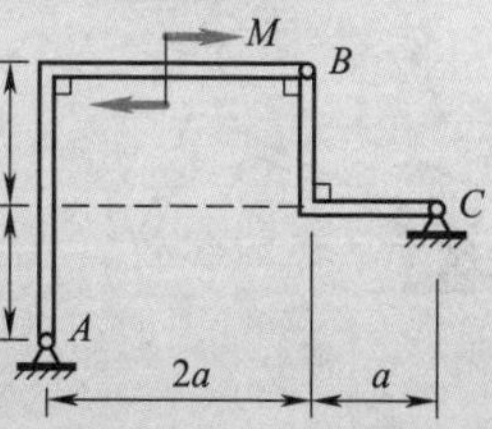


习题 2-15 图

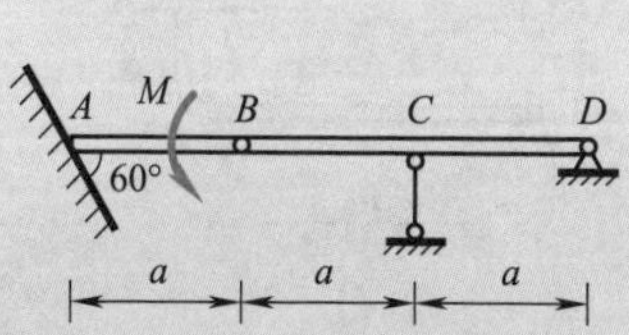


习题 2-16 图

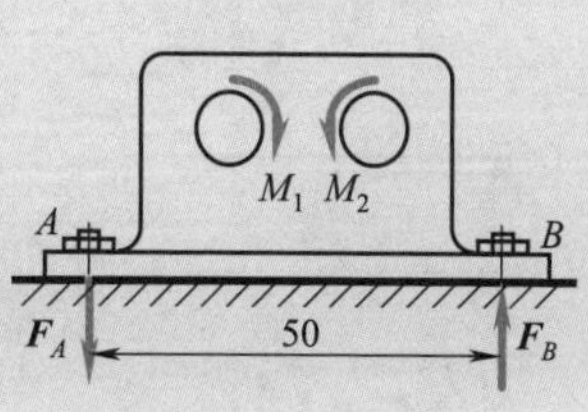


习题 2-17 图

2-18　在图示结构中，各构件的自重都不计，在构件 $BC$ 上作用一力偶矩为 $M$ 的力偶，各尺寸如图。求支座 $A$ 的约束力。

答案：$F_A=\dfrac{\sqrt{2}M}{l}$

2-19　杆 $AC$、$BC$ 在 $C$ 处铰接，另一端均与墙面铰接，如图所示，$\boldsymbol{F}_1$ 和 $\boldsymbol{F}_2$ 作用在销钉 $C$ 上，$F_1=445$ N，$F_2=535$ N，不计杆重，试求两杆所受的力。

答案：$F_{AC}=207$ N，$F_{BC}=164$ N；两杆均受拉

2-20　水平力 $\boldsymbol{F}$ 作用在刚架的 $B$ 点，如图所示。如不计刚架重量，试求支座 $A$ 和 $D$ 处的约束力。

答案：$F_A=1.12F$，$F_D=0.5F$

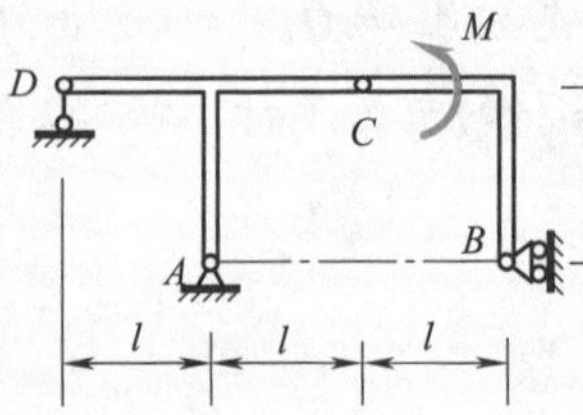

习题 2-18 图

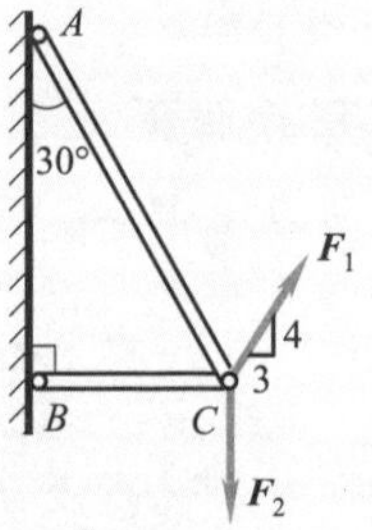

习题 2-19 图

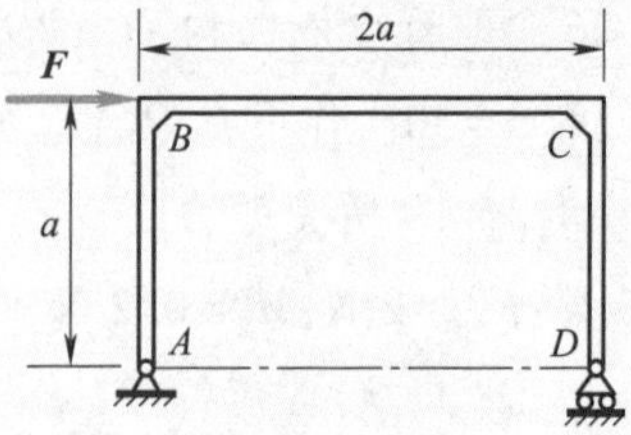

习题 2-20 图

2-21　如图所示，圆柱形容器搁在两个滚子上，滚子 $A$ 和 $B$ 处在同一水平线上。已知容器重 $G=30$ kN，半径 $R=500$ mm，滚子半径 $r=50$ mm，两个滚子中心距离 $l=750$ mm。试求滚子 $A$ 和 $B$ 所受的压力。

答案：$F_{NA}=F_{NB}=20.5$ kN

2-22　如图所示，起吊化工高压反应塔时，为了不损坏栏杆，需加水平拉力 $\boldsymbol{F}$ 使得反应塔与栏杆不接触。设反应塔自重 $W=30$ kN。求此时的水平拉力 $\boldsymbol{F}$ 和吊索中的拉力 $\boldsymbol{F}_{\mathrm{T}}$。

答案：$F=17.3$ kN，$F_{\mathrm{T}}=34.6$ kN

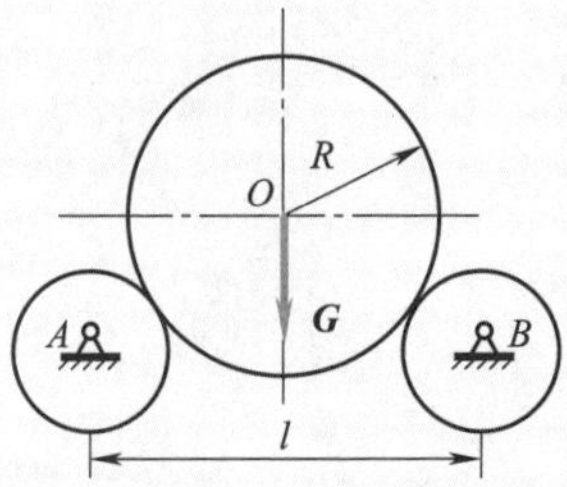

习题 2-21 图

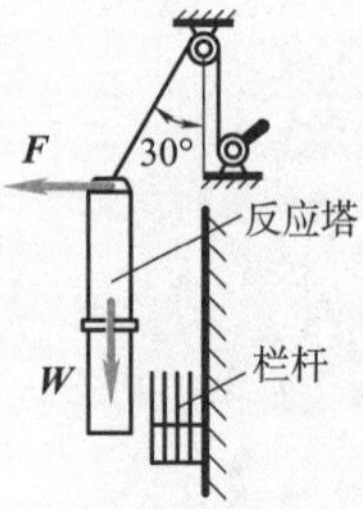

习题 2-22 图

2-23　在如图所示的工件上作用有三个力偶。三个力偶的矩分别为 $M_1=M_2=10$ N·m，$M_3=20$ N·m，固定螺柱 $A$ 和 $B$ 的距离 $l=200$ mm。求两个光滑螺柱所受的水平力。

答案：$F_A=200$ N

2-24　如图所示，梁 $AB$ 跨度为 $L=6$ m，梁上作用有两个力偶，其力偶矩分别为 $M_1=15$ kN·m，$M_2=24$ kN·m，试求 $A$、$B$ 支座的约束力。

答案：$F_A=F_B=1.5$ kN

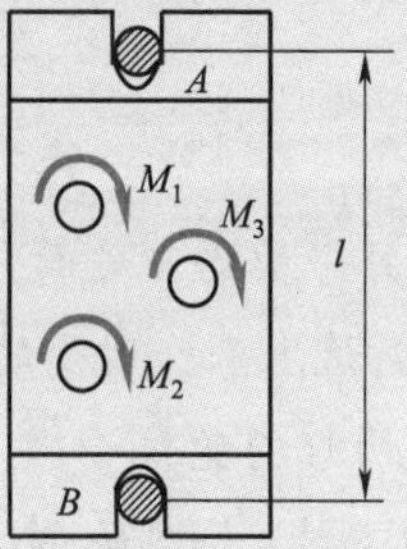

习题 2-23 图

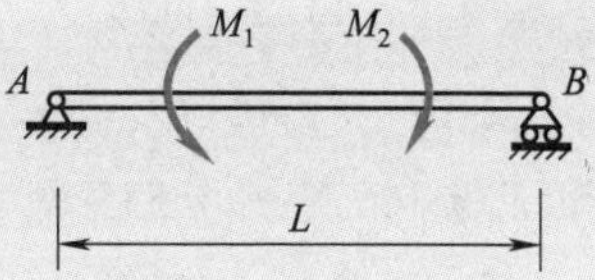

习题 2-24 图

2-25　如图所示，等截面杆的重为 $\boldsymbol{W}$，加在两光滑水平圆柱 $B$、$C$ 之间，其 $A$ 端搁在光滑的地面上，设 $AD=a$，$BC=b$，角 $\alpha$ 为已知，求 $A$、$B$、$C$ 各点的约束力。

答案：$F_A=W, F_B=F_C=\dfrac{a\cos\alpha}{b}W$

2-26　平面四杆机构 $O_1ABO_2$ 在图示位置处于平衡状态。已知 $O_1A=0.5$ m，$O_2B=0.4$ m，角 $\alpha=30°$，作用在 $O_1A$ 上的驱动力矩 $M_1=1$ kN·m，各杆的重力不计，试求阻力偶矩 $M_2$ 大小和杆 $AB$ 所受的力。

答案：$F_{AB}=2$ N，$M_2=0.2$ N·m

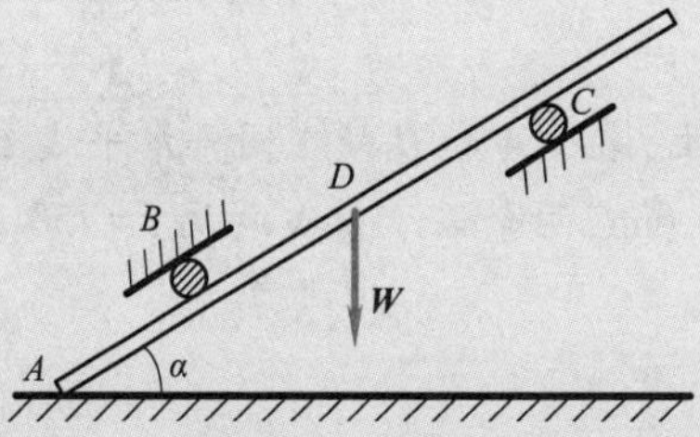

习题 2-25 图

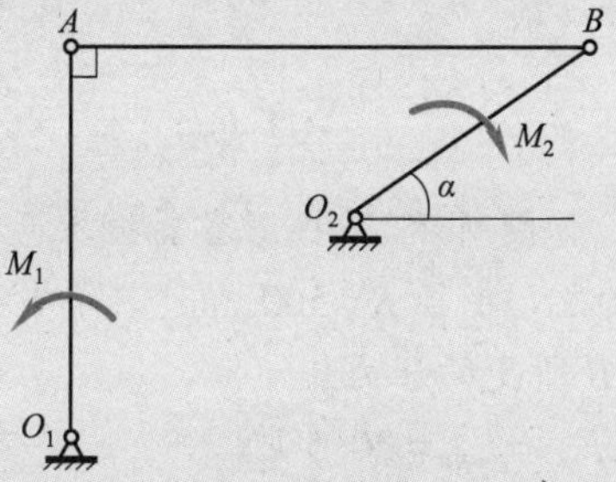

习题 2-26 图

# 第 3 章　平面任意力系

在研究平面汇交力系及平面力偶系的简化与平衡问题的基础上，本章将进一步研究平面任意力系的简化与平衡问题。力系中所有力的作用线都处于同一平面内且任意分布时，称为**平面任意力系**，也可称为**平面一般力系**。平面任意力系是实际中常见的一种力系，研究其简化与平衡问题在理论和实际应用等方面都有重要的价值，是静力学的重点，也是研究空间任意力系的基础。

## §3-1　力的平移定理

为了研究平面任意力系作用下物体的平衡问题，首先需要将力系进行简化，用一个简单力系等效代替。为完成平面任意力系的简化，需要用到力的平移定理。那么，何谓力的平移定理呢？我们先思考一个问题。

在厂房或者仓库等场所，为了搬运较重的设备或者物资，通常需要用到桥式起重机，桥式起重机的轮轨需要立柱支撑，这样的立柱通常称为牛腿柱，其形状及轮轨传递的力如图 3-1(a)所示。为了研究牛腿柱 $OB$ 段的受力，我们需要把力 $\boldsymbol{F}$ 从 $A$ 点移至 $O$ 点，这就涉及力的平移的问题。

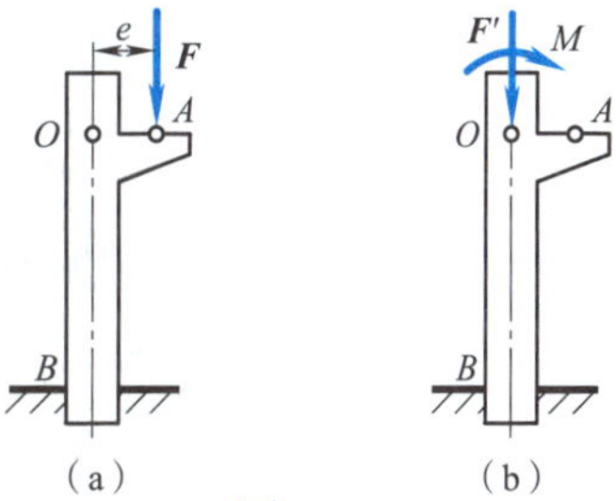

图　3-1

可以把作用在刚体上点 $A$ 的力 $\boldsymbol{F}$ 平行移到其上任一点 $O$，但必须同时附加一个力偶，这个附加力偶的力偶矩等于原来的力 $\boldsymbol{F}$ 对新作用点 $O$ 的力矩，此为**力的平移定理**。

**证明**　如图 3-2(a)所示，在刚体上的 $A$ 点作用着一个力 $\boldsymbol{F}$。在此刚体上任取一点 $O$，现在来讨论怎样才能把力 $\boldsymbol{F}$ 平移到 $O$ 点，而不改变其原来的作用效应。首先在 $O$ 点加上大小相等、方向相反、与 $\boldsymbol{F}$ 平行的一对平衡力 $\boldsymbol{F}'$ 和 $\boldsymbol{F}''$，且令 $F'=F''=F$，如图 3-2(b)所示。根据加减平衡力系原理，力 $\boldsymbol{F}$、$\boldsymbol{F}'$ 和 $\boldsymbol{F}''$ 组成的力系与图 3-2(a)的 $\boldsymbol{F}$ 对刚体的作用效应相同。然后将力 $\boldsymbol{F}''$ 和 $\boldsymbol{F}$ 组成一个力偶，此力偶即为附加力偶，其力偶矩为

$$M=Fd=M_O(\boldsymbol{F}) \tag{3-1}$$

这时，三个力可转换为作用在 $O$ 点的一个力和一个力偶，如图 3-2(c)所示，定理得证。

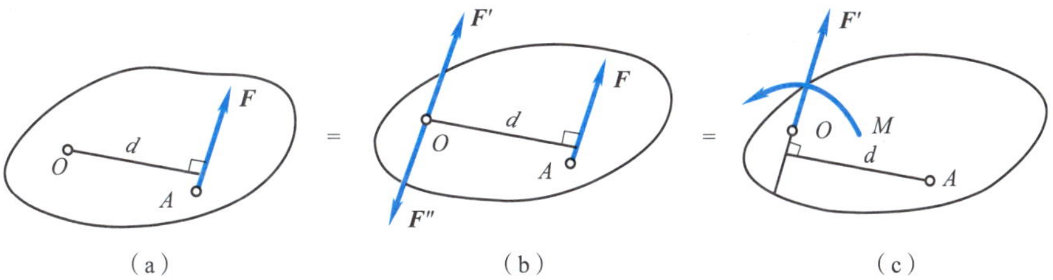

图　3-2

力的平移定理也可以理解为一个力可以分解为共面的一个力和一个力偶。反过来，共面的一个力和一个力偶也可以合成为一个力，该力的大小和方向与原力相同，作用线间的垂直距离为

$$d=\frac{|M|}{F'} \tag{3-2}$$

对于前面提到的牛腿柱，应用力的平移定理，将力 $\boldsymbol{F}$ 向 $O$ 点平移后，得到一个力 $\boldsymbol{F}'$ 和一个力偶矩为 $M=Fe$ 的顺时针转动的力偶，如图 3-1(b)所示。在后续的材料力学等课程中，进一步讨论可知，力 $\boldsymbol{F}'$ 将使 $OB$ 段发生轴向压缩变形，而力偶 $M$ 将使 $OB$ 段发生弯曲变形，故牛腿柱的 $OB$ 段发生压弯组合变形。

此外，牛腿和雀替也是我国古建筑中雕画装饰的重点，如图 3-3 所示。有些地方把牛腿也称为"马腿"，是指从柱中伸出的一段短木，它一般只起装饰作用而不起传承力的作用；雀替是指位于柱与横梁之间的撑木，既可以起到传承力的作用，又可以起到装饰作用，相当于现代建筑中混凝土加腋梁中的加腋部分。当然，分析时还是要看二者在结构中的实际位置和功用，合理建立力学模型。

图 3-3

## §3-2 平面任意力系的简化

本节用力的平移定理讨论平面任意力系向作用面内任意一点的简化。

### 1. 平面任意力系向作用面内任意一点的简化·主矢和主矩

设刚体受到平面任意力系 $\boldsymbol{F}_1,\boldsymbol{F}_2,\cdots,\boldsymbol{F}_n$ 的作用，如图 3-4(a)所示。在力系所在的平面内任取一点 $O$ 作为简化中心，应用力的平移定理，将力系中各个力分别平移至 $O$ 点。这样，得到作用于点 $O$ 的力 $\boldsymbol{F}'_1,\boldsymbol{F}'_2,\cdots,\boldsymbol{F}'_n$，以及相应的附加力偶，其力偶矩分别为 $M_1,M_2,\cdots,M_n$，如图 3-4(b)所示。这些附加力偶的力偶矩分别为

$$M_i = M_O(\boldsymbol{F}_i) \tag{3-3}$$

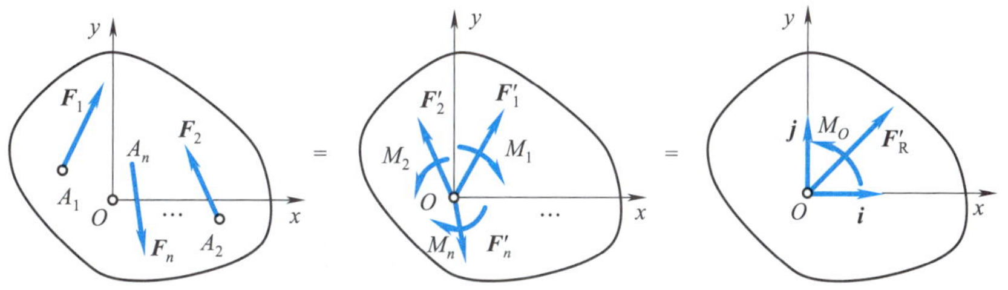


（a）　（b）　（c）

图　3-4

可见，平面任意力系就由一个平面汇交力系和一个平面力偶系等效代替，实现了未知问题到已知问题的转化，现在就可以分别合成这两个力系了。

作用于点 $O$ 的平面汇交力系可合成为一个力 $\boldsymbol{F}'_R$，如图 3-4(c)所示。因为该汇交力系中各力的大小和方向均与原力系中各力相同，即 $\boldsymbol{F}'_i = \boldsymbol{F}_i$，故有

$$\boldsymbol{F}'_R = \sum \boldsymbol{F}'_i = \sum \boldsymbol{F}_i \tag{3-4}$$

平面力偶系可合成为一个力偶，如图 3-4(c)所示。该力偶的力偶矩 $M_O$ 等于各个力偶的矩的代数和，由式(3-3)可知，也等于原力系中各力对简化中心 $O$ 点的力矩的代数和，故有

$$M_O = \sum M_i = \sum M_O(\boldsymbol{F}_i) \tag{3-5}$$

平面任意力系中所有各力的矢量和 $\boldsymbol{F}'_R$，称为该力系的主矢；而这些力对于任选的简化中心 $O$ 点的力矩的代数和 $M_O$，称为该力系的主矩。显然，主矢与简化中心无关，而主矩与简化中心有关，因此，必须指明力系是对于哪一点的主矩。

于是，可得结论：在一般情况下，平面任意力系向作用面内任选一点 $O$ 简化，可得一个力和一个力偶，这个力的大小和方向等于该力系的主矢，作用线通过简化中心 $O$ 点，这个力偶的力偶矩等于该力系对于 $O$ 点的主矩。

主矢 $\boldsymbol{F}'_R$ 的大小与方向可用解析法求得。按图 3-4 所选定的坐标系 $Oxy$，有

$$F'_{Rx} = F'_{1x} + F'_{2x} + \cdots + F'_{nx} = \sum F_{ix}$$

$$F'_{Ry} = F'_{1y} + F'_{2y} + \cdots + F'_{ny} = \sum F_{iy}$$

故主矢 $\boldsymbol{F}'_R$ 的大小及方向可分别由下式确定：

$$\left.\begin{aligned} F'_R &= \sqrt{(F'_{Rx})^2 + (F'_{Ry})^2} = \sqrt{\left(\sum F_{ix}\right)^2 + \left(\sum F_{iy}\right)^2} \\ \cos(\boldsymbol{F}'_R, \boldsymbol{i}) &= \frac{\sum F_{ix}}{F'_R}, \quad \cos(\boldsymbol{F}'_R, \boldsymbol{j}) = \frac{\sum F_{iy}}{F'_R} \end{aligned}\right\} \tag{3-6}$$

式中，$\sum F_{ix}$、$\sum F_{iy}$ 分别表示原力系中各力在 $x$、$y$ 轴上投影的代数和，为书写方便，常将下标 $i$ 略去。

利用平面任意力系的简化结果，再介绍一种类型的约束。工程实际中，经常遇到物体的一端完全固结或者嵌于另一个物体上的情况，如图 3-5(a)所示的车床三爪卡盘对工件的约束，图 3-5(b)所示的竖杆对横杆的约束及图 3-5(c)所示的房屋建筑中墙壁对悬臂梁的约束等，这

些均称为固定端约束。当被约束物体上所有主动力都分布在同一平面内时，固定端约束的约束力也必然分布在该平面内，称为平面固定端约束。

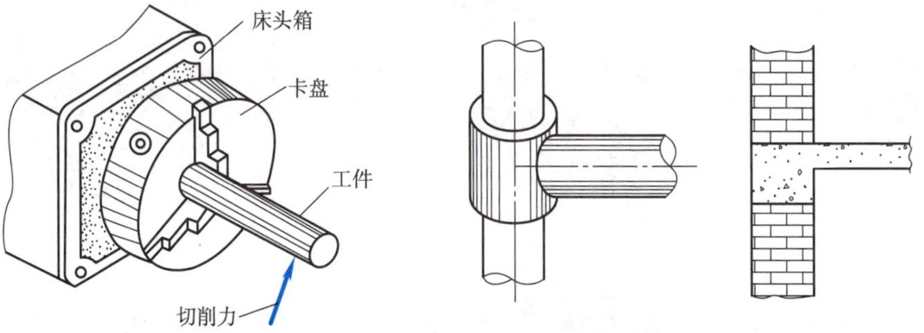


(a) (b) (c)

图 3-5

固定端约束的构成虽然多种多样，但其约束力具有共同之处，其本质上是在接触面上分布一群力。在平面问题中，这一群力构成了平面任意力系，如图 3-6(a)所示。将这一群力向 $O$ 点简化，可以得到一个力 $\boldsymbol{F}_O$ 和一个力偶矩 $M_O$，如图 3-6(b)所示。一般情况下这个力的大小和方向均未知，可以用两个正交未知分力 $\boldsymbol{F}_{Ox}$ 和 $\boldsymbol{F}_{Oy}$ 来代替。因此，在平面问题中，固定端 $O$ 处的约束力可简化为两个约束力 $\boldsymbol{F}_{Ox}$、$\boldsymbol{F}_{Oy}$ 和一个约束力偶矩 $M_O$，如图 3-6(c)所示。

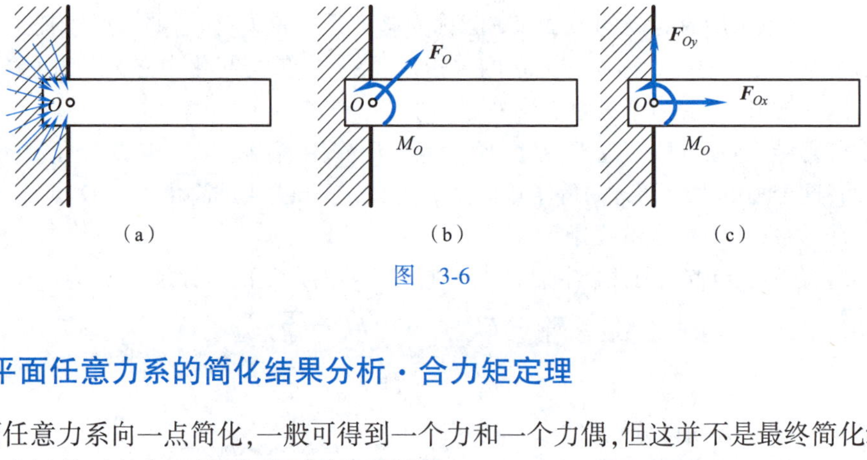


(a) (b) (c)

图 3-6

### 2. 平面任意力系的简化结果分析 · 合力矩定理

平面任意力系向一点简化，一般可得到一个力和一个力偶，但这并不是最终简化结果。根据主矢与主矩是否存在，可能出现下列几种情况：

(1)若 $\boldsymbol{F}'_R=0$、$M_O\neq0$，说明原力系与一个力偶等效，即原力系合成为合力偶，合力偶矩为

$$M_O = \sum M_O(\boldsymbol{F})$$

由于力偶对平面内任意一点之矩都相同，因此，当力系简化为一力偶时，主矩与简化中心的位置无关，无论向哪一点简化，所得的主矩相同。

(2)若 $\boldsymbol{F}'_R\neq0$、$M_O=0$，说明附加力偶系相互平衡，即原力系合成为一个合力，合力的矢等于力系的主矢 $\boldsymbol{F}'_R$，作用线通过简化中心。

(3)若 $\boldsymbol{F}'_R\neq0$、$M_O\neq0$，如图 3-7(a)所示，这时根据力的平移定理的逆过程，可以进一步合成为合力 $\boldsymbol{F}_R$。将力偶矩为 $M_O$ 的力偶用两个反向平行力 $\boldsymbol{F}_R$、$\boldsymbol{F}''_R$ 表示，并使 $\boldsymbol{F}'_R$、$\boldsymbol{F}''_R$ 等值、共

线，构成一平衡力系，如图 3-7(b)所示，为保持 $M_O$ 不变，只要取力臂 $d$ 为

$$d=\frac{|M_O|}{F'_R}=\frac{|M_O|}{F_R} \tag{3-7}$$

将 $F'_R$、$F''_R$ 这一平衡力系减去，这样就只剩下力 $F_R$ 与原力系等效，如图 3-7(c)所示。应注意，合力 $F_R$ 对 $O$ 点的矩的转向应与主矩 $M_O$ 的转向相一致。

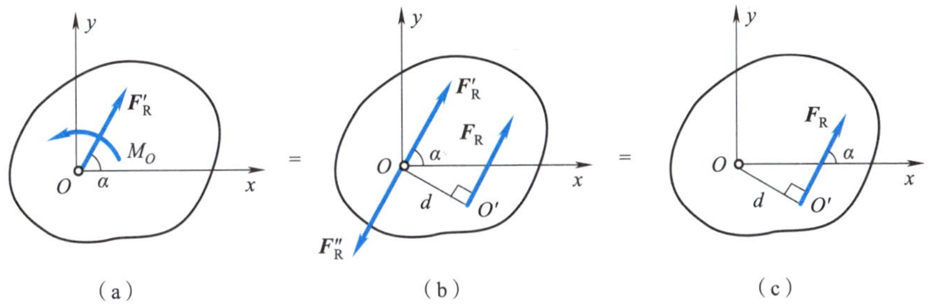


图　3-7

(4)若 $F'_R=0$、$M_O=0$，则原力系平衡，这种情形将在下一节中详细讨论。

通过上面的研究，可以很方便地将合力矩定理推广到平面任意力系。由图 3-7(c)可知，平面任意力系的合力 $F_R$ 对简化中心 $O$ 点的矩为

$$M_O(F_R)=F_Rd=M_O$$

但 $M_O$ 又等于力系中各力对 $O$ 点的矩的代数和，即

$$M_O=M_O(F_1)+M_O(F_2)+\cdots+M_O(F_n)=\sum M_O(F_i)$$

于是

$$M_O(F_R)=\sum M_O(F_i) \tag{3-8}$$

这就是**平面任意力系的合力矩定理**。由于简化中心 $O$ 点是任意选取的，故式(3-8)适合于任一简化中心。平面任意力系的合力矩定理一般表述为：**平面任意力系的合力对作用面内任一点的矩等于力系中各力对同一点之矩的代数和。**

**【例 3-1】** 一矩形平板 $OABC$，在其平面内受 $F_1$、$F_2$ 及 $M$ 作用，如图 3-8(a)所示。已知 $F_1=2$ kN，$F_2=3$ kN，$M=10$ kN·m，求此力系的简化结果。

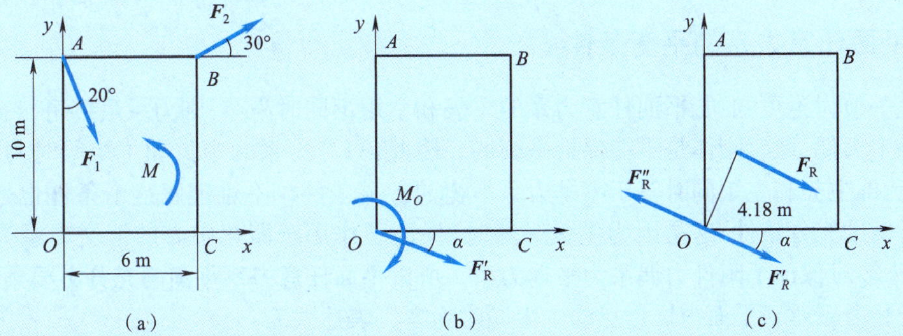


图　3-8

**【解】** 取 $O$ 点为简化中心,建立图 3-8(a)所示的坐标系 $Oxy$。

(1)求主矢 $\boldsymbol{F}'_R$。

主矢 $\boldsymbol{F}'_R$ 在 $x$、$y$ 轴上的投影分别为

$$F'_{Rx}=\sum F_x=F_1\sin 20°+F_2\cos 30°=(2\times 0.342+3\times 0.866)\text{kN}=3.28\text{ kN}$$

$$F'_{Ry}=\sum F_y=-F_1\cos 20°+F_2\sin 30°=(-2\times 0.940+3\times 0.5)\text{kN}=-0.38\text{ kN}$$

主矢 $\boldsymbol{F}'_R$ 的大小及方向为

$$F'_R=\sqrt{(F'_{Rx})^2+(F'_{Ry})^2}=\sqrt{3.28^2+(-0.38)^2}\text{ kN}=3.3\text{ kN}$$

由于 $F'_{Rx}>0$、$F'_{Ry}<0$,因此主矢 $\boldsymbol{F}'_R$ 位于第四象限,假设它与 $x$ 轴正向夹角为 $\alpha$,如图 3-8(b)所示,有

$$\tan\alpha=\left|\frac{F'_{Ry}}{F'_{Rx}}\right|=\frac{0.38}{3.28}=0.116,\quad \alpha=\arctan 0.116=6.6°$$

亦可由方向余弦计算,请读者自行练习。

(2)求主矩 $M_O$。

$$\begin{aligned}M_O&=\sum M_O(\boldsymbol{F}_i)=M_O(\boldsymbol{F}_1)+M_O(\boldsymbol{F}_2)+M\\&=-F_1\sin 20°\times OA-F_2\cos 30°\times OA+F_2\sin 30°\times OC+M\\&=(-2\times 0.342\times 10-3\times 0.866\times 10+3\times 0.5\times 6+10)\text{kN}\cdot\text{m}\\&=-13.8\text{ kN}\cdot\text{m}\end{aligned}$$

负号表明主矩 $M_O$ 的转向为顺时针,如图 3-8(b)所示。

(3)求合力 $F_R$。

由于 $F_R=F'_R=3.3$ kN,$\alpha=6.6°$,且 $d=\dfrac{|M_O|}{F'_R}=\dfrac{13.8}{3.3}=4.18$ m,$M_O$ 顺时针转向,所以合力 $\boldsymbol{F}_R$ 应在主矢 $\boldsymbol{F}'_R$ 的上方,到 $O$ 点的距离为 4.18 m 处,如图 3-8(c)所示。

## §3-3 平面任意力系的平衡条件与平衡方程

### 1. 平面任意力系的平衡条件

由上一节讨论可知,若平面任意力系的主矢和主矩不同时为零,则力系最终可以合成为一个力或一个力偶,此时刚体是不能保持平衡的。因此,只有力系的主矢和主矩同时为零,力系才能平衡,即主矢和主矩同时等于零是力系平衡的必要条件。不难理解这个条件也是平面任意力系平衡的充分条件,这是因为主矢为零时,保证了作用于简化中心的汇交力系为平衡力系,主矩为零时保证了附件力偶系为平衡力系。所以平面任意力系平衡的充分必要条件是:力系的主矢和力系对于平面内任意点的主矩同时为零。表达式为

$$\begin{cases}\boldsymbol{F}'_R=0\\M_O=0\end{cases}\tag{3-9}$$

### 2. 平面任意力系的平衡方程

由平面任意力系的平衡条件,结合式(3-5)和式(3-6)可得

$$\begin{cases}\sum F_x = 0\\ \sum F_y = 0\\ \sum M_O(\boldsymbol{F}) = 0\end{cases} \tag{3-10}$$

即**平面任意力系平衡的解析条件是**:力系中所有各力在两个任选的坐标轴上的投影的代数和分别等于零,以及各力对任意一点的矩的代数和也等于零。式(3-10)称为**平面任意力系的平衡方程**。

平面任意力系有三个独立的平衡方程,可以求解三个未知量。

**【例 3-2】** 外伸梁 $AC$ 重为 $W=6$ kN,在其上作用有力 $F=8$ kN、力偶矩 $M=4$ kN·m、分布载荷 $q=2$ kN/m,如图 3-9(a)所示。若 $\theta=30°$,求支座 $A$、$B$ 的约束反力。

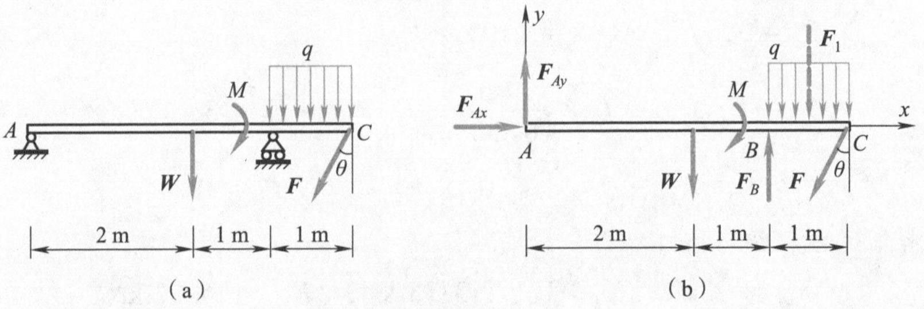


图 3-9

**【解】** 以整体为研究对象,取坐标系 $Axy$,如图 3-9(b)所示,作梁 $AC$ 的受力图。

固定铰支座 $A$ 处的约束反力用 $\boldsymbol{F}_{Ax}$、$\boldsymbol{F}_{Ay}$ 表示,指向是假设的;$B$ 处的约束反力为 $\boldsymbol{F}_B$;分布载荷 $q$ 可用一个作用于 $BC$ 中点的合力 $\boldsymbol{F}_1$ 代替,其大小为 $F_1=q\times BC$。

根据受力图,列出以下平衡方程:

$$\sum F_x = 0,\quad F_{Ax} - F\sin\theta = 0$$

$$\sum F_y = 0,\quad F_{Ay} - W + F_B - F_1 - F\cos\theta = 0$$

$$\sum M_O(\boldsymbol{F}) = 0,\quad -W\times 2 - M + F_B\times 3 - F_1\times 3.5 - F\cos\theta\times 4 = 0$$

代入数值,解上述平衡方程,得

$$F_{Ax}=4\ \text{kN},\quad F_B=\frac{23+16\sqrt{3}}{3}\ \text{kN}=16.9\ \text{kN},\quad F_{Ay}=\frac{1-4\sqrt{3}}{3}\ \text{kN}=-1.98\ \text{kN}$$

负号表示 $\boldsymbol{F}_{Ay}$ 的实际方向与受力图中假设的指向相反。

**【例 3-3】** 工业厂房中较多采用斜顶结构,这就需要相应外形的屋架支撑。一屋架承受载荷及尺寸如图 3-10(a)所示。$A$、$B$ 两端分别为固定铰支座和活动铰支座。已知:$F_1=F_2=100$ kN,垂直于 $AC$ 边的分布载荷为 $q=10$ kN/m,$a=2$ m。试求支座 $A$、$B$ 处的约束力。

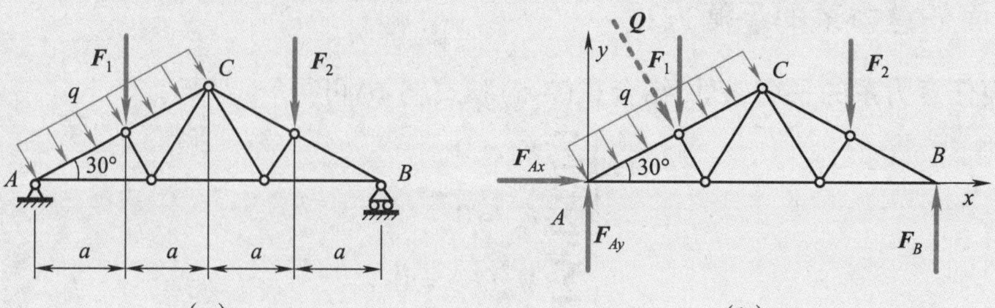


（a）　（b）

图　3-10

【解】　取整个屋架为研究对象，受力分析如图3-10(b)所示。设作用在$AC$边的均布载荷的合力为$\boldsymbol{Q}$，作用在其中点并垂直于$AC$边，其大小为$Q=q\times\dfrac{2a}{\cos 30^\circ}=\dfrac{4\sqrt{3}\,qa}{3}$。

按图示坐标系，列平衡方程有

$$\sum F_x=0,\quad F_{Ax}+Q\times\sin 30^\circ=0$$

$$\sum M_A(F)=0,\quad -Q\times\frac{a}{\cos 30^\circ}-F_1\times a-F_2\times 3a+F_B\times 4a=0$$

$$\sum F_y=0,\quad F_{Ay}-Q\times\cos 30^\circ-F_1-F_2+F_B=0$$

代入数值，解上述方程组可得

$$F_{Ax}=-23.09\ \text{kN},\quad F_B=113.33\ \text{kN},\quad F_{Ay}=126.67\ \text{kN}$$

负号表示$\boldsymbol{F}_{Ax}$的实际方向与受力图中假设的指向相反。

**【例3-4】**　重为$W=80$ kN的$T$字形刚架$ABD$，放置于铅垂面内，如图3-11(a)所示。已知：$M=160$ kN·m，$F=100$ kN，$q=16$ kN/m，$l=1$ m。试求固定端$A$处的约束力。

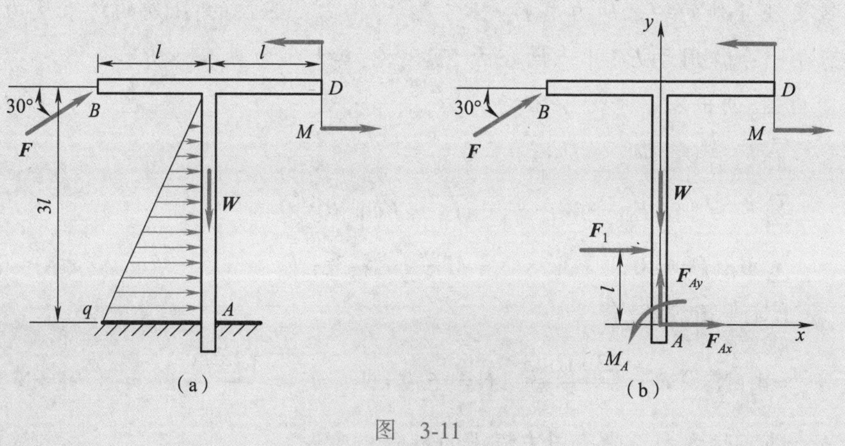


（a）　（b）

图　3-11

【解】　取刚架为研究对象，其上除受主动力作用，还有固定端$A$处的约束力$\boldsymbol{F}_{Ax}$、$\boldsymbol{F}_{Ay}$和约束力偶$M_A$作用。此外，三角形分布载荷可用其合力$\boldsymbol{F}_1$等效代替，其大小为$F_1=\dfrac{3}{2}ql$，作

用在距离 $A$ 端 $l$ 位置处，刚架受力图如图 3-11(b)所示。

按图示坐标系，列平衡方程有

$$\sum F_x = 0,\quad F_{Ax} + F_1 + F\cos 30° = 0$$

$$\sum M_A(\boldsymbol{F}) = 0,\quad M_A - F_1 \times l - F\cos 30° \times 3l - F\sin 30° \times l + M = 0$$

$$\sum F_y = 0,\quad F_{Ay} - W + F\sin 30° = 0$$

代入数值，解上述方程组可得

$$F_{Ax} = -110.6\ \text{kN},\quad F_{Ay} = 30\ \text{kN},\quad M_A = 173.8\ \text{kN}\cdot\text{m}$$

**【例 3-5】** 绞车通过钢索牵引小车沿斜面轨道匀速上升，如图 3-12(a)所示。已知：小车重 $W = 20$ kN，钢索与斜面平行，斜面的倾角 $\alpha = 30°$，$a = 0.8$ m，$b = 0.6$ m，$e = 0.2$ m，不计摩擦。试求钢索的拉力 $\boldsymbol{F}$ 的大小，以及车轮对轨道的压力。

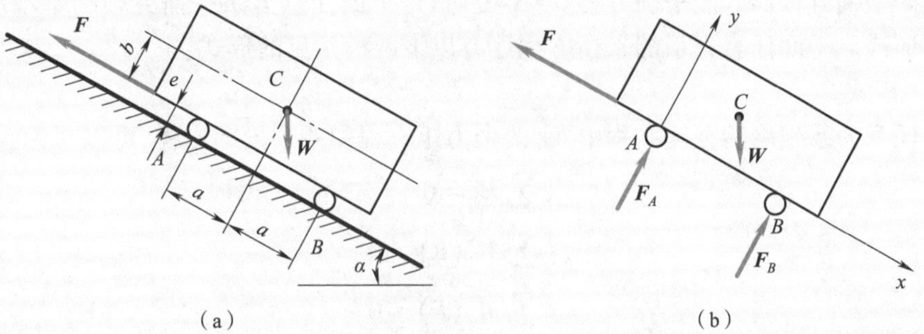


图 3-12

**【解】** 取小车为研究对象，进行受力分析。重力 $\boldsymbol{W}$ 作用在小车的重心 $C$ 处；钢索的拉力 $\boldsymbol{F}$ 作用在小车的底边且沿斜面向上；车轮在 $A$、$B$ 处受到轨道的约束力 $\boldsymbol{F}_A$、$\boldsymbol{F}_B$，小车的受力图如图 3-12(b)所示。

建立直角坐标系 $Axy$，由于小车沿直线轨道匀速运行，故作用在小车的力系满足平衡方程，有

$$\sum F_x = 0,\quad -F + W\sin\alpha = 0$$

$$\sum M_A(\boldsymbol{F}) = 0,\quad F_B \times 2a - W\sin\alpha \times (b + e) - W\cos\alpha \times a + F \times e = 0$$

$$\sum F_y = 0,\quad F_A + F_B - W\cos\alpha = 0$$

代入数值，解上述方程组可得

$$F = 10\ \text{kN},\quad F_B = \frac{15+20\sqrt{3}}{4}\ \text{kN} = 12.41\ \text{kN},\quad F_A = \frac{20\sqrt{3}-15}{4}\text{kN} = 4.91\ \text{kN}$$

因此，钢索的拉力为 10 kN；根据作用与反作用关系，可知 $A$、$B$ 处车轮对轨道的压力分别为 4.91 kN 和 12.41 kN。

解题讨论：

(1)选择合适的矩心和投影坐标系，可以简化计算。

在例 3-2、例 3-3 和例 3-4 的题解中，选择 $A$ 点为矩心，使未知力 $\boldsymbol{F}_{Ax}$、$\boldsymbol{F}_{Ay}$ 对点 $A$ 之矩为

零,所列的方程计算时较为简单;在例 3-5 的题解中,选择的 $x$ 轴和 $y$ 轴与斜面分别平行和垂直,这样不仅使未知力的投影简单,而且使平衡方程变得更简单。

(2)分布载荷的处理。

无论是均布载荷,还是非均布载荷,在进行平衡方程计算时,可以先确定其合力大小和作用位置,然后再列平衡方程进行计算。

(3)列平衡方程式,没有排列顺序,可根据求解需求或难易度任意排列。

### 3. 平面任意力系平衡方程的其他形式

虽然通过矩心和投影轴的选取可以使计算简化一些,但有时不可避免地要联立方程组求解,特别在研究物体系统平衡时,往往需要联立多个平衡方程组。因此,为了简化运算,有必要选择合适的平衡方程形式。平衡方程式(3-10)只是平面任意力系平衡方程的基本形式,但不是唯一的形式。平面任意力系的平衡方程还有以下两种常见的形式:

(1)二矩式。

平面任意力系列出的平衡方程中,有两个力矩方程和一个投影方程,可以写为

$$\begin{cases} \sum F_x = 0 \\ \sum M_A(\boldsymbol{F}) = 0 \\ \sum M_B(\boldsymbol{F}) = 0 \end{cases} \tag{3-11}$$

注意,该式的使用条件是:矩心 $A$、$B$ 两点的连线不能与投影轴 $x$ 轴垂直。这是由于当 $\sum M_A(\boldsymbol{F}) = 0$ 满足时,力系不可能只简化为一个力偶,只可能简化为通过 $A$ 点的一个合力。当 $\sum M_B(\boldsymbol{F}) = 0$ 也同时满足时,若有合力,其合力作用线必然在 $A$、$B$ 两点的连线上。此时,若 $A$、$B$ 两点的连线不与 $x$ 轴垂直,则当 $\sum F_x = 0$ 时,力系的合力必定等于零,力系保持平衡;若 $A$、$B$ 两点的连线与 $x$ 轴垂直,则式 $\sum F_x = 0$ 恒成立,但合力不一定等于零,说明力系不一定保持平衡。所以满足式(3-11)的平面任意力系必然是平衡力系。当然,也可以选择 $y$ 轴为投影轴,同理限制 $A$、$B$ 两点的连线不能与 $y$ 轴垂直,方程的形式请读者自行书写。

(2)三矩式。

平面任意力系列出的平衡方程中,三个方程均为力矩方程可以写为

$$\begin{cases} \sum M_A(\boldsymbol{F}) = 0 \\ \sum M_B(\boldsymbol{F}) = 0 \\ \sum M_C(\boldsymbol{F}) = 0 \end{cases} \tag{3-12}$$

注意,该式的使用条件是:矩心 $A$、$B$、$C$ 三点不能在同一条直线上。这一结论请读者结合二矩式方程的分析内容自行证明。

在解决实际平面任意力系的平衡问题时,可根据实际情况,适时选用三类平衡方程形式中的任一种即可。例如,对于例 3-5 的求解,亦可采用二矩式或三矩式。

对例 3-5 进行二矩式求解,去掉一个关于力的投影的平衡方程,增加一个对某点取矩的方

程,所列方程变为

$$\sum F_x = 0,\quad -F + W\sin\alpha = 0$$

$$\sum M_A(\boldsymbol{F}) = 0,\quad F_B \times 2a - W\sin\alpha \times (b+e) - W\cos\alpha \times a + F \times e = 0$$

$$\sum M_B(\boldsymbol{F}) = 0,\quad -F_A \times 2a - W\sin\alpha \times (b+e) + W\cos\alpha \times a + F \times e = 0$$

容易发现,上述方程最后两式联立可得 $F_A+F_B-W\cos\alpha=0$,与之前所列基本型的方程的第三式一致,故联立二矩式方程之后所求结果必然相同。

若用三矩式求解,则所列方程变为

$$\sum M_A(\boldsymbol{F}) = 0,\quad F_B \times 2a - W\sin\alpha \times (b+e) - W\cos\alpha \times a + F \times e = 0$$

$$\sum M_B(\boldsymbol{F}) = 0,\quad -F_A \times 2a - W\sin\alpha \times (b+e) + W\cos\alpha \times a + F \times e = 0$$

$$\sum M_C(\boldsymbol{F}) = 0,\quad -F_A \times a + F_B \times a - F \times b = 0$$

不难证明,适当联立后,也可以得到与基本型相同的方程表达式。

### 4. 平面平行力系的平衡

如图3-13所示,力系中各个力的作用线在同一平面内且相互平行,称为**平面平行力系**。平行力系可以看成平面任意力系的特殊情况,当它平衡时,也应满足平面任意力系的平衡方程。

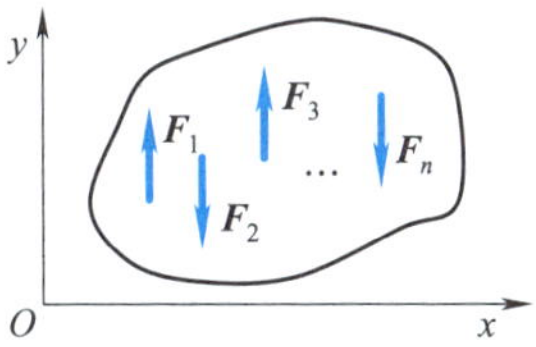


图 3-13

若取坐标轴 $x$ 垂直力的作用线,如图3-13所示,可知力系中各力在 $x$ 轴上的投影恒等于零,即平面任意力系的平衡方程式(3-10)中,$\sum F_x \equiv 0$,故平面平行力系的平衡方程只有两个独立的表达式,即

$$\begin{cases} \sum F_y = 0 \\ \sum M_O(\boldsymbol{F}) = 0 \end{cases} \tag{3-13}$$

平面平行力系的平衡方程也可以表示为二力矩式,即

$$\begin{cases} \sum M_A(\boldsymbol{F}) = 0 \\ \sum M_B(\boldsymbol{F}) = 0 \end{cases} \tag{3-14}$$

式中,$A$、$B$ 两点连线不能与力系中各力作用线平行。

**【例3-6】** 如图3-14所示,移动式起重机不计平衡车时的重量为 $W=400$ kN,其重心 $C$ 点在离右轨道1.5 m处。起重机的起重量为 $W_1=210$ kN,突臂伸出离右轨道10 m。小车本身重量忽略不计,欲使小车满载或空载时起重机均不致翻倒,求平衡锤的最小重量 $W_2$ 及平衡锤到左轨道的最大距离 $x$。

**【解】** 取起重机整体为研究对象,受力如图3-14(b)所示,可见,起重机受平面平行力系作用。现分两种情况来进行讨论。

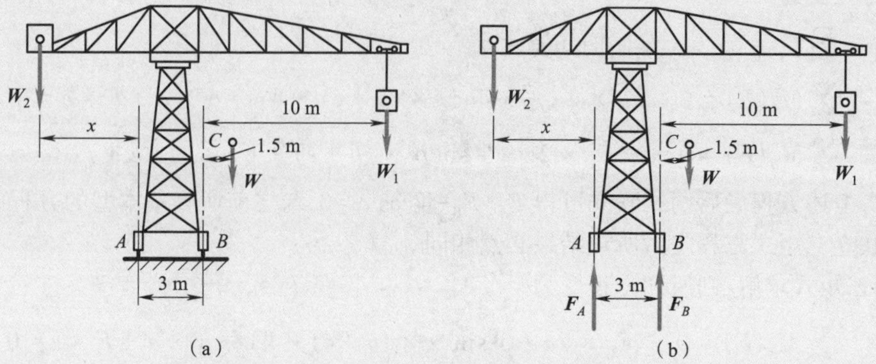


图 3-14

(1)起重机满载时可能绕 $B$ 点倾倒。此时,$A$ 点脱离地面,$F_A=0$。而不倾倒的条件为

$$F_A \geqslant 0$$

取临界情况 $F_A=0$,列出力矩平衡方程为

$$\sum M_B(\boldsymbol{F})=0,\quad W_2\times(x+3)-W\times1.5-W_1\times10=0$$

(2)起重机空载时可能绕 $A$ 点倾倒。此时,$B$ 点脱离地面,$F_B=0$。而不倾倒的条件为

$$F_B \geqslant 0$$

取临界情况 $F_B=0$,列出力矩平衡方程为

$$\sum M_A(\boldsymbol{F})=0,\quad W_2\times x-W\times(3+1.5)=0$$

联立解得

$$W_2=W_{2\min}=300\ \text{kN},\quad x=x_{\max}=6\ \text{m}$$

## §3-4 物体系统的平衡

前面研究的主要是单个物体的平衡问题,但在工程实际中,如组合构架、三铰拱、组合梁等结构,都是由几个物体组成的系统。由若干物体通过一定形式的约束连接而成的一个组合体,称为**物体系统**,可简称为**物系**。在物体系统中,一个物体的受力总是和其他物体的受力相关联的,整个物体系统的受力又和局部受力相联系。当物系平衡时,组成该系统的每一个物体都处于平衡状态,因此,对于每一个受平面任意力系作用的物体,均可写出 3 个独立的平衡方程;如物系由 $n$ 个物体组成,则共有 $3n$ 个独立方程。若系统中有的物体受平面汇交力系、平面平行力系或平面力偶系作用时,则系统的平衡方程数目相应地减少。

当系统中未知量的数目等于或少于独立的平衡方程数目时,则所有未知量均能由平衡方程求出,这样的问题称为静定问题,显然,前面列举的各例都是静定问题。在工程实际中,有时为了提高结构的刚度和坚固性,常常增加约束,因而使这些结构的未知量的数目多于平衡方程的数目,未知量就不能全部由平衡方程求出,这样的问题称为超静定问题,或称为静不定问题。

总未知量的数目与总独立平衡方程的数目的差，称为静不定次数。例如，图 3-15 所示的简支梁和三铰拱都是静定问题，而图 3-16 所示的三支点梁和两铰拱则都是一次静不定问题。对于超静定问题，必须考虑物体因受力作用而产生的变形，增加某些补充方程后，才能求解，这类问题已经超出刚体静力学的范围，须在后续的材料力学和结构力学中加以讨论和研究。

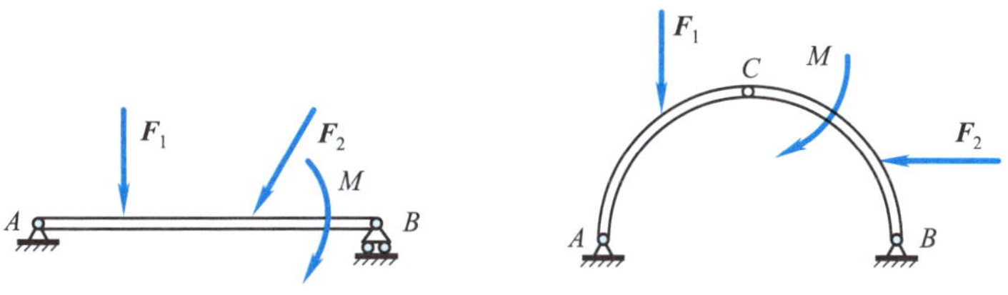


（a）　　（b）

图　3-15

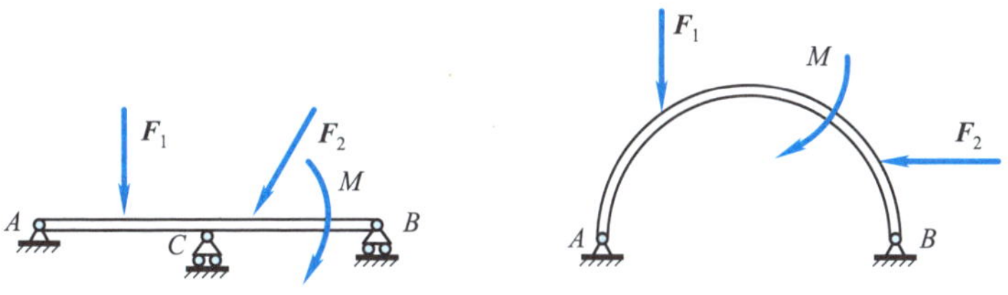


（a）　　（b）

图　3-16

下面通过实例来说明各种静定的物体系统平衡问题的求解方法。

**【例 3-7】** 构架承受载荷及尺寸如图 3-17(a)所示。已知：$F=qa$，$M=qa^2$，各部分自重不计。试求支座 $B$ 和固定端 $A$ 处的约束力。

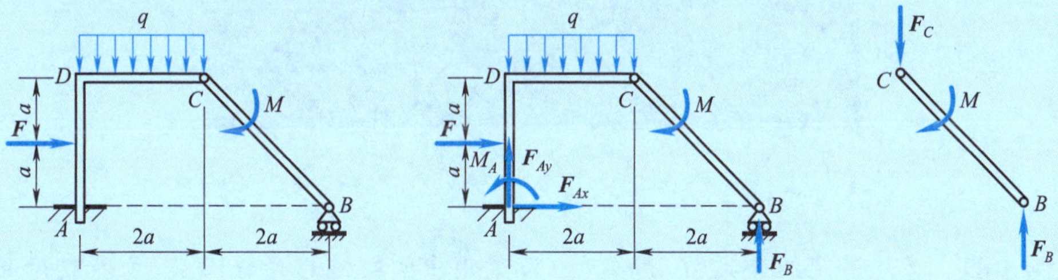


（a）　　（b）　　（c）

图　3-17

**【解】** 本题若取整体为研究对象，则受力分析如图 3-17(b)所示，可见，除主动力外，有 4 个未知量，而平面任意力系只有 3 个独立的平衡方程，无法求解。这时，注意到 $CB$ 杆的主动力作用量是一个力偶，根据平面力偶系的平衡条件，$B$ 处的约束反力 $\boldsymbol{F}_B$ 要与中间铰链 $C$ 处的约束反力构成力偶，受力分析如图 3-17(c)所示。

故可先取 $CB$ 杆为研究对象，由平面力偶系的平衡方程有

$$\sum M = 0,\quad -M + F_B \cdot 2a = 0$$

解得

$$F_B = \frac{M}{2a} = \frac{qa}{2}$$

再取整体为研究对象，由平面任意力系的平衡方程有

$$\sum F_x = 0,\quad F_{Ax} + F = 0$$

$$\sum F_y = 0,\quad F_{Ay} - q \cdot 2a + F_B = 0$$

$$\sum M_A(\boldsymbol{F}) = 0,\quad M_A - F \cdot a - q \cdot 2a \cdot a - M + F_B \cdot 4a = 0$$

解得

$$F_{Ax} = -qa,\quad F_{Ay} = 1.5qa,\quad M_A = 2qa^2$$

近几年，中国桥梁在不断刷新着世界桥梁的建设纪录，如世界最长跨海大桥——港珠澳大桥(见图 3-18)，世界最长高铁桥——丹昆特大桥，世界跨度最大公铁两用大桥——沪苏通长江公铁大桥，世界跨径最大钢拱桥——朝天门长江大桥，等等。支撑起超级工程的绝非只是钢筋和水泥，而是一个国家的经济实力和技术创新能力。这些骄人的纪录背后是苛刻地测量和精确的计算，很多桥梁都可以简化为多跨静定组合梁，而求解支座处的约束力就是其中一个很重要的环节。

图 3-18

**【例 3-8】** 多跨静定组合梁由 $AC$ 梁和 $CD$ 梁用中间铰链 $C$ 连接而成，承受载荷及尺寸情况如图 3-19(a)所示。已知：$q=8$ kN/m，$M=32$ kN·m，$F=4$ kN 作用在 $AB$ 中点，$\theta=45°$，$a=2$ m。不计梁的自重，试求支座 $A$、$B$、$D$ 和中间铰链 $C$ 处的约束力。

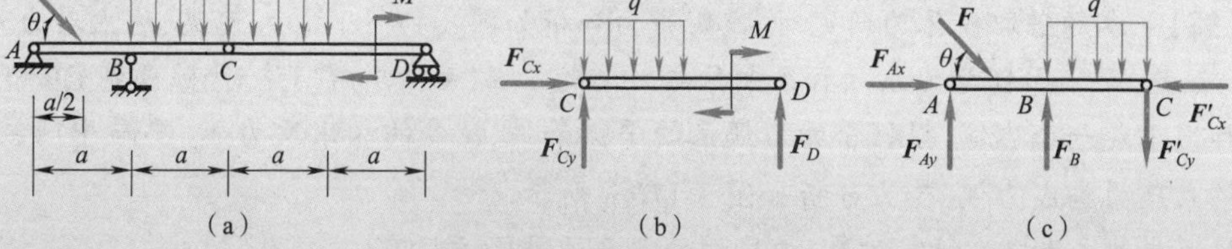


图 3-19

【解】　本题可以取组合梁整体、AC 梁和 CD 梁分别为研究对象。但若先取整体或 AC 梁为研究对象，分析受力时会发现其受力图上均有 4 个未知量，不能求解；而当先取 CD 梁为研究对象时，只有 3 个未知量，可以求解。故应先取 CD 梁为研究对象，受力分析如图 3-19(b)所示，有

$$\sum F_x = 0,\quad F_{Cx} = 0$$

$$\sum M_C(\boldsymbol{F}) = 0,\quad -q\cdot a\cdot\frac{a}{2} - M + F_D\cdot 2a = 0$$

$$\sum F_y = 0,\quad F_{Cy} - q\cdot a + F_D = 0$$

代入数值，解得

$$F_{Cx} = 0,\quad F_D = 12\ \text{kN},\quad F_{Cy} = 4\ \text{kN}$$

再取 AC 梁为研究对象，受力分析如图 3-19(c)所示，有

$$\sum F_x = 0,\quad F_{Ax} + F\cos\theta - F'_{Cx} = 0$$

$$\sum M_A(\boldsymbol{F}) = 0,\quad -F\sin\theta\cdot\frac{a}{2} + F_B\cdot a - q\cdot a\cdot\frac{3a}{2} - F'_{Cy}\cdot 2a = 0$$

$$\sum F_y = 0,\quad F_{Ay} - F\sin\theta + F_B - q\cdot a - F'_{Cy} = 0$$

代入数值，且注意到 $F'_{Cx}=F_{Cx}$、$F'_{Cy}=F_{Cy}$，解得

$$F_{Ax} = -2.83\ \text{kN},\quad F_B = 33.41\ \text{kN},\quad F_{Cy} = -10.59\ \text{kN}$$

负号表明实际方向与图中假设指向相反。

【例 3-9】　构架承受载荷及尺寸如图 3-20(a)所示。不计各杆自重，载荷 $F=80$ kN。试求支座 A、E 处的约束力和杆 BD、BC 的受力。

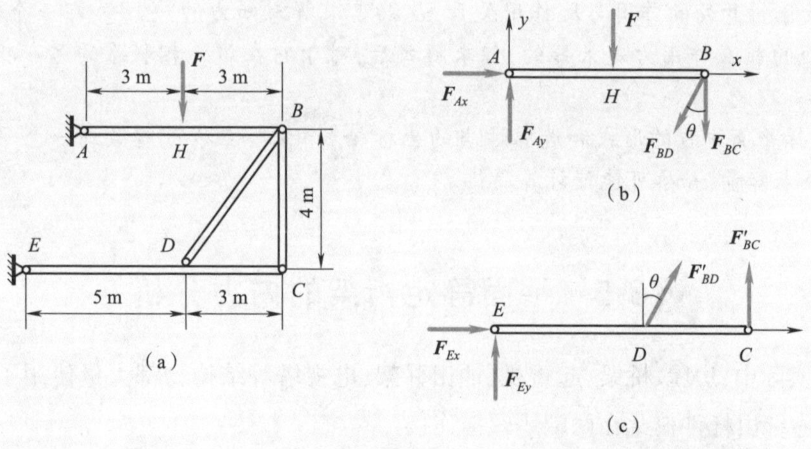


图　3-20

【解】　本题中，杆 BD 和 BC 均为二力杆，并假设其均受拉力作用。

先取 AB 杆(含销钉 B)为研究对象，受力分析如图 3-20(b)所示，有

$$\sum M_B(\boldsymbol{F}) = 0,\quad -F_{Ay}\times 6 + F\times 3 = 0$$

$$\sum F_x = 0,\quad F_{Ax} - F_{BD}\sin\theta = 0$$

$$\sum M_A(\boldsymbol{F})=0,\quad -F\times 3-F_{BD}\cos\theta\times 6-F_{BC}\times 6=0$$

再取 $EC$ 杆为研究对象，受力分析如图 3-20(c)所示，有

$$\sum F_x=0,\quad F_{Ex}+F'_{BD}\sin\theta=0$$

$$\sum F_y=0,\quad F_{Ey}+F'_{BD}\cos\theta+F'_{BC}=0$$

$$\sum M_E(\boldsymbol{F})=0,\quad F'_{BD}\cos\theta\times 5+F'_{BC}\times 8=0$$

式中，$\sin\theta=3/5$，$\cos\theta=4/5$，且注意到 $F'_{BD}=F_{BD}$、$F'_{BC}=F_{BC}$，代入数值，联立上述方程，求得

$$F_{Ax}=-80\ \text{kN},\quad F_{Ay}=40\ \text{kN},\quad F_{Ex}=80\ \text{kN},\quad F_{Ey}=40\ \text{kN}$$

$$F_{BD}=-133.33\ \text{kN},\quad F_{BC}=66.67\ \text{kN}$$

**讨论：**

(1)研究对象的选取，对物体系统的求解很关键。因此，在解题之前需要认真研究是先取物系为研究对象，还是先取物系内的某个组成部分为研究对象；在物系内选择研究对象，也需要研究先取哪个物体为研究对象，能够使计算更方便、更简单。如例 3-8 的题解中，先取 $CD$ 梁为研究对象计算未知力，才使得求解过程更加顺利。

(2)在物体系统的求解中，不是每一个未知量都要求解，应该按照题目的要求，或者按照解题需求去求必须要求解的未知量。对于不需要求解的未知量可以不去求解，或者对于一些中间过程未知量可以不去求解其具体数据，只要求解出最终未知量数据即可。如例 3-8，若不需要求中间铰链 $C$ 处的受力，可以在研究 $CD$ 梁时，只建立对矩心 $C$ 的力矩平衡方程，求出 $D$ 处约束反力后，再取整体来研究，就可以求出 $A$、$B$ 两处的约束力。

(3)在作系统内各单个物体的受力图时，物体间相互作用的力一定要符合作用与反作用关系。物体拆开处的作用与反作用关系，是继续求解未知力的“桥”。在一个物体上，可能某拆开处的相互作用力是未知的，但求解之后，对于它在该处相联系的另一物体将成为已知。

(4)选择平衡方程的形式和选取适当的坐标轴和矩心，应尽可能做到一个平衡方程中只含有一个未知量，并尽可能使计算简化。

## §3-5 平面静定桁架的内力分析

在工程实际中，房屋、桥梁、起重机、油田井架、电视塔等结构物都大量使用了桁架结构。所谓**桁架**是一种由杆件彼此在两端用铰链连接而成的几何形状不变的结构。各杆位于同一平面内且载荷也在此平面内的桁架，称为**平面桁架**，如图 3-21 所示。桁架中各杆件的连接点，称为**节点**。本节只研究平面桁架中的静定桁架。

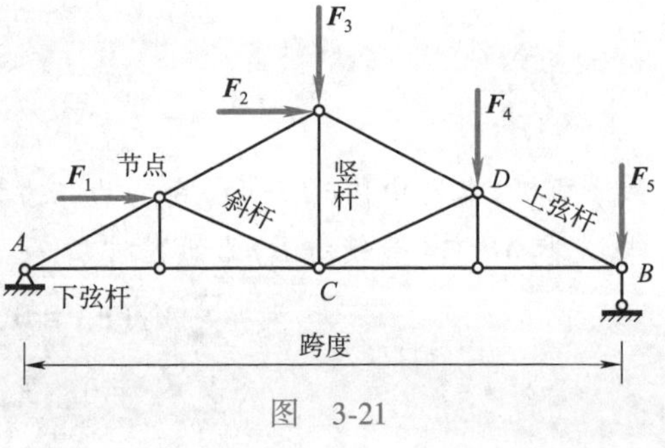


图 3-21

应用桁架的优点在于可以减轻结构的重量，节约材料，由于组成桁架的各杆件只受拉力或压力，这就充分发挥了材料的作用。

为了简化桁架的计算,工程上常采用如下假设:

(1)桁架中各杆件均为直杆,各杆轴线均位于同一平面内,且各杆轴线通过铰链(节点)中心,该平面称为桁架的几何平面。

(2)桁架中各杆件在两端均为光滑铰链连接。

(3)桁架所受的力(载荷)都在桁架的几何平面内,且都作用在的节点上。

(4)桁架中各杆的重力略去不计,若需考虑重力,可以将重力等效地、平均地分配在杆件两端的节点上,也位于桁架的几何平面内。

实际工程中的桁架,当然与上述假设存在差别,如桁架的节点不一定是铰接的,还可以是螺栓连接、铆接、焊接、榫卯连接等;杆件的中心线也不可能都是绝对直的。但上述假设不仅能够简化计算,而且所得的结果符合工程实际的需要。满足上述简化条件的桁架称为理想桁架,其中的杆件均为二力杆。各杆所受的力沿杆的轴线,或为拉力,或为压力。为了便于分析,一般均假设为拉力,若计算为负值,则说明杆件受压。

最简单的桁架由三根杆和三个节点组成,如图 3-22(a)中所示的基本三角形部分。容易发现,每增加一个节点,至少需要增加两根杆。若某一平面桁架的总杆数用 $m$ 表示,总节点数用 $n$ 表示,从基本三角形出发,则增加的杆件数和节点数之间的关系为

$$m-3=2(n-3)$$

从而得到桁架总杆件数 $m$ 和总节点数 $n$ 之间的关系为

$$m=2n-3 \tag{3-15}$$

满足式(3-15)关系的平面桁架称为简单桁架(静定桁架),也可以称为无余杆桁架,如图 3-22(a)所示;若 $m>2n-3$,则称为复杂桁架(超静定桁架),也可称为有余杆桁架,如图 3-22(b)所示;若 $m<2n-3$,则已不是桁架。

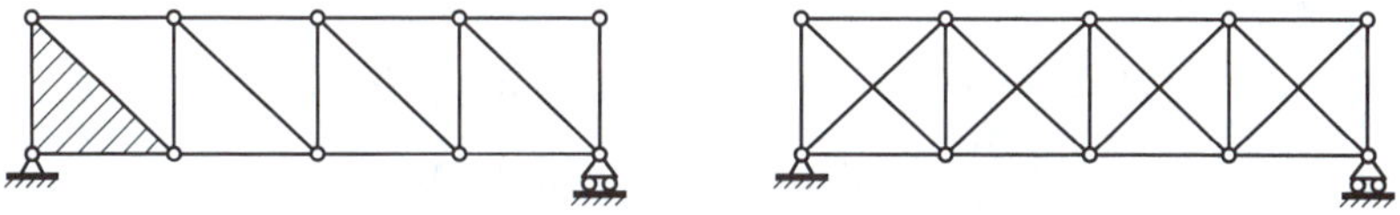

(a)　　　　　　(b)

图　3-22

桁架也是物体系统,因此可取桁架的任一部分作为研究对象,对各杆的内力进行研究。若取一个节点为研究对象,其分析方法称为节点法;若截取桁架一部分为研究对象,其分析方法称为截面法。下面分别介绍计算桁架系统内杆件内力的节点法和截面法。

### 1. 节点法

对于平面简单理想桁架,由于各杆均为二力杆,所以系统中每个节点都受到一个平面汇交力系的作用。为了计算杆件的内力,可以依次选取各个节点为研究对象,分别建立两个平衡方程,由已知力求出全部未知的杆件内力,这就是节点法。

**【例 3-10】**　平面桁架承受载荷及尺寸如图 3-23(a)所示。不计各杆自重,各斜杆长度相等,与水平方位夹角也相同,载荷 $F=60$ kN,$P=30$ kN。试求桁架中各杆的内力。

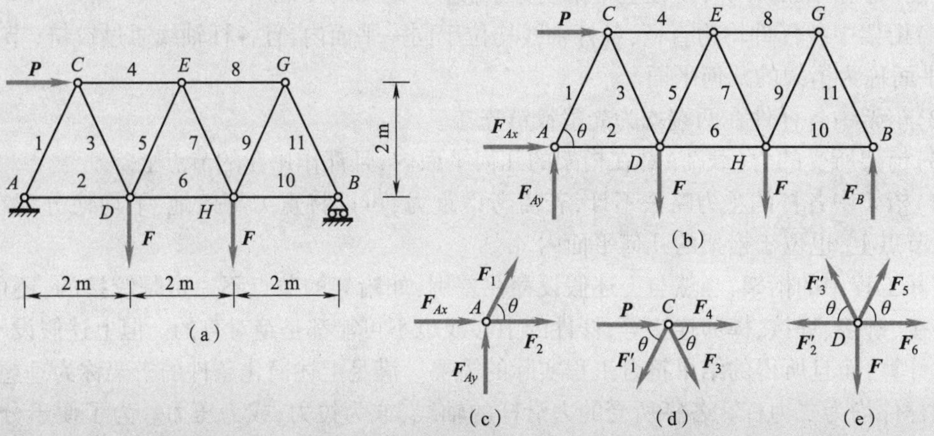


图 3-23

【解】 (1)求支座反力。

取整个桁架为研究对象，受力分析如图 3-23(b)所示，有

$$\sum F_x = 0,\ \ F_{Ax} + P = 0$$

$$\sum M_A(\boldsymbol{F}) = 0,\ \ -P\times 2 - F\times 2 - F\times 4 + F_B\times 6 = 0$$

$$\sum F_y = 0,\ \ F_{Ay} - F - F + F_B = 0$$

解得

$$F_{Ax}=-30\ \text{kN},\quad F_B=70\ \text{kN},\quad F_{Ay}=50\ \text{kN}$$

(2)计算各杆内力。

①取节点 $A$ 为研究对象，受力分析如图 3-23(c)所示，各杆均假设受拉，有

$$\sum F_y = 0,\ \ F_{Ay} + F_1\sin\theta = 0$$

$$\sum F_x = 0,\ \ F_{Ax} + F_1\cos\theta + F_2 = 0$$

式中，$\sin\theta=2/\sqrt{5}$，$\cos\theta=1/\sqrt{5}$，解得

$$F_1=-55.9\ \text{kN},\quad F_2=55\ \text{kN}$$

由上述结果，可判断出 1 杆实际受压，2 杆受拉。

②取节点 $C$ 为研究对象，受力分析如图 3-23(d)所示，有

$$\sum F_y = 0,\ \ -F_1'\sin\theta - F_3\sin\theta = 0$$

$$\sum F_x = 0,\ \ P - F_1'\cos\theta + F_3\cos\theta + F_4 = 0$$

式中，$F_1'=F_1$，解得

$$F_3=55.9\ \text{kN},\quad F_4=-80\ \text{kN}$$

③取节点 $D$ 为研究对象，受力分析如图 3-23(e)所示，有

$$\sum F_y = 0,\ \ -F + F_3'\sin\theta + F_5\sin\theta = 0$$

$$\sum F_x = 0,\ \ -F_2' - F_3'\cos\theta + F_5\cos\theta + F_6 = 0$$

式中，$F'_2=F_2$，$F'_3=F_3$，解得

$$F_5=11.18\ \text{kN},\quad F_6=75\ \text{kN}$$

依此类推，可求得其余各杆内力。

**讨论：**

(1)因为每个节点受到平面汇交力系作用，只能建立两个独立的平衡方程，故只能求解两个未知量，因此，依次取节点研究时，要注意每个节点上未知力的数目不宜超过两个。如本例中，若取节点$A$研究之后，再取节点$D$研究，标号为3、5、6的各杆的内力都是未知的，无法全部求解，所以要先研究节点$C$，再研究节点$D$。

(2)取各节点为研究对象作受力图时，也可以保持各点的原始相对位置，这样不仅可以明确取不同研究点时，同一杆件引起的作用力与反作用力的关系，同时还可以清晰地看出各节点的连接关系，避免出现漏画力或多画力。

(3)为了清晰地表示桁架系统内各杆的内力大小，也可以将各杆内力的计算结果直接标注在杆件的一侧。

### 2. 截面法

在研究平面桁架问题时，若只求桁架中某几个杆件的内力，则可以用截面法。所谓截面法，就是设想用一个截面通过所需求解的杆件，将桁架截开，并取其中的一部分为研究对象，建立平衡方程，从而求解出这些被截开的杆件的内力。

**【例 3-11】** 其他条件不变，用截面法求例3-10的平面桁架中4、5、6杆的内力。

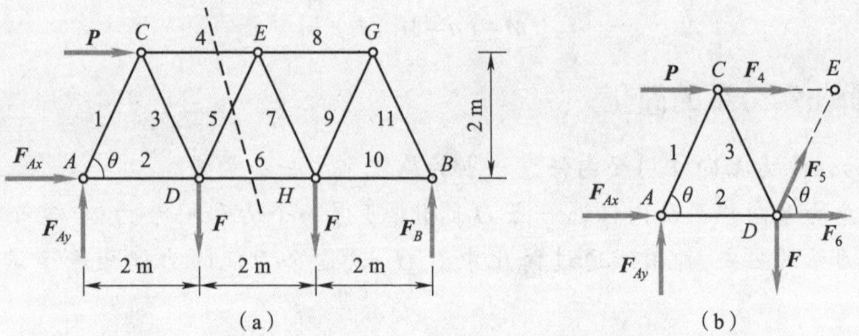


图 3-24

**【解】** 由例3-10可知，支座处约束力分别为

$$F_{Ax}=-30\ \text{kN},\quad F_{Ay}=50\ \text{kN}$$

用一平面假想地把4、5、6杆截开，如图3-24(a)所示。取左侧的$ACD$部分为研究对象，受力分析如图3-24(b)所示，有

$$\sum M_D(\boldsymbol{F})=0,\quad -F_{Ay}\times 2-P\times 2-F_4\times 2=0$$

$$\sum F_y=0,\quad F_{Ay}+F_5\sin\theta-F=0$$

$$\sum F_x=0,\quad F_{Ax}+P+F_4+F_5\cos\theta+F_6=0$$

式中，$\sin\theta=2/\sqrt{5}$，$\cos\theta=1/\sqrt{5}$，解得

$$F_4=-80\ \text{kN},\quad F_5=11.18\ \text{kN},\quad F_6=75\ \text{kN}$$

这里，也可以建立如下方程来求解6杆的内力，即

$$\sum M_E(\boldsymbol{F})=0,\quad -F_{Ay}\times 3+F_{Ax}\times 2+F\times 1+F_6\times 2=0,\quad F_6=75\ \text{kN}$$

**讨论：**

(1)截面法计算平面桁架中杆件的内力时，截面截开后保留部分通常受到平面任意力系作用，最多只能列出三个独立的平衡方程，故只能求解三个未知力，因此每次截取的杆件数量不宜超过三根。若有超过三根杆件计算内力，可以多次在不同位置采用截面法进行计算。

(2)截面法截开桁架取哪一段为研究对象，主要取决于计算的简便性。

比较两种方法可以看出：需要求桁架中每根杆件的内力时宜采用节点法；若只需求桁架中某几根指定杆件的内力时，则宜采用截面法。所以，节点法多用于桁架的初步设计，而截面法多用于杆件内力校核。

# 小　结

## 1. 力的平移定理

可以把作用在刚体上点$A$的力$\boldsymbol{F}$平行移到其上任一点$O$，但必须同时附加一个力偶，这个附加力偶的力偶矩等于原来的力$\boldsymbol{F}$对新作用点$O$的力矩。

$$M=Fd=M_O(\boldsymbol{F})$$

## 2. 平面任意力系的简化

(1)平面任意力系向作用面内任意一点的简化·主矢和主矩

平面任意力系向作用面内任选一点$O$简化，可得一个力和一个力偶，这个力的大小和方向等于该力系的主矢，作用线通过简化中心$O$点，这个力偶的力偶矩等于该力系对于$O$点的主矩。

主矢$\boldsymbol{F}'_{\text{R}}$的大小及方向可分别由下式确定：

$$F'_{\text{R}}=\sqrt{(F'_{\text{R}x})^2+(F'_{\text{R}y})^2}=\sqrt{\left(\sum F_x\right)^2+\left(\sum F_y\right)^2}$$

$$\cos(\boldsymbol{F}'_{\text{R}},\boldsymbol{i})=\frac{\sum F_x}{F'_{\text{R}}},\quad \cos(\boldsymbol{F}'_{\text{R}},\boldsymbol{j})=\frac{\sum F_y}{F'_{\text{R}}}$$

式中，$\sum F_x$、$\sum F_y$分别表示原力系中各力在$x$、$y$轴上投影的代数和。

主矩可由下式确定：

$$M_O=\sum M_i=\sum M_O(\boldsymbol{F}_i)$$

(2)平面任意力系的简化结果分析·合力矩定理

①$F'_R=0, M_O\neq 0$,原力系合成为合力偶,$M_O=\sum M_O(\boldsymbol{F})$;

②$F'_R\neq 0, M_O=0$,原力系合成为合力,作用线通过简化中心;

③$F'_R\neq 0, M_O\neq 0$,进一步合成为合力$\boldsymbol{F}_R$,$d=\dfrac{|M_O|}{F'_R}=\dfrac{|M_O|}{F_R}$;

④$F'_R=0, M_O=0$,原力系平衡。

合力矩定理:平面任意力系的合力对作用面内任一点的矩等于力系中各力对同一点的矩的代数和,即

$$M_O(\boldsymbol{F}_R)=\sum M_O(\boldsymbol{F}_i)$$

## 3. 平面任意力系的平衡条件与平衡方程

(1)平衡条件

$$F'_R=0,\quad M_O=0$$

(2)平衡方程

基本型:$\sum F_x=0, \sum F_y=0, \sum M_O(\boldsymbol{F})=0$

二矩式:$\sum F_x=0, \sum M_A(\boldsymbol{F})=0, \sum M_B(\boldsymbol{F})=0$(矩心$A$、$B$两点的连线不能与投影轴$x$轴垂直)

三矩式:$\sum M_A(\boldsymbol{F})=0, \sum M_B(\boldsymbol{F})=0, \sum M_C(\boldsymbol{F})=0$(矩心$A$、$B$、$C$三点不能在同一条直线上)

(3)平面平行力系的平衡

$$\begin{cases}\sum F_y=0\\ \sum M_O(\boldsymbol{F})=0\end{cases}\quad\text{或}\quad\begin{cases}\sum M_A(\boldsymbol{F})=0\\ \sum M_B(\boldsymbol{F})=0\end{cases}$$ ($A$、$B$两点连线不能与力线平行)

## 4. 物体系统的平衡

物体系统:由若干物体通过一定形式的约束连接而成的一个组合体。

静定问题:系统中未知量的数目等于或少于独立的平衡方程数目时,所有未知量均能由平衡方程求出。

超静定问题:未知量的数目多于平衡方程的数目,未知量就不能全部由平衡方程求出。

静不定次数:总未知量的数目与总独立平衡方程的数目的差。

## 5. 平面静定桁架的内力分析

桁架:由杆件彼此在两端用铰链连接而成的几何形状不变的结构。

桁架总杆件数$m$和总节点数$n$之间的关系为:$m=2n-3$。

(1)节点法

为了计算杆件的内力,可以依次选取各个节点为研究对象,分别建立两个平衡方程,由已知力求出全部未知的杆件内力。

(2)截面法

设想用一个截面通过所需求解的杆件,将桁架截开,并取其中的一部分为研究对象,建立平衡方程,从而求解出这些被截开的杆件的内力。

## 思 考 题

3-1 乒乓球是一种世界流行的球类体育项目。在乒乓球比赛中,大家经常可以看到运动员击打出旋转的乒乓球,请结合力的平移定理予以分析。

3-2 赛龙舟是中国端午节的习俗之一,比赛时一般是看哪支队伍沿着航道方向最快到达终点,那么,为了避免偏离方向,划手们划桨时应该注意哪些方面?

3-3 如图所示,两个半径均为 $r$ 的圆轮,不计自重,分别作用着力 $\boldsymbol{F}$ 和力偶($\boldsymbol{F}'$,$\boldsymbol{F}''$),且 $F'=F''=0.5F$,它们对轮子的作用效果是否相同?为什么?

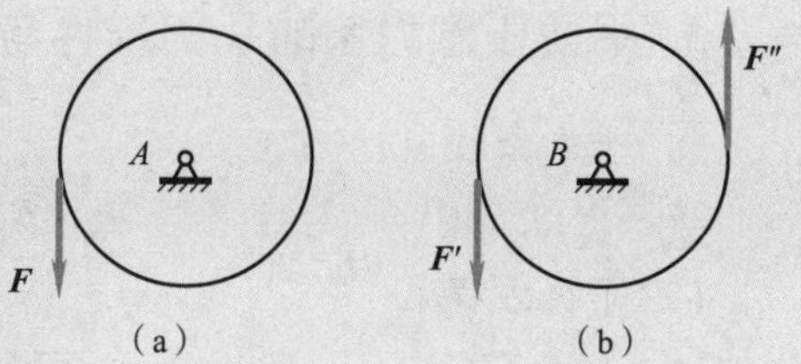


思考题 3-3 图

3-4 某平面力系向 A、B 两点简化的主矩皆为零,该力系简化的最终结果可能是一个力吗?可能是一个力偶吗?可能平衡吗?

3-5 已知一平面力系如图所示,所有力在 $x$ 轴上的投影为 $\sum F_x=-5\sqrt{2}$ kN,所有力对 A、B 点的力矩为 $\sum M_A(\boldsymbol{F})=\sum M_B(\boldsymbol{F})=20$ kN · m,试分析该力系的最后简化结果,并标在图中。

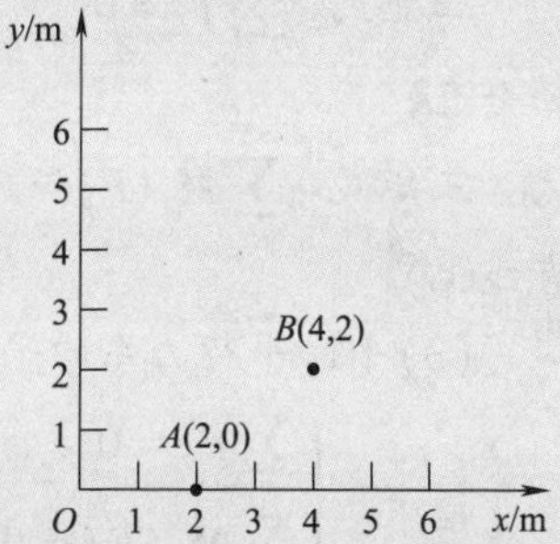


思考题 3-5 图

3-6 你从哪些方面去理解平面任意力系只有三个独立的平衡方程?为什么说任何第四个方程只是前三个方程的线性组合?

3-7 图示三铰拱,在构件 CB 上分别作用一力偶 $M$ 和力 $\boldsymbol{F}$。当求支座 A、B 及铰链 C 处的约束力时,能否将力偶 $M$ 和力 $\boldsymbol{F}$ 分别移到构件 AC 上?为什么?

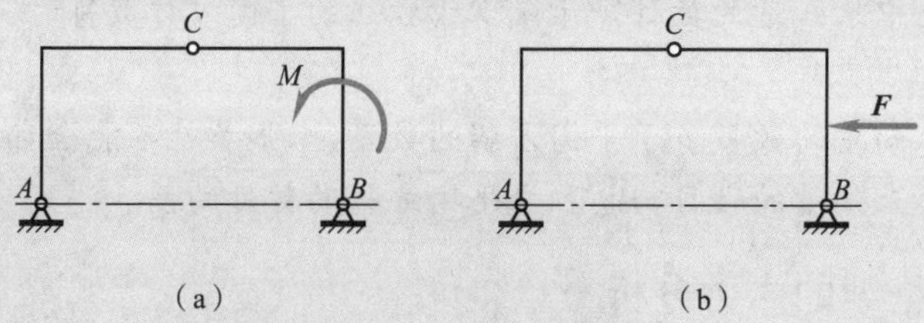


思考题 3-7 图

3-8 两直角刚杆 ABC、DEH 在 H 处铰接,承受载荷及尺寸分别如图所示。若各杆自重不计,则当垂直 BC 边的力 $\boldsymbol{P}$ 从 B 点移动到 C 点的过程中,试分别分析 A 处约束力的作用线与 AB 方向的夹角变化情况。

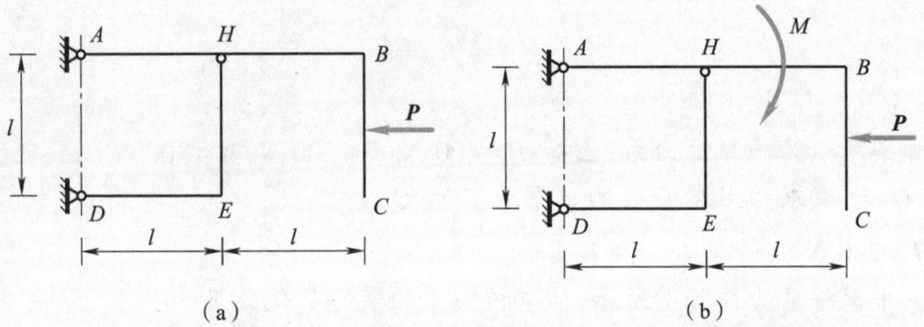


思考题3-8图

3-9　怎样判断静定问题和超静定问题？图示结构中，哪些是静定结构？哪些是超静定结构？若为超静定结构，试判断其静不定次数。

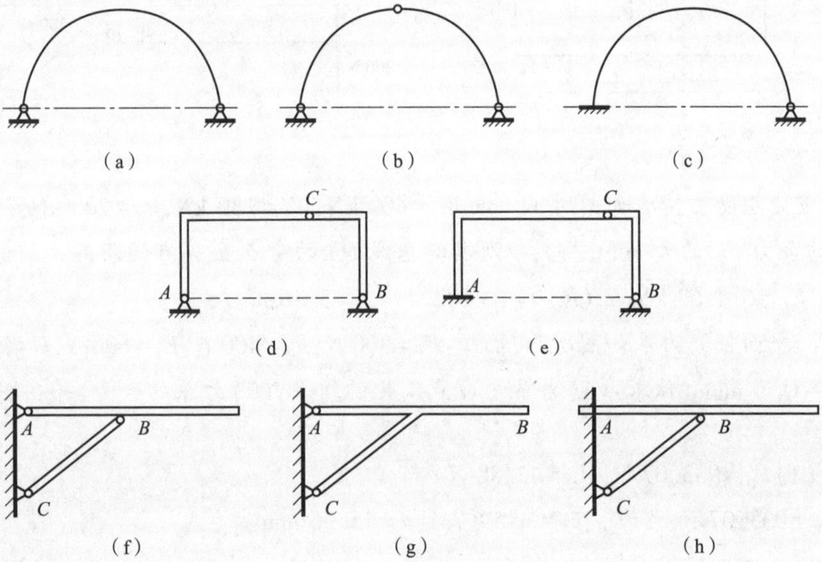


思考题3-9图

3-10　桁架结构中，受力为零的杆件称为零力杆或零杆，试指出图示桁架结构中的零力杆，并思考零力杆既然受力为零，为何不去掉？

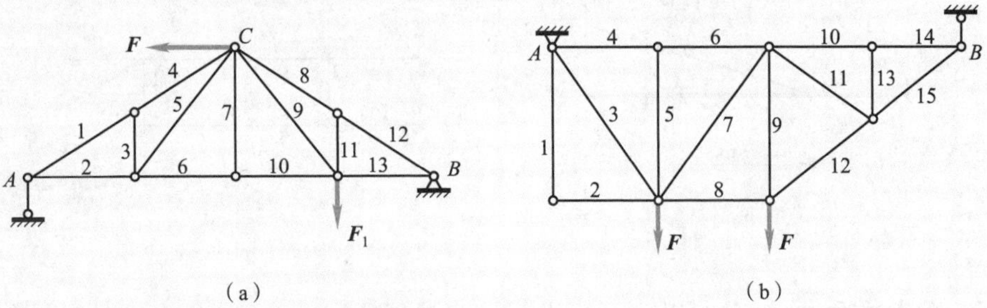


思考题3-10图

# 习　题

3-1　如图所示为一平面力系，已知：$P=400$ N，$Q=200$ N，$M=300$ N · m，欲使力系的合力 $\boldsymbol{F}_R$ 通过 $O$ 点，试求作用在 $D$ 点的水平力 $\boldsymbol{T}$ 的大小。

答案：$T=280$ N

3-2　一平面任意力系如图所示，试求该力系的最终简化结果。

答案：合力偶，$M=M_O=260$ N · m

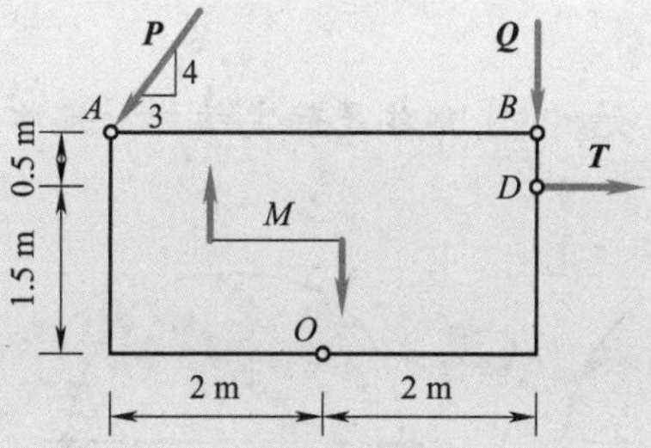


习题 3-1 图

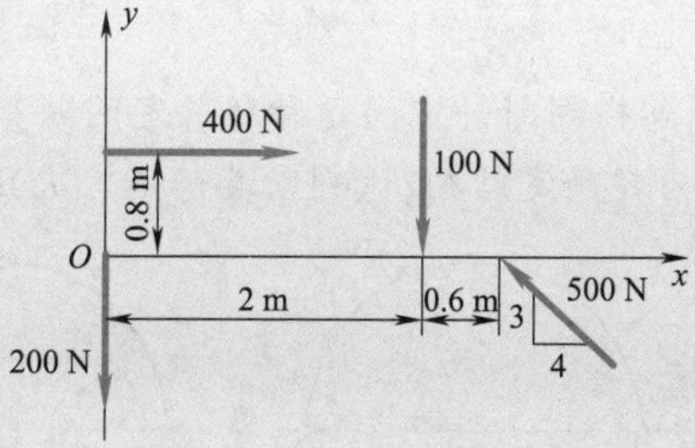


习题 3-2 图

3-3　重力坝受力情况如图所示。设 $W_1=400$ kN，$W_2=180$ kN，$P_1=200$ kN，$P_2=70$ kN。试求力系的合力 $\boldsymbol{F}_R$ 的大小和方向，以及其与基线 $OA$ 的交点至 $O$ 点的距离。

答案：$F_R=614.67$ kN，$\angle(\boldsymbol{F}_R,\boldsymbol{i})=-102.49°$，$x=3.16$ m

3-4　一平面任意力系如图所示，已知：$F_1=300$ N，$F_2=400$ N，$F_3=600$ N，$F=F'=400$ N，图中长度单位为 mm。试求：(1)力系向 $O$ 点简化的结果；(2)力系的合力，并在图中标出合力的位置。

答案：(1)$F'_R=933.07$ N，$M_O=42.88$ N · m

(2)$F_R=933.07$ N，$\angle(\boldsymbol{F}_R,\boldsymbol{i})=-159.73°$，$d=45.96$ mm

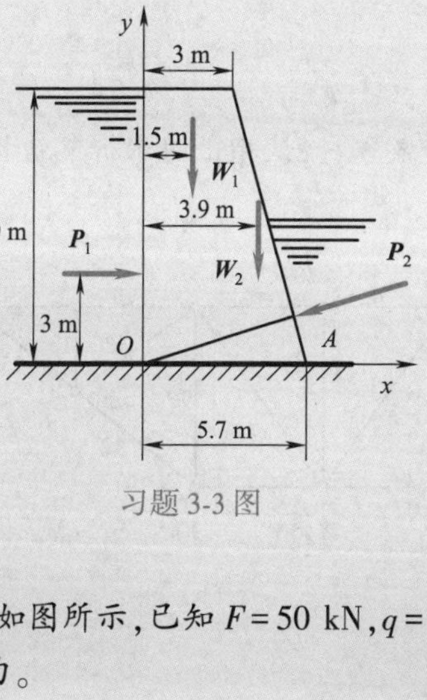


习题 3-3 图

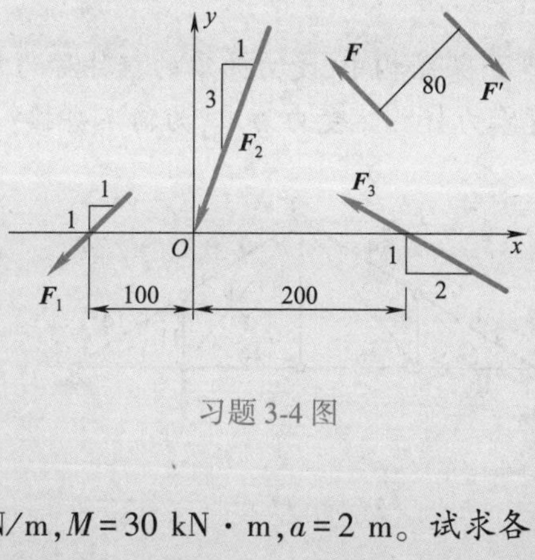


习题 3-4 图

3-5　如图所示，已知 $F=50$ kN，$q=10$ kN/m，$M=30$ kN · m，$a=2$ m。试求各梁支座处的约束反力。

答案：(a) $F_B = 21.67\ \text{kN}$，$F_{Ax} = 0$，$F_{Ay} = 28.33\ \text{kN}$

(b) $F_B = 50\ \text{kN}$，$F_{Ax} = 0$，$F_{Ay} = 20\ \text{kN}$

(c) $F_{Ax} = 43.3\ \text{kN}$，$F_{Ay} = 45\ \text{kN}$，$M_A = 90\ \text{kN} \cdot \text{m}$

(d) $F_B = -10\ \text{kN}$，$F_{Ax} = 0$，$F_{Ay} = 90\ \text{kN}$

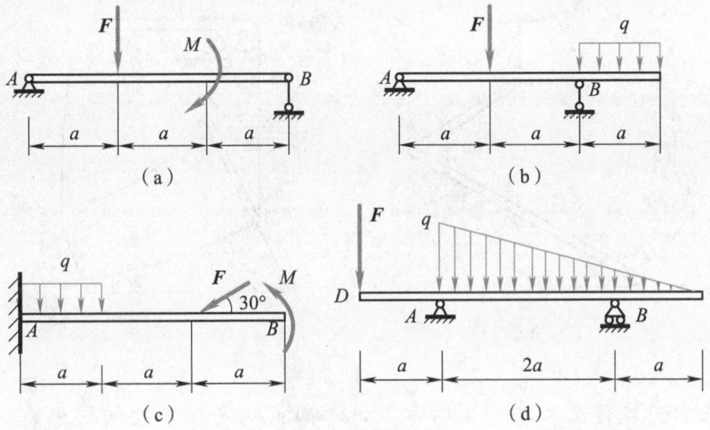


习题 3-5 图

3-6　某露天厂房牛腿柱的底部用混凝土砂浆与基础固结在一起，如图所示。若已知吊车梁传来的铅垂力 $F = 60\ \text{kN}$，假设风力均匀作用于柱的一侧，其集度为 $q = 2\ \text{kN/m}$，$e = 0.7\ \text{m}$，$h = 10\ \text{m}$。试求柱子底部 $A$ 处的约束力。

答案：$F_{Ax} = -20\ \text{kN}$，$F_{Ay} = 60\ \text{kN}$，$M_A = 142\ \text{kN} \cdot \text{m}$

3-7　如图所示，梯子 $AB$ 的两端分别靠在光滑的地面和墙上。梯子 $D$ 点用绳拴住并系在墙角，绳与地面成 30°。假设梯子均质，且重为 250 N，如有一重为 750 N 的人站在梯子中点 $C$ 处，试求绳的张力和地面与墙面的约束反力。

答案：$F_{\text{T}} = 405.83\ \text{N}$，$F_{\text{N}A} = 1202.91\ \text{N}$，$F_{\text{N}B} = 351.46\ \text{N}$

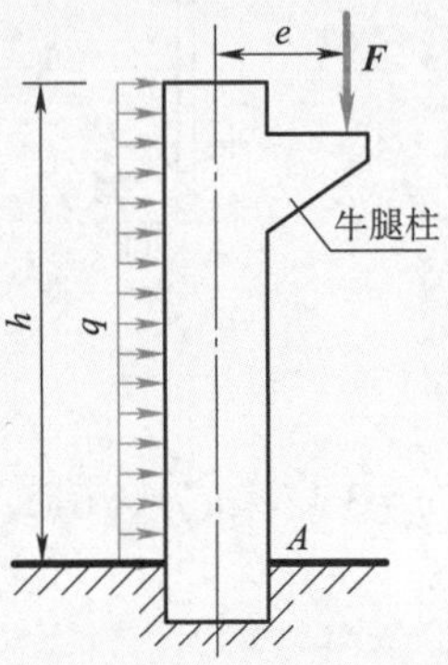


习题 3-6 图

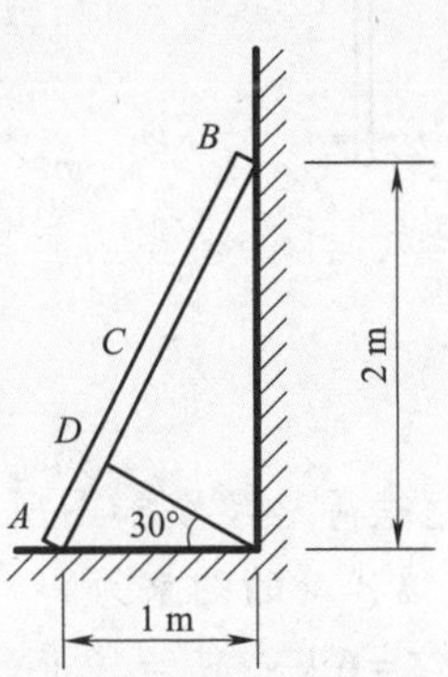


习题 3-7 图

3-8　均质平面折尺 $ABC$ 以绳悬挂在铅垂平面内，如图所示。设 $BC = 2AB$，求平衡时 $BC$ 段与水平方位的夹角 $\alpha$。

答案：$\alpha=19.11°$

3-9　如图所示，矩形进水闸门宽 1 m（垂直于纸面），$AB=2$ m，重量为 $W=15$ kN，上端用光滑圆柱铰链 $A$ 支承。若水面与 $A$ 齐平且门后无水，试求开启闸门时绳子的拉力 $F_T$。

答案：$F_T=30.13$ kN

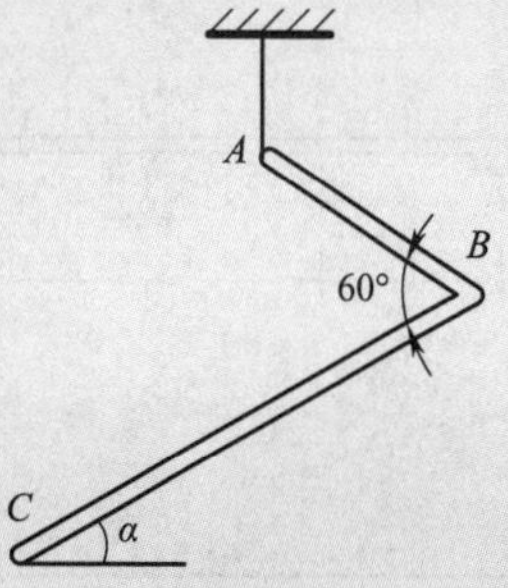


习题 3-8 图

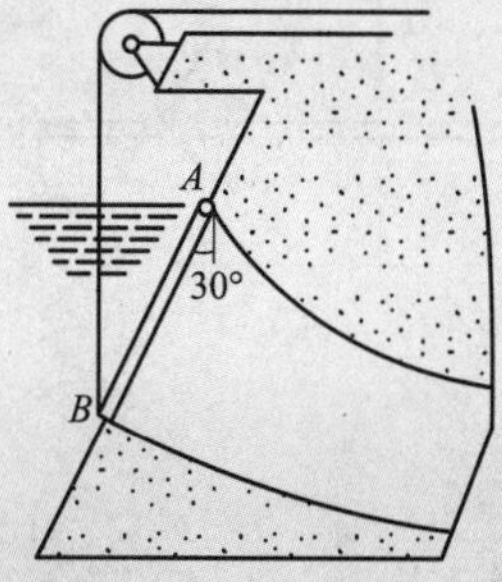


习题 3-9 图

3-10　刚架承受载荷及尺寸如图所示。试求固定端支座 $A$ 处的约束力。

答案：(a) $F_{Ax}=0, F_{Ay}=qb, M_A=M-\dfrac{qb^2}{2}$

(b) $F_{Ax}=-\dfrac{qa}{2}, F_{Ay}=P, M_A=Pb+\dfrac{qa^2}{6}$

(c) $F_{Ax}=0, F_{Ay}=\dfrac{q(a+b)}{2}, M_A=\dfrac{q(b^2-a^2)}{6}$

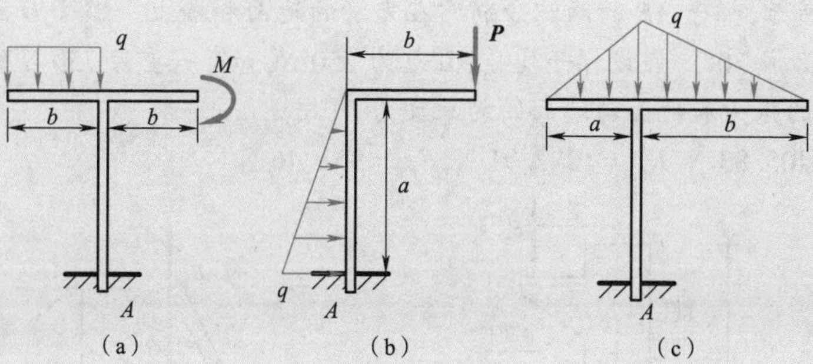


习题 3-10 图

3-11　刚架承受载荷及尺寸如图所示。已知：$q=3$ kN/m，$F=6\sqrt{2}$ kN，$M=10$ kN·m。不计自重，试求固定端 $A$ 处的约束力。

答案：$F_{Ax}=0, F_{Ay}=6$ kN，$M_A=12$ kN·m

3-12　图示为一手摇水泵，摇柄 $AD$ 长 48 cm，力 $P=200$ N。试求在图示位置平衡时连杆 $BC$ 的内力、铰链 $A$ 处的约束反力和水压力 $Q$。

答案：$F_{BC}=1\,205.99$ N（压），$F_{Ax}=-120$ N，$F_{Ay}=-1\,000$ N，$Q=1\,200$ N

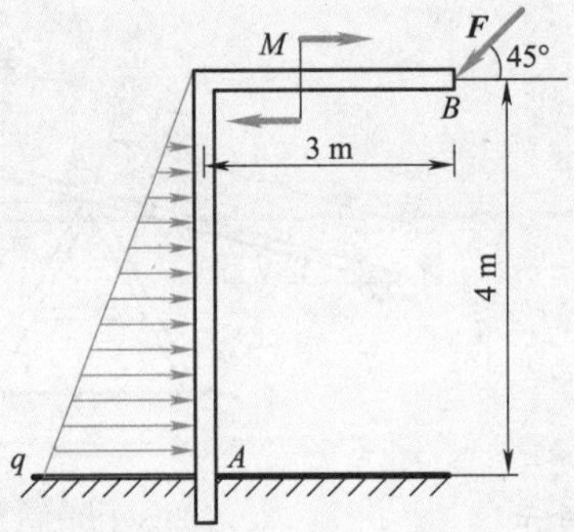


习题 3-11 图

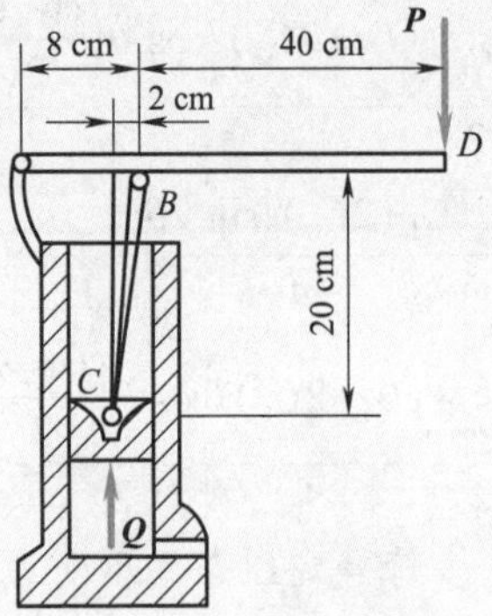


习题 3-12 图

3-13　均质球重为 $\boldsymbol{W}$，半径为 $r$，放在墙与杆 $CB$ 之间，如图所示。设杆长为 $L$，杆与墙之间的夹角为 $\alpha$，杆的 $B$ 端用水平绳子 $BA$ 拉住，不计杆重。试求绳子的拉力，并问 $\alpha$ 为何值时绳子的拉力最小？

答案：$F_{\mathrm{TB}}=\dfrac{Wr}{2L}\cdot\dfrac{1}{\sin^2\dfrac{\alpha}{2}\cos\alpha}$，$\alpha=60°$ 时 $F_{\mathrm{TBmin}}=\dfrac{4Wr}{L}$

3-14　如图所示，圆柱 $O$ 重为 $G=10$ kN，用撑架支承放置于斜面上，不计撑架自重。试求支座 $A$、$C$ 和地面 $E$ 处的约束反力。

答案：$F_{NE}=8$ kN，$F_{CB}=2.5$ kN（压）

$F_{Ax}=4$ kN（沿斜面向上），$F_{Ay}=1.5$ kN（垂直斜面向下）

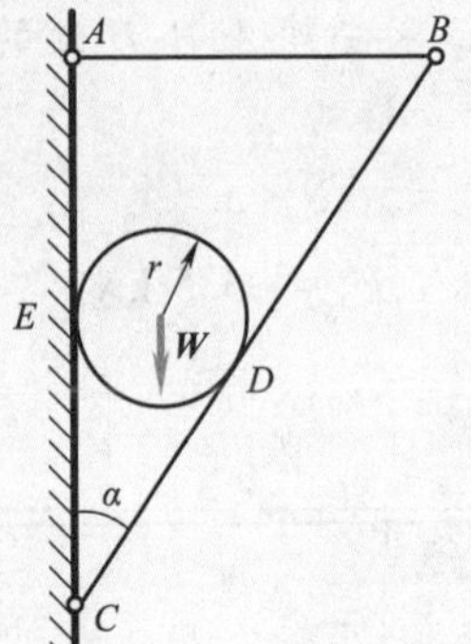


习题 3-13 图

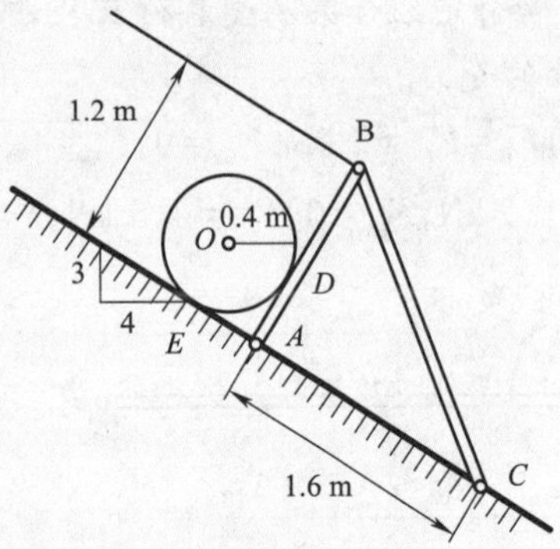


习题 3-14 图

3-15　图示为用 A 字架和踏板所搭成的工作台。踏板 $AE$ 重为 $\boldsymbol{G}_1$，$A$ 端为固定铰支座，$B$ 处搁在 A 字架上。A 字架重为 $\boldsymbol{G}_2$，放在地面上。工作人员重为 $\boldsymbol{G}_3$，站在踏板的 $E$ 处。若图中尺寸均为已知，各处均为光滑接触，试求 $A$、$C$ 和 $D$ 处的约束反力。

答案：$F_{Ax}=\dfrac{(G_1+2G_3)l\sin 2\theta}{4a}$，$F_{Ay}=G_1+G_3-\dfrac{(G_1+2G_3)l\cos^2\theta}{2a}$

$$F_{NC}=\frac{G_2}{2}+\frac{(G_1+2G_3)\,l\cos\theta\left(\dfrac{\cos\theta}{2}-\dfrac{h}{b}\sin\theta\right)}{2a}$$

$$F_{Dx}=-\frac{(G_1+2G_3)\,l\sin 2\theta}{4a}$$

$$F_{Dy}=\frac{G_2}{2}+\frac{(G_1+2G_3)\,l\cos\theta\left(\dfrac{\cos\theta}{2}+\dfrac{h}{b}\sin\theta\right)}{2a}$$

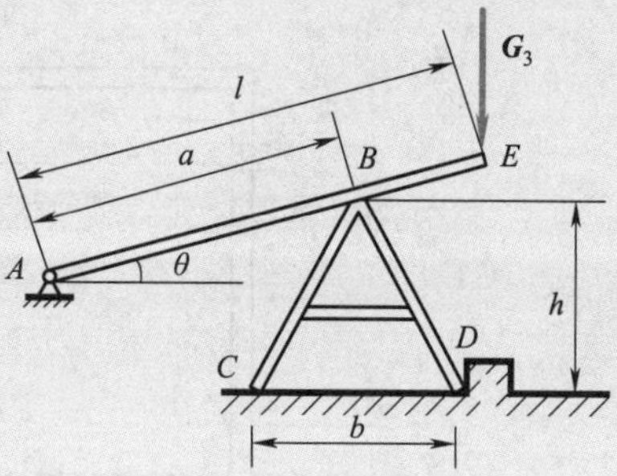


习题 3-15 图

3-16　多跨静定组合梁承受载荷及尺寸如图所示。试求支座 $A$、$B$ 和 $D$ 处的约束反力。

答案：(a) $F_B=\frac{\sqrt{3}qa}{6}, F_{Ax}=\frac{\sqrt{3}qa}{12}, F_{Ay}=\frac{7qa}{4}, M_A=3qa^2$

(b) $F_D=\frac{2M}{l}-\frac{ql}{16}, F_B=2F-\frac{4M}{l}+\frac{5ql}{4}, F_{Ax}=0, F_{Ay}=\frac{2M}{l}-F-\frac{11ql}{16}$

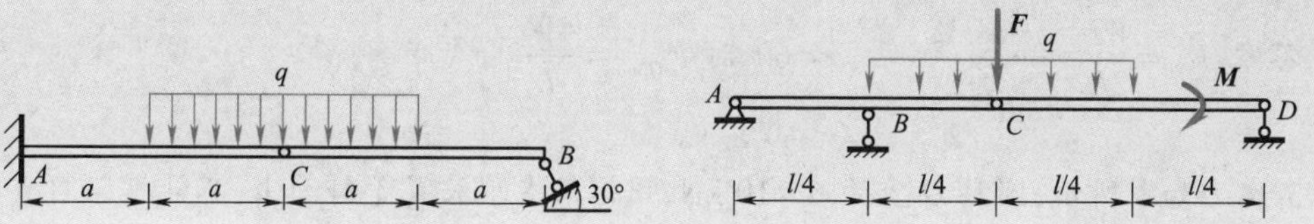


(a)　　　　(b)

习题 3-16 图

3-17　多跨静定组合梁承受载荷及尺寸如图所示。试求支座 $A$、$B$、$D$ 处的约束反力和中间铰链 $C$ 处的受力。

答案：(a) $F_B=F_{Cy}=2\text{ kN}, F_{Cx}=0, F_{Ax}=0, F_{Ay}=2\text{ kN}, M_A=5\text{ kN}\cdot\text{m}$

(b) $F_D=1.5\text{ kN}, F_{Cx}=0, F_{Cy}=4.5\text{ kN}, F_{Ax}=0, F_B=20\text{ kN}, F_{Ay}=-5.5\text{ kN}$

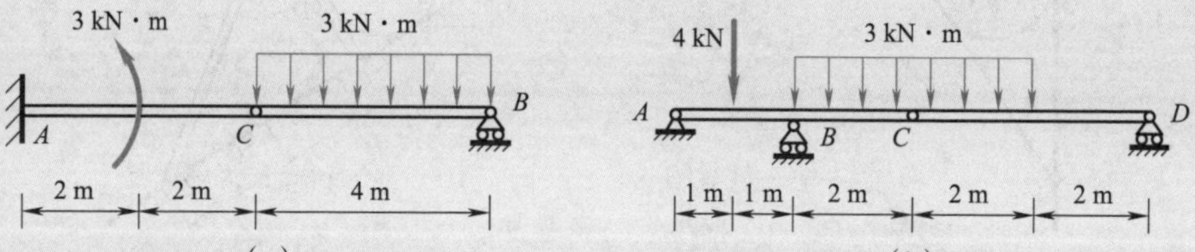


(a)　　　　(b)

习题 3-17 图

3-18　结构承受载荷及尺寸如图所示，各杆不计重量，$q=50\text{ kN/m}$。若 $AB$ 杆和 $CD$ 杆的极限载荷分别为 800 kN 和 500 kN，试求使其中一杆达到极限载荷时的集中力 $\boldsymbol{F}$ 和力偶 $M$ 的大小。

答案：　$F=565.93\text{ kN}, M=-4\ 334.26\text{ kN}\cdot\text{m}$

3-19　如图所示，在均质梁 $AB$ 上铺设有起重机轨道，起重机重为 50 kN，其重心在铅垂直线 $CD$ 上，货物重量 $W_1=10$ kN，梁重 $W_2=30$ kN，尺寸如图所示。在图示位置时，起重机悬臂梁和梁 $AB$ 位于同一铅垂面上，试求支座 $A$ 和 $B$ 处的约束反力。

答案：$F_B=37$ kN，$F_{Ax}=0$，$F_{Ay}=53$ kN

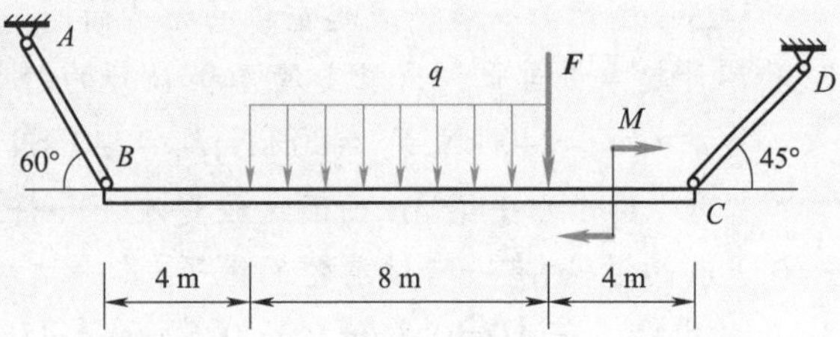


习题 3-18 图

3-20　图示多跨静定组合梁由 $AC$ 和 $CD$ 两部分铰接而成，起重机放在梁上。已知起重机重 $P_1=40$ kN，重心在铅垂直线 $EC$ 上，起重载荷 $P_2=8$ kN。如不计梁重，试求支座 $A$、$B$ 和 $D$ 处的约束反力。

答案：$F_D=6.67$ kN，$F_B=80$ kN，$F_{Ax}=0$，$F_{Ay}=-38.67$ kN

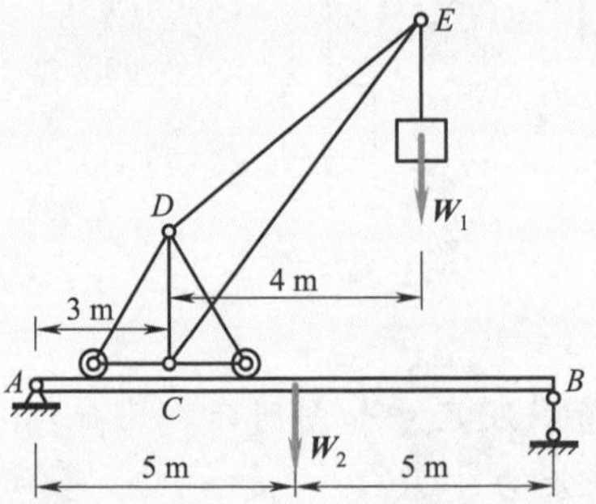


习题 3-19 图

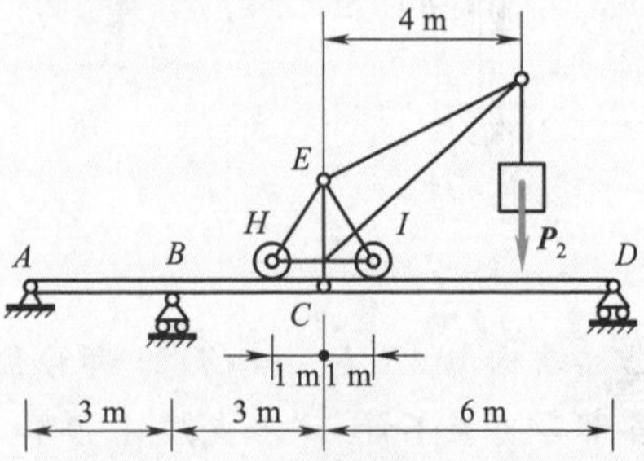


习题 3-20 图

3-21　三铰拱承受载荷及尺寸如图所示，已知三铰拱由两半拱和三个铰链 $A$、$B$、$C$ 构成，已知每半拱重为 $\boldsymbol{F}$。试求支座 $A$ 和 $B$ 处的约束反力及中间铰链 $C$ 处的受力。

答案：$F_{Ax}=\dfrac{F}{4}$，$F_{Bx}=-\dfrac{F}{4}$，$F_{Ay}=F_{By}=F$，$F_{Cx}=\dfrac{F}{4}$，$F_{Cy}=0$

3-22　三铰拱承受载荷及尺寸如图所示，已知：$P=20$ kN，$Q=30$ kN。不计拱的自重，试求支座 $A$ 和 $B$ 处的约束反力。

答案：$F_{Ax}=15$ kN，$F_{Bx}=-15$ kN，$F_{Ay}=17$ kN，$F_{By}=33$ kN

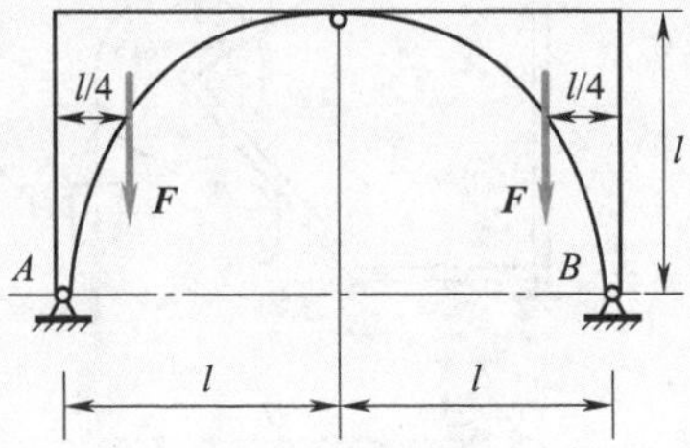


习题 3-21 图

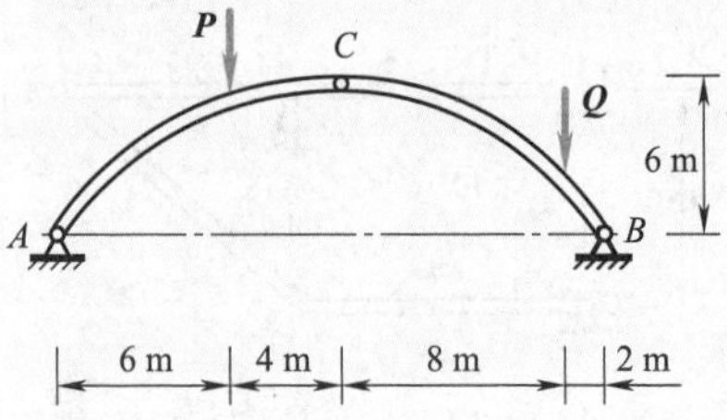


习题 3-22 图

3-23　图示为一旋转式起重机的结构简图。已知起吊货物重 $W=80$ kN，$AB=1$ m，$CD=3$ m，不计起重机自重。试求支座 $A$ 和 $B$ 处的约束反力。

答案：$F_{Ax}=240$ kN，$F_{Ay}=80$ kN，$F_B=240$ kN

3-24　图示水平梁 $AB$ 由固定铰支座 $A$ 和杆 $BC$ 支承。在梁上 $D$ 点用销钉安装半径为 $r=0.1$ m 的滑轮，有一跨过滑轮的绳子，其一端水平地系于墙面上，另一端悬挂有重为 $W=4$ kN 的重物。若 $AD=0.3$ m，$BD=0.5$ m，$\alpha=45°$，不计梁、杆、滑轮和绳子的自重，试求支座 $A$ 的约束反力和杆 $BC$ 的内力。

答案：$F_{Ax}=5.5$ kN，$F_{Ay}=2.5$ kN，$F_{BC}=2.12$ kN

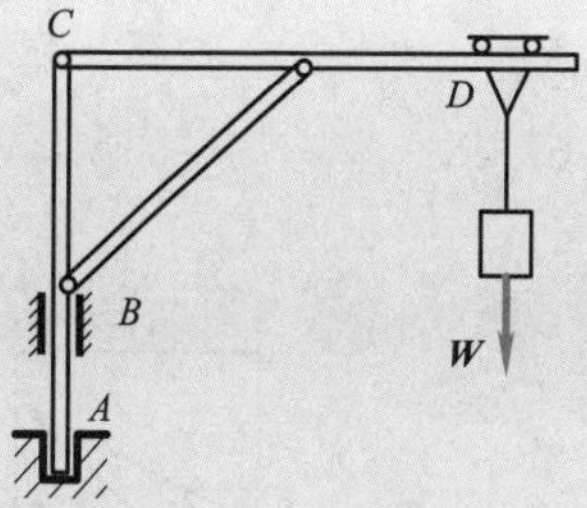


习题 3-23 图

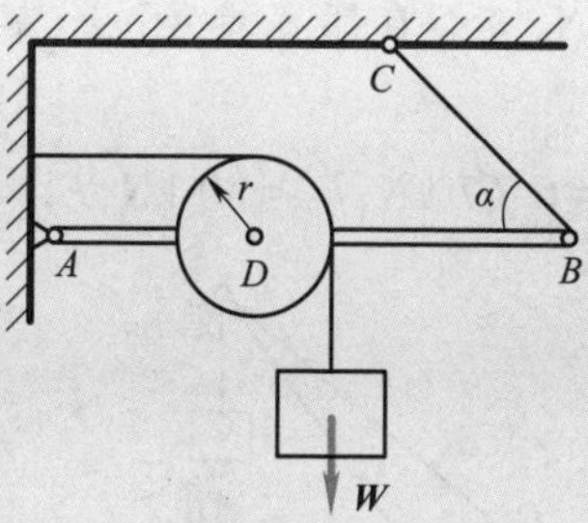


习题 3-24 图

3-25　结构由 $AB$、$BC$ 和 $CD$ 三部分组成，所受荷载及尺寸如图所示。已知：$M=2qa^2$，$P=qa$，各部分自重不计，试求支座 $A$、$D$ 和 $E$ 处的约束反力。

答案：$F_D=2\sqrt{2}qa$，$F_E=6qa$，$F_{Ax}=2qa$，$F_{Ay}=-2qa$

3-26　结构承受载荷及尺寸如图所示。$EG$ 段绳子水平，已知：圆轮半径 $R=L=1$ m，$P=100$ kN，不计各杆及圆轮自重。试求：(1) $AED$ 杆在 $D$、$A$ 两处所受的约束反力；(2) $ABC$ 杆在 $B$、$A$ 两处所受的约束反力。

答案：(1) $F_D=75$ kN（压），$F_{A_1x}=-40$ kN，$F_{A_1y}=-45$ kN

(2) $F_B=250$ kN，$F_{A_2x}=40$ kN，$F_{A_2y}=-105$ kN

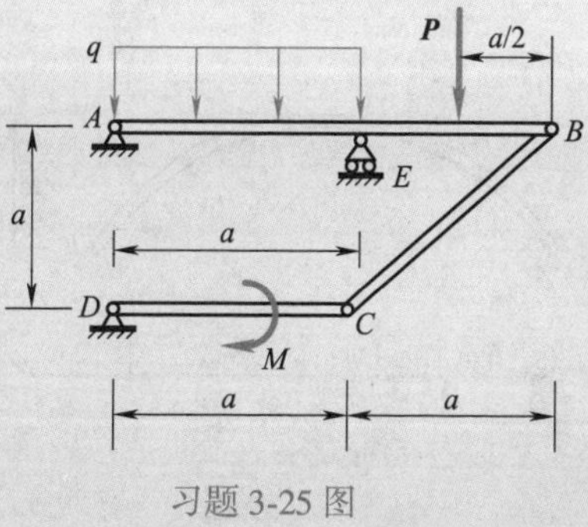


习题 3-25 图

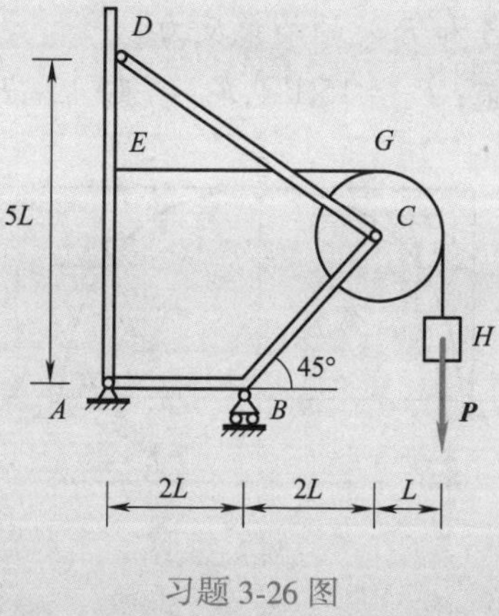


习题 3-26 图

3-27　杆系结构承受载荷及尺寸如图所示，杆 $ED$ 和杆 $CG$ 以铰链 $C$ 连接，并用铰链 $E$ 和 $G$ 分别连接在固定在地基上的竖杆 $AB$ 上，不计各杆自重，若 $P=ql$，试求固定端 $A$ 处和中间铰链 $C$ 处的约束反力。

答案：$F_C=\dfrac{4\sqrt{2}ql}{3}$，$F_{Ax}=-4ql$，$F_{Ay}=ql$，$M_A=12ql^2$

3-28　杆系结构承受载荷及尺寸如图所示，已知：$P=q_0a$，$M=q_0a^2$，不计各杆自重。试求支座 $A$ 和 $B$ 处的约束反力。

答案：$F_{Bx}=-\dfrac{q_0a}{2}$，$F_{By}=-\dfrac{q_0a}{3}$，$F_{Ax}=-\dfrac{(2+\sqrt{3})q_0a}{2}$，$F_{Ay}=\dfrac{5q_0a}{6}$，$M_A=\dfrac{3(\sqrt{3}+3)q_0a^2}{4}$

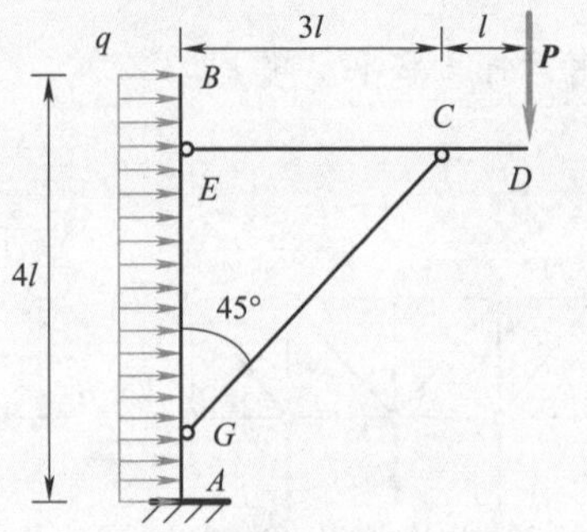

习题 3-27 图

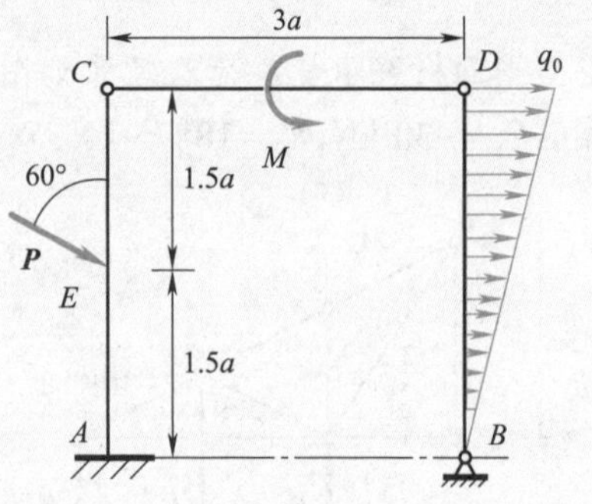

习题 3-28 图

3-29　图示屋顶人字架由两根重均为 $\boldsymbol{P}$ 的均质杆 $AC$ 和 $CB$ 用铰链 $C$ 连接，并由水平拉杆 $DE$ 支承着而与光滑水平面成 45°的角度，拉杆 $DE$ 的拉力强度 $F=4P$。已知：$AC=CB=L$，$DC=CC=0.75L$，不计拉杆 $DE$ 自重，设分布载荷为 $q$，试求结构不破坏时的 $q$ 值。

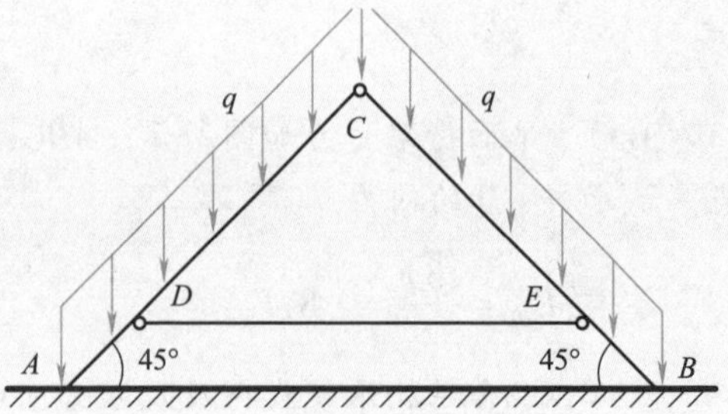

习题 3-29 图

答案：$q\leqslant\dfrac{5P}{L}$

3-30　平面桁架结构承受载荷及尺寸如图所示，试用节点法求解结构中各杆的内力。

答案：(a) $F_{AC}=\sqrt{5}F$，$F_{BC}=0$，$F_{BD}=-2F$，$F_{CD}=F$，$F_{CE}=2F$，$F_{DE}=-\sqrt{5}F$

(b) $F_{AE}=-21\sqrt{2}$ kN，$F_{AC}=F_{CE}=21$ kN，$F_{EG}=-21$ kN，$F_{CG}=15$ kN，$F_{DG}=0$

$F_{CD}=F_{DB}=9$ kN，$F_{BG}=-29\sqrt{2}$ kN

3-31　一悬臂式桁架承受载荷及尺寸如图所示。试求杆件 6、7 和 8 的内力。

答案：$F_7=-\dfrac{\sqrt{5}F}{2}=-1.12F$，$F_6=\dfrac{3\sqrt{5}F}{2}=3.35F$，$F_8=-2F$

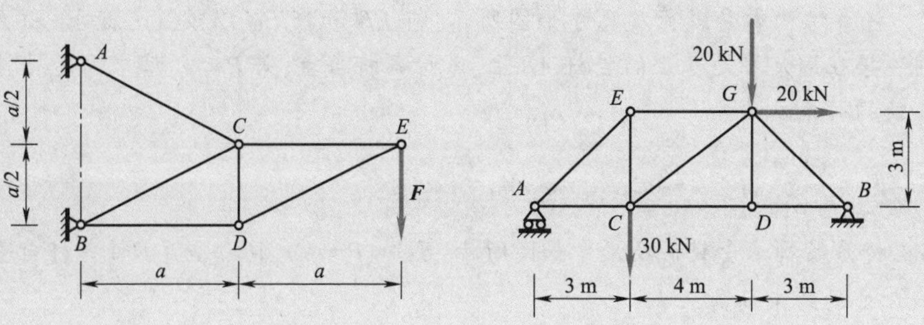


（a）　　（b）

习题 3-30 图

3-32　平面桁架承受载荷及尺寸如图所示。试求杆件 1、2 和 3 的内力。

答案：$F_1=-30\ \mathrm{kN}, F_2=18.75\ \mathrm{kN}, F_3=-5\ \mathrm{kN}$

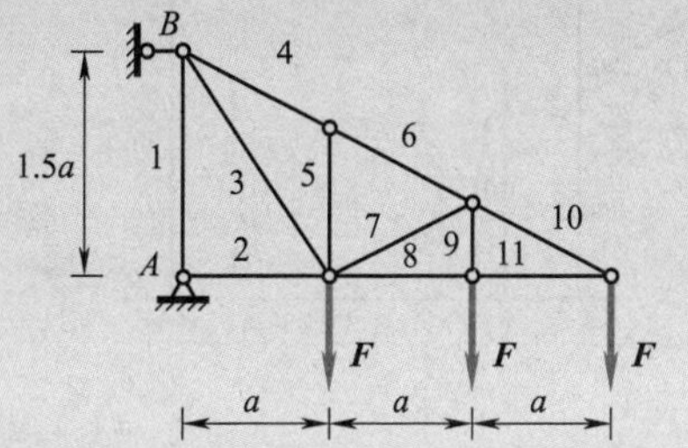


习题 3-31 图

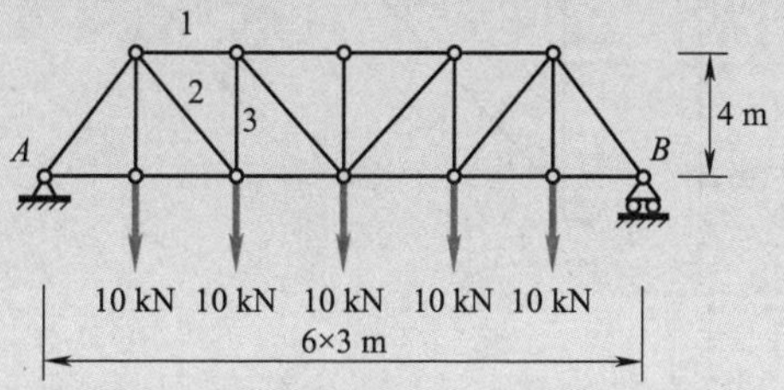


习题 3-32 图

3-33　平面桁架受力如图所示。*ABC* 为等边三角形，且 *E*、*G*、*D* 分别为 *AC*、*BC*、*AB* 的中点。试求杆 *CD* 的内力。

答案：$F_{CD}=\dfrac{\sqrt{3}F}{2}=0.87F$

3-34　混合结构承受载荷及尺寸如图所示。试求支座 *B* 处的约束反力以及杆件 1 和 2 的内力。

答案：$F_B=\dfrac{3F}{4}, F_1=\dfrac{5F}{8}, F_2=-\dfrac{F}{2}$

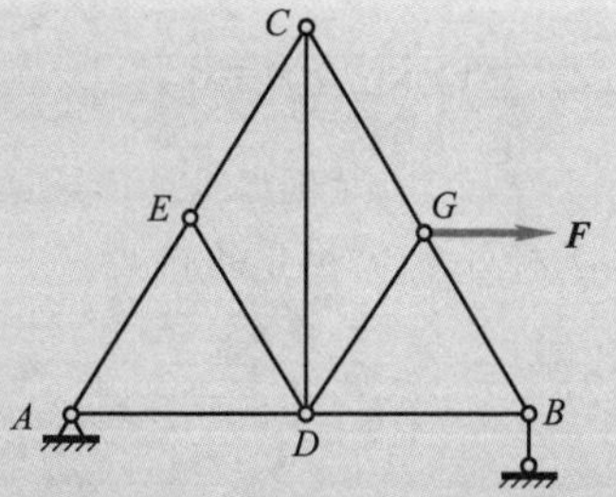


习题 3-33 图

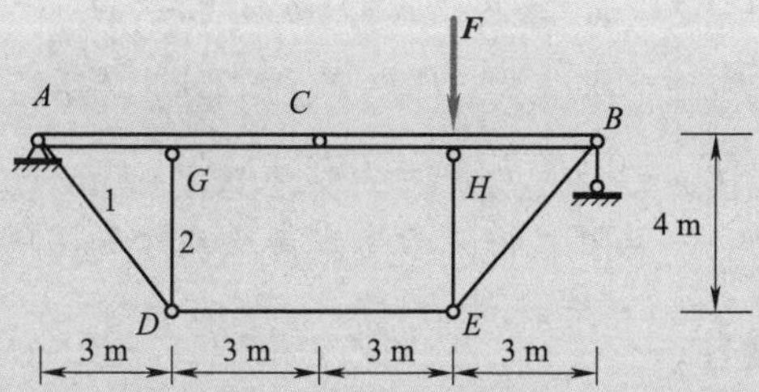


习题 3-34 图

3-35　平面桁架的支座和载荷如图所示。试求图中杆 $CD$、$BC$ 和 $HE$ 的内力。

答案：$F_{HE}=0, F_{BC}=-\frac{2P}{3}, F_{CD}=-\frac{4P}{9}$

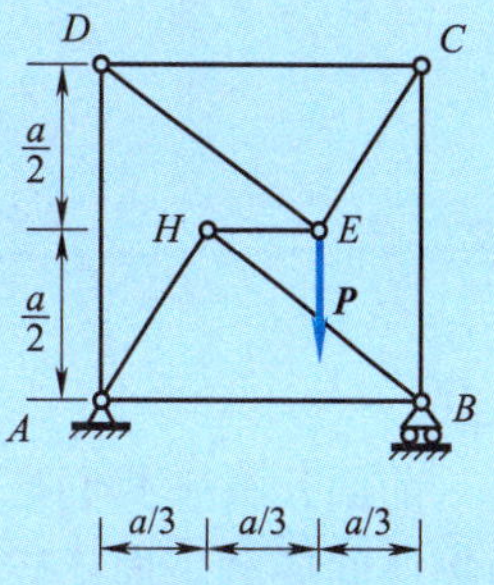


习题 3-35 图

# 第4章 摩　擦

前面几章中我们把物体之间的接触表面都看作光滑的,忽略了物体之间的摩擦,这是因为当物体间接触表面比较光滑或润滑良好时,我们忽略其摩擦作用而看作光滑接触。但在实际生活和生产中,如果没有摩擦会怎么样呢?如果没有摩擦,我们将会穿不上鞋子,戴不稳帽子,盖不好被子,走不了路,爬不了楼梯,写不了字,开不了车;如果没有摩擦,我们不能兴修建筑,不能运转和制动机器;如果没有摩擦和介质阻力,物体只发生动能和势能的相互转化时,机械能的总量保持不变。没有摩擦力的世界我们很难接受。实际上,绝对光滑的接触表面是不存在的,或多或少总存在一些摩擦。而且在有些情况下,摩擦会起到重要的作用,是不容忽视的,必须计入其影响。

## §4-1 摩擦现象

摩擦是指相互接触物体或介质,在相对运动或有相对运动趋势时,接触面上阻碍运动和运动趋势的机械作用。沿接触表面产生的阻力即为摩擦力。摩擦的类别很多,按相对运动形式,摩擦可分为滑动摩擦和滚动摩擦,前者是两相互接触物体有相对滑动或有相对滑动趋势时的摩擦,后者是两相互接触物体有相对滚动或有相对滚动趋势时的摩擦;按相对运动状态,摩擦分为静摩擦和动摩擦,前者是相互接触的两物体有相对运动趋势并处于静止状态时的摩擦,后者是相互接触的两物体越过静止临界状态而发生相对运动时的摩擦;根据物体之间是否有良好的润滑剂,摩擦又可分为干摩擦和湿摩擦,当两接触面间没有润滑流体时,即为干摩擦,有时也被称为库仑摩擦,是我们常见的摩擦作用。

摩擦是一种极其复杂的物理现象,人们在摩擦理论和实验方面做了很多工作,目前已形成一门多学科融合的交叉学科"摩擦学"。这里仅介绍古典摩擦意义下的有关概念和理论,这种理论对一般工程问题具有足够的精确性。本章重点研究有摩擦时物体系统的平衡问题。

## §4-2 滑动摩擦

两个相互接触的物体,当它们发生沿接触面的相互滑动或有相对滑动趋势时,彼此间产生阻碍这个运动或运动趋势的力,称为滑动摩擦力。摩擦力作用于相互接触处,其方向与相对滑动的趋势或相对滑动的方向相反,它的大小根据主动力作用的不同,可以分为三种情况,即静滑动摩擦力、最大静滑动摩擦力和动滑动摩擦力。

### 1. 静滑动摩擦力

在图示粗糙的水平面上放置一重为 $\boldsymbol{W}$ 的物体,该物体在重力 $\boldsymbol{W}$ 和法向反力 $\boldsymbol{F}_{\mathrm{N}}$ 的作用下处于静止平衡状态,如图 4-1(a)所示。若在该物体上作用一大小可变的水平力 $\boldsymbol{F}$,当 $\boldsymbol{F}$ 由零值逐渐增加但不很大时，物体仍保持静止。可见支承面对物体除法向约束反力 $\boldsymbol{F}_N$ 外，还有一个阻碍物体沿水平面向右滑动的沿接触表面产生的切向阻力，此力即静滑动摩擦力，简称静摩擦力，常以 $\boldsymbol{F}_s$ 表示，方向向左，如图 4-1(b)所示。

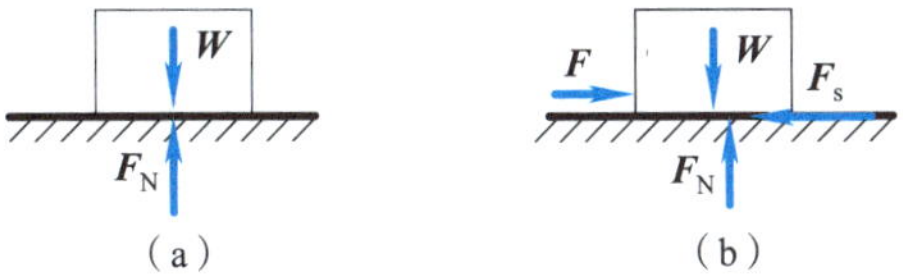


图 4-1

由图 4-1(b)可见，静摩擦力就是约束力沿接触面公切线的一个分力，它的方向与物体相对滑动趋势相反，它的大小需用平衡条件确定。图示平衡方程有

$$\sum F_x = 0,\quad F_s = F$$

由上式可知，静摩擦力的大小随水平力 $\boldsymbol{F}$ 的值增大而增大，这是静摩擦力和一般约束反力的共同点。

## 2. 最大静滑动摩擦力

静摩擦力又与一般约束反力不同，其不同点在于静摩擦力具有最大值，它并不随力 $\boldsymbol{F}$ 的增大而无限度地增大。当力 $\boldsymbol{F}$ 的大小达到一定数值时，物块处于将要滑动但尚未开始滑动的平衡临界状态。当物块处于平衡的临界状态时，静摩擦力达到最大值，即为最大静滑动摩擦力，简称最大静摩擦力，以 $\boldsymbol{F}_{max}$ 表示。此后，只要主动力 $\boldsymbol{F}$ 再增大一点，物块即开始滑动，静摩擦力不能再随之增大，物体将失去平衡而滑动。

静滑动摩擦定律：大量实验证明，最大静摩擦力的大小与两物体间的法向反力成正比，即

$$F_{max} = f_s F_N \tag{4-1}$$

式中，比例常数 $f_s$ 称为静摩擦因数，它是无量纲数。式(4-1)称为静摩擦定律(又称库仑摩擦定律)。$f_s$ 与接触物体的材料、表面的粗糙度、温度和湿度等情况有关，而与接触面积的大小无关，它的大小需由实验测定。一般材料的 $f_s$ 数值可在机械工程手册中查到，表 4-1 中列出了一部分常用材料的滑动摩擦因数。

**表 4-1 常用材料的滑动摩擦因数**

| 材料名称 | 静摩擦因数 | | 动摩擦因数 | |
|---|---|---|---|---|
| | 有润滑 | 有润滑 | 无润滑 | 有润滑 |
| 钢-钢 | 0.15 | 0.10~0.12 | 0.15 | 0.05~0.10 |
| 钢-软钢 | | | 0.20 | 0.10~0.20 |
| 钢-铸铁 | 0.30 | | 0.18 | 0.05~0.15 |
| 钢-青铜 | 0.15 | 0.10~0.15 | 0.15 | 0.10~0.15 |
| 软钢-铸铁 | 0.20 | | 0.18 | 0.05~0.15 |
| 软钢-青铜 | 0.20 | | 0.18 | 0.07~0.15 |
| 铸铁-铸铁 | | 0.18 | 0.15 | 0.07~0.12 |
| 铸铁-青铜 | | | 0.15~0.20 | 0.07~0.15 |

续上表

| 材料名称 | 静摩擦因数 | | 动摩擦因数 | |
|---|---|---|---|---|
| | 有润滑 | 有润滑 | 无润滑 | 有润滑 |
| 青铜-青铜 | | 0.10 | 0.20 | 0.07~0.10 |
| 皮革-铸铁 | 0.30~0.50 | 0.15 | 0.60 | 0.15 |
| 橡皮-铸铁 | | | 0.80 | 0.50 |
| 木材-木材 | 0.40~0.60 | 0.10 | 0.20~0.50 | 0.07~0.15 |

应该指出,式(4-1)仅是近似的,它远不能完全反映出静滑动摩擦的复杂现象。但是,由于公式简单,计算方便,并且又有足够的准确性,所以在工程实际中被广泛应用。

综上所述,静摩擦力的大小随主动力的不同而改变,它的大小由平衡方程确定,但介于零与最大值之间,即

$$0 \leqslant F_s \leqslant F_{max} \tag{4-2}$$

静摩擦定律给我们指出了利用摩擦和减少摩擦的途径。如生产中需要增大静摩擦力,可以通过加大正压力或增大摩擦因数来实现。例如,汽车一般都用后轮发动,因为后轮正压力大于前轮,这样可以产生较大的向前推动的摩擦力。又如,在带传动中,可以用张紧轮来增加胶带和胶带轮之间的摩擦力。如要减小摩擦时,可以设法减小摩擦因数,如在齿轮机构中加入润滑剂等。

### 3. 动滑动摩擦力

当静滑动摩擦力达到最大值时,若主动力 $\boldsymbol{F}$ 再继续加大,这时最大静滑动摩擦力已不足以阻碍物体与接触面出现相对滑动,但接触物体之间仍作用有阻碍相对滑动的阻力,这种阻力称为动滑动摩擦力,简称动摩擦力,以 $\boldsymbol{F}_d$ 表示,它的方向与两物体间相对滑动的方向相反。实验表明:动摩擦力的大小与接触体间的正压力成正比,即

$$F_d = fF_N \tag{4-3}$$

式中,$f$ 是动摩擦因数,它不仅取决于接触物体的材料和接触面的状况,而且还与两接触面滑动的相对速度有关。多数情况下,动摩擦因数随相对滑动速度的增大而稍减小。但当相对滑动速度不大时,动摩擦因数可近似地认为是个常数,参阅表 4-1。一般情况下,动摩擦因数小于静摩擦因数,即 $f<f_s$,但在一些工程问题中,相同情况下的动摩擦因数 $f$ 和静滑动摩擦因数 $f_s$ 很接近,常取 $f=f_s$。

综上,放置在水平面上的物体,在不断增加的水平外力 $\boldsymbol{F}$ 作用下,其摩擦力 $\boldsymbol{F}_s$ 与水平外力 $\boldsymbol{F}$ 的关系可用图像来表达。如图 4-2 所示,两接触面在相对静止过渡到滑动时存在一个临界平衡状态,此时的摩擦力达到最大值 $\boldsymbol{F}_{max}$。除了滑动外,几何尺寸不能忽略的物体还存在翻倒这一临界平衡状态。法向反力的作用点并非固定不动,随着主动力的变化而移动,如图 4-3 所示。当水平力 $\boldsymbol{F}$ 大小增加或距离 $h$ 增大时,法向反力 $\boldsymbol{F}_N$ 的作用点即作用线均要右移图 4-3(b),与此同时摩擦力 $\boldsymbol{F}_s$ 也随着力 $\boldsymbol{F}$ 的增大而增大。当摩擦力 $\boldsymbol{F}_s$ 尚未达

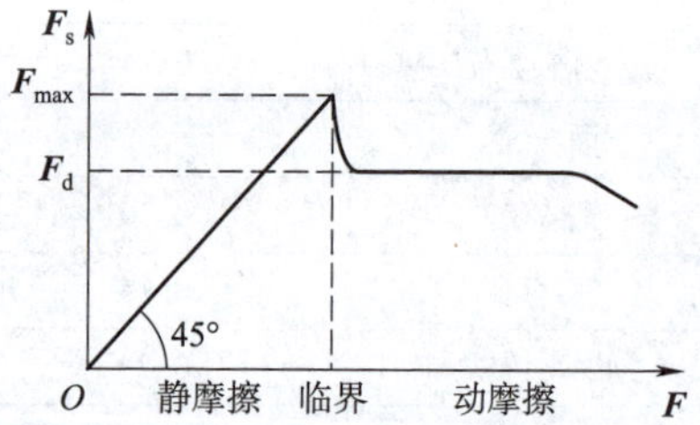


图 4-2

到最大值而 $\boldsymbol{F}_N$ 的作用点到达 $A$ 点时,物体处于翻倒的临界平衡状态,如图 4-3(c)所示。此时使物体倾覆的力偶($\boldsymbol{F}$,$\boldsymbol{F}_s$)与反倾覆力偶($\boldsymbol{W}$,$\boldsymbol{F}_N$)的平衡即将破坏。当摩擦力 $\boldsymbol{F}_s$ 达到最大值而 $\boldsymbol{F}_N$ 的作用点未到达 $A$ 点时,物体处于滑动的临界平衡状态。

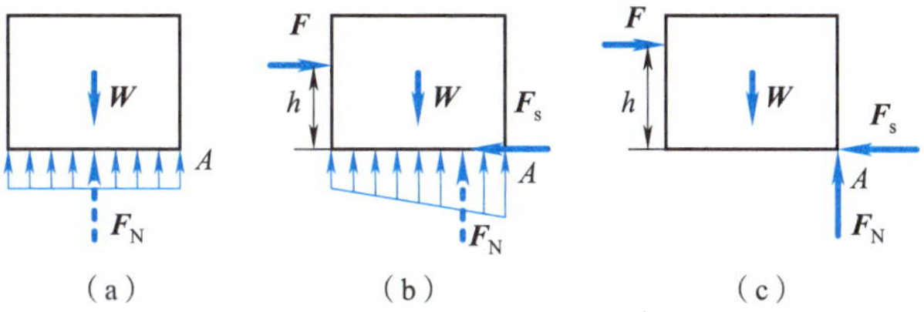


图 4-3

## 4. 摩擦角和自锁现象

静止在平面上的物体当存在静摩擦力时,接触面对物体的约束力包含两个分量[见图 4-4(a)]:法向力 $\boldsymbol{F}_N$ 与切向反力(静摩擦力)$\boldsymbol{F}_s$,其合力 $\boldsymbol{F}_R=\boldsymbol{F}_N+\boldsymbol{F}_s$,$\boldsymbol{F}_R$ 称为全反力。它的作用线与接触面的公法线成一夹角 $\varphi$,如图 4-4(b)所示。全反力与法向力的夹角的正切为

$$\tan\varphi=\frac{F_s}{F_N}$$

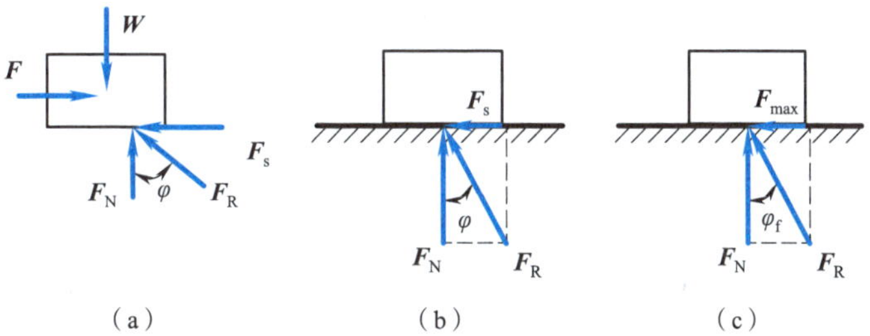


图 4-4

当物块处于临界平衡状态下,静摩擦力达到由式(4-1)确定的最大值,夹角 $\varphi$ 也达到最大值,如图 4-4(c)所示,此 $\varphi$ 角称为摩擦角,记为 $\varphi_f$,由图可得

$$\tan\varphi_f=\frac{F_{max}}{F_N}=\frac{f_sF_N}{F_N}=f_s \tag{4-4}$$

由式(4-4)可知摩擦角的正切等于静摩擦因数。摩擦角与摩擦因数一样,都是表示材料的表面性质的量。如图 4-5(b)所示,在临界状态下,可以全反力 $\boldsymbol{F}_R$ 的作用线为母线画出一个以接触点为顶点的锥面,称为摩擦锥。设物块与支承面间沿任何方向的摩擦因数都相同,即摩擦角都相等,则摩擦锥将是一个顶角为 $2\varphi_f$ 的圆锥。

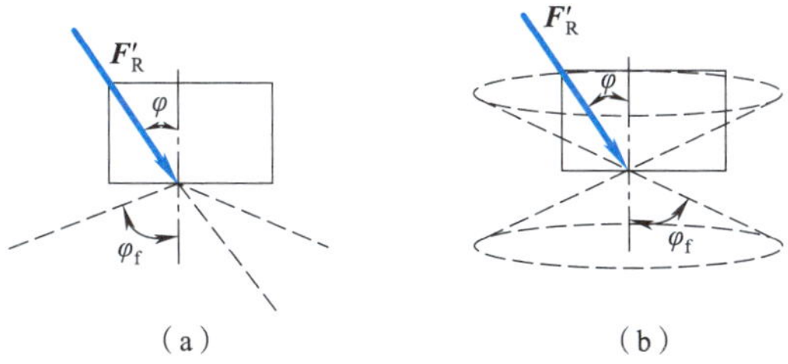


图 4-5

式(4-4)提供了实验测定静摩擦因数的方法。将被测的两物体一个做成物块,另一个做成斜面,斜面的倾角可以调节。平衡时,斜面对物体的全反力一定与物块的重力共线,存在关系$\theta=\varphi$,如图 4-6 所示。物块处于临界平衡时,就有$\theta=\varphi_f$,即

$$f_s=\tan\varphi_f=\tan\theta \tag{4-5}$$

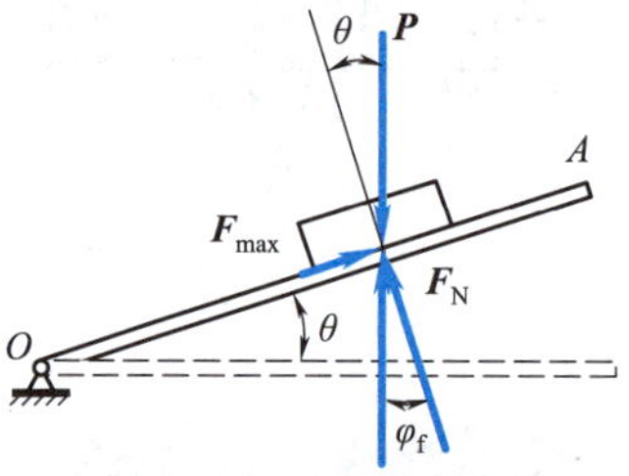


图 4-6

如图 4-5 所示,当物体静止时,静摩擦力不一定达到最大值,可在零与最大值$\boldsymbol{F}_{max}$之间变化,所以全约束反力与法线间的夹角$\varphi$也在零与摩擦角$\varphi_f$之间变化,即$0\leqslant\varphi\leqslant\varphi_f$,全反力一定位于摩擦锥内,临界平衡时位于摩擦锥面上。由此可知:

(1)当主动力的合力$\boldsymbol{F}'_R$的作用线位于摩擦锥内时,不论这个力多大,接触面一定能产生与之大小相等、方向相反的全反力与之平衡,这种依靠摩擦力维持平衡而与主动力大小无关的现象称为自锁现象。因为在这种情况下,主动力的合力$\boldsymbol{F}'_R$与法线间的夹角$\varphi<\varphi_f$,因此,$\boldsymbol{F}'_R$和全约束反力$\boldsymbol{F}_R$必能满足二力平衡条件。

如图 4-7(a)所示的一种实用机械工具"自锁定机构",由两根短杆组成的一个自锁起重吊钩,将它放入被吊的空罐内,使其张开一定的夹角压紧在罐壁上,其内部结构如图 4-7(b)所示。由分析可知,当吊钩提升重物时,如果不发生相对滑动,$\theta$有增大的趋势,$\theta$越大,$\boldsymbol{F}_N$的值就越大,即所谓越挤越紧,因而可提供的最大静摩擦力就越大,重物更不容易滑脱。在理论上只要顶杆与竖直方向的夹角$\theta$和短杆与接触面间的摩擦角关系满足$\theta>(90°-\varphi_f)$,就会出现自锁定,吊钩不会滑脱。

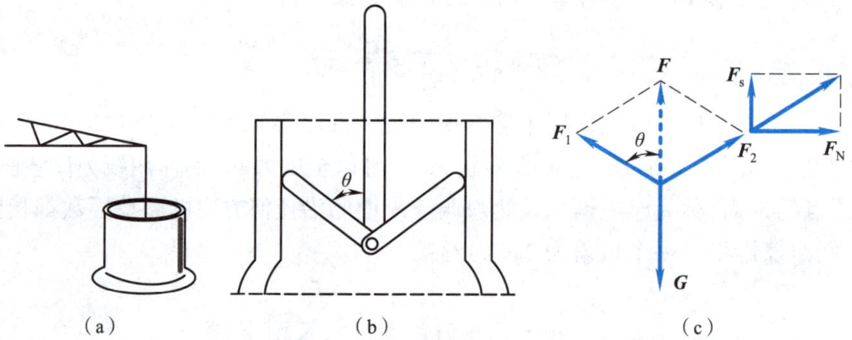


图 4-7

摩擦自锁现象应用极其广泛,在生产、生活中也随处可见。例如,设计螺旋千斤顶时就有自锁要求,以使重物举起后不会自行下落;传统的纯木质家具多用榫卯结构,框架做成后,在榫

卯处都加入楔子可以达到加固效果；恒山悬空寺横梁中加“楔子”以便固定（见图 4-8）；等等，都是利用了自锁原理。

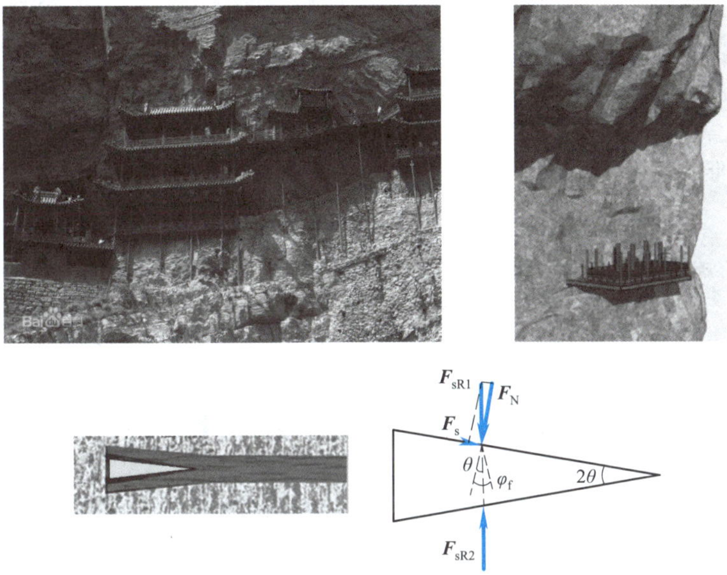


保证 $\theta<\varphi_f$，横梁中的“楔子”自锁原理

图 4-8

**拓展阅读**

恒山悬空寺，位于山西省大同市金龙峡，是我国现存时间最早并保存最完成的高空木构摩崖建筑。在 2010 年 12 月，媒体公布的全球十大最奇险建筑中，悬空寺与意大利比萨斜塔等一些国际知名建筑同列其中，而建于北魏的恒山悬空寺却比它们早了 700 多年。

(2) 如果全部主动力的合力 $\boldsymbol{F}'_R$ 的作用线位于摩擦锥外时，不论这个力多小，物体总不平衡，这种现象称为非自锁现象。此时，主动力的合力 $\boldsymbol{F}'_R$ 与法线间的夹角 $\varphi>\varphi_f$，支承面的全约束反力 $\boldsymbol{F}_R$ 和主动力的合力 $\boldsymbol{F}'_R$ 不能满足二力平衡条件。应用这个道理，可以设法避免发生自锁现象或卡住现象。例如，儿童乐园里的滑梯，不论小孩的体重多轻，都能滑下来。

应用摩擦角与全约束反力的概念，可以用几何法（或作图法）求解有摩擦时物体的平衡问题。

## §4-3　具有滑动摩擦的平衡问题

考虑摩擦时，求解物体平衡问题的步骤与前几章所述大致相同，但有如下特点：

(1) 受力分析时必须考虑接触面的摩擦力 $\boldsymbol{F}_s$，通常增加了未知量的数目。

(2) 除平衡方程外，还必须列写补充方程 $F_s \leqslant f_s F_N$，补充方程数等于摩擦力的个数。

(3) 平衡问题的解是一个范围，而不是一个确定的值，称为平衡范围。

按摩擦力的性质，考虑摩擦的平衡大致有以下三种类型：

(1) 判断两物体接触处是否处于相对静止状态。若物体处于静止状态，需仔细分析其运动趋势,假定摩擦力的方向,由静力平衡方程来确定摩擦力;若物体处于运动状态,则当物体运动时,其滑动摩擦力为动滑动摩擦力,方向与相对滑动的方向相反。

(2)求具有摩擦时物体能保持静止的条件,即平衡范围问题。由于静滑动摩擦力的大小可以在一定范围内变化,所以物体有一平衡范围,这个平衡范围有时是用几何位置、几何尺寸来表示的,有时是用力来表示的。

(3)求解物体处于临界状态时的平衡问题。摩擦力由库仑摩擦定律确定,结合静力平衡方程式,可得到唯一解答。在求解方法上,一般有解析法和几何法两种,或者两种方法的混合使用。

**【例 4-1】** 如图 4-9(a)所示,一重为 2.5 kg 的物块与倾角为 30°的斜面间的静滑动摩擦因数 $f_s=0.25$,求当水平力 $F=20$ N 时,摩擦力的大小、方向。

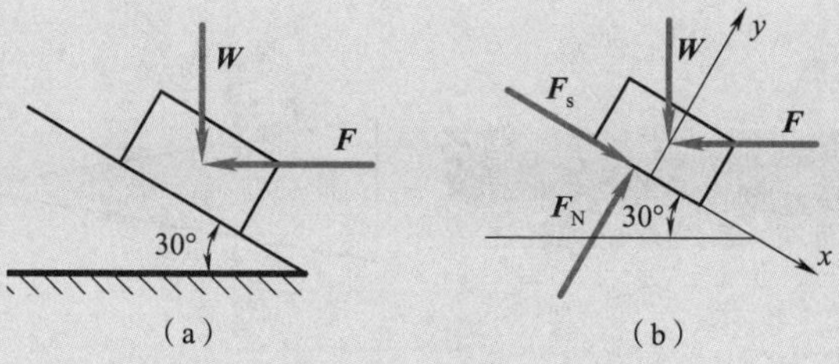


图 4-9

**【解】** 此题为判别物块静止与否的问题。解此类问题时,可以先假定物块为静止,并假设摩擦力的方向。应用静力平衡方程求得物体的约束反力(包括摩擦力),将求得的静摩擦力与最大静摩擦力比较,可确定物体是否静止。

选取物块为研究对象进行受力分析,假定物块处于静止状态且有沿斜面向上的运动趋势,所以摩擦力方向沿斜面向下,如图 4-9(b)所示。当然也可以假定物块有沿斜面向下运动趋势,于是摩擦力方向与图示相反。

对物块列平衡方程求解:

$$\sum F_x = 0,\quad F_s - F\cos 30° + W\sin 30° = 0$$

$$\sum F_y = 0,\quad -F\sin 30° - W\cos 30° + F_N = 0$$

代入数值,解得静摩擦力 $F_s$ 及法向约束反力 $F_N$ 分别为

$$F_s=5.06\ \text{N},\quad F_N=31.23\ \text{N}$$

$F_s$ 为正值,说明平衡时摩擦力与所假设的方向相同,即沿斜面向下。此时最大静摩擦力为

$$F_{smax}=f_sF_N=7.81\ \text{N}$$

为保持平衡需有 $$|F_s|<F_{smax}$$

所以物块在斜面上处于静止状态,$F_s=5.06$ N,方向沿斜面向下。

**【例 4-2】** 在倾角 $\alpha$ 大于摩擦角 $\varphi_f$ 的斜面上放有重 $\boldsymbol{W}$ 的物块。为了维持静止,在物块上作用有水平力 $\boldsymbol{F}$,如图 4-10(a)所示。试求水平力 $\boldsymbol{F}$ 容许值的范围。

分析:本例中物块运动只有两种可能。①$\boldsymbol{F}<\boldsymbol{F}_{min}$,则物块将开始沿斜面下滑,这时作用

在物块上的滑动摩擦力沿斜面向上；② $F>F_{max}$，则物块将开始沿斜面上滑，而作用在物块上滑动摩擦力沿斜面向下。在 $F_{min}<F<F_{max}$ 之间，物块处于平衡范围内，但保持向上或向下滑动的趋势。求解时需要分别考虑这两种情况。

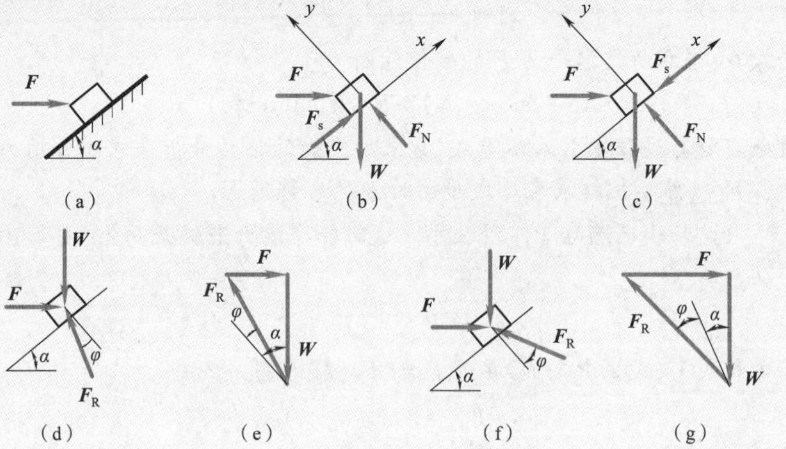


图 4-10

**【解】** (1)解析法。

①设 $\boldsymbol{F}$ 较小但稍大于维持平衡的最小值 $F_{min}$，则物体有沿斜面下滑的趋势。物块的受力图和投影 $x$、$y$ 轴如图 4-10(b)所示。应用平衡范围分析，把静摩擦力看成一个独立的未知量。写出物块的平衡方程，有

$$\sum F_x = 0,\quad F\cos\alpha + F_s - W\sin\alpha = 0 \qquad ①$$

$$\sum F_y = 0,\quad -F\sin\alpha - W\cos\alpha + F_N = 0 \qquad ②$$

从而解得

$$F_s = W\sin\alpha - F\cos\alpha;\quad F_N = F\sin\alpha + W\cos\alpha$$

但在平衡范围内应有 $0\leqslant F_s\leqslant f_sF_N$，其中 $f_s=\tan\varphi_f$，所以对于 $\boldsymbol{F}$ 值有条件

$$W\sin\alpha - F\cos\alpha \leqslant f_s(W\cos\alpha + F\sin\alpha)$$

由上式得出能保证物块不下滑的 $\boldsymbol{F}$ 值为

$$F\geqslant\frac{\tan\alpha - f_s}{1+f_s\tan\alpha}W = W\tan(\alpha-\varphi_f) \qquad ③$$

②设 $\boldsymbol{F}$ 较大但仍小于维持平衡的最大值 $F_{max}$，则物块有沿斜面上滑的趋势。这时物块的受力图和投影轴如图 4-10(c)所示，其静摩擦力方向沿斜面向下，相应的平衡方程是

$$\sum F_x = 0,\quad F\cos\alpha - F_s - W\sin\alpha = 0 \qquad ④$$

$$\sum F_y = 0,\quad -F\sin\alpha - W\cos\alpha + F_N = 0 \qquad ⑤$$

解得

$$F_s = -W\sin\alpha + F\cos\alpha;\quad F_N = F\sin\alpha + W\cos\alpha$$

但在平衡范围内应有 $0\leqslant F_s\leqslant f_sF_N$，即

$$-W\sin\alpha+F\cos\alpha\leqslant f_s(W\cos\alpha+F\sin\alpha)$$

从而得出能保证物块不上滑的 $\boldsymbol{F}$ 值为

$$F\leqslant\frac{\tan\alpha+f_s}{1-f_s\tan\alpha}W=W\tan(\alpha+\varphi_f) \quad ⑥$$

综合式③和式⑥，得到所需水平力 $\boldsymbol{F}$ 的数值范围为

$$W\tan(\alpha-\varphi_f)\leqslant F\leqslant W\tan(\alpha+\varphi_f) \quad ⑦$$

为了避免在解算过程中引入不等式，常采用平衡的临界分析来求出作用力 $\boldsymbol{F}$ 的最小值 $\boldsymbol{F}_{min}$ 和最大值 $\boldsymbol{F}_{max}$，然后把结果表达成平衡时 $\boldsymbol{F}$ 的容许范围。

当 $F=F_{min}$ 时，物块已濒临于下滑状态。这时静摩擦力沿斜面向上，图 4-10(b)所示，并达到了可能的最大值

$$F_{smax}=f_sF_N$$

在平衡方程式①、式②中令 $F=F_{min}$，$F_s=f_sF_N$，解得

$$F_{min}=W\tan(\alpha-\varphi_f) \quad ⑧$$

当 $F=F_{max}$ 时，物块已濒临于上滑状态。这时静摩擦力沿斜面向下，如图 4-10(c)所示，并达到了可能的最大值。在平衡方程式④、⑤中代入 $F=F_{max}$，$F_s=f_sF_N$，得到

$$F_{max}=W\tan(\alpha+\varphi_f) \quad ⑨$$

所得的结果为式⑧和式⑨，等价于前面的不等式⑦。

(2)几何法。

①考虑物块沿斜面下滑的趋势，此时静摩擦力沿斜面向上。总反力 $\boldsymbol{F}_R$ 对斜面法线有一个向下偏角 $\varphi$，而物块在 $\boldsymbol{W}$、$\boldsymbol{F}$、$\boldsymbol{F}_R$ 三力作用下平衡，如图 4-10(d)所示。因此，这三力组成的力三角形自行闭合，如图 4-10(e)所示，并由此得

$$F=W\tan(\alpha-\varphi)$$

可见，$\boldsymbol{F}$ 为 $\varphi$ 的减函数。角 $\varphi$ 具有极限值，它就是摩擦角 $\varphi_f$。当 $\varphi=\varphi_f$ 时，$F=F_{min}$，所以保证物块不下滑的 $\boldsymbol{F}$ 值满足条件

$$F\geqslant W\tan(\alpha-\varphi_f) \quad ⑩$$

②考虑物块沿斜面上滑的趋势。此时静摩擦力沿斜面向下，总反力 $\boldsymbol{F}_R$ 与斜面的法线有向上的偏角 $\varphi$，如图 4-10(f)所示。由 $\boldsymbol{W}$、$\boldsymbol{F}$、$\boldsymbol{F}_R$ 组成的闭合三角形如图 4-10(g)所示，求得

$$F=W\tan(\alpha+\varphi)$$

可见 $\boldsymbol{F}$ 是 $\varphi$ 的增函数。当 $\varphi=\varphi_f$ 时，$F=F_{max}$，所以保证物块不上滑的 $\boldsymbol{F}$ 值满足条件

$$F\leqslant W\tan(\alpha+\varphi_f) \quad ⑪$$

条件式⑩、⑪分别和③、⑥相同，所以综合这两条件，即得结果式⑦。

显然，用几何法进行平衡的临界分析时，只要将图 4-10(d)～(g)中的 $\varphi$ 代以 $\varphi_f$，图 4-10(d)和(e)中的 $\boldsymbol{F}$ 代以 $\boldsymbol{F}_{min}$，而图 4-10(f)和(g)中的 $\boldsymbol{F}$ 代以 $\boldsymbol{F}_{max}$ 即可。

**总结：**

①如果把 $F$ 看成摩擦力在轴 $x$ 上的投影(代数值)，则可以看出，平衡方程式①、②分别与④、⑤相同。这样两步解法可以合并为一。

②本例中临界分析法比较简明。但在采用这种分析法以前必须对平衡范围有正确的估计,而这一估计则须以对运动趋势的分析为根据,如上文分别建立式⑧和式⑨前的两段陈述。

③本例中,有附加条件 $\alpha>\varphi_f$,因此 $F_{min}>0$。如果 $\alpha<\varphi_f$,上述解法仍然成立,只是 $W\tan(\alpha-\varphi_f)$ 变成了负值。由图 4-10(b)可知,这个负值表示即使施加一个水平向左的力,物块仍然不下滑。

如果力 $\boldsymbol{F}$ 的值是给定的,则根据上述分析,也可以求出物块平衡时 $\alpha$ 的容许范围。特别是 $F=0$,由于 $F_{max}$ 恒大于零,物块不可能上滑。所以为了保证物块不下滑,只要满足条件③,即 $W\tan(\alpha-\varphi_f)\leqslant F=0$ 或 $\alpha\leqslant\varphi_f$。

**【例 4-3】** 图 4-11(a)所示为电业工人攀登电线杆时所采用脚套钩。脚扣是一对用机械强度较大的金属材制作,弯成略大于半圆形的弯扣,内侧面附有摩擦因数较大的材料,扣的一端是脚踏板。使用时,弯扣卡住电杆,如图 4-11(b)所示,当一侧着力向下踩时,形成两侧向里的挤压,接触面产生向上的摩擦力,且向下踩的力越大,压力也越大,满足自锁条件,因而不会沿杆滑下。现已知套钩的尺寸 $l$,电线杆的直径 $D$,套钩与电线杆之间静摩擦因数为 $f_s$。试求套钩不致下滑时脚踏力 $\boldsymbol{F}$ 的作用线与电线杆中心线的距离 $d$。

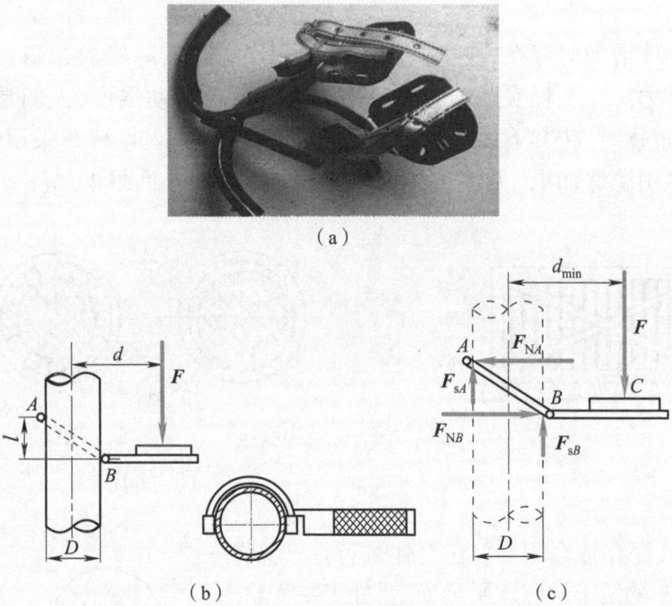


图 4-11

**【解】** 选取套钩为研究对象,受力如图 4-11(c)所示。设工人站在保证安全的最小 $d_{min}$ 处,此时套钩与电线杆接触点 $A$、$B$ 处都达到了最大静摩擦力,且方向向上。列出平衡方程为

$$\sum F_x=0,\ -F_{NA}+F_{NB}=0 \quad ①$$

$$\sum F_y=0,\ F_{sA}+F_{sB}-F=0 \quad ②$$

$$\sum M_A(\boldsymbol{F})=0,\quad F_{NB}\cdot l+F_{sB}\cdot D-F\left(d_{\min}+\frac{D}{2}\right)=0 \qquad ③$$

物理条件为

$$F_{sA}=f_sF_{NA} \qquad ④$$

$$F_{sB}=f_sF_{NB} \qquad ⑤$$

联立以上各式可得 $F_{sA}=F_{sB}=P/2,\quad F_{NA}=F_{NB}=F/(2f_s)$

将 $F_{NB}$、$F_{sB}$ 的值代入式③,得 $d_{\min}=\dfrac{l}{2f_s}$

因此为使套钩不致下滑,脚踏力 $\boldsymbol{F}$ 的作用线与电线杆中心线的距离 $d\geqslant\dfrac{l}{2f_s}$。

本题亦可用几何法求解:取套钩为研究对象,在平衡状态下,分别作出 $A$、$B$ 两处的摩擦角,相应得到两处的全约束反力 $\boldsymbol{F}_{RA}$ 和 $\boldsymbol{F}_{RB}$ 的方向;套钩应在 $\boldsymbol{F}_{RA}$、$\boldsymbol{F}_{RB}$ 和 $\boldsymbol{F}$ 三个力作用下处于平衡,故按三力平衡汇交定理,可以得解。

## §4-4 滚动摩擦

摩擦不仅在物体滑动时存在,在物体滚动时也存在。从实际经验知道,用滚动代替滑动,可以明显地节省体力。在工程实践中,为了提高效率,减轻劳动强度,人们常利用滚动来减少摩擦。例如,搬运重物时,在其下面垫上滚杆(见图 4-12),汽车、自行车采用轮胎,火车采用钢轮;又如,机器中多用滚珠轴承[见图 4-13(b)]代替滑动轴承[见图 4-13(a)]。

图 4-12

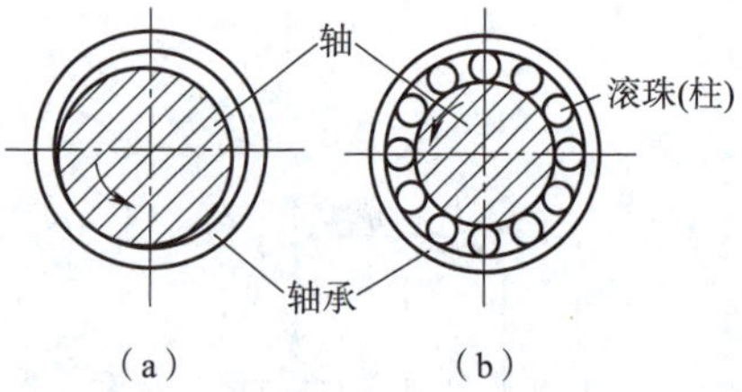


图 4-13

当物体滚动时,存在什么阻力?它有什么特性?现将一重量为 $\boldsymbol{W}$、半径为 $R$ 的滚子放在水平地面上,处于平衡状态,滚子无运动趋势,接触面间无摩擦力,如图 4-14(a)所示。现若在滚子中心 $O$ 处加一微小的水平力 $\boldsymbol{F}$,滚子仍平衡。说明存在摩擦阻力 $\boldsymbol{F}_s$,在滚子与地面的接触处产生,以阻止滚子的滑动,由 $\sum F_x=0$:$-F_s+F=0$ 知 $F_s=F$。如图 4-14(b)所示,此时力 $\boldsymbol{F}$ 与 $\boldsymbol{F}_s$ 形成一对力偶,它将驱动滚子转动,实际上,如果 $\boldsymbol{F}$ 比较小,转动并不会发生。由于滚子仍保持平衡,这说明接触面间产生一个阻碍滚子滚动的力偶 $M_f$,该力偶称为滚动摩阻力偶(简称滚阻力

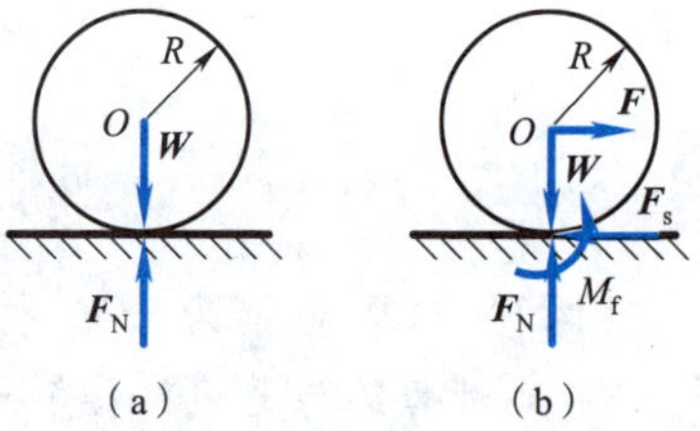


图 4-14

偶），它的转向与滚子滚动的趋势相反。滚动摩擦是指一物体沿另一物体表面作相对滚动或有滚动趋势时，接触面间产生的一种阻碍滚动的机械运动。

为了解释滚动摩阻力偶的产生，需要引入柔性约束模型。作为一种简化，仍将滚子视为刚体，而将地面视为具有接触变形的柔性约束[见图 4-15(a)]，当滚子受到较小的水平力 $\boldsymbol{F}$ 作用后，滚子与路轨在接触面上约束反力将非均匀地分布[见图 4-15(b)]。我们将分布力系向点 $A$ 简化，得到一个力 $\boldsymbol{F}_A$ 和一个力偶 $M_f$，此 $M_f$ 即是滚动摩阻力偶，$\boldsymbol{F}_A$ 可分解为 $\boldsymbol{F}_N$ 和 $\boldsymbol{F}_s$ 两个力，如图 4-15(c)所示。若将 $M_f$ 和 $\boldsymbol{F}_N$ 合成为一个力 $\boldsymbol{F}'_N$[见图 4-15(d)]，且 $\boldsymbol{F}'_N=\boldsymbol{F}_N$，力 $\boldsymbol{F}'_N$ 的作用线偏离中心线一段微小距离 $d$，$d=\dfrac{M_f}{F_N}$。一般情况下，$0\leqslant M_f\leqslant M_{max}$，当 $\boldsymbol{F}$ 增大，$d$ 增大，滚子处于临界状态时，达到最大偏离量 $\delta$，这时滚动摩阻力偶也达到最大，可表示为 $M_{max}=\delta F_N$，$\delta$ 称为滚动摩阻系数。由上式知，滚动摩阻系数具有长度的量纲，单位一般用 mm。滚动摩阻系数由实验测定，它与滚子和支承面的材料的硬度和湿度等有关，与滚子的半径无关。表 4-2 是几种材料的滚动摩阻系数的值。由于滚动摩阻系数较小，因此，在大多数情况下滚动摩阻是可以忽略不计的。

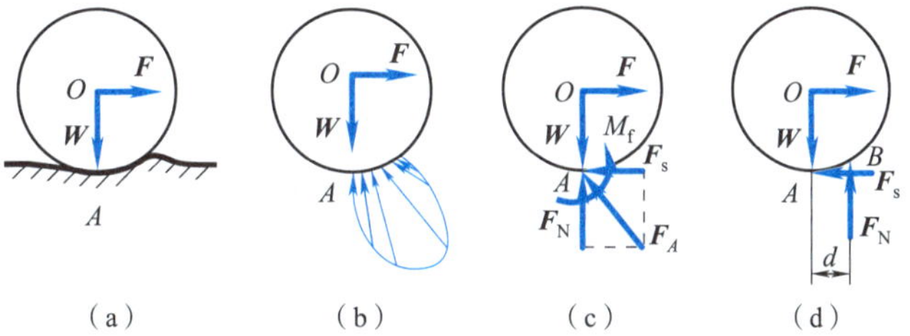


图 4-15

**表 4-2 滚动摩阻系数**

| 材料名称 | δ/mm | 材料名称 | δ/mm |
|---|---|---|---|
| 铸铁与铸铁 | 0.5 | 软钢与钢 | 0.5 |
| 钢质车轮与钢轨 | 0.05 | 有滚珠轴承的料车与钢轨 | 0.09 |
| 木与钢 | 0.3~0.4 | 无滚珠轴承的料车与钢轨 | 0.21 |
| 木与木 | 0.5~0.8 | 钢质车轮与木面 | 1.5~2.5 |
| 软木与软木 | 1.5 | 轮胎与路面 | 2~10 |
| 淬火钢珠对钢 | 0.01 | | |

上述分析表明，物体滚动前后，除 $M_f$ 存在外，还存在 $\boldsymbol{F}_s$，力 $\boldsymbol{F}_s$ 阻碍轮与接触面在接触处的相互滑动，但不阻碍转动，相反还是轮产生滚动的条件。如图 4-15(c)所示，只有足够大的 $\boldsymbol{F}_s$ 与拉力 $\boldsymbol{F}$ 形成足够大的主动力偶才能克服滚动摩阻力偶 $M_f$，使滚子滚动。

由图 4-15(c)，可以分别计算出使滚子滑动或滚动所需要的水平拉力 $\boldsymbol{F}$，以分析究竟是使滚子滑动省力还是使滚子滚动省力。

使重为 $\boldsymbol{W}$ 的物块滑动所需拉力 $\boldsymbol{F}_{滑}$ 的值为 $F_{滑}=F_{smax}=f_sF_N=f_sW$，而使重为 $\boldsymbol{W}$ 的滚子滚动所需的拉力 $\boldsymbol{F}_{滚}$ 的值为 $F_{滚}=F_s=\dfrac{M_{fmax}}{r}=\dfrac{F_N\delta}{r}=W\dfrac{\delta}{r}$。

一般情况下：$\frac{\delta}{r} \ll f_s$，故有 $F_{滚} \ll F_{滑}$，$F_s \ll F_{smax}$。这说明，使滚子滚动比滑动省力得多，滚子能在较小的主动力作用下产生滚动，其滑动摩擦力远远小于最大静摩擦力。因此在机器上，一般都用滚动摩擦来代替滑动摩擦，以减低因摩擦而产生的能量消耗与机件磨损。在工程中广泛地应用滚珠轴承代替滑动轴承，就是根据这个道理。对于普通具有淬火钢珠的滚珠轴承，其摩擦阻力约为 0.001 5$W$，$W$ 为轴承上载荷的大小，而在滑动式轴承中，摩擦阻力为 0.06$W$~0.08$W$，两者比较滑动轴承中的阻力是滚珠轴承中的阻力的 40 倍左右，滚珠轴承比滑动轴承摩擦所消耗的能量少得多。

应该指出的是，滚动摩擦定律是个近似关系式，远远没有反映出滚动摩擦的复杂性。由于有时与实际不符，该定律不如滑动摩擦定律那样得到广泛应用。

**【例 4-4】** 钢管车间的钢管运转台架，如图 4-16 所示，钢管依靠自重缓慢无滑动地滚下，钢管直径 50 mm。设钢管与台架间的滚阻系数 $\delta=0.5$ mm。试决定台架的最小倾角 $\theta$ 的大小。

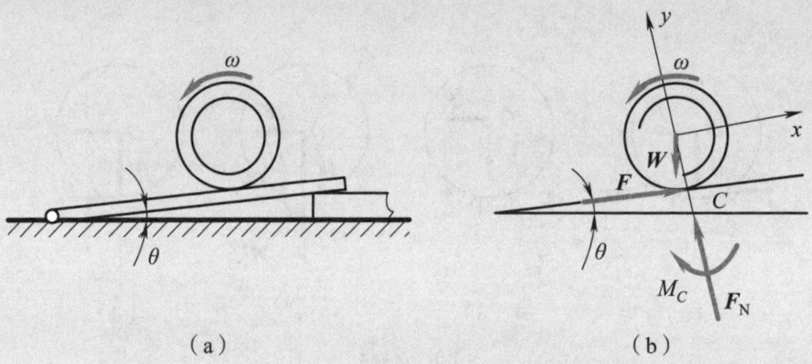


图 4-16

**【解】** 取钢管为研究对象，设钢管重为 $\boldsymbol{W}$，且钢管处于临界滚动状态，其受力分析如图 4-16(b) 所示。列平衡方程为

$$\sum F_y = 0, \quad F_N - W\cos\theta = 0$$

$$\sum M_C(\boldsymbol{F}) = 0, \quad M_C - W\sin\theta \cdot R = 0$$

解得

$$F_N = W\cos\theta, \quad M_C = WR\sin\theta$$

在临界滚动状态，滚动摩阻力偶达到最大值 $M_C = M_{max}$。其中，$M_{max} = \delta F_N$。将 $F_N$ 代入，得 $\tan\theta = \frac{\delta}{R}$，代入数据，$\theta_{min} = 1°9'$。

## 小　结

(1) 本章讨论了有关摩擦的基本理论，以及具有摩擦的平衡问题的解法，并介绍了摩擦角、自锁及滚动摩擦的概念。

(2)滑动摩擦力是在两个物体相互接触的表面之间有相对滑动趋势或有相对滑动时出现的切向阻力。前者称为静滑动摩擦力,后者称为动滑动摩擦力。

(3)摩擦角 $\varphi_f$ 为全约束反力与法线间夹角的最大值,且有 $\tan\varphi_f=f_s$,其中 $f_s$ 为静滑动摩擦因数。当主动力的合力作用线在摩擦角之内时发生自锁现象。自锁是物体借摩擦力的一种平衡现象,自锁条件就是物体平衡条件,为一平衡范围,其特点是与主动力的大小无关。

(4)物体滚动时会受到阻碍滚动的滚动摩阻力偶作用。物体平衡时,滚动摩阻力偶矩 $M_f$ 随主动力的大小变化,变化范围为 $0\leqslant M_f\leqslant M_{max}$,又 $M_{max}=\delta F_N$,其中 $\delta$ 为滚动摩阻系数,单位取 mm;$F_N$ 为其接触面的法向反力。物体滚动时,滚动摩阻力偶矩近似等于 $M_{max}$。

## 思 考 题

4-1 物块重 $\boldsymbol{W}$,放置在粗糙的水平面上,接触处的摩擦因数为 $f_s$。要使物块沿水平面向右滑动,可沿 $OA$ 方向施加拉力 $\boldsymbol{F}_1$[见图(a)],也可沿 $BO$ 方向施加推力 $\boldsymbol{F}_2$[见图(b)],试问哪种方法省力?

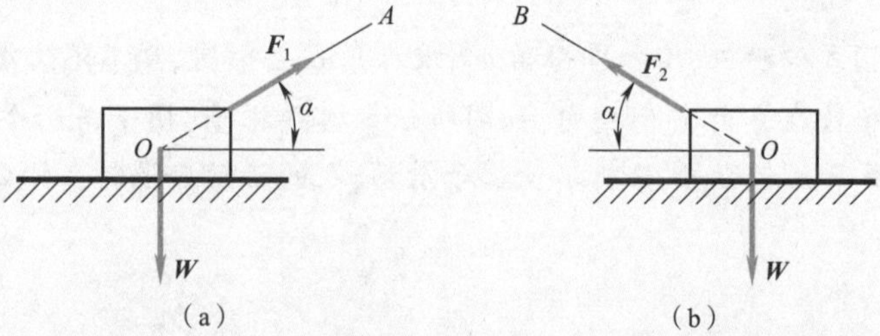


思考题 4-1 图

4-2 为什么传动螺纹多用方牙螺纹(如丝杠),而锁紧螺纹多用三角螺纹?

4-3 如图所示,砂石与皮带间的静摩擦因数 $f_s=0.5$,试问输送带的最大倾角 $\alpha$ 为多大?

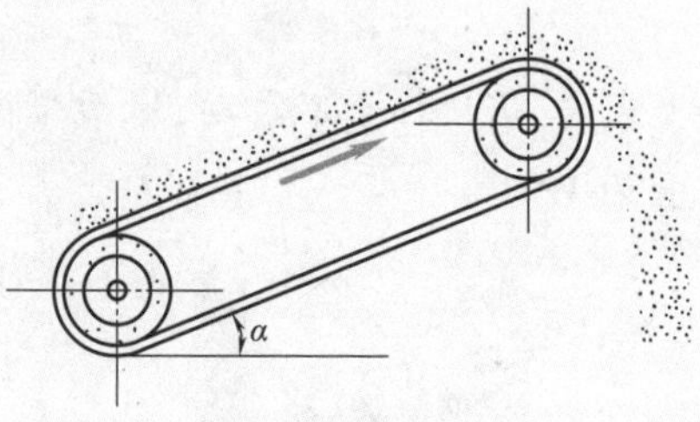


思考题 4-3 图

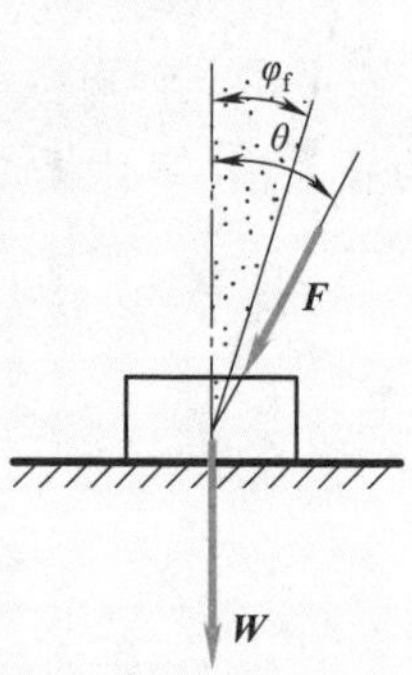


思考题 4-4 图

4-4 物块重 $\boldsymbol{W}$,一力 $\boldsymbol{F}$ 作用在摩擦角之外,如图所示。已知 $\theta=30°$,摩擦角 $\varphi_f=25°$,$F=W$。问物块动不动?为什么?

4-5　如图所示，重为 $\boldsymbol{W}$ 的物体置于斜面上，已知静摩擦因数为 $f_s$，且 $\tan\alpha=f_s$，问此物体能否下滑？如果增加物体的重量或在物体上另加一重为 $\boldsymbol{W}_1$ 的物体，是否达到下滑的目的？

4-6　如图所示，已知斧头与树根间的静摩擦因数为 $f_s$，若斧头不被卡住，求斧头的最小楔角 $\theta$。

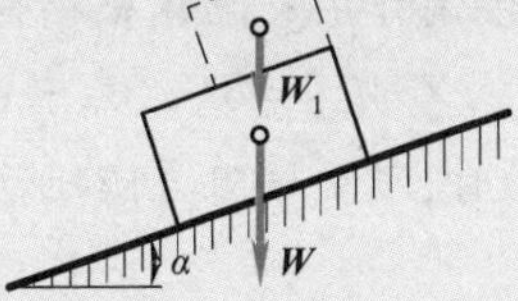


思考题 4-5 图

思考题 4-6 图

4-7　图示两楔形块之间的静摩擦因数 $f_s$，求 $\alpha$ 为何值时自锁？

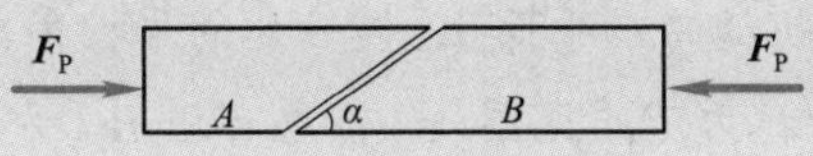


思考题 4-7 图

4-8　图示为颚式破碎机，已知摩擦角 $\varphi_f$，咬入角 $\alpha$ 多大时，矿石不上滑？

4-9　水平梯子放在直角 V 形槽内，如图所示。略去梯重，梯子与两个槽面间的摩擦角均为 $\varphi_f$。如人在梯子上走动，试分析不使梯子滑动，人的活动应限制在什么范围内？

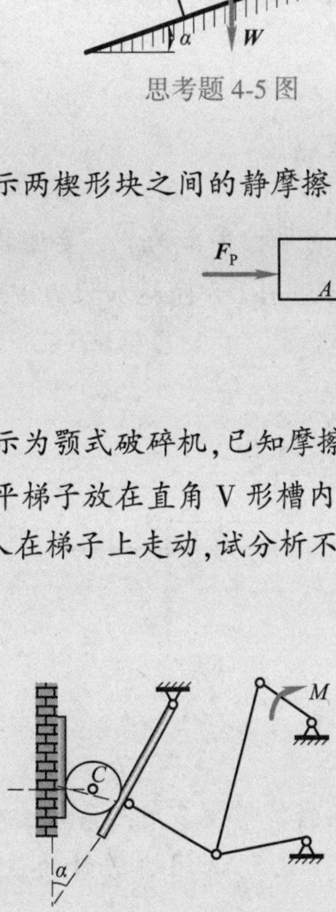


思考题 4-8 图

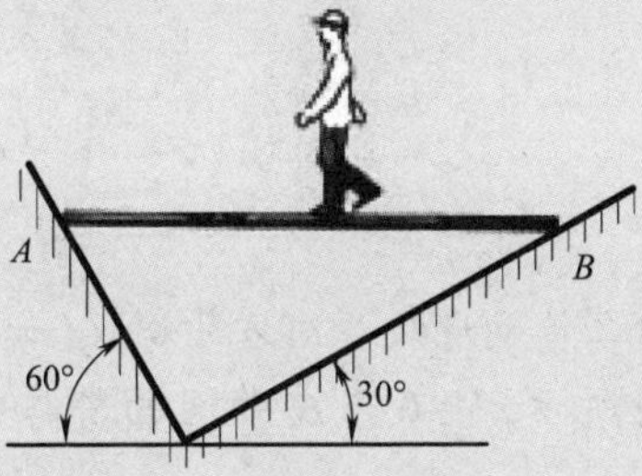


思考题 4-9 图

4-10　如图所示，假设墙壁光滑，若使梯子不滑动，地面与梯子间的静摩擦因数 $f_s$ 至少为多大？（不计梯子自重，人重为 $\boldsymbol{W}$）

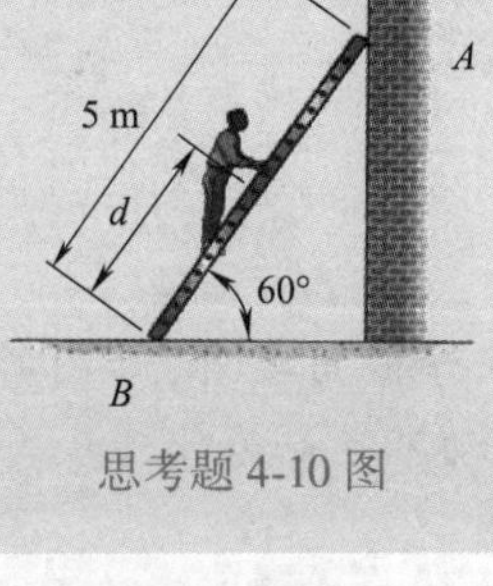


思考题 4-10 图

4-11　图示折梯立于平地，已知 $f_{sA}=0.2$，$f_{sB}=0.6$，不计梯重，试问：

(1) 人能否爬至 $AC$ 中点 $D$ 处？(2) 人沿 $AB$ 最多爬多高？(3) 人爬至顶铰 $C$ 的条件是什么？(4) 不增加 $f_{sA}$，有何办法实现爬顶？

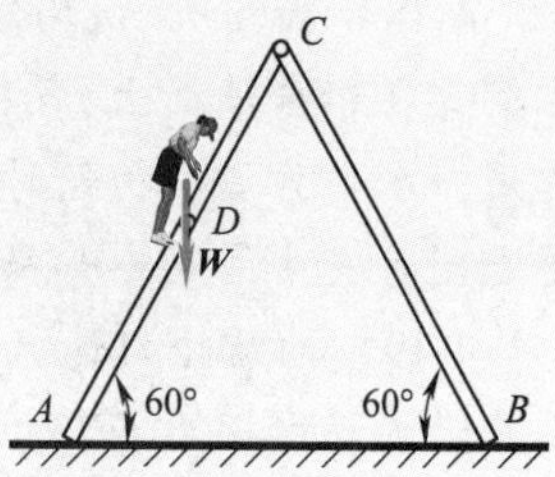

思考题 4-11 图

4-12　如图所示，均质杆重 $\boldsymbol{W}$，长 $l$，置于粗糙的水平面上，两者间的静摩擦因数为 $f_s$。现在杆的一端施加与杆垂直的力 $\boldsymbol{F}$，试求使杆处于平衡时的 $\boldsymbol{F}_{\max}$。设杆的高度忽略不计。

4-13　如图所示，重量均为 $\boldsymbol{W}$ 的小球 $A$、$B$ 用一不计重量的杆连接，放置在水平桌面上，球与桌面间静摩擦因数为 $f_s$，一水平力 $\boldsymbol{F}$ 作用于 $A$ 球，试求系统平衡时 $\boldsymbol{F}_{\max}$。

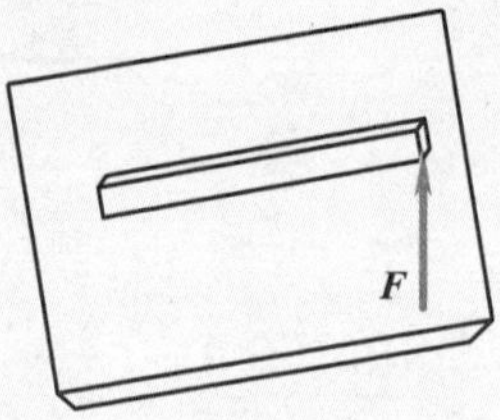

思考题 4-12 图

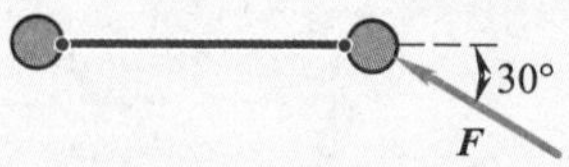

思考题 4-13 图

4-14　有人想水平地执一叠书，他用手在这叠书的两端加一压力 225 N。如每本书的质量为 0.95 kg，手与书间的静摩擦因数为 0.45，书与书间的静摩擦因数为 0.40，求可执书的最大数目。

4-15　如图所示，已知静摩擦因数均为 $f_s$，沿垂直于纸面方向水平推动滑块，哪种情况较易推动？

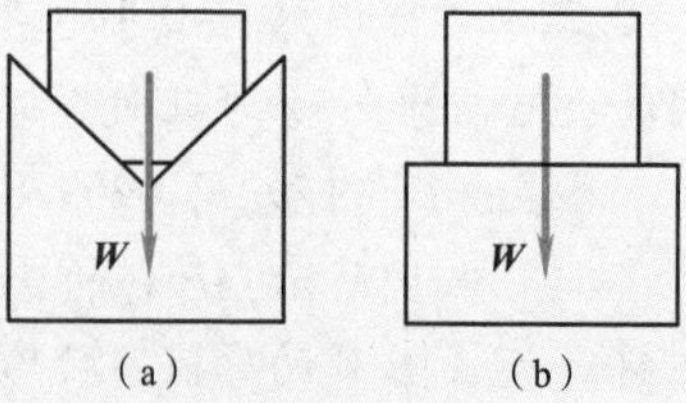

思考题 4-15 图

4-16　如图所示，抽屉与侧面导轨之间的静摩擦因数均为 $f_s$。为了保证使用一个拉手也能顺利抽出抽屉，各尺寸间应满足什么关系？

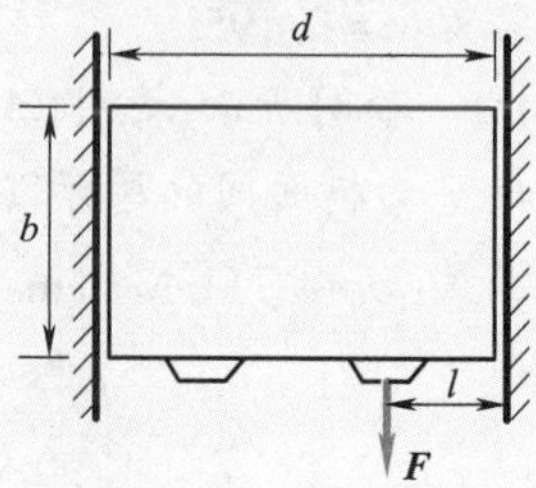

思考题 4-16 图

4-17　图示为一均质米尺，两手以不同的速度缓慢向中间运动，当两手合并时，确定手指相对尺子的位置。

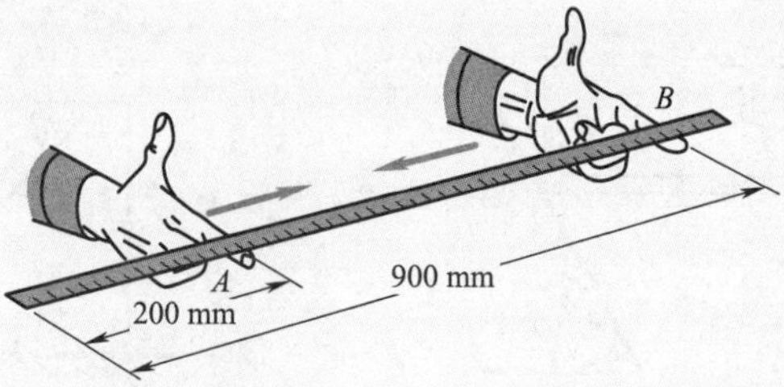

思考题 4-17 图

4-18　如图所示，均质圆柱体底部支撑在楔角为 $\theta$ 的小车上，右侧靠在铅垂墙面上，各接触面的静滑动摩擦因数均相同，小车上作用一水平力 $\boldsymbol{F}$。初始时系统静止，逐渐增大力 $\boldsymbol{F}$，则 $A$、$B$ 两点处是否同时发生滑动？如果不是，哪一点先发生滑动？

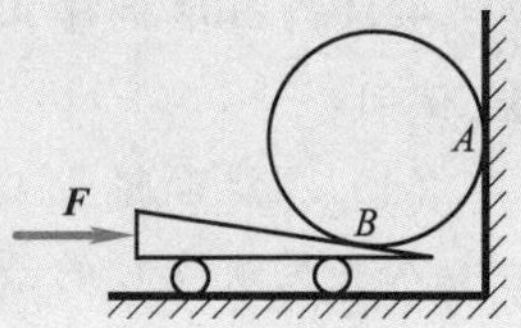

思考题 4-18 图

4-19　均质轮匀速只滚不滑时如何求其滑动摩擦力？是否等于其动滑动摩擦力 $fF_{\mathrm{N}}$？是否等于其最大静摩擦力？

4-20　汽车行驶时，车轮与地面间是哪种摩擦力？汽车的发动机经一系列机构驱动后轴的车轮顺钟向转动，试说明作用于前后轮上的摩擦力的方向和作用。

4-21　如图所示，为轻便拉动重力为 $\boldsymbol{W}$ 的重物，将其放在滚轮 $O$ 上，试判断作用在滚轮上的滚阻力偶的转向。

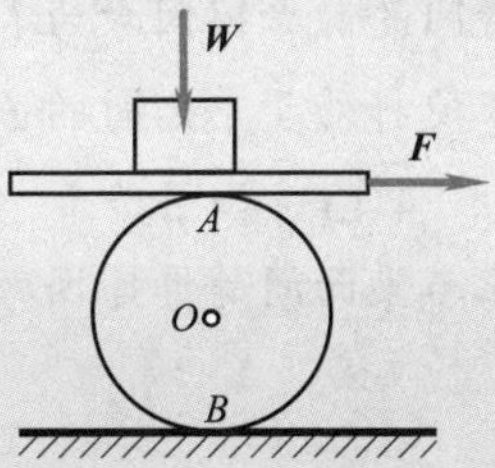

思考题 4-21 图

## 习　题

4-1　图示物块重 $W=1\ 500$ N，放于倾角为 30° 的斜面上，它与斜面间的静摩擦因数为 $f_{\mathrm{s}}=0.2$，动摩擦因数 $f=0.18$。物块受水平力 $F=400$ N。问物块是否静止，并求此时摩擦力的大小与方向。

答案：向下滑动，$F_{\mathrm{d}}=269.8$ N

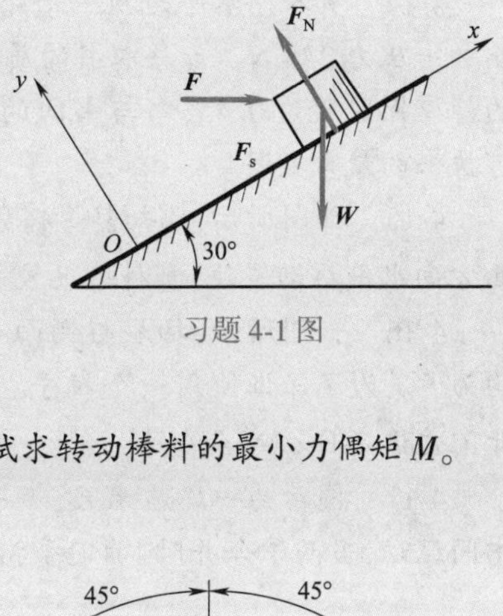

习题 4-1 图

4-2　如图所示，$AB$ 杆的 $A$ 端放在水平面上，$B$ 端放在斜面上，$A$、$B$ 处的摩擦因数均为 0.25。试求能够支承荷重 $F$ 的最大距离 $a$。杆重不计。

答案：$a=0.195l$

4-3　如图所示，棒料重 $W=500$ N，直径 $D=24$ cm，棒料与 V 形槽面间的摩擦因数 $f_{\mathrm{s}}=0.2$，不计滚动摩阻。试求转动棒料的最小力偶矩 $M$。

答案：$M=1\ 711$ N · cm

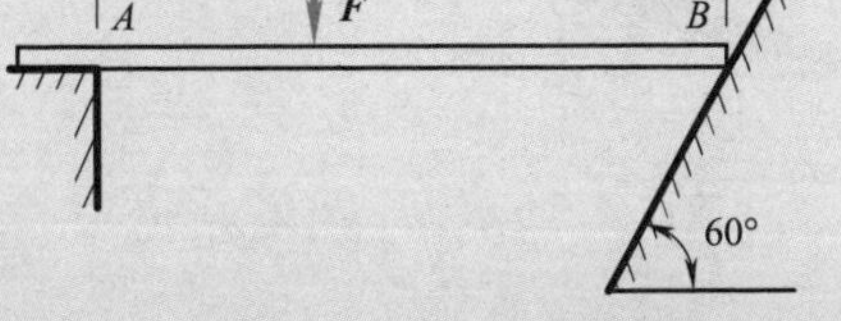

习题 4-2 图

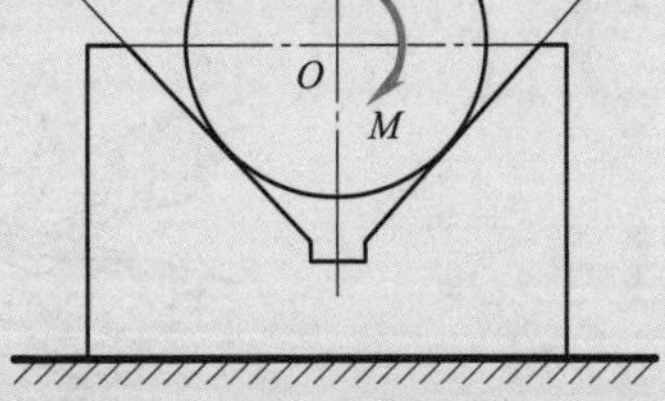

习题 4-3 图

4-4　图示凸轮机构，已知推杆与滑道间的摩擦因数为 $f_s$，滑道宽度为 $b$，设凸轮与推杆接触处的摩擦忽略不计。问 $a$ 为多大，推杆才不致被卡住。

答案：$a_{极限}=\dfrac{b}{2f_s}$

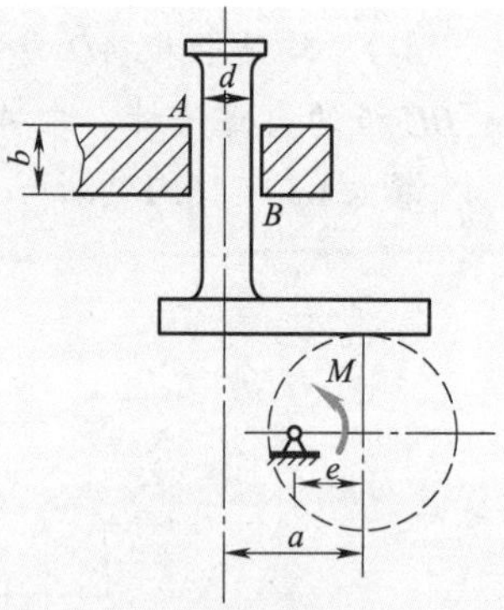


习题 4-4 图

4-5　两根相同的均质杆 $AB$ 和 $BC$，在端点 $B$ 用光滑铰链连接，$A$、$C$ 端放在不光滑的水平面上，如图所示。当 $ABC$ 成等边三角形时，系统在铅直面内处于临界平衡状态。试求杆端与水平面间的摩擦因数。

答案：$f_s=\dfrac{1}{2\sqrt{3}}=0.287$

4-6　如图所示，不计自重的拉门与上下滑道之间的静摩擦因数为 $f_s$，门高为 $h$。若在门上 $2h/3$ 处用水平力 $\boldsymbol{F}$ 拉门而不致被卡住，求门宽 $b$ 的最小值。问门的自重对不被卡住的门宽最小值是否有影响。

答案：$b_{min}=\dfrac{1}{3}f_s h$，此时与门重无关

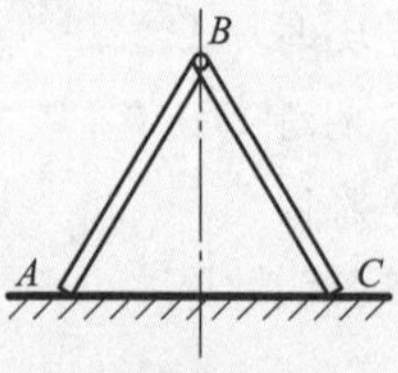


习题 4-5 图

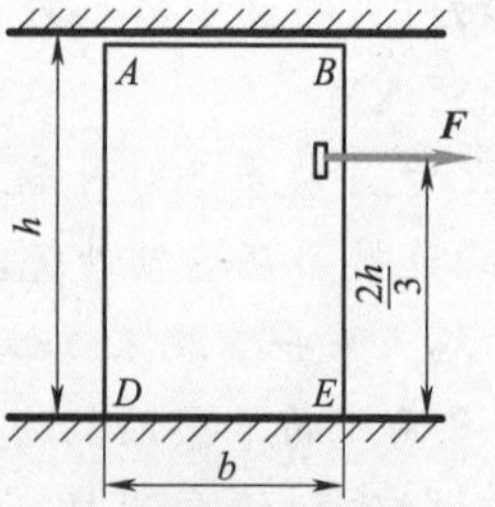


习题 4-6 图

4-7　起重绞车的制动装置由带动制动块的手柄和制动轮组成，如图所示。已知制动轮半径 $R=50$ cm，鼓轮半径 $r=30$ cm，制动轮与制动块间的摩擦因数 $f_s=0.4$，被提升的重物重 $W=1000$ N，手柄长 $l=300$ cm，$a=60$ cm，$b=10$ cm，不计手柄和制动轮的重量，求能够制动所需的 $F$。

答案：$F=280$ N

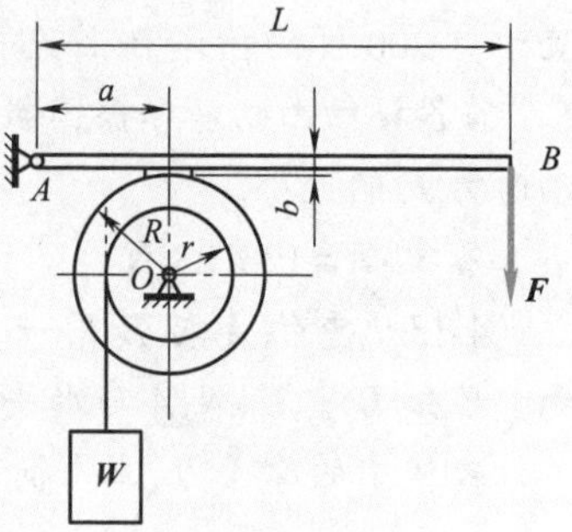


习题 4-7 图

4-8　轧压机由两轮构成，两轮的直径均为 $d=500$ mm，轮间的间隙为 $a=5$ mm，两轮反向转动，如图上箭头所示。已知烧红的铁板与铸铁轮间的摩擦因数 $f_s=0.1$，问能轧压的铁板的厚度 $b$ 是多少？

答案：$b\leqslant a+\dfrac{d}{2}f_s^2=7.5$ mm

4-9　均质长板 $AD$ 重 $\boldsymbol{W}$，长为 4 m，用一短板 $BC$ 支撑，如图所示。若 $AC=BC=AB=3$ m，$BC$ 板的自重不计。求 $A$、$B$、$C$ 处摩擦角各为多大才能使之保持平衡。

答案：$\varphi_A=16.1°$，$\varphi_B=\varphi_C=30°$

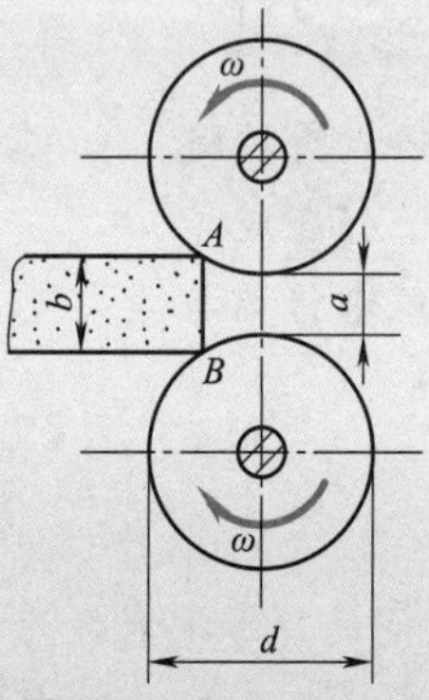

习题 4-8 图

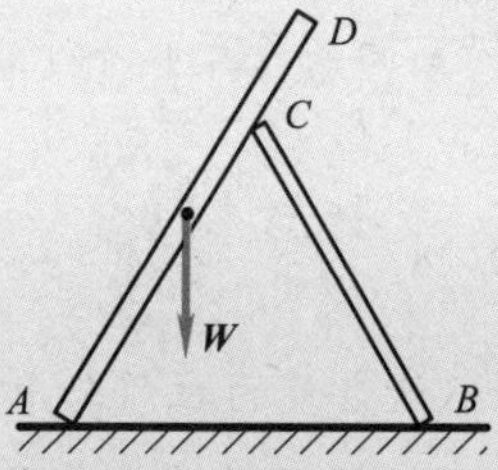

习题 4-9 图

4-10　图示为利用劈尖原理升高重物的装置，设重物重 20 kN，各接触面间的摩擦角均为 12°，不计劈尖的重量，计算图示情况升高重物所需的最小水平力 $\boldsymbol{F}$。

答案：$F=11.55$ kN

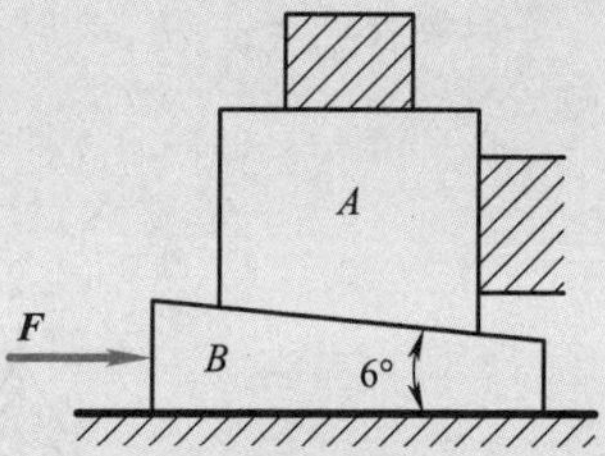

习题 4-10 图

4-11　如图所示，$A$ 块重 500 N，轮轴 $B$ 重 1 000 N，$A$ 块与轮轴的轴以水平绳连接。在轮轴外绕以细绳，此绳跨过一光滑的滑轮 $D$，在绳的端点系一重物 $C$。如 $A$ 块与平面间的摩擦因数为 0.5，轮轴与平面间的摩擦因数为 0.2，不计滚动摩阻，试求使物体系平衡时物体 $C$ 的重量 $\boldsymbol{W}$ 的最大值。

答案：$W=208$ N

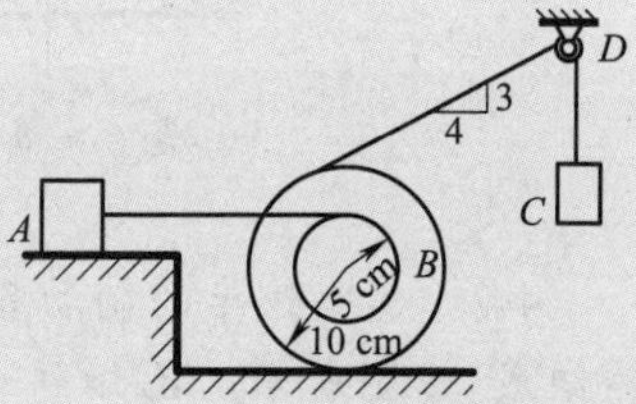

习题 4-11 图

4-12　如图所示，一端有绳子拉住的重 100 N 的物体 $A$ 置于重 200 N 的物体 $B$ 上，$B$ 置于水平面上并作用一水平力 $\boldsymbol{F}$。若各接触面的静摩擦因数均为 0.35，试求 $B$ 即将向右运动时力 $\boldsymbol{F}$ 的大小。

答案：$F=128.23$ N

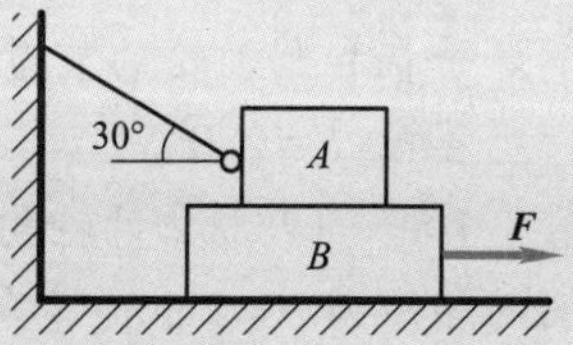

习题 4-12 图

4-13　重物 $A$ 与 $B$ 用一不计重量的连杆铰接后放置如图示。已知 $B$ 重 1 kN，$A$ 与水平面、$B$ 与斜面间的摩擦角均为 15°。不计铰链中的摩擦力，求平衡时 $A$ 的最小重量。($G_A=1.37$ kN)

4-14　重量分别为 $W_1=400$ N、$W_2=200$ N 的物块 $A$、$B$，由无重直杆 $AC$、$BC$ 连接后放置如图所示。已知 $A$、$B$ 处的静滑动摩擦因数均为 $f_s=0.25$。欲使两物块均不滑动，试求作用在铰链 $C$ 处竖向力 $F$ 的最小值。

答案：$F_{\min}=755.9$ N

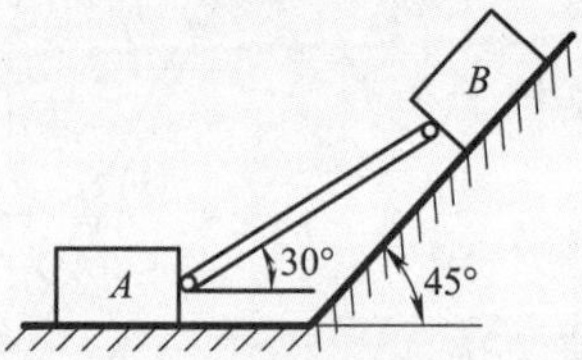


习题 4-13 图

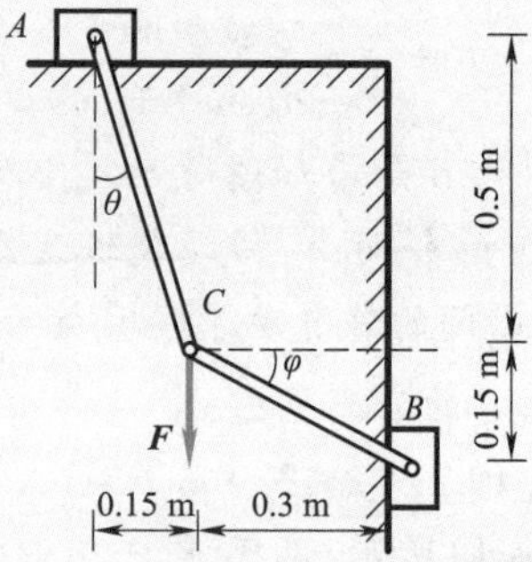


习题 4-14 图

4-15　如图所示，圆柱体 $A$ 与方块 $B$ 均重 100 N，置于与水平成 30°的斜面上，$A$ 与 $B$ 的接触面为 $D$，$A$ 与斜面的接触面为 $E$，$B$ 与斜面的接触面为 $C$，若所有接触处的滑动摩擦角均为 35°。求保持物体平衡所需要的最小力 $F$。

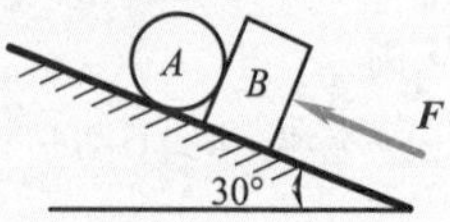


习题 4-15 图

答案：$F_{min}=4.4$ N

4-16　图示梯子 $AB$ 一端靠在铅垂的墙壁上，另一端搁置在水平地面上。假如梯子与墙壁间为光滑约束，而与地面之间存在摩擦。已知摩擦因数为 $f$，梯子重为 $\boldsymbol{G}$。

(1) 若梯子在倾角 $\alpha_1$ 位置保持平衡，求约束力 $F_{NA}$、$F_{NB}$ 和摩擦力 $F_A$；

(2) 若使梯子不致滑倒，求其倾角 $\alpha$ 的范围。

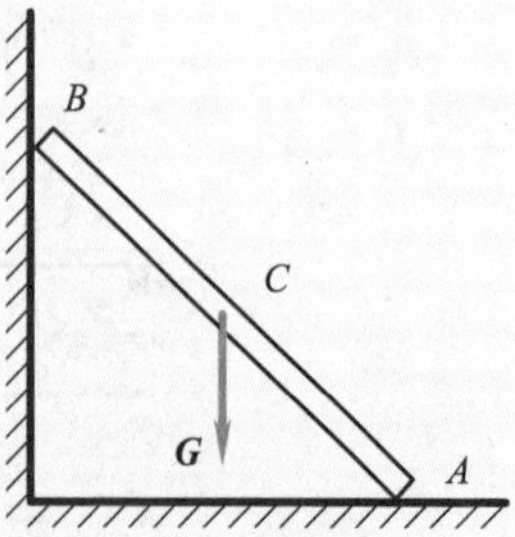


习题 4-16 图

答案：(1) $F_{NA}=G, F_A=-\dfrac{G}{2}\cot\alpha_1, F_{NB}=\dfrac{G}{2}\cot\alpha_1$

(2) $\alpha \geqslant \operatorname{arccot} 2f$

4-17　如图所示，梯子重 $\boldsymbol{G}$、长为 $l$，上端靠在光滑的墙上，底端与水平面间的摩擦因数为 $f$。(1) 已知梯子倾角 $\alpha$，为使梯子保持静止，重为 $\boldsymbol{W}$ 的人之活动范围多大？(2) 倾角 $\alpha$ 多大时，不论人在什么位置梯子都保持静止？

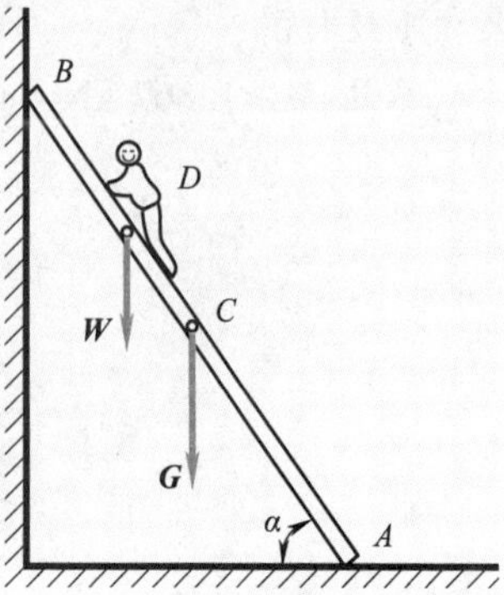


习题 4-17 图

答案：(1) $AD \leqslant \dfrac{2f(G+W)\tan\alpha-G}{2W}l$；(2) $\tan\alpha \geqslant \dfrac{2W+G}{2f(W+G)}$。

4-18　两木板 $AO$ 和 $BO$ 用铰链连接在 $O$ 点，两板间放有均质圆柱，其轴线 $O_1$ 平行于铰链的轴线，这两轴都是水平的，并在同一铅直面内，由于 $A$ 点和 $B$ 点作用两相等而反向的水平力 $\boldsymbol{F}$，使木板紧压圆柱，如图所示。已知圆柱的重量为 $W$、半径为 $r$，圆柱对木板的摩擦因数为 $f$，$\angle AOB=2\alpha$，距离 $AB=a$。问力 $\boldsymbol{F}$ 的数值应适合何种条件圆柱方能处于平衡？

答案：①$\tan\alpha>f$ 时，$\dfrac{Wr}{a(\sin\alpha+f\cos\alpha)}<F<\dfrac{Wr}{a(\sin\alpha-f\cos\alpha)}$；

②$\tan\alpha\leqslant f$ 时，$F\geqslant\dfrac{Wr}{a(\sin\alpha+f\cos\alpha)}$

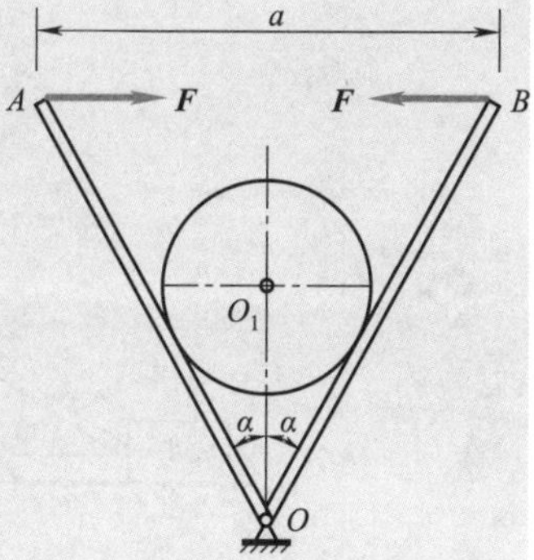

习题 4-18 图

4-19　杆 $AB$ 悬吊如图所示。重为 $W=10$ kN 的物块 $E$ 置于倾角为 30°的斜面上，用绳绕过定滑轮与杆 $AB$ 连接。已知物块 $E$ 与斜面间的静滑动摩擦因数为 $f_s=0.3$。试求系统平衡时，均布荷载 $q$ 的分布范围 $x$。

答案：2.19 m$\leqslant x\leqslant$3.9 m

4-20　如图所示，两无重杆在 $B$ 处用套筒式无重滑块连接，在 $AD$ 杆上作用一力偶，其力偶矩 $M_A=40$ N·m，滑块和 $AD$ 杆间的摩擦因数 $f_s=0.3$，求保持系统平衡时力偶矩 $M_C$ 的范围。

答案：49.6 N·m$\leqslant M_C\leqslant$70.4 N·m

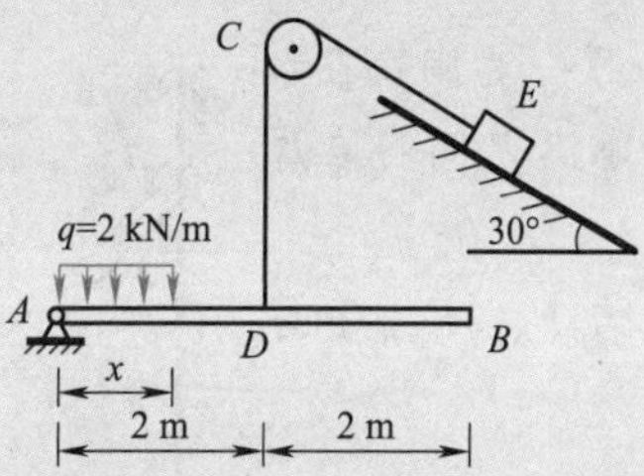

习题 4-19 图

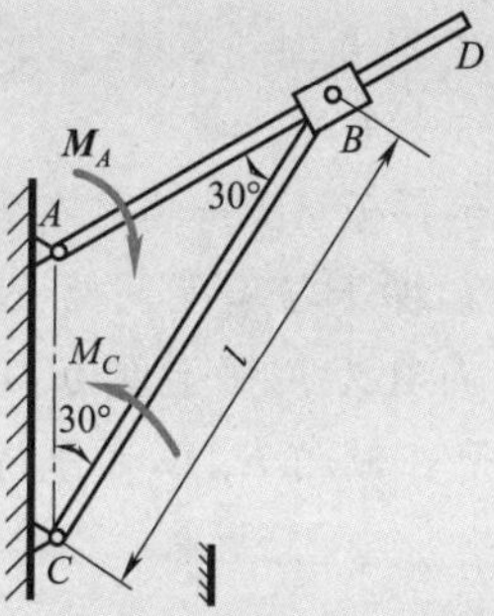

习题 4-20 图

4-21　图示汽车 $W=15$ kN，车轮的直径为 600 mm，轮自重不计。发动机应给予后轮多大的力偶矩，方能使前轮越过高为 80 mm 的阻碍物？此时后轮与地面的静摩擦因数应为多大才不致打滑？

答案：$M\geqslant$1.867 kN·m；$f_s\geqslant$0.752

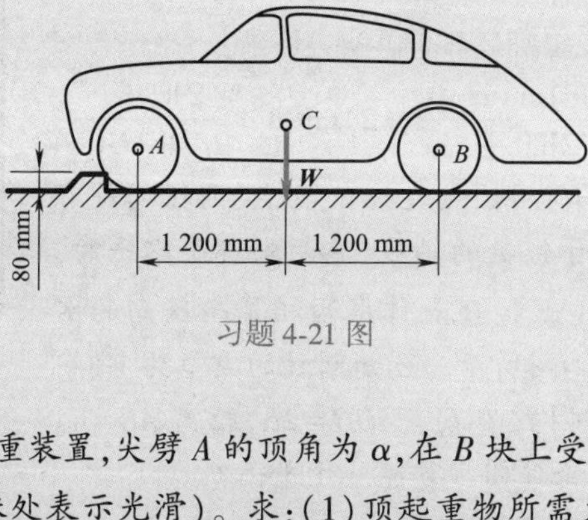

习题 4-21 图

4-22　图示为尖劈顶重装置，尖劈 $A$ 的顶角为 $\alpha$，在 $B$ 块上受力 $\boldsymbol{F}_1$ 的作用，$A$、$B$ 块间的摩擦因数为 $f$（其他有滚珠处表示光滑）。求：(1) 顶起重物所需力 $\boldsymbol{F}_2$ 之值；(2) 撤去力 $\boldsymbol{F}_2$ 后能保证自锁的顶角 $\alpha$ 之值。

答案：(1)$F_2 \geqslant F_1\tan(\alpha+\varphi_m)$，$\tan\varphi_m=f$；(2)$\alpha\leqslant\varphi_m$

4-23　砖夹的宽度为 25 cm，曲杆 $AGB$ 与 $GCED$ 在 $G$ 点铰接，尺寸如图所示。设砖重 $W=120$ N，提起砖的力 $\boldsymbol{F}$ 作用在砖夹的中心线上，砖夹与砖间的摩擦因数 $f_s=0.5$，试求距离 $b$ 为多大才能把砖夹起。

答案：$b\leqslant 11$ cm

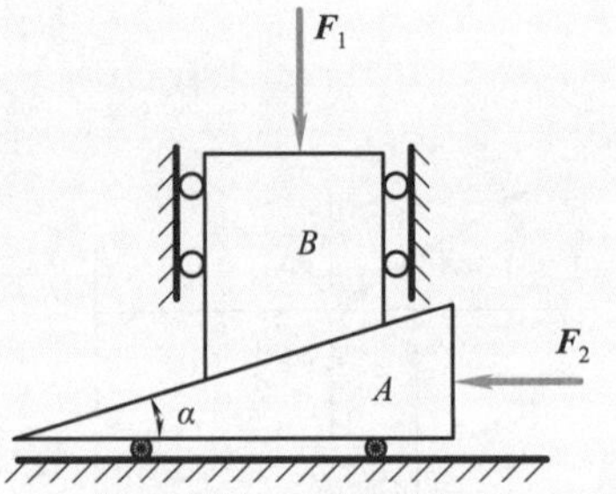


习题 4-22 图

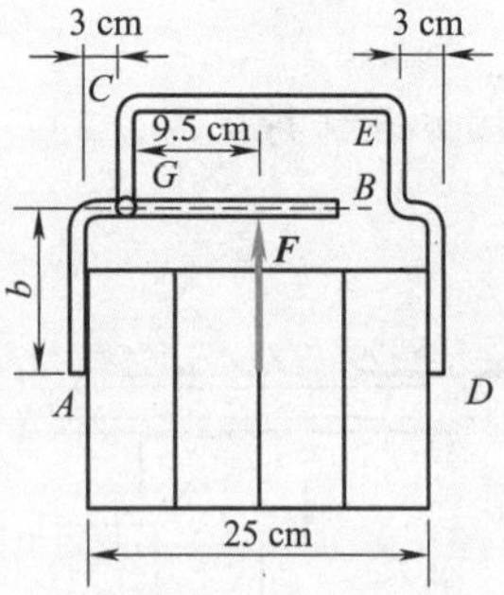


习题 4-23 图

4-24　图(a)所示为矿井升、降罐笼的安全装置，其可以简化为图(b)所示的计算简图。已知侧壁与滑块间的摩擦因数 $f_s=0.5$，构件自重不计。问机构的尺寸比例应为多少方能确保安全制动。

答案：$0.5<\dfrac{l}{L}<0.599$

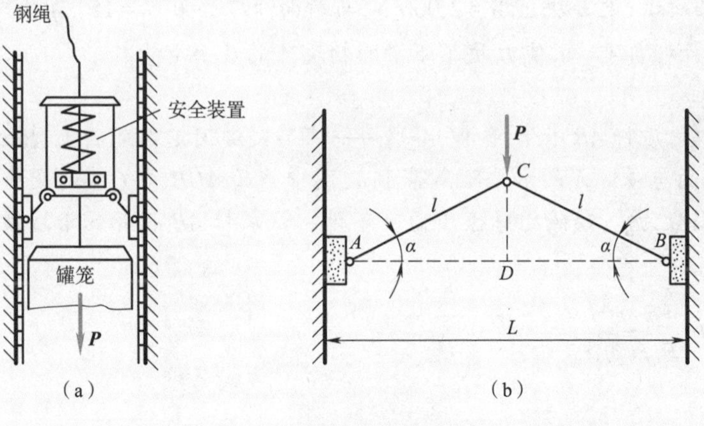


习题 4-24 图

4-25　已知如图所示系统中：$L=25$ cm，$F_1=20$ kN，$W=20$ kN，$B$、$C$ 处的静摩擦因数分别为 $f_{sB}=0.6$ 与 $f_{sC}=0.3$。欲拉动滚子，力 $\boldsymbol{F}$ 应为多大？

答案：$F\geqslant 12$ kN

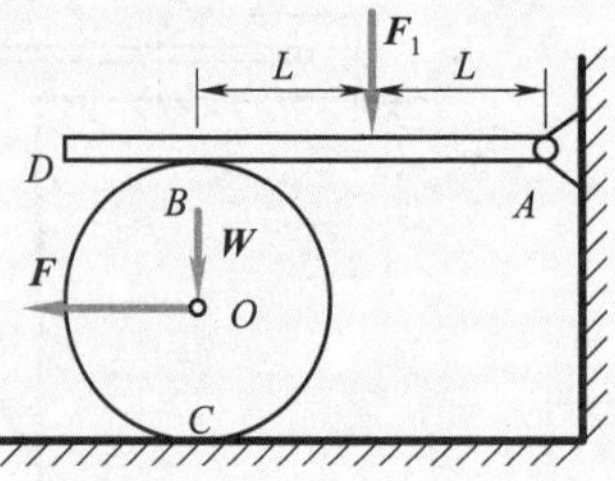


习题 4-25 图

4-26　图示为坑道施工中的联结结构装置，包括顶梁Ⅰ，楔块Ⅱ，用于调节高度的螺旋Ⅲ及底座Ⅳ。螺旋杆给楔块以向上的推力。已知楔块与上下支柱间的静摩擦因数均为 $f_s$。试求楔块不致滑出所需顶角 $\theta$ 的大小。

答案：$\theta \leqslant 2\arctan f_s$

4-27　图示均质木箱重 $W=5$ kN，它与地面间的静摩擦因数 $f_s=0.4$。图中 $h=2a=2$ m，$\alpha=30°$。求：(1) 当 $D$ 处的拉力 $F=1$ kN 时，木箱是否平衡？(2) 能保持木箱平衡的最大拉力。

答案：(1) 木箱保持平衡；(2) $F_{max}=1\ 443$ N

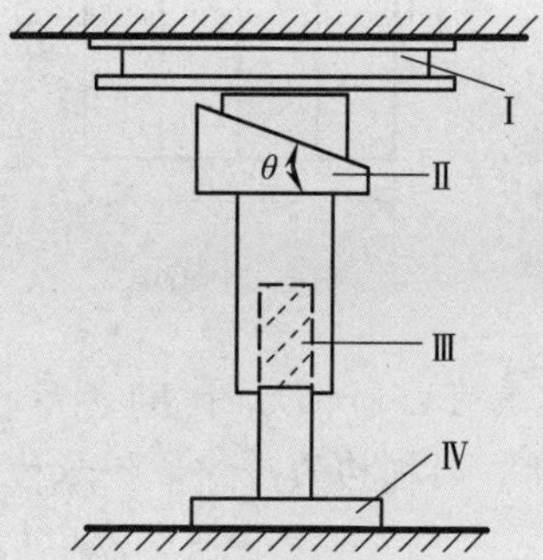


习题 4-26 图

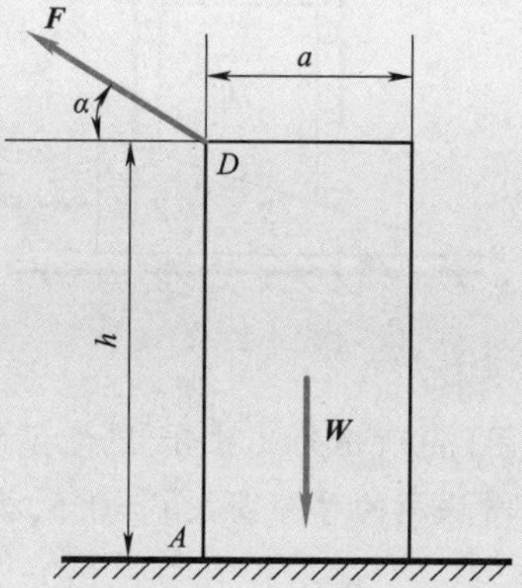


习题 4-27 图

4-28　如图所示，设 $B$ 块重 $W=2\ 000$ N，与斜面的摩擦角 $\varphi_f=15°$，$A$ 块与水平面的摩擦因数 $f=0.4$，不计杆自重。求使 $B$ 块不下滑的物块 $A$ 的最小重量。

答案：5 kN

4-29　图中均质杆 $AB$ 长 $l$，重 $\boldsymbol{W}$，$A$ 端由一球形铰链固定在地面上，$B$ 端自由地靠在一铅直墙面上，墙面与铰链 $A$ 的水平距离等于 $a$，图中平面 $AOB$ 与 $Oyz$ 的交角为 $\theta$。杆 $AB$ 与墙面间的摩擦因数为 $f_s$，铰链的摩擦阻力可不计。试求杆 $AB$ 将开始沿墙滑动时，$\theta$ 角应等于多大。

答案：$\tan\theta=\dfrac{Fa}{F_N r}=\dfrac{f_s a}{\sqrt{l^2-a^2}}$

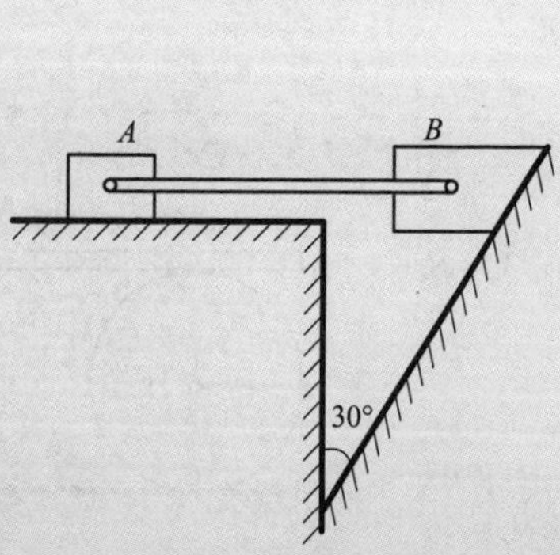


习题 4-28 图

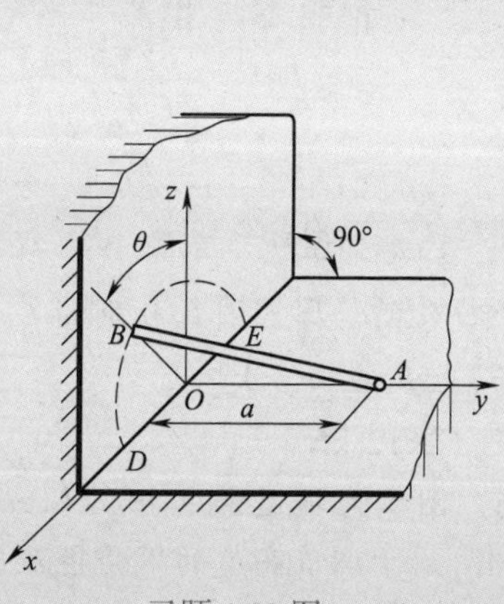


习题 4-29 图

4-30　一半径为 $R$、重为 $\boldsymbol{W}_1$ 的轮静止在水平面上，如图所示。在轮上半径为 $r$ 的轴上缠有细绳，此细绳跨过滑轮 $A$，在端部系一重为 $\boldsymbol{W}_2$ 的物体。绳的 $AB$ 部分与铅直线成 $\alpha$ 角。求轮与水平面接触点 $C$ 处的滚动摩阻力偶矩、滑动摩擦力和法向反作用力。

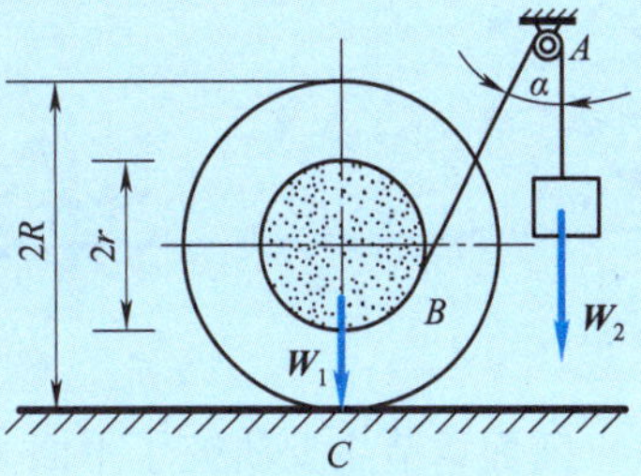

习题 4-30 图

答案：$M_C=W_2(R\sin\alpha-r)$，$F=W_2\sin\alpha$，$F_{\mathrm{N}}=W_1-W_2\cos\alpha$

4-31　小车底盘重 $\boldsymbol{G}$，所有轮子共重 $\boldsymbol{W}$。若车轮沿水平轨道滚动而不滑动，且滚动摩阻系数为 $\delta$，尺寸如图。求使小车在轨道上匀速运动时所需的水平力 $\boldsymbol{F}$ 之值及地面对前、后车轮的滚动摩擦阻力偶矩。

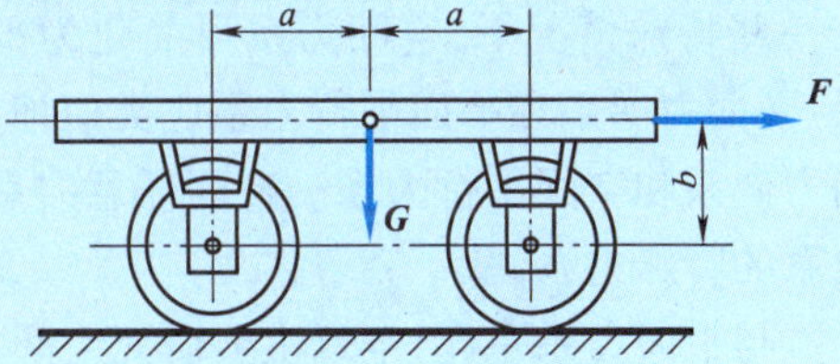

习题 4-31 图

答案：$F=\dfrac{\delta}{r}(G+W)$，$M_A=(G+W)\dfrac{\delta(ar+b\delta)}{2ar}$，

$M_B=(G+W)\dfrac{\delta(ar+b\delta)}{2ar}$

# 第 5 章　空间力系和重心

前面章节主要研究了平面力系的简化和平衡问题。所谓平面力系是各力的作用线位于同一平面的力系。力系中各力的作用线不在同一平面内的力系称为空间力系。在实际工程和生活中,作用在物体上的力系一般都为空间力系,如机床主轴、传动轴、输电线塔等的受力,只有在一些特殊情况下,空间力系可简化为平面力系。平面力系分为平面任意力系、平面汇交力系、平面力偶系和平面平行力系。类似地,空间力系也可分为空间任意力系、空间汇交力系、空间力偶系和空间平行力系。空间任意力系是力系中最一般的力系,其余力系可视为空间任意力系的特殊力系。

与平面力系一样,本章主要研究空间力系的简化和平衡问题。空间力系的研究方法与平面力系基本相同,但由于各力的作用线分布在空间,因此需将平面问题中的一些概念、理论和方法加以推广和引申。此外,重心问题在工程中也是常见的问题,本章还将对重心的概念及重心位置的确定方法进行介绍。

## §5-1　空间力的解析表达

在平面力系中,常将作用于物体上某点的力向坐标轴 $x$、$y$ 上投影。同理,在空间力系中,也可将作用于空间某一点的力向坐标轴 $x$、$y$、$z$ 上投影。本节首先研究空间力沿坐标轴的投影的两种方法,即直接投影法和二次投影法,进而得到空间力的解析表达式。

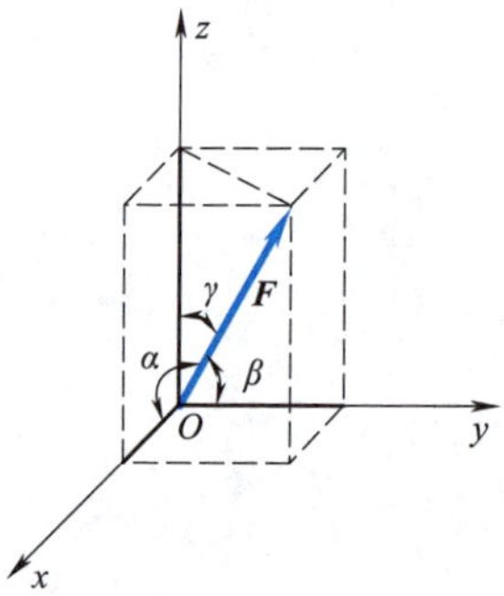


图　5-1

### 1. 直接投影法

若已知力 $\boldsymbol{F}$ 与空间直角坐标系三个轴 $x$、$y$、$z$ 的夹角分别为 $\alpha$、$\beta$、$\gamma$,如图 5-1 所示,则可采用直接投影法将力 $\boldsymbol{F}$ 向三个坐标轴投影,得

$$\begin{cases} F_x = F\cos\alpha \\ F_y = F\cos\beta \\ F_z = F\cos\gamma \end{cases} \tag{5-1}$$

### 2. 二次投影法

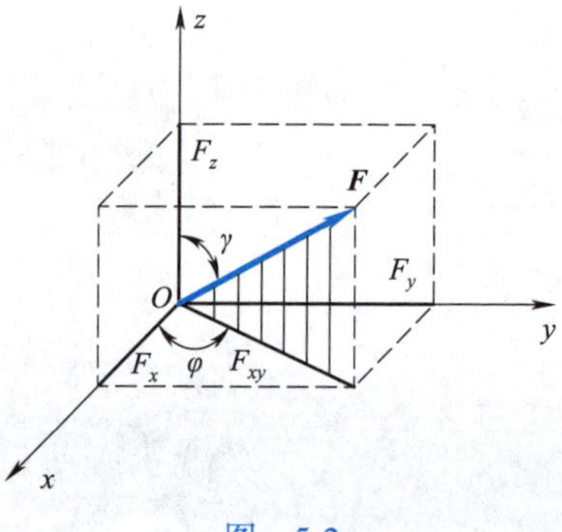


图　5-2

在某些实际问题中,当力 $\boldsymbol{F}$ 与坐标轴之间的夹角不易直接确定时,应用二次投影法往往是较为方便的。

所谓二次投影法,是先将力 $\boldsymbol{F}$ 向某一坐标轴和垂直于该轴的坐标面上投影,而后将坐标面上的投影再向其余两个坐标轴投影。如图 5-2 所示,可以先求力 $\boldsymbol{F}$ 在 $z$ 轴上的

投影 $F_z$ 和 $Oxy$ 面上的投影 $\boldsymbol{F}_{xy}$，显然 $F_z=F\cos\gamma$、$F_{xy}=F\sin\gamma$，而后再将 $\boldsymbol{F}_{xy}$ 投影到 $x$、$y$ 轴上，可得

$$\begin{cases}F_x=F\sin\gamma\cos\varphi\\F_y=F\sin\gamma\sin\varphi\\F_z=F\cos\gamma\end{cases}\tag{5-2}$$

应当注意的是，力在坐标轴上的投影是标量，而力在平面上的投影是矢量。具体计算时，可根据问题的实际情况选择二次投影法或直接投影法。

力与其在坐标轴上的投影是一一对应的。如果力 $\boldsymbol{F}$ 的大小、方向是已知的，则它在选定坐标系的三个轴上的投影是确定的。反之，如果已知力 $\boldsymbol{F}$ 在三个坐标轴上的投影 $F_x$、$F_y$、$F_z$，则该力的大小和方向余弦为

$$\begin{cases}F=\sqrt{F_x^2+F_y^2+F_z^2}\\\cos\alpha=\dfrac{F_x}{F}\\\cos\beta=\dfrac{F_y}{F}\\\cos\gamma=\dfrac{F_z}{F}\end{cases}\tag{5-3}$$

如果把一个力沿空间直角坐标轴分解，则沿三个坐标轴分力的大小等于力在这三个坐标轴上投影的绝对值，于是可得空间力的表达式为

$$\boldsymbol{F}=\boldsymbol{F}_x+\boldsymbol{F}_y+\boldsymbol{F}_z=F_x\boldsymbol{i}+F_y\boldsymbol{j}+F_z\boldsymbol{k}\tag{5-4}$$

式中，$\boldsymbol{F}_x$、$\boldsymbol{F}_y$、$\boldsymbol{F}_z$ 为沿三个坐标轴的分力，$F_x$、$F_y$、$F_z$ 为沿三个坐标轴的投影，$\boldsymbol{i}$、$\boldsymbol{j}$、$\boldsymbol{k}$ 为沿三个坐标轴正向的单位矢量。

**【例 5-1】** 边长为 $a$ 的立方体，在角点 $A$、$B$ 分别作用有力 $\boldsymbol{F}_1$ 和 $\boldsymbol{F}_2$，且 $F_1=F_2=F$，如图 5-3 所示。取坐标系 $Oxyz$，试计算各力在 $x$、$y$、$z$ 轴上的投影。

**【解】** 首先应用二次投影法计算 $\boldsymbol{F}_1$ 在坐标轴上的投影，设 $\boldsymbol{F}_1$ 与 $xy$ 平面夹角为 $\alpha$，则

$$\cos\alpha=\frac{\sqrt{2}a}{\sqrt{3}a}=\frac{\sqrt{6}}{3},\quad \sin\alpha=\frac{a}{\sqrt{3}a}=\frac{\sqrt{3}}{3}$$

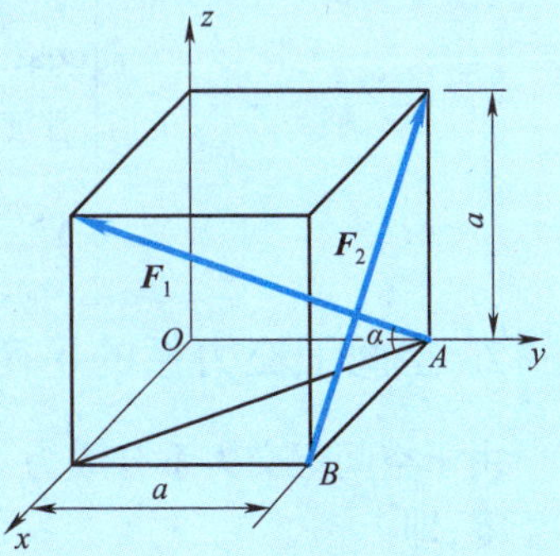

图　5-3

于是可得

$$F_{1x}=F\cos\alpha\cos 45°=\frac{\sqrt{3}}{3}F$$

$$F_{1y}=-F\cos\alpha\cos 45°=-\frac{\sqrt{3}}{3}F$$

$$F_{1z}=F\sin\alpha=\frac{\sqrt{3}}{3}F$$

$\boldsymbol{F}_2$ 在坐标轴上的投影可由直接投影法计算，有

$$F_{2x}=-F\cos 45^\circ=-\frac{\sqrt{2}}{2}F$$

$$F_{2y}=0$$

$$F_{2z}=F\cos 45^\circ=\frac{\sqrt{2}}{2}F$$

## §5-2 空间汇交力系的合成与平衡

平面汇交力系的合成法则和平衡条件可以扩展至空间汇交力系,因此空间汇交力系合成的结果是一个合力,合力作用线通过力系的汇交点,空间汇交力系平衡的条件是该合力等于零。对于空间汇交力系,力多边形法则在理论上成立,平衡时力多边形自行封闭的结论也成立,但由于所作的力多边形不在一个平面内,实用时并不方便,因此在实际问题中一般采用解析法。

### 1. 空间汇交力系的合成

空间汇交力系的合力等于各分力的矢量和,合力的作用线通过汇交点。合力矢 $\boldsymbol{F}_{\mathrm{R}}$ 在空间直角坐标系中的解析表达式为

$$\boldsymbol{F}_{\mathrm{R}}=\boldsymbol{F}_1+\boldsymbol{F}_2+\cdots+\boldsymbol{F}_n=\sum_{i=1}^{n}\boldsymbol{F}_i=\sum F_x\boldsymbol{i}+\sum F_y\boldsymbol{j}+\sum F_z\boldsymbol{k} \tag{5-5}$$

式中,$\sum F_x$、$\sum F_y$、$\sum F_z$ 分别为合力 $\boldsymbol{F}_{\mathrm{R}}$ 沿 $x$、$y$、$z$ 轴的投影。空间汇交力系合力的大小和方向余弦为

$$\begin{cases} F_{\mathrm{R}}=\sqrt{\left(\sum F_x\right)^2+\left(\sum F_y\right)^2+\left(\sum F_z\right)^2} \\ \cos(\boldsymbol{F}_{\mathrm{R}},\ \boldsymbol{i})=\dfrac{\sum F_x}{F_{\mathrm{R}}} \\ \cos(\boldsymbol{F}_{\mathrm{R}},\ \boldsymbol{j})=\dfrac{\sum F_y}{F_{\mathrm{R}}} \\ \cos(\boldsymbol{F}_{\mathrm{R}},\ \boldsymbol{k})=\dfrac{\sum F_z}{F_{\mathrm{R}}} \end{cases} \tag{5-6}$$

### 2. 空间汇交力系的平衡

由于空间汇交力系合成为一个合力,因此,空间汇交力系平衡的充要条件为该力系的合力等于零,即

$$\boldsymbol{F}_{\mathrm{R}}=\sum_{i=1}^{n}\boldsymbol{F}_i=0 \tag{5-7}$$

由式(5-6)得

$$F_{\mathrm{R}}=\sqrt{\left(\sum F_x\right)^2+\left(\sum F_y\right)^2+\left(\sum F_z\right)^2}=0 \tag{5-8}$$

从而得

$$\begin{cases}\sum F_x = 0 \\ \sum F_y = 0 \\ \sum F_z = 0\end{cases} \tag{5-9}$$

于是,空间汇交力系平衡的解析条件也可理解为:力系中各力在三个坐标轴上投影的代数和分别等于零。式(5-9)称为空间汇交力系的平衡方程。求解空间汇交力系平衡问题的步骤,与求解平面汇交力系平衡问题相同,不同之处在于空间汇交力系平衡方程式有三个独立方程,可求解三个未知量。

**【例 5-2】** 如图 5-4(a)所示,重为 $W$ 的球用绳索挂在两相互垂直的墙角处,绳与铅垂方向成 $\gamma$ 角,不计球与墙面间的摩擦,求绳的拉力和墙作用于球的约束力。

**【解】** 取球体为研究对象,受力如图 5-4(b)所示,取坐标系 $Oxyz$,列平衡方程为

$$\sum F_z = 0,\quad F_E\cos\gamma - W = 0$$

$$\sum F_x = 0,\quad F_A - F_E\sin\gamma\cos 45^\circ = 0$$

$$\sum F_y = 0,\quad F_B - F_E\sin\gamma\sin 45^\circ = 0$$

解得

$$F_E = \frac{W}{\cos\gamma},\quad F_A = F_B = \frac{\sqrt{2}}{2}W\tan\gamma$$

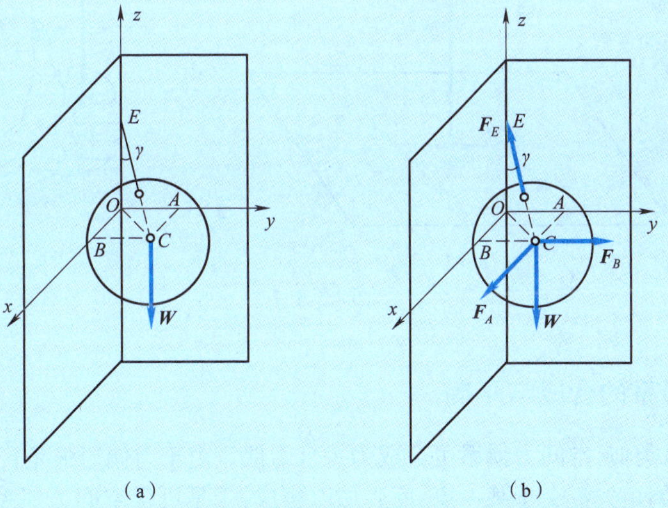


图 5-4

## §5-3 空间力偶系的合成与平衡

力偶是由两个大小相等、方向相反且不共线的平行力组成的力系,其作用效应是使物体产生转动。在平面力系问题里,力偶矩被视为代数量,平面力偶系可以合成为一个合力偶,其力

偶矩为力偶系中各力偶矩的代数和,平面力偶系平衡的条件为该合力偶矩等于零。与平面力偶理论相类似,本节对空间力偶系的合成与平衡问题进行研究。

### 1. 力偶矩矢和空间力偶等效定理

在日常生产和生活中,人们常用电动螺丝刀在空间不同方位和方向的板上拧紧或拧松螺钉、螺栓、螺母等。电动螺丝刀提供的动力就是空间力偶。可见,在空间力系问题里,由于力偶作用面的方位不同,它对刚体作用的效应也不相同。因此,与力类似,力偶对刚体的作用效应也取决于三个要素,即力偶矩的大小、力偶的转向和力偶作用面在空间的方位。力偶的这三个要素可用一个矢量表示:矢量的长度按比例代表力偶矩的大小,矢量的指向按右手螺旋定则表示力偶的转向,而矢量的方位与力偶作用面法线的方位相同。这个矢量称为力偶矩矢,用 $\boldsymbol{M}$ 表示(见图 5-5),从矢的末端沿矢看去,力偶的转向为逆时针。

空间力偶的性质与平面力偶的性质相似,只需将力偶矩的代数量表示转换成用矢量表示。由于力偶在其作用面内可以任意移转,又可以由一个平面移到另一个平行的平面内,所以,力偶矩矢 $\boldsymbol{M}$ 可在空间任意移动,是自由矢量。又因为空间力偶对刚体的作用效应完全取决于力偶矩矢,因此,两个空间力偶不论作用在刚体的什么位置,也不论力偶中力的大小、力偶臂的长短,只要力偶矩矢相等,两力偶就等效。这就是空间力偶等效定理,即作用在同一刚体上的两个空间力偶,若其力偶矩矢相等,则两力偶彼此等效。

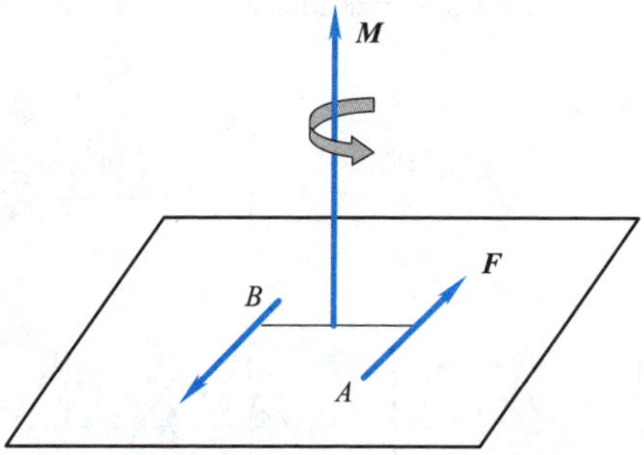


(a)

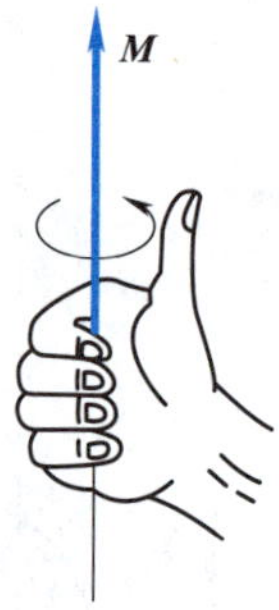


(b)

图 5-5

### 2. 空间力偶系的合成与平衡

与平面力偶系类似,空间力偶系可合成为一合力偶。由于力偶矩矢是自由矢量,总可以将它们滑移,使各力偶矩矢汇交于某一点,而后加以合成,于是可得空间力偶系的合力偶矩矢 $\boldsymbol{M}$ 等于力偶系中各力偶矩矢的矢量和,即

$$\boldsymbol{M} = \boldsymbol{M}_1 + \boldsymbol{M}_2 + \cdots + \boldsymbol{M}_n = \sum \boldsymbol{M}_i = \sum M_x \boldsymbol{i} + \sum M_y \boldsymbol{j} + \sum M_z \boldsymbol{k} \tag{5-10}$$

式中,$\sum M_x$、$\sum M_y$、$\sum M_z$ 分别为合力偶矩矢 $\boldsymbol{M}$ 沿 $x$、$y$、$z$ 轴的投影。可见,求合力偶矩矢 $\boldsymbol{M}$ 的大小和方向与求空间汇交力系的合力矢是一样的。空间力偶系合力偶矩矢的大小和方向余弦为

$$
\left\{
\begin{aligned}
&M=\sqrt{\left(\sum M_x\right)^2+\left(\sum M_y\right)^2+\left(\sum M_z\right)^2}\\
&\cos(\boldsymbol{M},\boldsymbol{i})=\frac{\sum M_x}{M}\\
&\cos(\boldsymbol{M},\boldsymbol{j})=\frac{\sum M_y}{M}\\
&\cos(\boldsymbol{M},\boldsymbol{k})=\frac{\sum M_z}{M}
\end{aligned}
\right. \tag{5-11}
$$

由于空间力偶系合成为一个合力偶,因此空间力偶系平衡的充要条件为该力偶系的合力偶矩矢等于零,即

$$\sum_{i=1}^{n}\boldsymbol{M}_i=0 \tag{5-12}$$

由式(5-11)得

$$M=\sqrt{\left(\sum M_x\right)^2+\left(\sum M_y\right)^2+\left(\sum M_z\right)^2}=0 \tag{5-13}$$

从而得

$$
\left\{
\begin{aligned}
&\sum M_x=0\\
&\sum M_y=0\\
&\sum M_z=0
\end{aligned}
\right. \tag{5-14}
$$

式(5-14)称为空间力偶系的平衡方程。于是,空间力偶系平衡的充要条件也可理解为:力偶系中各力偶矩矢在三个坐标轴上投影的代数和分别等于零。上述三个独立的平衡方程可求解三个未知量。

**【例 5-3】**　图 5-6 所示齿轮箱受三个力偶作用,求此力偶系的合力偶。

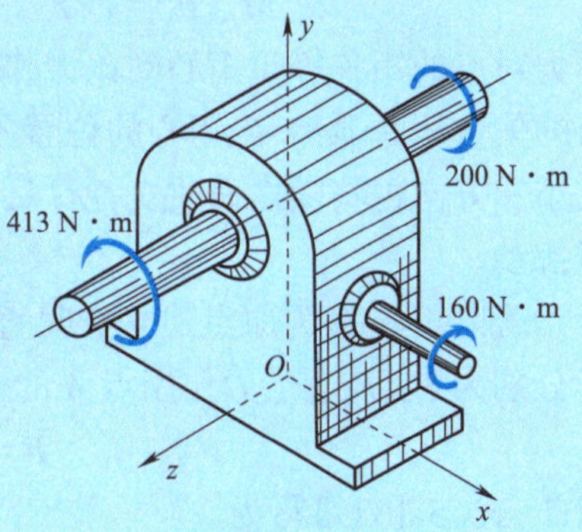


图　5-6

**【解】**　取坐标系 $Oxyz$,将三个力偶的力偶矩矢分别表示为

$$\boldsymbol{M}_1=-160\boldsymbol{i}\ \text{N}\cdot\text{m},\quad \boldsymbol{M}_2=413\boldsymbol{k}\ \text{N}\cdot\text{m},\quad \boldsymbol{M}_3=-200\boldsymbol{k}\ \text{N}\cdot\text{m}$$

于是可得和力偶矩矢为

$$\boldsymbol{M}=\boldsymbol{M}_1+\boldsymbol{M}_2+\boldsymbol{M}_3=-160\boldsymbol{i}+213\boldsymbol{k}\ \text{N}\cdot\text{m}$$

因此,合力偶矩矢的大小为

$$M=\sqrt{(-160)^2+213^2}\approx 266.4\ \text{N}\cdot\text{m}$$

其方向余弦为

$$\cos(\boldsymbol{M},\boldsymbol{i})=\frac{-160}{266.4}\approx 0.6,\quad \cos(\boldsymbol{M},\boldsymbol{j})=0,\quad \cos(\boldsymbol{M},\boldsymbol{k})=\frac{213}{266.4}\approx 0.8$$

## §5-4 力对点与对轴之矩

力矩是用来表示力对物体作用时所产生的转动效应。在平面力系中，由于各力与矩心处于同一平面内，因而力使物体绕平面内某一点转动只能有顺时针或逆时针两种转动效应，所以平面力对点之矩用代数量表示就足够了。但在空间力系中情况就不同了，空间力使物体转动的效应可用力对点之矩和力对轴之矩表示。

### 1. 力对点之矩

在空间力系中，由于各力作用线具有任意方向，各力和同一矩心分别构成不同的平面，这样力使物体绕矩心转动的效应，即力对点之矩，不仅取决于力矩的大小和转向，而且还取决于力和矩心所构成的平面的方位。所以，和力偶矩矢一样，在空间力系中，力对点的矩也要用矢量表示，称之为力对点之矩矢，简称为力矩矢。

如图 5-7 所示，空间力 $\boldsymbol{F}$ 对点 $O$ 的矩用矢量 $\boldsymbol{M}_O(\boldsymbol{F})$ 表示。其中力矩矢的大小等于力与力臂 $h$ 的乘积，方位垂直于力 $\boldsymbol{F}$ 与矩心 $O$ 所确定的平面（即力矩作用面），指向按右手螺旋定则表示力矩的转向。由图 5-7 可知

$$|\boldsymbol{M}_O(\boldsymbol{F})| = Fh = 2A_{\triangle OAB} \tag{5-15}$$

若在图 5-7 中以 $\boldsymbol{r}$ 表示力 $\boldsymbol{F}$ 的作用点 $A$ 对矩心 $O$ 的矢径，则矢积 $\boldsymbol{r}\times\boldsymbol{F}$ 也是一个矢量，其大小等于 $\triangle OAB$ 面积的 2 倍，其方位垂直于力矩作用面，方向与力矩矢一致。于是，力对 $O$ 点的矩矢可表示为

$$\boldsymbol{M}_O(\boldsymbol{F}) = \boldsymbol{r}\times\boldsymbol{F} \tag{5-16}$$

即力对点的矩矢等于矩心到该力作用点的矢径与该力的矢量积。显然，当矩心的位置不同时，力矩矢的大小和方向也将随之而改变，所以，力矩矢是一个定位矢量，力矩矢的始端必须在矩心，不可任意挪动。

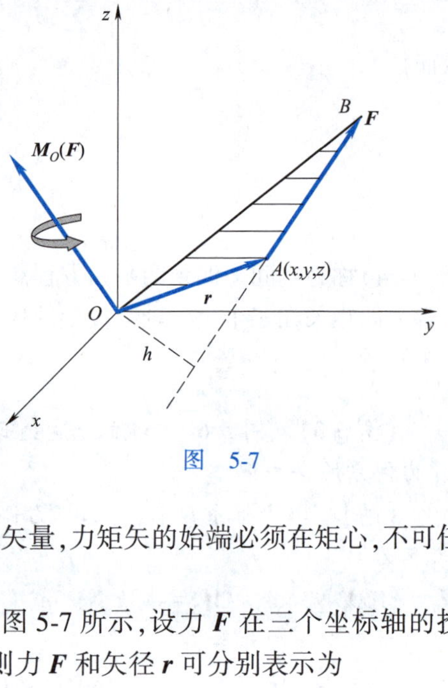


图 5-7

若以矩心 $O$ 为原点建立空间直角坐标系 $Oxyz$，如图 5-7 所示，设力 $\boldsymbol{F}$ 在三个坐标轴的投影分别为 $F_x$、$F_y$、$F_z$，力作用点 $A$ 的坐标为 $A(x,y,z)$，则力 $\boldsymbol{F}$ 和矢径 $\boldsymbol{r}$ 可分别表示为

$$\boldsymbol{F} = F_x\boldsymbol{i}+F_y\boldsymbol{j}+F_z\boldsymbol{k},\ \boldsymbol{r} = x\boldsymbol{i}+y\boldsymbol{j}+z\boldsymbol{k}$$

因此，式(5-16)可写为

$$\boldsymbol{M}_O(\boldsymbol{F}) = \boldsymbol{r}\times\boldsymbol{F} = \begin{vmatrix} \boldsymbol{i} & \boldsymbol{j} & \boldsymbol{k} \\ x & y & z \\ F_x & F_y & F_z \end{vmatrix} = (yF_z-zF_y)\boldsymbol{i}+(zF_x-xF_z)\boldsymbol{j}+(xF_y-yF_x)\boldsymbol{k} \tag{5-17}$$

由式(5-17)可知，单位矢量 $\boldsymbol{i}$、$\boldsymbol{j}$、$\boldsymbol{k}$ 前面的三个系数应分别表示力矩矢在三个坐标轴上的投影，即

$$\begin{cases}[\boldsymbol{M}_O(\boldsymbol{F})]_x = yF_z - zF_y \\ [\boldsymbol{M}_O(\boldsymbol{F})]_y = zF_x - xF_z \\ [\boldsymbol{M}_O(\boldsymbol{F})]_z = xF_y - yF_x\end{cases} \tag{5-18}$$

## 2. 力对轴之矩

在实际生活和工程中,经常遇到刚体绕定轴转动的情况,如门绕门轴转动、飞轮绕转轴转动,为了度量力使刚体绕轴转动的效应,使用力对轴之矩的概念。

如图 5-8 所示,将作用在点 $A$ 的力 $\boldsymbol{F}$ 分解为平行于 $z$ 轴的分力 $\boldsymbol{F}_z$ 和垂直于 $z$ 轴的分力 $\boldsymbol{F}_{xy}$,$\boldsymbol{F}_{xy}$ 亦为力 $\boldsymbol{F}$ 在垂直于 $z$ 轴的平面上的投影。实践表明,分力 $\boldsymbol{F}_z$ 不能使刚体绕 $z$ 轴转动,其对 $z$ 轴之矩为零,分力 $\boldsymbol{F}_{xy}$ 才能使刚体绕 $z$ 轴转动。点 $O$ 是 $z$ 轴与投影面的交点,则力 $\boldsymbol{F}$ 对 $z$ 轴的转动效应可由力 $\boldsymbol{F}_{xy}$ 对点 $O$ 之矩表示。设 $h$ 为点 $O$ 到力 $\boldsymbol{F}$ 作用线的距离,则力 $\boldsymbol{F}$ 对 $z$ 轴之矩可表示为

$$M_z(\boldsymbol{F}) = M_O(\boldsymbol{F}_{xy}) = \pm F_{xy}h \tag{5-19}$$

式(5-19)表明:力对轴之矩是力使刚体绕轴转动效应的度量,是一个代数量,其大小等于力在垂直于该轴的平面上的投影对轴与平面交点之矩。其正负号规定如下:从 $z$ 轴正向观看,若力使刚体绕该轴逆时针转动,则取为正,反之为负。也可按右手螺旋定则来确定其正负号,大拇指指向与 $z$ 轴一致为正,反之为负。

由力对轴之矩的定义可知:①当力的作用线与轴平行时,即 $|\boldsymbol{F}_{xy}|=0$,则力对轴之矩为零;②当力的作用线与轴相交时,即 $h=0$,则力对轴之矩为零。即当力与矩轴共面时,力对该轴之矩等于零。

力对轴之矩也可用解析式表示。如图 5-9 所示,设力 $\boldsymbol{F}$ 在三个坐标轴上的投影分别为 $F_x$、$F_y$、$F_z$,力作用点 $A$ 的坐标为 $A(x,y,z)$,则由式(5-19),于是力 $\boldsymbol{F}$ 对 $z$ 轴之矩可表示为

$$M_z(\boldsymbol{F}) = M_O(\boldsymbol{F}_{xy}) = M_O(\boldsymbol{F}_x) + M_O(\boldsymbol{F}_y) = xF_y - yF_x \tag{5-20}$$

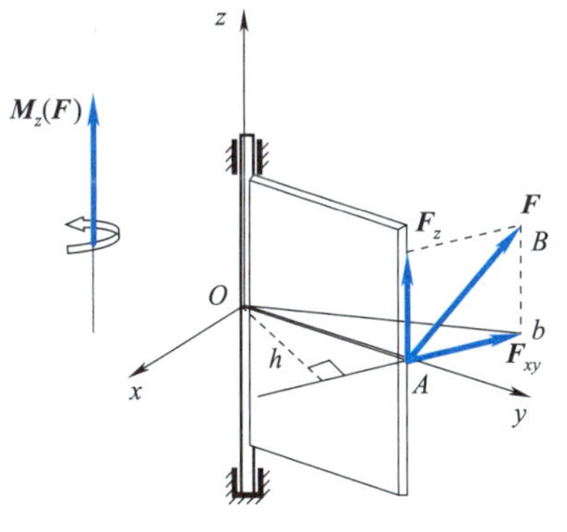


图　5-8

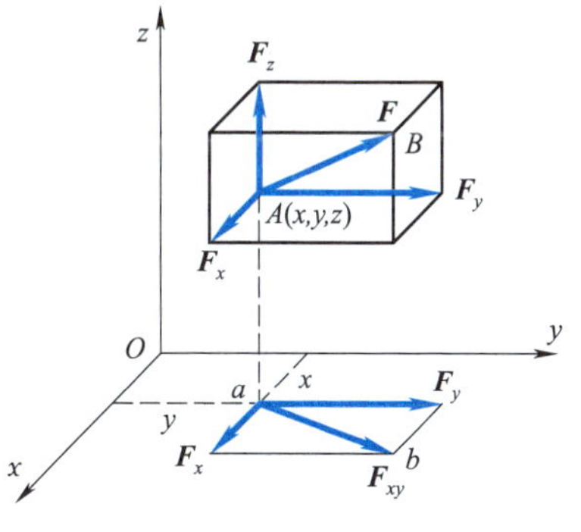


图　5-9

同理可得力 $\boldsymbol{F}$ 对 $x$、$y$ 轴之矩。综合后有

$$\begin{cases}M_x(\boldsymbol{F}) = yF_z - zF_y \\ M_y(\boldsymbol{F}) = zF_x - xF_z \\ M_z(\boldsymbol{F}) = xF_y - yF_x\end{cases} \tag{5-21}$$

### 3. 力对点之矩与力对轴之矩的关系

比较式(5-18)和式(5-21),可得力对点之矩与力对轴之矩的关系,即

$$\begin{cases}[\boldsymbol{M}_O(\boldsymbol{F})]_x=M_x(\boldsymbol{F})\\ [\boldsymbol{M}_O(\boldsymbol{F})]_y=M_y(\boldsymbol{F})\\ [\boldsymbol{M}_O(\boldsymbol{F})]_z=M_z(\boldsymbol{F})\end{cases}\tag{5-22}$$

式(5-22)也称力矩关系定理,表明力对任一点之矩矢在通过该点的某一轴上的投影等于力对该轴之矩。

如果力 $\boldsymbol{F}$ 对通过 $O$ 点的三个坐标轴 $x$、$y$、$z$ 之矩是已知的,则可求出力 $\boldsymbol{F}$ 对 $O$ 点之矩矢,其大小和方向余弦为

$$\begin{cases}M_O(\boldsymbol{F})=|\boldsymbol{M}_O(\boldsymbol{F})|=\sqrt{[M_x(\boldsymbol{F})]^2+[M_y(\boldsymbol{F})]^2+[M_z(\boldsymbol{F})]^2}\\ \cos\alpha=\dfrac{M_x(\boldsymbol{F})}{M_O(\boldsymbol{F})}\\ \cos\beta=\dfrac{M_y(\boldsymbol{F})}{M_O(\boldsymbol{F})}\\ \cos\gamma=\dfrac{M_z(\boldsymbol{F})}{M_O(\boldsymbol{F})}\end{cases}\tag{5-23}$$

式中,$\alpha$、$\beta$、$\gamma$ 分别为力矩矢 $\boldsymbol{M}_O(\boldsymbol{F})$ 与空间直角坐标系三个轴 $x$、$y$、$z$ 正向的夹角。

**【例 5-4】** 在 $a\times b$ 的矩形板的角点 $A$ 作用有一力 $\boldsymbol{F}$,其方位角 $\alpha$、$\beta$ 如图 5-10(a)所示,在点 $A$ 的对角点建立图示坐标系 $Oxyz$,求 $\boldsymbol{F}$ 对 $x$、$y$、$z$ 轴之矩及 $\boldsymbol{F}$ 对 $O$ 点之矩。

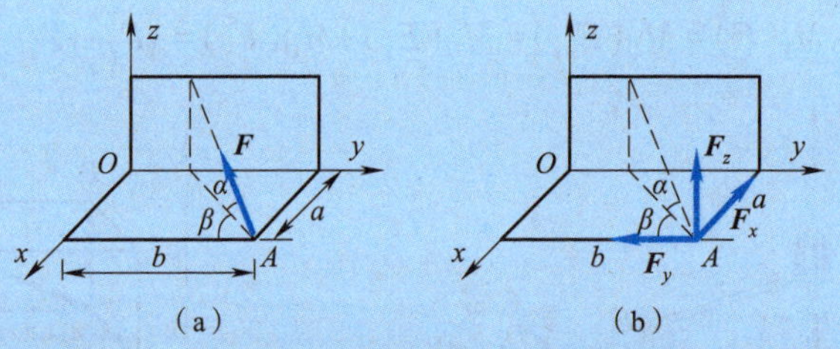


图 5-10

**【解】** 将力 $\boldsymbol{F}$ 沿坐标轴分解,如图 5-10(b)所示,于是可得 $\boldsymbol{F}$ 对 $x$、$y$、$z$ 轴之矩分别为

$$M_x(\boldsymbol{F})=F_zb=Fb\sin\alpha$$
$$M_y(\boldsymbol{F})=-F_za=-Fa\sin\alpha$$
$$M_z(\boldsymbol{F})=F_xb-F_ya=Fb\cos\alpha\sin\beta-Fa\cos\alpha\cos\beta$$

由力矩关系定理,可得 $\boldsymbol{F}$ 对 $O$ 点之矩为

$$\begin{aligned}\boldsymbol{M}_O(\boldsymbol{F})&=M_x(\boldsymbol{F})\ \boldsymbol{i}+M_y(\boldsymbol{F})\boldsymbol{j}+M_z(\boldsymbol{F})\boldsymbol{k}\\ &=Fb\sin\alpha\boldsymbol{i}-Fa\sin\alpha\boldsymbol{j}+(Fb\cos\alpha\sin\beta-Fa\cos\alpha\cos\beta)\boldsymbol{k}\end{aligned}$$

此外，也可通过式(5-17)先直接计算 $\boldsymbol{F}$ 对 $O$ 点之矩，即

$$\boldsymbol{M}_O(\boldsymbol{F})=\boldsymbol{r}_A\times\boldsymbol{F}=\begin{vmatrix}\boldsymbol{i} & \boldsymbol{j} & \boldsymbol{k}\\ a & b & 0\\ -F\cos\alpha\sin\beta & -F\cos\alpha\cos\beta & F\sin\alpha\end{vmatrix}$$

$$=Fb\sin\alpha\boldsymbol{i}-Fa\sin\alpha\boldsymbol{j}+(Fb\cos\alpha\sin\beta-Fa\cos\alpha\cos\beta)\boldsymbol{k}$$

然后利用力矩关系定理，也可求出 $\boldsymbol{F}$ 对 $x$、$y$、$z$ 轴之矩。

## §5-5　空间任意力系的简化

本节讨论空间任意力系的简化问题，并对简化结果进行简要分析。简化方法与平面任意力系相同，依据理论仍然是力的平移定理，但应注意在空间力系中力对点之矩和力偶矩须用矢量表示。因此，力的平移定理可表述为：作用在刚体上的力可平移至刚体上的任一点（新作用点），但必须同时在原力与新作用点所确定的平面内附加一个力偶，其力偶矩矢等于原力对新作用点之矩矢。

### 1. 空间任意力系向已知点的简化

设在刚体上 $A_1,A_2,\cdots,A_n$ 各点作用有空间任意力系 $\boldsymbol{F}_1,\boldsymbol{F}_2,\cdots,\boldsymbol{F}_n$，如图 5-11(a)所示。在刚体上任选一点 $O$ 作为简化中心，应用力的平移定理，将空间任意力系向简化中心 $O$ 进行简化，即依次将各力平移至简化中心 $O$，并各自附加了一个力偶，于是原力系等效替换为作用于简化中心 $O$ 的空间汇交力系 $\boldsymbol{F}'_1,\boldsymbol{F}'_2,\cdots,\boldsymbol{F}'_n$ 和力偶矩矢为 $\boldsymbol{M}_1,\boldsymbol{M}_2,\cdots,\boldsymbol{M}_n$ 的空间力偶系，如图 5-11(b)所示。

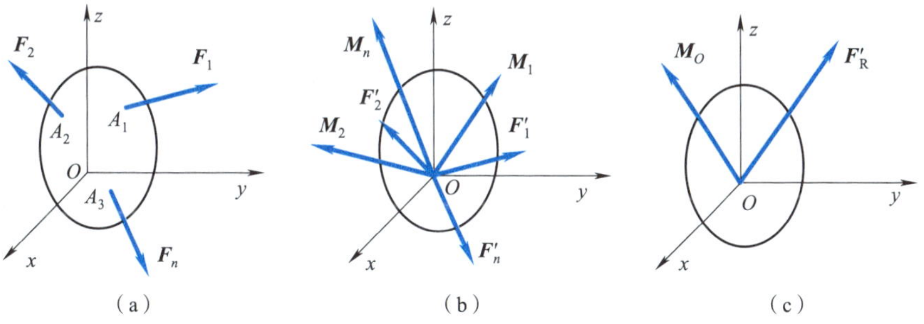


图　5-11

空间汇交力系 $\boldsymbol{F}'_1,\boldsymbol{F}'_2,\cdots,\boldsymbol{F}'_n$ 可合成为一个作用在简化中心 $O$ 的力 $\boldsymbol{F}'_{\mathrm{R}}$[见图 5-11(c)]，这个力的作用线通过简化中心，其大小和方向等于力系的主矢，即

$$\boldsymbol{F}'_{\mathrm{R}}=\boldsymbol{F}'_1+\boldsymbol{F}'_2+\cdots+\boldsymbol{F}'_n$$

由于 $\boldsymbol{F}'_1=\boldsymbol{F}_1,\boldsymbol{F}'_2=\boldsymbol{F}_2,\cdots,\boldsymbol{F}'_n=\boldsymbol{F}_n$，于是可得

$$\boldsymbol{F}'_{\mathrm{R}}=\boldsymbol{F}_1+\boldsymbol{F}_2+\cdots+\boldsymbol{F}_n=\sum_{i=1}^{n}\boldsymbol{F}_i \tag{5-24}$$

因此，空间任意力系的主矢等于力系中各力的矢量和。

空间力偶系 $\boldsymbol{M}_1,\boldsymbol{M}_2,\cdots,\boldsymbol{M}_n$ 可合成为一个力偶[见图 5-11(c)]，其力偶矩矢 $\boldsymbol{M}_O$ 等于力系

对简化中心 $O$ 的主矩，即

$$\boldsymbol{M}_O=\boldsymbol{M}_1+\boldsymbol{M}_2+\cdots+\boldsymbol{M}_n$$

由于 $\boldsymbol{M}_1=\boldsymbol{M}_O(\boldsymbol{F}_1)$，$\boldsymbol{M}_2=\boldsymbol{M}_O(\boldsymbol{F}_2)$，…，$\boldsymbol{M}_n=\boldsymbol{M}_O(\boldsymbol{F}_n)$，于是可得

$$\boldsymbol{M}_O=\boldsymbol{M}_O(\boldsymbol{F}_1)+\boldsymbol{M}_O(\boldsymbol{F}_2)+\cdots+\boldsymbol{M}_O(\boldsymbol{F}_n)=\sum_{i=1}^{n}\boldsymbol{M}_O(\boldsymbol{F}_i) \tag{5-25}$$

因此，空间任意力系对简化中心 $O$ 的主矩等于力系中各力对化中心 $O$ 之矩矢的矢量和。

由上可得空间任意力系的简化结果：空间任意力系向任一点简化，一般可得到一力和一力偶，该力作用于简化中心，其力矢等于力系的主矢，该力偶的力偶矩矢等于力系对简化中心的主矩。与平面任意力系时的结果相似，空间任意力系的主矢与简化中心的位置无关，而主矩一般将随着简化中心的位置不同而改变。

为了用解析法计算主矢和主矩，以简化中心 $O$ 为原点建立空间直角坐标系 $Oxyz$。类似于空间汇交力系合力矢的确定方法，可得主矢 $\boldsymbol{F}'_{\mathrm{R}}$ 的大小和方向余弦为

$$\left\{\begin{aligned}
&F'_{\mathrm{R}}=\sqrt{\left(\sum F_x\right)^2+\left(\sum F_y\right)^2+\left(\sum F_z\right)^2}\\
&\cos(\boldsymbol{F}'_{\mathrm{R}},\boldsymbol{i})=\frac{\sum F_x}{F'_{\mathrm{R}}}\\
&\cos(\boldsymbol{F}'_{\mathrm{R}},\boldsymbol{j})=\frac{\sum F_y}{F'_{\mathrm{R}}}\\
&\cos(\boldsymbol{F}'_{\mathrm{R}},\boldsymbol{k})=\frac{\sum F_z}{F'_{\mathrm{R}}}
\end{aligned}\right. \tag{5-26}$$

类似于空间力偶系合力偶矩矢的确定方法，并利用力矩关系定理，可得主矩 $\boldsymbol{M}_O$ 的大小和方向余弦为

$$\left\{\begin{aligned}
&M_O=\sqrt{\left[\sum M_x(\boldsymbol{F})\right]^2+\left[\sum M_y(\boldsymbol{F})\right]^2+\left[\sum M_z(\boldsymbol{F})\right]^2}\\
&\cos(\boldsymbol{M}_O,\boldsymbol{i})=\frac{\sum M_x(\boldsymbol{F})}{M_O}\\
&\cos(\boldsymbol{M}_O,\boldsymbol{j})=\frac{\sum M_y(\boldsymbol{F})}{M_O}\\
&\cos(\boldsymbol{M}_O,\boldsymbol{k})=\frac{\sum M_z(\boldsymbol{F})}{M_O}
\end{aligned}\right. \tag{5-27}$$

## 2. 空间任意力系简化结果的分析

空间任意力系向一点简化，随力系的主矢和主矩的不同，可能出现四种不同的情形：①$\boldsymbol{F}'_{\mathrm{R}}=0$，$\boldsymbol{M}_O=0$；②$\boldsymbol{F}'_{\mathrm{R}}=0$，$\boldsymbol{M}_O\neq0$；③$\boldsymbol{F}'_{\mathrm{R}}\neq0$，$\boldsymbol{M}_O=0$；④$\boldsymbol{F}'_{\mathrm{R}}\neq0$，$\boldsymbol{M}_O\neq0$。下面分别加以讨论。

（1）当 $\boldsymbol{F}'_{\mathrm{R}}=0$，$\boldsymbol{M}_O=0$，此时力系平衡，这种情形将在下节进一步讨论。

（2）当 $\boldsymbol{F}'_{\mathrm{R}}=0$，$\boldsymbol{M}_O\neq0$，原力系简化为一个合力偶，其力偶矩矢等于力系对简化中心的主矩，此时力系的主矩与简化中心的位置无关。

（3）当 $\boldsymbol{F}'_{\mathrm{R}}\neq0$，$\boldsymbol{M}_O=0$，此时力系简化为一个合力，合力作用线通过简化中心，合力的大小

与方向由力系的主矢 $\boldsymbol{F}'_{\mathrm{R}}$ 决定。

(4) 当 $\boldsymbol{F}'_{\mathrm{R}} \neq 0, \boldsymbol{M}_O \neq 0$，可分三种情形讨论：

①若 $\boldsymbol{F}'_{\mathrm{R}} \perp \boldsymbol{M}_O$，表明 $\boldsymbol{M}_O$ 所代表的力偶与主矢 $\boldsymbol{F}'_{\mathrm{R}}$ 在同一平面内。由力的平移定理的逆过程，可进一步简化为一个作用于另一点 $O_1$ 的合力 $\boldsymbol{F}_{\mathrm{R}}$，$\boldsymbol{F}_{\mathrm{R}}$ 与简化中心的距离 $d = M_O/F_{\mathrm{R}}$，如图 5-12 所示，于是可得

$$\boldsymbol{M}_O(\boldsymbol{F}_{\mathrm{R}}) = \boldsymbol{M}_O = \sum \boldsymbol{M}_O(\boldsymbol{F}_i) \tag{5-28}$$

即空间任意力系的合力对任一点的矩等于各分力对同一点之矩的矢量和，称之为空间任意力系对点的合力矩定理。根据力矩关系定理，将上式投影到过 $O$ 点的某一轴 $z$ 上，可得

$$M_z(\boldsymbol{F}_{\mathrm{R}}) = \sum M_z(\boldsymbol{F}_i) \tag{5-29}$$

此即空间任意力系对轴的合力矩定理。

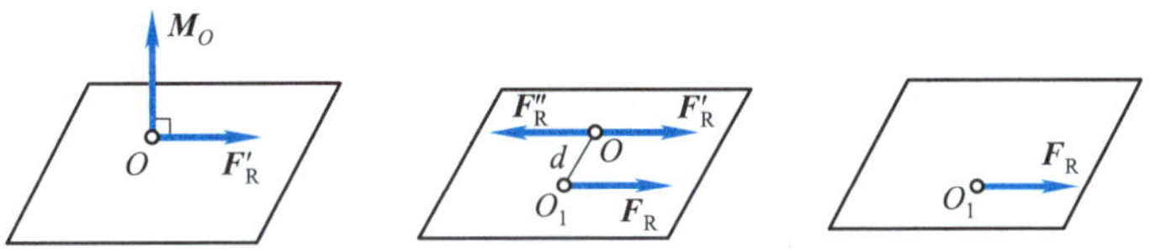


图 5-12

②若 $\boldsymbol{F}'_{\mathrm{R}} // \boldsymbol{M}_O$，这样的一个力及与之垂直的平面内的一个力偶的组合称为力螺旋，如图 5-13 所示，这也是空间任意力系简化的一种最终结果，不能再进一步简化。当 $\boldsymbol{F}'_{\mathrm{R}}$ 与 $\boldsymbol{M}_O$ 方向一致时，称为右手力螺旋，否则称为左手力螺旋。力螺旋也是最简力系之一，钻孔时钻头对于工件的作用就是力螺旋的一个例子。

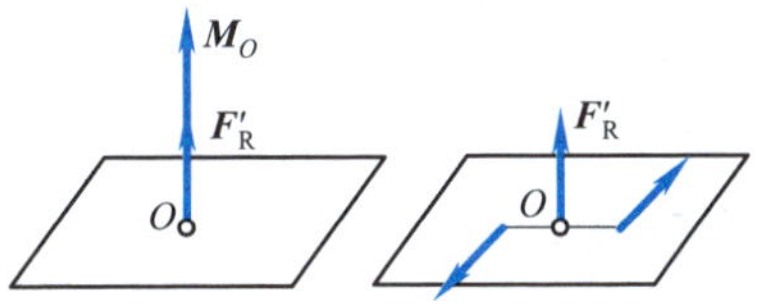


图 5-13

③若 $\boldsymbol{F}'_{\mathrm{R}}$ 与 $\boldsymbol{M}_O$ 呈任意角度 $\alpha$，可再进一步简化，如图 5-14 所示，将 $\boldsymbol{M}_O$ 分解成平行于 $\boldsymbol{F}'_{\mathrm{R}}$ 的 $\boldsymbol{M}'_O$ 与垂直于 $\boldsymbol{F}'_{\mathrm{R}}$ 的 $\boldsymbol{M}''_O$，其中 $\boldsymbol{M}''_O$ 可如情形①中的力线平移而进一步简化为一个作用于 $O_1$ 点的力 $\boldsymbol{F}_{\mathrm{R}}$，而 $\boldsymbol{M}'_O$ 平移后，则如情形②中与 $\boldsymbol{F}_{\mathrm{R}}$ 组成一个力螺旋，$O$ 和 $O_1$ 两点间的距离 $d = (M_O \sin\alpha)/F_{\mathrm{R}}$。

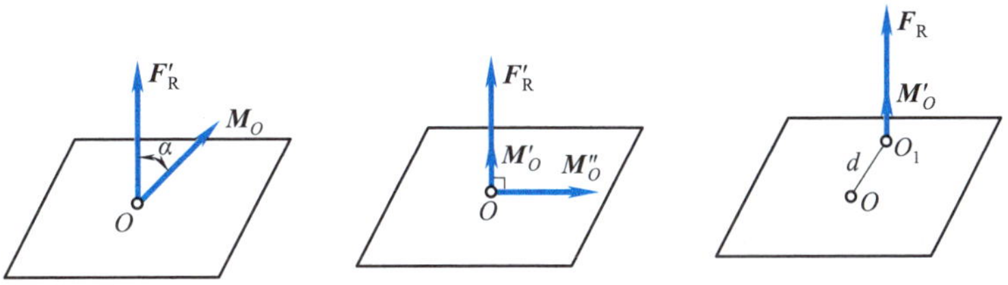


图 5-14

综上可得，空间任意力系向一点简化的最终结果有四种可能：平衡、合力偶、合力、力螺旋。

【例 5-5】 棱长为 $a$ 的正方体上作用的力系如图 5-15(a)所示，其中 $F_1=F_2=F$，试将该力系向 $A$ 点简化。

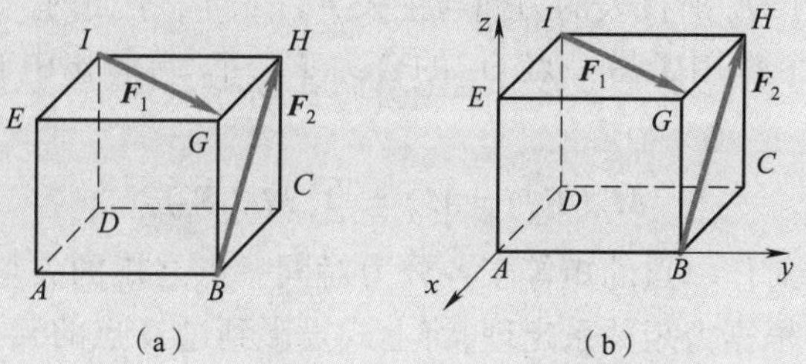


图 5-15

【解】 取坐标系 $Axyz$ 如图 5-15(b)所示，将力系向 $A$ 点简化后得力系的主矢 $\boldsymbol{F}'_{\mathrm{R}}$：

$$F'_{\mathrm{R}x}=\sum F_x=F_1\cos 45°-F_2\cos 45°=0$$

$$F'_{\mathrm{R}y}=\sum F_y=F_1\cos 45°=\frac{\sqrt{2}}{2}F$$

$$F'_{\mathrm{R}z}=\sum F_z=F_2\sin 45°=\frac{\sqrt{2}}{2}F$$

于是

$$\boldsymbol{F}'_{\mathrm{R}}=\frac{\sqrt{2}}{2}F(\boldsymbol{j}+\boldsymbol{k})$$

力系相对于 $A$ 点的主矩 $\boldsymbol{M}_A$ 为

$$\boldsymbol{M}_A=\sum \boldsymbol{M}_A(\boldsymbol{F}_i)=\begin{vmatrix}\boldsymbol{i} & \boldsymbol{j} & \boldsymbol{k}\\ -a & 0 & a\\ \dfrac{\sqrt{2}F}{2} & \dfrac{\sqrt{2}F}{2} & 0\end{vmatrix}+\begin{vmatrix}\boldsymbol{i} & \boldsymbol{j} & \boldsymbol{k}\\ 0 & a & 0\\ \dfrac{-\sqrt{2}F}{2} & 0 & \dfrac{\sqrt{2}F}{2}\end{vmatrix}=\frac{\sqrt{2}}{2}Fa\boldsymbol{j}$$

## §5-6 空间任意力系的平衡条件与平衡方程

根据上节空间任意力系的简化结果，可知当力系的主矢和主矩等于零时力系平衡，此即空间任意力系平衡的条件。本节进一步讨论空间任意力系的平衡问题，导出空间任意力系的平衡方程及一些特殊力系（如空间平行力系）的平衡方程，并对常见的空间约束及其约束力表示进行介绍。

### 1. 空间任意力系的平衡

空间任意力系平衡的充要条件是：力系的主矢和对任一点的主矩均等于零，即

$$\boldsymbol{F}'_{\mathrm{R}}=0,\quad \boldsymbol{M}_O=0$$

由式(5-26)和式(5-27)，可得

$$F'_{\mathrm{R}}=\sqrt{\left(\sum F_x\right)^2+\left(\sum F_y\right)^2+\left(\sum F_z\right)^2}=0$$

及

$$M_O=\sqrt{\left[\sum M_x(\boldsymbol{F})\right]^2+\left[\sum M_y(\boldsymbol{F})\right]^2+\left[\sum M_z(\boldsymbol{F})\right]^2}=0$$

从而

$$\begin{cases}\sum F_x=0\\ \sum F_y=0\\ \sum F_z=0\\ \sum M_x(\boldsymbol{F})=0\\ \sum M_y(\boldsymbol{F})=0\\ \sum M_z(\boldsymbol{F})=0\end{cases}\tag{5-30}$$

式(5-30)称为空间任意力系的平衡方程。于是,空间任意力系平衡的充要条件也可理解为:力系中各力在三个坐标轴上投影的代数和分别等于零,以及各力对三个坐标轴之矩的代数和也分别等于零。上述六个独立的平衡方程可求解六个未知量。顺便指出,与平面任意力系平衡方程的二力矩式或三力矩式类似,空间任意力系的平衡方程也有四力矩、五力矩和六力矩形式,不过其对投影轴和力矩轴都有一定的限制条件。

空间任意力系是最一般的力系,其平衡条件包含了其他各种特殊力系的平衡条件,因此由空间任意力系的平衡方程可以导出各种特殊力系的平衡方程。下面以空间汇交力系和空间平行力系为例,对于空间力偶系、平面任意力系等其余特殊力系,读者可自行导出其平衡方程。

(1)空间汇交力系。若以汇交点为原点建立直角坐标系 $Oxyz$,则由于各力与三个坐标轴都相交,式(5-30)中的三个力矩方程自然满足,所以空间汇交力系的平衡方程只有三个,即

$$\begin{cases}\sum F_x=0\\ \sum F_y=0\\ \sum F_z=0\end{cases}$$

(2)空间平行力系。取直角坐标系 $Oxyz$,令 $z$ 轴与力系中各力平行,则不论力系是否平衡,都自然满足 $\sum F_x=0$, $\sum F_y=0$, $\sum M_z(\boldsymbol{F})=0$。于是空间平行力系的平衡方程为

$$\begin{cases}\sum F_z=0\\ \sum M_x(\boldsymbol{F})=0\\ \sum M_y(\boldsymbol{F})=0\end{cases}\tag{5-31}$$

式(5-31)表明,空间平行力系平衡的充要条件是:力系中各力在与力线平行的坐标轴上投影的代数和等于零,以及各力对两个与力线垂直的轴之矩的代数和也分别等于零。

### 2. 常见的空间约束

一般情况下,当刚体受到空间任意力系作用时,在每个约束处,其约束对被约束体施加的约束力可能有 1~6 个。观察被约束体在空间可能的六种独立的位移中(沿 $x$、$y$、$z$ 三轴的移动和绕此三轴的转动),有哪几种位移被约束所阻碍,就有几个约束力存在。阻碍移动的是约束

力，阻碍转动的是约束力偶。在第 1 章和第 3 章中介绍了工程中常见的约束类型，常见的空间约束及其相应的约束力，见表 5-1。

**表 5-1　常见的空间约束及其相应的约束力**

| 序号 | 约束类型 | 约束力未知量 |
|---|---|---|
| 1 | 球铰链 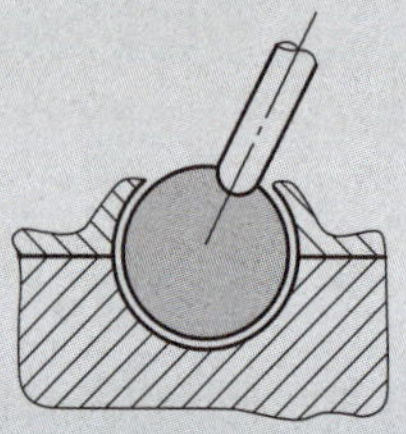 | 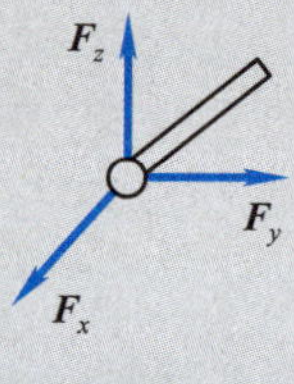  |
| 2 | 径向轴承 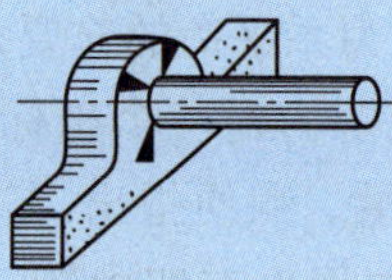 | 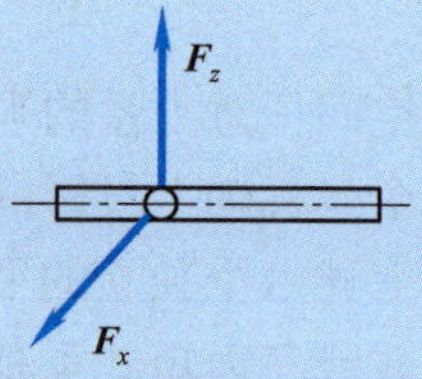  |
| 3 | 蝶铰链 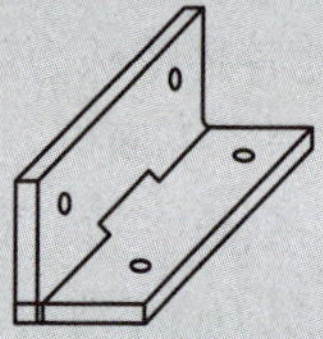 | 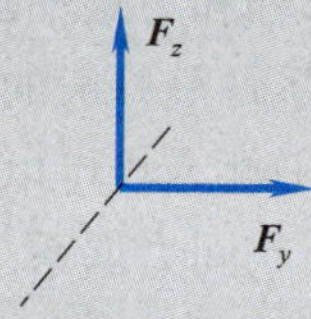  |
| 4 | 径向止推轴承 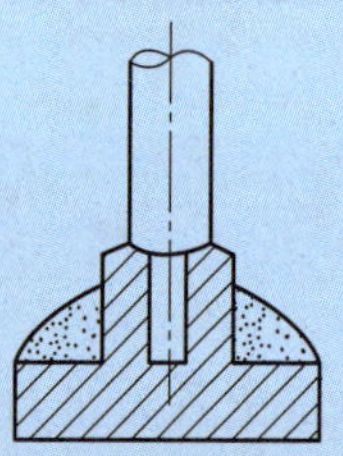 | 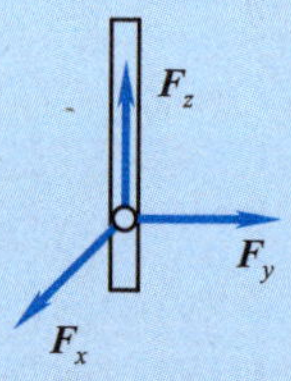  |
| 5 | 空间固定端 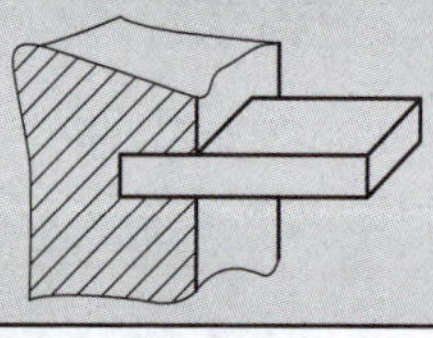 | 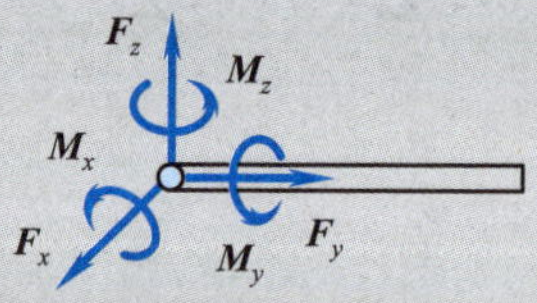  |

分析实际约束时，有时需要忽略一些次要因素，从而进行一些合理的简化。例如，径向轴承限制轴绕 $x$ 轴和 $z$ 轴的转动作用很小，所以 $\boldsymbol{M}_x$ 和 $\boldsymbol{M}_z$ 可以忽略不计，于是只有两个约束力 $\boldsymbol{F}_x$ 和 $\boldsymbol{F}_z$。又如，一般柜门至少装有两个合页（如表 5-1 中的蝶铰链），它主要限制物体沿 $y$、$z$ 方向的移动，因而有两个约束力 $\boldsymbol{F}_y$ 和 $\boldsymbol{F}_z$。合页不限制物体绕转轴的转动，单个合页对物体绕 $y$、$z$ 轴转动的限制作用很小，因而约束力偶忽略不计。当物体受到沿合页轴向作用时，则其中一个合页中将限制物体沿轴向移动，可视为止推轴承。

**【例 5-6】** 一辆三轮货车自重 $W=5$ kN,载重 $F=10$ kN,作用点位置如图 5-16 所示。求静止时地面对轮子的约束力。

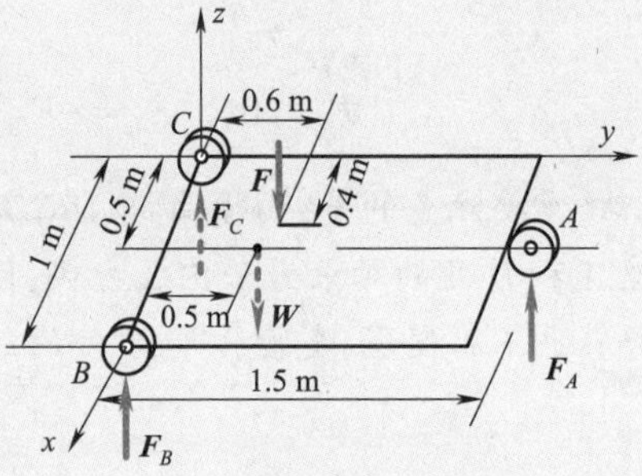


图　5-16

**【解】** 取三轮货车为研究对象,受力如图 5-16 所示。自重 $\boldsymbol{W}$、载重 $\boldsymbol{F}$ 及地面对轮子的约束力组成空间平行力系。取图示坐标系 $Cxyz$,列平衡方程为

$$\sum F_z = 0,\quad F_A+F_B+F_C-W-F=0$$

$$\sum M_x(\boldsymbol{F}) = 0,\quad F_A\times1.5-W\times0.5-F\times0.6=0$$

$$\sum M_y(\boldsymbol{F}) = 0,\quad -F_A\times0.5-F_B\times1+W\times0.5+F\times0.4=0$$

解得

$$F_A=\frac{17}{3}\ \text{kN},\quad F_B=\frac{11}{3}\ \text{kN},\quad F_C=\frac{17}{3}\ \text{kN}$$

**【例 5-7】** 曲杆 $ABCD$,重量不计,$AB=a$、$BC=b$、$CD=c$,$\angle ABC=\angle BCD=90°$,且平面 $ABC$ 与平面 $BCD$ 垂直,$A$ 端为轴承,$D$ 端为球铰链,如图 5-17(a)所示。在曲杆的 $AB$、$BC$ 和 $CD$ 上作用三个力偶,力偶作用面分别垂直于 $AB$、$BC$ 和 $CD$。已知力偶矩 $M_2$ 和 $M_3$,求使曲杆处于平衡的力偶矩 $M_1$ 及支座 $A$、$D$ 的约束力。

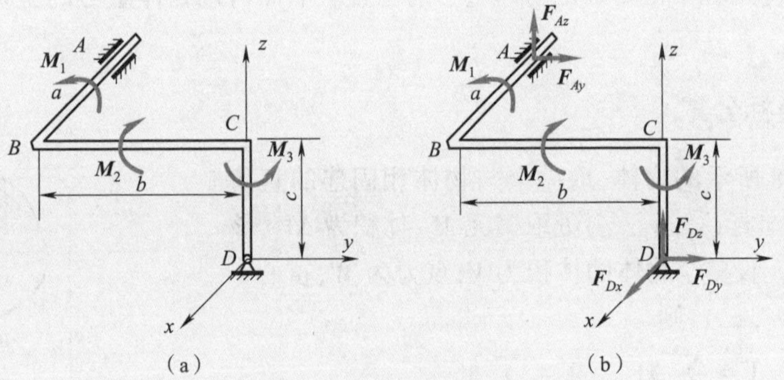


图　5-17

**【解】** 取曲杆为研究对象,受力如图 5-17(b)所示,取坐标系 $Dxyz$,列平衡方程为

$$\sum F_x = 0,\quad F_{Dx}=0$$

$$\sum M_y(\boldsymbol{F}) = 0,\quad F_{Az}\cdot a-M_2=0$$

$$\sum F_z = 0,\quad F_{Az}+F_{Dz}=0$$

$$\sum M_z(\boldsymbol{F}) = 0,\quad M_3-F_{Ay}\cdot a=0$$

$$\sum F_y = 0,\quad F_{Ay}+F_{Dy}=0$$

$$\sum M_x(\boldsymbol{F}) = 0,\quad M_1-F_{Az}\cdot b-F_{Ay}\cdot c=0$$

由此解得

$$F_{Dx}=0,\quad F_{Az}=-F_{Dz}=\frac{M_2}{a},\quad F_{Ay}=-F_{Dy}=\frac{M_3}{a},\quad M_1=\frac{M_2b+M_3c}{a}$$

需要注意的是，由于曲杆 $ABCD$ 受到三个力偶作用，根据力偶只能与力偶平衡，可知支座 $A$ 和 $D$ 处的约束力必构成力偶，因此本例也可应用空间力偶系的平衡方程求解。从上述解答也不难发现，支座 $A$ 和 $D$ 处的约束力确实是一个力偶。

## §5-7　重　　心

地球表面附近的物体受到地球对它的引力作用，这种引力习惯称为物体的重力。如果将物体分成许多微小部分，则每个微小部分所受到的重力都汇交于地心，形成一个空间汇交力系。由于物体尺寸远小于地球直径，因此，可足够精确地认为物体各微小部分的重力是空间分布的同向平行力系，而这个空间平行力系的合力就是物体的重力。由实践可知，无论物体如何放置，物体重力的作用线总是过一个确定点，这个点就是物体的重心。

重心的位置在工程中具有重要意义。高速运转的飞轮必须使其重心尽可能不偏离转轴，以免产生不良影响；而偏心轮应使其重心离转轴有一定距离，以便利用其偏心产生的效果。在设计挡土墙、重力坝等建筑物时，重心位置直接关系到建筑物的抗倾稳定性及其内部受力的分布。因此，在实际工程中常要确定物体重心的位置。下面讨论物体重心的坐标公式及重心位置的确定方法。

### 1. 重心坐标公式

设有图 5-18 所示的物体，取一个与物体相固连的直角坐标系 $Oxyz$，在坐标$(x_i, y_i, z_i)$处取微元 $M_i$，体积为 $\Delta V_i$，该微元重力为 $\boldsymbol{W}_i$。设整个物体的体积为 $V$，重力为 $\boldsymbol{W}$，重心 $C$ 的坐标为$(x_C, y_C, z_C)$，则

$$V=\sum \Delta V_i,\quad W=\sum W_i$$

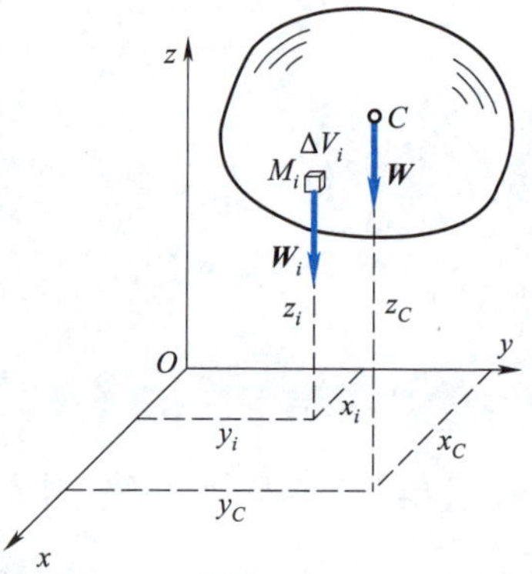

图　5-18

应用合力矩定理，分别对 $y$ 和 $x$ 轴取矩，得

$$Wx_C=\sum W_ix_i,\quad -Wy_C=-\sum W_iy_i$$

于是可得

$$x_C=\frac{\sum W_ix_i}{W},\quad y_C=\frac{\sum W_iy_i}{W}$$

再将物体及固连其上的坐标系一同旋转，使 $x$ 轴处于铅垂位置，而后对 $y$ 轴应用合力矩定理，可得

$$z_C=\frac{\sum W_iz_i}{W}$$

因此，物体重心 $C$ 的坐标为

$$x_C = \frac{\sum W_i x_i}{W},\quad y_C = \frac{\sum W_i y_i}{W},\quad z_C = \frac{\sum W_i z_i}{W} \tag{5-32}$$

若物体是均质的，密度 $\rho$ 为常量，则 $W_i=\rho g\cdot\Delta V_i$，$W=\rho gV$，于是上式变为

$$x_C = \frac{\sum \Delta V_i x_i}{V},\quad y_C = \frac{\sum \Delta V_i y_i}{V},\quad z_C = \frac{\sum \Delta V_i z_i}{V} \tag{5-33}$$

可见，均质物体的重心位置完全决定于物体的几何形状，而与物体的重量无关，这时物体的重心就是物体的形心，即几何形状的中心。若物体是连续分布的，上式可改写为如下积分形式：

$$x_C = \frac{\int_V x\mathrm{d}V}{V},\quad y_C = \frac{\int_V y\mathrm{d}V}{V},\quad z_C = \frac{\int_V z\mathrm{d}V}{V} \tag{5-34}$$

同理，对于均质薄板、薄壳等，重心（或形心）$C$ 的坐标公式为

$$x_C = \frac{\sum \Delta A_i x_i}{A},\quad y_C = \frac{\sum \Delta A_i y_i}{A},\quad z_C = \frac{\sum \Delta A_i z_i}{A} \tag{5-35}$$

式中，$\Delta A_i$ 为微元的面积，$A=\sum \Delta A_i$ 为整个物体的面积。或写成积分形式：

$$x_C = \frac{\int_A x\mathrm{d}A}{A},\quad y_C = \frac{\int_A y\mathrm{d}A}{A},\quad z_C = \frac{\int_A z\mathrm{d}A}{A} \tag{5-36}$$

对于均质细杆等，重心（或形心）$C$ 的坐标公式为

$$x_C = \frac{\sum \Delta l_i x_i}{l},\quad y_C = \frac{\sum \Delta l_i y_i}{l},\quad z_C = \frac{\sum \Delta l_i z_i}{l} \tag{5-37}$$

式中，$\Delta l_i$ 为微元的长度，$l=\sum \Delta l_i$ 为整个杆件的长度。或写成积分形式：

$$x_C = \frac{\int_l x\mathrm{d}l}{l},\quad y_C = \frac{\int_l y\mathrm{d}l}{l},\quad z_C = \frac{\int_l z\mathrm{d}l}{l} \tag{5-38}$$

凡具有对称面、对称轴或对称点的均质物体，则此物体的重心必定在其对称面、对称轴或对称点上。常用的简单均质形体的重心（或形心）见表 5-2。

**表 5-2　常用的简单均质形体的重心**（或形心）

| 图　形 | 重心位置 | 图　形 | 重心位置 |
|---|---|---|---|
| 圆弧 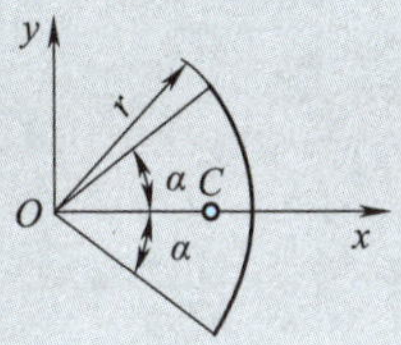  | $x_C=\frac{r\sin\alpha}{\alpha}$<br>（$\alpha$ 以弧度计，下同）<br>半圆弧 $\alpha=\pi/2$<br>$x_C=\frac{2r}{\pi}$ | 弓形 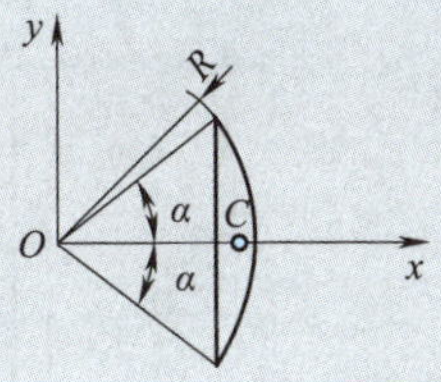  | $x_C=\frac{4R\sin^3\alpha}{3(2\alpha-\sin 2\alpha)}$ |

续上表

| 图　形 | 重心位置 | 图　形 | 重心位置 |
|---|---|---|---|
| 扇形<br>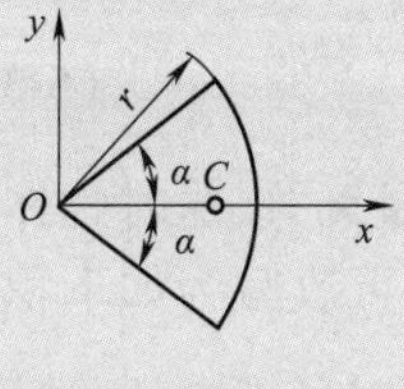 | $x_C=\frac{2r\sin\alpha}{3\alpha}$<br>半圆 $\alpha=\pi/2$<br>$x_C=\frac{4r}{3\pi}$ | 部分圆环<br>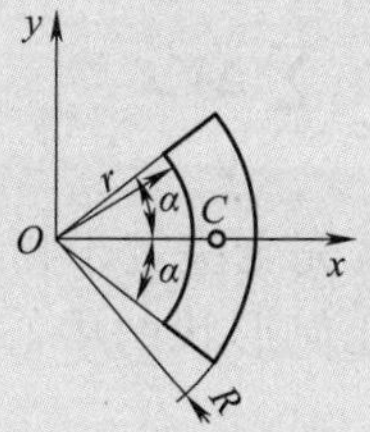 | $x_C=\frac{2(R^3-r^3)\sin\alpha}{3(R^2-r^2)\alpha}$ |
| 三角形<br>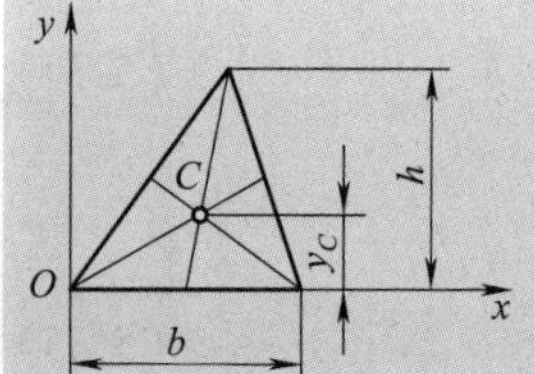 | 在中线交点上<br>$y_C=\frac{1}{3}h$ | 梯形<br>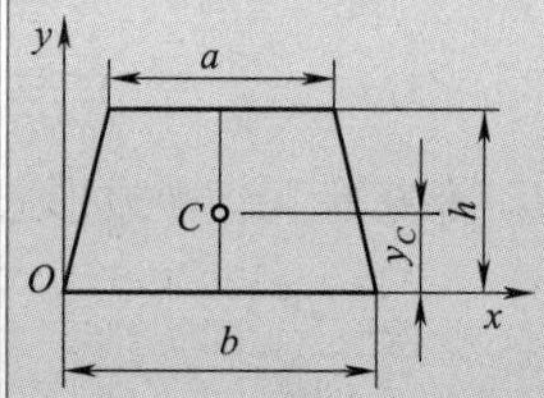 | 在上下底中点的连线上<br>$y_C=\frac{h(2a+b)}{3(a+b)}$ |
| 半圆球体<br>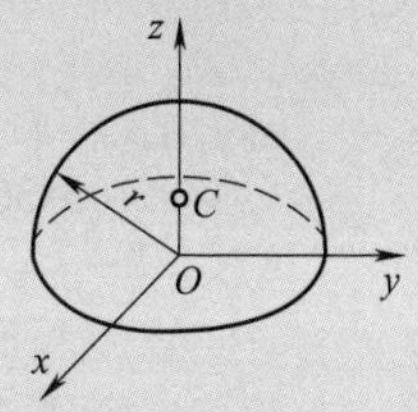 | $z_C=\frac{3}{8}r$ | 正圆锥体<br>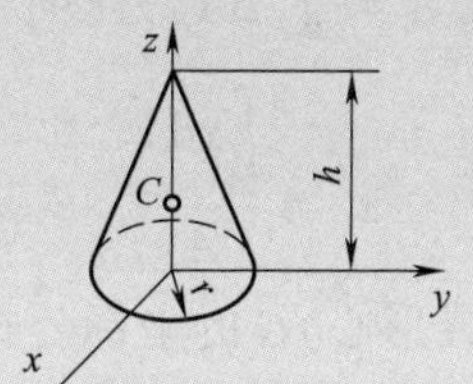 | $z_C=\frac{1}{4}h$ |

**2. 确定重心位置的方法**

确定重心位置的方法有很多。若一个物体由几个简单形状的物体组合而成,而这些简单形体的重心是已知或易求的,那么整个物体的重心可按公式直接求出,这种方法称为组合法,或称为分割法。若在薄板或物体内切去一部分,如有孔的板或有空穴的物体,则这类形体的重心仍可用与组合法相同的公式来确定,只是切去部分的面积或体积应取负值,这种方法称为负面积法(或负体积法)。

**【例 5-8】** 热轧不等边角钢的截面近似地简化如图 5-19(a)所示,已知 $h=160$ mm,$b=100$ mm,$d=16$ mm。求该截面重心的位置。

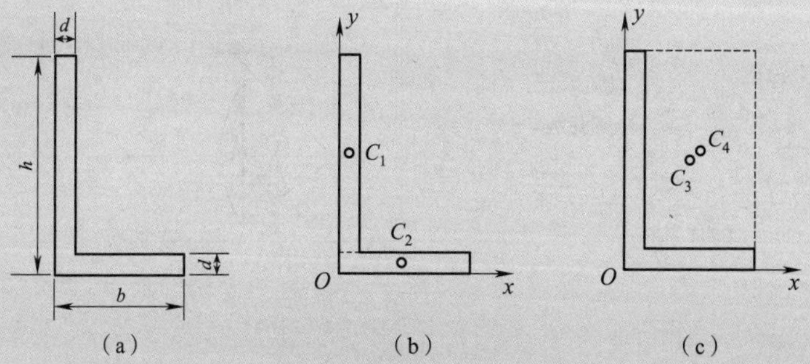


图　5-19

**解法一**（组合法）：如图 5-19(b)所示，将该截面分割成两个矩形，建立坐标系 $Oxy$，它们的面积和重心分别为

$$A_1=(160-16)\times16\ \text{mm}^2=2\ 304\ \text{mm}^2,\quad x_1=8\ \text{mm},\quad y_1=\left(16+\frac{160-16}{2}\right)\text{mm}=88\ \text{mm}$$

$$A_2=100\times16\ \text{mm}^2=1\ 600\ \text{mm}^2,\quad x_2=50\ \text{mm},\quad y_2=8\ \text{mm}$$

代入重心坐标公式，可得截面重心坐标为

$$x_C=\frac{A_1x_1+A_2x_2}{A_1+A_2}\approx25.2\ \text{mm}$$

$$y_C=\frac{A_1y_1+A_2y_2}{A_1+A_2}\approx55.2\ \text{mm}$$

**解法二**（负面积法）：如图 5-19(c)所示，将该截面看成由 $h\times b$ 的大矩形（面积 $A_3$，重心 $C_3$）切去右上角的矩形（面积 $A_4$，重心 $C_4$）后得到。由于右上角矩形是切去的部分，所以其面积 $A_4$ 应取负值。建立坐标系 $Oxy$，它们的面积和重心分别为

$$A_3=100\times160\ \text{mm}^2=16\ 000\ \text{mm}^2,\quad x_3=50\ \text{mm},\quad y_3=80\ \text{mm}$$

$$A_4=-(100-16)\times(160-16)\ \text{mm}^2=-12\ 096\ \text{mm}^2,$$

$$x_4=\left(16+\frac{100-16}{2}\right)\text{mm}=58\ \text{mm},\quad y_4=\left(16+\frac{160-16}{2}\right)\text{mm}=88\ \text{mm}$$

代入重心坐标公式，可得截面重心坐标为

$$x_C=\frac{A_3x_3+A_4x_4}{A_3+A_4}\approx25.2\ \text{mm}$$

$$y_C=\frac{A_3y_3+A_4y_4}{A_3+A_4}\approx55.2\ \text{mm}$$

对于形状很复杂或非均质的物体，难以用上述方法确定重心，此时常用实验法测定重心位置。常用的实验法有悬挂法和称重法，相关说明可参考其他教材。

## 小　结

（1）力在空间直角坐标轴上的投影方法有直接投影法和二次投影法。

①直接投影法：$F_x=F\cos\alpha,\quad F_y=F\cos\beta,\ F_z=F\cos\gamma$

②二次投影法：$F_x=F\sin\gamma\cos\varphi,\ F_y=F\sin\gamma\sin\varphi,\ F_z=F\cos\gamma$

（2）力沿空间直角坐标轴分解的表达式为

$$\boldsymbol{F}=\boldsymbol{F}_x+\boldsymbol{F}_y+\boldsymbol{F}_z=F_x\boldsymbol{i}+F_y\boldsymbol{j}+F_z\boldsymbol{k}$$

（3）空间力偶的力偶矩矢是自由矢量，用来表征力偶使物体转动的效应。

（4）空间力对点之矩是定位矢量，用来表征力使物体绕矩心转动的效应，其表达式为

$$\boldsymbol{M}_O(\boldsymbol{F})=\boldsymbol{r}\times\boldsymbol{F}=\begin{vmatrix}\boldsymbol{i}&\boldsymbol{j}&\boldsymbol{k}\\x&y&z\\F_x&F_y&F_z\end{vmatrix}=(yF_z-zF_y)\boldsymbol{i}+(zF_x-xF_z)\boldsymbol{j}+(xF_y-yF_x)\boldsymbol{k}$$

(5)力对轴之矩是代数量,用来表征力使物体绕轴转动的效应,等于力在垂直于该轴的平面上的投影对轴与平面交点之矩,其表达式为

$$M_z(\boldsymbol{F})=M_O(\boldsymbol{F}_{xy})=\pm F_{xy}h$$

(6)力矩关系定理建立了力对点之矩和力对通过该点的轴之矩的关系,其表达式为

$$[\boldsymbol{M}_O(\boldsymbol{F})]_x=M_x(\boldsymbol{F}),\quad [\boldsymbol{M}_O(\boldsymbol{F})]_y=M_y(\boldsymbol{F}),\quad [\boldsymbol{M}_O(\boldsymbol{F})]_z=M_z(\boldsymbol{F})$$

由力矩关系定理,力对点之矩矢的大小和方向余弦为

$$M_O(\boldsymbol{F})=\sqrt{[M_x(\boldsymbol{F})]^2+[M_y(\boldsymbol{F})]^2+[M_z(\boldsymbol{F})]^2}$$

$$\cos\alpha=\frac{M_x(\boldsymbol{F})}{M_O(\boldsymbol{F})},\quad \cos\beta=\frac{M_y(\boldsymbol{F})}{M_O(\boldsymbol{F})},\quad \cos\gamma=\frac{M_z(\boldsymbol{F})}{M_O(\boldsymbol{F})}$$

(7)各种力系的平衡方程

①空间任意力系:$\sum F_x=0,\quad \sum F_y=0,\quad \sum F_z=0,$

$\sum M_x(\boldsymbol{F})=0,\quad \sum M_y(\boldsymbol{F})=0,\quad \sum M_z(\boldsymbol{F})=0$

②空间平行力系:$\sum F_z=0,\quad \sum M_x(\boldsymbol{F})=0,\quad \sum M_y(\boldsymbol{F})=0$

③空间汇交力系:$\sum F_x=0,\quad \sum F_y=0,\quad \sum F_z=0$

④空间力偶系:$\sum M_x=0,\quad \sum M_y=0,\quad \sum M_z=0$

⑤平面任意力系:$\sum F_x=0,\quad \sum F_y=0,\quad \sum M_O(\boldsymbol{F})=0$

⑥平面平行力系:$\sum F_y=0,\quad \sum M_O(\boldsymbol{F})=0$

⑦平面汇交力系:$\sum F_x=0,\quad \sum F_y=0$

⑧平面力偶系:$\sum M=0$

(8)物体重心的坐标公式

$$x_C=\frac{\sum W_i x_i}{W},\quad y_C=\frac{\sum W_i y_i}{W},\quad z_C=\frac{\sum W_i z_i}{W}$$

## 思 考 题

5-1 将空间汇交力系向汇交点以外的任一点简化,可能的简化结果是什么?

5-2 图示正方体受两个力偶作用,该两力偶矩矢等值、反向,即 $\boldsymbol{M}_1=-\boldsymbol{M}_2$,但不共线,正方体是否平衡?

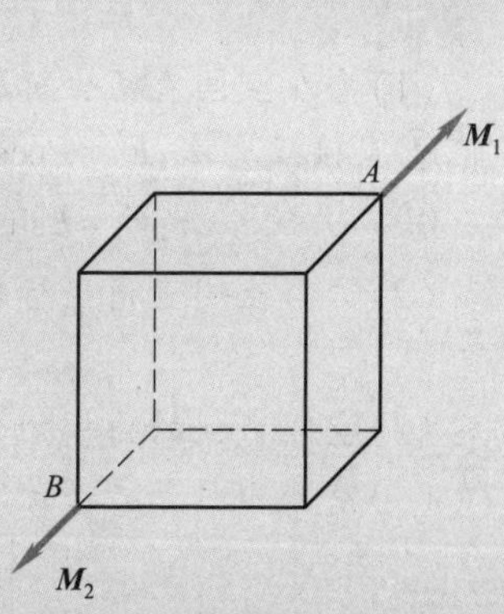


思考题 5-2 图

5-3 空间任意力系向两个不同的点简化,试分析下列情况是否可能:(1)主矢相等,主矩相等;(2)主矢不相等,主矩不相等;(3)主矢相等,主矩不相等;(4)主矢不相等,主矩相等。

5-4 空间任意力系是否总可以用两个力来等效?

5-5 力螺旋是不是空间平行力系简化的最终结果之一?

5-6　图示长方体，沿其不相交且不平行的三条棱边作用三个相等的力 $\boldsymbol{F}$，欲使此力系能简化为一个力，则长方体三条棱边的长度 $a$、$b$、$c$ 应满足什么条件？

5-7　棱长为 $a$ 的正方体上作用如图所示的力系，其中 $F_1=F_2=F_3=F$，$F_4=\sqrt{2}F$，则该力系简化的最终结果是什么？

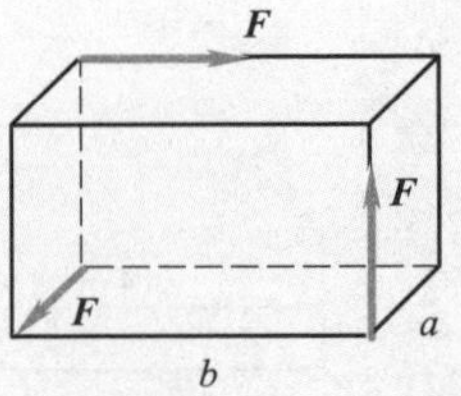


思考题 5-6 图

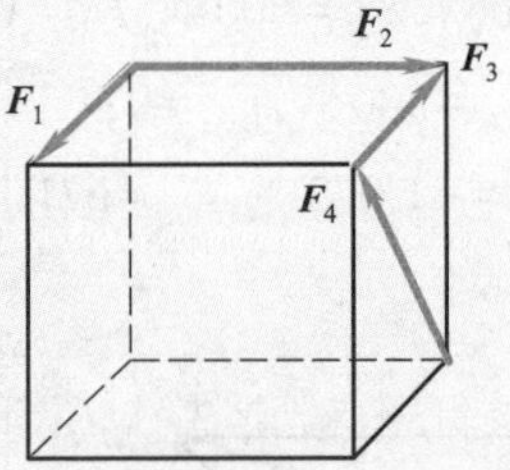


思考题 5-7 图

5-8　分析下列空间力系的独立平衡方程数目：(1)各力的作用线都平行于某一平面；(2)各力的作用线都垂直于某一平面；(3)各力的作用线都与某一直线相交；(4)各力的作用线都与某一直线相交且垂直。

5-9　空间任意力系向三个相互垂直的坐标平面投影，得到三个平面任意力系，每个平面任意力系都有三个独立的平衡方程，这样力系就有九个平衡方程，那么能否求解九个未知量？为什么？

5-10　一均质等截面直杆的重心在哪里？若把它弯成半圆形杆，其重心位置是否改变？

5-11　截面为等边三角形的均质棱柱，密度是水的一半，将其放在水中，如图所示，则图中哪种情况的平衡是稳定的？

5-12　将图示梯形板 $ABED$ 在点 $E$ 挂起，设 $AD=a$。欲使 $AD$ 边保持水平，则 $BE$ 应为多长？

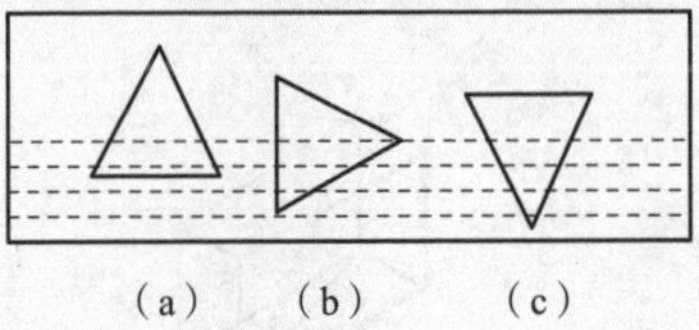


思考题 5-11 图

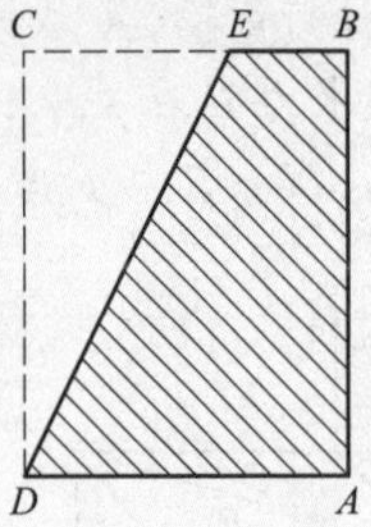


思考题 5-12 图

## 习　题

5-1　已知在边长为 $a$ 的正方体上有 $F_1=6\text{ kN}$，$F_2=2\text{ kN}$，$F_3=4\text{ kN}$，方向如图所示。试计算各力在三个坐标轴上的投影。

答案：$F_{1x}=0$，$F_{1y}=0$，$F_{1z}=6\text{ kN}$；$F_{2x}=-\sqrt{2}\text{ kN}$，$F_{2y}=\sqrt{2}\text{ kN}$，$F_{2z}=0$；

$F_{3x}=\frac{4\sqrt{3}}{3}$ kN,$F_{3y}=-\frac{4\sqrt{3}}{3}$ kN,$F_{3z}=\frac{4\sqrt{3}}{3}$ kN

5-2　长正方体上作用有三个力,$F_1=500$ N,$F_2=1\ 000$ N,$F_3=1\ 500$ N,方向及尺寸如图所示。求各力在三个坐标轴上的投影。

答案:$F_{2x}=-866$ N,$F_{2y}=500$ N,$F_{2z}=0$;

$F_{2x}=-866$ N,$F_{2y}=500$ N,$F_{2z}=0$;

$F_{3x}=805$ N,$F_{3y}=-1\ 073$ N,$F_{3z}=671$ kN

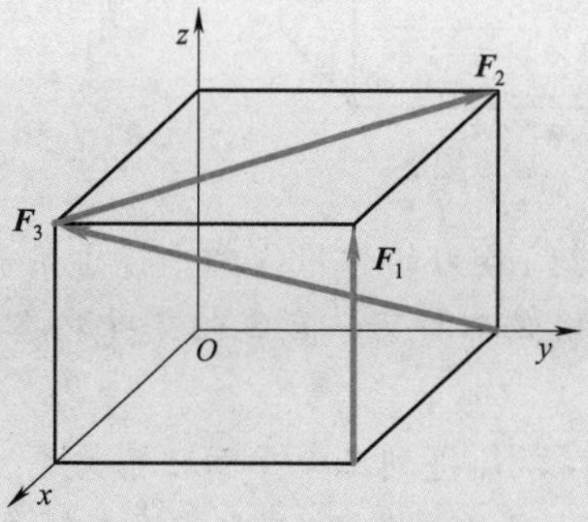


习题 5-1 图

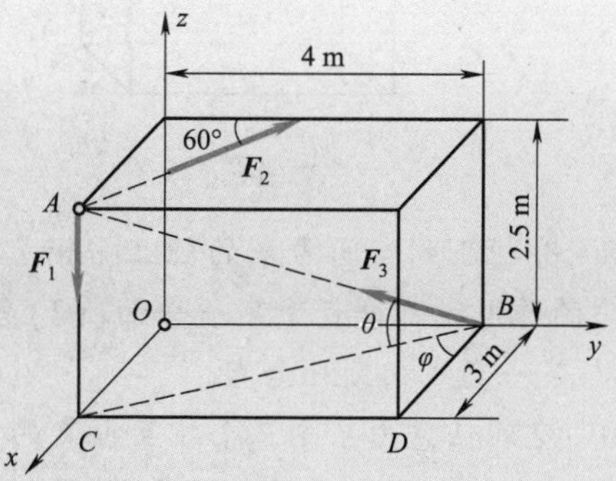


习题 5-2 图

5-3　在长方体上作用有力系,$F_1=2$ kN,$F_2=1$ kN,$F_3=3$ kN,方向及尺寸如图所示,单位为 m。试分别计算三力在 $x$、$y$、$z$ 轴上的投影。

答案:$F_{1x}=-1.2$ kN,$F_{1y}=1.6$ kN,$F_{1z}=0$;

$F_{2x}=-0.424$ kN,$F_{2y}=0.566$ kN,$F_{2z}=0.707$ kN; $F_{3x}=0$,$F_{3y}=0$,$F_{3z}=3$ kN

5-4　图示圆柱斜齿轮,其上受啮合力 $\boldsymbol{F}$ 的作用,已知斜齿轮的齿倾角为 $\beta$(也称螺旋角)和压力角 $\theta$,试求力 $\boldsymbol{F}$ 在 $x$、$y$、$z$ 轴上的投影。

答案:$F_x=F\cos\theta\cos\beta$,　$F_y=-F\cos\theta\sin\beta$,　$F_z=-F\sin\theta$

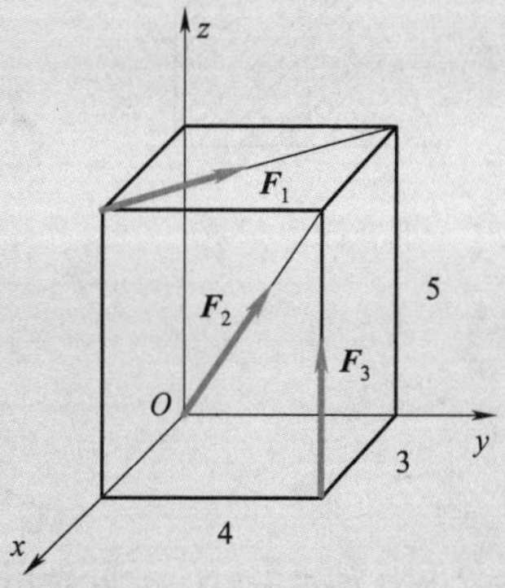


习题 5-3 图

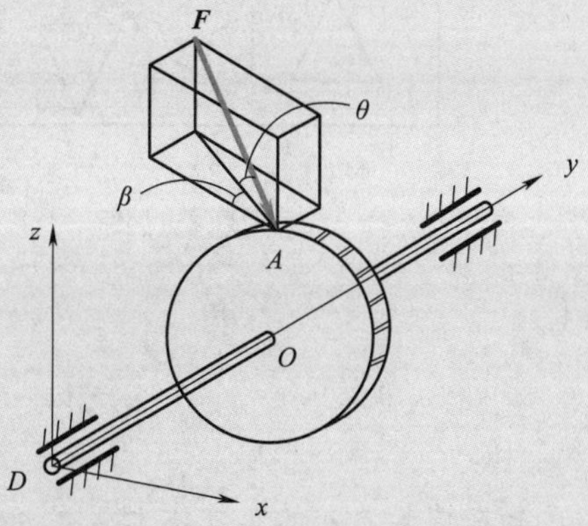


习题 5-4 图

5-5　重物 $W=420$ N,用撑杆 $AB$ 和链条 $AC$、$AD$ 支撑,已知 $AB=1\ 450$ mm,$AC=800$ mm,$AD=600$ mm,矩形 $ACED$ 处于水平位置,$B$ 为球铰链,杆和链条的重量不计,求杆 $AB$ 和链条 $AC$、$AD$ 的内力。

答案:$F_{AB}=580$ N(压),$F_{AC}=320$ N,$F_{AD}=240$ N

5-6　有一空间支架,直杆 $AB$ 和 $AC$ 用球铰链 $A$、$B$、$C$ 连接,并用钢绳 $AD$ 系住,在 $A$ 的下端悬挂重力 $\boldsymbol{W}$ 的物体 $E$。杆 $AB$ 和 $AC$ 垂直,并使 $O$、$A$、$B$、$C$ 四点位于同一水平面内,杆和钢绳的重量不计,试求两杆和钢绳所受的力。

答案:$F_{AB}=-1.5W$,$F_{AC}=-\dfrac{\sqrt{3}}{2}W$,$F_{\mathrm{TD}}=2W$

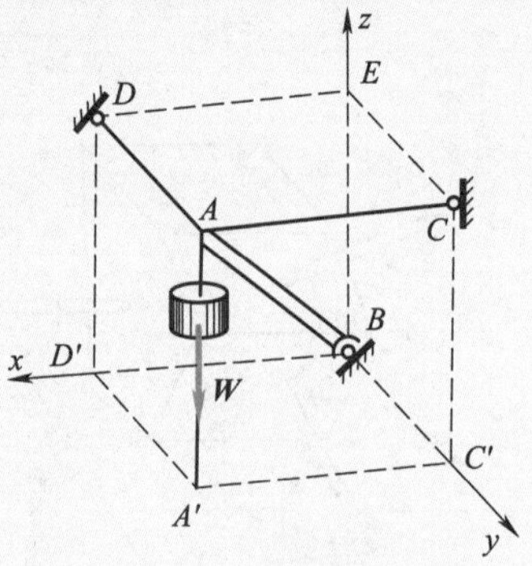


习题 5-5 图

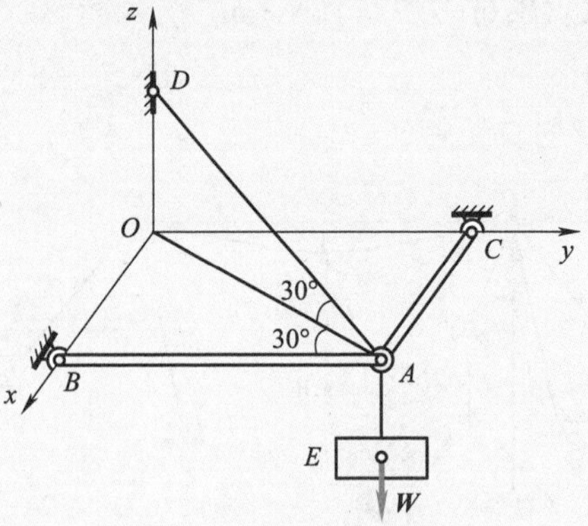


习题 5-6 图

5-7　用三角架 $ABCD$ 和绞车提升一重物。设等边三角形 $ABC$ 位于水平面,各杆及绳索均与水平面成 60°。已知重物 $W=30$ kN,各杆均为二力杆,滑轮大小不计,试求重物匀速吊起时各杆所受的力。

答案:$F_{AD}=F_{BD}=31.55$ kN,$F_{CD}=1.55$ kN

5-8　桅杆的 $A$ 端为球铰链,$B$ 端用风缆 $BC$ 和 $BD$ 系住。已知作用在桅杆端的集中载荷 $P=80$ kN 和 $F=35$ kN,不计桅杆自重,试求风缆 $BC$、$BD$ 的拉力和支座 $A$ 的约束力。

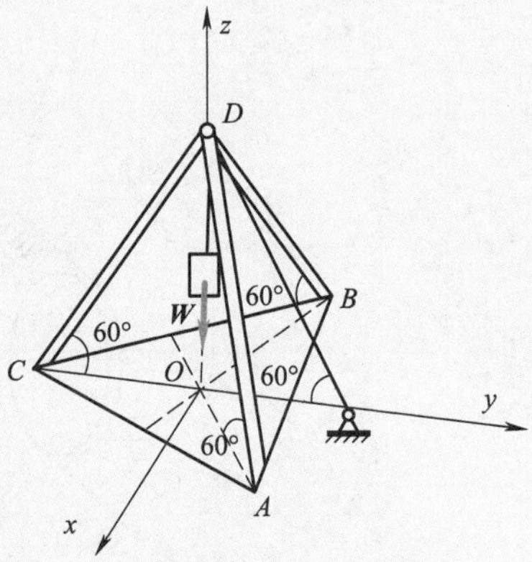


习题 5-7 图

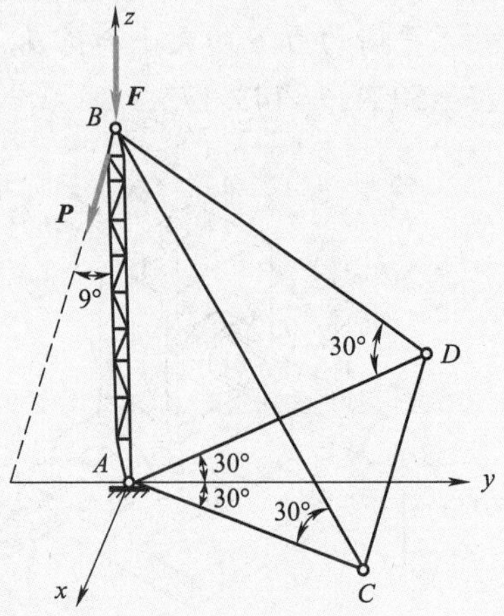


习题 5-8 图

答案：$F_{BC}=F_{BD}=8.34\ \text{kN}$，$F_A=122.4\ \text{kN}$

5-9　图示为桥梁施工的简易悬索起吊装置，主索 $DE$ 悬挂在两个三脚支架的顶端，骑马滑轮 $M$ 可在主索上滚动。主索 $DE$ 和杆 $AD$、$EH$ 均在同一铅垂面内，平面 $DBC$ 和 $EIG$ 都与水平地面垂直，各杆两端均为铰链连接。已知被吊构件重 $W=3\ \text{kN}$，三脚支架的尺寸 $a=8\ \text{m}$，$b=6\ \text{m}$，$c=3\ \text{m}$。当骑马滑轮在主索的中点时，主索水平夹角 $\alpha=5°$，主索和各杆的自重不计，试求主索的拉力和三脚支架中各杆的内力。

答案：$F_T=17.21\ \text{kN}$，$F_{BD}=F_{CD}=13.01\ \text{kN}$，$F_{AD}=28.6\ \text{kN}$

5-10　齿轮箱有三个轴，其中轴 $A$ 水平，轴 $B$ 和轴 $C$ 位于 $xz$ 铅垂平面内，轴上力偶如图，求此力偶系的合力偶。

答案：$(3.6\boldsymbol{j}+7.72\boldsymbol{k})\ \text{kN}\cdot\text{m}$

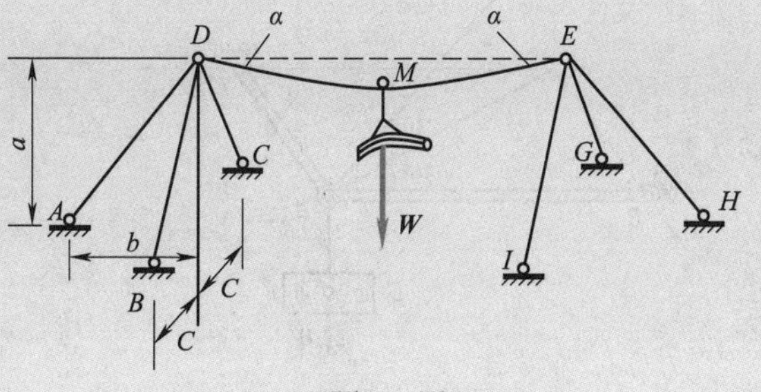


习题 5-9 图

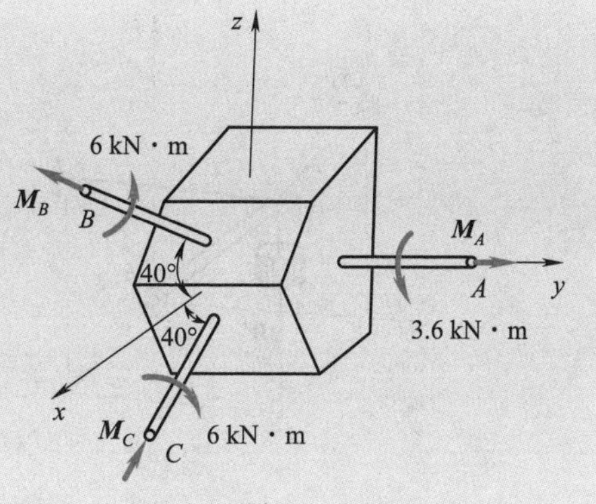


习题 5-10 图

5-11　蜗轮蜗杆减速器中，$A$ 为输入轴，$B$ 为输出轴，其转动方向用虚线箭头表示，在 $A$ 轴上作用一与轴转向相同的力偶，在 $B$ 轴上作用一与轴转向相反的力偶。求此两力偶的合力偶，并计算合力偶矩矢与 $x$ 轴的方向余弦。

答案：$(-320\boldsymbol{i}-80\boldsymbol{j})\ \text{N}\cdot\text{m}$，$-0.97$

5-12　圆盘 $A$、$B$ 和 $C$ 的半径分别为 150 mm、100 mm 和 50 mm，三轴 $OA$、$OB$、$OC$ 在同一平面内，$\angle AOB=90°$。在这三圆盘上分别作用有力偶，组成各力偶的力均作用在轮缘上，力偶中力的大小分别等于 10 N、20 N 和 $F$。这三圆盘所构成的物系是自由的，不计系统自重。求能使此物系平衡的力 $F$ 的大小和角 $\theta$。

答案：$F=50\ \text{N}$，$\theta=143.17°$

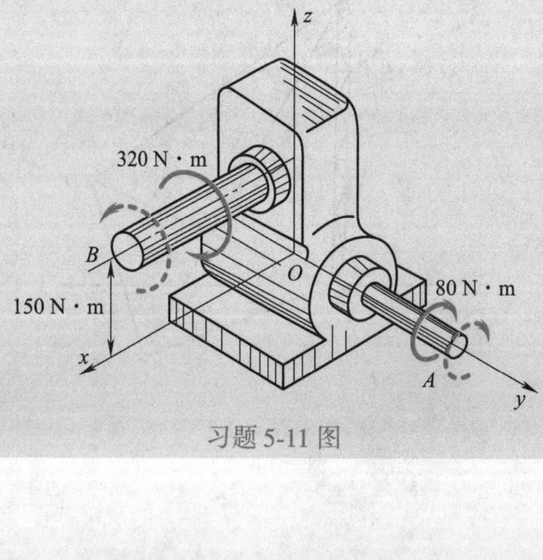


习题 5-11 图

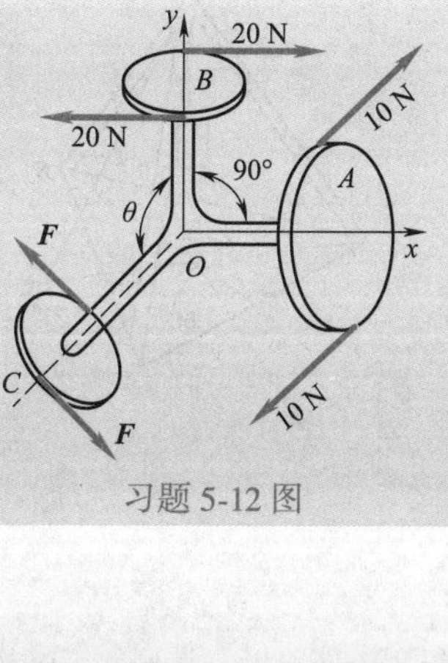


习题 5-12 图

5-13　求下列图中力 $\boldsymbol{F}$ 对 $x$、$y$、$z$ 三轴之矩：(a) 边长为 $a$ 的正方体上沿 $EC$ 作用的力 $\boldsymbol{F}$；(b) 边长为 $a$、$b$、$c$ 的长方体角点 $A$ 上作用的力 $\boldsymbol{F}$。

答案：(a) $M_x(\boldsymbol{F})=M_y(\boldsymbol{F})=\dfrac{\sqrt{2}}{2}Fa$，$M_z(\boldsymbol{F})=-\dfrac{\sqrt{2}}{2}Fa$；

(b) $M_x(\boldsymbol{F})=Fc\cos\varphi\cos\beta+Fb\sin\varphi$，$M_y(\boldsymbol{F})=-Fc\cos\varphi\sin\beta-Fa\sin\varphi$，$M_z(\boldsymbol{F})=0$

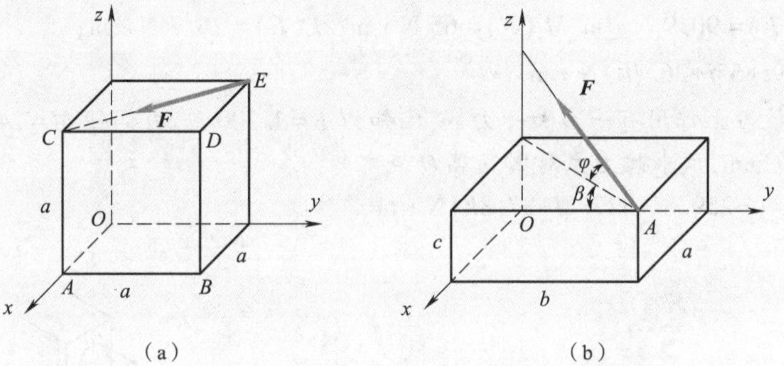


习题 5-13 图

5-14　摇臂起重机上作用一力 $F_{\mathrm{T}}=13\ \mathrm{kN}$，尺寸如图所示，求力 $\boldsymbol{F}_{\mathrm{T}}$ 对三个坐标轴之矩 $M_x(\boldsymbol{F})$、$M_y(\boldsymbol{F})$、$M_z(\boldsymbol{F})$。

答案：$M_x(\boldsymbol{F})=-35\ \mathrm{kN\cdot m}$，$M_y(\boldsymbol{F})=30\ \mathrm{kN\cdot m}$，$M_z(\boldsymbol{F})=-15\ \mathrm{kN\cdot m}$

5-15　水平圆轮上 $A$ 处有一力 $F=1\ \mathrm{kN}$ 作用，$\boldsymbol{F}$ 在铅垂平面内，与过 $A$ 点的切线成夹角 $\alpha=60°$，$OA$ 与 $y$ 向之夹角 $\beta=45°°$，$h=r=1\ \mathrm{m}$，试计算力 $\boldsymbol{F}$ 在三个坐标轴上的投影 $F_x$、$F_y$、$F_z$ 及对三个坐标轴之矩 $M_x(\boldsymbol{F})$、$M_y(\boldsymbol{F})$、$M_z(\boldsymbol{F})$。

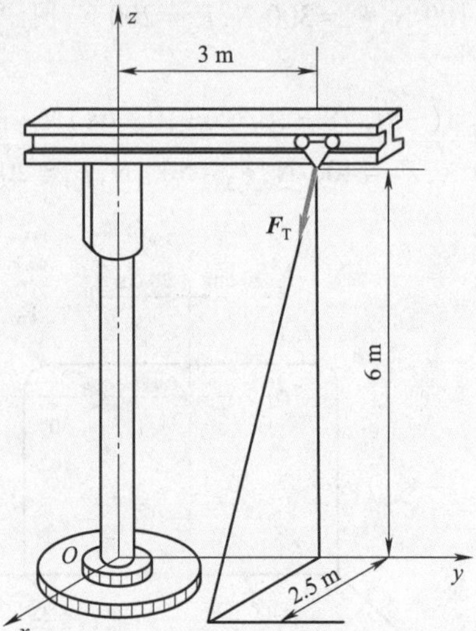


习题 5-14 图

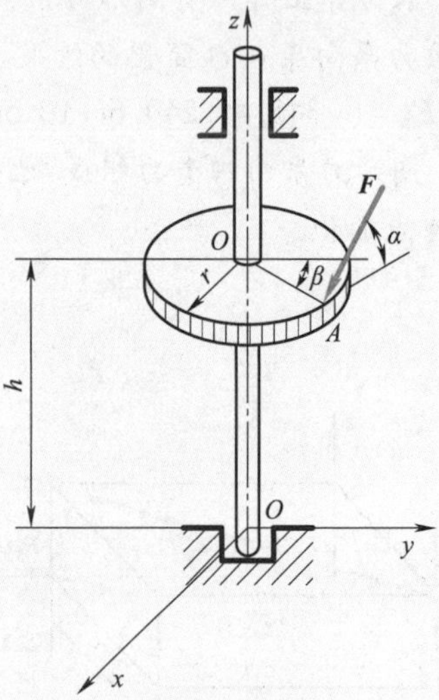


习题 5-15 图

答案：$F_x=\frac{\sqrt{2}}{4}\ \mathrm{kN}, F_y=-\frac{\sqrt{2}}{4}\ \mathrm{kN}, F_z=-\frac{\sqrt{3}}{2}\ \mathrm{kN}$；

$M_x(\boldsymbol{F})=\frac{\sqrt{2}-\sqrt{6}}{4}\ \mathrm{kN\cdot m}, M_y(\boldsymbol{F})=\frac{\sqrt{2}+\sqrt{6}}{4}\ \mathrm{kN\cdot m}, M_z(\boldsymbol{F})=-\frac{1}{2}\ \mathrm{kN\cdot m}$

5-16　托架 $OABC$ 套在转轴 $z$ 上，在 $C$ 端作用一力 $F=1.5\ \mathrm{kN}$，方向和托架尺寸见图，单位 mm，点 $C$ 在 $xy$ 平面内。试求力 $\boldsymbol{F}$ 对三个坐标轴之矩以及对 $O$ 点之矩矢。

答案：$M_x(\boldsymbol{F})=90.9\ \mathrm{N\cdot m}, M_y(\boldsymbol{F})=65\ \mathrm{N\cdot m}, M_z(\boldsymbol{F})=26.7\ \mathrm{N\cdot m}$；

$\boldsymbol{F}_R=(90.9\boldsymbol{i}+65\boldsymbol{j}+26.7\boldsymbol{k})\ \mathrm{N\cdot m}$

5-17　在铣刀上作用有一力和一力偶，已知力 $F=1\ 200\ \mathrm{N}$，力偶矩 $M=240\ \mathrm{N\cdot m}$，尺寸如图所示，单位 mm，试求此力系对固定端 $O$ 点之矩。

答案：$\boldsymbol{M}_O=(-259.8\boldsymbol{i}+327.8\boldsymbol{j}+87.8\boldsymbol{k})\ \mathrm{N\cdot m}$

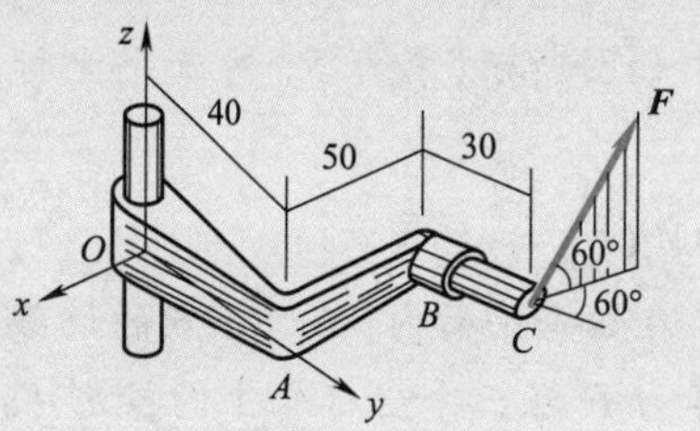


习题 5-16 图

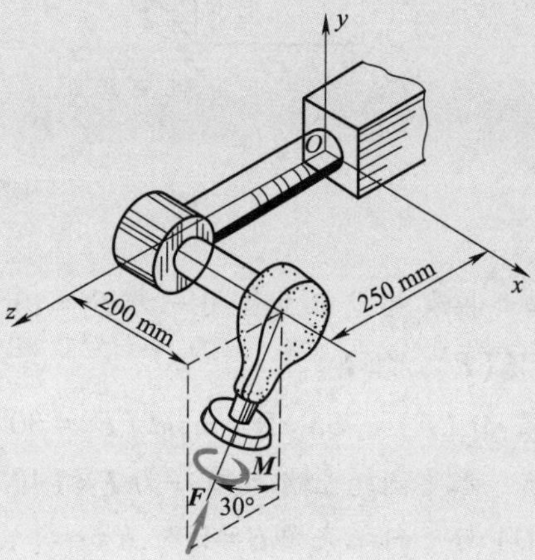


习题 5-17 图

5-18　长方体上作用有图示力系，已知 $F_1=100\ \mathrm{N}, F_2=300\ \mathrm{N}, F_3=200\ \mathrm{N}$，图中尺寸单位 mm，求将该力系向原点 $O$ 简化的结果。

答案：$\boldsymbol{F}_R=(-345.4\boldsymbol{i}+249.6\boldsymbol{j}+10.56\boldsymbol{k})\ \mathrm{N}$；$\boldsymbol{M}_O=(-51.78\boldsymbol{i}-36.65\boldsymbol{j}+103.6\boldsymbol{k})\ \mathrm{N\cdot m}$

5-19　图示力系由四个力组成，已知 $F_1=60\ \mathrm{N}, F_2=400\ \mathrm{N}, F_3=500\ \mathrm{N}, F_4=200\ \mathrm{N}$，试将该力系向 $A$ 点简化。

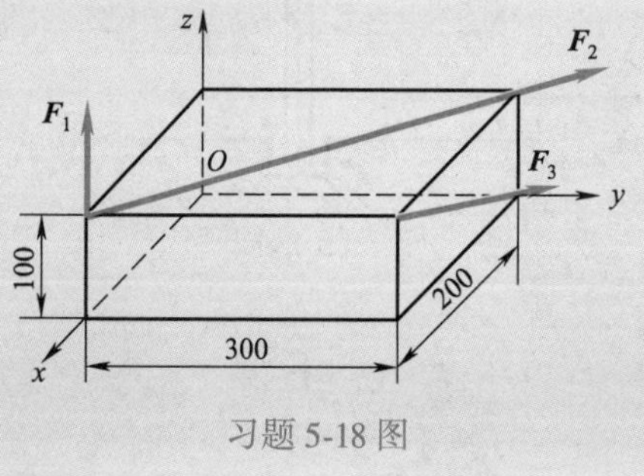


习题 5-18 图

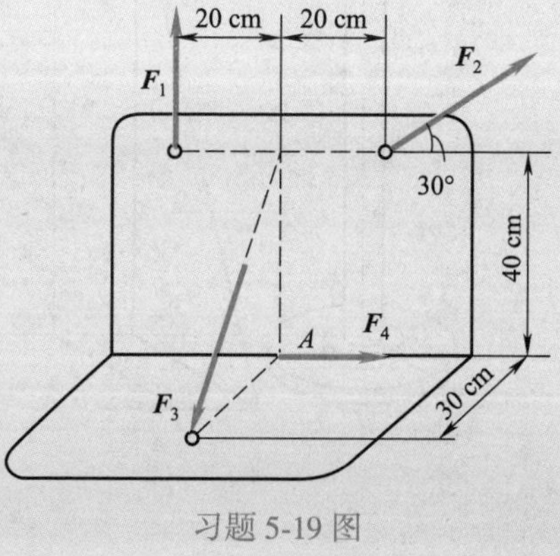


习题 5-19 图

答案：$\boldsymbol{F}_R=(300\boldsymbol{i}+546.4\boldsymbol{j}-140\boldsymbol{k})$ N；$\boldsymbol{M}_A=(-110.56\boldsymbol{i}+120\boldsymbol{j})$ N · m

5-20　图示自重为 160 N 的电动机固定在支架上，在电动机的轴上作用一推力 $\boldsymbol{F}$ 及力偶 $\boldsymbol{F}$，已知 $F=120$ N，$M=25$ N · m，求此力系向坐标系原点简化的结果。

答案：$\boldsymbol{F}_R=(-120\boldsymbol{i}-160\boldsymbol{k})$ N；$\boldsymbol{M}_O=(-7\boldsymbol{i}+9\boldsymbol{j}+24\boldsymbol{k})$ N · m

5-21　一平行力系由五个力组成，力的大小和作用线位置如图所示，图中各小正方格的边长为 1 cm，求该平行力系的合力。

答案：$\boldsymbol{F}_R=20$ N，沿 $z$ 轴正向，作用线位置(6,3.25,0) cm

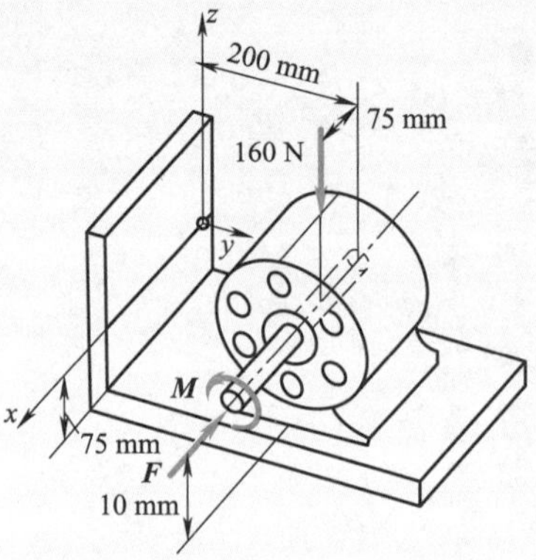


习题 5-20 图

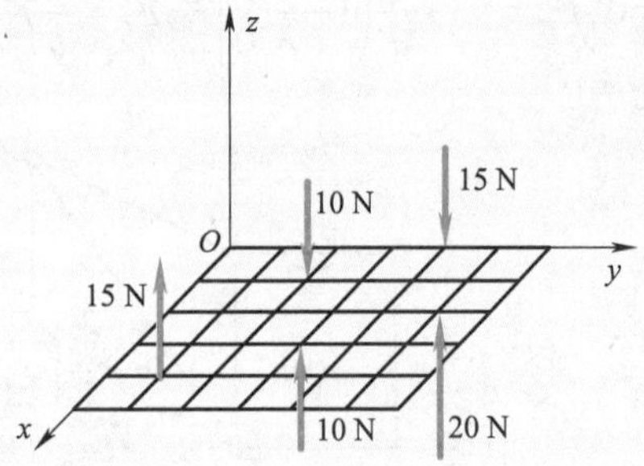


习题 5-21 图

5-22　圆盘 $O_1$ 和 $O_2$ 与水平轴 $AB$ 固连，$O_1$ 盘面垂直于 $z$ 轴，$O_2$ 盘面垂直于 $x$ 轴，盘面上分别作用有力偶$(\boldsymbol{F}_1,\boldsymbol{F}_1')$和$(\boldsymbol{F}_2,\boldsymbol{F}_2')$。设两个圆盘半径均为 200 mm，$F_1=3$ N，$F_2=5$ N，$AB=800$ mm，构件自重不计，试求轴承 $A$ 和 $B$ 处的约束力。

答案：$F_{Ax}=F_{Bx}=-1.5$ N，$F_{Az}=F_{Bz}=2.5$ N

5-23　图中所示为飞机的三个轮子和飞机重心 $C$ 的位置。设飞机三个轮子置于地坪上，已知飞机重 $W=480$ kN，$x_C=-0.02$ m，$y_C=0.2$ m。其余尺寸见图，单位为 m。试求三个轮子对地坪的压力。

答案：$F_A=32$ kN，$F_B=222$ kN，$F_D=226$ kN

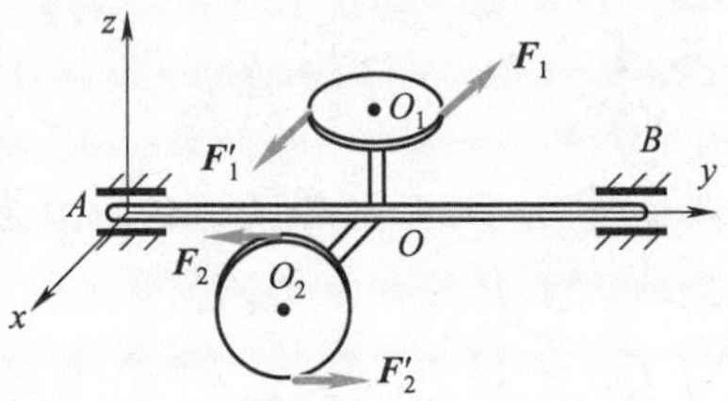


习题 5-22 图

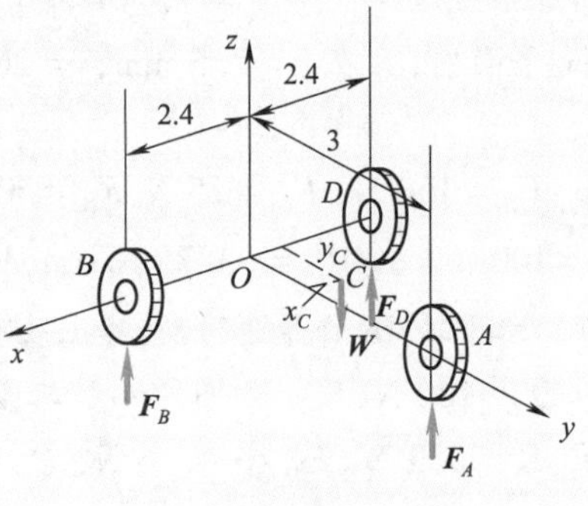


习题 5-23 图

5-24　设起重机机身重 $W_1=100\ \mathrm{kN}$，重力通过 $E$ 点。轮 $A$、$B$、$C$ 与地面为光滑接触，成一等边三角形，$E$ 点即为三角形的重心。起重臂 $FHD$ 可绕铅垂轴 $HD$ 转动。已知 $a=5\ \mathrm{m}$，$l=3.5\ \mathrm{m}$，载重 $W=20\ \mathrm{kN}$，且通过起重臂的铅垂平面与起重机的中心铅垂面成角 $\alpha=30°$。求：(1)静止时地面作用于三个轮子的约束力；(2)若 $\alpha=0°$，最大载重 $W_{\max}$ 是多少？

答案：$F_A=19.3\ \mathrm{kN}$，$F_B=57.3\ \mathrm{kN}$，$F_C=43.4\ \mathrm{kN}$；$W_{\max}=41.2\ \mathrm{kN}$

5-25　具有两直角的曲轴水平地放在轴承 $A$ 和 $B$ 上，在曲轴的 $C$ 端用铅垂绳 $CE$ 拉住，而在轴的自由端 $D$ 上作用铅垂载荷 $\boldsymbol{F}$，尺寸如图所示，求绳的张力和轴承的约束力。

答案：$F_{Ax}=0$，$F_{Az}=\dfrac{a}{b}\left[1+\dfrac{c}{d}\left(1-\dfrac{b}{a}\right)\right]F$，

$F_{Bx}=0$，$F_{Bz}=\left[1+\dfrac{c}{d}\left(1-\dfrac{a}{b}\right)\right]F$，$F_C=\dfrac{a}{b}F$

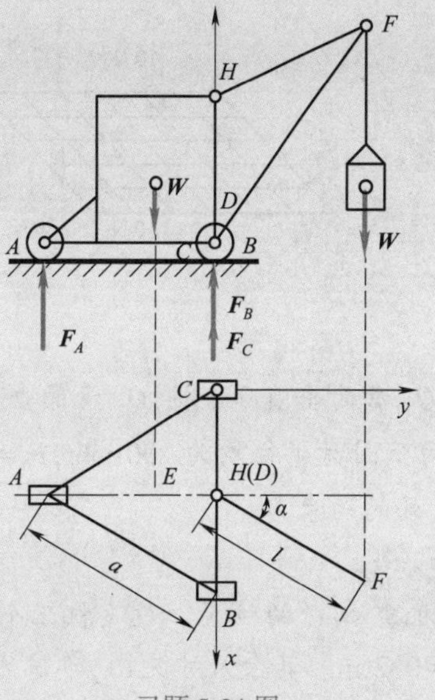


习题 5-24 图

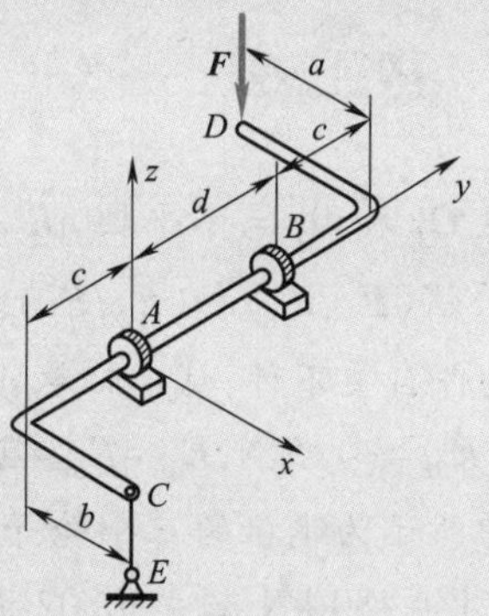


习题 5-25 图

5-26　已知镗刀杆刀头上受切削力 $F_z=500\ \mathrm{N}$，径向力 $F_x=150\ \mathrm{N}$，轴向力 $F_y=75\ \mathrm{N}$。刀尖位于 $xy$ 平面内，且在 $x=7.5\ \mathrm{mm}$，$y=200\ \mathrm{mm}$ 处，如图所示。试求镗刀杆左端 $O$ 处的约束力。

答案：$F_{Ox}=150\ \mathrm{N}$，$F_{Oy}=75\ \mathrm{N}$，$F_{Oz}=500\ \mathrm{N}$，

$M_{Ox}=100\ \mathrm{N\cdot m}$，$M_{Oy}=-3.75\ \mathrm{N\cdot m}$，$M_{Oz}=-29.4\ \mathrm{N\cdot m}$

5-27　水平轴 $AB$ 作等速转动，其上装有齿轮 $C$ 及带轮 $D$。已知胶带紧边的拉力为 200 N，松边的拉力为 100 N，尺寸如图所示。求啮合力 $\boldsymbol{F}$ 及轴承 $A$、$B$ 的约束力。

答案：$F=70.9\ \mathrm{N}$，$F_{Ay}=-47.6\ \mathrm{N}$，$F_{Az}=-68.8\ \mathrm{N}$，$F_{By}=-19\ \mathrm{N}$，$F_{Bz}=-207\ \mathrm{N}$

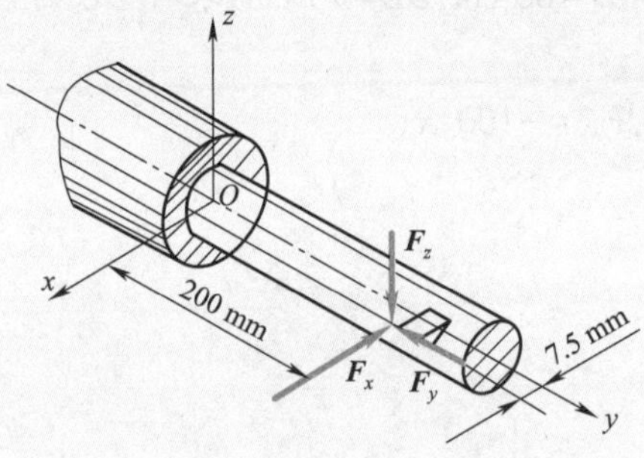


习题 5-26 图

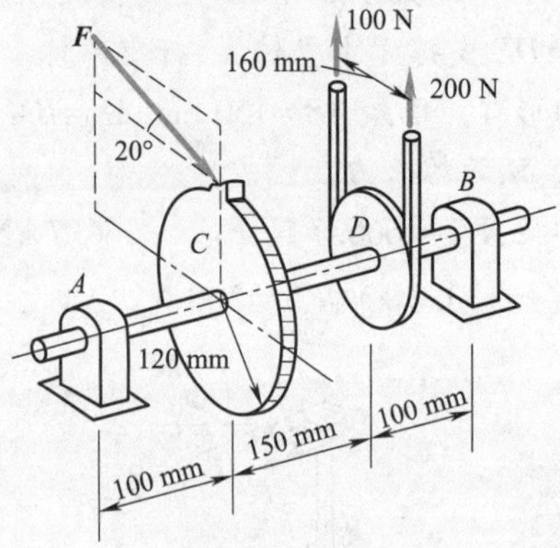


习题 5-27 图

5-28　某汽车后桥半轴可视为支承在后桥壳上的简支梁，$A$ 端为止推轴承，$B$ 端为滚珠轴承。已知汽车等速直线行驶时地面的压力 $F_N=20$ kN，锥齿轮上受到的切向力 $F_t=116.5$ kN，径向力 $F_r=36$ kN，轴向力 $F_n=22.5$ kN，锥齿轮节圆平均直径 $D=98$ mm，车轮半径 $r=440$ mm，其他尺寸如图，试求地面的摩擦力 $\boldsymbol{F}$ 及轴承 $A$、$B$ 的约束力。

答案：$F=13$ kN，$F_{Ax}=-7$ kN，$F_{Ay}=22.5$ kN，$F_{Az}=-28.6$ kN，

$F_{Bx}=-122.5$ kN，$F_{Bz}=44.6$ kN

5-29　如图所示，在扭转试验机里扭矩的大小根据测力计 $B$ 的读数来确定。假定测力计所指示的力为 $F$，杆 $BC$ 与轴 $DE$ 平行。已知 $K$ 处为光滑接触，$BK=KC$，$\alpha=90°$，$KL=a$，$LD=b$，$DE=c$，各构件的重量不计。求扭矩 $M$ 的大小以及轴承 $D$、$E$ 的约束力。

答案：$M=2Fa$，$F_{Dy}=0$，$F_{Dz}=-\dfrac{2(b+c)}{c}F$，$F_{Ey}=0$，$F_{Ez}=\dfrac{2b}{c}F$

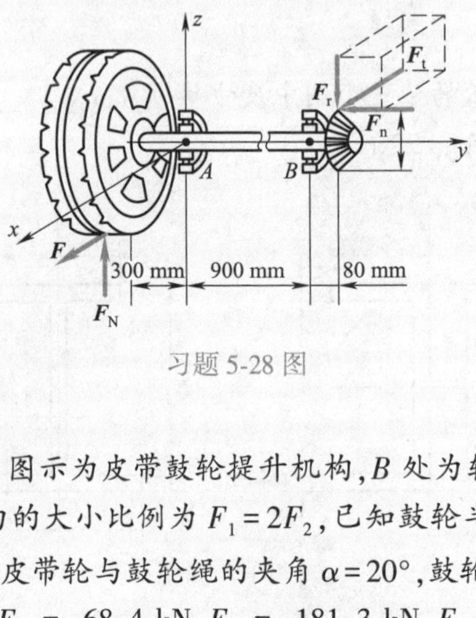


习题 5-28 图

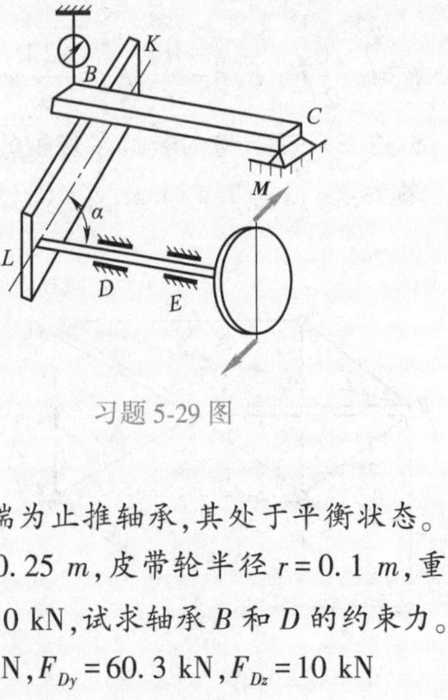


习题 5-29 图

5-30　图示为皮带鼓轮提升机构，$B$ 处为轴承，$D$ 端为止推轴承，其处于平衡状态。设两皮带拉力的大小比例为 $F_1=2F_2$，已知鼓轮半径 $R=0.25$ m，皮带轮半径 $r=0.1$ m，重物 $W=20$ kN，皮带轮与鼓轮绳的夹角 $\alpha=20°$，鼓轮重 $W=10$ kN，试求轴承 $B$ 和 $D$ 的约束力。

答案：$F_{Bx}=-68.4$ kN，$F_{By}=-181.3$ kN，$F_{Dx}=17.1$ kN，$F_{Dy}=60.3$ kN，$F_{Dz}=10$ kN

5-31　矩形搁板 $ABCD$ 可绕轴线 $AB$ 转动，板用球铰链 $K$ 和蝶铰链 $M$ 固定在墙上，并用二力杆 $DE$ 支撑于水平位置，杆重不计。设搁板连同其上重物共重 800 N，作用线通过矩形搁板的形心。已知 $AB=150$ cm，$AK=BM=25$ cm，$AD=60$ cm，$DE=75$ cm，求杆 $DE$ 的内力及铰链 $K$、$M$ 的约束力。

答案：$F_{DE}=666.7$ N，$F_{Kx}=-666.7$ kN，$F_{Ky}=0$，$F_{Kz}=-100$ N，

$F_{Mx}=133.3$ kN，$F_{Mz}=500$ N

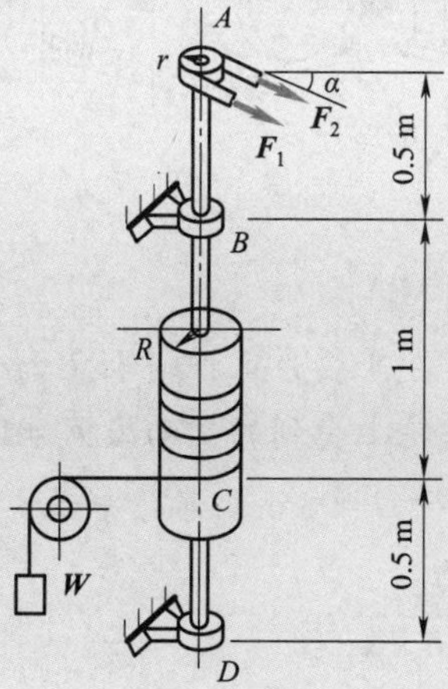


习题 5-30 图

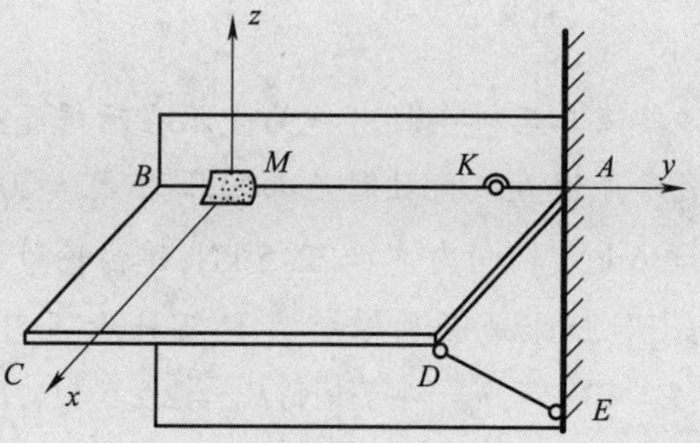


习题 5-31 图

5-32　边长为 $a$ 的正方形薄板 $ABCD$，由图示六根连杆将其支撑于水平位置，$ABCDA'B'C'D'$ 组成一正方体。若在板面作用有一力 $\boldsymbol{F}$ 和一力偶矩为 $\boldsymbol{M}$ 的力偶，如图所示，板自重不计。试求各杆的内力。

答案：$F_1=-\dfrac{\sqrt{2}}{2}F$，$F_2=-\dfrac{\sqrt{2}M}{a}+F$，$F_3=\dfrac{M}{a}$，

$F_4=-\dfrac{\sqrt{6}}{2}F$，$F_5=-\dfrac{M}{a}$，$F_6=\dfrac{\sqrt{2}M}{a}+F$

5-33　求图示槽钢和工字形钢的截面形心的位置。图中尺寸单位 mm。

答案：(a) $x_C=7.45$ mm，$y_C=0$；(b) $x_C=0$，$y_C=22$ mm

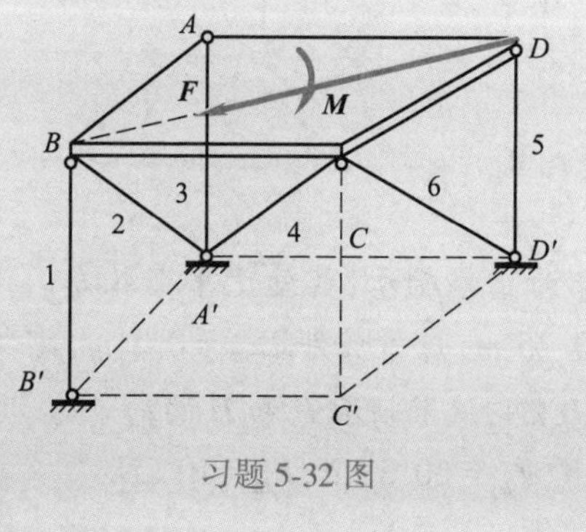


习题 5-32 图

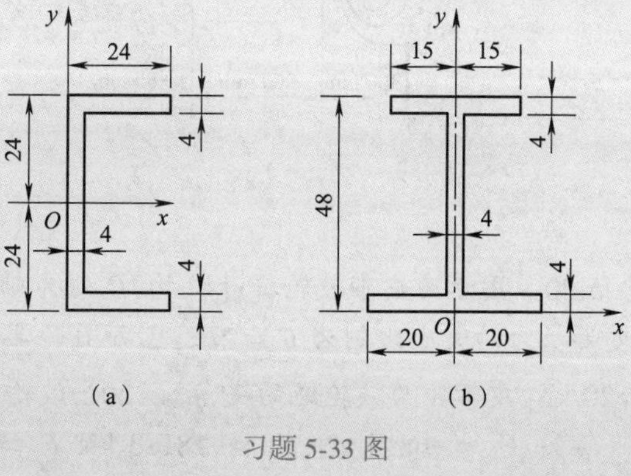


习题 5-33 图

5-34 振动器中的偏心块为一等厚度的均质体,如图所示,已知 $R=100$ mm,$r=13$ mm,$b=17$ mm,求偏心块重心的位置。

答案:$x_C=0$, $y_C=39.1$ mm

5-35 求图示截面形心的位置。图中尺寸单位 mm。

答案:(a)$x_C=-0.396$ mm,$y_C=0$;(b)$x_C=19.65$ mm,$y_C=0$

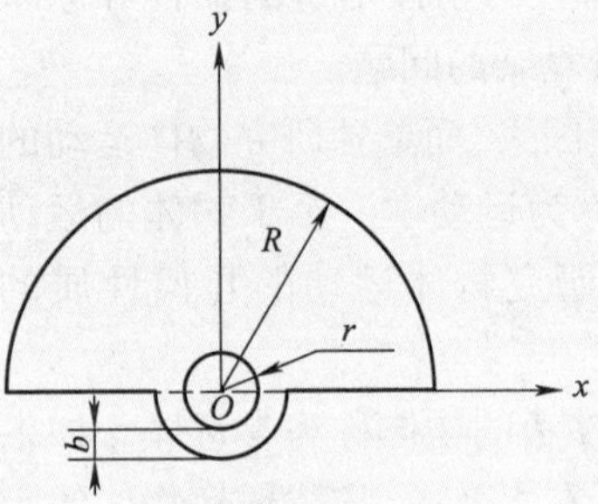


习题 5-34 图

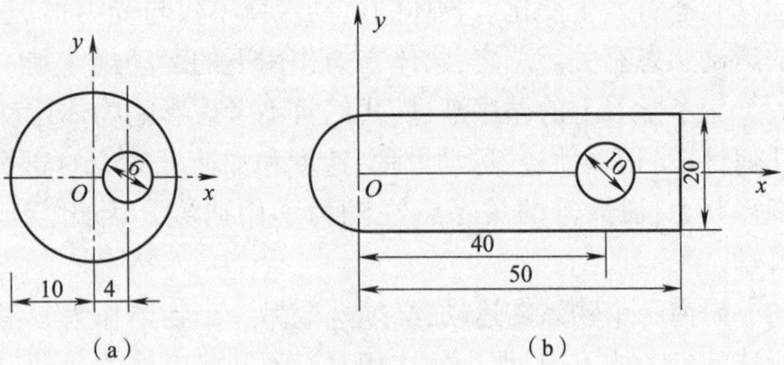


习题 5-35 图

5-36 边长为 $a$ 的均质正方形薄板 $ABCD$,试在其中求一点 $E$ 的极限位置 $y_{max}$,使薄板在被切去等腰三角形 $ABE$ 后,剩余面积的形心仍在板内。

答案:$y_{max}=0.63a$

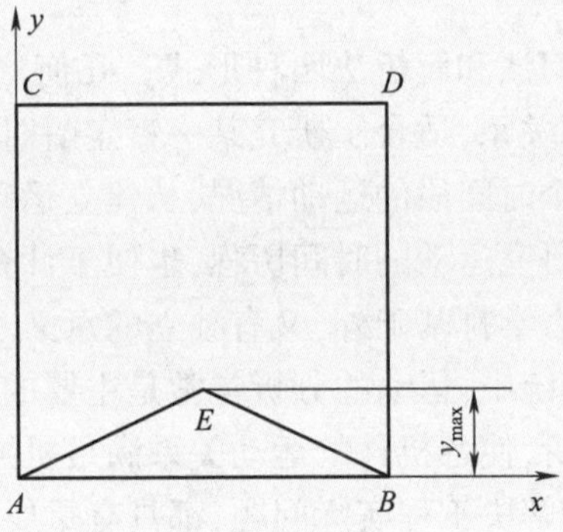


习题 5-36 图

# 第二编　运　动　学

静力学研究作用在物体上的力系的平衡条件。如果作用在物体上的力系不平衡,物体的运动状态将发生变化。物体的运动规律不仅与受力情况有关,而且与物体本身的惯性和原来的运动状态有关。总之,物体在力作用下的运动规律是一个比较复杂的问题。

为了学习上的循序渐进,我们暂不考虑影响物体运动的物理因素,而单独研究物体运动的几何性质(运动轨迹、运动方程、速度和加速度等),这部分内容称为运动学。至于物体的运动规律与力、惯性等的关系将在动力学中研究。因此,运动学是研究物体运动的几何性质的科学。

研究一个物体的运动,必须选取另一个物体作为参考,这个参考的物体称为参考体。如果所选的参考体不同,那么物体相对于不同参考体的运动也不同。在力学中,描述任何物体的运动都需要指明参考体。固连在参考体上的坐标系称为参考坐标系,简称为参考系。一般工程问题中,通常取固连于地面的坐标系为参考系。以后如果不作特别说明,就应如此理解。

运动学的研究对象是点和刚体。点可以是一个忽略大小的独立物体,也可以是刚体上指定的点。刚体的运动形式具有多样性,如风扇的旋转、车轮的滚动、导弹的飞行等,各自的运动形式和描述方法的差别甚大。点的运动与刚体运动的研究将相互渗透、互为依托,最终建立了描述机械运动的系统工具。

运动的描述方法可分为几何法和解析法两种形式。几何法建立某瞬时运动的位置矢径、速度、加速度等矢量之间的几何关系,适合于研究某一特定瞬时的运动性质,形象直观,也便于作定性分析。解析法是根据某个时间段的运动情况,从建立运动方程出发,通过数学求导获得速度、加速度等运动特性,适合研究运动的时间历程,也便于计算机求解。

学习运动学除了为学习动力学打基础外,又有独立的意义。在许多工程问题中,如自动控制系统、机械传动系统和仪表系统中,运动的分析常常是主要的;在机械设计中,在强度设计之前应首先对机构的运动进行分析,使各机件的运动关系满足机械正常运转的需要。因此,运动学的知识,对学习动力学和分析解决工程实际问题,都具有重要的意义。

# 第 6 章　点的运动学

本章以点为研究对象。在实际应用中,点兼具物质和几何属性。点的运动学是研究一般运动物体运动规律的基础,具有独立的应用意义。点的运动学主要研究点相对于某一参考系的几何位置随时间的变化规律——点的运动方程、运动轨迹、速度、加速度等,以及描述方法。描述点的运动规律的方法很多,如矢量法、直角坐标法、自然法、极坐标法、柱坐标法、球坐标法等,本章着重介绍前三种方法。

## §6-1　矢　量　法

选取参考系上某确定点 $O$ 作为坐标原点,从点 $O$ 向动点 $M$ 作矢量 $\boldsymbol{r}$,称 $\boldsymbol{r}$ 为点 $M$ 相对于原点 $O$ 的位置矢量,简称矢径。当动点 $M$ 运动时,矢径 $\boldsymbol{r}$ 随时间而变化,并且是时间的单值连续函数,即

$$\boldsymbol{r}=\boldsymbol{r}(t) \tag{6-1}$$

式(6-1)称为矢量形式的点的运动方程。动点 $M$ 在运动过程中,其矢径 $\boldsymbol{r}$ 的末端可绘出一条连续曲线,称为矢端曲线。显然,矢径 $\boldsymbol{r}$ 的矢端曲线即为动点 $M$ 的运动轨迹,如图 6-1 所示。

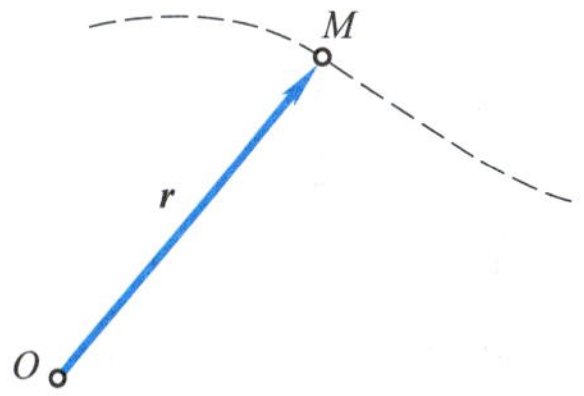

图　6-1

为了描述点运动的方向和快慢,引入点的速度。点的速度是矢量,既有大小又有方向。动点的速度等于它的矢径 $\boldsymbol{r}$ 对时间的一阶导数,即

$$\boldsymbol{v}=\lim_{\Delta t\to 0}\frac{\Delta \boldsymbol{r}}{\Delta t}=\frac{\mathrm{d}\boldsymbol{r}}{\mathrm{d}t} \tag{6-2}$$

动点的速度矢沿着矢端曲线的切线,即沿着动点运动轨迹的切线,并与此点运动的方向一致,如图 6-2(a)所示。速度的大小即速度矢 $\boldsymbol{v}$ 的模,表明点运动的快慢。在国际单位制中,速度的单位是 m/s。

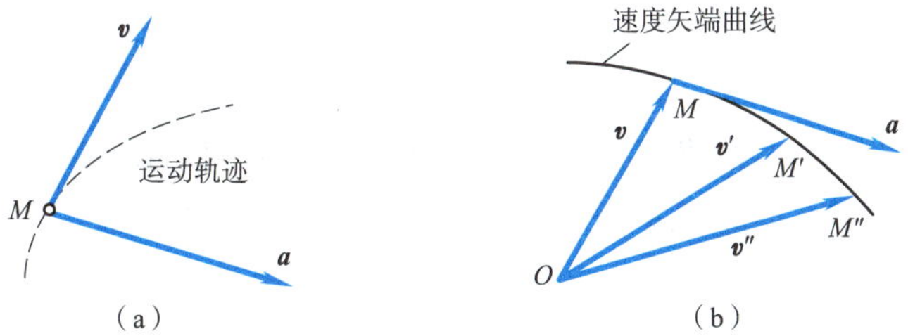

图　6-2

点的速度对时间的变化率称为加速度。点的加速度也是矢量,它表征了速度的大小与方向的变化。动点的加速度矢等于该点的速度矢对时间的一阶导数,或者等于矢径对时间的二阶导数,即

$$\boldsymbol{a}=\lim_{\Delta t\to 0}\frac{\Delta \boldsymbol{v}}{\Delta t}=\frac{\mathrm{d}\boldsymbol{v}}{\mathrm{d}t}=\frac{\mathrm{d}^2\boldsymbol{r}}{\mathrm{d}t^2} \tag{6-3}$$

在国际单位制中，加速度 $\boldsymbol{a}$ 的单位是 $\mathrm{m/s^2}$。如在空间任取一点 $O$，把动点在不同瞬时的速度矢都平动到 $O$ 点，连接各矢量的端点，就构成了速度矢量端点的连续曲线，称为速度矢端曲线，如图 6-2(b)所示，加速度的方向沿着速度矢端曲线的切线方向。

有时为了方便表示，在字母上方加“.”表示该量对时间的一阶导数，加“..”表示该量对时间的二阶导数。因此，速度和加速度也表示为

$$\boldsymbol{v}=\dot{\boldsymbol{r}},\quad \boldsymbol{a}=\dot{\boldsymbol{v}}=\ddot{\boldsymbol{r}} \tag{6-4}$$

## §6-2 直角坐标法

过点 $O$ 建立一个固定的直角坐标系 $Oxyz$，则动点 $M$ 在任意瞬时的空间位置也可以用它的三个直角坐标 $x$、$y$、$z$ 表示，如图 6-3 所示。由于矢径的原点和直角坐标系的原点重合，矢径 $\boldsymbol{r}$ 可表示为

$$\boldsymbol{r}=x\boldsymbol{i}+y\boldsymbol{j}+z\boldsymbol{k} \tag{6-5}$$

式中，$\boldsymbol{i}$、$\boldsymbol{j}$、$\boldsymbol{k}$ 分别为沿三个坐标轴正向的单位矢量。由于 $\boldsymbol{r}$ 是时间的函数，因此，坐标 $x$、$y$、$z$ 也是时间的单值连续函数，即

$$x=f_1(t),\quad y=f_2(t),\quad z=f_3(t) \tag{6-6}$$

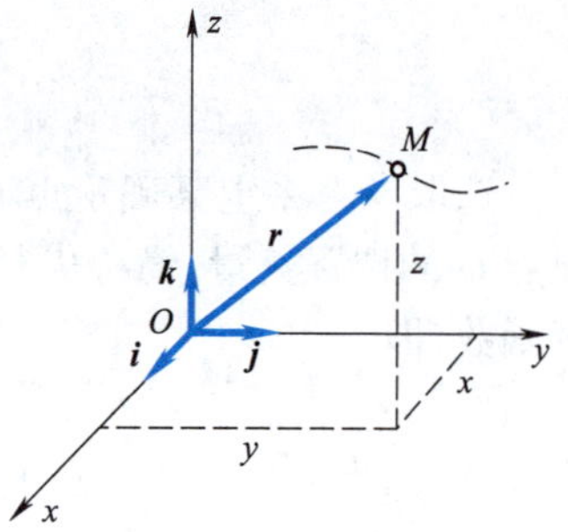

图 6-3

式(6-6)为直角坐标表示的点的运动方程。可通过点的运动方程求出任意瞬时点的坐标 $x$、$y$、$z$ 的值，也就完全确定了该瞬时动点的位置。式(6-6)也是点的轨迹的参数方程，而动点的轨迹与时间无关，所以消去式中的时间参数 $t$，就可得到点的轨迹方程为

$$f(x,y,z)=0 \tag{6-7}$$

将式(6-5)对时间求导，同时考虑到 $\boldsymbol{i}$、$\boldsymbol{j}$、$\boldsymbol{k}$ 为大小和方向都不变的恒矢量，得到速度的表达式为

$$\boldsymbol{v}=\dot{\boldsymbol{r}}=\dot{x}\boldsymbol{i}+\dot{y}\boldsymbol{j}+\dot{z}\boldsymbol{k} \tag{6-8}$$

设动点 $M$ 的速度矢 $\boldsymbol{v}$ 在直角坐标上的投影为 $v_x$、$v_y$、$v_z$，即

$$\boldsymbol{v}=v_x\boldsymbol{i}+v_y\boldsymbol{j}+v_z\boldsymbol{k} \tag{6-9}$$

由式(6-8)和式(6-9)可得

$$v_x=\dot{x},\quad v_y=\dot{y},\quad v_z=\dot{z} \tag{6-10}$$

因此，速度在各坐标轴上的投影等于动点的各对应坐标对时间的一阶导数。由式(6-10)求得 $v_x$、$v_y$、$v_z$ 后，速度 $\boldsymbol{v}$ 的大小和方向就由它的三个投影完全确定。

由速度的投影可求出速度的大小

$$v=\sqrt{v_x^2+v_y^2+v_z^2} \tag{6-11}$$

速度的方向由其方向余弦确定，即

$$\cos(\boldsymbol{v},\boldsymbol{i})=\frac{v_x}{v},\quad \cos(\boldsymbol{v},\boldsymbol{j})=\frac{v_y}{v},\quad \cos(\boldsymbol{v},\boldsymbol{k})=\frac{v_z}{v} \tag{6-12}$$

同理

$$\boldsymbol{a}=\dot{\boldsymbol{v}}=\ddot{\boldsymbol{r}}=a_x\boldsymbol{i}+a_y\boldsymbol{j}+a_z\boldsymbol{k}=\ddot{x}\boldsymbol{i}+\ddot{y}\boldsymbol{j}+\ddot{z}\boldsymbol{k} \tag{6-13}$$

则

$$a_x=\ddot{x},\quad a_y=\ddot{y},\quad a_z=\ddot{z} \tag{6-14}$$

因此,加速度在直角坐标轴上的投影等于动点的各对应坐标对时间的二阶导数。加速度的大小和方向就由它的三个投影完全确定。由加速度的投影可求出加速度的大小为

$$a=\sqrt{a_x^2+a_y^2+a_z^2} \tag{6-15}$$

加速度的方向由其方向余弦确定,即

$$\cos(\boldsymbol{a},\boldsymbol{i})=\frac{a_x}{a},\cos(\boldsymbol{a},\boldsymbol{j})=\frac{a_y}{a},\cos(\boldsymbol{a},\boldsymbol{k})=\frac{a_z}{a} \tag{6-16}$$

**【例 6-1】** 图 6-4 所示机构中,曲柄 $OC$ 以匀角速度 $\omega$ 转动,$\varphi=\omega t$,滑块 $A$、$B$ 分别沿水平和垂直滑道滑动。求连杆 $AB$ 上点 $M$ 的运动方程、速度和加速度。

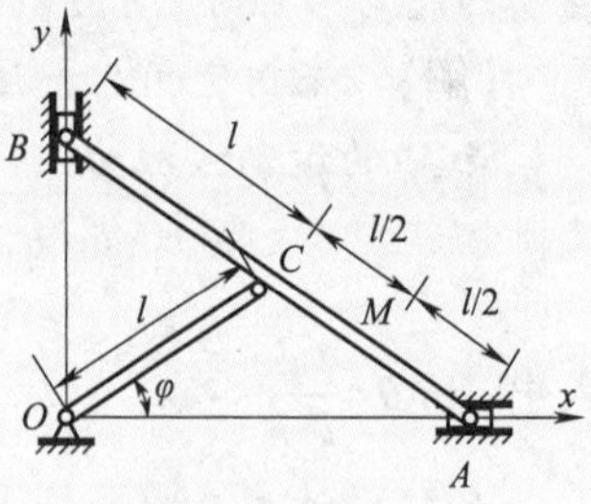


图 6-4

**【解】** 以固定点 $O$ 为原点,建立直角坐标系 $Oxy$。根据几何关系,建立点 $M$ 的运动方程:

$$\begin{cases} x=l\cos\varphi+\dfrac{1}{2}l\cos\varphi=\dfrac{3}{2}l\cos\omega t \\ y=\dfrac{1}{2}l\sin\varphi=\dfrac{1}{2}l\sin\omega t \end{cases} \quad ①$$

消去时间参数 $t$,可得点 $M$ 的运动轨迹方程:

$$\frac{4x^2}{9l^2}+\frac{4y^2}{l^2}=1 \quad ②$$

表明轨迹为以 $O$ 为中心的椭圆,半轴长分别为$\frac{3}{2}l$ 和$\frac{1}{2}l$,分别沿 $x$、$y$ 轴。

对式①求导,得

$$v_x=\frac{\mathrm{d}x}{\mathrm{d}t}=-\frac{3}{2}l\omega\sin\omega t,\quad v_y=\frac{\mathrm{d}y}{\mathrm{d}t}=\frac{1}{2}l\omega\cos\omega t \quad ③$$

$$a_x=\frac{\mathrm{d}v_x}{\mathrm{d}t}=-\frac{3}{2}l\omega^2\cos\omega t,\quad a_y=\frac{\mathrm{d}v_y}{\mathrm{d}t}=-\frac{1}{2}l\omega^2\sin\omega t \quad ④$$

点 $M$ 的速度、加速度的大小和方向余弦分别为

$$v=\sqrt{v_x^2+v_y^2}=\frac{l}{2}\omega\sqrt{9\sin^2\omega t+\cos^2\omega t} \quad ⑤$$

$$\cos(\boldsymbol{v},\boldsymbol{i})=\frac{v_x}{v}=\frac{-3\omega\sin\omega t}{\omega\sqrt{9\sin^2\omega t+\cos^2\omega t}},\quad \cos(\boldsymbol{v},\boldsymbol{j})=\frac{v_y}{v}=\frac{\cos\omega t}{\sqrt{9\sin^2\omega t+\cos^2\omega t}} \quad ⑥$$

$$a=\sqrt{a_x^2+a_y^2}=\frac{l}{2}\omega^2\sqrt{9\cos^2\omega t+\sin^2\omega t}=\omega^2\sqrt{x^2+y^2}=\omega^2 r \quad ⑦$$

$$\cos(\boldsymbol{a},\boldsymbol{i})=\frac{a_x}{a}=-\frac{x}{r},\quad \cos(\boldsymbol{a},\boldsymbol{j})=\frac{a_y}{a}=-\frac{y}{r} \quad ⑧$$

式⑦、式⑧中，$r$ 为点 $M$ 的矢径 $\overrightarrow{OM}$ 的模。由式⑧可知，点 $M$ 的加速度恒指向椭圆中心 $O$ 点。

从运动轨迹上可见，当曲柄 $OC$ 转动时，$A$、$B$ 两点的轨迹为直线，$C$ 点的轨迹为圆周，$AB$ 杆上其余各点轨迹均为椭圆，区别仅在于长短轴的大小不同，因此该机构称为椭圆仪（或椭圆规）。

**【例 6-2】** 如图 6-5 所示，梯子的 $A$ 端放在水平地面上，另一端 $B$ 靠在竖直墙面上。梯子保持在竖直平面内沿墙下滑。已知 $A$ 端的速度为常值 $v_0$，$M$ 为梯子上一点，设 $MA=l$，$MB=h$，初始时梯子处于竖直位置。试求当梯子与墙面的夹角为 $\theta$ 时，点 $M$ 的速度与加速度。

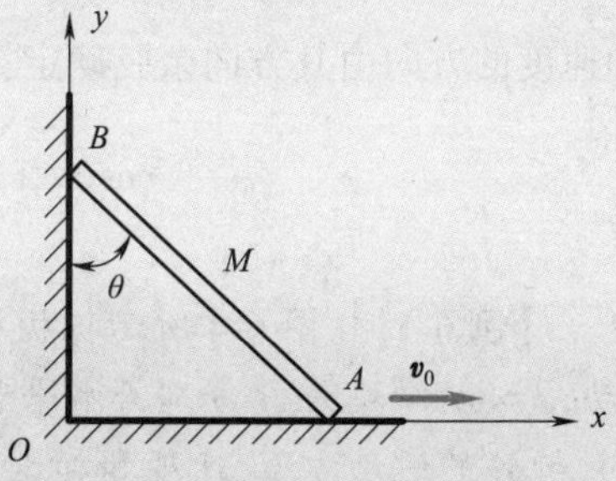

图 6-5

**【解】** 采用直角坐标法。选取图示坐标轴系。

点 $M$ 的运动方程为

$$x=h\sin\theta,\quad y=l\cos\theta$$

式中，$\sin\theta=\dfrac{v_0 t}{l+h}$。

点 $M$ 的速度在 $x$、$y$ 轴上的投影为

$$v_x=\dot{x}=h\cos\theta\cdot\dot{\theta},\quad v_y=\dot{y}=-l\sin\theta\cdot\dot{\theta}$$

联立前两式，可得当梯子与墙面夹角为 $\theta$ 时点 $M$ 的速度为

$$v=\sqrt{v_x^2+v_y^2}=\frac{v_0}{l+h}\sqrt{l^2\tan^2\theta+h^2}$$

点 $M$ 的加速度在 $x$、$y$ 轴上的投影为

$$a_x=\ddot{x}=h\cos\theta\cdot\ddot{\theta}-h\sin\theta\cdot\dot{\theta}^2$$

$$a_y=\ddot{y}=-l\sin\theta\cdot\ddot{\theta}-l\cos\theta\cdot\dot{\theta}^2$$

则点 $M$ 的加速度为

$$a=\sqrt{a_x^2+a_y^2}=\frac{l v_0^2}{(l+h)^2\cos^3\theta}$$

## §6-3 自然法

在许多工程问题中，点的运动轨迹往往是已知的。利用点的运动轨迹建立弧坐标及自然轴系，并用它们来描述和分析点的运动规律的方法称为自然法。

### 1. 弧坐标

设动点 $M$ 的运动轨迹为已知的曲线，如图 6-6 所示，则动点 $M$ 在运动轨迹上的位置可以这样确定：在运动轨迹上任选一点 $O$ 为参考点，并规定从点 $O$ 向某一侧取的 $s$ 为正值，向另一侧取的 $s$ 为负值。动点 $M$ 在运动轨迹上的位置由弧长确定，

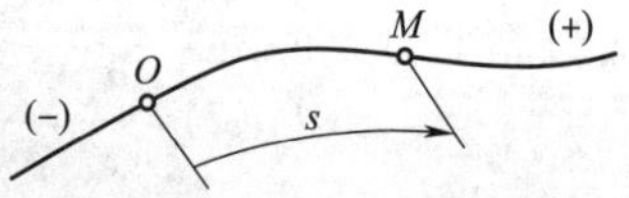

图 6-6

视弧长 $s$ 为代数量，称它为动点 $M$ 在运动轨迹上的弧坐标。当动点 $M$ 运动时，随着时间变化，它是时间的单值连续函数，即

$$s=s(t) \tag{6-17}$$

式(6-17)称为点沿运动轨迹的运动方程，或以弧坐标表示的点的运动方程。如果已知点的运动方程式(6-17)，可以确定任一瞬时点的弧坐标 $s$ 的值，也就确定了该瞬时动点在运动轨迹上的位置。

## 2. 自然轴系

曲线的弯曲程度常用曲率或曲率半径来度量。如图 6-7 所示，在一任意空间曲线上取相邻的两点 $M$ 与 $M'$，分别作曲线在这两点的切线 $MT$ 与 $M'T'$，再过 $M$ 点作直线 $MQ$ 平行于 $M'T'$，则 $MT$ 与 $MQ$ 的夹角 $\Delta\theta$ 称为邻角。

现在来建立自然轴系。在图 6-7 中，直线 $MQ$ 与 $MT$ 构成一平面 $P'$，当 $M'$向 $M$ 趋近时，$MT$ 不动，$M'T'$的方位则不断改变。相应地，$MQ$ 的方位也不断改变，从而平面 $P'$的方位也在变化，绕着 $MT$ 不断地转动。当 $M'$无限趋近于 $M$，平面 $P'$趋近于一极限位置 $P$。在此极限位置的平面 $P$ 称为曲线在 $M$ 点的密切面。$M$ 点附近的无限小微段可看成一条在密切面内的平面曲线，整个空间曲线则可看成无限多条无限小的、在一系列密切面内的平面曲线段的组合。显然，对平面曲线而言，各点的密切面就是曲线所在的平面。

过 $M$ 点并垂直于切线 $MT$ 的平面称为曲线在 $M$ 点的法面，如图 6-8 所示。在法面内，过 $M$ 点的所有直线都是曲线在 $M$ 点的法线。在密切面内的法线 $MN$ 称为主法线，与密切面垂直的法线 $MB$ 则称为副法线。$M$ 点的切线、主法线与副法线构成了一组正交轴系。规定：切线的正向与弧坐标的正向一致，其单位矢量用 $\boldsymbol{e}_{\mathrm{t}}$ 表示；主法线的正向指向曲线的凹处，其单位矢量用 $\boldsymbol{e}_{\mathrm{n}}$ 表示；副法线的单位矢量用 $\boldsymbol{e}_{\mathrm{b}}$ 表示，它与 $\boldsymbol{e}_{\mathrm{t}}$、$\boldsymbol{e}_{\mathrm{n}}$ 形成右手系，即

$$\boldsymbol{e}_{\mathrm{b}}=\boldsymbol{e}_{\mathrm{t}}\times\boldsymbol{e}_{\mathrm{n}} \tag{6-18}$$

这个以 $\boldsymbol{e}_{\mathrm{t}}$、$\boldsymbol{e}_{\mathrm{n}}$、$\boldsymbol{e}_{\mathrm{b}}$ 确定的正交坐标系称为自然轴系。

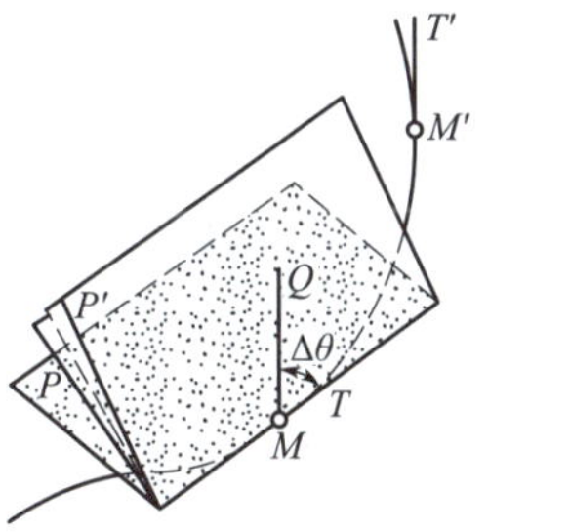


图　6-7

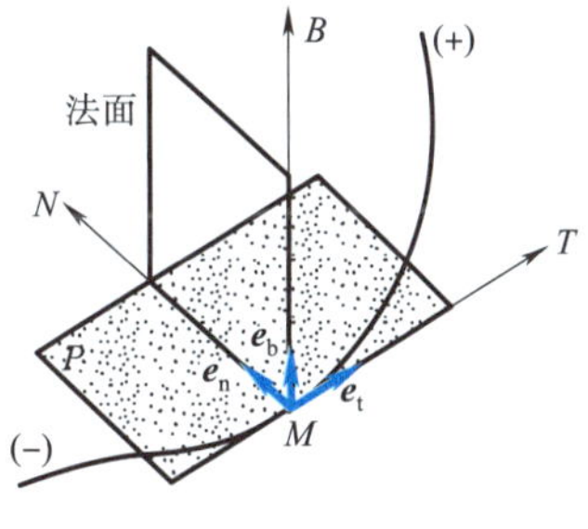


图　6-8

必须指出，自然轴系各轴的方向对曲线上的某一点来说是确定的，但对于曲线上不同的点，则具有不同的方向，即 $\boldsymbol{e}_{\mathrm{t}}$、$\boldsymbol{e}_{\mathrm{n}}$、$\boldsymbol{e}_{\mathrm{b}}$ 的方向是随着点的位置不同而不同的。自然轴系通常称为游动坐标系。

## 3. 速度的弧坐标表示

建立了自然轴系后，速度的矢量表达式(6-2)可作如下变换：

$$\boldsymbol{v}=\frac{\mathrm{d}\boldsymbol{r}}{\mathrm{d}t}=\frac{\mathrm{d}\boldsymbol{r}}{\mathrm{d}s}\cdot\frac{\mathrm{d}s}{\mathrm{d}t} \tag{6-19}$$

式中，$\frac{\mathrm{d}\boldsymbol{r}}{\mathrm{d}s}$的大小为

$$\left|\frac{\mathrm{d}\boldsymbol{r}}{\mathrm{d}s}\right|=\lim_{\Delta t\to 0}\left|\frac{\Delta\boldsymbol{r}}{\Delta s}\right|=\lim_{\Delta s\to 0}\left|\frac{\Delta\boldsymbol{r}}{\Delta s}\right|=1 \tag{6-20}$$

它的方向是当 $\Delta t\to 0$ 时，$\Delta\boldsymbol{r}$ 的极限方向，即沿轨迹在 $M$ 点的切线方向，如图 6-9 所示，于是$\frac{\mathrm{d}\boldsymbol{r}}{\mathrm{d}s}=\boldsymbol{e}_{\mathrm{t}}$，则

$$\boldsymbol{v}=\frac{\mathrm{d}s}{\mathrm{d}t}\boldsymbol{e}_{\mathrm{t}}=v\boldsymbol{e}_{\mathrm{t}} \tag{6-21}$$

由此可得结论：动点的速度沿其轨迹的切线方向，其大小等于弧坐标对时间的一阶导数。

**4. 加速度的弧坐标表示**

将 $\boldsymbol{v}=v\boldsymbol{e}_{\mathrm{t}}$ 代入式(6-3)，有

$$\boldsymbol{a}=\frac{\mathrm{d}\boldsymbol{v}}{\mathrm{d}t}=\frac{\mathrm{d}(v\boldsymbol{e}_{\mathrm{t}})}{\mathrm{d}t}=\frac{\mathrm{d}v}{\mathrm{d}t}\boldsymbol{e}_{\mathrm{t}}+v\frac{\mathrm{d}\boldsymbol{e}_{\mathrm{t}}}{\mathrm{d}t} \tag{6-22}$$

这表明，加速度 $\boldsymbol{a}$ 由两个分量组成。

第一个分量$\frac{\mathrm{d}v}{\mathrm{d}t}\boldsymbol{e}_{\mathrm{t}}$是由速度大小的改变而引起的，其方向沿轨迹在 $M$ 点的切线，故称为切向加速度，用 $\boldsymbol{a}_{\mathrm{t}}$ 表示，即

$$\boldsymbol{a}_{\mathrm{t}}=\frac{\mathrm{d}v}{\mathrm{d}t}\boldsymbol{e}_{\mathrm{t}} \tag{6-23}$$

第二个分量 $v\frac{\mathrm{d}\boldsymbol{e}_{\mathrm{t}}}{\mathrm{d}t}$是由速度方向的改变而引起的，为了确定它的大小和方向，先分析$\frac{\mathrm{d}\boldsymbol{e}_{\mathrm{t}}}{\mathrm{d}t}$，即

$$\frac{\mathrm{d}\boldsymbol{e}_{\mathrm{t}}}{\mathrm{d}t}=\frac{\mathrm{d}\boldsymbol{e}_{\mathrm{t}}}{\mathrm{d}s}\cdot\frac{\mathrm{d}s}{\mathrm{d}t}=v\frac{\mathrm{d}\boldsymbol{e}_{\mathrm{t}}}{\mathrm{d}s} \tag{6-24}$$

在图 6-10 中，设在 $\Delta t$ 时间内动点由 $M$ 沿弧坐标正向运动到 $M'$，对应位置的切向单位矢量为 $\boldsymbol{e}_{\mathrm{t}}$ 和 $\boldsymbol{e}'_{\mathrm{t}}$，两者的邻角为 $\Delta\varphi$，两点切向单位矢量的改变量为 $\Delta\boldsymbol{e}_{\mathrm{t}}=\boldsymbol{e}'_{\mathrm{t}}-\boldsymbol{e}_{\mathrm{t}}$，并且 $|\Delta\boldsymbol{e}_{\mathrm{t}}|=\left|2\sin\frac{\Delta\varphi}{2}\right|$，于是

$$\begin{aligned}\left|\frac{\mathrm{d}\boldsymbol{e}_{\mathrm{t}}}{\mathrm{d}s}\right|&=\lim_{\Delta s\to 0}\left|\frac{\Delta\boldsymbol{e}_{\mathrm{t}}}{\Delta s}\right|=\lim_{\Delta s\to 0}\left|\frac{\Delta\boldsymbol{e}_{\mathrm{t}}}{\Delta\varphi}\right|\times\left|\frac{\Delta\varphi}{\Delta s}\right|=\lim_{\Delta\varphi\to 0}\left|\frac{\Delta\boldsymbol{e}_{\mathrm{t}}}{\Delta\varphi}\right|\times\lim_{\Delta s\to 0}\left|\frac{\Delta\varphi}{\Delta s}\right|\\&=\lim_{\Delta\varphi\to 0}\left|\frac{2\sin\frac{\Delta\varphi}{2}}{\Delta\varphi}\right|\times\lim_{\Delta s\to 0}\left|\frac{\Delta\varphi}{\Delta s}\right|=\lim_{\Delta s\to 0}\left|\frac{\Delta\varphi}{\Delta s}\right|=\frac{1}{\rho}\end{aligned} \tag{6-25}$$

而$\frac{\mathrm{d}\boldsymbol{e}_{\mathrm{t}}}{\mathrm{d}s}$的方向显然是 $\Delta\boldsymbol{e}_{\mathrm{t}}$ 的极限方向，当 $\Delta t\to 0$ 时，$\Delta\varphi\to 0$，$\Delta\boldsymbol{e}_{\mathrm{t}}$ 在密切面内趋于 $\boldsymbol{e}_{\mathrm{t}}$ 的垂直方向，并指向曲线凹的一侧。于是，$\frac{\mathrm{d}\boldsymbol{e}_{\mathrm{t}}}{\mathrm{d}s}$的方向沿主法线正向，则

$$\frac{\mathrm{d}\boldsymbol{e}_{\mathrm{t}}}{\mathrm{d}s}=\frac{1}{\rho}\boldsymbol{e}_{\mathrm{n}} \tag{6-26}$$

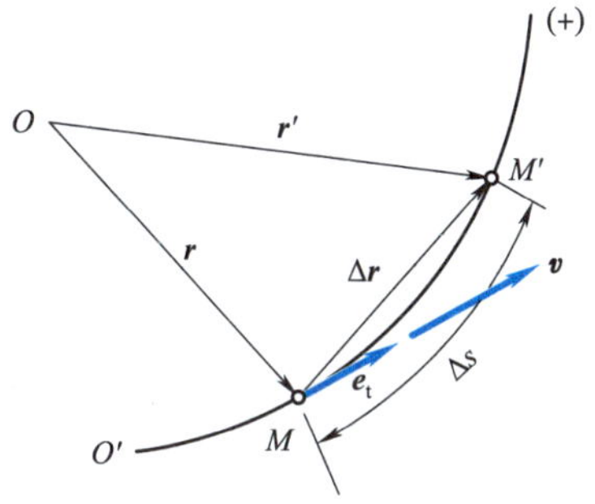


图　6-9

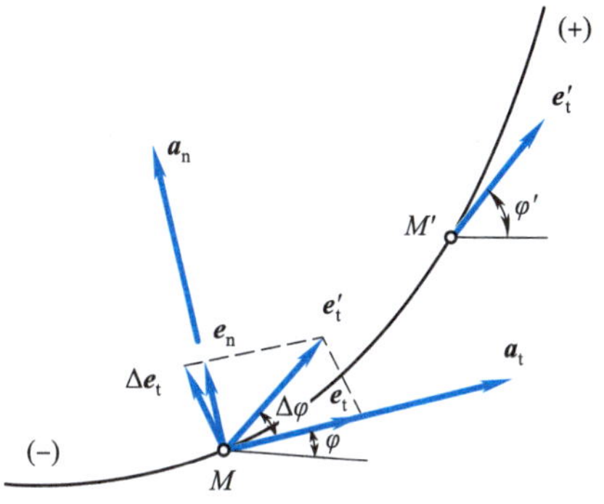


图　6-10

加速度 $\boldsymbol{a}$ 的第二个分量为

$$v\frac{\mathrm{d}\boldsymbol{e}_{\mathrm{t}}}{\mathrm{d}t}=\frac{v^2}{\rho}\boldsymbol{e}_{\mathrm{n}} \tag{6-27}$$

这个分量是由于点的速度方向的变化产生的，其方向与 $\boldsymbol{e}_{\mathrm{n}}$ 的方向一致，故称为法向加速度，用 $\boldsymbol{a}_{\mathrm{n}}$ 表示，即

$$\boldsymbol{a}_{\mathrm{n}}=\frac{v^2}{\rho}\boldsymbol{e}_{\mathrm{n}} \tag{6-28}$$

因此得到点的加速度在弧坐标下的表示方法：

$$\boldsymbol{a}=\boldsymbol{a}_{\mathrm{t}}+\boldsymbol{a}_{\mathrm{n}}=\frac{\mathrm{d}v}{\mathrm{d}t}\boldsymbol{e}_{\mathrm{t}}+\frac{v^2}{\rho}\boldsymbol{e}_{\mathrm{n}} \tag{6-29}$$

点的加速度在自然轴系下的投影为

$$\begin{cases}a_{\mathrm{t}}=\dfrac{\mathrm{d}v}{\mathrm{d}t}=\dfrac{\mathrm{d}^2 s}{\mathrm{d}t^2}\\ a_{\mathrm{n}}=\dfrac{v^2}{\rho}\\ a_{\mathrm{b}}=0\end{cases} \tag{6-30}$$

因此，点的加速度一定在密切面内，并等于切向加速度与法向加速度的矢量和。

如图 6-11 所示，点的加速度的大小和方向可由下式确定：

$$\begin{cases}a=\sqrt{a_{\mathrm{t}}^2+a_{\mathrm{n}}^2}=\sqrt{\left(\dfrac{\mathrm{d}v}{\mathrm{d}t}\right)^2+\left(\dfrac{v^2}{\rho}\right)^2}\\ \tan\,\theta=\left|\dfrac{a_{\mathrm{t}}}{a_{\mathrm{n}}}\right|\end{cases} \tag{6-31}$$

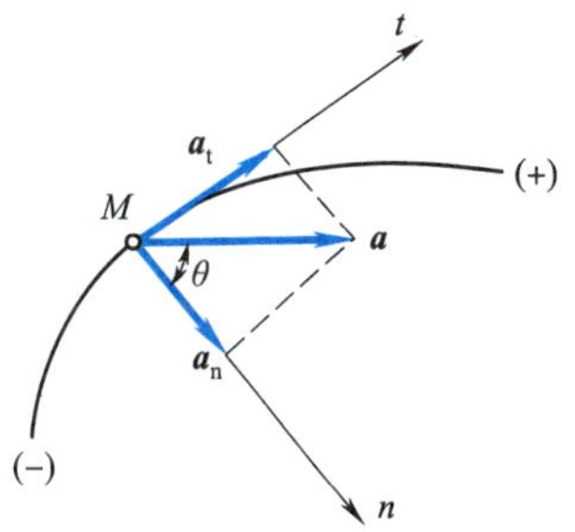


图　6-11

综上所述，若轨迹已知，运用弧坐标能方便地确定点在轨迹

上的位置。但如要描述点的速度和加速度,就需引用自然轴系。自然轴系是与轨迹的几何特性紧密联系在一起的参考系,点的速度和加速度在自然轴系中的各个分量有着明显的物理意义。当点的运动轨迹已知时,运用自然轴系法比较简便;当点的运动轨迹未知时,运用直角坐标系法则比较简便。

**【例 6-3】** 汽车以匀速 36 km/h 经过一桥,如图 6-12 所示。设桥面形状为抛物线 $y=\frac{4f}{l^2}x(l-x)$,其中 $x$、$y$ 均以 m 计,$f=1$ m,$l=32$ m。试求汽车经过桥面最高点 $A$ 时的加速度。

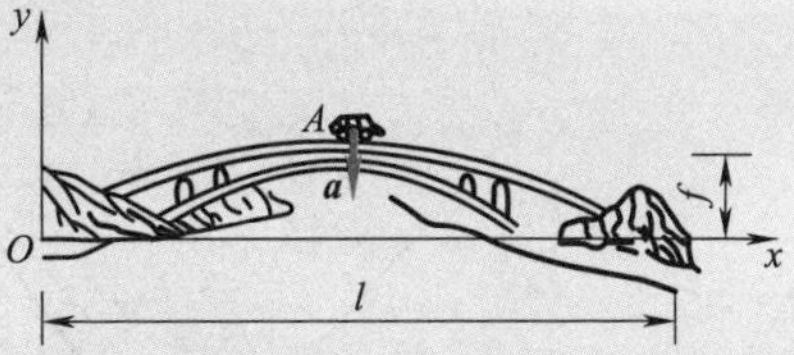


图 6-12

**【解】** 汽车作匀速率曲线运动,且轨迹已知,所以可用自然法求解。汽车速度的大小为

$$v=36\ \text{km/h}=10\ \text{m/s}$$

既然速度的大小不变,显然切向加速度 $a_t=\frac{dv}{dt}=0$,因而总加速度就等于法向加速度,即

$$a=a_n=\frac{v^2}{\rho}$$

根据高等数学公式

$$\rho=\frac{\left[1+\left(\frac{dy}{dx}\right)^2\right]^{3/2}}{\left|\frac{d^2y}{dx^2}\right|}$$

由已知,得

$$\frac{dy}{dx}=\frac{4f}{l^2}(l-2x);\quad \frac{d^2y}{dx^2}=-\frac{8f}{l^2}$$

在最高点 $A$ 处,当 $\frac{dy}{dx}=0$,因此有

$$\rho=\frac{1}{\left|\frac{d^2y}{dx^2}\right|}=\frac{l^2}{8f}=\frac{32^2}{8\times1}\ \text{m}=128\ \text{m}$$

因此

$$a=a_n=\frac{v^2}{\rho}=\frac{10^2}{128}\ \text{m/s}^2=0.78\ \text{m/s}^2$$

$\boldsymbol{a}$ 的方向同 $\boldsymbol{a}_n$ 的方向,竖直向下。

**【例 6-4】** 已知某点的运动方程为 $x=2\sin 4t$,$y=2\cos 4t$,$z=4t$,$x$、$y$、$z$ 以 m 计,$t$ 以 s 计。试求该点运动轨迹的曲率半径。

**【解】** 该点的速度和加速度沿 $x$、$y$、$z$ 的投影分别为

$$v_x=8\cos 4t,\quad v_y=-8\sin 4t,\quad v_z=4\ \text{m/s}$$

$$a_x=-32\sin 4t,\quad a_y=-32\cos 4t,\quad a_z=0$$

式中，速度以 m/s 计，加速度以 $m/s^2$ 计，时间以 s 计。

由式(6-11)和式(6-15)，点的速度及加速度大小为

$$v=\sqrt{v_x^2+v_y^2+v_z^2}=\sqrt{80}\ \mathrm{m/s}$$

$$a=\sqrt{a_x^2+a_y^2+a_z^2}=32\ \mathrm{m/s^2}$$

由式(6-30)，点的切向加速度与法向加速度大小为

$$a_t=\frac{\mathrm{d}v}{\mathrm{d}t}=0,\quad a_n=\frac{v^2}{\rho}=\frac{(\sqrt{80})^2}{\rho}=\frac{80}{\rho}$$

根据式(6-31)，有

$$a=\sqrt{a_t^2+a_n^2}=32\ \mathrm{m/s^2}=a_n$$

因此

$$\rho=2.5\ \mathrm{m}$$

## 小　　结

描述点的运动的基本方法有矢量法、直角坐标法和自然法。矢量法表达形式简单，适于理论推导，具体计算则用直角坐标法和自然法。直角坐标法是从不同瞬时点的位置坐标的变化来研究点的运动。自然法是密切联系着轨迹的性质来分析点的运动，物理意义清晰，便于说明运动的性质，用于已知轨迹的问题。

三种方法的运动方程、速度及加速度见表 6-1。

**表 6.1　三种方法的运动方程、速度及加速度**

| 方法 | 运动方程 | 速度 | 加速度 |
|---|---|---|---|
| 矢量法 | $\boldsymbol{r}=\boldsymbol{r}(t)$ | $\boldsymbol{v}=\dot{\boldsymbol{r}}$ | $\boldsymbol{a}=\dot{\boldsymbol{v}}=\ddot{\boldsymbol{r}}$ |
| 直角坐标法 | $x=x(t)$<br>$y=y(t)$<br>$z=z(t)$ | $\left.\begin{array}{l}v_x=\dot{x}\\v_y=\dot{y}\\v_z=\dot{z}\end{array}\right\}\rightarrow v=\sqrt{\dot{x}^2+\dot{y}^2+\dot{z}^2}$ | $\left.\begin{array}{l}a_x=\dot{v}_x=\ddot{x}\\a_y=\dot{v}_y=\ddot{y}\\a_z=\dot{v}_z=\ddot{z}\end{array}\right\}\rightarrow a=\sqrt{\ddot{x}^2+\ddot{y}^2+\ddot{z}^2}$ |
| 自然法 | $s=s(t)$ | $v=\dot{s}$<br>$\longrightarrow\boldsymbol{v}$(轨迹切向) | $\left.\begin{array}{l}a_t=\dfrac{\mathrm{d}v}{\mathrm{d}t}=\dfrac{\mathrm{d}^2s}{\mathrm{d}t^2}\\a_n=\dfrac{v^2}{\rho}\\a_b=0\end{array}\right\}\longrightarrow\boldsymbol{a}$ |

## 思 考 题

6-1 作曲线运动时的点，其位移、路程和弧坐标是否相同？

6-2 在某瞬时动点的速度等于零，这时动点的加速度是否一定为零？

6-3 $\frac{d\boldsymbol{r}}{dt}$与$\frac{dr}{dt}$，$\frac{d\boldsymbol{v}}{dt}$与$\frac{dv}{dt}$有何不同？

6-4 切向加速度与法向加速度的物理意义是什么？指出在怎样的运动中出现下述情况：(1) $a_t=0$；(2) $a_n=0$；(3) $a=0$。

6-5 点沿曲线运动，图示各点所给出的速度 $\boldsymbol{v}$ 和加速度 $\boldsymbol{a}$ 哪些是可能的？哪些是不可能的？

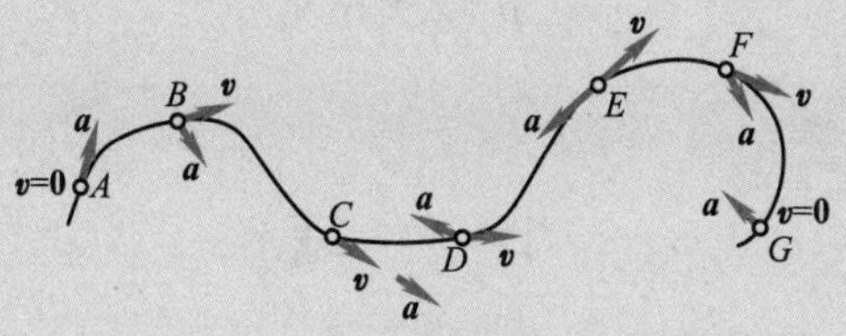


思考题 6-5 图

6-6 点 $M$ 沿螺旋线自外向内运动，如图所示。它走过的弧长与时间的一次方成正比，点的加速度是越来越大，还是越来越小？点 $M$ 越跑越快，还是越跑越慢？

6-7 当点作曲线运动时，点的加速度 $\boldsymbol{a}$ 是常矢量，如图所示。点是否作匀变速运动？

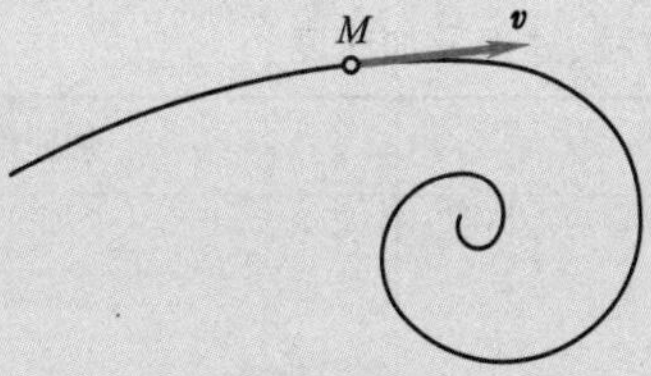


思考题 6-6 图

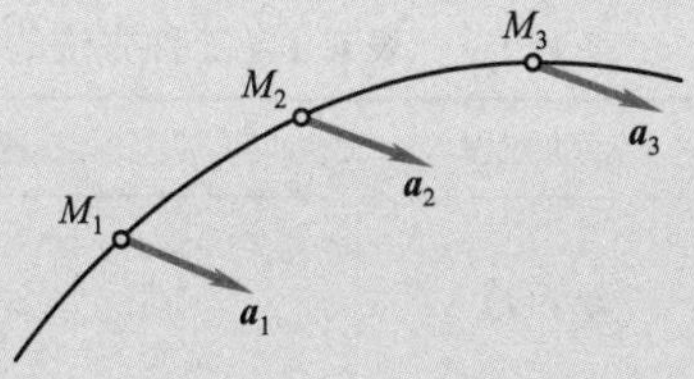


思考题 6-7 图

6-8 作曲线运动的两个动点，初速度相同、运动轨迹相同、运动中两点的法向加速度也相同。判断下述说法是否正确：

(1) 任一瞬时两动点的切向加速度必相同；

(2) 任一瞬时两动点的速度必相同；

(3) 两动点的运动方程必相同。

6-9 动点在平面内运动，已知其运动轨迹方程 $y=f(x)$ 及其速度在 $x$ 轴方向的分量 $v_x$。判断下述说法是否正确：

(1) 动点的速度 $\boldsymbol{v}$ 可完全确定；

(2) 动点的加速度在 $x$ 轴方向的分量 $a_x$，可完全确定；

(3) 当 $v_x \neq 0$ 时，一定能确定动点的速度 $\boldsymbol{v}$、切向加速度 $\boldsymbol{a}_t$、法向加速度 $\boldsymbol{a}_n$ 及全加速度 $\boldsymbol{a}$。

6-10　下述各种情况下，动点的全加速度 $\boldsymbol{a}$、切向加速度 $\boldsymbol{a}_t$ 和法向加速度 $\boldsymbol{a}_n$ 三个矢量之间有何关系？

(1)点沿曲线作匀速运动；

(2)点沿曲线运动，在该瞬时其速度为零；

(3)点沿直线作变速运动；

(4)点沿曲线作变速运动。

6-11　点作曲线运动时，下述说法是否正确？

(1)若切向加速度为正，则点作加速运动；

(2)若切向加速度与速度符号相同，则点作加速运动；

(3)若切向加速度为零，则速度为常矢量。

6-12　一点作曲线运动。已知：

(1)在 $t=3$ s 时，加速度的大小 $a=4$ m/s$^2$；

(2)加速度的大小 $a=4$ m/s$^2$ 为常量；

(3)加速度的大小 $a=2t^2$(其中 $a$ 以 m/s$^2$，$t$ 以 s 计)；

(4)切向加速度的代数值 $a_t=2t^2$(其中 $a_t$ 以 m/s$^2$，$t$ 以 s 计)；

试问上述几种条件下能否求出点的运动方程。若能，列出必要的式子并计算最后结果；若不能，说明理由。

## 习　题

6-1　矿井提升机上升时，其运动方程为 $h=\frac{1}{2}H(1-\cos\omega t)$，其中 $H$ 为上升的最大高度，$\omega=\sqrt{\frac{2b}{H}}$，$b$ 为常数。求提升机的速度、加速度及上升到最大高度 $H$ 所需的时间 $T$。

答案：$v=\sqrt{\frac{Hb}{2}}\sin\sqrt{\frac{2b}{H}}t$，$a=b\cos\sqrt{\frac{2b}{H}}t$，$T=\pi\sqrt{\frac{2H}{b}}$

6-2　一点按 $x=t^3-12t+2$ 的规律沿直线运动(其中 $t$ 以 s 计，$x$ 以 m 计)。试求：(1)最初 3 s 内的位移；(2)改变运动方向的时刻和所在位置；(3)最初 3 s 内经过的路程；(4)$t=3$ s 时的速度和加速度；(5)点在哪段时间作加速运动，哪段时间作减速运动？

答案：(1)$-9$ m；(2)2 s，$-14$ m；(3)23 m；(4)15 m/s，18 m/s$^2$；(5)0~2 s 减速；$t>2$ s 加速

6-3　如图所示，曲线规尺机构中，$OA=AB=l$，$CD=DE=AC=AE=a$。若杆以匀角速度 $\boldsymbol{\omega}$ 绕 $O$ 轴转动，并且当运动开始时，杆 $OA$ 水平。试求规尺上点 $D$ 的运动方程和运动轨迹方程。

答案：$x=l\cos\omega t$，$y=(l-2a)\sin\omega t$；$\frac{x^2}{l}+\left(\frac{y}{l-2a}\right)^2=1$

6-4 如图所示，跨过滑轮 $C$ 的绳子一端挂有重物 $B$，另一端 $A$ 被人拉着沿水平方向运动，其速度为 $v_0=1\ \text{m/s}$，$A$ 点到地面的距离保持常量 $h=1\ \text{m}$。滑轮离地面的高度 $H=9\ \text{m}$，其半径忽略不计。当运动开始时，重物在地面上 $B_0$ 处，绳 $AC$ 段在铅垂位置 $A_0C$ 处。试求重物 $B$ 上升的运动方程和速度，以及重物 $B$ 到达滑轮处所需的时间。

答案：$y_B=\sqrt{64+t^2}-8$；$v_B=\dfrac{t}{\sqrt{64+t^2}}$；15 s

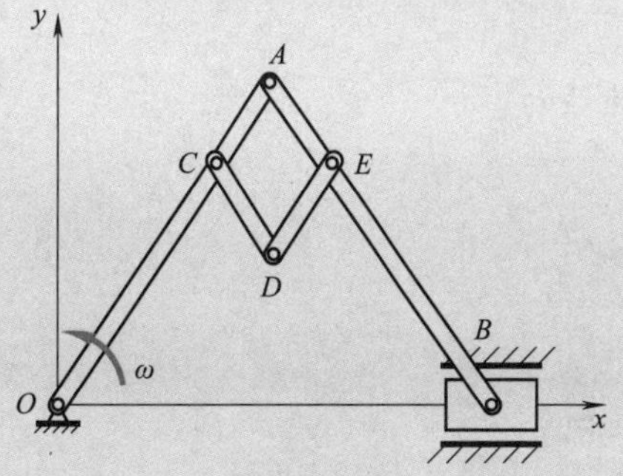


习题 6-3 图

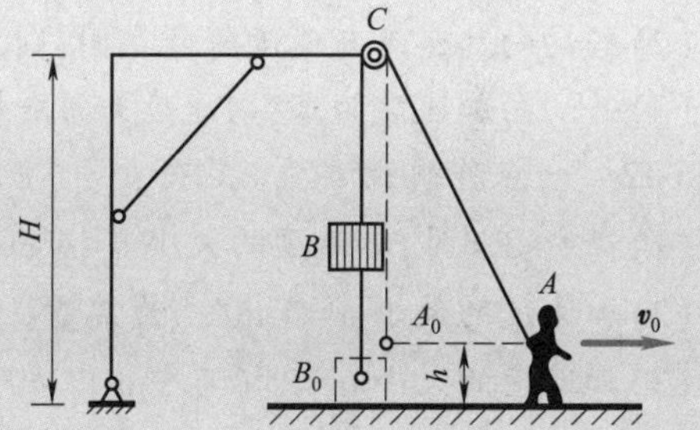


习题 6-4 图

6-5 如图所示，偏心圆轮半径为 $R$，绕 $O$ 轴转动，转角 $\varphi=\omega t$（$\omega$ 为常值），转动轴到轮心的偏心距 $OC=e$，偏心轮带动顶杆 $AB$ 沿铅垂线作往复运动。试求顶杆 $AB$ 的运动方程和速度。

答案：$y=e\sin\omega t+\sqrt{R^2-e^2\cos^2\omega t}$；$v=e\omega\left(\cos\omega t+\dfrac{e\sin 2\omega t}{2\sqrt{R^2-e^2\cos^2\omega t}}\right)$

6-6 如图所示，半圆形凸轮以匀速 $\boldsymbol{v}_0=0.01\ \text{m/s}$ 沿水平方向向左运动，而使活塞杆 $AB$ 沿铅垂方向运动。当运动开始时，活塞杆 $A$ 端在凸轮的最高点上。已知凸轮的半径 $R=80\ \text{mm}$，试求活塞 $B$ 相对于地面和相对于凸轮的运动方程和速度。

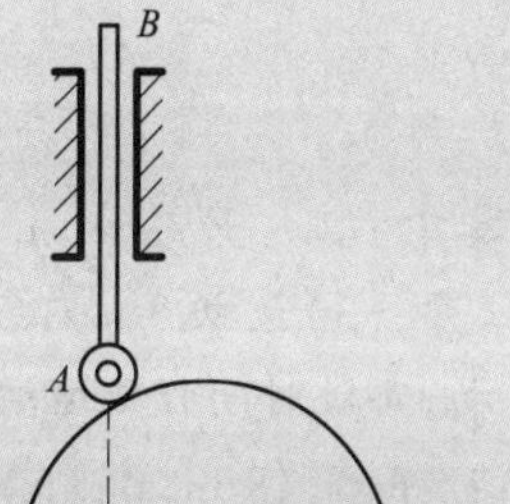


习题 6-5 图

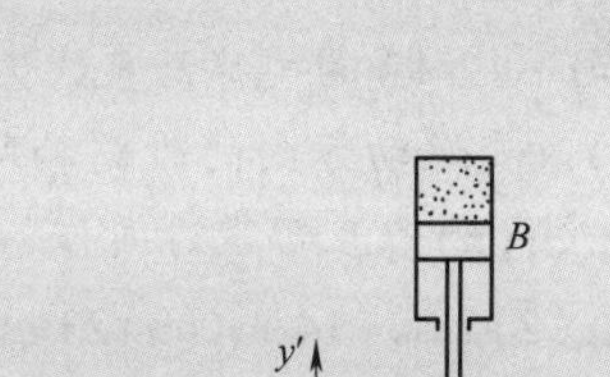


习题 6-6 图

答案：对地：$y_A=0.01\sqrt{64-t^2}$，$v_A=\dfrac{0.01t}{\sqrt{64-t^2}}$，方向竖直向下；

对凸轮：$x'_A=0.01t, y'_A=0.01\sqrt{64-t^2}, v'_x=0.01t, v'_y=-\dfrac{0.01t}{\sqrt{64-t^2}}$

（以上各式中，长度以 m 计，时间以 s 计，速度以 m/s 计）

6-7　套管 $A$ 由绕过定滑轮 $B$ 的绳索牵引而沿导轨上升，滑轮中心到导轨的距离为 $l$，如图所示。设绳索以等速 $\boldsymbol{v}_0$ 拉下，忽略滑轮尺寸。求套管 $A$ 的速度和加速度分别与距离 $x$ 的关系式。

答案：$v=-\dfrac{v_0}{x}\sqrt{x^2+l^2}, a=-\dfrac{v_0^2 l^2}{x^3}$

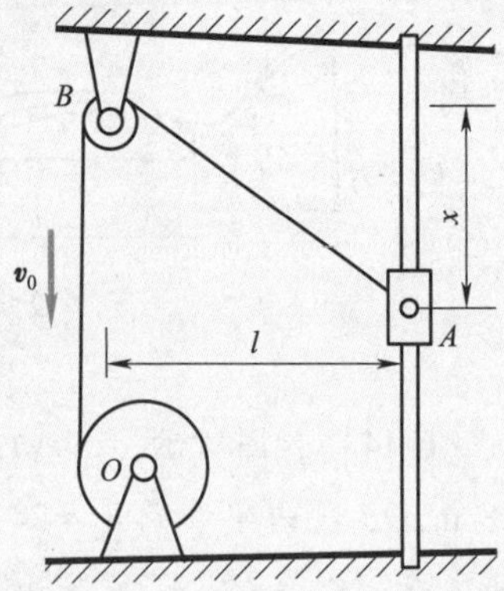


习题 6-7 图

6-8　一段凹凸不平的路面可近似地用下列正弦曲线表示：$y=0.04\sin\dfrac{\pi x}{20}$，其中 $x$、$y$ 均以 m 计。设有一汽车沿 $x$ 方向的运动规律为 $x=20\text{ t}$（$x$ 以 m 计，$t$ 以 s 计）。试问汽车经过该路面时，在什么位置加速度的绝对值最大？最大的加速度值是多少？

答案：$x=10(2n-1)$ m，其中 $n=1,2,\cdots$；$\ddot{y}=0.04\pi^2$ m/s$^2$

6-9　一点作平面曲线运动，其速度方程为 $v_x=3$、$v_y=2\pi\sin 4\pi t$，其中 $v_x$、$v_y$ 以 m/s 计，$t$ 以 s 计。已知初瞬时该点在坐标原点，试求该点的运动方程和轨迹方程。

答案：$x=3t, y=\dfrac{1}{2}(1-\cos 4\pi t)$；$y=\dfrac{1}{2}\left(1-\cos\dfrac{4\pi}{3}x\right)$

6-10　一动点之加速度在直角坐标轴上的投影为：$a_x=-160\cos 2t, a_y=-200\sin 2t$。已知 $t=0$ 时，$x=40, y=50, v_x=0, v_y=100$（长度以 mm 计，时间以 s 计），试求其运动方程和轨迹方程。

答案：$x=40\cos 2t, y=50+50\sin 2t$；$\left(\dfrac{x}{4}\right)^2+\left(\dfrac{y-5}{5}\right)^2=1$

6-11　定向爆破开山筑坝。爆破物从爆破处 $A$ 至散落处 $B$ 的运动可以近似地作为抛射运动，设 $A$、$B$ 两处高差为 $H$，水平距离为 $L$，初速 $\boldsymbol{v}_0$ 与水平线夹角为 $\alpha$，试推证 $\boldsymbol{v}_0$ 的大小应为

$$v_0=\sqrt{\frac{gL}{\left(1+\dfrac{H}{L}\cot\alpha\right)\sin 2\alpha}}。$$

答案：略

6-12　如图所示，重力坝溢流段用鼻坎挑流。鼻坎与下游水位高差 $H$，设挑流角为 $\alpha$，水流射出鼻坎的速度为 $\boldsymbol{v}$，试求射程 $L$。

答案：$L=\dfrac{v^2\sin\alpha\cos\alpha+v\cos\alpha\sqrt{v^2\sin^2\alpha+2gH}}{g}$

6-13　如图所示，水枪的仰角 $\varphi=45°$，水流以 $v_0=20$ m/s 的速度射至倾角为 60°的斜坡上，欲使水射到斜坡上的速度与斜面垂直，试求水流喷射在斜坡上的高度 $h$ 及水枪放置的位

置 $O$ 与坡角 $A$ 的距离 $s$。

答案：$h=6.80\ \text{m}, s=28.3\ \text{m}$

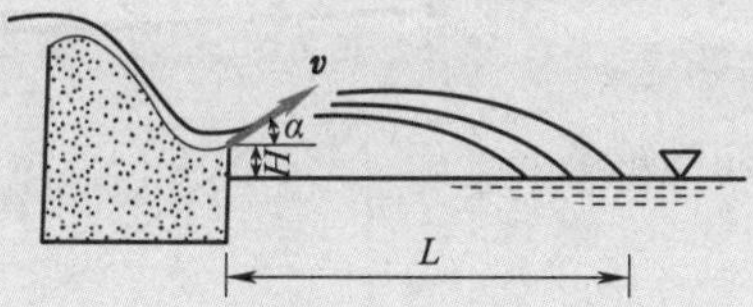

习题 6-12 图

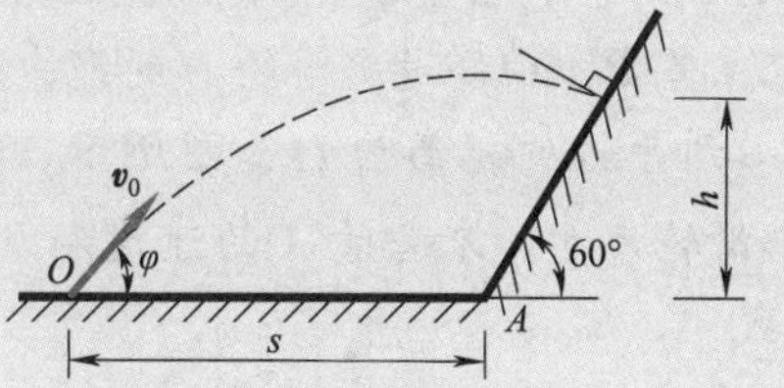

习题 6-13 图

6-14　如图所示，点沿曲线 $AOB$ 运动。曲线由 $AO$、$OB$ 两圆弧组成，$AO$ 段曲率半径 $R_1=18\ \text{m}$，$OB$ 段曲率半径 $R_2=24\ \text{m}$，取圆弧交接处 $O$ 为原点，规定正负方向如图所示。已知点的运动方程：$s=3+4t-t^2$，$t$ 以 s 计，$s$ 以 m 计。试求：(1)点由 $t=0$ 到 $t=5$ s 所经过的路程；(2)$t=5$ s 时的加速度。

答案：(1)13 m；(2)2.83 m/s²

6-15　摇杆滑道机构如图所示。滑块 $M$ 同时在固定圆弧槽 $BC$ 中和在摇杆 $OA$ 的滑道中滑动。$BC$ 弧的半径为 $R$，摇杆 $OA$ 的转轴在 $BC$ 弧所在的圆周上。摇杆绕 $O$ 轴以匀角速度 $\omega$ 转动，当运动开始时，摇杆在水平位置。试分别用直角坐标法和自然法求滑块 $M$ 的运动方程，并求其速度及加速度。

答案：$x=R(1+\cos 2\omega t), y=R\sin 2\omega t; s=2R\omega t; v=2R\omega, a=4R\omega^2$

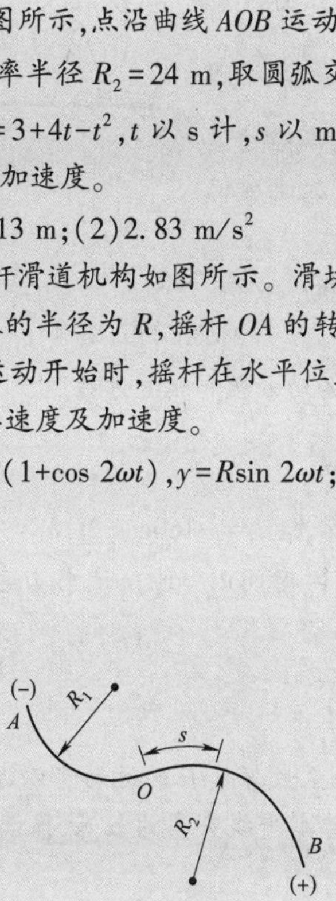

习题 6-14 图

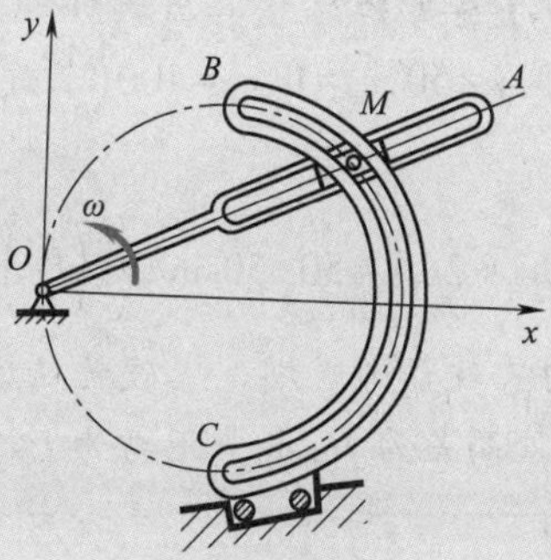

习题 6-15 图

6-16　某点的运动方程为 $\begin{cases}x=75\cos 4t^2\\ y=75\sin 4t^2\end{cases}$，$x$、$y$ 均以 mm 计，$t$ 以 s 计。试求它的速度、切向加速度与法向加速度。

答案：$v=600t, a_t=600\ \text{mm/s}^2, a_n=4\,800t^2$

6-17　已知动点的运动方程为 $\begin{cases}x=t^2-t\\ y=2t\end{cases}$，$x$、$y$ 均以 m 计，$t$ 以 s 计。试求其轨迹及 $t=1$ s 时的速度、加速度，并分别求切向加速度、法向加速度与曲率半径。

答案：$y^2-2y-4x=0$；$v=2.24\ \mathrm{m/s}$，$a=2\ \mathrm{m/s^2}$，$a_t=0.894\ \mathrm{m/s^2}$，$a_n=1.79\ \mathrm{m/s^2}$，$\rho=2.8\ \mathrm{m}$

6-18　点 $M$ 沿给定的抛物线 $y=0.2x^2$ 运动（$x$、$y$ 均以 m 计）。在 $x=5$ m 处时，速度 $v=4\ \mathrm{m/s}$，切向加速度 $a_t=3\ \mathrm{m/s^2}$。试求点在该位置时的加速度。

答案：$a=3.05\ \mathrm{m/s^2}$

6-19　已知一点的加速度为 $a_x=-6\ \mathrm{m/s^2}$，$a_y=0$，当 $t=0$ s 时，$x_0=y_0=0$，$v_{0x}=10\ \mathrm{m/s}$，$v_{0y}=3\ \mathrm{m/s}$，试求点的运动轨迹，并用简捷方法求 $t=1$ s 时点所在处轨迹的曲率半径。

答案：$\rho=6.94\ \mathrm{m}$

6-20　曲柄 $OA$ 长为 $r$，在平面内绕 $O$ 轴转动，如图所示。杆 $AB$ 通过固定于点 $N$ 的套筒与曲柄 $OA$ 铰接于点 $A$。设 $\varphi=\omega t$，杆 $AB$ 长 $l=2r$，求点 $B$ 的运动方程、速度和速度。

答案：$x=r\cos\omega t+l\sin\dfrac{\omega t}{2}$，$y=r\sin\omega t-l\cos\dfrac{\omega t}{2}$；

$v=r\omega\sqrt{2-2\sin\dfrac{\omega t}{2}}$，$a=r\omega^3\sqrt{\dfrac{5}{4}-\sin\dfrac{\omega t}{2}}$

6-21　如图所示，点沿空间曲线运动，在点 $M$ 处其速度为 $\boldsymbol{v}=(4\ \mathrm{m/s})\boldsymbol{i}+(3\ \mathrm{m/s})\boldsymbol{j}$，加速度 $\boldsymbol{a}$ 与速度 $\boldsymbol{v}$ 的夹角 $\beta=30°$，且 $a=10\ \mathrm{m/s^2}$。求运动轨迹在该点密切面内的曲率半径 $\rho$ 和切向加速度 $a_t$。

答案：$\rho=5\ \mathrm{m}$，$a_1=8.66\ \mathrm{m/s^2}$

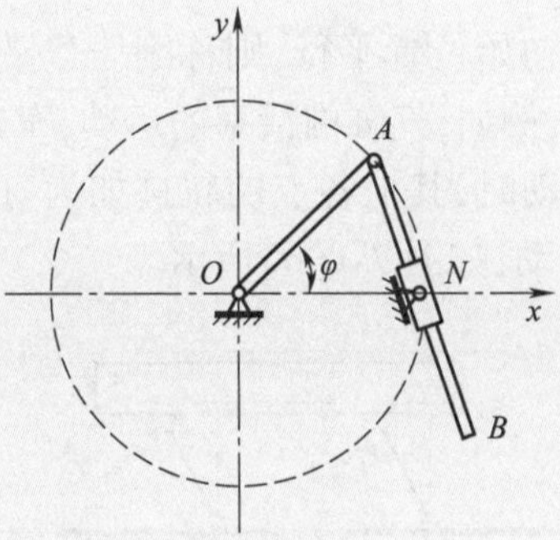


习题 6-20 图

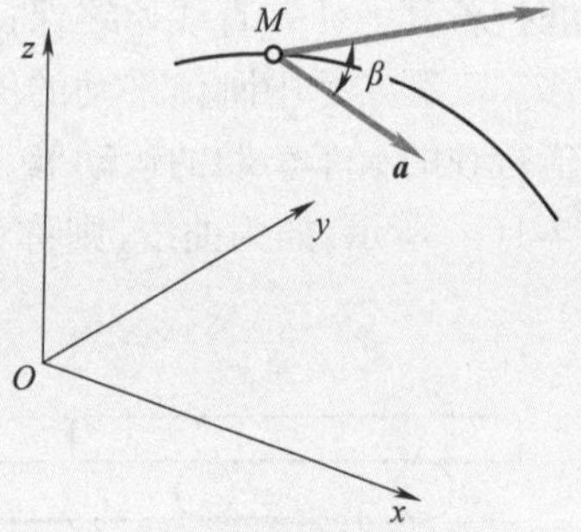


习题 6-21 图

6-22　如图所示，小环 $M$ 由作平动的丁字形杆 $ABC$ 带动，沿着图示曲线轨道运动。设杆 $ABC$ 以速度 $v$（为常数）向左运动，曲线方程为 $y^2=2px$。求小环 $M$ 的速度和加速度的大小（写成杆 $ABC$ 的位移 $x$ 的函数）。

答案：$v_M=v\sqrt{1+\dfrac{p}{2x}}$，$a_M=-\dfrac{v^2}{4x}\sqrt{1+\dfrac{2p}{x}}$

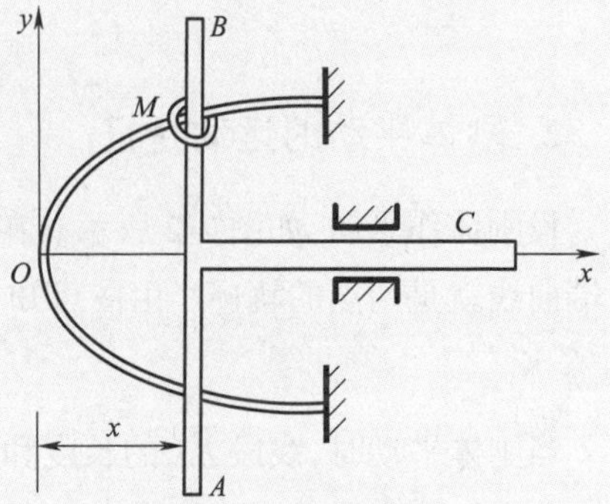


习题 6-22 图

# 第 7 章 刚体的基本运动

工程实际中许多物体均可抽象为刚体。刚体是由无数点组成的,但任意两点之间距离保持不变,在点的运动学基础上可研究刚体的运动。

刚体的运动可分为平动、定轴转动、平面运动、定点运动和自由运动等。本章将研究刚体的两种简单运动——平动和定轴转动。平动和定轴转动称为刚体的两种基本运动,是刚体运动最简单的形式。刚体的复杂运动均可分解为若干基本运动的合成,所以研究刚体的基本运动是研究复杂运动的基础。

一般情况下,运动刚体上各点的轨迹、速度和加速度是各不相同的,但彼此间存在一定的关系。研究刚体的运动,包括研究刚体整体运动的情况和刚体上各点的运动之间的关系。

## §7-1 刚体的平动

### 1. 刚体平动的定义

刚体运动时,若其上任一直线始终保持与它的初始位置平行,则称刚体作平行移动,简称为平动,或平移。工程实际中刚体平动的例子很多,例如,气缸内活塞的运动,车床上刀架的运动,沿直线轨道行驶的火车车厢的运动等。刚体平动时,其上各点的轨迹如为直线,则称为直线平动,如图 7-1(a)所示;如为曲线,则称为曲线平动,如图 7-1(b)所示。

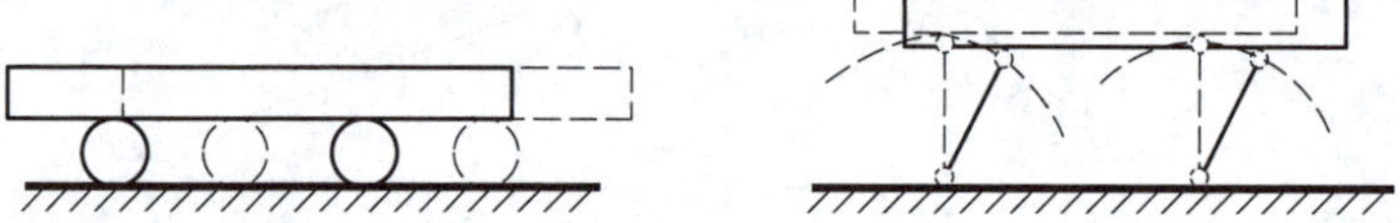

(a)　　(b)

图 7-1

### 2. 刚体平动的运动特征

设刚体作平动,如图 7-2 所示。在刚体上任选两点 $A$ 和 $B$,$A$ 的矢径为 $\boldsymbol{r}_A$,$B$ 的径为 $\boldsymbol{r}_B$,两矢端曲线就是两点的轨迹。由图可知

$$\boldsymbol{r}_A=\boldsymbol{r}_B+\overrightarrow{BA} \tag{7-1}$$

当刚体平动时,线段 $\overrightarrow{BA}$ 的长度和方向都不变,因此,只要将点 $B$ 的轨迹沿 $\overrightarrow{BA}$ 平行移动一个距离 $BA$,就能与点 $A$ 的轨迹完全重合。刚体平动时,其上各点的轨迹不一定是直线,但是它们的形状是完全相同的。

将上式两边对时间求导，因为 $\overrightarrow{BA}$ 的大小和方向均不随时间而改变，即 $\dfrac{\mathrm{d}\overrightarrow{BA}}{\mathrm{d}t}=0$，得

$$\boldsymbol{v}_B=\boldsymbol{v}_A,\quad \boldsymbol{a}_B=\boldsymbol{a}_A \tag{7-2}$$

其中，$\boldsymbol{v}_A$ 和 $\boldsymbol{v}_B$ 分别表示 $A$ 点和 $B$ 点的速度，$\boldsymbol{a}_A$ 和 $\boldsymbol{a}_B$ 表示它们的加速度。

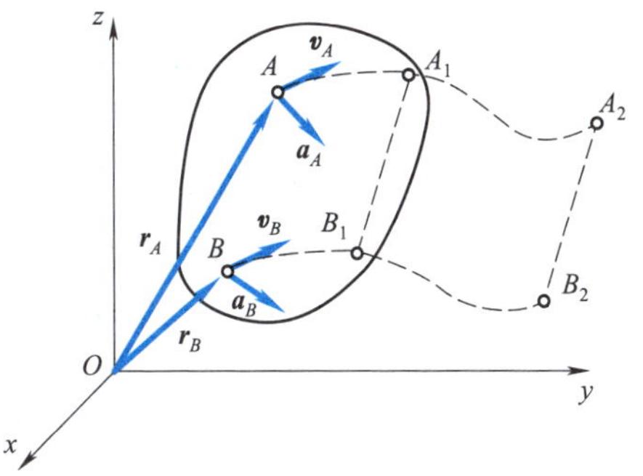

图　7-2

式(7-2)表明，在任一瞬时，$A$、$B$ 两点的速度相同，加速度也相同。因为点 $A$、$B$ 是任取的两点，因此可得如下结论：刚体平动时，其上各点的轨迹形状相同；同一瞬时，各点的速度相同，加速度也相同。

综上所述，对于平动刚体，只要知道其上任一点的运动就知道了整个刚体的运动。所以，研究刚体的平动，可以归结为研究刚体内任一点（如机构的连接点、质心等）的运动，也就是归结为上一章所研究过的点的运动学问题。

**【例 7-1】** 曲柄滑杆机构中，有一圆形滑道其半径为 $R=100$ mm，圆心 $O_1$ 在导杆 $BC$ 上，曲柄长 $OA=100$ mm，以等角速度 $\omega=4$ rad/s 绕 $O$ 转动，如图 7-3(a) 所示。求导杆 $BC$ 的运动规律以及当曲柄与水平线间的交角 $\varphi=30°$ 时导杆 $BC$ 的速度和加速度。

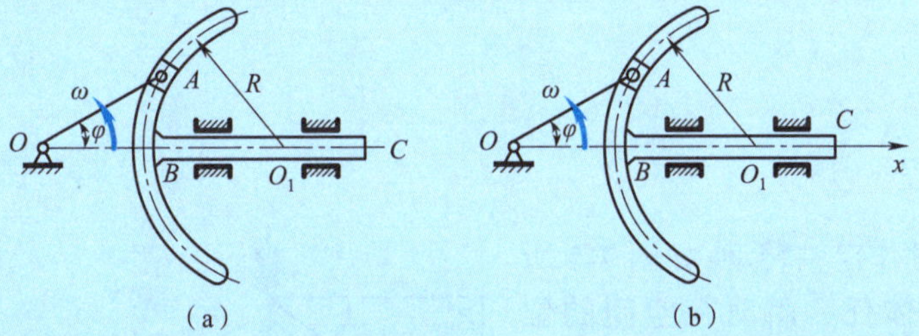

图　7-3

**【解】** 建立图 7-3(b) 所示的坐标轴 $Ox$。因为导杆平动，所以导杆上点的运动可以代表导杆的运动，点 $O_1$ 的运动方程为

$$x=2R\cos\varphi=0.20\cos\omega t \qquad ①$$

将式①对时间求一阶导数和二阶导数分别得到

$$\dot{x}=-0.8\sin\omega t \qquad ②$$

$$\ddot{x}=-3.20\cos\omega t \qquad ③$$

当 $\varphi=\omega t=30°$ 时，有

$$v_{BC}=\dot{x}=-0.8\sin30°\ \text{m/s}=-0.40\ \text{m/s}$$

$$a_{BC}=\ddot{x}=-3.2\cos30°\ \text{m/s}=-2.77\ \text{m/s}^2$$

## §7-2 刚体绕定轴的转动

在刚体运动过程中,刚体内(或其扩展部分)有一直线始终保持不动,其余各点分别以到该固定直线的垂直距离为半径作圆周运动,这种运动称为刚体绕定轴转动,简称定轴转动。这条固定不动的直线称为刚体的固定转轴。

在工程实际中绕固定轴转动的物体很多,如齿轮、电动机的转子、卷扬机的鼓轮、定滑轮,以及图 7-4 所示在圆弧轨道平面内运动的杆 $AB$ 等,都是绕定轴转动的刚体。不同的是前几个转动刚体的固定轴在刚体上,而图 7-4 所示杆 $AB$ 杆的固定轴都是过 $O$ 点垂直于纸面的直线,但不在刚体上。

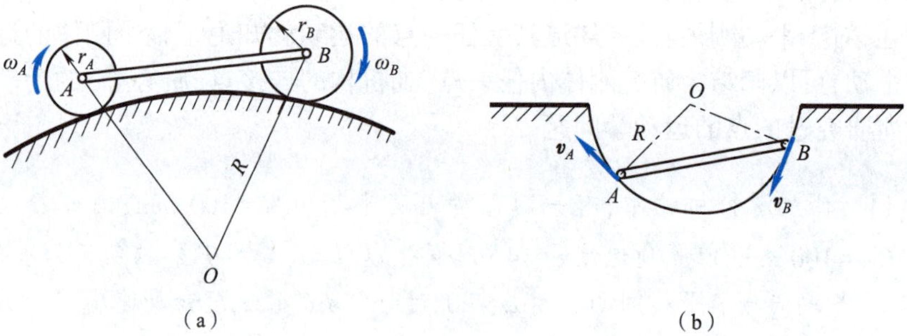


图 7-4

### 1. 转动方程

设刚体绕 $z$ 轴作定轴转动,如图 7-5 所示。为了确定刚体任一瞬时在空间的位置,可先通过 $z$ 轴作一个不动的平面 $P_0$(称为定平面),再通过 $z$ 轴作一个与刚体一起转动的平面 $P$(称为动平面)。于是,任一瞬时刚体的位置可由动平面 $P$ 和定平面 $P_0$ 的夹角 $\varphi$ 来确定。角 $\varphi$ 称为转角,单位是弧度(rad)。它是一个代数量,其正负号按右手螺旋法则确定,或从 $z$ 轴的正向向负向看,从定平面起按逆时针转得的角 $\varphi$ 取正值;反之,取负值。当刚体绕定轴转动时,转角 $\varphi$ 随时间 $t$ 不断变化,是时间的单值连续函数,即

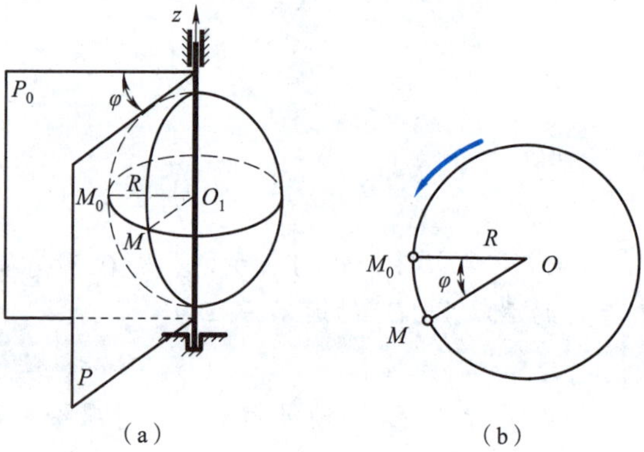


图 7-5

$$\varphi=f(t) \tag{7-3}$$

式(7-3)称为刚体的转动方程,它反映了绕定轴转动刚体的运动规律。若转动方程已知,则刚体在任一瞬时的位置就可确定。

由于定轴转动的刚体上平行于转轴的任一直线均为平动,其上各点的运动特征量相同,因此刚体的定轴转动可以简化为垂直于转轴的平面图形在自身平面内绕固定点的转动,如图 7-5(b)所示,定点 $O$ 是转轴上一点,称为转动中心。

## 2. 角速度和角加速度

为了度量刚体转动的快慢和转向，引入角速度的概念。设在时间间隔 $\Delta t$ 中，定轴转动刚体的转角增量，即刚体的角位移为 $\Delta\varphi$，则刚体的瞬时角速度定义为

$$\omega=\lim_{\Delta t\to 0}\frac{\Delta\varphi}{\Delta t}=\frac{\mathrm{d}\varphi}{\mathrm{d}t} \tag{7-4}$$

即刚体的角速度等于其转角对时间的一阶导数。角速度 $\omega$ 是代数量，从轴的正向向负向看，刚体逆时针方向转动时角速度为正，反之为负。角速度的单位为弧度/秒(rad/s)。工程实际中也常用转速 $n$ 表示转动的快慢，转速的单位为转/分(r/min)。转速 $n$ 与角速度 $\omega$(单位：rad/s)的关系为

$$\omega=\frac{2\pi n}{60}=\frac{n\pi}{30} \tag{7-5}$$

同理，引入角加速度的概念来描述角速度的变化规律，角速度对时间的变化率称为角加速度。设在 $\Delta t$ 时间间隔内，角速度的改变量为 $\Delta\omega$，则刚体的瞬时角加速度定义为

$$\alpha=\lim_{\Delta t\to 0}\frac{\Delta\omega}{\Delta t}=\frac{\mathrm{d}\omega}{\mathrm{d}t} \tag{7-6}$$

角加速度 $\alpha$ 是代数量，当 $\alpha$ 与 $\omega$ 同号时，则刚体转动是加速的；当 $\alpha$ 与 $\omega$ 异号时，则刚体转动是减速的。其单位为弧度/秒$^2$($\mathrm{rad/s^2}$)。

如果 $\omega$=常量，则称为匀速转动；如果 $\omega$ 是变量，刚体的角加速度 $\alpha$=常量，则称为匀变速转动。匀变速转动时，刚体的角速度、转角和时间之间的关系与点在匀变速运动中的速度、坐标和时间之间的关系相似。

**【例 7-2】** 图 7-6 所示的机构中杆 $AB$ 以匀速 $\boldsymbol{v}$ 沿槽向上滑动，通过滑块 $A$ 带动摇杆 $OC$ 绕定轴 $O$ 转动。开始时 $\varphi=0$，试求当 $\varphi=\dfrac{\pi}{4}$ 时，摇杆 $OC$ 的角速度和角加速度。

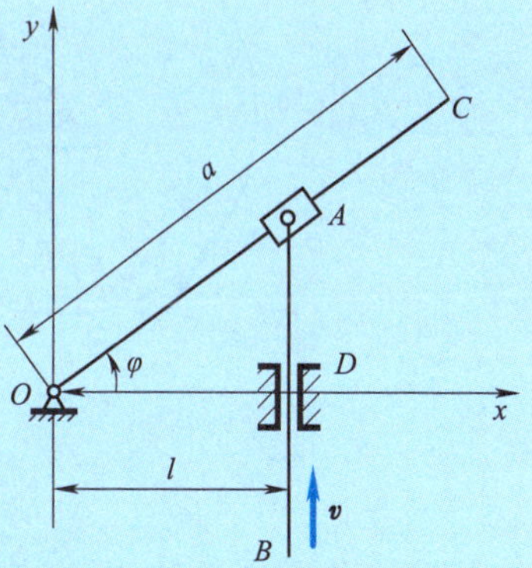

图 7-6

**【解】** 摇杆 $OC$ 绕定轴 $O$ 转动，据题意由几何关系得摇杆 $OC$ 的转动方程为

$$\varphi=\arctan\frac{vt}{l}$$

将上述转动方程依次对时间 $t$ 求一阶导数、二阶导数得其角速度、角加速度分别为

$$\omega=\dot{\varphi}=\frac{vl}{l^2+(vt)^2},\quad \alpha=\frac{2v^3lt}{[l^2+(vt)^2]^2}$$

所以，当 $\varphi=\dfrac{\pi}{4}$ 时，即 $t=\dfrac{l}{v}$ 时，摇杆 $OC$ 的角速度和角加速度分别为

$$\omega=\frac{v}{2l},\quad \alpha=-\frac{v^2}{2l^2}$$

# §7-3 定轴转动刚体内各点的速度和加速度

## 1. 运动方程

刚体绕定轴转动时,体内每一点都在垂直于转轴的平面内作圆周运动,各圆半径等于该点到转轴的垂直距离,圆心都在转轴上。设点 $M$ 为刚体内任意一点,它距离转轴的垂直距离为 $R$ 即 $OM=R$,称为转动半径,如图 7-5 所示,在初始时刻,点 $M$ 与固定平面 $P_0$ 的点 $M_0$ 重合。取 $M_0$ 为圆周曲线弧坐标的原点,当刚体转动 $\varphi$ 角时,该点的弧坐标为

$$s=R\varphi \tag{7-7}$$

这就是动点 $M$ 沿其圆周轨迹的运动方程。

## 2. 速度和加速度

由第 6 章可知,点 $M$ 的速度大小为

$$v=\frac{\mathrm{d}s}{\mathrm{d}t}=R\frac{\mathrm{d}\varphi}{\mathrm{d}t}=R\omega \tag{7-8}$$

即刚体转动时,刚体上任一点的速度的大小等于该点到转轴的距离与刚体角速度的乘积,其方向沿该点圆周的切线,并指向转动的一方,如图 7-7(a)所示。任一条通过轴心的直线上,每个点的速度按线性规律分布,如图 7-7(b)所示。

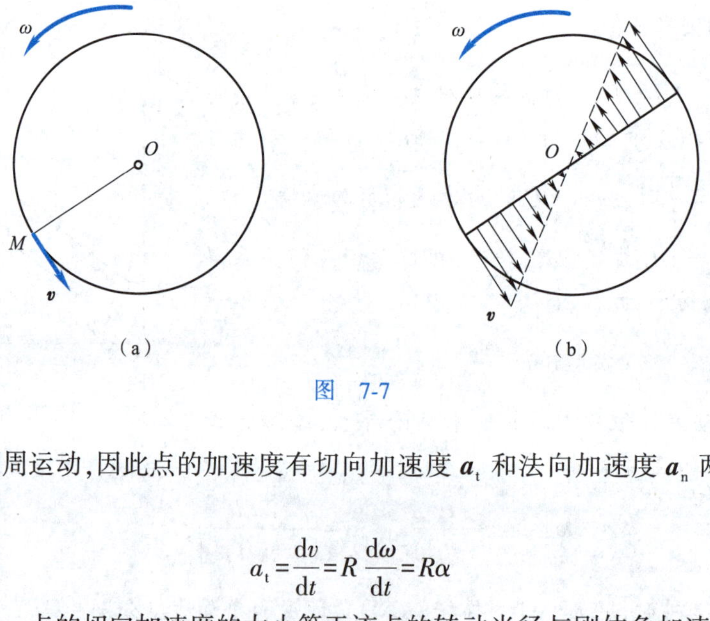


图 7-7

因为点作圆周运动,因此点的加速度有切向加速度 $\boldsymbol{a}_{\mathrm{t}}$ 和法向加速度 $\boldsymbol{a}_{\mathrm{n}}$ 两部分。切向加速度的大小为

$$a_{\mathrm{t}}=\frac{\mathrm{d}v}{\mathrm{d}t}=R\frac{\mathrm{d}\omega}{\mathrm{d}t}=R\alpha \tag{7-9}$$

即转动刚体内任一点的切向加速度的大小等于该点的转动半径与刚体角加速度的乘积,方向沿轨迹的切线,指向与 $\alpha$ 的转向一致,如图 7-8(a)所示。

法向加速度的大小为

$$a_{\mathrm{n}}=\frac{v^2}{\rho}=\frac{(R\omega)^2}{R}=R\omega^2 \tag{7-10}$$

即转动刚体内任一点的法向加速度的大小等于该点的转动半径与刚体角速度平方的乘积，方向指向圆心 $O$，如图 7-8(a)所示。

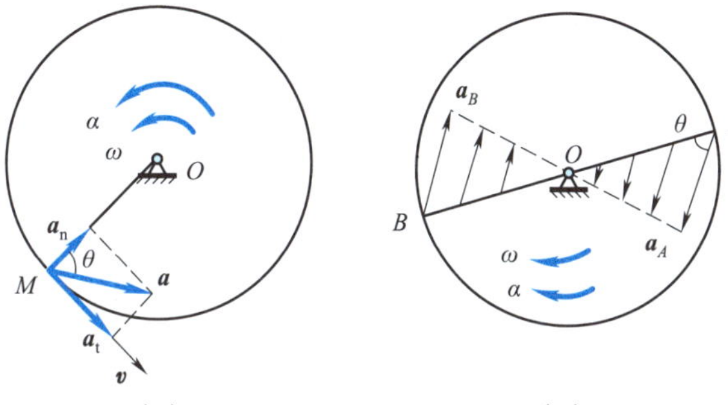


图　7-8

点 $M$ 的全加速度 $\boldsymbol{a}$ 等于其切向加速度与法向加速度的矢量和，如图 7-8(a)所示。其大小为

$$a=\sqrt{a_t^2+a_n^2}=\sqrt{(R\alpha)^2+(R\omega^2)^2}=R\sqrt{\alpha^2+\omega^4} \tag{7-11}$$

$$\tan\theta=\frac{a_t}{a_n}=\frac{\alpha}{\omega^2} \tag{7-12}$$

式中，$\theta$ 为加速度与转动半径之间的夹角，如图 7-8(a)所示。

由上述分析可以看出，刚体定轴转动时，其上各点的速度、加速度有如下分布规律：

(1)刚体上各点的速度、加速度与该点的转动半径成正比。

(2)转动刚体上各点的速度方向，垂直于转动半径，并指向转动的一方。

(3)同一瞬时转动刚体内各点的全加速度与其转动半径具有相同的夹角，并偏向角加速度 $\alpha$ 转向的一方，如图 7-8(b)所示。

**【例 7-3】** 搅拌机构如图 7-9 所示，已知 $O_1A=O_2B=R$，$O_1O_2=AB$，杆 $O_1A$ 以不变的转速 $n$(单位：r/min)转动。试分析构件 $BAM$ 上点 $M$ 的轨迹及其速度和加速度。

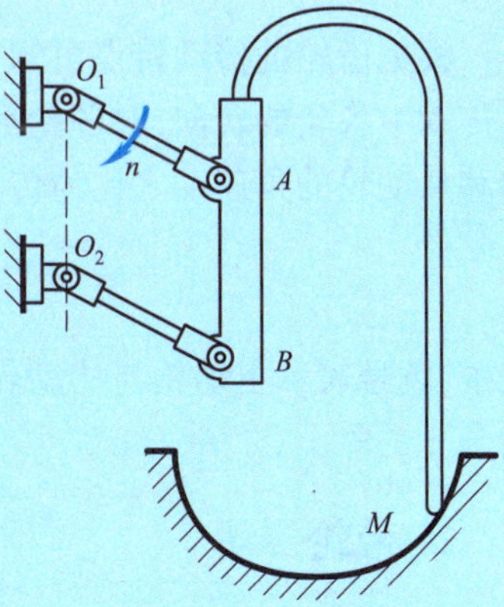


图　7-9

**【解】** 构件 $BAM$ 作平动，故其上所有点的轨迹相同，且其速度和加速度在某一瞬时也相同。由构件 $BAM$ 上点 $A$ 绕 $O_1$ 作圆周运动，得知

$$v_A=R\omega=R\frac{2\pi n}{60}=\frac{R\pi n}{30}$$

$$a_A=a_n=\frac{v_A^2}{R}=\frac{R\pi^2n^2}{900}$$

因此 $M$ 点的轨迹也是半径为 $R$ 的圆周，其速度和加速度分别为

$$v_M=\frac{R\pi n}{30},\quad a_M=\frac{R\pi^2n^2}{900}$$

# §7-4　定轴轮系的传动比

工程中,为了满足加工和传动的需要,常常利用轮系传动来提高或降低机械的转速,最常见的轮系有齿轮系和带轮系。

## 1. 齿轮传动

圆柱齿轮传动是常用的轮系传动方式之一,可用来升降转速、改变转动方向。图 7-10(a)、(b)分别为齿轮外啮合、内啮合的原理图。

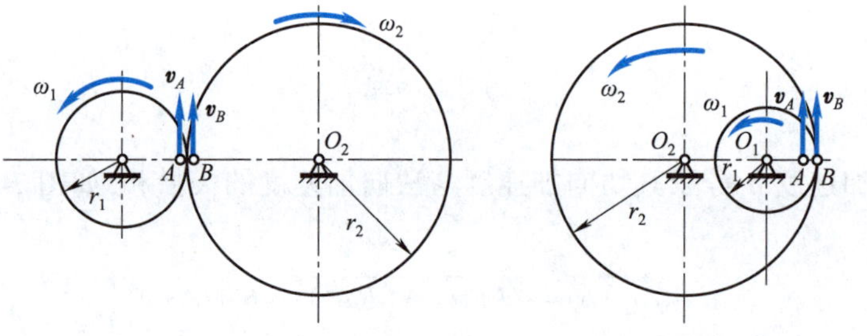


图　7-10

设小齿轮、大齿轮半径分别为 $r_1$、$r_2$,齿数分别为 $z_1$、$z_2$,$A$、$B$ 分别为两轮啮合处的接触点。因两齿轮传动时无相对滑动,故

$$\boldsymbol{v}_A=\boldsymbol{v}_B \tag{7-13}$$

由 $v_A=\omega_1 r_1$,$v_B=\omega_2 r_2$,得

$$\frac{\omega_1}{\omega_2}=\frac{r_2}{r_1} \tag{7-14}$$

根据齿轮的传动特点可知,啮合处的齿距相等,齿数与半径成正比。有些场合为了区分轮系传动中各轮的转向,对各轮都规定统一的转动正向,这时各轮的角速度可取代数值。以主动轮和从动轮的角速度之比为传动比 $i_{12}$,可得

$$i_{12}=\pm\frac{\omega_1}{\omega_2}=\pm\frac{r_2}{r_1}=\pm\frac{z_2}{z_1} \tag{7-15}$$

式中,负号表示主动轮与从动轮转向相反(外啮合),正号表示主动轮与从动轮转向相同(内啮合)。

## 2. 带轮传动

在工程中,常见到电动机通过传送带使变速箱的轴转动,如图 7-11 所示,在此带轮系中,设主动轮和从动轮的半径分别为 $r_1$、$r_2$,角速度分别为 $\omega_1$ 和 $\omega_2$,如不考虑传送带厚度,并假设传送带与带轮之间无相对滑动,则有

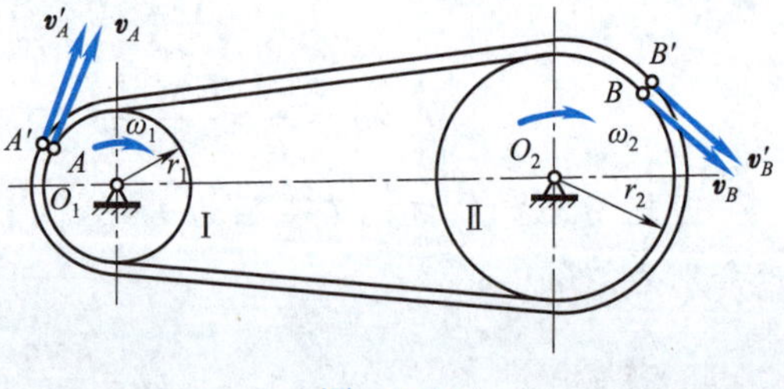


图　7-11

$$r_1\omega_1=r_2\omega_2 \tag{7-16}$$

可得带轮的传动比为

$$i_{12}=\frac{\omega_1}{\omega_2}=\frac{r_2}{r_1} \tag{7-17}$$

即两轮的角速度与其半径成反比。

### 3. 定轴轮系的传动比的计算

由若干齿轮组成的传动系统称为轮系，将具有固定转轴的轮系称为定轴轮系。轮系中首末两轮的转速或角速度之比称为轮系的传动比，用 $i_{AB}$ 表示，其中 $A$ 代表首轮，$B$ 代表末轮，且有

$$i_{AB}=(-1)^n\cdot\frac{\text{各从动轮齿数乘积}}{\text{各主动轮齿数乘积}} \tag{7-18}$$

式中，$n$ 为外啮合齿轮对数。

**【例 7-4】** 图 7-12 所示为一带式输送机。已知：主动轮 Ⅰ 的转速 $n_1=1\ 200$ r/min，齿数 $z_1=24$，轮 Ⅱ 的数为 $z_2=96$，轮Ⅲ和轮Ⅳ用链条传动，齿数分别为 $z_3=15$ 和 $z_4=45$，轮 $V$ 的直径 $D=460$ mm。试求输送带的速度。

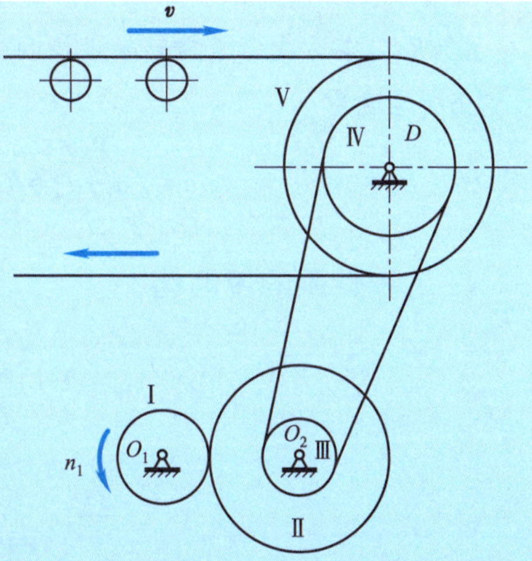


图　7-12

**【解】** (1)计算轮 Ⅰ 的角速度和轮系的传动比：

$$\omega_1=\frac{\pi n_1}{30}=\frac{\pi\times1\ 200}{30}\ \text{rad/s}=40\pi\ \text{rad/s}$$

$$i_{14}=\frac{\omega_1}{\omega_4}=\frac{\omega_1}{\omega_2}\cdot\frac{\omega_3}{\omega_4}=\frac{z_2}{z_1}\cdot\frac{z_4}{z_3}$$

(2)计算轮Ⅳ的角速度：

$$\omega_4=\frac{\omega_1}{i_{14}}=\frac{z_1}{z_2}\cdot\frac{z_3}{z_4}\omega_1=\frac{24}{96}\times\frac{15}{45}\times40\pi\ \text{rad/s}=\frac{10\pi}{3}\ \text{rad/s}$$

(3)计算输送带速度：

$$v=\frac{D}{2}\omega_4=\frac{460}{2\times1\ 000}\ \frac{10\pi}{3}\ \text{m/s}=2.41\ \text{m/s}$$

## 小　　结

本章重点讲述了刚体的平动和定轴转动。

### 1. 刚体的基本运动

刚体的基本运动形式为平动和绕定轴转动。

### 2. 刚体平动的运动特征

平动刚体上各点的轨迹形状相同，每时刻各点的速度相等，加速度也相等，因此刚体的平动问题可归结为点的运动问题来研究。

### 3. 刚体绕定轴转动

绕定轴转动的刚体任一时刻的位置可用其转角 $\varphi$ 表示；刚体的角速度是刚体转动快慢的度量，即 $\omega=\frac{\mathrm{d}\varphi}{\mathrm{d}t}$；刚体的角加速度是角速度变化快慢的度量，即 $\alpha=\frac{\mathrm{d}\omega}{\mathrm{d}t}$；刚体上各点的速度、切向加速度、法向加速度及全加速度的大小都与各点的转动半径成正比，即：

$v=R\omega$，其方向垂直于转动半径即沿圆周的切线，指向与 $\omega$ 的转向一致；

$a_t=R\alpha$，其方向垂直于转动半径即沿圆周的切线，指向与角加速度 $\alpha$ 的转向一致；

$a_n=R\omega^2$，其方向沿着转动半径指向圆心。

全加速度为

$$a=\sqrt{a_t^2+a_n^2}=R\sqrt{\alpha^2+\omega^4},\quad \tan\theta=\frac{a_t}{a_n}=\frac{\alpha}{\omega^2}$$

### 4. 定轴轮系的传动比

$$i_{AB}=(-1)^n\cdot\frac{\text{各从动轮齿数乘积}}{\text{各主动轮齿数乘积}}$$

## 思 考 题

7-1 满足下述哪些条件的刚体运动一定是平动？

(1)刚体运动时，其上有不在一条直线上的三点始终作直线运动；

(2)刚体运动时，其上所有点到某固定平面的距离始终保持不变；

(3)刚体运动时，其上有两条相交直线始终与各自初始位置保持平行；

(4)刚体运动时，其上有不在一条直线上的三点的速度大小、方向始终相同。

7-2 试问车辆沿圆弧轨道拐弯时，车厢作什么运动。

7-3 刚体定轴转动时，角加速度为正，表示加速转动；角加速度为负，表示减速转动。上述说法对吗？为什么？

7-4 有人说："刚体平动时，刚体内各点的轨迹一定是直线或平行曲线，刚体绕定轴转动时，各点的轨迹一定是圆。"上述说法对吗，为什么？

7-5 各点都作圆周运动的刚体一定是定轴转动吗？

7-6 某瞬时，平动刚体上各点速度的大小相等，但方向可以不同。上述说法对吗？

7-7 刚体在运动过程中，若其上有一条直线始终平行于它的初始位置，那么这种刚体的运动就是平动吗？

7-8　定轴转动刚体的固定转轴不能在刚体的外形轮廓之外吗？

7-9　刚体定轴转动时，其上某点 $A$ 到转轴距离为 $R$。为求出刚体上任意点在某一瞬时的速度和加速度的大小，下述哪组条件是充分的？

(1) 已知点 $A$ 的速度及该点的全加速度方向；

(2) 已知点 $A$ 的切向加速度及法向加速度；

(3) 已知点 $A$ 的切向加速度及该点的全加速度方向；

(4) 已知点 $A$ 的法向加速度及该点的速度；

(5) 已知点 $A$ 的法向加速度及该点全加速度的方向。

7-10　定轴转动刚体内哪些点的加速度大小相等？哪些点的加速度方向相同？哪些点的加速度大小、方向都相同？

7-11　刚体绕定轴转动，如果已知刚体上任意两点的速度方向，问能否确定转轴的位置。

7-12　鼓轮如图所示，试计算鼓轮的角速度。计算如下：因为 $\tan\varphi=\dfrac{x}{R}$，所以 $\omega=\dfrac{d\varphi}{dt}=\dfrac{d}{dt}\left(\arctan\dfrac{x}{R}\right)$。这种计算方法对否？为什么？

7-13　试画出图中标有字母的各点的速度方向和加速度方向。

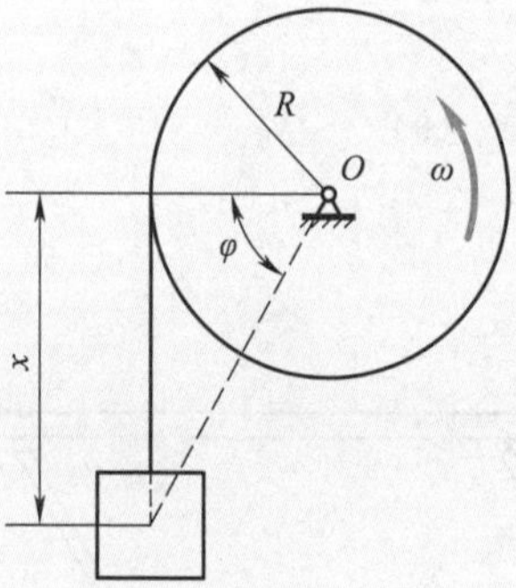


思考题 7-12 图

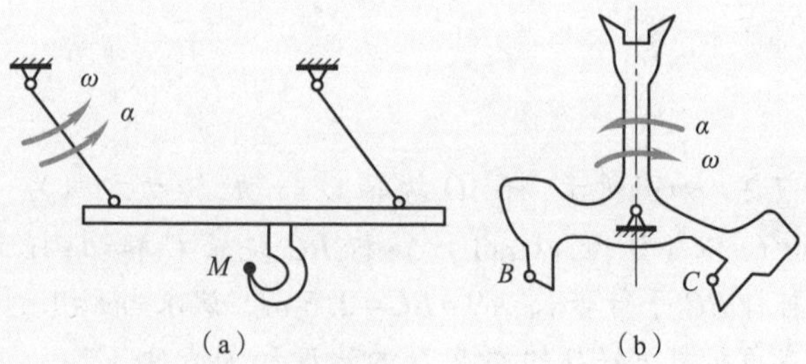


思考题 7-13 图

7-14　判断下列说法是否正确：

(1) 相互啮合的两个齿轮，两者接触点的线速度相同，从而它们的角速度也相同；

(2) 相互啮合的两个齿轮，两者接触点的线速度不相同，从而它们的角速度也不相同；

(3) 相互啮合的两个齿轮，两者接触点的线速度不相同，从而它们的角速度也相同；

(4) 相互啮合的两个齿轮，两者接触点的线速度相同，从而它们的角速度也不相同。

7-15　如图所示，图中所挂重物的细绳绕在轮上，当物上升时，绳上一点 $C$ 与轮上的点 $C'$ 接触，问这两点的速度和加速度是否相同。当重物下降呢？

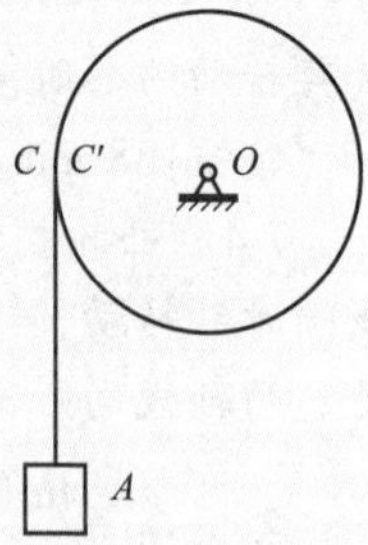


思考题 7-15 图

7-16　某瞬时,如果定轴转动刚体上任一点的法向加速度已知,就不但可以求得刚体转动的角速度的大小,还可以知道其转向吗?

7-17　汽车通过双曲拱桥(桥面曲线为抛物线)时,车作平动、定轴转动还是其他运动?

7-18　两个作定轴转动的刚体,若其角加速度始终相等,则其转动方程相同。上述方法对吗?

## 习　题

7-1　求出图中点 $M$ 的速度和加速度。

答案:(a) $v_M=l\omega$, $a_M=l\sqrt{\omega^4+\alpha^2}$;(b) $v_M=\omega\sqrt{l^2+R^2}$, $a_M=\sqrt{R^2+l^2}\sqrt{\omega^4+\alpha^2}$

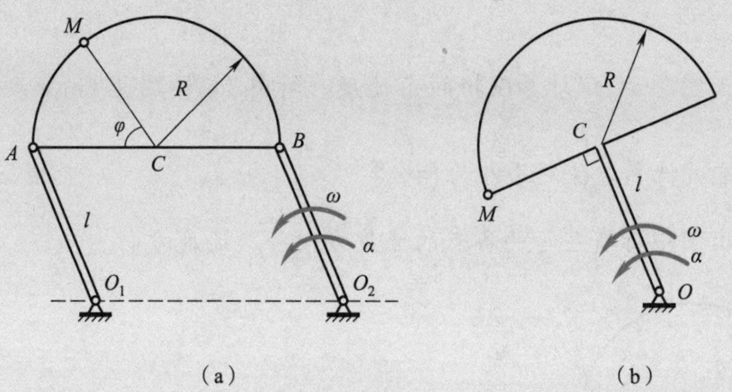


习题 7-1 图

7-2　如图所示,杆 $AO$ 绕轴 $O$ 转动,转动方程为 $\varphi=4t^2$($t$ 以 s 计,$\varphi$ 以 rad 计);杆 $BC$ 绕轴 $C$ 转动;杆 $AO$ 与杆 $BC$ 平行等长,$AO=BC=0.5$ m。试求当 $t=1$ s 时,直角折杆 $EABD$ 的端点 $D$ 的速度和加速度。

答案:$v_D=4$ m/s, $a_D=32.25$ m/s$^2$

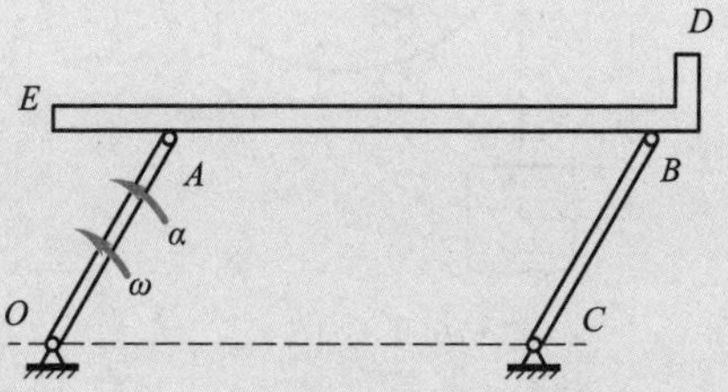


习题 7-2 图

7-3　飞轮由静止开始作匀加速转动,在 $t_1=10$ min 内其转速达到 $n_1=120$ r/min,并以此转速转动时间 $t_2$(单位:s)后,再作匀减速转动,经 $t_3=6$ min 后停止,飞轮总共转过 $\varphi=3\ 600$ rad。试求其转动的总时间。

答案:38 min

7-4　凸轮摆杆机构如图所示。圆形凸轮的半径为 $r$,绕通过轮缘 $O$ 点而垂直纸面的轴线顺时针转动,转角 $\varphi=\omega t$,角速度 $\omega$ 保持不变。凸轮推动滑槽,使摆杆 $OB$ 绕 $O$ 轴往复摆动。两轴线间距离 $OO_1=l$,试求摆杆的角速度。

答案:$\omega=\dfrac{r\omega(r+l\cos\omega t)}{l^2+r^2+2lr\cos\omega t}$

7-5　如图所示，小环 $A$ 沿半径为 $R$ 的固定圆环以匀速 $v$ 运动，带动穿过小环的摆杆 $OB$ 绕 $O$ 轴转动。求：(1)杆 $OB$ 的角速度和角加速度；(2)若 $OB=l$，试求 $B$ 点的速度和加速度。

答案：(1)$\dfrac{v}{2R}$,0；(2)$\dfrac{vl}{2R}$,0

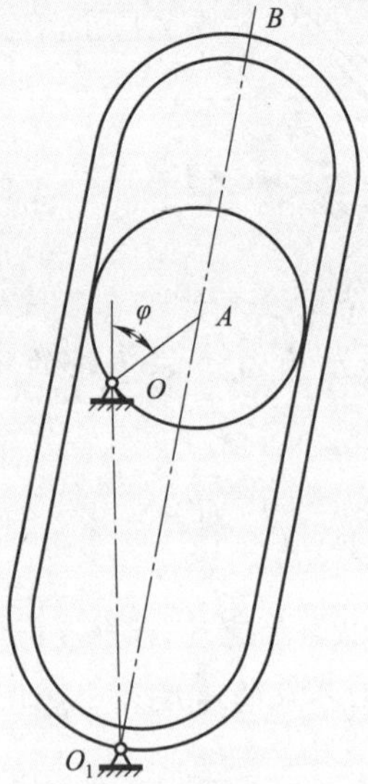

习题 7-4 图

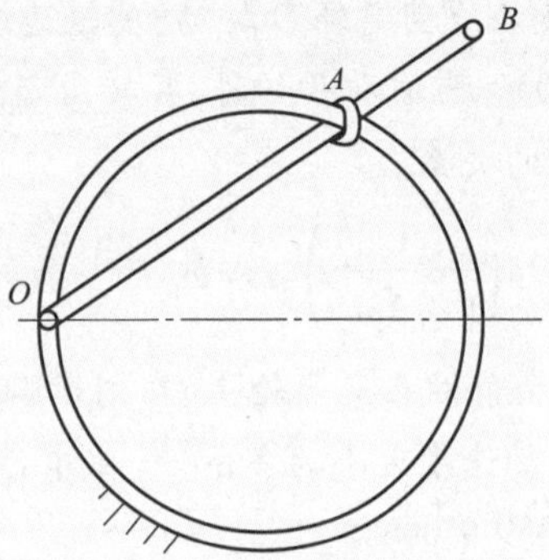

习题 7-5 图

7-6　杆 $OA$ 的长度为 $l$ 可绕轴 $O$ 转动，杆的 $A$ 端靠在物块 $B$ 的侧面上，如图所示，若物块 $B$ 以匀速度 $v_0$ 向右平动，且 $x=v_0t$，试求杆 $OA$ 的角速度、角加速度及 $A$ 点的速度。

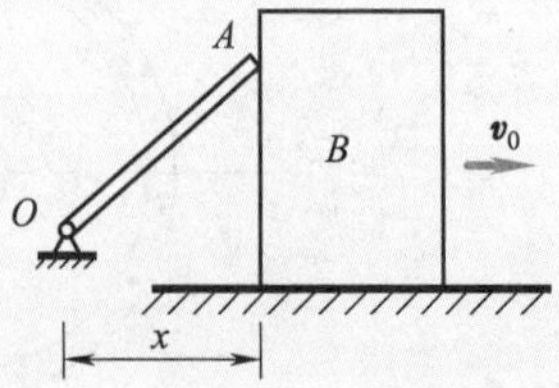

习题 7-6 图

答案：$\omega=\dot{\varphi}=\dfrac{v_0}{\sqrt{l^2-(v_0t)^2}}$；$\alpha=\ddot{\varphi}=\dfrac{{v_0}^3t}{[l^2-(v_0t)^2]^{3/2}}$；

$$v_A=l\omega=\frac{lv_0}{\sqrt{l^2-(v_0t)^2}}$$

7-7　如图所示，杆 $OA$、$O_1B$ 和十字形套筒 $D$ 套结在一起。已知 $OO_1=d=40$ cm，杆 $OA$ 以 $\omega=2$ rad/s 作匀速转动。求杆 $OB$ 的角速度 $\omega_1$ 及套筒 $D$ 的速度 $v_D$ 的大小。

答案：$\omega_1=2$ rad/s；$v_D=80$ cm/s

7-8　如图所示，机构可以将工件送入干燥炉内。已知杆 $AO=1.5$ m，在铅垂面内转动；杆 $AB=0.8$ m，$A$ 端为铰链，$B$ 端有放置工件的框架；在机构运动时，工件的速度恒为 0.05 m/s，杆 $AB$ 始终铅垂。设工件开始运送时，$\varphi=0$。试建立杆 $AO$ 的转动方程，以及点 $B$ 的轨迹方程。

答案：$\varphi=\dfrac{t}{30}$；$x^2+(y+0.8)^2=1.5^2$

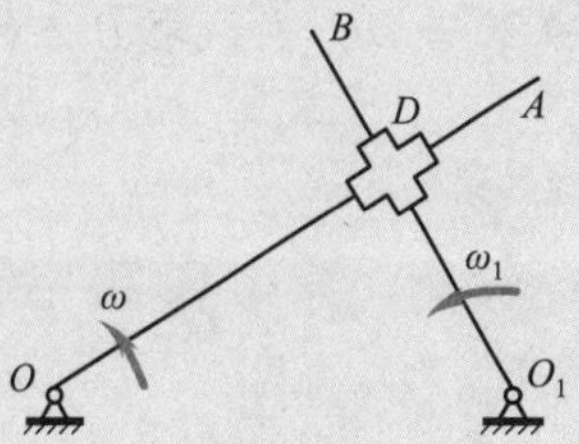


习题 7-7 图

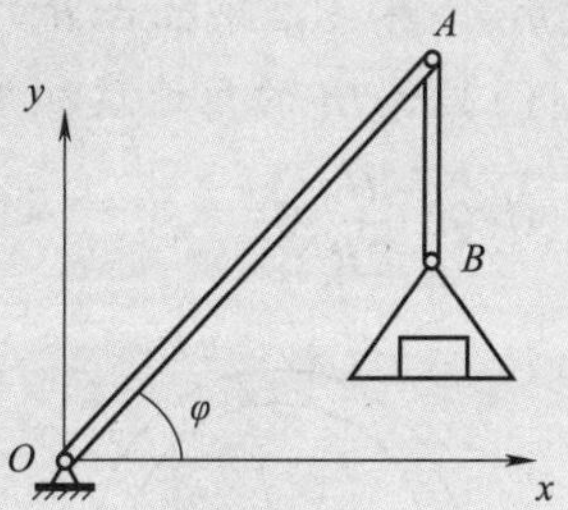


习题 7-8 图

7-9　图示飞轮绕固定轴 $O$ 转动,其轮边缘上任一点的全加速度在某段运动过程中与轮半径的夹角为 60°。当运动开始时,其转角 $\varphi_0=0$,角速度为 $\omega_0$。求飞轮的转动方程以及角速度与转角之间的关系。

答案:$\varphi=\dfrac{\sqrt{3}}{3}\ln\left(\dfrac{1}{1-\sqrt{3}\,\omega_0 t}\right)$,$\omega=\omega_0 e^{\sqrt{3}\varphi}$

7-10　一齿条静放在两齿轮上,在图示瞬时,齿条以等加速度 $a=0.5\ \mathrm{m/s^2}$ 向右运动,齿轮节圆上各点的加速度大小为 $3\ \mathrm{m/s^2}$,试求齿轮节圆上各点的速度大小。

答案:$v=0.859\,9\ \mathrm{m/s}$

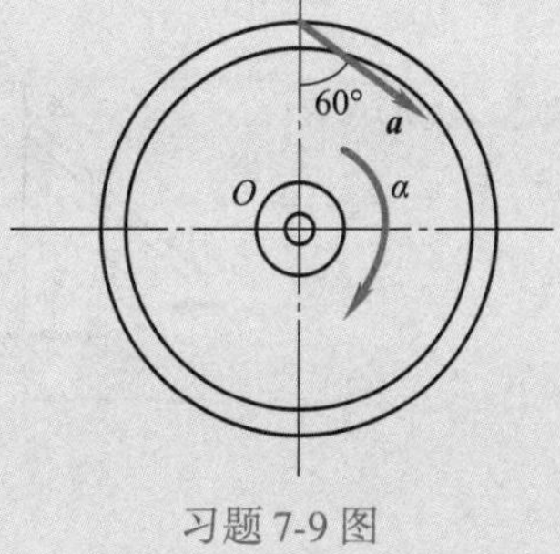


习题 7-9 图

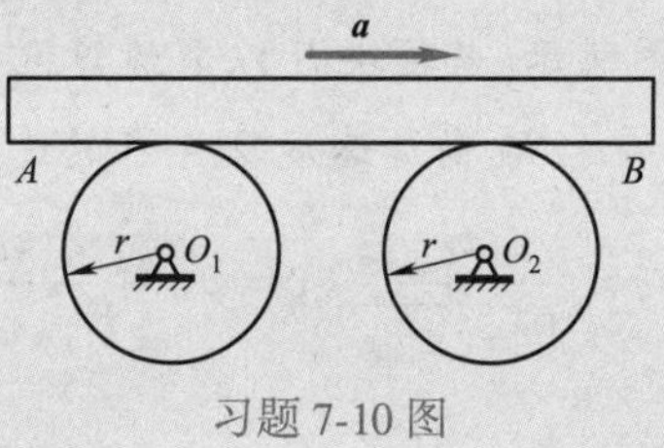


习题 7-10 图

7-11　如图所示,主动轮Ⅰ的齿数为 $z_1$,半径为 $R_1$,角速度为 $\omega_1$,从动轮Ⅱ的齿数为 $z_2$,半径为 $R_2$,轮Ⅱ与轮Ⅲ固连在同一轴上,轮的半径为 $R_3$,其上悬挂重物,试求重物的速度。

答案:$v=\dfrac{R_1R_3\omega_1}{R_2}$

7-12　纸盘由厚度为 $a$ 的纸条卷成,令纸盘中心不动,而以等速 $v$ 水平拉纸条,如图所示。求纸盘的角加速度(以半径 $r$ 的函数表示)。

答案:$\boldsymbol{\alpha}=\dfrac{av^2}{2\pi r^3}$

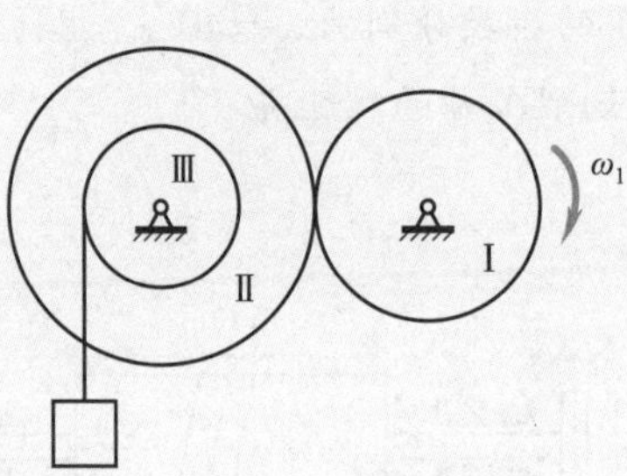


习题 7-11 图

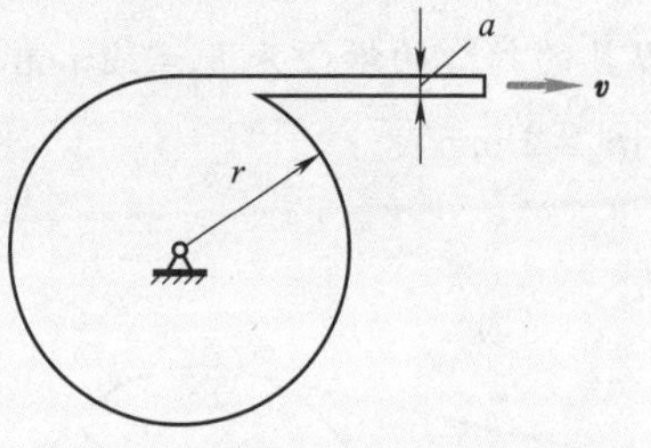


习题 7-12 图

7-13　图示机构中齿轮 1 紧固在杆 $AC$ 上，$AB=O_1O_2$。齿轮 1 和半径为 $r$ 的齿轮 2 啮合，齿轮 2 可绕 $O_2$ 轴转动且和曲柄 $O_2B$ 没有联系。设 $O_1A=O_2B=l$，$\varphi=b\sin\omega t$，试确定 $t=\dfrac{\pi}{2\omega}$ s 时，轮 2 的角速度和角加速度。

答案：$\omega_2=0$，$\alpha_2=-\dfrac{lb\omega^2}{r^2}$

7-14　摩擦传动机构的主动轴Ⅰ的转速为 $n=600$ r/min，如图所示。轴Ⅰ的轮盘与轴Ⅱ的轮盘相接触，接触点按照箭头 $A$ 所示的方向移动，距离 $d$ 的变化规律为 $d=100-5t$，其中 $d$ 以 mm 计，$t$ 以 s 计。已知 $r=50$ mm，$R=150$ mm。求：(1) 以距离 $d$ 表示轴Ⅱ的角加速度；(2) 当 $d=r$ 时，轮 $B$ 边缘上一点的全加速度。

答案：(1) $\alpha=\dfrac{5\,000\pi}{d^2}$ rad/s$^2$；(2) $a=592$ m/s$^2$

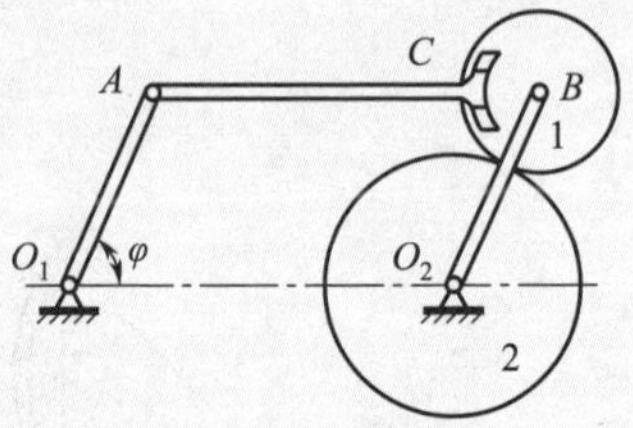


习题 7-13 图

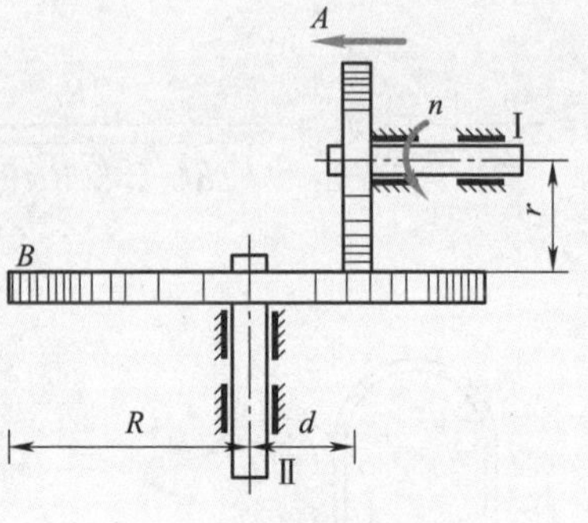


习题 7-14 图

7-15　图示电动绞车由带轮Ⅰ、Ⅱ和鼓轮Ⅲ组成，鼓轮Ⅲ和带轮Ⅱ刚性地固定在同一轴上，各轮半径分别为 $R_1=0.3$ m，$R_2=0.75$ m，$R_3=0.4$ m，轮Ⅰ的转速为 $n_1=100$ r/min=常数。设带轮和带之间无相对滑动，试求重物 $P$ 上升的速度和传送带上点 $A$、$B$、$C$、$D$ 的加速度。

答案：$v=1.676$ m/s；$a_A=a_D=32.865$ m/s$^2$ 指向轮Ⅰ的圆心；

$a_B=a_C=13.146$ m/s$^2$，指向轮Ⅱ的圆心

7-16　车床的传动装置如图所示。已知各齿轮的齿数分别为 $z_1=40,z_2=84,z_3=28,z_4=80$；带动刀具的丝杠的螺距为 $h_4=12$ mm。求车刀切削工件的螺距 $h_1$。

答案：$h_1=2$ mm

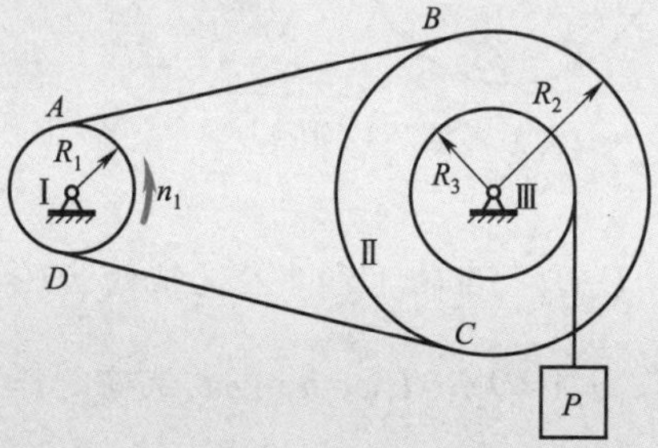


习题 7-15 图

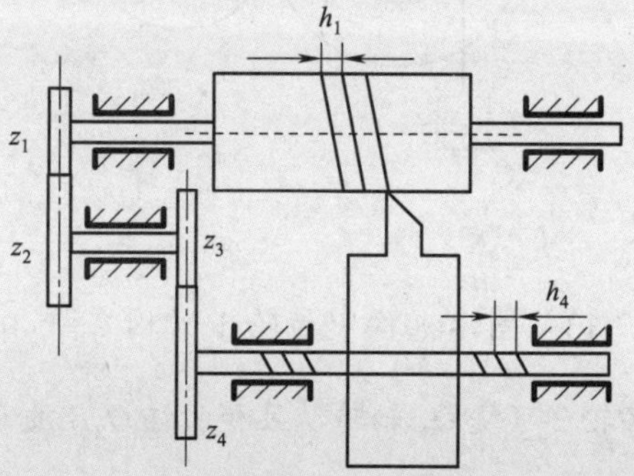


习题 7-16 图

7-17　已知搅拌机的主动齿轮 $O_1$，以 $n=950$ r/min 的转速转动，搅杆 $ABC$ 用销钉 $A$、$B$ 与齿轮 $O_2$、$O_3$ 相连，如图所示。且 $AB=O_2O_3$，$O_3A=O_2B=0.25$ m，各齿轮齿数为 $z_1=20,z_2=50,z_3=50$。求搅杆端点 $C$ 的速度和轨迹。

答案：$v_C=9.948\ \text{m/s}^2$，$C$ 点的轨迹为半径为 0.25 m 的圆

7-18　杆 $AB$ 在铅直方向以恒速 $\boldsymbol{v}$ 向下运动，并由 $B$ 端的小轮带着半径为 $R$ 的圆弧杆 $OC$ 绕轴 $O$ 转动，如图所示。设运动开始时 $\varphi=\dfrac{\pi}{4}$，求此后任意瞬时 $t$，杆 $OC$ 的角速度和点 $C$ 的速度。

答案：$\omega=-\dfrac{v}{2R\sin\varphi}$，$v_C=-\dfrac{2Rv}{\sqrt{2R^2-2\sqrt{2}Rvt-(vt)^2}}$

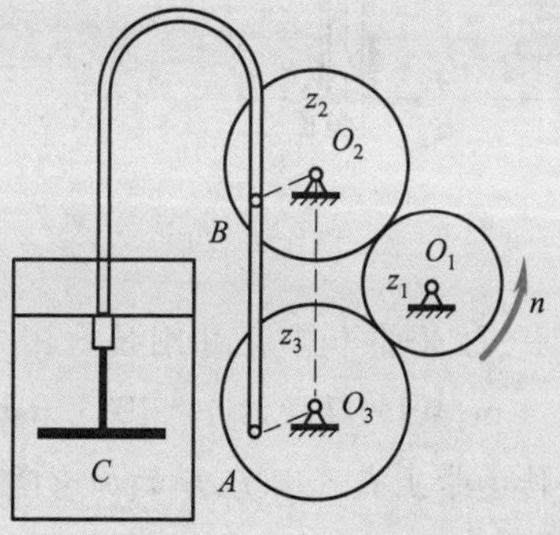


习题 7-17 图

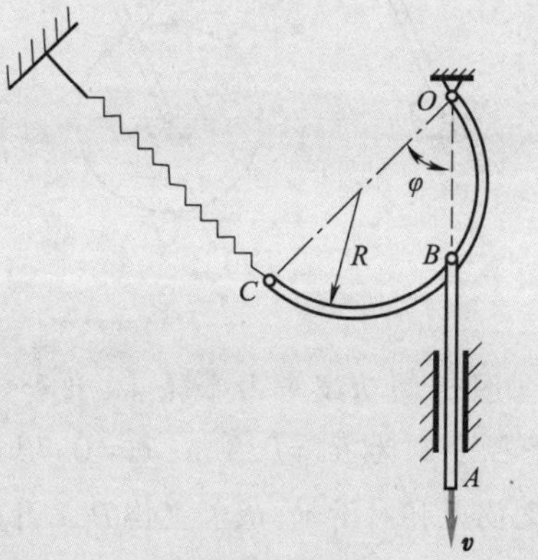


习题 7-18 图

# 第8章 点的合成运动

在运动学引言中曾指出,对任何物体运动的描述都是相对的,从不同的参考系观察同一物体的运动,得到的结果是不同的。前两章中分析了点和刚体相对一个固定参考系的运动,本章将讨论同一物体相对于不同参考系的运动,研究点相对于不同参考系运动之间的关系,分析某一瞬时点的速度合成和加速度合成的规律。

## §8-1 点的合成运动的概念

工程实际中常遇到这样的情况:点相对于某一参考系运动,而此参考系又相对于另一参考系运动。例如,图8-1中沿直线轨道滚动的车轮,其轮缘上的一点 $M$ 的运动,对于车厢上的观察者来说,运动轨迹是一个圆,车厢相对于地面又作直线平动,对于地面的观察者来说,其运动轨迹是旋轮线。又如,图8-2中直升机垂直起落时,主旋翼上的一点 $M$ 相对于机身的轨迹是一个圆周,机身相对于地面又在垂直方向作直线平动,而相对于地面的轨迹是螺旋线。显然,动点 $M$ 相对于两个参考体的速度和加速度也是不同的。

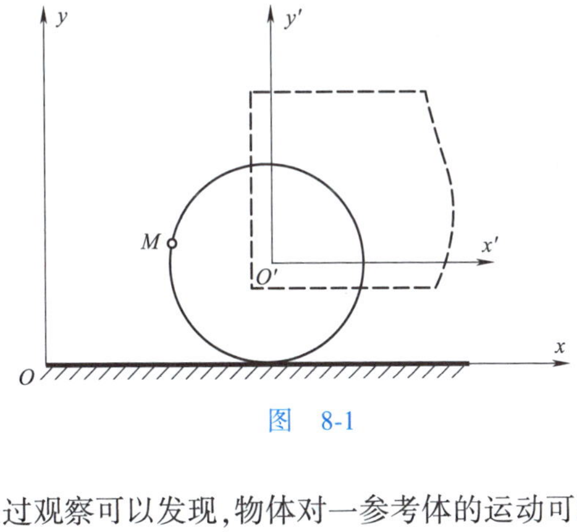

图 8-1

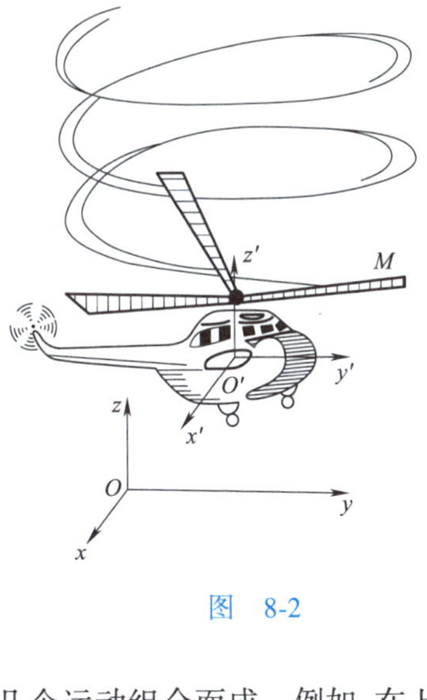

图 8-2

通过观察可以发现,物体对一参考体的运动可以由几个运动组合而成。例如,在上述例子中,车轮上的点 $M$ 是沿旋轮线运动,但是如果以车厢作为参考体,则点 $M$ 相对于车厢的运动是简单的圆周运动,车厢相对于地面的运动是简单的平动。这样,轮缘上一点的运动就可以看成两个简单运动的合成,即点 $M$ 相对于车厢作圆周运动,同时车厢相对地面作平动。同样,直升机主旋翼上的一点 $M$ 沿螺旋线运动,但是如果以机身作为参考体,则点 $M$ 相对于机身的运动是简单的圆周运动,机身相对于地面的运动是简单的平动。这样,直升机旋翼上一点的运动就可以看成两个简单运动的合成,即点 $M$ 相对于机身作圆周运动,同时机身相对地面作平动。

因此,相对于某一参考体的运动可由相对于其他参考体的几个运动组合而成,这种运动称为合成运动。

研究合成运动,首先要明确几个概念:“一点二系三运动”。所谓“一点”是指一个动点,是合成运动的研究对象。“二系”是指两个参考系,定参考系和动参考系。习惯上把固定在地球上的坐标系称为定参考系,简称定系,以 $Oxyz$ 坐标系表示。固定在其他相对于地球运动的参考体上的坐标系称为动参考系,简称动系,以 $O'x'y'z'$ 坐标系表示。在图 8-1 和图 8-2 所示两例中,动点分别为车轮轮缘上和飞机旋翼上一点 $M$,动参考系分别固定在车厢和机身,而定参考系均是固连于地面的坐标系。“三运动”是指三种运动:①动点相对于定参考系的运动,称为绝对运动;②动点相对于动参考系的运动,称为相对运动;③动参考系相对于定参考系的运动,称为牵连运动。仍以直升机垂直起落为例,取主旋翼上的一点 $M$ 为动点,固连于机身坐标系为动参考系,则机身相对于地面的平动是牵连运动;在飞机上看到点 $M$ 作圆周运动,这是相对运动;在地面上看到点沿螺旋线运动,这是绝对运动。

应该指出,动点的绝对运动和相对运动都是指点的运动,它可能作直线运动,也可能作曲线运动;而牵连运动则是动参考系(参考体)的运动,是刚体的运动,它可能作平动、定轴转动或其他较复杂的运动。

动点在绝对运动中的速度和加速度,称为绝对速度和绝对加速度,分别用 $\boldsymbol{v}_{\mathrm{a}}$ 和 $\boldsymbol{a}_{\mathrm{a}}$ 表示;动点在相对运动中的速度和加速度,称为相对速度和相对加速度,分别用 $\boldsymbol{v}_{\mathrm{r}}$ 和 $\boldsymbol{a}_{\mathrm{r}}$ 表示;由于牵连运动是动参考系的运动,是刚体的运动而不是一个点的运动,所以除非动参考系作平动,否则其上各点的运动都不完全相同,而动参考系与动点直接相关的点是该瞬时动参考系上与动点相重合的那一点,因此定义 $t$ 瞬时动参考系与动点相重合的那一点为该瞬时动点的牵连点,牵连点的速度和加速度,称为该瞬时动点的牵连速度和牵连加速度,分别用 $\boldsymbol{v}_{\mathrm{e}}$ 和 $\boldsymbol{a}_{\mathrm{e}}$ 表示。

下面来举例说明牵连速度和牵连加速度的概念。

如图 8-3 所示,滑块 $M$ 在绕定轴 $O$ 转动的圆盘上沿直槽向外滑动。选择滑块 $M$ 为动点,定参考系 $Oxy$ 固连于地面上,动参考系固定在圆盘上,动坐标轴 $Ox'$ 沿直槽。滑块 $M$ 的相对运动轨迹为沿 $x$ 轴的直线,绝对运动轨迹如图中虚线所示。在 $t_1$ 瞬时,滑块 $M$ 位于圆盘上的 $A$ 点,则该瞬时牵连点为圆盘上的 $A$ 点,牵连速度 $\boldsymbol{v}_{\mathrm{e}}$ 和牵连加速度 $\boldsymbol{a}_{\mathrm{e}}$ 就是 $A$ 点速度和加速度。设此时圆盘的角速度为 $\omega_1$,角加速度为 $\alpha_1$,则牵连速度 $v_{\mathrm{e}}=OA\cdot\omega_1$,牵连加速度为 $a_{\mathrm{e}}^{\mathrm{t}}=OA\cdot\alpha_1$,$a_{\mathrm{e}}^{\mathrm{n}}=OA\cdot\omega_1^2$,方向如图 8-3 所示。

点的绝对运动和相对运动是动点相对于不同参考系的运动,可以利用坐标变换来建立两者之间的关系。以平面问题为例,如图 8-4 所示,$M$ 为动点,$Oxy$ 为定参考系,$O'x'y'$ 为动参考系。动点 $M$ 的绝对运动方程为 $x=x(t)$,$y=y(t)$;动点 $M$ 的相对运动方程为 $x'=x'(t)$,$y'=y'(t)$;动参考系相对于定参考系的运动可由如下三个方程完全描述:$x_{O'}=x_{O'}(t)$,$y_{O'}=y_{O'}(t)$,$\varphi=\varphi(t)$;这三个方程称为牵连运动方程,其中 $\varphi$ 是从 $x$ 轴到 $x'$ 轴的转角,以逆时针方向为正。根据图中几何关系,可得定参考系 $Oxy$ 和动参考系 $O'x'y'$ 之间的坐标变换关系为

$$\begin{cases}x=x_{O'}+x'\cos\varphi-y'\sin\varphi\\ y=y_{O'}+x'\sin\varphi+y'\cos\varphi\end{cases}\tag{8-1}$$

利用上述关系式,可由给定的牵连运动方程和相对运动方程求出绝对运动方程;反之,若给定牵连运动方程和绝对运动方程,则可求出相对运动方程。

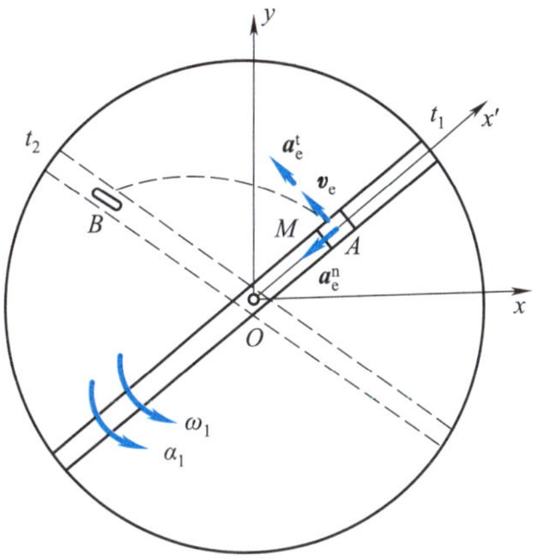


图　8-3

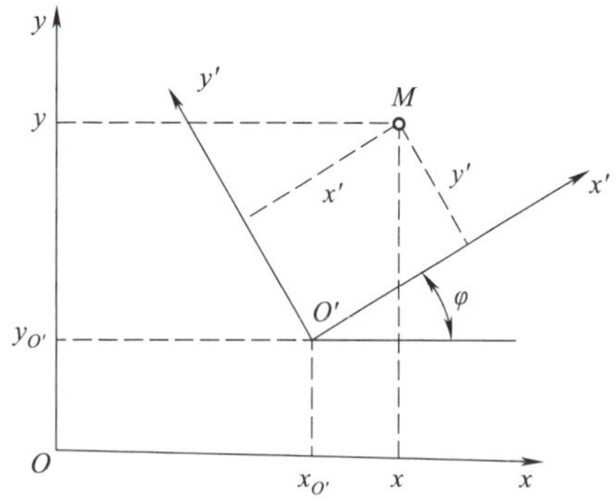


图　8-4

# §8-2　点的速度合成定理

下面分别采用几何法和解析法研究点的绝对速度、相对速度和牵连速度之间的关系。首先利用几何法研究。

设动点 $M$ 的相对运动轨迹为曲线 $AB$，为了容易理解，假想 $AB$ 为一金属丝，动参考系即固定在此金属丝上，而将动点看成沿金属丝滑动的一极小圆环，如图 8-5 所示。

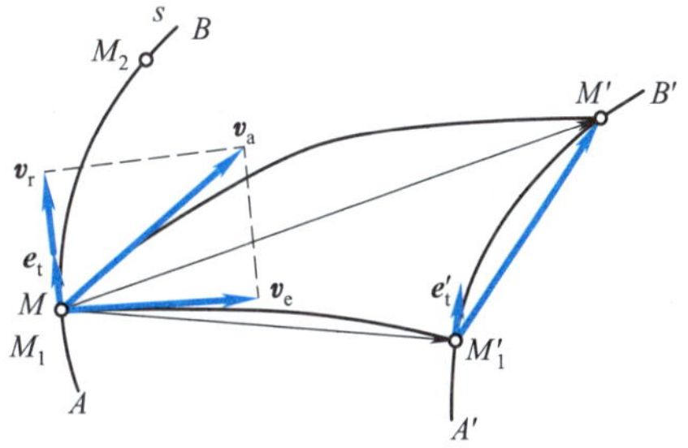


图　8-5

在 $t$ 瞬时，动点与曲线 $AB$ 上的点 $M_1$ 重合，点 $M_1$ 即为该瞬时动点的牵连点。经过极短的时间间隔 $\Delta t$ 后，曲线 $AB$ 运动到了 $A'B'$；同时动点 $M$ 沿弧 $\overset{\frown}{MM'}$ 运动到点 $M'$，而点 $M_1$ 则随动参考系运动到点 $M_1'$。

根据图中几何关系，有

$$\overrightarrow{MM'}=\overrightarrow{M_1M_1'}+\overrightarrow{M_1'M'} \tag{8-2}$$

通过引入牵连点 $M_1$，建立了动点 $M$ 的绝对运动与相对运动之间的联系。

将上式两端同时除以 $\Delta t$，并令 $\Delta t\to 0$，取极限，得

$$\lim_{\Delta t\to 0}\frac{\overrightarrow{MM'}}{\Delta t}=\lim_{\Delta t\to 0}\frac{\overrightarrow{M_1M_1'}}{\Delta t}+\lim_{\Delta t\to 0}\frac{\overrightarrow{M_1'M'}}{\Delta t} \tag{8-3}$$

根据速度的定义，动点 $M$ 在 $t$ 瞬时的绝对速度为

$$\boldsymbol{v}_{\mathrm{a}}=\lim_{\Delta t\to 0}\frac{\overrightarrow{MM'}}{\Delta t} \tag{8-4}$$

动点 $M$ 在 $t$ 瞬时的相对速度为

$$\boldsymbol{v}_{\mathrm{r}}=\lim_{\Delta t\to 0}\frac{\overrightarrow{MM_2}}{\Delta t} \tag{8-5}$$

$$\lim_{\Delta t \to 0} \frac{\overrightarrow{M_1'M'}}{\Delta t} = \lim_{\Delta t \to 0} \frac{\overrightarrow{MM_2}}{\Delta t} = \boldsymbol{v}_r \tag{8-6}$$

而在 $t$ 瞬时动点的牵连速度为

$$\boldsymbol{v}_e = \lim_{\Delta t \to 0} \frac{\overrightarrow{M_1M_1'}}{\Delta t} \tag{8-7}$$

将式(8-4)、式(8-6)、式(8-7)代入式(8-3),得

$$\boldsymbol{v}_a = \boldsymbol{v}_e + \boldsymbol{v}_r \tag{8-8}$$

此关系式称为点的速度合成定理:在任一瞬时,动点的绝对速度等于牵连速度与相对速度的矢量和。即动点的绝对速度可以由牵连速度和相对速度所构成的平行四边形的对角线来确定,这个平行四边形称为速度平行四边形。

下面举例说明点的速度合成定理的应用。

**【例 8-1】** 矿砂从传送带 $A$ 落到另一传送带 $B$ 上,如图 8-6(a)所示。站在地面上观察矿砂下落的速度为 $v_1 = 4$ m/s,方向与铅垂线成 30°。已知传送带 $B$ 的水平传动速度 $v_2 = 3$ m/s。求矿砂相对于传送带 $B$ 的速度。

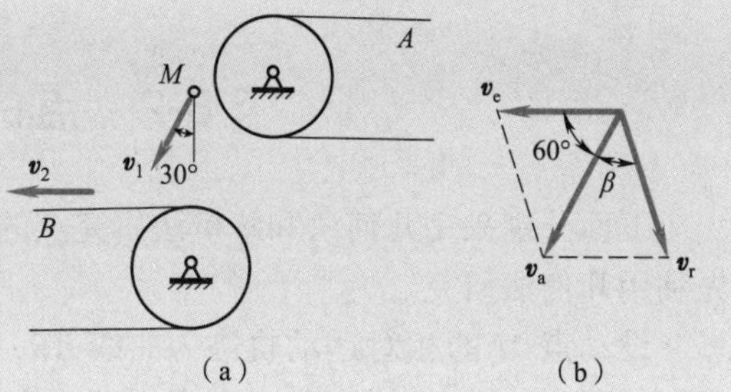


图 8-6

**【解】** 以矿砂 $M$ 为动点,动参考系固连在传送带 $B$ 上。

矿砂相对地面的速度 $\boldsymbol{v}_1$ 为绝对速度;牵连速度为动参考系上与动点相重合的那一点的速度,由于动参考系为无限大,且作平动,因此各点速度都等于 $\boldsymbol{v}_2$,因此动点 $M$ 的牵连速度就等于 $\boldsymbol{v}_2$。

由点的速度合成定理知,三种速度形成平行四边形,绝对速度必须沿对角线,因此作出的速度平行四边形如图 8-6(b)所示。根据几何关系求得

$$v_r = \sqrt{v_e^2 + v_a^2 - 2v_e v_a \cos 60°} = 3.6 \text{ m/s}$$

$\boldsymbol{v}_r$ 与 $\boldsymbol{v}_a$ 间的夹角为

$$\beta = \arcsin\left(\frac{v_e}{v_r}\sin 60°\right) = 46.1°$$

**【例 8-2】** 刨床的急回机构如图 8-7 所示,曲柄 $OA$ 的一端 $A$ 与滑块用铰链连接。当曲柄 $OA$ 以角速度 $\omega$ 绕固定轴 $O$ 转动时,滑块在摇杆 $O_1B$ 上滑动,并带动摇杆 $O_1B$ 绕固定轴 $O_1$ 摆动。设曲柄 $OA$ 长为 $r$,两轴间距离 $OO_1 = l$。求当曲柄 $OA$ 在水平位置时摇杆 $O_1B$ 的角速度 $\omega_1$。

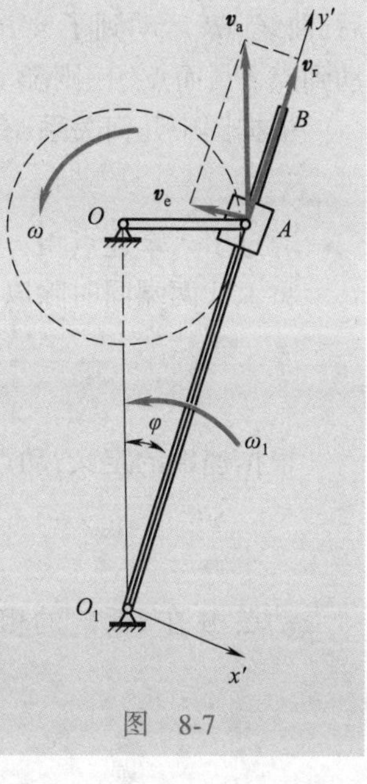


图 8-7

**【解】** 在本题中应选择曲柄 $OA$ 端点 $A$ 作为动点,把动参考系 $O'x'y'$ 固连在摇杆 $O_1B$ 上。

点 $A$ 的绝对运动是以点 $O$ 为圆心的圆周运动，相对运动是沿摇杆 $O_1B$ 方向的直线运动，而牵连运动则是摇杆 $O_1B$ 绕 $O_1$ 轴的定轴转动。

于是，绝对速度 $\boldsymbol{v}_a$ 的大小和方向都是已知的，其大小等于 $r\omega$，方向与曲柄 $OA$ 垂直；相对速度 $\boldsymbol{v}_r$ 的方向是已知的，即沿 $O_1B$；而牵连速度 $\boldsymbol{v}_e$ 是摇杆 $O_1B$ 上与点 $A$ 重合的那一点的速度，它的方向垂直于摇杆 $O_1B$，也是已知的。

根据点的速度合成定理，作出速度平行四边形，如图 8-7 所示。由其中的几何关系可求得

$$v_e = v_a \sin\varphi$$

又 $\sin\varphi = \dfrac{r}{\sqrt{r^2+l^2}}$，且 $v_a = r\omega$，所以有

$$v_e = \frac{r^2\omega}{\sqrt{r^2+l^2}}$$

设摇杆 $O_1B$ 在此瞬时的角速度为 $\omega_1$，则

$$v_e = O_1A \cdot \omega_1 = \frac{r^2\omega}{\sqrt{r^2+l^2}}$$

由此得出此瞬时摇杆 $O_1B$ 的角速度为

$$\omega_1 = \frac{r^2\omega}{r^2+l^2}$$

**【例 8-3】** 图 8-8 中，偏心圆凸轮以匀角速度绕 $O$ 轴转动，已知偏心距 $OC=e$，半径 $r=\sqrt{3}e$，试求 $OC$ 与 $CA$ 垂直的瞬时，杆 $AB$ 的速度。

**【解】** 杆 $AB$ 与凸轮间有相对运动。选择杆 $AB$ 上点 $A$ 为动点，动参考系 $O'x'y'$ 固连在凸轮上。

点 $A$ 的绝对运动是竖直直线运动；由于点 $A$ 始终与凸轮接触，相对运动是以 $C$ 为圆心的圆周运动；牵连运动是动参考系绕 $O$ 轴的定轴转动。

绝对速度 $\boldsymbol{v}_a$ 的大小未知，方向为竖直向上；相对速度 $\boldsymbol{v}_r$ 的方向沿着圆周的切向，即垂直于 $CA$；而牵连速度 $\boldsymbol{v}_e$ 是凸轮上与点 $A$ 重合的那一点的速度，其大小等于 $OA \cdot \omega_0 = 2e\omega_0$，方向垂直于 $OA$。

应用速度合成定理，作出点 $A$ 的速度平行四边形，如图 8-8 所示。由其中的几何关系可求得

$$\tan\varphi = \frac{OC}{AC} = \frac{v_a}{v_e}$$

式中，$OC=e$，$AC=r=\sqrt{3}e$，于是有

$$v_a = \frac{2}{\sqrt{3}} e\omega_0$$

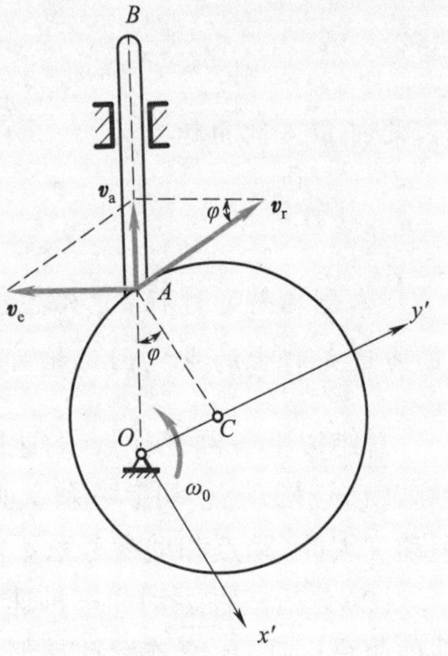


图　8-8

这就是杆 $AB$ 在此瞬时的速度大小，它的方向为竖直向上。

需要说明的是，本题中选择杆 $AB$ 的点 $A$ 为动点，动系与凸轮固连。因此，三种运动特别是相对运动十分明确，使问题得以顺利解决。反之，若选凸轮上的点（如与 $A$ 重合之点）为动点，动系固连于杆 $AB$ 上，则相对运动轨迹很复杂，相对速度的方向难以确定，这将使问题的求解更加困难。

**【例 8-4】** 如图 8-9 所示，半径为 $r$ 的圆轮 $C$ 绕 $O$ 轴转动，带动 $O_1A$ 杆绕 $O_1$ 轴转动，$O$、$O_1$ 位于同一水平线，试求当 $OC$ 位于铅垂位置瞬时，杆 $O_1A$ 的角速度。

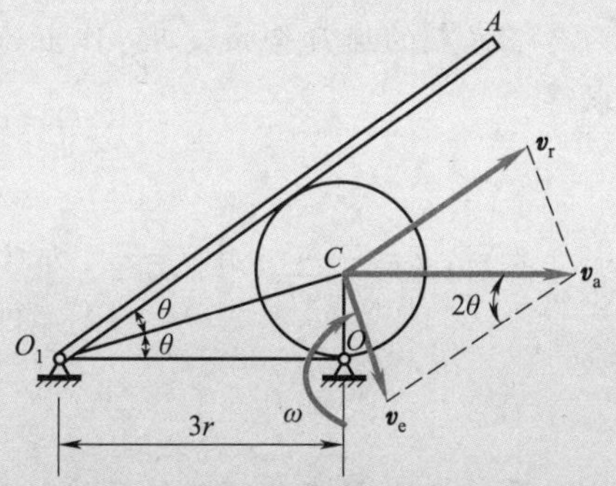

图 8-9

**【解】** 取圆轮圆心 $C$ 为动点，动系固连于杆 $O_1A$。

动点 $C$ 的绝对运动是绕 $O$ 的圆周运动；由于杆 $O_1A$ 始终与圆轮 $O$ 接触，相对运动是过点 $C$ 平行于杆 $O_1A$ 的直线运动；牵连运动是动参考系绕 $O_1$ 轴的定轴转动，动点 $C$ 的速度如图所示。

绝对速度 $\boldsymbol{v}_a$ 的大小 $v_a = OC \cdot \omega = r\omega$，方向垂直于 $OC$，即水平向右；相对速度 $\boldsymbol{v}_r$ 的大小未知，方向平行于杆 $O_1A$；而牵连速度 $\boldsymbol{v}_e$ 是动参考系与点 $C$ 重合的那一点的速度，其大小未知（等于 $O_1C$ 乘以杆 $O_1A$ 的角速度），方向垂直于 $O_1C$。

应用速度合成定理，作出点 $A$ 的速度平行四边形，如图 8-9 所示。由其中的几何关系可求得

$$\frac{v_e}{\sin 2\theta}=\frac{v_a}{\sin(90°-\theta)}$$

式中，$\sin\theta=\dfrac{r}{\sqrt{10}r}=\dfrac{1}{\sqrt{10}}$。由此可求得

$$v_e = 2v_a\sin\theta=\frac{\sqrt{10}}{5}r\omega$$

因此杆 $O_1A$ 的角速度为

$$\omega_{O_1A}=\frac{v_e}{O_1C}=\frac{1}{5}\omega$$

本例在解题过程中，不能选择圆轮 $O$ 与杆 $O_1A$ 的接触点为动点（不管是接触处圆轮上的点还是杆上的点），因为相对运动轨迹无法判定。

总结以上各例，应用点的速度合成定理的解题步骤如下：

（1）选取动点、动参考系。所选的动参考系应能将动点的运动分解成为相对运动和牵连运动。因此，动点和动参考系不能选在同一个物体上，一般应使相对运动易于判断。

（2）分析三种运动和三种速度。相对运动是怎样的一种运动（直线运动、圆周运动或其他某种曲线运动）？牵连运动是怎样的一种运动（平动、转动或其他某一种刚体运动）？绝对运动是怎样的一种运动（直线运动、圆周运动或其他某一种曲线运动）？各种运动的速度都有大

小和方向两个要素，只有已知四个要素时才能画出速度平行四边形。

（3）应用点的速度合成定理，作出速度平行四边形。必须注意，绝对速度一定是速度平行四边形的对角线。

（4）利用速度平行四边形中的几何关系解出未知量。

## §8-3　牵连运动为平动时点的加速度合成定理

速度合成定理对于任何形式的牵连运动都是适用的。但是，加速度合成问题比较复杂，它与牵连运动的形式有关。现在首先讨论牵连运动为平动时的加速度合成定理。

动点 $M$，定参考系 $Oxyz$，动参考系 $O'x'y'z'$ 作平动（见图 8-10），由于 $x'$、$y'$、$z'$ 各坐标轴的方向不变，即存在

$$\frac{\mathrm{d}\boldsymbol{i}'}{\mathrm{d}t}=\frac{\mathrm{d}\boldsymbol{j}'}{\mathrm{d}t}=\frac{\mathrm{d}\boldsymbol{k}'}{\mathrm{d}t}=0 \tag{8-9}$$

相对加速度为

$$\boldsymbol{a}_{\mathrm{r}}=\frac{\mathrm{d}\boldsymbol{v}_{\mathrm{r}}}{\mathrm{d}t}=\frac{\mathrm{d}^2x'}{\mathrm{d}t^2}\boldsymbol{i}'+\frac{\mathrm{d}^2y'}{\mathrm{d}t^2}\boldsymbol{j}'+\frac{\mathrm{d}^2z'}{\mathrm{d}t^2}\boldsymbol{k}' \tag{8-10}$$

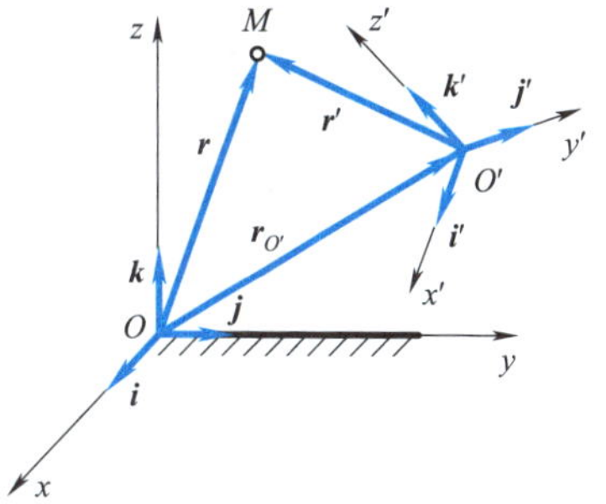


图　8-10

由于动参考系作平动，在每一瞬时，平动刚体上各点的速度、加速度彼此相等，因而动参考系原点 $O'$ 的速度 $\boldsymbol{v}_{O'}$ 和加速度 $\boldsymbol{a}_{O'}$ 就等于牵连速度 $\boldsymbol{v}_{\mathrm{e}}$ 和牵连加速度 $\boldsymbol{a}_{\mathrm{e}}$，即

$$\frac{\mathrm{d}\boldsymbol{v}_{\mathrm{e}}}{\mathrm{d}t}=\frac{\mathrm{d}\boldsymbol{v}_{O'}}{\mathrm{d}t}=\boldsymbol{a}_{O'}=\boldsymbol{a}_{\mathrm{e}} \tag{8-11}$$

利用式（8-8）得

$$\boldsymbol{a}_{\mathrm{a}}=\frac{\mathrm{d}\boldsymbol{v}_{\mathrm{a}}}{\mathrm{d}t}=\frac{\mathrm{d}\boldsymbol{v}_{\mathrm{e}}}{\mathrm{d}t}+\frac{\mathrm{d}\boldsymbol{v}_{\mathrm{r}}}{\mathrm{d}t}=\boldsymbol{a}_{\mathrm{e}}+\boldsymbol{a}_{\mathrm{r}} \tag{8-12}$$

即

$$\boldsymbol{a}_{\mathrm{a}}=\boldsymbol{a}_{\mathrm{e}}+\boldsymbol{a}_{\mathrm{r}} \tag{8-13}$$

式（8-13）即为牵连运动为平动的加速度合成定理：当牵连运动为平动时，动点在某瞬时的绝对加速度等于其牵连加速度与相对加速度的矢量和。

下面举例说明牵连运动为平动时的加速度合成定理的应用。

**【例 8-5】**　曲柄 $OA$ 绕固定轴 $O$ 转动，丁字形杆 $BC$ 沿水平方向往复平动，如图 8-11 所示。铰接在曲柄 $OA$ 端 $A$ 的滑块可在丁字形杆 $BC$ 的铅垂槽 $DE$ 内滑动。设曲柄 $OA$ 以角速度 $\omega$ 作匀速转动，$OA=r$，试求图示瞬时丁字形杆 $BC$ 的加速度。

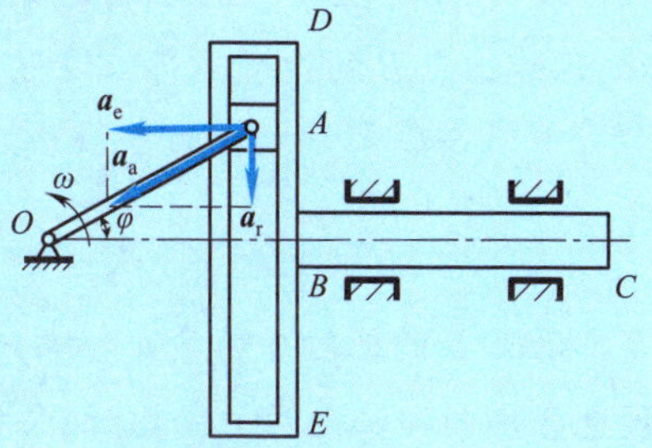


图　8-11

**【解】**　因丁字形杆 $BC$ 作平动，故丁字形杆 $BC$ 及铅垂槽 $DE$ 上所有各点的加速度完全相同。显然，只要求出该瞬时铅垂槽 $DE$ 上与曲柄 $OA$ 端 $A$ 相重合的那一点的加速度即可。

选取曲柄 $OA$ 端 $A$ 为动点，动参考系固连于丁字形杆 $BC$ 上，可知动参考系作平动。动点 $A$ 的绝对运动是以点 $O$ 为圆心的圆周运动；相对运动为沿槽 $DE$ 的直线运动，牵连运动为水平平动。

因曲柄 $OA$ 作匀速转动，故动点 $A$ 的绝对加速度 $\boldsymbol{a}_a$ 只有法向分量，大小为 $a_a=r\omega^2$，方向由点 $A$ 指向点 $O$；相对加速度 $\boldsymbol{a}_r$ 的大小未知，方向沿铅垂槽 $DE$；因动参考系作水平直线平动，故牵连加速度 $\boldsymbol{a}_e$ 的大小未知，方向沿水平方向。根据点的加速度合成定理，可作出加速度平行四边形如图 8-11 所示。

由图 8-11 中几何关系求得

$$a_e=a_a\cos\varphi=r\omega^2\cos\varphi$$

这就是丁字形杆 $BC$ 的加速度。

**【例 8-6】** 如图 8-12(a)所示，一外形为半圆形的凸轮 $A$，半径 $r=300$ mm，沿水平方向向右作匀加速运动，其加速度 $a_A=800$ mm/s$^2$。凸轮推动铅垂杆 $BC$ 沿铅垂导槽上下运动。设图示瞬时，$v_A=600$ mm/s，试求杆 $BC$ 的加速度。

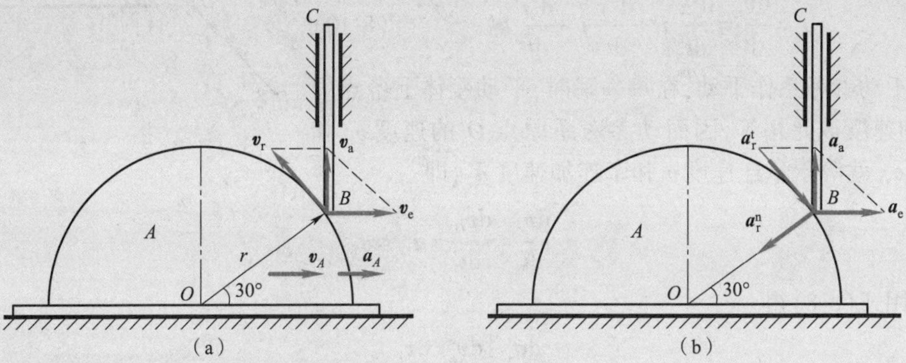


图 8-12

**【解】** 选择杆 $BC$ 上点 $B$ 为动点，动参考系固连在半圆形凸轮 $A$ 上。

动点 $B$ 的绝对运动是竖直直线运动；由于点 $B$ 始终与凸轮接触，相对运动是以 $O$ 为圆心的圆周运动；牵连运动是动参考系的水平平动。

动点 $A$ 的绝对速度 $\boldsymbol{v}_a$ 大小未知，方向为竖直方向；相对速度 $\boldsymbol{v}_r$ 的大小未知，方向沿圆周切向方向，即垂直于 $OB$；牵连速度 $\boldsymbol{v}_e$ 的大小 $v_e=v_A$，方向沿水平向右。根据点的速度合成定理，可作出点 $B$ 的速度平行四边形，如图 8-12(a)所示。

由图 8-12 可得

$$v_r=\frac{\boldsymbol{v}_e}{\sin 30^\circ}=2v=1\ 200\ \text{mm/s}$$

动点 $B$ 的绝对加速度 $\boldsymbol{a}_a$ 大小未知，方向为竖直方向。相对轨迹为圆周，因此相对加速度包含切向和法向两个分量，切向加速度大小未知，方向沿圆周切向方向，即垂直于 $OB$，指向待定(假设与 $\boldsymbol{v}_r$ 的方向一致)；法向加速度大小为 $a_r^n=\dfrac{v_r^2}{r}$，方向沿 $OB$ 方向指向圆心 $O$。牵连

加速度 $\boldsymbol{a}_e$ 等于凸轮的加速度 $\boldsymbol{a}_A$，即 $a_e = a_A = 800\ \mathrm{mm/s^2}$，方向沿水平向右。动点 $B$ 的加速度矢量图如图 8-12(b)所示。

牵连运动为平动的点的加速度合成定理可写为

$$\boldsymbol{a}_a = \boldsymbol{a}_e + \boldsymbol{a}_r^t + \boldsymbol{a}_r^n$$

式中，$a_r^n = \dfrac{v_r^2}{r} = \dfrac{1\ 200^2}{300}\ \mathrm{mm/s^2} = 4\ 800\ \mathrm{mm/s^2}$，将上式沿 $OB$ 投影得

$$a_a \sin 30° = a_e \cos 30° - a_r^n$$

即

$$a_a = \frac{a_e \cos 30° - a_r^n}{\sin 30°} = (800\sqrt{3} - 9\ 600)\ \mathrm{mm/s^2} \approx -8\ 214\ \mathrm{mm/s^2}$$

这就是杆 $BC$ 在此瞬时的加速度大小，它的实际方向为竖直向下。

需要说明的是，题目虽然仅求解加速度，但是依然进行了速度分析，这是由于点的相对运动为圆周运动，只有求解了相对速度，相对法向加速度的大小才是已知的。因此，在合成运动分析中，不管是否需要求解速度，速度分析往往是必需的。

**【例 8-7】**　图 8-13(a)所示平面机构中，曲柄 $OA$ 的长为 $r$，以匀角速度 $\omega_0$ 转动。套筒 $A$ 沿杆 $BC$ 滑动。已知 $BC = DE$，且 $BD = CE = l$。求图示位置时，杆 $BD$ 的角速度和角加速度。

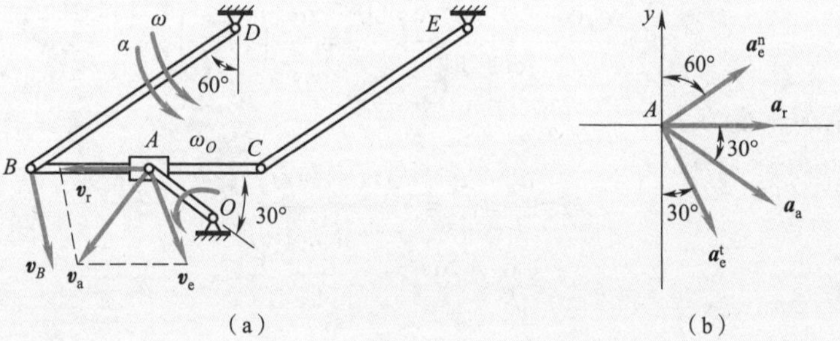


图　8-13

**【解】**　由于 $DBCE$ 为平行四边形，因而杆 $BC$ 作平动。以套筒 $A$ 为动点，动参考系固连于杆 $BC$。

动点 $A$ 的绝对运动是以点 $O$ 为圆心的圆周运动；相对运动为沿杆 $BC$ 的直线运动；牵连运动为曲线平动。

动点 $A$ 的绝对速度 $\boldsymbol{v}_a$ 大小 $v_a = OA \cdot \omega_0 = r\omega_0$，方向垂直于 $OA$，指向与杆 $OA$ 的角速度 $\omega_0$ 转向一致；相对速度 $\boldsymbol{v}_r$ 的大小未知，方向沿杆 $BC$，即水平向左；牵连速度 $\boldsymbol{v}_e$ 与点 $B$ 速度相等，但大小未知，$v_e = v_B$，方向垂直于 $BD$。根据点的速度合成定理，可作出点 $A$ 的速度平行四边形如图 8-13(a)所示。

由图中几何关系有

$$v_e = v_a = r\omega_0$$

因此杆 $BD$ 的角速度大小为

$$\omega=\frac{v_B}{l}=\frac{v_e}{l}=\frac{r\omega_0}{l}$$

转向为逆时针。

由于杆 $OA$ 为匀角速度转动，因此动点 $A$ 的绝对加速度 $\boldsymbol{a}_a$ 只有法向分量，其大小为 $a_a=r\omega_0^2$，方向沿 $OA$ 指向 $O$ 点；相对加速度大小未知，方位沿杆 $BC$，指向待定（假设水平向右）；牵连加速度 $\boldsymbol{a}_e$ 等于点 $B$ 的加速度 $\boldsymbol{a}_B$，因此，牵连加速度包含切向和法向两个分量，切向加速度大小未知，方位垂直于 $BD$，指向待定（假设与 $\boldsymbol{v}_e$ 的方向一致）；法向加速度大小为 $a_e^n=\frac{v_B^2}{l}=\frac{r^2\omega_0^2}{l}$，方位平行于 $BD$，指向于 $D$。动点 $B$ 的加速度矢量图如 8-13(b) 所示。

根据牵连运动为平动的点的加速度合成定理，有

$$\boldsymbol{a}_a=\boldsymbol{a}_e^t+\boldsymbol{a}_e^n+\boldsymbol{a}_r$$

沿竖直方向投影得

$$-a_a\cos 60°=-a_e^t\cos 30°+a_e^n\cos 60°$$

有

$$a_e^t=\frac{a_a\cos 60°+a_e^n\cos 60°}{\cos 30°}=\frac{r\omega_0^2}{\sqrt{3}}\left(1+\frac{r}{l}\right)$$

因此杆 $BD$ 的角加速度为

$$\alpha=\frac{a_B^t}{l}=\frac{a_e^t}{l}=\frac{\sqrt{3}r(r+l)\omega_0^2}{3l^2}$$

转向为逆时针。

应用牵连运动为平动的加速度合成定理求解点的加速度，步骤基本上与应用速度合成定理求解点的速度类似，但要注意以下几点：

（1）选取动点和动参考系时，动参考系的运动应为平动；

（2）因为点的绝对运动轨迹和相对运动轨迹可能都是曲线，牵连运动也可能是曲线平动，因此点的加速度合成定理一般可写成如下形式：

$$\boldsymbol{a}_a^t+\boldsymbol{a}_a^n=\boldsymbol{a}_e^t+\boldsymbol{a}_e^n+\boldsymbol{a}_r^t+\boldsymbol{a}_r^n \tag{8-14}$$

式中，每一项都有大小和方向两个要素，必须认真分析每一项，才可能正确地解决问题。在平面问题中，一个矢量方程相当于两个代数方程，因而可求解两个未知量，通常采用投影的方法来进行求解。式(8-14)中各项法向加速度的方向总是指向相应曲线的曲率中心，它们的大小总是可以根据相应的速度大小和曲率半径求出。在应用加速度合成定理时，一般应先进行速度分析，这样各项法向加速度都是已知量。因此，在点的加速度合成定理中只有三项切向加速度的六个要素可能是待求量，若知其中的四个要素，则余下的两个要素就完全可求了。

# §8-4　牵连运动为定轴转动时点的加速度合成定理

当牵连运动为定轴转动时,加速度合成定理与牵连运动为平动时的情况是不同的。先来看一个简例。

设有一圆盘以匀角速度 $\omega$ 绕垂直于盘面的 $O$ 轴转动,动点 $M$ 在圆盘上半径为 $r$ 的圆槽内顺 $\omega$ 转向以匀速 $v_r$ 相对于圆盘运动,如图 8-14 所示。试分析 $M$ 点的绝对加速度。

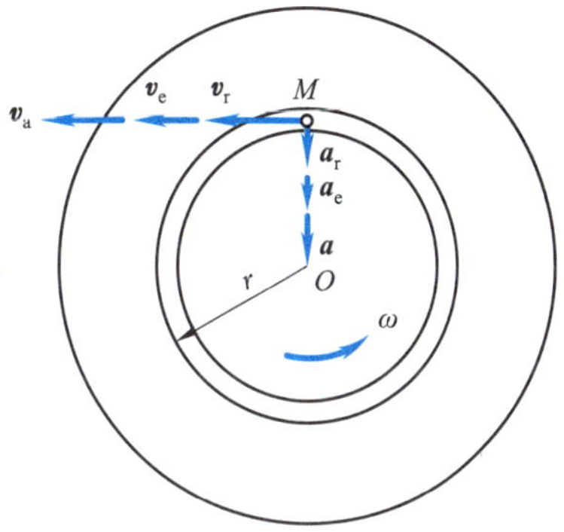

图　8-14

取动参考系固连于圆盘。由所给条件可见,点的相对轨迹和绝对轨迹是以 $O$ 为圆心 $r$ 为半径的同一个圆。在任一瞬时 $M$ 点的牵连速度 $\boldsymbol{v}_e$ 的大小 $v_e=r\omega$,方向与 $\boldsymbol{v}_r$ 相同,$M$ 点的绝对速度 $\boldsymbol{v}_a$ 的大小 $v_a=v_e+v_r=r\omega+v_r$,是一个常量。由此可见,$M$ 点的绝对运动是匀速圆周运动。因此,$M$ 点的绝对加速度 $\boldsymbol{a}_a$ 的大小为

$$a_a=\frac{v_a^2}{r}=\frac{(r\omega+v_r)^2}{r}=r\omega^2+\frac{v_r^2}{r}+2\omega v_r$$

$\boldsymbol{a}_a$ 的方向由 $M$ 指向 $O$。上式右侧的第一项和第二项分别是 $M$ 点的牵连加速度 $\boldsymbol{a}_e$ 和相对加速度 $\boldsymbol{a}_r$ 的大小($\boldsymbol{a}_e$ 和 $\boldsymbol{a}_r$ 的方向也都是由 $M$ 指向 $O$)。可见,$M$ 点的绝对加速度不仅包含了 $\boldsymbol{a}_e$ 和 $\boldsymbol{a}_r$,还附加了一项 $2\omega v_r$,式(8-13)不成立。这表明,牵连运动为定轴转动的加速度合成结果与牵连运动为平动时的情况是不同的。

下面通过一例形象地推导牵连运动为定轴转动的加速度合成定理。

如图 8-15 所示,动点沿杆 $AB$ 运动,而杆 $AB$ 又绕 $A$ 轴匀速转动。设动参考系固连于杆 $AB$ 上。在瞬时 $t$,动点在点 $M$ 处,它的相对速度和牵连速度分别为 $\boldsymbol{v}_r$ 和 $\boldsymbol{v}_e$。经过时间间隔 $\Delta t$ 后,杆 $AB$ 转到位置 $AB'$,动点移动到点 $M_3$,这时它的相对速度为 $\boldsymbol{v}_r'$,牵连速度为 $\boldsymbol{v}_e'$。

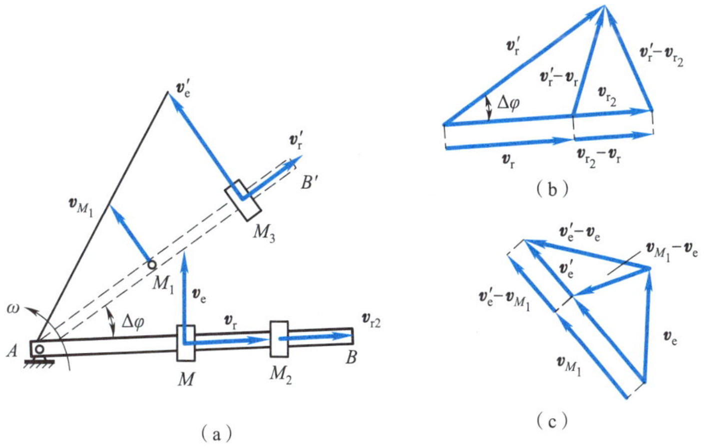

图　8-15

如果杆 $AB$ 不转动，则 $t+\Delta t$ 时刻动点的相对速度是图中的 $\boldsymbol{v}_{r2}$；由于牵连运动是转动，使 $t+\Delta t$ 时刻动点的相对速度的方向又发生变化，变为图中的 $\boldsymbol{v}_r'$。相对加速度是在动参考系 $AB$ 上观察的，只反映出由 $\boldsymbol{v}_r$ 到 $\boldsymbol{v}_{r2}$ 的速度变化，即 $\boldsymbol{a}_r=\lim\limits_{\Delta t\to 0}\dfrac{\boldsymbol{v}_{r2}-\boldsymbol{v}_r}{\Delta t}$；由 $\boldsymbol{v}_{r2}$ 变为 $\boldsymbol{v}_r'$ 是由于动系运动附加的一部分加速度。

如果没有相对运动，则 $t+\Delta t$ 时刻点 $M$ 移到点 $M_1$，牵连速度应为图中的 $\boldsymbol{v}_{M_1}$；由于有相对运动。使 $t+\Delta t$ 时刻的牵连速度不同于 $\boldsymbol{v}_{M_1}$ 而变为图中的 $\boldsymbol{v}_e'$。牵连加速度是动参考系上点 $M$ 的加速度，只反映出由 $\boldsymbol{v}_e$ 到 $\boldsymbol{v}_{M_1}$ 的速度变化，即 $\boldsymbol{a}_e=\lim\limits_{\Delta t\to 0}\dfrac{\boldsymbol{v}_{M_1}-\boldsymbol{v}_e}{\Delta t}$；而由 $\boldsymbol{v}_{M_1}$ 变为 $\boldsymbol{v}_e'$ 是由于相对运动附加的一部分加速度。

根据速度合成定理 $\boldsymbol{v}_a=\boldsymbol{v}_e+\boldsymbol{v}_r$，对时间求导得

$$\boldsymbol{a}_a=\frac{\mathrm{d}\boldsymbol{v}_a}{\mathrm{d}t}=\frac{\mathrm{d}\boldsymbol{v}_e}{\mathrm{d}t}+\frac{\mathrm{d}\boldsymbol{v}_r}{\mathrm{d}t} \tag{8-15}$$

式中，

$$\frac{\mathrm{d}\boldsymbol{v}_e}{\mathrm{d}t}=\lim_{\Delta t\to 0}\frac{\boldsymbol{v}_e'-\boldsymbol{v}_e}{\Delta t}=\lim_{\Delta t\to 0}\frac{\boldsymbol{v}_{M_1}-\boldsymbol{v}_e}{\Delta t}+\lim_{\Delta t\to 0}\frac{\boldsymbol{v}_e'-\boldsymbol{v}_{M_1}}{\Delta t}=\boldsymbol{a}_e+\lim_{\Delta t\to 0}\frac{\boldsymbol{v}_e'-\boldsymbol{v}_{M_1}}{\Delta t}$$

$$\lim_{\Delta t\to 0}\frac{\boldsymbol{v}_e'-\boldsymbol{v}_{M_1}}{\Delta t}=\lim_{\Delta t\to 0}\frac{\boldsymbol{\omega}\times\overrightarrow{AM_3}-\boldsymbol{\omega}\times\overrightarrow{AM_1}}{\Delta t}=\boldsymbol{\omega}\times\lim_{\Delta t\to 0}\frac{\overrightarrow{AM_3}-\overrightarrow{AM_1}}{\Delta t}=\boldsymbol{\omega}\times\lim_{\Delta t\to 0}\frac{\overrightarrow{M_1M_3}}{\Delta t}=\boldsymbol{\omega}\times\boldsymbol{v}_r$$

$$\frac{\mathrm{d}\boldsymbol{v}_r}{\mathrm{d}t}=\lim_{\Delta t\to 0}\frac{\boldsymbol{v}_r'-\boldsymbol{v}_r}{\Delta t}=\lim_{\Delta t\to 0}\frac{\boldsymbol{v}_{r2}-\boldsymbol{v}_r}{\Delta t}+\lim_{\Delta t\to 0}\frac{\boldsymbol{v}_r'-\boldsymbol{v}_{r2}}{\Delta t}=\boldsymbol{a}_r+\lim_{\Delta t\to 0}\frac{\boldsymbol{v}_r'-\boldsymbol{v}_{r2}}{\Delta t}$$

$$\lim_{\Delta t\to 0}\frac{\boldsymbol{v}_r'-\boldsymbol{v}_{r2}}{\Delta t}=\boldsymbol{\omega}\times\boldsymbol{v}_r$$

于是

$$\boldsymbol{a}_a=\boldsymbol{a}_e+\boldsymbol{a}_r+2\boldsymbol{\omega}\times\boldsymbol{v}_r \tag{8-16}$$

令 $\boldsymbol{a}_C=2\omega\times v_r$，$\boldsymbol{a}_C$ 称为科氏加速度，由于 $\omega$ 是牵连运动的角速度，通常将科氏加速度记为

$$\boldsymbol{a}_C=2\boldsymbol{\omega}_e\times\boldsymbol{v}_r \tag{8-17}$$

因此牵连运动为定轴转动的加速度合成定理

$$\boldsymbol{a}_a=\boldsymbol{a}_e+\boldsymbol{a}_r+\boldsymbol{a}_C \tag{8-18}$$

即：当牵连运动为定轴转动时，点的绝对加速度等于牵连加速度、相对加速度与科氏加速度的矢量和。可以证明该定理对牵连运动为任意运动时皆成立，是加速度合成定理的普遍形式。

科氏加速度是 1832 年由法国力学家科里奥利发现的，因而命名为科里奥利加速度，简称科氏加速度。科里奥利，巴黎埃菲尔铁塔上镌刻的 72 位法国著名科学家之一。16 岁时以全校第二名的身份被巴黎综合理工大学录取，24 岁留校从事摩擦和水力学研究。科里奥利于 1829 年在《机器功效的计算》中明确提出“功”的概念。1835 年，他在《论多体系统相对运动的方程》中指出：如果物体在匀速转动的参考系中作相对运动，就有一种不同于通常离心力的惯性力作用于物体，并称这种力为复合离心力，在 1843 年出版的专著《固体力学和机器效应计算教程》中给出了相关证明。后人以他的名字将该复合离心力命名为“科里奥利力”。

科氏加速度的计算：大小 $a_C=2\omega_e v_r\sin\theta$，方向按右手螺旋法则确定。特别地，对于平面问题 $\boldsymbol{\omega}_e\perp\boldsymbol{v}_r$，则 $a_C=2\omega_e v_r$，方向为 $v_r$ 按 $\omega_e$ 转向转动 90°。

科氏加速度在自然现象中是有所表现的。地球绕地轴转动，地球上物体相对于地球的运动，都是牵连运动为转动的合成运动。地球自转加速度很小，一般情况下其自转的影响可忽略不计；但是在某些情况下，却必须给予考虑。例如，在北半球，河水向北流动时，河水的科氏加速度 $\boldsymbol{a}_C$ 向西，即指向左侧，如图 8-16 所示。由动力学知识可知，有向左的加速度，河水必受到右岸对水的向左的作用力；根据作用与反作用定律，河水必对右岸有反作用力，因此，北半球向北流动的江河，其右岸都受到较明显的冲刷。

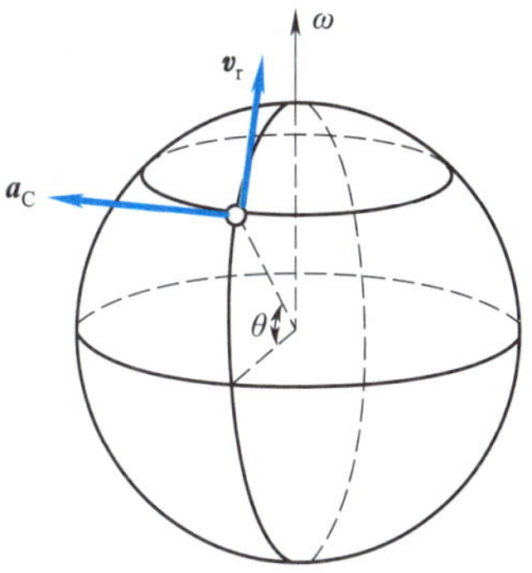


图　8-16

运载火箭是航空航天中的最核心技术。在对国产发动机进行的烧蚀试验中发现，常规卧式静止点火试验的喷管收敛段及喉部烧蚀较为均匀，而离心过载（轴向 16 g，横向 12 g）点火试验，喷管收敛段出现偏烧现象。偏烧区域并非牵连加速度引起的横向过载方向，而与牵连加速度引起的横向过载方向呈一定环向偏转角度；此外，沿着发动机轴线方向，绝热层偏烧区域不断缩小，越靠近喷管喉衬部位，收敛段的烧蚀厚度越大，如图 8-17 所示。

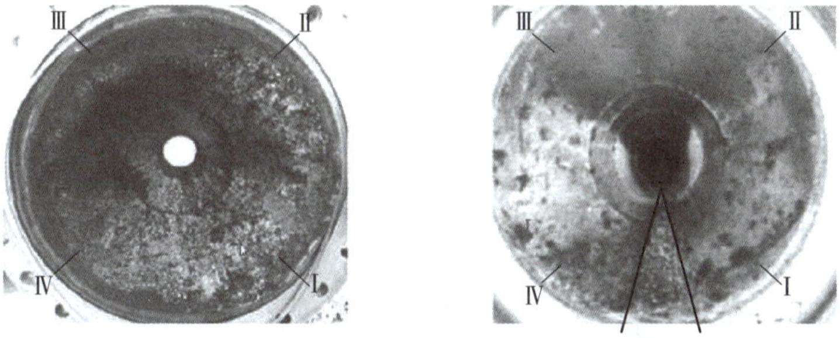


图　8-17

这是由于运载火箭工作过程中产生了科氏加速度，其方向垂直于发动机的轴向，导致发动机的实际横向过载方向偏离发动机牵连加速度引起的横向过载方向，造成喷管偏烧方向与离心过载方向呈一定的环向偏转角度。此外，由于沿着轴线方向燃气速度不断增大，燃气科氏加速度随之增大，同时收敛段周向周长不断减小，最终引起绝热层偏烧区域不断缩小，且收敛段的烧蚀厚度不断增大。

**【例 8-8】** 试求例 8-2 中摇杆 $O_1B$ 的角加速度 $\alpha$。

**【解】** 动点和动参考系选择同例 8-2。因为动参考系作定轴转动，因此采用牵连运动为定轴转动的点的加速度合成定理。

由于杆 $OA$ 为匀角速度转动，因此动点 $A$ 的绝对加速度 $\boldsymbol{a}_a$ 只有法向分量，其大小为 $a_a = r\omega^2$，方向沿 $OA$ 指向 $O$ 点；相对加速度 $\boldsymbol{a}_r$ 大小未知，方位沿杆 $O_1B$（假定由点 $O_1$ 指向点 $B$）；牵连加速度 $\boldsymbol{a}_e$ 等于杆 $O_1B$ 与动点 $A$ 重合的那一点的加速度，因此，牵连加速度包含切向和法向两个分量，切向加速度大小未知（其值为 $a_e^t = \alpha \cdot O_1A$），方位垂直于 $O_1B$，指向待定（假

设与 $\boldsymbol{v}_e$ 的方向相反）；法向加速度大小为 $a_e^n=O_1A\cdot\omega_1^2=\dfrac{r^4\omega^2}{(l^2+r^2)^{3/2}}$，方向沿杆 $O_1A$ 指向点 $O_1$；科氏加速度 $\boldsymbol{a}_C=2\boldsymbol{\omega}_e\times\boldsymbol{v}_r$，利用例 8-2 速度分析，可求得 $v_r=v_a\cos\varphi=\dfrac{\omega rl}{\sqrt{l^2+r^2}}$，因此，科氏加速度的大小 $a_C=2\omega_1 v_r=\dfrac{2r^3l\omega^2}{(l^2+r^2)^{3/2}}$，方向与 $\boldsymbol{v}_e$ 的方向相同。

动点 $A$ 的加速度矢量图如图 8-18 所示，加速度合成定理表示为

$$\boldsymbol{a}_a=\boldsymbol{a}_e^t+\boldsymbol{a}_e^n+\boldsymbol{a}_r+\boldsymbol{a}_C$$

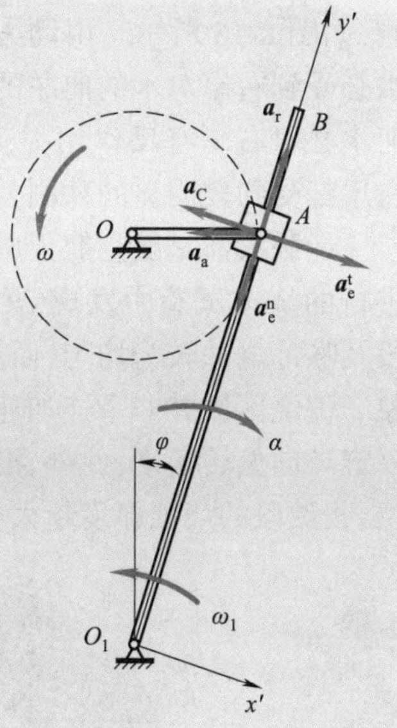

图 8-18

由于方程中涉及的矢量比较多（多余三个），不方便使用几何法求解，通常应用投影法。将点的加速度合成定理式向 $O_1x'$ 轴投影，即

$$a_a\cos\varphi=a_e^t-a_C$$

该方程中只有 $a_e^t$ 一个未知量，可解得

$$a_e^t=-\frac{rl(l^2-r^2)}{(l^2+r^2)^{3/2}}\omega^2$$

负号表示 $\boldsymbol{a}_e^t$ 的真实方向与图中假设的指向相反。

杆 $O_1A$ 的角加速度为

$$\alpha=\frac{a_e^t}{O_1A}=-\frac{rl(l^2-r^2)}{(l^2+r^2)^2}\omega^2$$

负号表示角加速度 $\alpha$ 的真实转向与图示方向相反，实际应为逆时针转向。

**【例 8-9】** 试求例 8-3 中杆 $AB$ 的加速度。

**【解】** 动点和动参考系选择同例 8-3。由于牵连运动为定轴转动，因此采用牵连运动为定轴转动的点的加速度合成定理。

利用例 8-3 中速度合成定理，可求得相对速度为

$$v_r=\frac{v_e}{\cos\varphi}=\frac{4\sqrt{3}}{3}e\omega_0$$

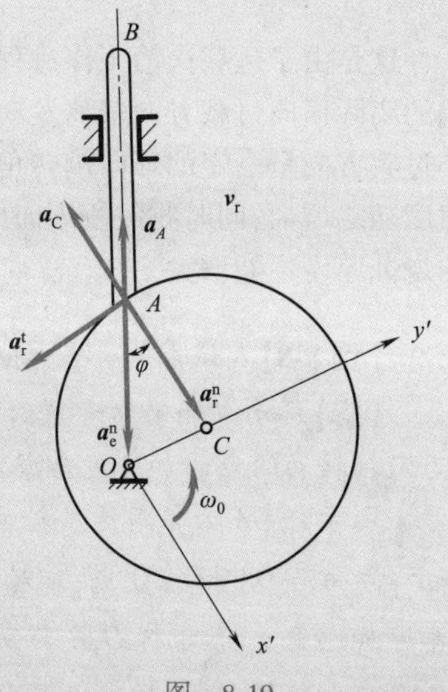

图 8-19

动点 $A$ 的绝对加速度 $\boldsymbol{a}_a$ 大小未知，方位为竖直方向，指向待定（假设竖直向上）；相对运动为圆周运动，相对加速度包含切向和法向两个分量，切向加速度大小未知，方位垂直于 $AC$，指向待定（假设与 $\boldsymbol{v}_r$ 的方向相反）；法向加速度大小为 $a_r^n=\dfrac{v_r^2}{AC}=\dfrac{16\sqrt{3}}{9}e\omega_0^2$，方向沿 $AC$ 指向点 $C$；牵连运动为匀速转动，牵连加速度只有法向分量，即 $a_e=a_e^n=OA\cdot\omega_0^2=2e\omega_0^2$，沿 $AO$ 方向指向点 $O$；科氏加速度 $\boldsymbol{a}_C=2\boldsymbol{\omega}_e\times\boldsymbol{v}_r$ 的大小

$a_C=2\omega_0 v_r=\frac{8\sqrt{3}}{3}e\omega_0^2$，沿 $CA$ 方向指向点 $A$。

动点 $A$ 的加速度矢量图如图 8-19 所示，加速度合成定理表示为

$$\boldsymbol{a}_a=\boldsymbol{a}_e+\boldsymbol{a}_r^t+\boldsymbol{a}_r^n+\boldsymbol{a}_C$$

将定理沿 $Ox'$ 轴投影得

$$-a_a\cos\varphi=a_e\cos\varphi+a_r^n-a_C$$

即

$$a_a=-\frac{a_e\cos\varphi+a_r^n-a_C}{\cos\varphi}=-\frac{2}{9}e\omega_0^2=a_A$$

这就是 $AB$ 杆的加速度，方向与图中方向相反。

在应用点的合成运动的速度合成定理和加速度合成定理时，正确选取动点和动参考系是解题的前提和关键。选择动点、动参考系时还要注意相对运动轨迹是否清楚。若相对运动轨迹不清楚，则相对加速度的方向就难以确定，从而使待求量个数增加，致使求解困难。选取动点和动参考系后，要判定动参考系的运动是平动还是定轴转动，确定加速度合成定理中是否存在科氏加速度。

一般情形下，因为点的绝对运动轨迹和相对运动轨迹可能都是曲线，牵连运动为定轴转动，因此点的加速度合成定理一般可写成如下形式：

$$\boldsymbol{a}_a^t+\boldsymbol{a}_a^n=\boldsymbol{a}_e^t+\boldsymbol{a}_e^n+\boldsymbol{a}_r^t+\boldsymbol{a}_r^n+\boldsymbol{a}_C \tag{8-19}$$

式(8-19)对牵连运动为任意运动都是成立的。

## 小　结

本章研究点相对于不同参考坐标系的运动要素间的关系，适于研究较复杂的运动问题。

### 1. 一点二系三运动

(1)一点：一个动点，是研究对象。

(2)二系：定参考系，通常固定在地球表面；动参考系，建在相对于定参考系有运动的物体上。

(3)三运动：

绝对运动：动点相对于定参考系的运动；

相对运动：动点相对于动参考系的运动；

牵连运动：动参考系相对于定参考系的运动。

需要注意的是，绝对运动和相对运动都是点的运动，而牵连运动则是刚体的运动。

### 2. 点的速度合成定理

$$\boldsymbol{v}_a=\boldsymbol{v}_e+\boldsymbol{v}_r$$

适合于任何牵连运动的情况。

### 3. 点的加速度合成定理

牵连运动为平动时

$$\boldsymbol{a}_a=\boldsymbol{a}_e+\boldsymbol{a}_r$$

牵连运动为定轴转动时

$$\boldsymbol{a}_a=\boldsymbol{a}_e+\boldsymbol{a}_r+\boldsymbol{a}_C$$

式中，$\boldsymbol{a}_C$ 为科氏加速度，其大小为 $a_C=2\omega_e v_r\sin\varphi$，方向由右手螺旋法则决定。该定理对牵连运动为任意运动时皆成立，是加速度合成定理的普遍形式。

### 4. 求解步骤

在解决具体问题时，首先要正确地选取动点和动参考系，动点与动参考系不能在同一物体上，必须有相对运动，相对运动轨迹尽可能简单，然后分析三种运动和三种速度、加速度，画出相应的矢量图，最后利用速度合成定理和加速度合成定理求解。速度合成定理为一平面矢量方程，速度合成问题一般用几何法作平行四边形求解；而加速度合成定理一般有四个以上矢量而且可能是空间矢量方程，加速度合成问题通常用解析法求解。

## 思 考 题

8-1　牵连点和动点有什么不同，如何选择动点和动参考系？

8-2　动参考系上任意一点的速度和加速度是否就是动点的牵连速度和牵连加速度？

8-3　相对加速度是否等于相对速度 $\boldsymbol{v}_r$ 对时间的一阶导数？牵连加速度是否等于牵连速度 $\boldsymbol{v}_e$ 对时间的一阶导数？为什么？

8-4　为什么会出现科氏加速度？在什么情况下它为零？

8-5　如果考虑地球的自转，在地球上任何地方运动的物体（视为动点）是否都有科氏加速度出现？是否只要牵连运动为定轴转动，就必定有科氏加速度？

8-6　有人说，在非洲乌干达，赤道线北侧水流方向是顺时针的，赤道线南侧水流方向是逆时针的，赤道线水流方向是恒定的。你觉得有道理吗？

8-7　从静止状态开始自由下落的物体，一定会落在该物体的初始位置的正下方吗？

8-8　下列速度平行四边形有无错误？如有错误，错在哪里？

8-9　如下计算对不对？如不对，错在哪里？

(a) 图(a)中取滑块 $A$ 为动点，动系固连于杆 $OC$，则 $v_e=\omega\cdot OA$，$v_A=v_e\cos\varphi$；

(b) 图(b)中 $v_{BC}=v_e=v_A\cos 60°$，而 $v_A=\omega r$，因为 $\omega$ 为常量，所以 $v_{BC}$ 为常量，$a_{BC}=\dfrac{\mathrm{d}v_{BC}}{\mathrm{d}t}=0$；

(c) 图(c)中为了求 $a_A$ 的大小，取加速度在轴 $Ax$ 上的投影式 $a_A\cos\varphi-a_C=0$，所以 $a_A=\dfrac{a_C}{\cos\varphi}$。

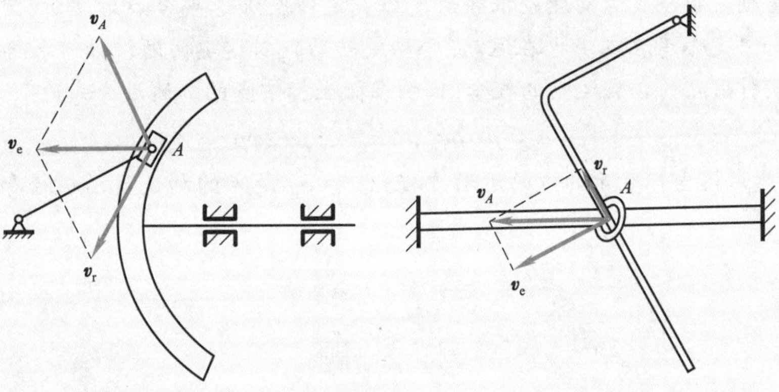


思考题 8-8 图

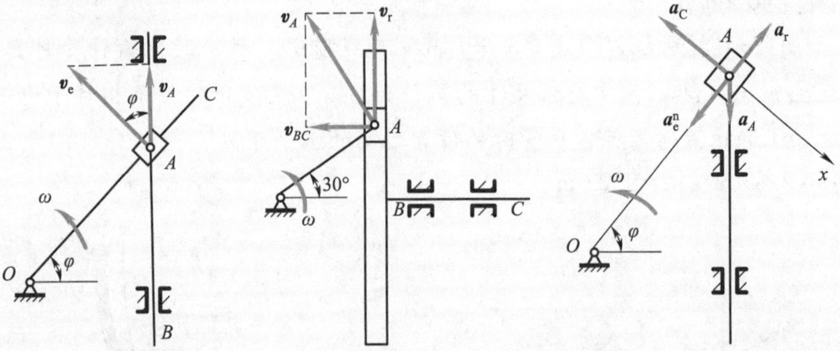


思考题 8-9 图

8-10　图示中曲柄 $OA$ 以匀角速度 $\omega$ 转动，(a)、(b)两图中哪一种分析是对的？

(a)如图(a)所示，以 $OA$ 上的 $A$ 为动点，动系固连于 T 形杆 $BC$；

(b)如图(b)所示，以 T 形杆 $BC$ 上的 $A$ 为动点，动系固连于杆 $OA$。

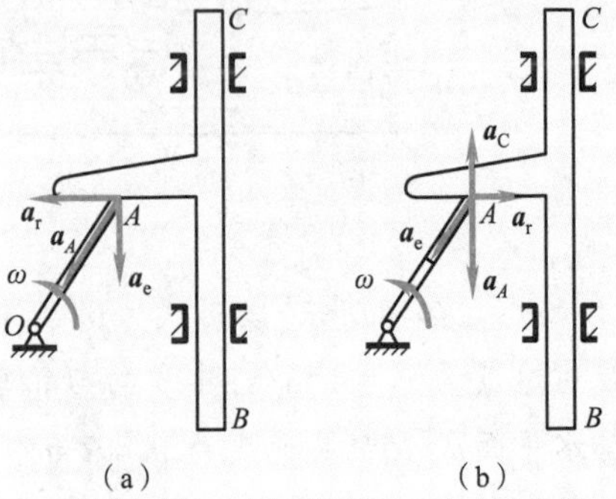


思考题 8-10 图

8-11　如下计算对吗？

$$a_a^t=\frac{dv_a}{dt},\quad a_a^n=\frac{v_a^2}{\rho_a};\quad a_e^t=\frac{dv_e}{dt},\quad a_e^n=\frac{v_e^2}{\rho_e};$$

$$a_r^t=\frac{dv_r}{dt},\quad a_r^n=\frac{v_r^2}{\rho_r}$$

式中，$\rho_a$、$\rho_r$ 分别是绝对运动轨迹、相对运动轨迹上该处的曲率半径；$\rho_e$ 为动参考系上与动点重合的那一点的轨迹在重合位置的曲率半径。

8-12　按照点的合成运动理论推导速度合成定理及加速度合成定理时，定参考系是固定不动的。如果定参考系本身也在运动(平动或转动)，对这类问题该如何求解？

8-13　试引用点的合成运动的概念，证明在极坐标中点的加速度公式为

$$a_\rho=\ddot{\rho}-\rho\dot{\varphi}^2,\quad a_\varphi=\ddot{\varphi}\rho+2\dot{\varphi}\dot{\rho}$$

式中，$\rho$ 和 $\varphi$ 是用极坐标表示的点的运动方程；$a_\rho$ 和 $a_\varphi$ 是点的加速度沿极径和其垂直方向的投影。

## 习　题

8-1　如图所示，汽车 $A$ 以 $v_1=40$ km/h 沿直线道路行驶，汽车 $B$ 以 $v_2=40\sqrt{2}$ km/h 沿另一岔道行驶。试求在 $B$ 车上观察到的 $A$ 车的速度。

答案：$v_{AB}=40$ km/h

8-2　如图所示，播种机以匀速率 $v_1=1$ m/s 直线前进。种子脱离输种管时具有相对于输种管的速度 $v_2=2$ m/s。图中标注尺寸的单位为 mm。试求此时种子相对于地面的速度，以及落至地面上的位置与离开输种管时的位置之间的水平距离。

答案：$v=2.65$ m/s；$d=0.22$ m

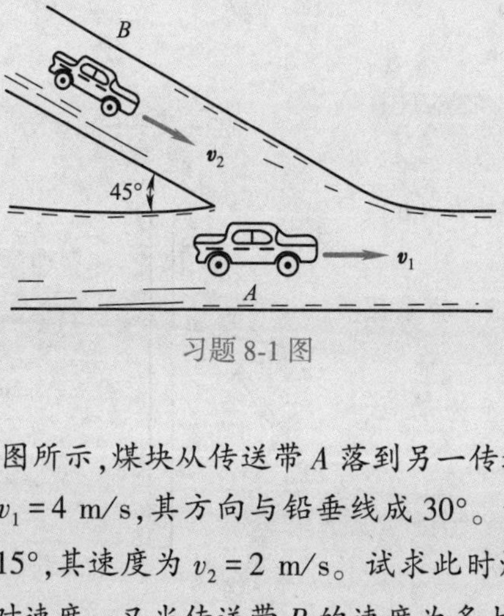


习题 8-1 图

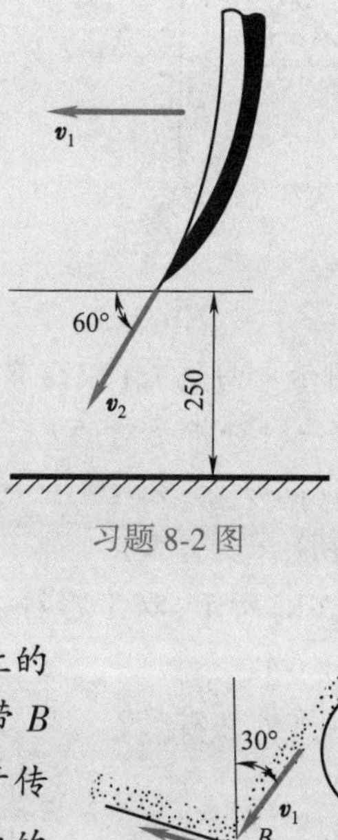


习题 8-2 图

8-3　如图所示，煤块从传送带 $A$ 落到另一传送带 $B$ 上的绝对速度为 $v_1=4$ m/s，其方向与铅垂线成 30°。设传送带 $B$ 与水平面成 15°，其速度为 $v_2=2$ m/s。试求此时煤块对于传送带 $B$ 的相对速度。又当传送带 $B$ 的速度为多大时，煤块的相对速度才能与传送带垂直？

答案：$v_1=3.98$ m/s，$v_2=1.04$ m/s

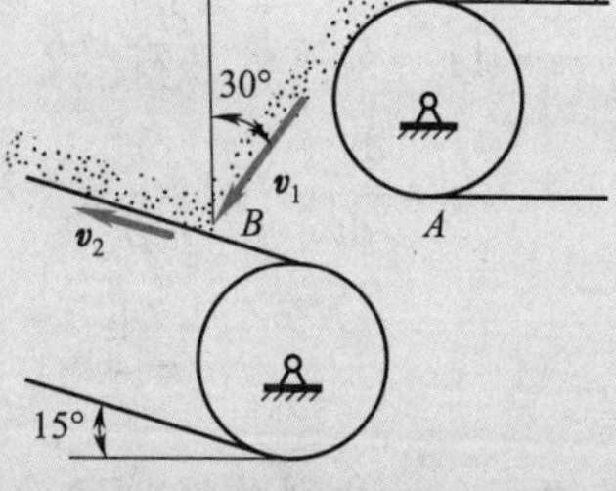


习题 8-3 图

8-4　在图(a)和图(b)所示的两种机构中，已知 $O_1O_2=a=200\ \mathrm{mm}$，$\omega_1=3\ \mathrm{rad/s}$。求图示位置时杆 $O_2A$ 的角速度。

答案：(a) $\omega_2=1.5\ \mathrm{rad/s}$；(b) $\omega_2=2\ \mathrm{rad/s}$

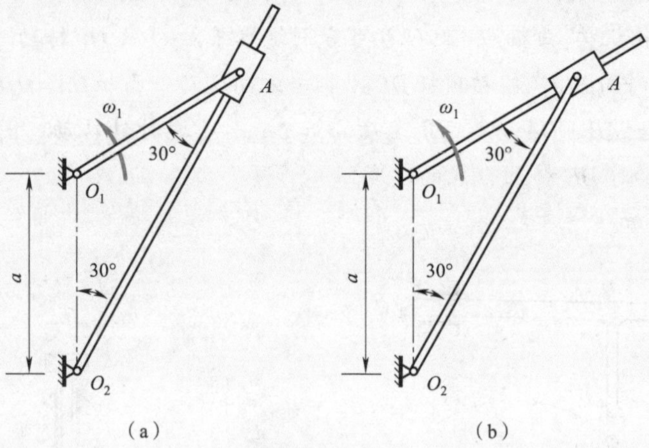


习题 8-4 图

8-5　平底顶杆凸轮机构如图所示，顶杆 $AB$ 可沿导轨上下移动，偏心圆盘绕轴 $O$ 转动，轴 $O$ 位于顶杆轴线上。工作时顶杆的平底始终接触凸轮表面。该凸轮半径为 $R$，偏心距 $OC=e$，凸轮绕轴 $O$ 转动的角速度为 $\omega$，$OC$ 与水平线夹角 $\varphi$。求当 $\varphi=0°$时，顶杆的速度。

答案：$v_{AB}=e\omega$

8-6　直线 $AB$ 以大小为 $v_1$ 的速度沿垂直于 $AB$ 的方向向上移动；直线 $CD$ 以大小为 $v_2$ 的速度沿垂直于 $CD$ 的方向向左上方移动，如图所示。如两直线间的交角为 $\theta$，求两直线交点 $M$ 的速度。

答案：$v=\dfrac{1}{\sin\theta}\sqrt{v_1^2+v_2^2-2v_1v_2\cos\theta}$

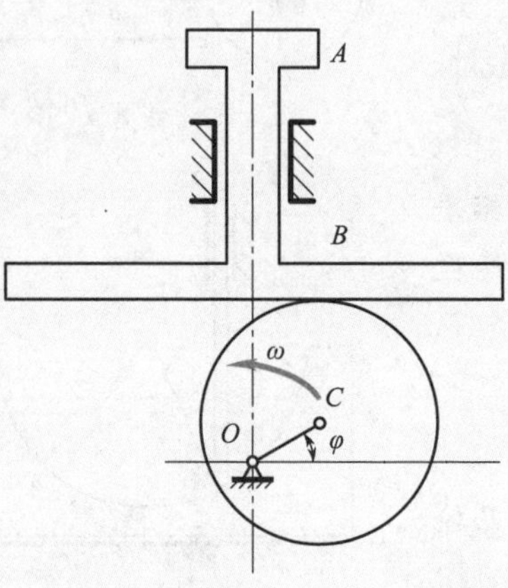


习题 8-5 图

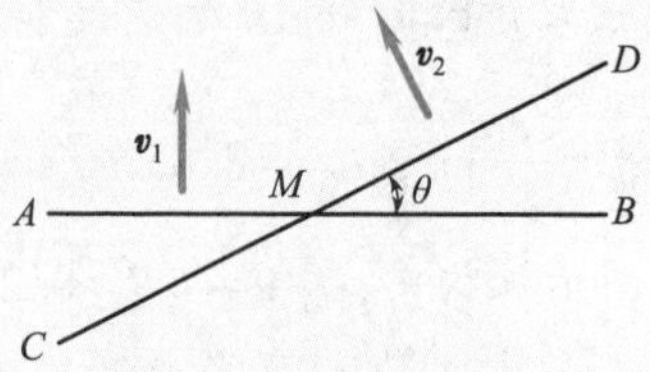


习题 8-6 图

8-7　图示曲柄滑道机构中，杆 $BC$ 为水平，而杆 $DE$ 保持垂直，曲柄长 $OA=10$ cm，并以匀角速度 $\omega=20$ rad/s 绕 $O$ 轴顺时针转动，通过滑块 $A$ 使杆 $BC$ 作往复运动。求当曲柄与水平线夹角分别为 $\varphi=0°$、$30°$、$90°$时杆 $BC$ 的速度。

答案：$\varphi=0°$，$v_{BC}=0$ m/s；$\varphi=30°$，$v_{BC}=1$ m/s；$\varphi=90°$，$v_{BC}=2$ m/s

8-8　平面凸轮机构，曲柄 $OA$ 及 $O_1B$ 可分别绕水平轴 $O$ 及 $O_1$ 转动。带动三角形平板 $ABC$ 运动，平板的斜面 $BC$ 又推动顶杆 $DE$ 沿铅垂方向运动。已知 $OA=O_1B$；$AB=OO_1$。在图示位置时，$OA$ 铅垂，$AB\perp OA$，$OA$ 的角速度 $\omega_0=2$ rad/s，逆时针转动。图中尺寸的单位为 cm。试计算图示瞬时 $DE$ 杆上 $D$ 点的速度。

答案：$v_D=10$ cm/s

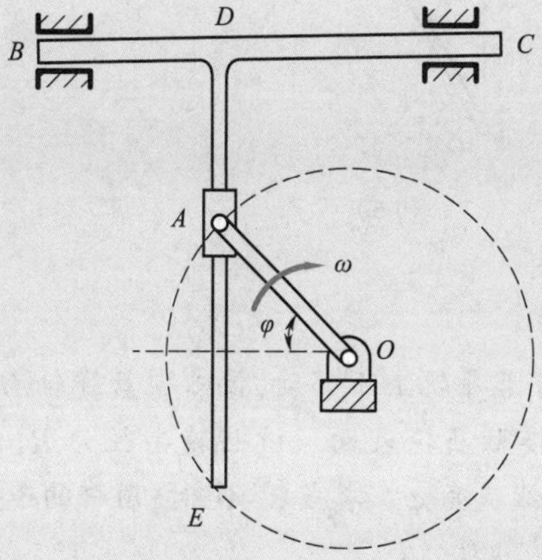


习题 8-7 图

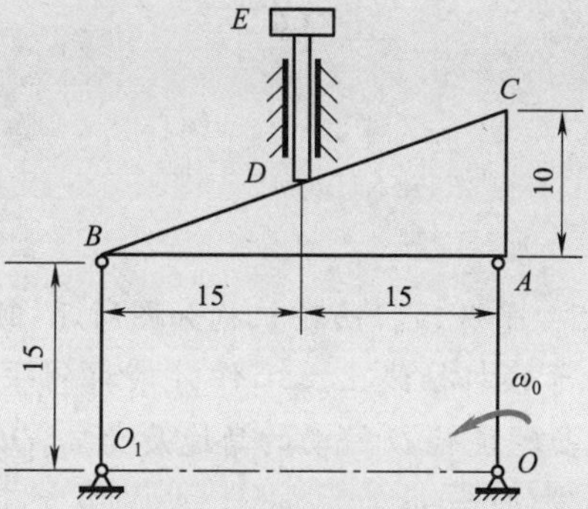


习题 8-8 图

8-9　如图所示，已知小球 $P$ 在圆弧形管内以相对速度 $\boldsymbol{v}$ 运动，圆弧形管与圆盘 $O$ 刚性连接，并以角速度 $\omega$ 绕 $O$ 轴转动，$BC=2AB=2OA=2r$。在图示瞬时，$\theta=60°$。试求该瞬时小球 $P$ 的速度和加速度。

答案：$v_P=\sqrt{12r^2\omega^2+v^2}$；$a_P=\sqrt{12r^2\omega^4+\left(\dfrac{v^2}{2r}-2v\omega\right)^2}$

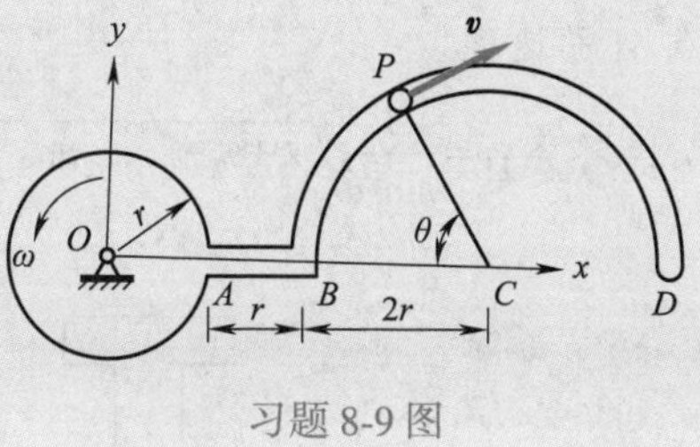


习题 8-9 图

8-10　如图所示，具有半径 $R=0.2$ m 的半圆形滑槽的滑块沿水平方向向右运动，推动杆 $AB$ 沿铅垂方向运动。图示位置 $\varphi=60°$，速度 $v_0=1$ m/s，加速度 $a_0=2$ m/s$^2$，试求该瞬时杆 $AB$ 的速度和加速度

答案：$v_{AB}=\dfrac{\sqrt{3}}{3}$ m/s；$a_{AB}=8.85$ m/s$^2$

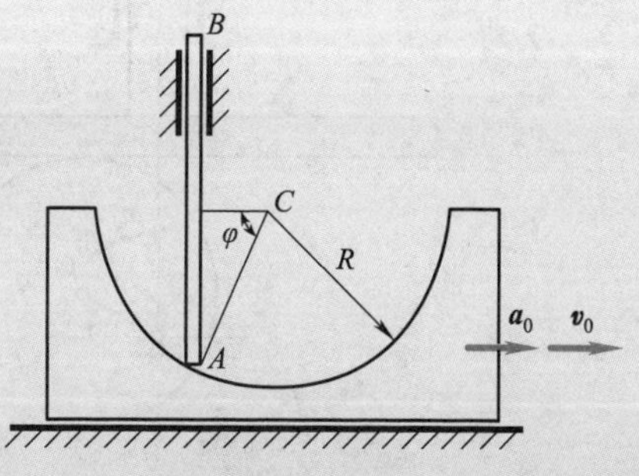


习题 8-10 图

8-11　图示机构中，$O_1A=O_2B=0.2$ m，半圆凸轮的半径为 0.1 m，杆 $O_1A$ 以等角速度 $\omega=2$ rad/s 绕 $O_1$ 轴转动。求图示瞬时顶杆 $DE$ 的速度和加速度。

答案：$v_{DE}=0.2\ \text{m/s}$；$a_{DE}=0.924\ \text{m/s}^2$

8-12　如图所示机构中，直角曲杆 $OAB$ 绕 $O$ 轴转动，弧形滑道半径为 $R$，图示瞬时 $OB$ 水平，$AB$ 通过滑道的圆心，且角速度为 $\omega_0$，角加速度 $\alpha=0$，$OA=R$，$AB=\sqrt{3}R$。试求此瞬时弧形滑道的速度和加速度。

答案：$v=1.16R\omega_0$；$a=4.16R\omega_0^2$

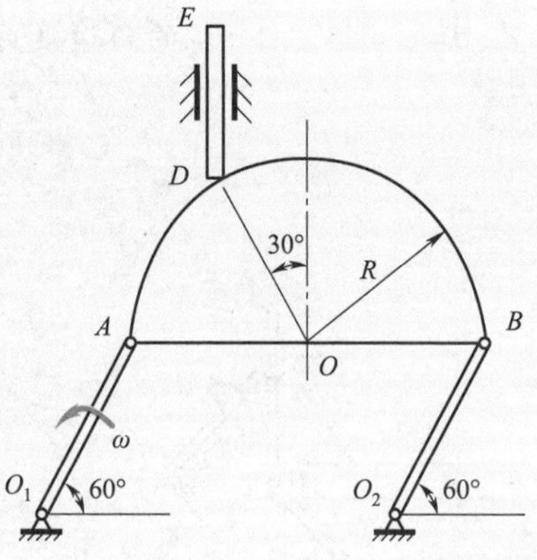

习题 8-11 图

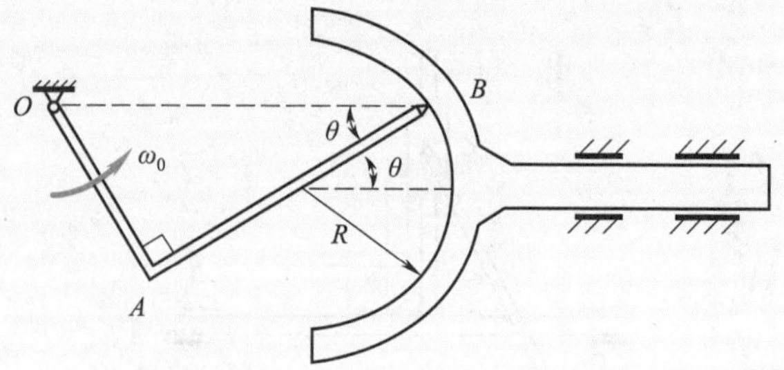

习题 8-12 图

8-13　如图所示，曲柄 $OA$ 长为 0.4 m，以匀角速度 $\omega=0.5\ \text{rad/s}$ 绕 $O$ 轴沿逆时针转向转动。由于曲柄 $OA$ 的 $A$ 端推动水平板 $B$ 而使滑杆 $C$ 沿铅垂方向上升。求当曲柄 $OA$ 与水平线间的夹角 $\theta=30°$ 时，滑杆 $C$ 的速度和加速度。

答案：$v=0.173\ \text{m/s}$；$a=0.05\ \text{m/s}^2$

8-14　图示倾角为 $\varphi$ 的尖劈以匀速 $v=2\ \text{m/s}$ 沿水平面向右运动，带动杆 $OB$ 绕定轴 $O$ 转动。已知 $r=2\sqrt{3}\ \text{m}$，求当 $\theta=\varphi$ 时，杆 $OB$ 的角速度和角加速度。

答案：$\omega=\dfrac{1}{3}\ \text{rad/s}$；$\alpha=\dfrac{\sqrt{3}}{27}\ \text{rad/s}^2$

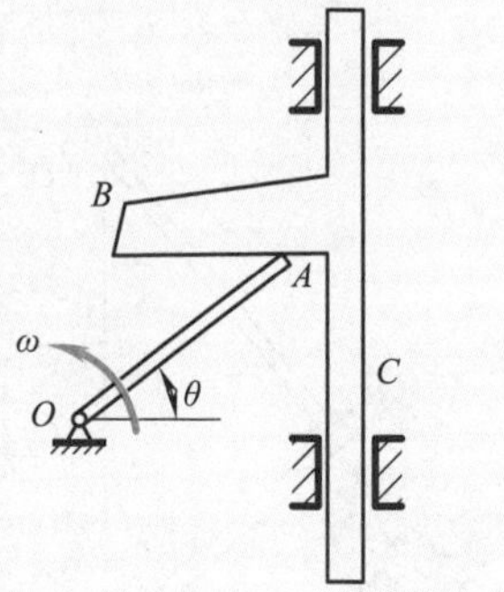

习题 8-13 图

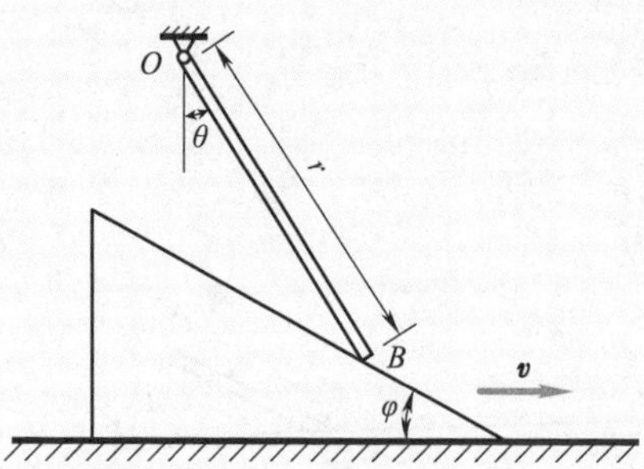

习题 8-14 图

8-15　剪切金属板的“飞剪机”机构如图所示。工作台 $AB$ 的移动规律是 $s=0.2\sin\frac{\pi}{6}t$（式中，$s$ 以 m 计，$t$ 以 s 计），滑块 $C$ 带动上刀片 $E$ 沿导柱运动以切断工件 $D$，下刀片 $F$ 固定在工作台上。设曲柄 $OC$ 的长为 0.6 m，$t=1$ s 时，$\varphi=60°$。求该瞬时刀片 $E$ 相对于工作台运动的速度和加速度，并求曲柄 $OC$ 转动的角速度及角加速度。

答案：$v_r=0.052$ m/s；$a_r=0.005\ 39$ m/s$^2$；$\omega=0.175$ rad/s；$\alpha=0.035\ 2$ rad/s$^2$

8-16　图示振动筛模型中，$AB=CD=EG=r$，设图示位置，$\theta=\varphi=45°$，杆 $EG$ 的角速度为 $\omega$，角加速度为零，试求此瞬时杆 $AB$ 的角速度和角加速度。

答案：$\omega_{AB}=\omega$；$\alpha_{AB}=2\omega^2$

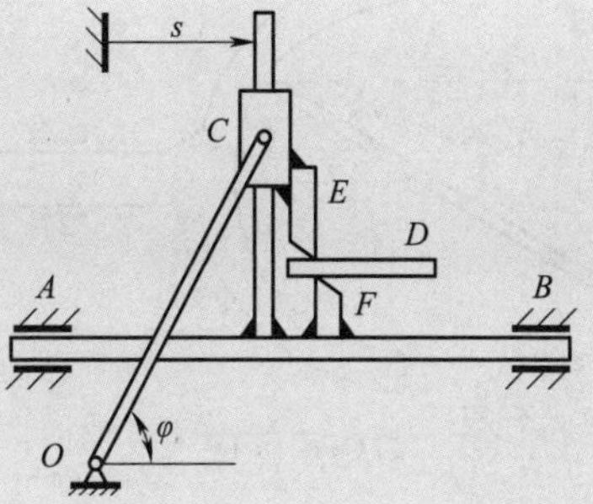


习题 8-15 图

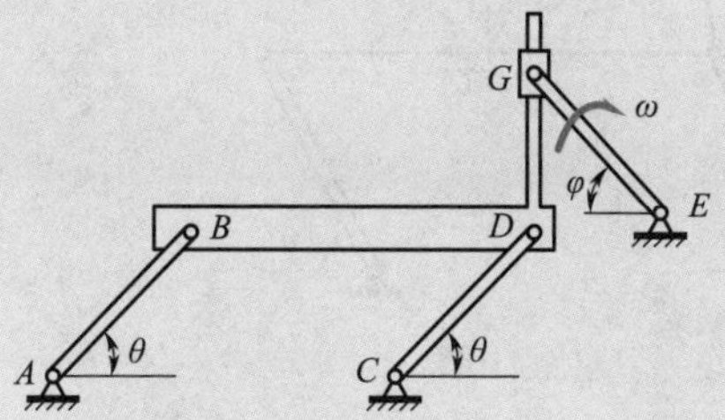


习题 8-16 图

8-17　图示直角折杆 $OBC$ 绕 $O$ 轴转动，使套在其上的小环 $M$ 沿固定直杆 $OA$ 滑动。已知：$OB=0.1$ m，$OB$ 与 $BC$ 垂直，折杆的角速度 $\omega=0.5$ rad/s，角加速度为 0。试求当 $\varphi=60°$ 时，小环 $M$ 的速度和加速度。

答案：$v_M=0.173$ m/s；$a_M=0.35$ m/s$^2$

8-18　平面曲柄摇杆机构如图所示。直角杆 $OCD$ 穿过套筒 $B$，套筒 $B$ 铰接在杆 $AB$ 上。已知：$AB=CO=r$。在图示位置时，$\varphi=90°$，杆 $AB$ 的角速度为 $\omega$，角加速度为零，$BC=r$。试求该瞬时杆 $OCD$ 的角速度和角加速度。

答案：$\omega_1=\frac{\sqrt{2}}{2}\omega$ rad/s；$\alpha_1=0.793\omega^2$ rad/s$^2$

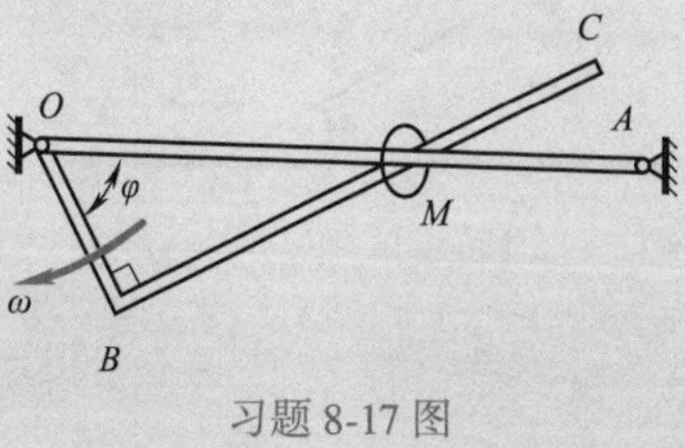


习题 8-17 图

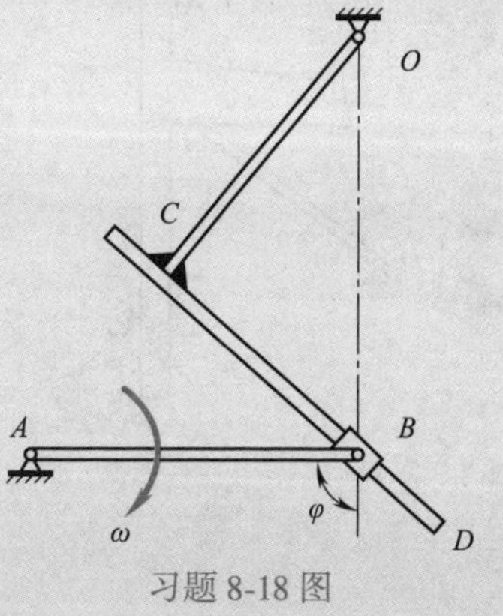


习题 8-18 图

8-19　图示半径为 $r$ 的半圆形凸轮沿水平面向右运动，带动直杆 $AB$ 绕固定轴 $A$ 转动。在图示位置时，$\varphi=30°$，凸轮的速度为 $\boldsymbol{v}$，加速度为 $\boldsymbol{a}$，点 $A$ 与凸轮中心 $O$ 恰在同一铅垂线上，试求该瞬时杆 $AB$ 的角速度和角加速度。

答案：$\omega_{AB}=\dfrac{v}{2r}$；$\alpha_{AB}=\dfrac{v^2}{4\sqrt{3}r^2}-\dfrac{a}{2r}$

8-20　图示偏心轮摇杆机构中，摇杆 $O_1A$ 借助弹簧压在半径为 $R$ 的偏心轮 $C$ 上。偏心轮 $C$ 绕 $O$ 轴往复摆动，从而带动摇杆绕轴 $O_1$ 摆动。图示瞬时 $OC\perp OO_1$，轮 $C$ 的角速度为 $\omega$，角加速度为零，$\theta=60°$。求此瞬时摇杆 $O_1A$ 的角速度 $\omega_1$ 和角加速度 $\alpha_1$。

答案：$\omega_1=\dfrac{\omega}{2}$；$\alpha_1=\dfrac{\sqrt{3}}{12}\omega^2$

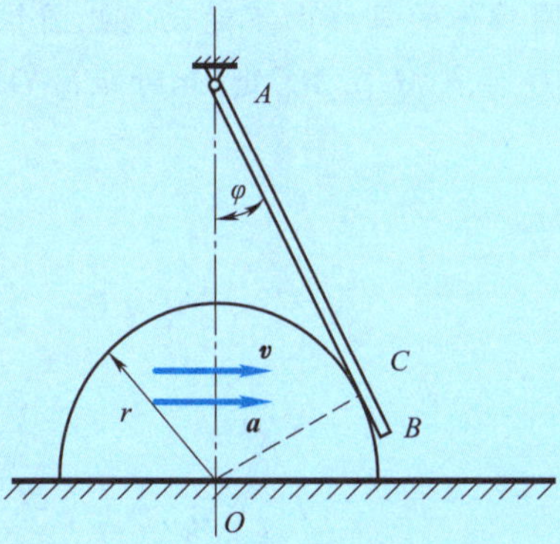


习题 8-19 图

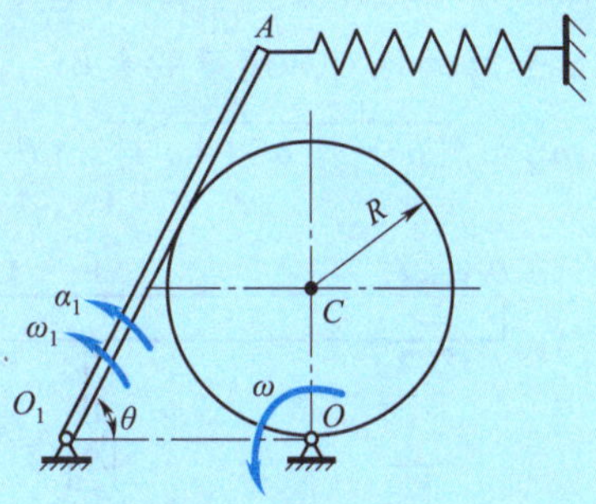


习题 8-20 图

8-21　半径 $r=2\sqrt{3}$ cm 的圆盘 $C$ 绕定轴 $O$ 以匀角速度 $\omega=2$ rad/s 转动，$AC=2r$，试求图示 $\theta=30°$瞬时 $AB$ 杆的角速度和角加速度。

答案：$\omega=\dfrac{\sqrt{3}}{3}$ rad/s；$\alpha=0.67$ rad/s$^2$

8-22　图示机构中，圆盘 $O_1$ 绕其中心以匀角速度 $\omega_1=3$ rad/s 转动。当圆盘转动时，通过圆盘上的销 $M_1$ 与导槽 $CD$ 带动水平杆 $AB$ 往复运动。同时，在杆 $AB$ 上有一销 $M_2$ 带动杆 $O_2E$ 绕 $O_2$ 轴摆动。设 $\theta=30°$，$\varphi=30°$，求此瞬时杆 $O_2E$ 的角速度与角加速度。已知 $r=20$ cm，$l=30$ cm。

答案：$\omega=-0.75$ rad/s；$\alpha=-4.55$ rad/s$^2$

8-23　牛头刨床机构如图所示。已知 $O_1A=200$ mm，角速度 $\omega_1=2$ rad/s，角加速度 $\alpha=0$。试求图示位置滑枕 $CD$ 的速度和加速度。

答案：$v_{CD}=0.325$ m/s；$a_{CD}=0.657$ m/s$^2$

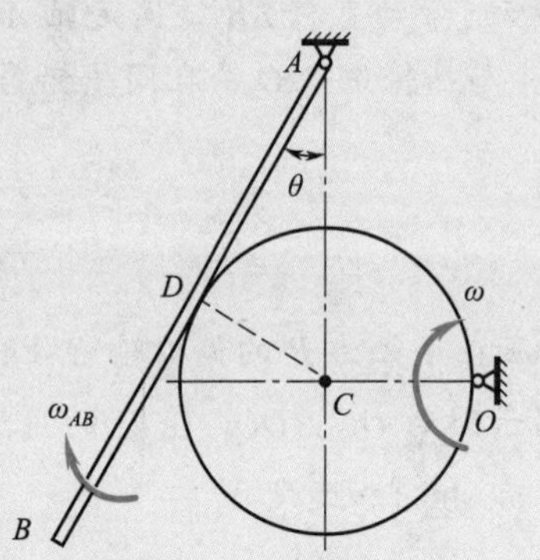


习题 8-21 图

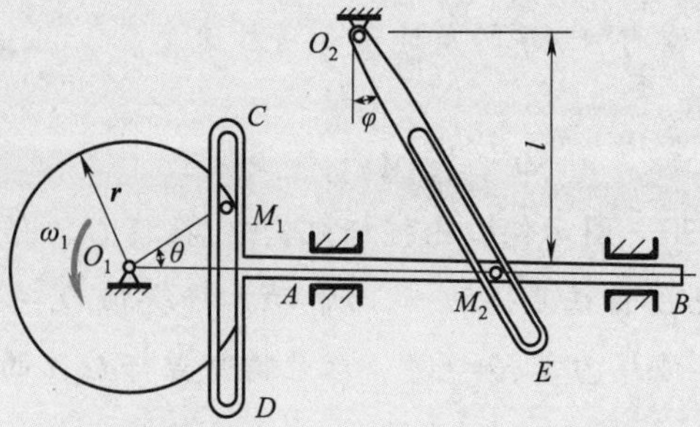


习题 8-22 图

8-24　如图所示,点 $M$ 以不变的相对速度沿圆锥体的母线向下运动。此圆锥体以角速度 $\omega$ 绕 $OA$ 轴作匀速转动。如 $\angle MOA=\theta$,且当 $t=0$ 时点 $M$ 在 $M_0$ 处,此时距离 $OM_0=b$。试求在瞬时 $t$ 点 $M$ 的绝对加速度的大小。

答案:$a_M=\sqrt{(b+v_r t)^2\omega^4+4\omega^2 v_r^2}\sin\theta$

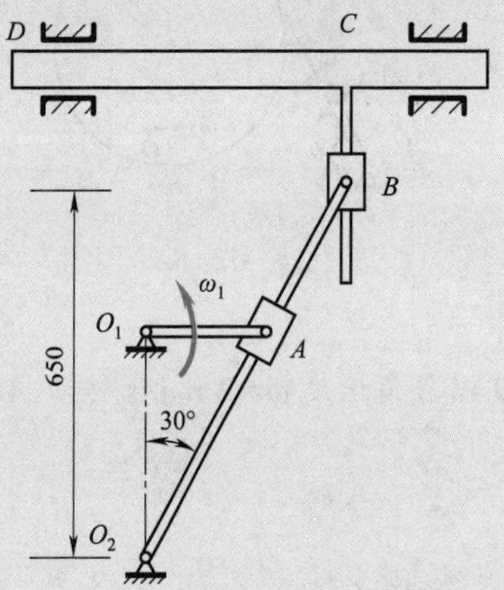


习题 8-23 图

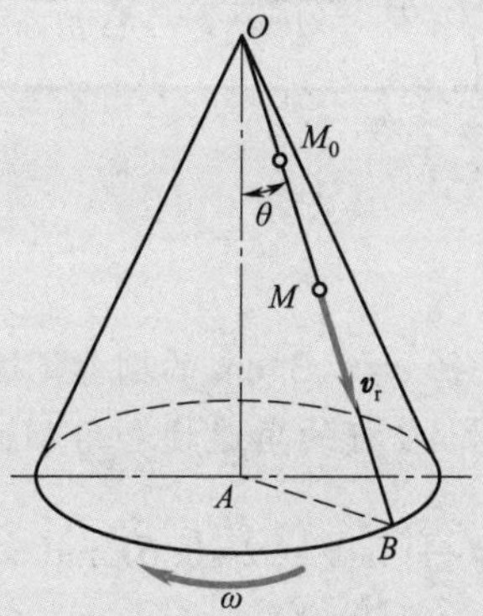


习题 8-24 图

# 第 9 章　刚体的平面运动

前面章节介绍的刚体平行移动和定轴转动是两种最简单、最基本的运动，刚体的平面运动也是一种在工程实际中常见的运动形式。本章重点介绍刚体平面运动的理论，包含刚体平面运动的分解、平面运动刚体的角速度和角加速度、平面运动刚体上点的速度和加速度等。一方面，刚体平面运动理论有广泛的工程应用背景。机械中很多构件的运动是平面运动，或可简化为平面运动，平面运动学是机械设计中非常重要的一个分支。工程结构的机动性分析、航天器轨道参数分析等领域也需要刚体平面运动的理论作支撑。另一方面，刚体平面运动理论是研究刚体一般运动的理论基础。

## §9-1　刚体平面运动的概述

工程中，很多构件的运动，如车轮沿直线轨道的滚动（见图 9-1），内燃机中曲柄连杆机构中连杆 $AB$ 的运动（见图 9-2），行星齿轮 $A$ 的运动（见图 9-3），等等，这些刚体的运动既不是平行移动，也不是定轴转动，但它们有一个共同的运动特点：刚体在运动过程中，其上任一点与某一固定平面的距离始终保持不变，即各点始终保持在与该固定平面相平行的平面内运动，刚体的这种运动称为平面运动。

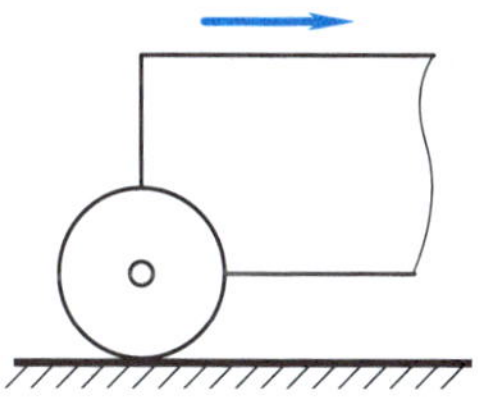

图　9-1

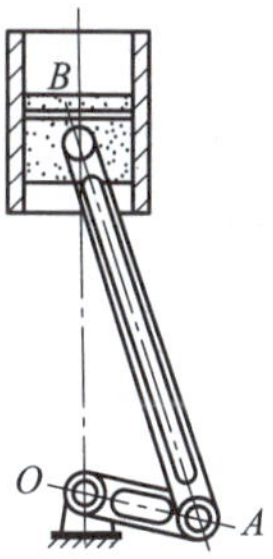


图　9-2

图　9-3

如图 9-4 所示，设有一刚体相对于固定平面 Ⅰ 作平面运动。另取一个与平面 Ⅰ 平行的平面 Ⅱ，在刚体上截出一平面图形 $S$，根据刚体平面运动特征易知刚体内与 $S$ 垂直的任一条直线 $A'A''$ 作平动，可以用其上一点 $A$ 的运动来代表。依此类推，只要知道平面图形 $S$ 内各点的运动，就可以知道整个刚体的运动。刚体的平面运动可以简化为平面图形在其自身平面内的运动。

平面图形在其运动平面上的位置完全可由其内部任意线段 $O'M$ 的位置来确定，如图 9-5 所示。要确定线段 $O'M$ 在平面内的位置，只需确定线段上任一点 $O'$ 的位置和线段 $O'M$ 与定坐标轴 $x$ 轴间的夹角即可。因此，确定点 $O'$ 的坐标及夹角 $\varphi$ 随时间的变化规律，就确定了平

面图形的运动规律,这些参数随时间变化的关系式称为平面图形的运动方程:

$$\begin{cases} x_{O'}=f_1(t) \\ y_{O'}=f_2(t) \\ \varphi=f_3(t) \end{cases} \tag{9-1}$$

上述描述平面图形运动的方法称为基点法,其中点 $O'$ 称为基点,夹角 $\varphi$ 称为平面图形的转角。平面图形的运动规律可由三个独立参数确定。

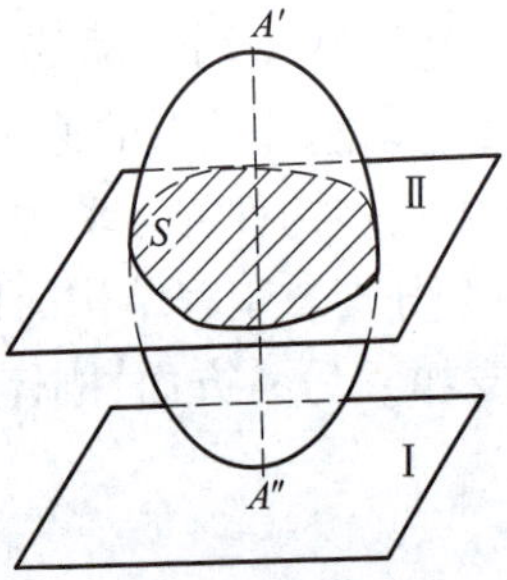


图 9-4

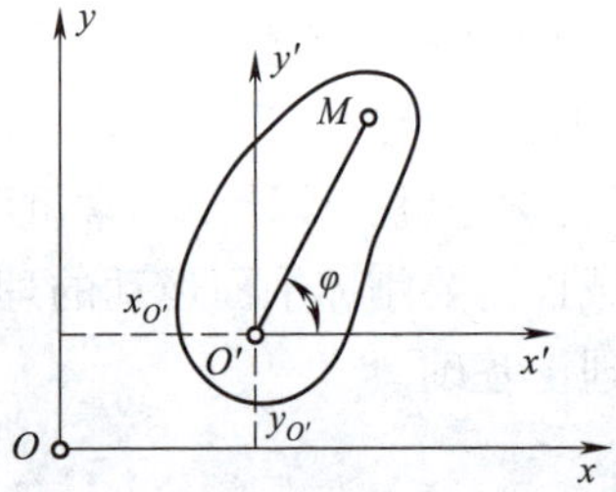


图 9-5

运动方程(9-1)式的含义也可以用上一章合成运动的观点加以解释。假想在点 $O'$ 上建立一个平动参考系 $O'x'y'$,当平面图形运动时,动坐标轴方向保持不变,始终平行于定坐标轴 $x$ 轴和 $y$ 轴,如图 9-5 所示。于是,$[x_{O'}=f_1(t),y_{O'}=f_2(t)]$ 是随基点 $O'$ 平动的运动规律,$[\varphi=f_3(t)]$ 是绕基点 $O'$ 转动的运动规律。刚体平面运动可以看作平动和转动的合成运动,或者说刚体平面运动可分解为平动和转动。

以沿直线轨道滚动的车轮为例,如图 9-6(a)所示,取车厢为动参考体,以轮心点 $O'$ 为原点建立取动参考系 $O'x'y'$,则车厢的平动是牵连运动,车轮绕平动参考系原点 $O'$ 的转动是相对运动,二者的合成就是车轮的平面运动(绝对运动)。轮子作平面运动时,可以轮心 $O'$ 为原点,建立一个平动参考系 $O'x'y'$,如图 9-6(b)所示,这样可把轮子这种较为复杂的平面运动分解为平动和转动两种简单的运动。

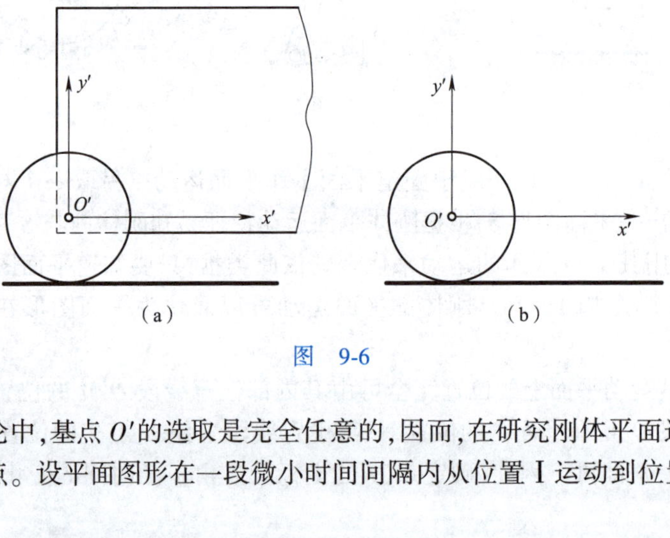


图 9-6

在以上的讨论中,基点 $O'$ 的选取是完全任意的,因而,在研究刚体平面运动时,可以选择不同的点作为基点。设平面图形在一段微小时间间隔内从位置Ⅰ运动到位置Ⅱ,这个过程可

由图形上线段 $AB$ 运动到 $A'B'$ 来表示。若以 $A$ 为基点，则线段 $AB$ 可以看作随基点 $A$ 一起平动到 $A'B''$，再绕基点 $A'$ 转过 $\Delta\varphi$ 角到达 $A'B'$，如图 9-7 所示。若以 $B$ 为基点，则线段 $AB$ 可以看作随基点 $B$ 一起平动到 $A''B'$，再绕基点 $B'$ 转过 $\Delta\varphi'$ 角到达 $A'B'$。由图示易知，两次分析中选择不同的基点 $A$ 和 $B$，平动的位移 $\overrightarrow{AA'}$ 和 $\overrightarrow{BB'}$ 显然不同，随基点平动的速度及加速度也不相同，但角位移 $\Delta\varphi$ 和 $\Delta\varphi'$ 的大小及转向总是相同，因此绕基点的角速度和角加速度也是相同的。于是可得结论：平面运动可取任意基点而分解为随基点的平动和绕基点的转动，其中平动的速度和加速度与基点的选择有关，而平面图形绕基点转动的角速度和角加速度与基点的选择无关。

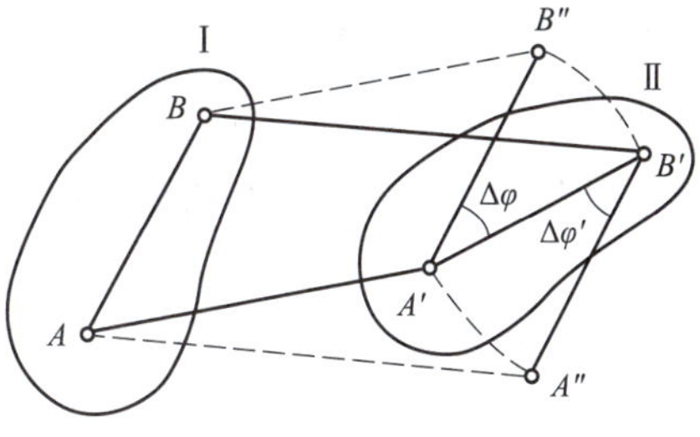

图　9-7

刚体平面运动时相对任意基点处的平动参考系的转动运动是相同的，因此，以后在讲到刚体平面运动的角速度、角加速度时，不再特别强调它是相对于哪个基点的，而泛称为刚体平面运动的角速度、角加速度。

## §9-2　平面图形内各点的速度

由上节可知，从点的合成运动理论出发，平面图形的平面运动分解为随基点的平动和绕基点的转动，本节将利用这个关系来研究平面图形内各点的速度。常用的方法有基点法、速度投影法和速度瞬心法。

### 1. 基点法

如图 9-8 所示，设在平面图形内任取一点 $O'$ 为基点，已知该点的速度为 $\boldsymbol{v}_{O'}$ 及图形的角速度为 $\omega$，则图形上任一点 $M$ 的牵连运动为随基点 $O'$ 的平动，相对运动为绕基点 $O'$ 的转动。$M$ 点的牵连速度等于基点的速度，$\boldsymbol{v}_e=\boldsymbol{v}_{O'}$。$M$ 点的相对速度表示为 $\boldsymbol{v}_{MO'}$，方向垂直于 $O'M$，并指向图形的转动方向，大小为 $|v_r|=|v_{MO'}|=O'M\cdot\omega$。根据点的速度合成定理 $\boldsymbol{v}_a=\boldsymbol{v}_e+\boldsymbol{v}_r$，有

$$\boldsymbol{v}_M=\boldsymbol{v}_{O'}+\boldsymbol{v}_{MO'} \tag{9-2}$$

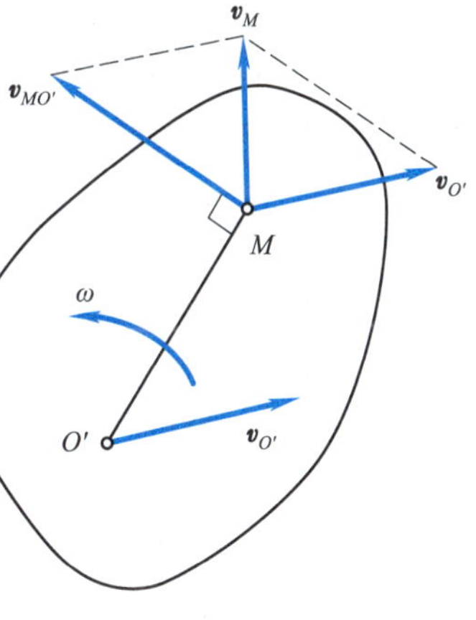

图　9-8

式(9-2)即为平面图形内任意点的速度合成定理，表明：平面图形内任一点的速度等于基点的速度与绕基点转动速度的矢量和，这就是平面运动的速度合成法，又称基点法。更具一般性地，平面图形内任意两点 $A$ 和 $B$ 的速度必存在以下联系：

$$\boldsymbol{v}_B=\boldsymbol{v}_A+\boldsymbol{v}_{BA} \tag{9-3}$$

式中，$\boldsymbol{v}_{BA}$ 表示 $B$ 相对于 $A$ 的相对转动速度，其大小为 $v_{BA}=AB\cdot\omega$，方向垂直于 $AB$，且指向图形转动的方向。在具体求解中，与速度的合成定理类似，矢量式一共包含了 $\boldsymbol{v}_A$、$\boldsymbol{v}_B$ 和 $\boldsymbol{v}_{BA}$ 的大小和方向共六个要素，且相对速度 $\boldsymbol{v}_{BA}$ 的方向总是已知，如能首先确定其余任意三个要素，便可作速度平行四边形，求解剩余两个要素。

### 2. 速度投影法

将式(9-3)投影到 $A$、$B$ 连线上，如图 9-9(a)所示，并考虑到相对速度 $\boldsymbol{v}_{BA}$ 的方向总是垂直于 $AB$，投影为零，可知 $A$、$B$ 两点速度在其连线上投影相等。

$$[\boldsymbol{v}_A]_{AB}=[\boldsymbol{v}_B]_{AB} \tag{9-4}$$

式(9-4)称为速度投影定理：任意瞬时，同一平面图形上任意两点的速度在这两个点连线上的投影相等。

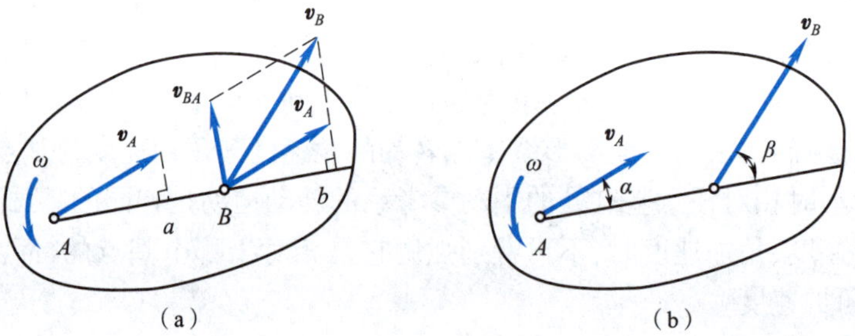


图 9-9

若已知 $A$、$B$ 两点速度与 $AB$ 连线的夹角分别为 $\alpha$、$\beta$，如图 9-9(b)所示，则式(9-4)可以写作

$$\boldsymbol{v}_A\cos\alpha=\boldsymbol{v}_B\cos\beta \tag{9-5}$$

此定理也可由刚体模型的固有特征来解释，即刚体上任意两点间距离始终不变，两点速度沿连线的分量必须相等，否则两点间距离就会产生变化，也就是物体发生了变形。因此，这个定理不仅适用于刚体的平面运动，而且适用于刚体的任意运动形式。应用速度投影定理求解平面图形内任一点的速度的方法就称为速度投影法，有时非常方便。

### 3. 速度瞬心法

在某一瞬时，平面图形上各点的速度一般不同，如果在该瞬时能找到一点，它的速度恰为零，那么，选这点作为基点，求其他各点的速度就会很方便。这个点是否存在？如何寻找？

**定理** 在 $\omega\neq0$ 的任一瞬时，平面图形上都唯一存在速度为零的点。

**证明** 设在某一瞬时，平面图形上 $A$ 点的速度 $\boldsymbol{v}_A$，图形的角速度为 $\boldsymbol{\omega}$，如图 9-10 所示。以 $A$ 为基点，在沿 $\omega$ 的转向上，$\boldsymbol{v}_A$ 垂线 $AN$ 上任一点 $M$ 的速度为 $\boldsymbol{v}_M=\boldsymbol{v}_A+\boldsymbol{v}_{MA}$，显然 $\boldsymbol{v}_A$ 和 $\boldsymbol{v}_{MA}$ 共线而方向相反，$M$ 点速度大小为 $v_M=v_A-\omega\cdot AM$。

若取线段 $AC=\dfrac{v_A}{\omega}$，则 $C$ 点的绝对速度必为零。

同时，在非 $\boldsymbol{v}_A$ 垂线上的点由于相对基点 $A$ 的速度不与 $\boldsymbol{v}_A$ 共线，速度大小一定不为零。

定理得证。

在某瞬时，平面图形内速度为零的点称为瞬时速度中心，简称速度瞬心。以速度瞬心作为基点，求平面图形上其他各点速度的方法，称为速度瞬心法，简称瞬心法。

在某一瞬时，设取速度瞬心 $C$ 作为基点，图 9-11 所示，则图形上 $A$ 点、$B$ 点及 $D$ 点的速度

分别为

$$\boldsymbol{v}_A=\boldsymbol{v}_C+\boldsymbol{v}_{AC}=\boldsymbol{v}_{AC},\quad v_A=CA\cdot\omega,\quad \boldsymbol{v}_A\perp CA$$
$$\boldsymbol{v}_B=\boldsymbol{v}_C+\boldsymbol{v}_{BC}=\boldsymbol{v}_{BC},\quad v_B=CB\cdot\omega,\quad \boldsymbol{v}_B\perp CB$$
$$\boldsymbol{v}_D=\boldsymbol{v}_C+\boldsymbol{v}_{DC}=\boldsymbol{v}_{DC},\quad v_D=CD\cdot\omega,\quad \boldsymbol{v}_D\perp CD$$

可见，平面图形内任一点的速度等于该点随图形绕速度瞬心转动的速度，速度大小与各点到速度瞬心的距离成正比，方向垂直于各点与速度瞬心的连线并与转向一致。速度瞬心法是求平面图形内任意点速度的比较简便而常用的方法。

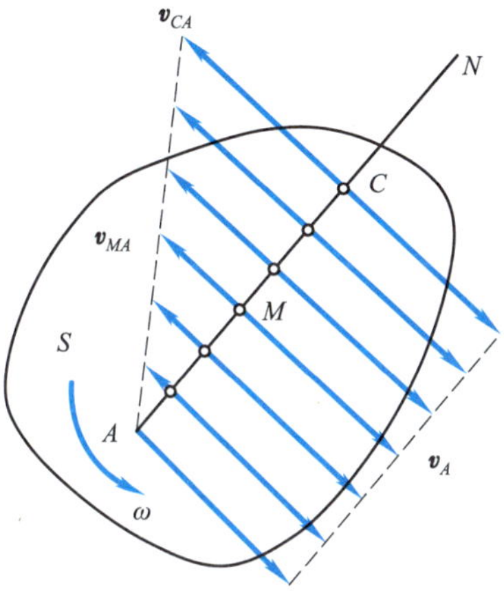


图　9-10

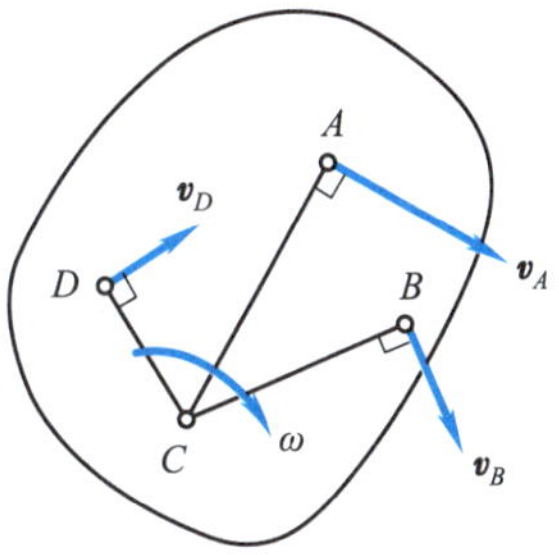


图　9-11

综上所述，只要能确定平面图形在某一瞬时的速度瞬心位置和角速度，就能够确定图形内任一点的速度，而确定瞬心是使用瞬心法的前提。下面介绍几种速度瞬心的确定方法：

(1)当平面图形在另一固定表面上滚动而不滑动时，这两个面的接触点的速度为零，此点即为平面图形在此瞬时的速度瞬心，如图 9-12 所示。

(2)在某瞬时已知图形上 $A$、$B$ 两点的速度的方向，如图 9-13 所示。由于瞬心一定在每一点速度的垂线上，因此瞬心 $C$ 的位置应在 $\boldsymbol{v}_A$ 与 $\boldsymbol{v}_B$ 两垂线 $AC$ 及 $BC$ 的交点上。

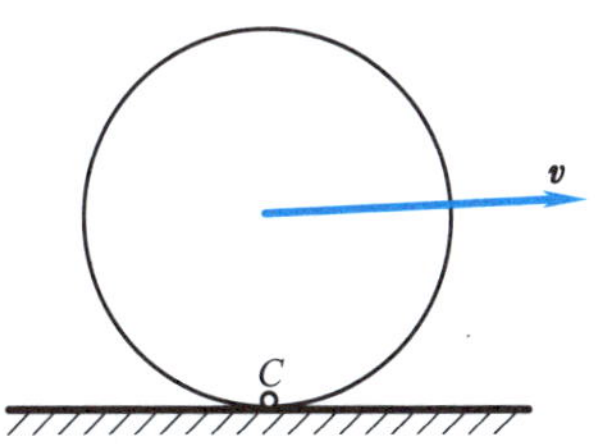


图　9-12

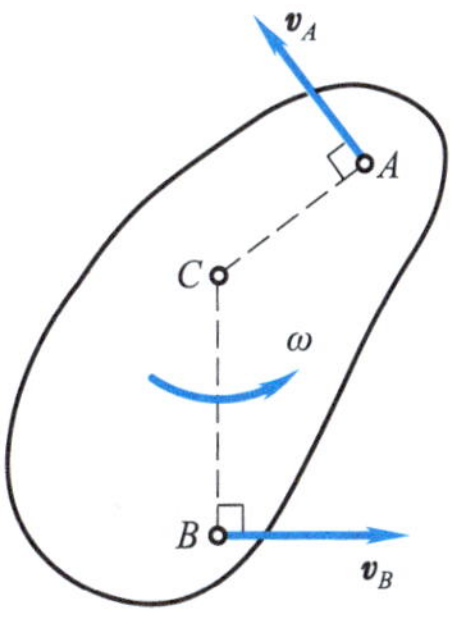


图　9-13

(3)在某瞬时已知图形上 $A$、$B$ 两点的速度 $\boldsymbol{v}_A$ 与 $\boldsymbol{v}_B$ 的大小，且方向与 $A$、$B$ 连线垂直，如图 9-14 所示。作速度 $\boldsymbol{v}_A$ 与 $\boldsymbol{v}_B$ 的矢端连线，则这连线与 $A$、$B$ 连线或延长线的交点 $C$ 即为速度瞬心。

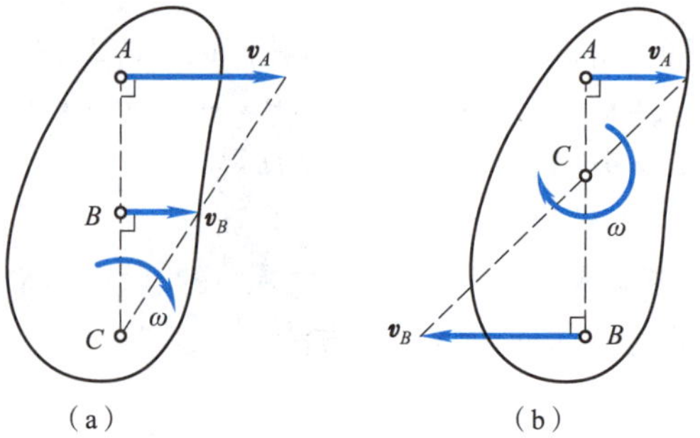


图 9-14

(4)在特殊情形下，若 $A$、$B$ 两点的速度 $\boldsymbol{v}_A$ 与 $\boldsymbol{v}_B$ 方向平行同向，且不与 $A$、$B$ 连线垂直，如图 9-15(a)所示，则速度瞬心 $C$ 将位于无穷远处，这时 $\omega=0$，此瞬时平面图形内各点的速度相同，刚体作瞬时平动。若 $A$、$B$ 两点的速度 $\boldsymbol{v}_A$ 与 $\boldsymbol{v}_B$ 方向平行、同向、等值，且与 $A$、$B$ 连线垂直，如图 9-15(b)所示，瞬心也是在无穷远处，为瞬时平动。

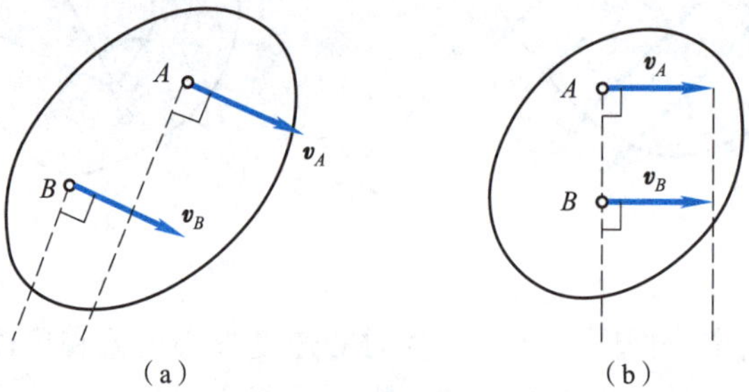


图 9-15

值得注意的是，速度瞬心可以在平面图形内，也可以在图形外，瞬心位置不是固定的，它是随时间而改变的，也就是说，平面图形在不同的瞬时具有不同的速度瞬心。速度瞬心只是瞬时速度为零的点，它的加速度并不为零。

**【例 9-1】** 在图 9-16 中，杆 $AB$ 长 $l$，滑倒时 $B$ 端靠着铅垂墙壁。已知点 $A$ 以速度 $\boldsymbol{u}$ 沿水平向右运动，试求图示位置杆端点 $B$ 的速度及杆的角速度。

**【解】** 本题采用两种方法求解，以便比较。

方法一：基点法。

选 $A$ 点为基点，$\boldsymbol{v}_A=\boldsymbol{u}$，则点 $B$ 的速度可表示为

$$\boldsymbol{v}_B=\boldsymbol{v}_A+\boldsymbol{v}_{BA}$$

其中 $\boldsymbol{v}_B$ 方向沿 $OB$ 向下，$\boldsymbol{v}_{BA}$ 方向垂直于杆 $AB$，由图 9-17 所示的速度平行四边形可得

$$v_B=u\cot\beta,\quad v_{BA}=\frac{u}{\sin\beta},\quad \omega_{AB}=\frac{v_{BA}}{l}=\frac{u}{l\sin\beta}$$

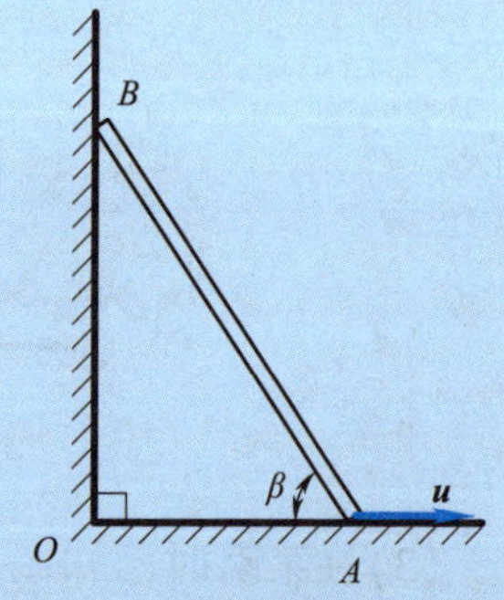


图 9-16

当然，也可以根据速度投影定理，利用点 $A$ 和点 $B$ 速度方

向特征，不需要作基点法的速度平行四边形，求解点 $B$ 速度大小，但无法求解图形的角速度。

方法二：瞬心法。

如图 9-18 所示，首先确定点 $A$ 和点 $B$ 的速度方向，则两速度垂线的交点 $C$ 即为瞬心。根据图形相对于瞬心的瞬时转动特征，易知：

$$v_A = u = \omega_{AB} l\sin\beta,\quad \omega_{AB} = \frac{u}{l\sin\beta},\quad v_B = \omega_{AB} l\cos\beta = u\cot\beta$$

两种方法对比，速度瞬心法突显其求解简便的特征。

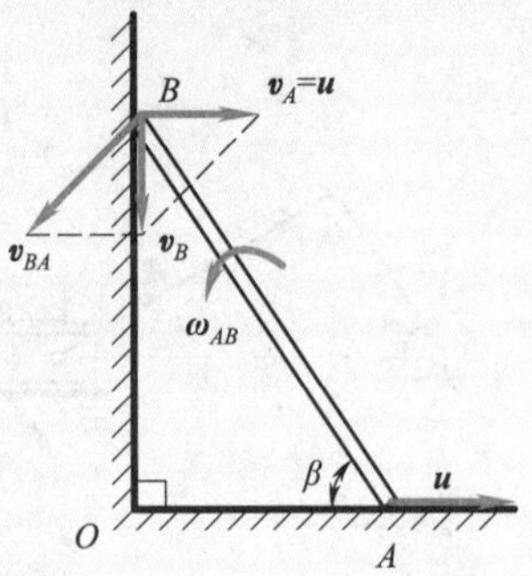


图　9-17

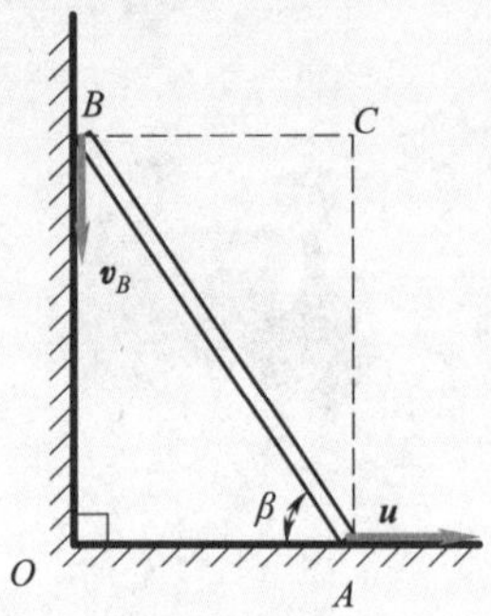


图　9-18

**【例 9-2】**　如图 9-19 所示，圆轮沿直线轨道作纯滚动，已知轮心速度 $\boldsymbol{v}_O$，圆轮半径 $R$，试用瞬心法求圆轮上 $A_1$、$A_2$、$A_3$、$A_4$ 点的速度。

**【解】**　圆轮在固定平面上作只滚不滑的平面运动，因此轮与地面接触点 $A_1$ 为速度瞬心，$v_{A_1}=0$。

轮的角速度为 $\omega=\dfrac{v_O}{R}$，转向顺时针。

由瞬心法很容易求出：

$$v_{A_2} = A_1A_2 \cdot \omega = \sqrt{2}R\omega = \sqrt{2}v_O$$

$$v_{A_3} = A_1A_3 \cdot \omega = 2R\omega = 2v_O$$

$$v_{A_4} = A_1A_4 \cdot \omega = \sqrt{2}R\omega = \sqrt{2}v_O$$

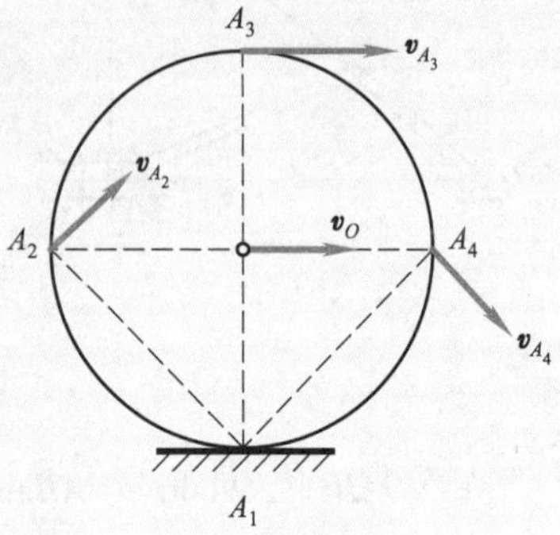


图　9-19

各点速度方向如图 9-19 所示。显然，纯滚动圆轮上点的速度大小与该点到地面接触点处的距离成正比，用高快门抓拍的车轮[见图 9-20(a)]，其图像清晰分布程度也正好反映了这种关系[车轮上各点的速度分布见图 9-20(b)]。

**【例 9-3】**　曲柄连杆机构[见图 9-21(a)]是发动机的两大组成机构之一。从蒸汽机的发展史可以看出，最早是由瓦特于 18 世纪末应用于蒸汽机上，至今仍是车辆发动机的核心机构。在图 9-21(b)所示的曲柄连杆机构中，曲柄 $OA$ 长 $r$，以匀角速度 $\omega$ 转动，连杆 $AB$ 长 $l$。求当曲柄与水平线夹角为任意锐角 $\varphi$、0°和 90°时，滑块 $B$ 的速度及连杆 $AB$ 的角速度。

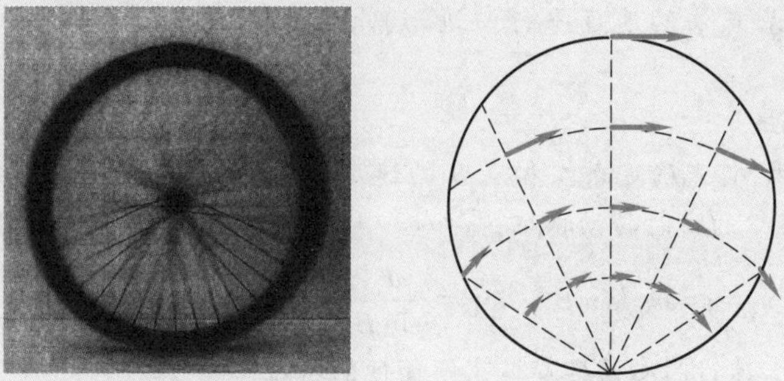

（a）　　　　　　　　　　　　（b）

图　9-20

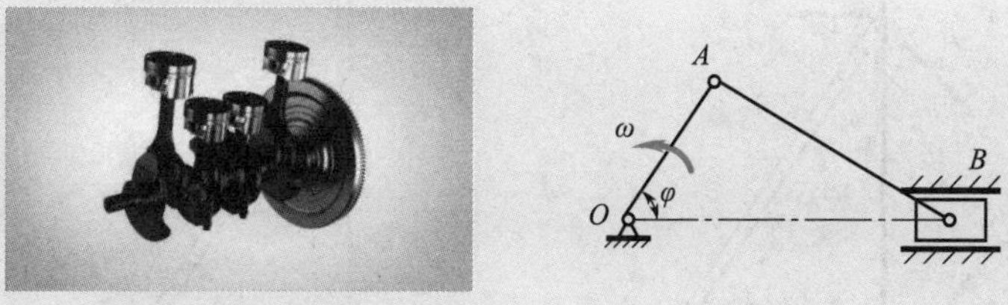


（a）　　　　　　　　　　　　（b）

图　9-21

**【解】**　用速度瞬心法。连杆上 $A$、$B$ 两点的速度 $\boldsymbol{v}_A$ 与 $\boldsymbol{v}_B$ 的方向容易判断，过点 $A$ 及 $B$ 各作速度的垂线，则交点即为速度瞬心 $C$，如图 9-22(a)所示。

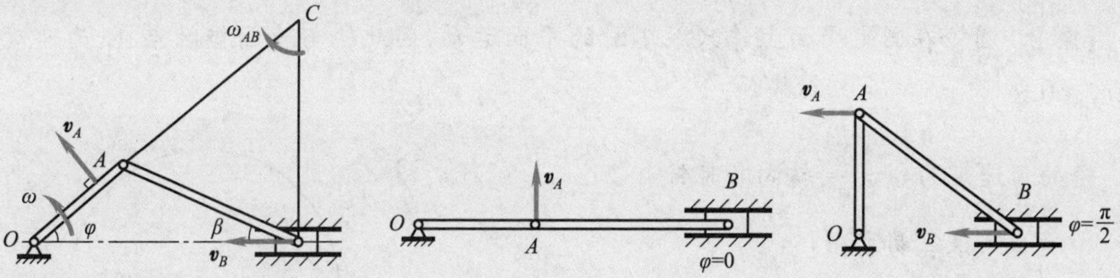


（a）　　　　　　　　　（b）　　　　　　　　　（c）

图　9-22

在 $\triangle OAB$ 中，$OA\sin\varphi=AB\sin\beta$，即 $r\sin\varphi=l\sin\beta$。

在 $\triangle ABC$ 中，$\angle CAB=\varphi+\beta$，$\angle ABC=90°-\beta$，$\angle CBA=90°-\varphi$，由正弦定律

$$\frac{AC}{\sin(90°-\beta)}=\frac{BC}{\sin(\varphi+\beta)}=\frac{AB}{\sin(90°-\varphi)}=\frac{l}{\cos\varphi}$$

因此连杆的角速度为

$$\omega_{AB}=\frac{v_A}{AC}=\frac{r\omega}{\dfrac{l}{\cos\varphi}\cdot\cos\beta}=\frac{r\omega\cos\varphi}{l\cos\beta}$$

转向为顺时针。

杆 $AB$ 上点 $B$(即滑块 $B$)的速度为

$$v_B = BC \cdot \omega_{AB} = \frac{l\sin(\varphi+\beta)}{\cos\varphi} \cdot \frac{r\omega\cos\varphi}{l\cos\beta} = \frac{r\omega\sin(\varphi+\beta)}{\cos\beta}$$

方向水平向左。

当 $\varphi=0°$ 时,如图 9-22(b)所示,连杆 $AB$ 的速度瞬心恰好在点 $B$,此时 $\boldsymbol{v}_B=0$,连杆 $AB$ 的角速度 $\omega_{AB}=\frac{v_A}{l}=\frac{r}{l}\omega$,转向为顺时针。

当 $\varphi=90°$ 时,如图 9-22(c)所示:连杆 $AB$ 的速度瞬心在无穷远处,$\boldsymbol{v}_A=\boldsymbol{v}_B$,连杆 $AB$ 作瞬时平动,$\omega_{AB}=0$。

可见,物体在不同瞬时,瞬心位置不同。

**【例 9-4】** 简摆式矿石破碎机[见图 9-23(a)],具有结构简单、破碎力大的优势。破碎机的力学模型可简化为图 9-23(b)所示,活动夹板 $AB$ 长 600 mm,由曲柄 $OE$ 借助连杆组 $BC$、$CD$ 和 $CE$ 带动,使其绕 $A$ 轴摆动。曲柄 $OE$ 长 100 mm,以不变的转速 $n=100$ r/min 逆时针转动。杆 $BC$ 和 $CD$ 长度均为 400 mm。在图示位置时,$B$、$D$ 和 $O$、$E$ 分别在两水平线上,$O$、$C$ 在铅垂线上。试求该瞬时夹板 $AB$ 的角速度。

**【解】** 夹板 $AB$ 绕 $A$ 作定轴转动,若求其角速度 $\omega_{AB}$,应先求出点 $B$ 的速度 $\boldsymbol{v}_B$。而杆 $BC$ 作平面运动,若求 $\boldsymbol{v}_B$,则应先求出点 $C$ 的速度 $\boldsymbol{v}_C$。点 $C$ 是杆 $CD$ 与杆 $CE$ 共有的连接点,根据杆 $CD$ 绕点 $D$ 定轴转动,可以确定 $\boldsymbol{v}_C$ 的方向,而 $\boldsymbol{v}_C$ 的大小,由作平面运动杆 $CE$ 确定。根据题意,点 $E$ 的速度方向如图所示,大小为

$$v_E = OE \cdot \omega_{OE} = 0.1 \times \frac{100\times 2\pi}{60}\ \text{m/s} = 1.05\ \text{m/s}$$

作 $\boldsymbol{v}_C$ 与 $\boldsymbol{v}_E$ 的垂线,交于点 $C_1$,即为杆 $CE$ 的瞬心。由直角三角形 $OCC_1$ 知:

$$OC_1 = \frac{OC}{\tan 30°} = \sqrt{3}\ \text{m}$$

$$C_1C = \frac{OC}{\sin 30°} = 2\ \text{m}$$

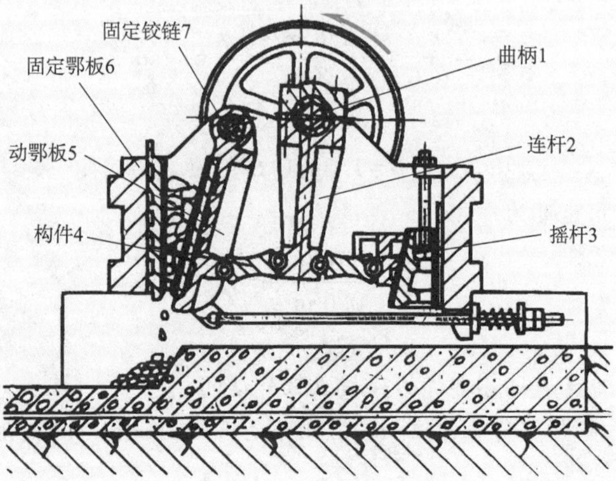


(a)

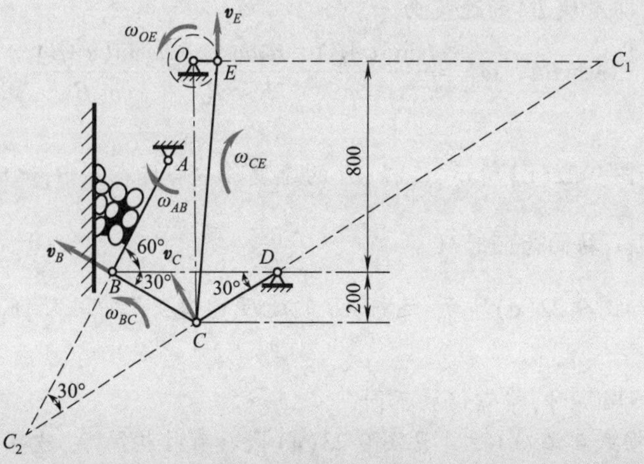


（b）

图 9-23

由此得
$$C_1E=OC_1-OE=1.63\ \text{m}$$
杆 $CE$ 的角速度为
$$\omega_{CE}=\frac{v_E}{C_1E}=\frac{1.05\ \text{m/s}}{1.63\ \text{m}}=0.644\ \text{rad/s}$$
点 $C$ 的速度为
$$v_C=\omega_{CE}\cdot C_1C=0.644\times 2\ \text{m/s}=1.288\ \text{m/s}$$
对于杆 $BC$，作 $\boldsymbol{v}_B$ 与 $\boldsymbol{v}_C$ 的垂线，交于点 $C_2$，即为杆 $BC$ 的瞬心。由直角三角形 $BCC_2$ 知
$$C_2C=\frac{BC}{\sin 30^\circ}=0.8\ \text{m}$$
$$C_2B=\frac{BC}{\tan 30^\circ}=0.4\sqrt{3}\ \text{m}=0.693\ \text{m}$$
杆 $BC$ 的角速度为
$$\omega_{BC}=\frac{v_C}{C_2C}=\frac{1.288\ \text{m/s}}{0.8\ \text{m}}=1.61\ \text{rad/s}$$
点 $B$ 的速度为
$$v_B=\omega_{BC}\cdot C_2B=1.61\times 0.693=1.116\ \text{m/s}$$
因此夹板 $AB$ 的角速度为
$$\omega_{AB}=\frac{v_B}{AB}=\frac{1.116\ \text{m/s}}{0.6\ \text{m}}=1.86\ \text{rad/s}$$
由此可以看出：

(1)机构的运动都是通过各部件的连接点来传递的；

(2)在每一瞬时，机构中作平面运动的各刚体有各自的瞬心和角速度。

# §9-3　平面图形内各点的加速度

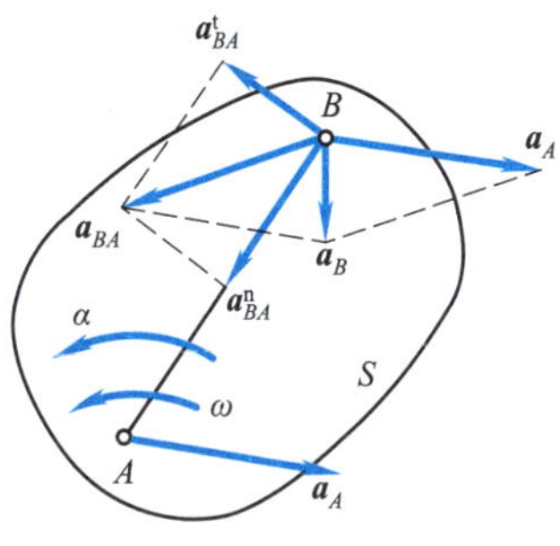


图　9-24

本节以平面图形运动分解为基础，应用加速度合成定理求图形内任一点的加速度。如图 9-24 所示为例，据 §9-1 节的分析，平面图形 $S$ 随基点 $A$ 的牵连运动是平动，绕基点 $A$ 的相对运动是转动，根据牵连运动为平动时的加速度合成定理 $\boldsymbol{a}_a=\boldsymbol{a}_e+\boldsymbol{a}_r$，任一点 $B$ 的绝对加速度等于牵连加速度与相对加速度的矢量和，矢量表达为

$$\boldsymbol{a}_B=\boldsymbol{a}_A+\boldsymbol{a}_{BA}^t+\boldsymbol{a}_{BA}^n \tag{9-6}$$

式(9-6)表明，平面图形上任一点的加速度等于基点的加速度与该点相对于基点的法向加速度和切向加速度的矢量和。

式(9-6)中，$\boldsymbol{a}_A$ 为基点 $A$ 的加速度；$\boldsymbol{a}_{BA}^t$ 为 $B$ 点相对于基点 $A$ 的切向加速度，方向垂直于 $AB$，具体指向由图形角加速度 $\alpha$ 确定，大小为

$$a_{BA}^t=BA\cdot\alpha$$

$\boldsymbol{a}_{BA}^n$ 为 $B$ 点相对于基点 $A$ 的法向加速度，方向沿 $AB$ 指向基点 $A$，大小为

$$a_{BA}^n=BA\cdot\omega^2$$

式(9-6)为平面内的矢量方程，矢量个数一般多于三个，多用投影法求解，可将矢量方程向任意两个坐标轴进行投影，得到两个代数方程，从而求解两个未知量。

值得注意的是，在任意瞬时，平面图形上存在唯一的加速度瞬心，只是速度瞬心与加速度瞬心通常是不重合的，且确定加速度瞬心位置没有简便直观方法。故本节中，平面图形内任一点的加速度分析仅介绍基点法。

**【例 9-5】**　车轮沿直线轨道作纯滚动，如图 9-25(a)所示。已知车轮半径为 $R$，轮心 $O$ 的速度为 $\boldsymbol{v}_O$，加速度为 $\boldsymbol{a}_O$。试求速度瞬心 $C$ 点的加速度以及轮缘上 $B$ 点的加速度。

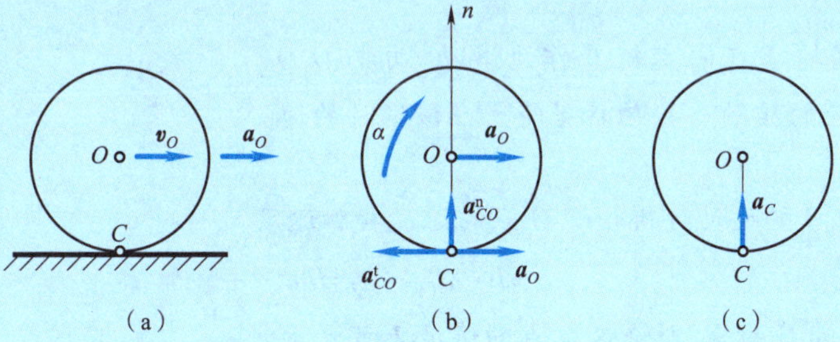


图　9-25

**【解】**　当车轮只滚不滑时，速度瞬心为 $C$ 点，则车轮的角速度(转向为顺时针)

$$\omega=\frac{v_O}{R}$$

易验证，此关系对任一瞬时都适用，故可求导。又轮心 $O$ 作直线运动，$\boldsymbol{v}_O$ 与 $\boldsymbol{a}_O$ 方向相同，故

有$\frac{\mathrm{d}v_O}{\mathrm{d}t}=a_O$。则车轮的角加速度(转向为顺时针)

$$\alpha=\frac{\mathrm{d}\omega}{\mathrm{d}t}=\frac{d}{\mathrm{d}t}\left(\frac{v_O}{R}\right)=\frac{1}{R}\cdot\frac{\mathrm{d}v_O}{\mathrm{d}t}=\frac{a_O}{R}$$

车轮作平面运动。如图 9-25(b)所示,取轮心 $O$ 为基点,按照基点法加速度公式可得 $C$ 点的加速度

$$\boldsymbol{a}_C=\boldsymbol{a}_O+\boldsymbol{a}_{CO}^{\mathrm{t}}+\boldsymbol{a}_{CO}^{\mathrm{n}}$$

式中

$$a_{CO}^{\mathrm{t}}=R\alpha=a_O,\text{方向水平向左;}$$

$$a_{CO}^{\mathrm{n}}=\omega^2R=\frac{v_O^2}{R},\text{方向由 }C\text{ 指向轮心 }O\text{。}$$

由于 $\boldsymbol{a}_O$ 与 $\boldsymbol{a}_{CO}^{\mathrm{t}}$ 的大小相等,方向相反,所以合成结果是

$$a_C=a_{CO}^{\mathrm{n}}=R\omega^2$$

由此可知,速度瞬心 $C$ 的加速度不等于零。当车轮在地面上只滚不滑时,速度瞬心 $C$ 的加速度指向轮心 $O$,如图 9-25(c)所示。

**【例 9-6】** 行星齿轮传动系统在变速装置中有着高载荷、大传动比、结构紧凑、磨损少等特点,非常适合飞行器和重型机械设备。图 9-26 所示外啮合行星齿轮机构中,半径为 $r$ 的行星齿轮Ⅰ由曲柄 $O_1O$ 带动,在固定齿轮Ⅱ上作纯滚动。已知:曲柄 $O_1O$ 长为 $l$,以匀角速度 $\omega_1$ 绕固定轴 $O_1$ 转动,设在图示位置时,行星齿轮轮缘上的 $A$ 点在 $O_1O$ 的延长线上,而 $B$ 点在垂直于 $O_1O$ 的半径上。求此时,$A$、$B$ 两点的加速度及轮Ⅰ的角加速度。

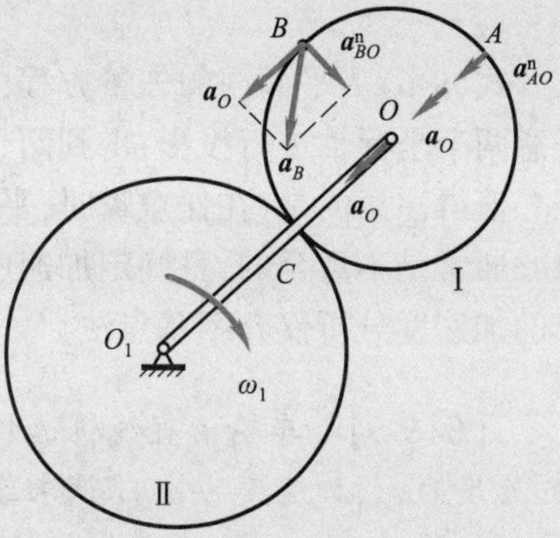

图 9-26

**【解】** 行星轮Ⅰ在固定轮Ⅱ作纯滚动,曲柄 $O_1O$ 作定轴转动,两轮的接触点 $C$ 为行星轮Ⅰ在该瞬时的速度瞬心。

根据曲柄 $O_1O$ 的运动可得轮心 $O$ 点的速度和加速度

$$v_O=l\cdot\omega_1,\quad a_O=l\omega_1^2$$

设轮Ⅰ的角速度为 $\omega$,则轮心 $O$ 点的速度又可表示为

$$v_O=CO\cdot\omega=r\omega$$

故可得轮Ⅰ的角速度为

$$\omega=\frac{l\omega_1}{r}\text{(顺时针)}$$

因为 $\omega_1$ 为常量,所以 $\omega$ 也为常量,即轮Ⅰ以匀角速度作纯滚动,角加速度 $\alpha=0$。

以 $O$ 点为基点,研究 $A$ 点和 $B$ 点的加速度,根据基点法有

$$\boldsymbol{a}_A=\boldsymbol{a}_O+\boldsymbol{a}_{AO}^{\mathrm{t}}+\boldsymbol{a}_{AO}^{\mathrm{n}}$$

$$\boldsymbol{a}_B=\boldsymbol{a}_O+\boldsymbol{a}_{BO}^{\mathrm{t}}+\boldsymbol{a}_{BO}^{\mathrm{n}}$$

且有 $a_{AO}^{\mathrm{t}}=a_{BO}^{\mathrm{t}}=0$，$A$、$B$ 点加速度矢量图如图 9-26 所示。其中

$$a_{AO}^{\mathrm{n}}=a_{BO}^{\mathrm{n}}=r\omega^2=\frac{l^2}{r}\omega_1^2$$

于是

$a_A=a_O+a_{AO}^{\mathrm{n}}=l\omega_1^2+\dfrac{l^2}{r}\omega_1^2=l\omega_1^2\left(1+\dfrac{l}{r}\right)$，方向与 $\boldsymbol{a}_O$ 相同。

$a_B=\sqrt{a_O^2+(a_{BO}^{n})^2}=l\omega_1^2\sqrt{1+\dfrac{l^2}{r^2}}$，方向如图所示。

## 小　　结

### 1. 用运动合成原理分析研究刚体的平面运动

刚体的平面运动可以简化为平面图形在其自身平面内的运动，而平面图形的运动通常分解为随基点的牵连平动和绕基点的相对转动。其中，随基点的平动与基点的选取有关，绕基点的转动与基点的选取无关。

刚体的平面运动方程为

$$x_{O'}=f_1(t),\quad y_{O'}=f_2(t),\quad \varphi=f_3(t)$$

### 2. 平面图形上各点速度的分析方法

（1）基点法（速度合成法）是基本方法，可以较容易地建立平面运动速度分布特征的一般性关系。

$$\boldsymbol{v}_M=\boldsymbol{v}_{O'}+\boldsymbol{v}_{MO'}$$

（2）速度投影法是基点法的一种简化表达方式，在某些情况下应用可以简单、快捷地求出某些特殊点的速度特征量。

$$[\boldsymbol{v}_B]_{AB}=[\boldsymbol{v}_A]_{AB}$$

（3）速度瞬心法是特殊的速度合成法，在准确找出速度瞬心位置的前提下，可直观简便地分析速度分布特征。

$$v_M=CM\cdot\omega,\quad \boldsymbol{v}_M\perp CA$$

速度瞬心是某瞬时平面图形上速度等于零的一点，而它的加速度并不等于零，所以平面图形绕瞬心的转动与刚体绕定轴的转动有本质的不同。

瞬时平动是一种刚体平面运动的特殊情形，在此瞬时，速度瞬心在无穷远处，刚体角速度为零，角加速度一般不为零。

### 3. 平面图形上各点加速度的分析方法

通常采用基点法：

$$\boldsymbol{a}_B=\boldsymbol{a}_A+\boldsymbol{a}_{BA}^{\mathrm{t}}+\boldsymbol{a}_{BA}^{\mathrm{n}}$$

## 思 考 题

9-1 平面图形上两点速度如图所示，这种情形可能吗？为什么？

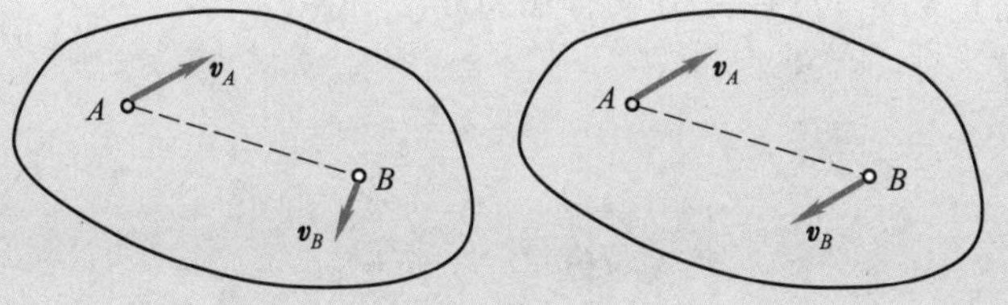


思考题 9-1 图

9-2 刚体的平动和瞬时平动有什么异同？

9-3 判断下列结论正确与否，并说明原因。

(1) 速度瞬心的加速度一定等于零。

(2) 平动与定轴转动都是平面运动的特殊情况。

(3) 平动的刚体上，有一个点始终与一固定平面的间距保持不变，该刚体一定作平面运动。

9-4 若地球绕太阳公转一周(360°)为一年，正好 365 天，地球自身旋转一周为一天。问地球在一年内自转了多少周。

9-5 记述在古希腊教科书《论机械》上的亚里士多德轮子悖论，曾经是一个几百年内让不少数学家感到困惑的谜题：两个同心圆，大的表示车轮，小的表示车轴，车轮在水平线上滚动一圈，两个圆的底部都会平动相同的距离，如图所示，这是为什么呢？显然这两个圆的周长是不一样的。你能用刚体平面运动理论来解释吗？

9-6 在结构几何构造分析中，有一种构件系统称为瞬变体系，如图所示，请利用刚体平面运动理论分析刚体 $ABC$ 及系统整体所具有的运动学特征。

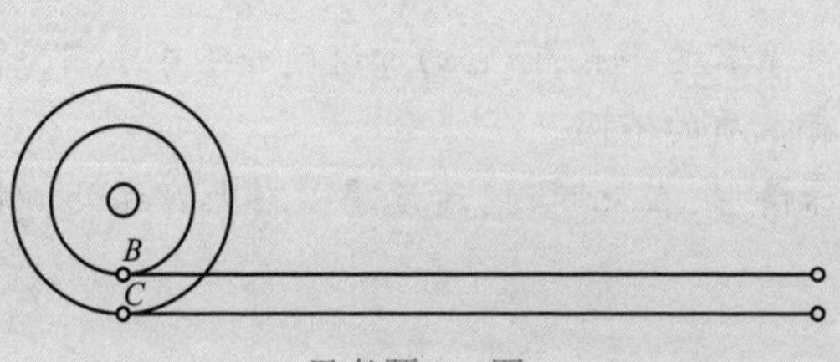


思考题 9-5 图

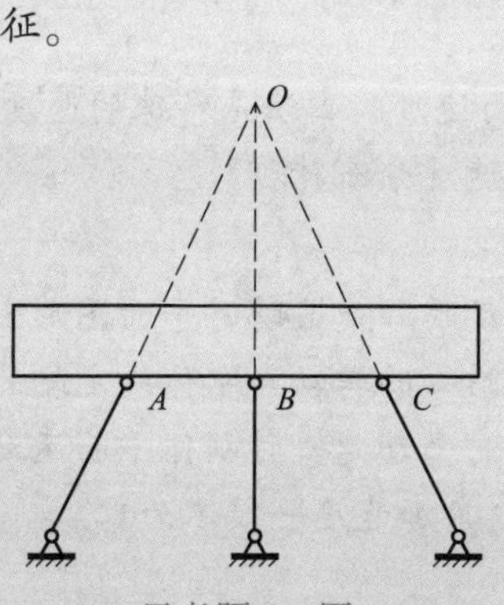


思考题 9-6 图

9-7　杆 $AB$ 作平面运动，图示瞬时 $A$、$B$ 两点的速度 $\boldsymbol{v}_A$ 与 $\boldsymbol{v}_B$ 的大小、方向均为已知，$C$、$D$ 两点分别是 $\boldsymbol{v}_A$ 与 $\boldsymbol{v}_B$ 的矢端，如图所示。

(1) 杆 $AB$ 上各点速度矢的端点是否都在直线 $CD$ 上？

(2) 对杆 $AB$ 上任意一点 $E$，设其速度矢端为 $H$，那么点 $H$ 在什么位置？

(3) 设杆 $AB$ 为无限长，它与 $CD$ 的延长线交于点 $P$。试判断下述说法是否正确。

①点 $P$ 的瞬时速度为零；

②点 $P$ 的瞬时速度必不为零，其速度矢端必在直线 $AB$ 上；

③点 $P$ 的瞬时速度必不为零，其速度矢端必在 $CD$ 的延长线上。

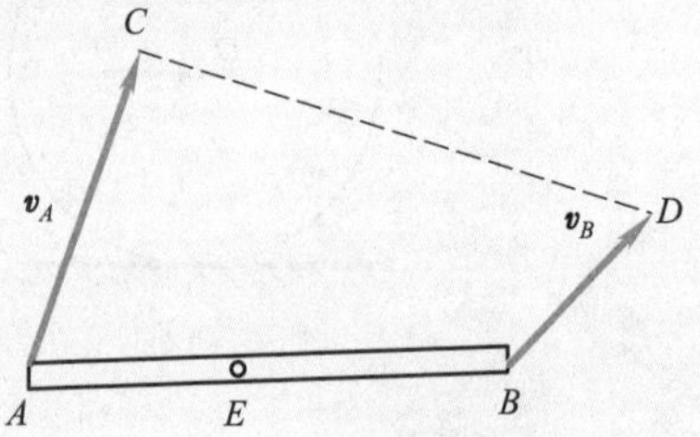

思考题 9-7 图

9-8　平面图形在平面上运动，判断下述说法是否正确：

(1) 其上任意两点的加速度在这两点连线的投影一定相等。

(2) 若其上有两点的速度在这两点连线的垂线（垂线也在此平面内）上投影相等，则此瞬时所有点的速度大小及方向都相同。

(3) 若其上两点的速度为零，则此瞬时所有各点速度一定都为零。

(4) 若其上有两点的速度矢量之差为零，则此瞬时该平面图形一定是瞬时平动或平动。

9-9　如图所示各平面图形作平面运动，判断各种运动状态是否可能：

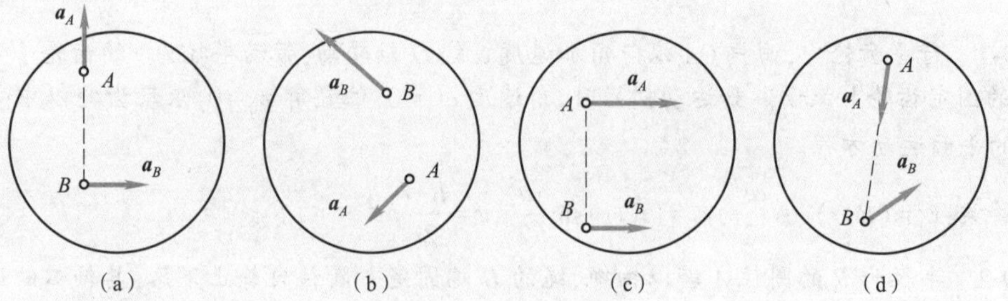

思考题 9-9 图

9-10　如图所示，车轮沿曲面滚动。已知轮心 $O$ 在某一瞬时的速度 $\boldsymbol{v}_O$ 和加速度 $\boldsymbol{a}_O$。问车轮的角加速度是否等于 $a_O\cos\beta/R$？速度瞬心 $C$ 的加速度大小和方向如何确定？

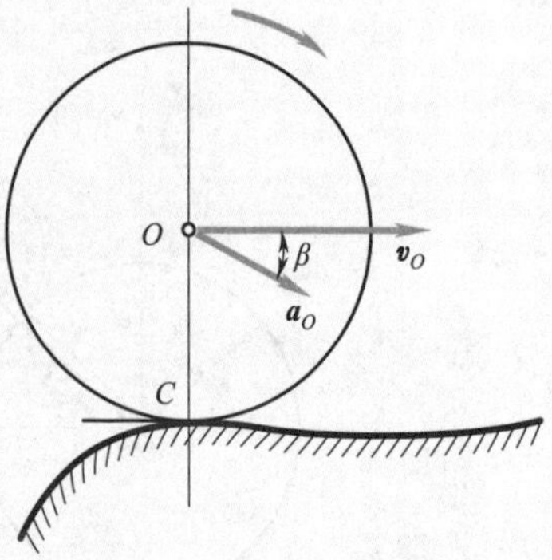

思考题 9-10 图

9-11　图示半径为 $R$ 的车轮在水平直线上作纯滚动。试确定在下列各种情况下，车轮上与地面接触点的加速度大小与方向。

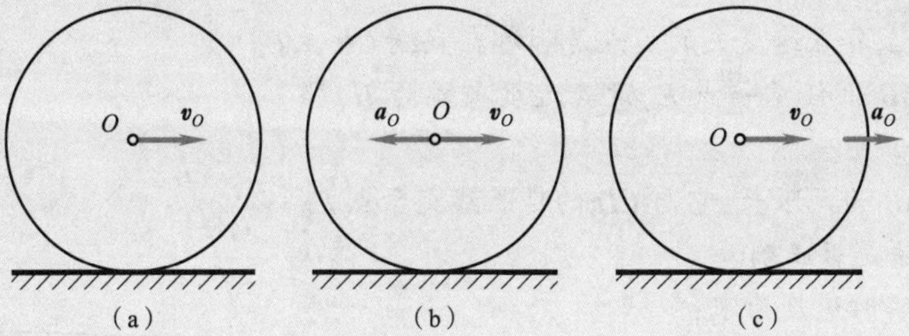


思考题 9-11 图

9-12　飞机以匀速度 $\boldsymbol{v}$ 沿水平直线飞行，飞机的支承轮(起落架) $OM$ 以匀角速度 $\omega$ 收回。问：

(1) $OM$ 的速度瞬心在哪里？

(2) $M$ 点的加速度方向总是指向 $O$ 点，对吗？

(3) $M$ 点的绝对切向加速度为零，对吗？

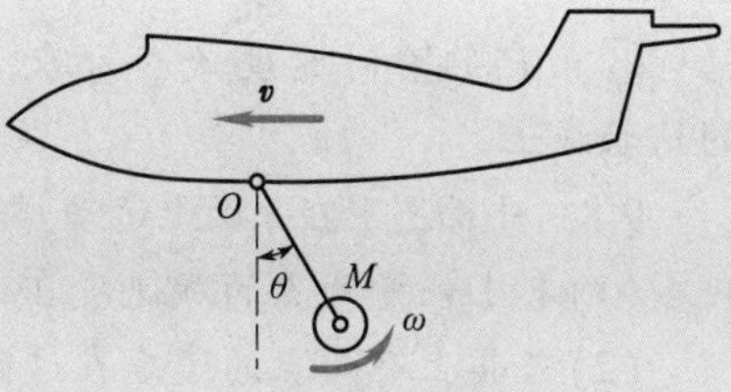


思考题 9-12 图

# 习　题

9-1　行星齿轮中，曲柄 $OA$ 以匀角加速度 $\alpha$ 绕 $O$ 轴转动，带动半径为 $r$ 的齿轮Ⅰ沿半径为 $R$ 的固定齿轮Ⅱ滚动。如运动初始时，角速度 $\omega_0=0$，位置角 $\varphi_0=0$，求动齿轮以中心 $A$ 为基点的平面运动方程。

答案：$x_A=(R+r)\cos\dfrac{\alpha t^2}{2}$，$y_A=(R+r)\sin\dfrac{\alpha t^2}{2}$，$\varphi=\dfrac{R+r}{2r}\alpha t^2$

9-2　半径为 $R$ 的圆柱 $A$ 缠以细绳，绳的 $B$ 端固定。圆柱自静止下落，其轴心的速度为 $v_A=\dfrac{2}{3}\sqrt{3gh}$，其中 $h$ 为轴心至初始位置的距离。求圆柱的平面运动方程。

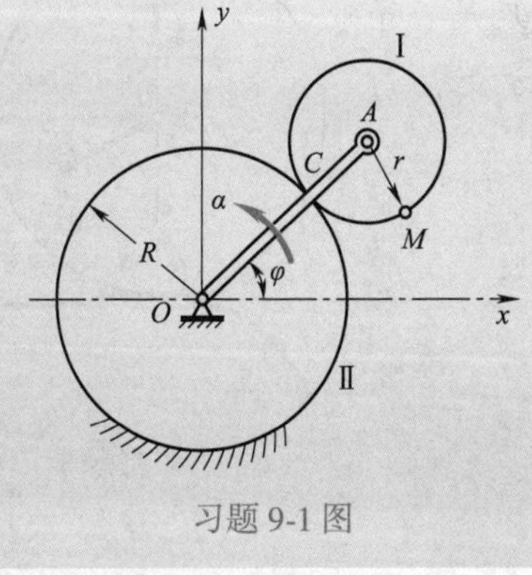


习题 9-1 图

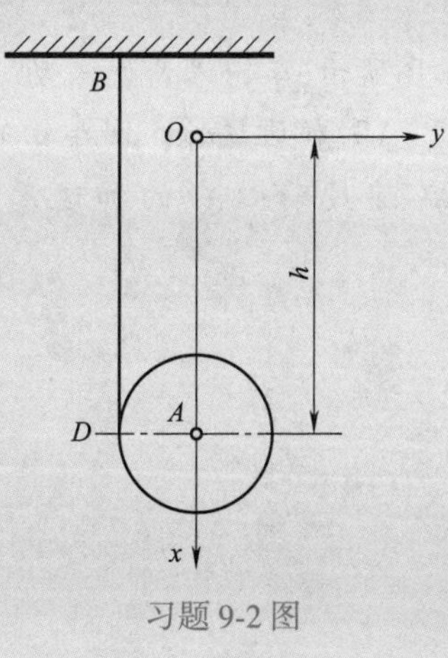


习题 9-2 图

答案：$x_A=\dfrac{1}{3}gt^2, y_A=0, \varphi=\dfrac{1}{3r}gt^2$

9-3　两齿条以速度 $\boldsymbol{v}_1$ 和 $\boldsymbol{v}_2$ 作同向直线平动，两齿条间夹一半径为 $r$ 的齿轮，求齿轮的角速度及其中心 $O$ 的速度。

答案：$\omega=\dfrac{v_1-v_2}{2r}, v_0=\dfrac{v_1+v_2}{2}$

9-4　椭圆规尺 $AB$ 由曲柄 $OC$ 带动，曲柄以角速度 $\omega$ 绕 $O$ 轴作匀速转动。如 $OC=BC=AC=r$ 并取 $C$ 为基点，求椭圆规尺 $AB$ 的平面运动方程。

答案：$x_A=0, y_A=\dfrac{gt^2}{3}, \varphi=\dfrac{gt^2}{3r}$

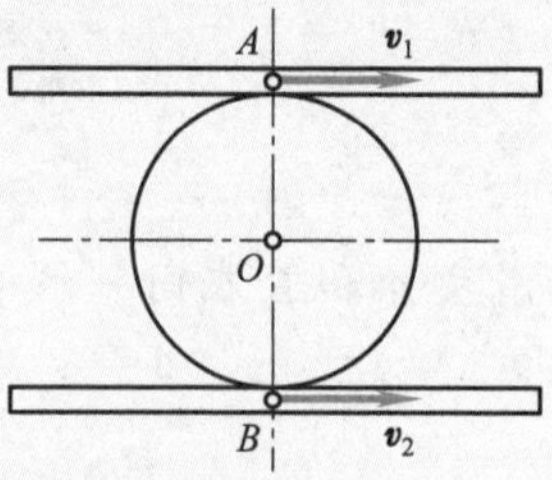


习题 9-3 图

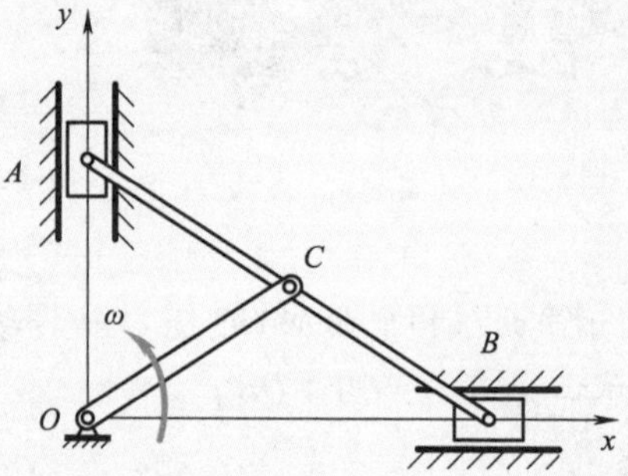


习题 9-4 图

9-5　试求出下列各图中平面运动刚体在图示位置的速度瞬心，并确定角速度的转向以及 $M$ 点速度的方向。

答案：略

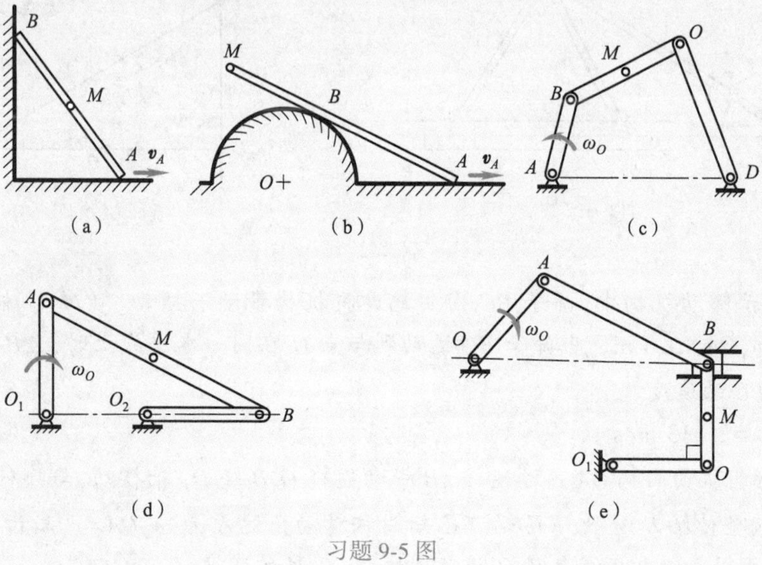


习题 9-5 图

9-6　水排是以水轮为动力机的冶炼鼓风设备，巧妙地把旋转运动转变为往复运动，如图(a)所示。东汉建武七年(公元31年)杜诗发明水排，约早于欧洲1 000年。水排被西方学者看作曲柄连杆机构的最早发明。图示(b)所示曲柄连杆机构中，曲柄 $OA=40$ cm，连杆 $AB=100$ cm，曲柄以转速 $n=80$ r/min 绕 $O$ 轴匀速转动。求当 $\varphi=45°$ 时连杆 $AB$ 的角速度及其中点 $M$ 的速度。

答案：$\omega_{AB}=5.56$ rad/s，$v_M=6.67$ m/s

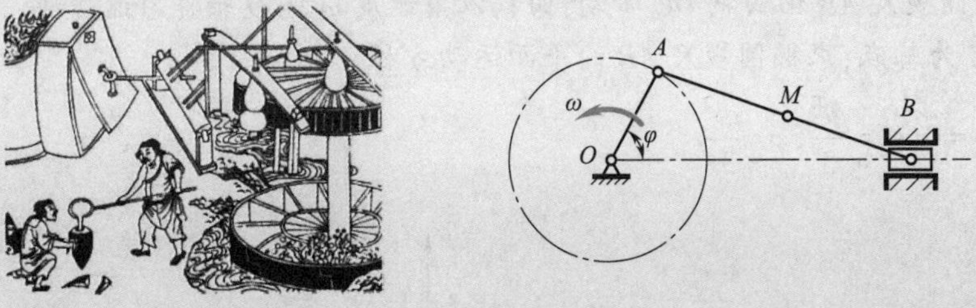


(a)　　　　(b)

习题9-6图

9-7　图示平面机构中曲柄 $OC$ 绕 $O$ 轴转动时，带动滑块 $A$ 和 $B$ 在同一水平槽内运动，若 $AC=BC$，试证：$v_A:v_B=OA:OB$。

答案：略

9-8　图示四连杆机构中，$OA=O_1B=\frac{1}{2}AB$，曲柄以角速度 $\omega=3$ rad/s 绕 $O$ 轴转动，求在图示位置时杆 $AB$ 和杆 $O_1B$ 的角速度。

答案：$\omega_{AB}=3$ rad/s，$\omega_{O_1B}=5.2$ rad/s

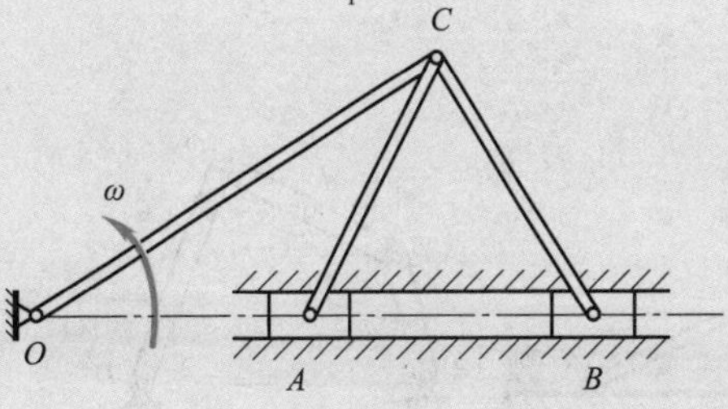


习题9-7图

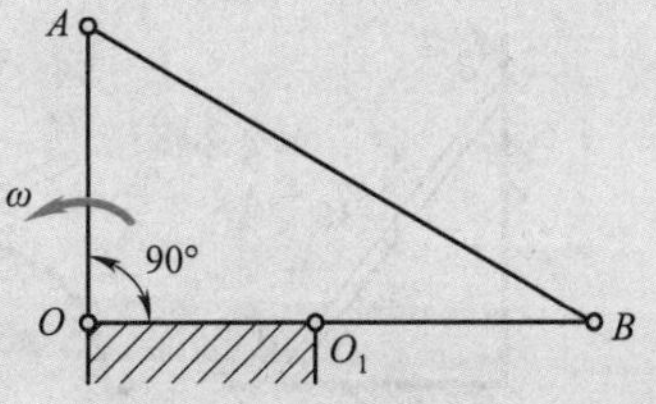


习题9-8图

9-9　图示筛动机构中，筛子 $BC$ 由曲柄连杆机构带动而摆动。已知曲柄 $OA$ 的转速 $n_{OA}=40$ r/min，$OA=0.3$ m。当筛子 $BC$ 运动到与点 $O$ 在同一水平线上时，$\angle BAO=90°$。求此瞬时筛子 $BC$ 的速度。

答案：$v_{BC}=2.513$ m/s

9-10　插齿机由曲柄 $OA$ 通过连杆 $AB$ 带动摆杆 $O_1B$ 绕 $O_1$ 轴摆动，与摆杆连成一体的扇齿轮带动齿条使插刀 $M$ 上下运动。已知曲柄转动角速度为 $\omega$，$OA=r$，扇齿轮半径为 $b$。求当 $B$、$O$ 位于同一铅垂直线上且 $O_1B$ 水平时，插刀 $M$ 的速度。

答案：$v_M=\dfrac{br\sin(\theta+\beta)}{a\cos\theta}$

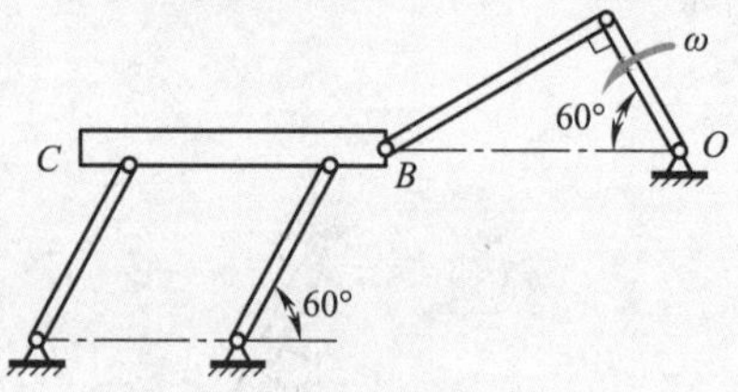


习题 9-9 图

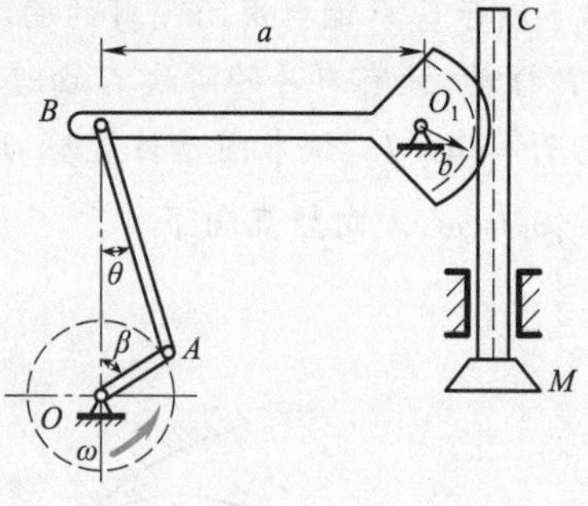


习题 9-10 图

9-11　图示配汽机构中，曲柄 $OA$ 的角速度 $\omega=20$ rad/s 为常量。已知 $OA=0.4$ m，$AC=BC=\dfrac{\sqrt{37}}{5}$ m。求当曲柄 $OA$ 在两铅垂直线位置和两水平位置时，配汽机构中气阀推杆 $DE$ 的速度。

答案：当 $\varphi=0°$ 和 $\varphi=180°$，$v_{DE}=4$ m/s；当 $\varphi=90°$ 和 $\varphi=270°$ 时，$v_{DE}=0$

9-12　在瓦特行星传动机构中，平衡杆 $O_1A$ 绕 $O_1$ 轴转动，并由连杆 $AB$ 带动曲柄 $OB$，而曲柄 $OB$ 活动地装置在 $O$ 轴上。在 $O$ 轴上装有齿轮Ⅰ，齿轮Ⅱ的轴安装在杆 $AB$ 的 $B$ 端。已知 $r_1=r_2=30\sqrt{3}$ cm，$O_1A=75$ cm，$AB=150$ cm，$O_1A$ 杆的角速度 $\omega=6$ rad/s。求当 $\theta=60°$ 及 $\beta=90°$ 时，曲柄 $OB$ 及齿轮Ⅰ的角速度。

答案：$\omega_{OB}=3.75$ rad/s，$\omega_{\text{I}}=6$ rad/s

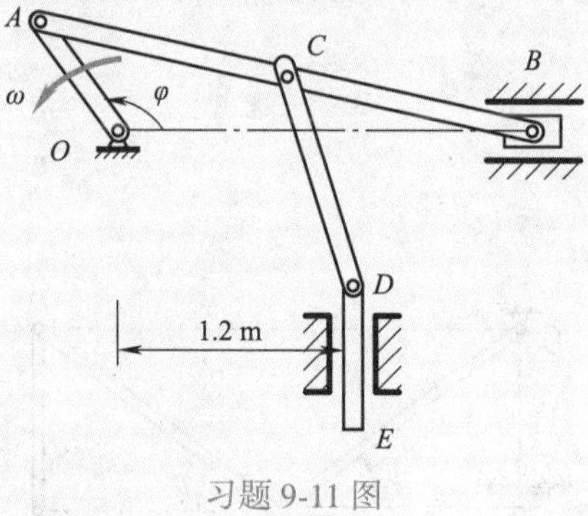


习题 9-11 图

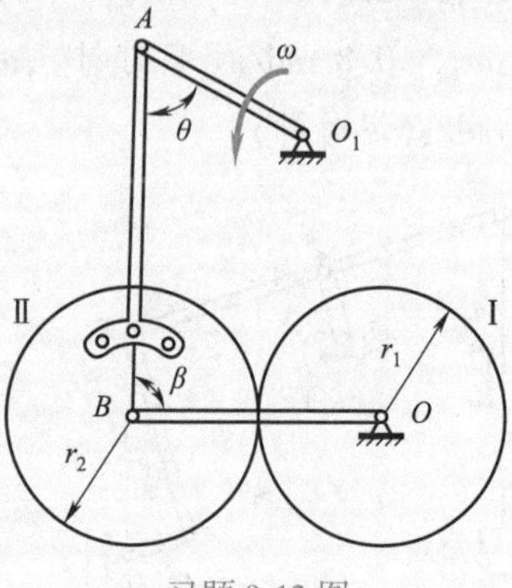


习题 9-12 图

9-13　在使砂轮高速转动的装置中，杆 $O_1O_2$ 绕 $O_1$ 轴转动，转速为 $n_4$。$O_2$ 处用铰链连接一半径为 $r_2$ 的活动齿轮Ⅱ。杆 $O_1O_2$ 转动时，齿轮Ⅱ在半径为 $r_3$ 的固定内齿轮Ⅲ上滚动，并使半径为 $r_1$ 的齿轮Ⅰ绕 $O_1$ 轴转动。轮Ⅰ上装有砂轮，随同轮Ⅰ高速转动。已知 $\dfrac{r_3}{r_1}=11$，

$n_4=900$ r/min，求砂轮的转速。

答案：$n=10\ 800$ r/min

9-14 图示剪断钢材用的飞剪的曲柄连杆机构。当曲柄 $OA$ 转动时，连杆 $AB$ 带动摆杆 $BF$ 绕点 $F$ 摆动，装有刀片的滑块 $C$ 由连杆 $BC$ 带动作上下往复运动。已知曲柄的角速度为 $\omega$，$OA=r$，$BF=BC=l$。试求图示位置剪刀的速度 $\boldsymbol{v}_C$。

答案：$v_C=r\omega$，方向竖直向下

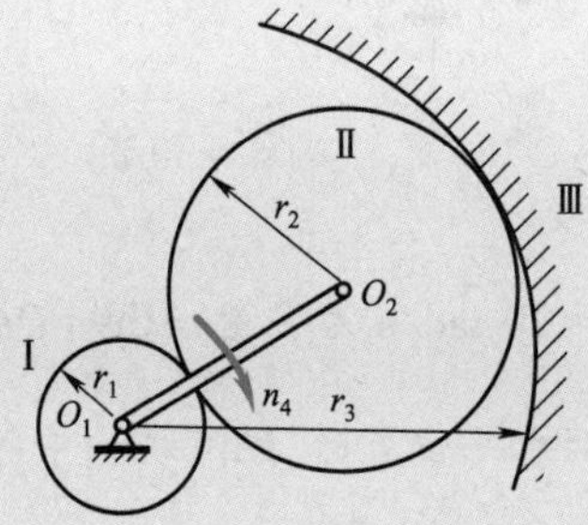


习题 9-13 图

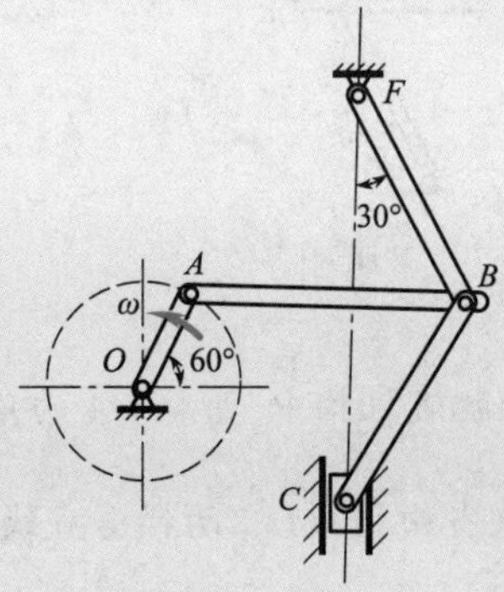


习题 9-14 图

9-15 图示小型精压机的传动机构，$OA=O_1B=r=0.1$ m，$EB=BD=AD=l=0.4$ m。在图示瞬时，$OA\perp AD$，$O_1B\perp ED$，$O_1D$ 在水平位置，$OD$ 和 $EF$ 在铅垂位置。已知曲柄 $OA$ 的转速 $n=120$ r/min，求此时压头 $F$ 的速度。

答案：$v_F=1.295$ m/s

9-16 平面机构在图示位置时，$C$、$D$ 和 $A$、$B$、$E$ 分别在两水平线上，$C$、$A$ 和 $D$、$E$ 分别在两铅垂线上，$\beta=30°$，$L=10$ cm，$v_A=8$ cm/s。试求该瞬时 $AB$、$BC$、$BD$、$DE$ 各杆的角速度。

答案：$\omega_{AB}=0.8$ rad/s(顺时针)，$\omega_{BC}=0.8$ rad/s(顺时针)，$\omega_{BD}=0.8$ rad/s(顺时针)，$\omega_{DE}=1.6$ rad/s(逆时针)。

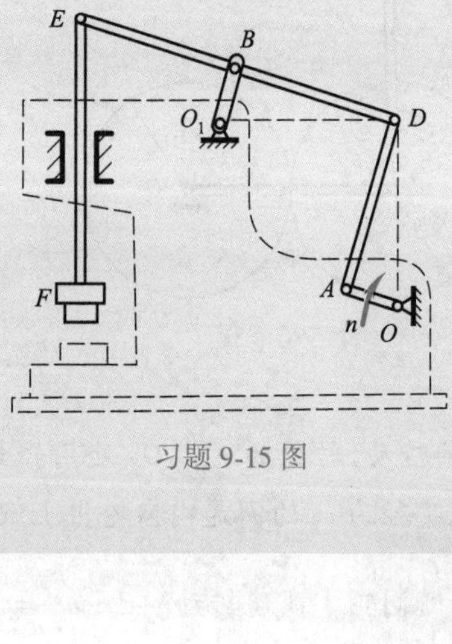


习题 9-15 图

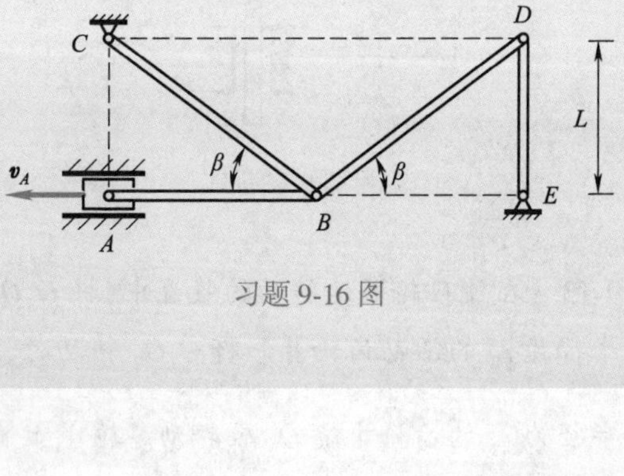


习题 9-16 图

9-17　如图所示平面机构中曲柄 $OA$ 以匀角速度 $\omega$ 绕 $O$ 轴转动，$OA=BD=DC=ED=r$。在图示位置时，曲柄 $OA$ 位于水平，$OEB$ 为铅垂线，$\theta=45°$。试求该瞬时：(1)滑块 $C$ 的速度；(2)杆 $ED$ 的角速度。

答案：$v_C=r\omega$（方向水平向右），$\omega_{ED}=\dfrac{\sqrt{2}}{2}\omega$（顺时针）。

9-18　平面机构如图所示。已知：半径为 $r$ 的圆轮作纯滚动，$OA=r=20\ \text{cm}$，$AB=2r$。在图示位置时，$\varphi=30°$，$OA$ 铅垂，$BC$ 水平，杆 $OA$ 的角速度 $\omega=3\ \text{rad/s}$，角加速度为零。试求该瞬时杆 $AB$ 和圆轮的角速度。

答案：$\omega_{AB}=1.1\ \text{rad/s}$（顺），$\omega_C=1.9\ \text{rad/s}$（逆）

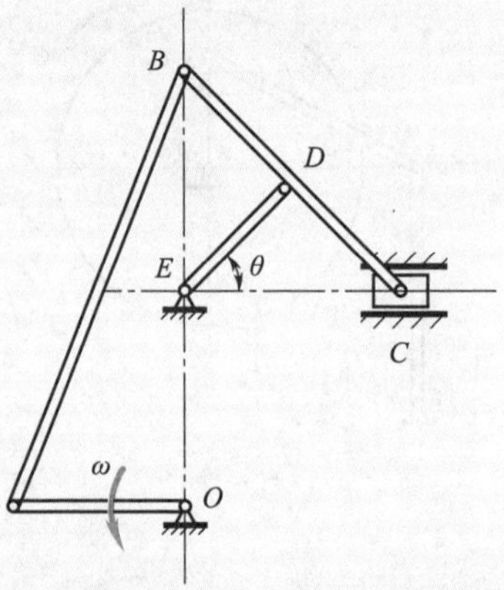

习题 9-17 图

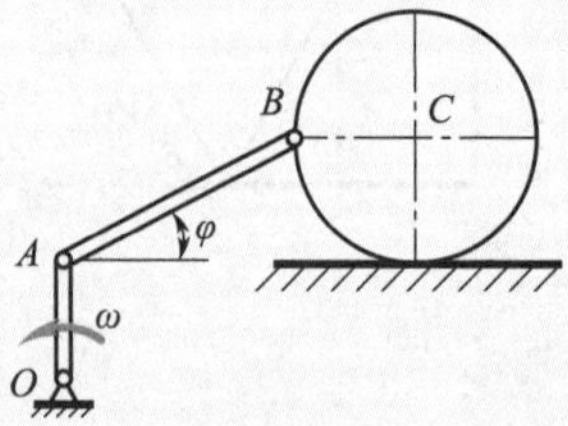

习题 9-18 图

9-19　平面机构如图所示，圆轮 $E$ 沿固定水平轨道作纯滚动。已知：圆轮的半径为 $R$，$BC=CD=3R$，$OA=AC=R$，杆 $OA$ 以匀角速度 $\omega$ 绕 $O$ 轴转动，$O$ 和 $B$ 在同一铅垂线上。在图示位置时，$OA$ 及 $ED$ 都处于水平，$BC\perp CD$。试求该瞬时轮心 $E$ 的速度。

答案：$v_E=0.37R\omega$（方向水平向左）

9-20　图示平面机构，已知：$OA=AB=CD=EB=L$，$CE=DB=\dfrac{2L}{\sqrt{3}}$。在图示位置时，杆 $OA$ 的角速度为 $\omega$，$\varphi=60°$，杆 $CD$ 和杆 $EB$ 都处于水平，$O$、$B$、$E$ 在同一水平线上。试求该瞬时：杆 $CD$ 和杆 $CE$ 的角速度。

答案：$\omega_{CD}=\omega$（顺时针），$\omega_{CE}=\sqrt{3}\omega$（逆时针）

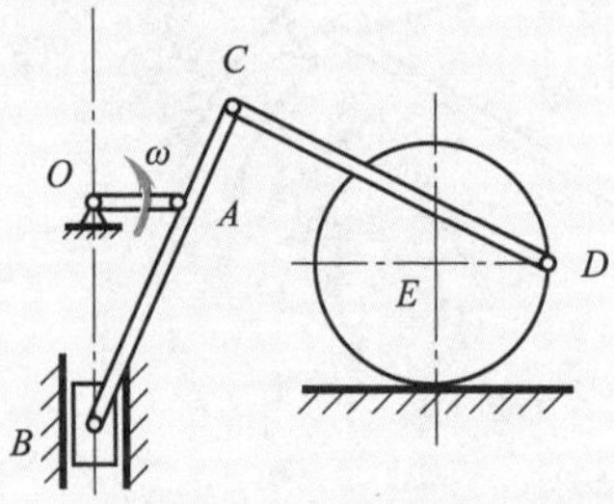

习题 9-19 图

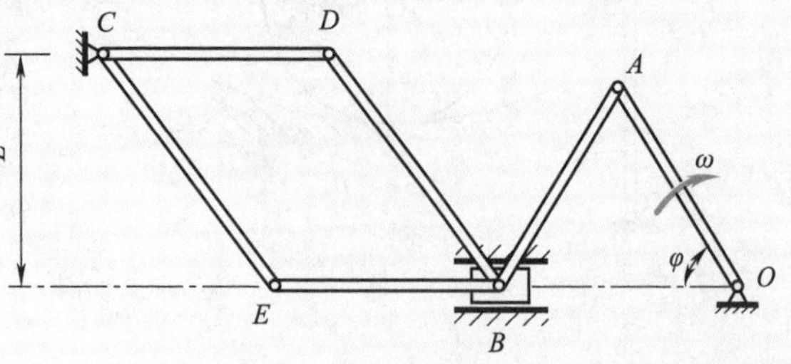

习题 9-20 图

9-21　三角板在滑动过程中,其顶点 $A$ 和 $B$ 始终与铅垂墙面以及水平地面相接触。已知 $AB=BC=AC=b$,$v_B=v_0$ 为常数。在图示位置 $AC$ 水平,试求此时顶点 $C$ 的加速度。

答案:$a_C=\dfrac{8\sqrt{3}v_0^2}{9b}$

9-22　在图示平面机构中,圆轮以匀角速度 $\omega=4$ rad/s 绕中心轴 $O$ 转动,设 $OA=20$cm,$AB=BD=40$ cm。在图示位置时,$AO$、$BD$ 铅垂,且 $OB\perp OA$。试求该瞬时,点 $B$ 的加速度和杆 $AB$ 的角加速度。

答案:$a_B=185$ cm/s$^2$,$\alpha_{AB}=4.62$ rad/s$^2$(顺时针)

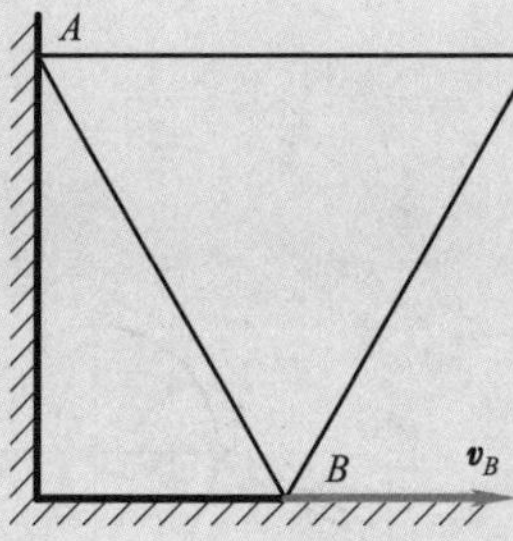


习题 9-21 图

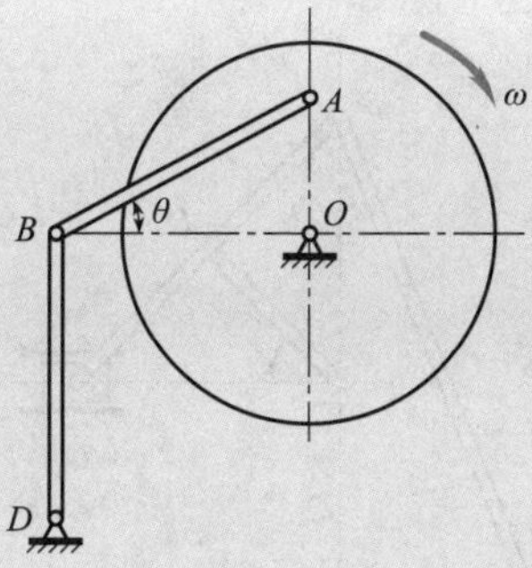


习题 9-22 图

9-23　曲柄 $OA$ 以恒定的角速度 $\omega=2$ rad/s 绕轴 $O$ 转动,并借助连杆 $AB$ 驱动半径为 $r$ 的轮子在半径为 $R$ 的圆弧槽中作无滑动的滚动。设 $OA=AB=R=2r=1$ m,求图示瞬时点 $B$ 和点 $C$ 的速度与加速度。

答案:$v_B=2$ m/s,$a_B=8$ m/s$^2$,$v_C=1.828$ m/s,$a_C=11.31$ m/s$^2$

9-24　曲柄连杆机构如图所示,滑块 $B$ 可在圆弧形槽内滑动。在图示瞬时,曲柄 $OA$ 与水平线成 60°,且与连杆垂直;连杆与槽在 $B$ 点的法线成 30°,$OA$ 的角速度为 $\omega_0$,角加速度 $\alpha_0$,$OA=l$,$AB=2\sqrt{3}l$;圆弧半径 $O_1B=2l$。求此时滑块 $B$ 的切向加速度和法向加速度。

答案:$a_t=r(\sqrt{3}\omega_0{}^2-2\alpha_0)$,$a_n=2r\omega_0{}^2$

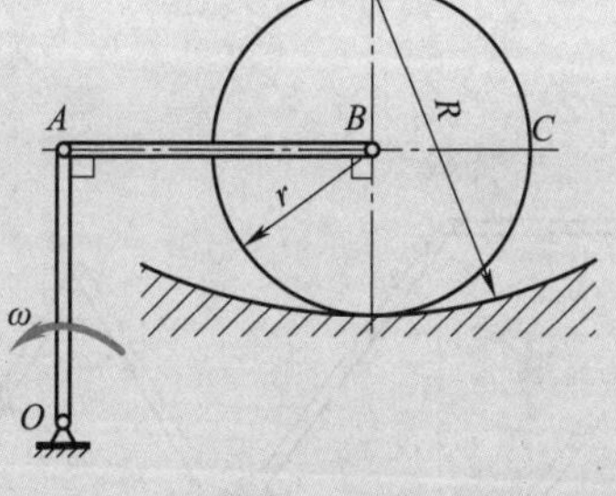


习题 9-23 图

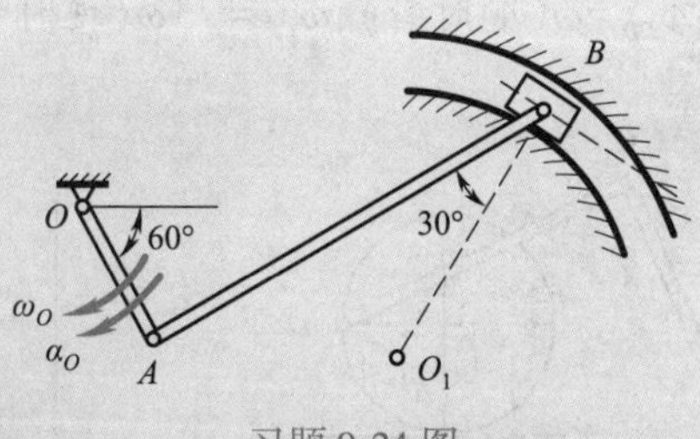


习题 9-24 图

9-25 在图示机构中,已知:杆 $O_1A$ 以匀角速度 $\omega$ 绕 $O_1$ 轴定轴转动,$O_1A=r$,$R=\sqrt{2}r$。滚轮 $B$ 的尺寸略去不计。当 $\varphi=45°$ 时,杆 $AB$ 处于铅垂位置,且 $O_1$、$A$、$O$ 三点共线。试求该瞬时杆 $AB$ 的角速度和角加速度。

答案:$\omega_{AB}=\dfrac{\sqrt{2}\omega}{2}$(顺时针),$\alpha_{AB}=0$

9-26 平面机构尺寸如图,在图示瞬时,$O$、$A$、$B$ 三点运动到同一根水平线上,且 $BC\perp AB$,圆盘的角速度为 $\omega_0$,角加速度为零。试求该瞬时:

(1)杆 $AB$ 与 $BC$ 的角速度;

(2)杆 $AB$ 与 $BC$ 的角加速度。

答案:$\omega_{AB}=\dfrac{\omega_0}{2}$(逆时针),$\omega_{BC}=0$,$\alpha_{BC}=\dfrac{3\omega_0^2}{2}$(逆时针),$\alpha_{AB}=0$

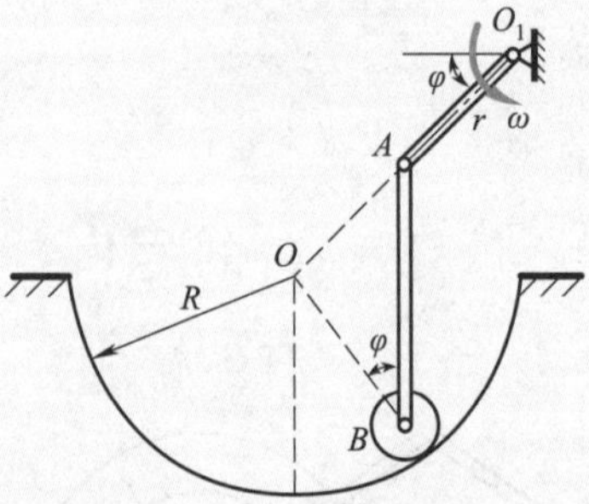


习题 9-25 图

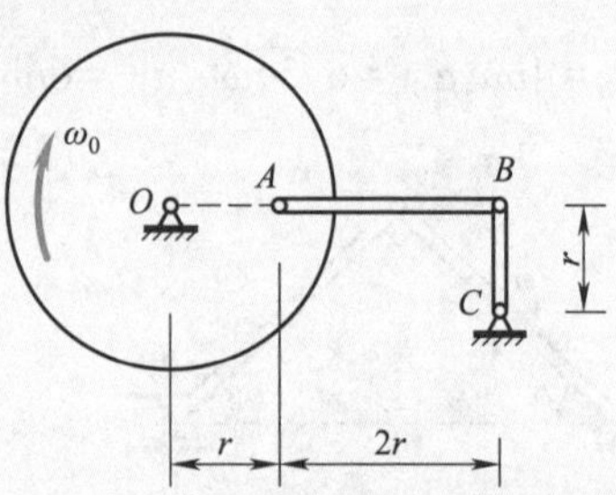


习题 9-26 图

9-27 正方形板 $ABCD$,边长 $L=10$ cm,在图示平面内运动。已知在图示瞬时,$a_A=a_B=10\ \text{cm/s}^2$,方向如图。试求该瞬时:

(1)板的角速度的大小和角加速度;

(2)点 $C$ 的加速度。

答案:$\omega=1$ rad/s,$\alpha=1\ \text{rad/s}^2$(逆时针),$a_C=10\ \text{cm/s}^2$(方向竖直向上)

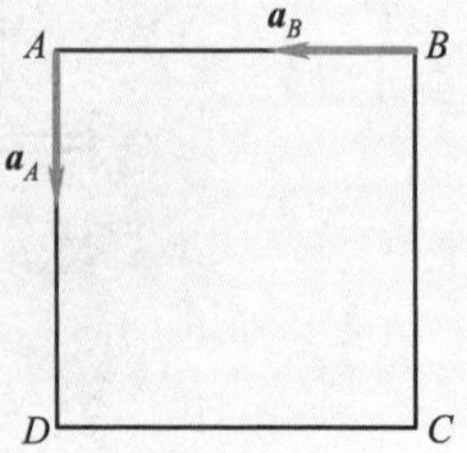


习题 9-27 图

9-28 半径为 $r$ 的圆柱体作纯滚动,如图所示,其角速度 $\omega$ 为常量。试求下列三种情况速度瞬心点 $C$ 的加速度。

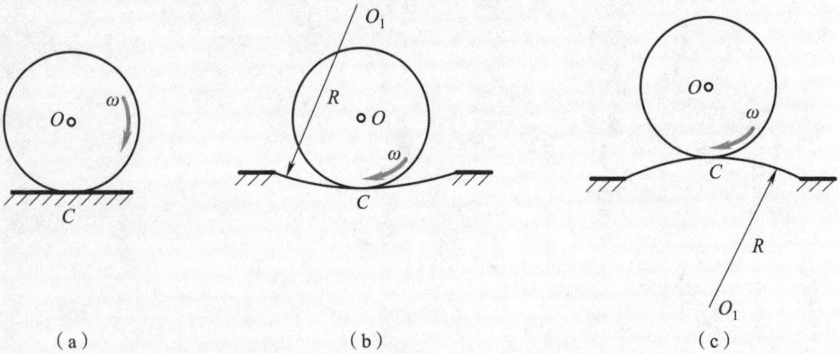


习题 9-28 图

答案：(a) $a_C=r\omega^2$（方向竖直向上）；(b) $a_C=\dfrac{Rr\omega^2}{R-r}$（方向竖直向上）；(c) $a_C=\dfrac{Rr\omega^2}{R+r}$（方向竖直向上）

9-29　双曲柄滑块机构如图所示。曲柄 $OA$ 以匀角速度 $\omega=2$ rad/s 绕轴 $O$ 转动，$OA=AB=BC=CD=1$ m。在图示位置时，$\varphi=45°$，$BC$ 铅垂，$CD$ 水平。试求该瞬时：

(1) $AB$、$BC$、$CD$ 各杆的角速度；

(2) 点 $B$ 的加速度。

答案：(1) $\omega_{AB}=2$ rad/s（顺时针），$\omega_{BC}=2\sqrt{2}$ rad/s（逆时针），$\omega_{CD}=0$；(2) $a_B=4\sqrt{2}$ m/s$^2$（方向水平向左）

9-30　曲柄 $OA$ 以匀角速度 $\omega$ 绕 $O$ 轴转动，$\varphi=\omega t$，$OA=AB=L=2r$；鼓轮轮轴沿水平直线轨道纯滚动，半径为 $r$，鼓轮半径为 $R=\sqrt{3}r$。试求图示 $\varphi=30°$ 位置时，鼓轮上点 $D$ 的速度和加速度的大小。

答案：$v_D=4r\omega$，$a_{Dx}=6\sqrt{3}r\omega^2$，$a_{Dy}=6r\omega^2$

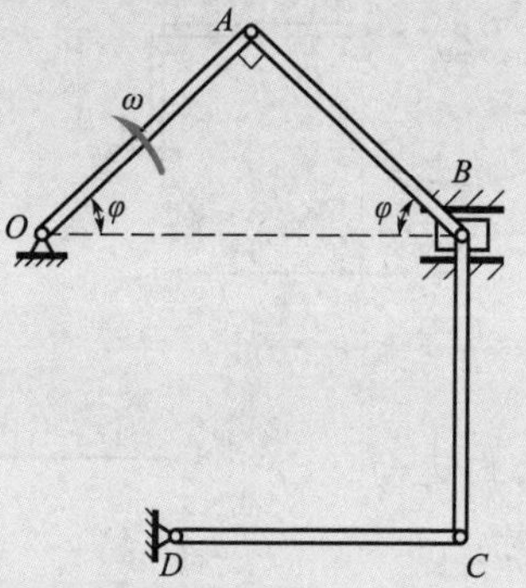

习题 9-29 图

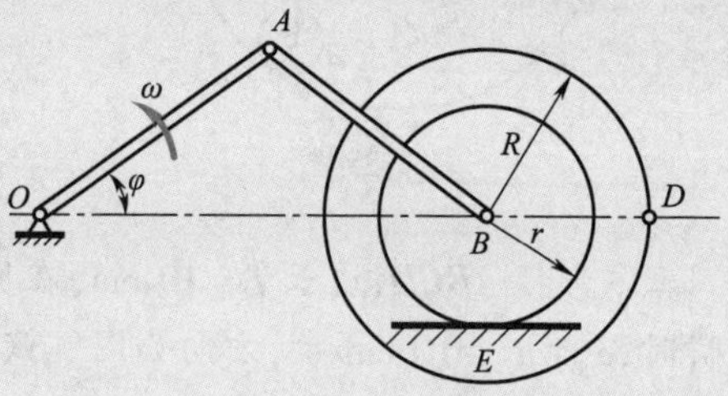

习题 9-30 图

# 第三编　动　力　学

动力学研究物体运动与受力之间的关系。

在静力学中，我们分析作用于物体上的力，并研究不同力系的简化，得出平衡条件，没有涉及在非平衡力系作用下物体的运动问题。在运动学中，我们研究物体的运动特征，即物体的运动轨迹、运动方程、速度和加速度，以及它们之间的关系，没有涉及作用于物体的力。在动力学里，我们将研究物体的运动与物体受力之间的关系，建立物体机械运动的普遍规律。

动力学理论广泛应用于工程中，为解决动力学问题提供必要的理论工具。由于研究对象的多样性，通常将物体力学模型抽象为质点和质点系。质点是具有一定质量而几何形状及尺寸大小可以忽略的物体，由若干相互关联的质点组成的系统称为质点系。刚体是一种特殊的质点系，由无数个质点组成，任意两个质点之间的距离保持不变。

物体运动形式复杂，需要在不同的阶段选用不同的动力学定理。质点动力学研究质点，建立运动微分方程分析质点的运动或受力。动力学普遍定理分别从不同角度分析解决质点系动力学问题，对刚体和刚体系统动力学问题提供所需方程。

# 第 10 章 质点动力学

本章研究质点的运动与受力之间的关系，即质点的动力学问题，是研究质点系动力学问题的基础。选择不同坐标，由质点动力学基本方程得出质点运动微分方程，是质点动力学问题的关键。

## §10-1 动力学基本定律

牛顿（Isaac Newton，1643—1727，英国数学家、物理学家、哲学家）创立经典力学是从质点动力学开始的，动力学的基本定律就是由牛顿运动定律组成。

牛顿第一定律（惯性定律）

不受力作用的质点将保持静止或匀速直线运动状态。

不受力作用的物体实际上是不存在的，此处的不受力作用是指质点所受的力系是平衡力系。牛顿第一定律又称惯性定律，因为给出了物体的一个基本属性——惯性，即物体具有保持运动状态不变的属性，物体处于静止或匀速直线运动状态通常称为惯性运动。牛顿第一定律同时也表明，力是改变物体运动状态的原因。

牛顿第二定律（加速度与力的关系定律）

质点受力作用时，产生的加速度大小与物体所受的力成正比，与物体的质量成反比，加速度的方向与力的方向相同。即

$$\boldsymbol{a}=\frac{\boldsymbol{F}}{m}$$

或

$$m\boldsymbol{a}=\boldsymbol{F} \tag{10-1}$$

式中，$m$ 为质点的质量；$\boldsymbol{a}$ 为质点的加速度；$\boldsymbol{F}$ 为质点所受的力。

质点所受力相同时，加速度 $\boldsymbol{a}$ 的大小与质量 $m$ 成反比，即质量大的物体获得的加速度小。说明质点的质量越大，运动状态越不容易改变。由此可见，质量是物体惯性的量度，质量大的物体惯性大，质量小的物体惯性小。

牛顿第二定律建立了质点运动与所受力之间的关系，称为质点动力学基本方程。

牛顿第三定律（作用与反作用定律）

两个物体间的作用力与反作用力同时存在，且大小相等、方向相反、沿着同一条直线，分别作用在这两个物体上。

牛顿第三定律也是静力学中的公理，它不仅适用于处于平衡状态的物体，也适用于处于各种运动状态的物体。

# §10-2　质点运动微分方程

质量为 $m$ 的质点，受到 $n$ 个力 $\boldsymbol{F}_1, \boldsymbol{F}_2, \cdots, \boldsymbol{F}_n$ 作用，作用在质点上的力形成汇交力系，设其合力为 $\boldsymbol{F}_R$，质点相对惯性参考系的加速度为 $\boldsymbol{a}$，由质点动力学基本方程可得

$$m\boldsymbol{a} = \boldsymbol{F}_R = \sum_{i=1}^{n} \boldsymbol{F}_i \tag{10-2}$$

## 一、质点运动微分方程的三种形式

### 1. 矢量形式

在惯性坐标系下，质点相对坐标原点的矢径为 $\boldsymbol{r}$，加速度的矢量形式为 $\boldsymbol{a} = \dfrac{\mathrm{d}\boldsymbol{v}}{\mathrm{d}t} = \dfrac{\mathrm{d}^2\boldsymbol{r}}{\mathrm{d}t^2}$，则质点运动微分方程可写成矢量形式：

$$m\frac{\mathrm{d}^2\boldsymbol{r}}{\mathrm{d}t^2} = \boldsymbol{F}_R = \sum_{i=1}^{n} \boldsymbol{F}_i \tag{10-3}$$

或

$$m\frac{\mathrm{d}\boldsymbol{v}}{\mathrm{d}t} = \boldsymbol{F}_R = \sum_{i=1}^{n} \boldsymbol{F}_i \tag{10-4}$$

质点运动微分方程的矢量形式主要用于推导动力学原理，求解具体问题时，一般使用它在某一坐标系中的投影形式。

### 2. 直角坐标形式

将式(10-3)和式(10-4)投影到直角坐标系的 $x$、$y$、$z$ 轴，得到质点运动微分方程的直角坐标形式：

$$\begin{cases} m\dfrac{\mathrm{d}^2x}{\mathrm{d}t^2} = m\dfrac{\mathrm{d}v_x}{\mathrm{d}t} = \displaystyle\sum_{i=1}^{n} F_{ix} \\ m\dfrac{\mathrm{d}^2y}{\mathrm{d}t^2} = m\dfrac{\mathrm{d}v_y}{\mathrm{d}t} = \displaystyle\sum_{i=1}^{n} F_{iy} \\ m\dfrac{\mathrm{d}^2z}{\mathrm{d}t^2} = m\dfrac{\mathrm{d}v_z}{\mathrm{d}t} = \displaystyle\sum_{i=1}^{n} F_{iz} \end{cases} \tag{10-5}$$

### 3. 自然坐标形式

若质点的运动轨迹已知，质点所在位置自然坐标系的单位矢量为 $\boldsymbol{e}_t$、$\boldsymbol{e}_n$、$\boldsymbol{e}_b$，将式(10-3)、式(10-4)投影到 $\boldsymbol{e}_t$、$\boldsymbol{e}_n$、$\boldsymbol{e}_b$ 方向，得到质点动力学基本方程的自然坐标形式

$$\begin{cases} m\dfrac{\mathrm{d}v}{\mathrm{d}t}=\sum\limits_{i=1}^{n}F_{it} \\ m\dfrac{v^2}{\rho}=\sum\limits_{i=1}^{n}F_{in} \\ 0=\sum\limits_{i=1}^{n}F_{ib} \end{cases} \tag{10-6}$$

其中,副法线 $\boldsymbol{e}_b$ 方向上作用力自相平衡。

## 二、质点动力学的两类基本问题

由上述质点动力学微分方程可求解两类质点动力学的问题。

### 1. 质点动力学第一类问题

已知质点的运动,求作用于质点上的力,称为质点动力学第一类问题。这类问题比较简单,只需要通过微分求出质点加速度,代入质点运动微分方程中,即可求出力。这类问题属于微分问题。

**【例 10-1】** 质量为 20 g 的质点沿水平直线作简谐运动,其运动方程式为 $x=100\sin\dfrac{\pi}{2}t$,单位为 mm。求作用于质点上的力,并求此力的最大值。

**【解】** 质点作直线运动,其运动微分方程为

$$m\frac{\mathrm{d}^2x}{\mathrm{d}t^2}=\sum_{i=1}^{n}F_{ix}$$

作用在质点上的力为

$$F=m\frac{\mathrm{d}^2x}{\mathrm{d}t^2}=m\frac{\mathrm{d}^2}{\mathrm{d}t^2}\left(100\sin\frac{\pi}{2}t\right)=0.02\times\left(-100\times\frac{\pi^2}{4}\times\sin\frac{\pi}{2}t\times10^{-3}\right)\ \mathrm{N}=-0.000\ 5\pi^2\sin\frac{\pi}{2}t\ \mathrm{N}$$

最大值 $F_{max}=0.000\ 5\pi^2$ N。

### 2. 质点动力学第二类问题

已知作用于质点上的力,求质点的运动,称为质点动力学第二类问题。这类问题归结为求解微分方程,或求积分的问题。与第一类问题相比较,第二类问题列方程、解方程的难度要大一些。因为质点所受的力可能是常力,可能是时间的函数,如振动问题中的扰动力就是时间的正弦周期函数,也可能与质点的位置有关,如万有引力、弹性力,还可能是质点速度的函数,如质点在水、空气等介质中运动时受到的阻力。

(1)作用于质点的合力是常力,或是时间变量的函数。

这一情况下可直接对方程的矢量形式或投影形式积分,并用初始条件定出积分常数。

**【例 10-2】** 质量为 $m$ 的质点在常力 $\boldsymbol{F}$ 作用下运动,设初始时刻位置为 $\boldsymbol{r}_0$,速度为 $\boldsymbol{v}_0$。求质点的运动方程。

【解】 质点的运动微分方程为

$$m\frac{\mathrm{d}^2\boldsymbol{r}}{\mathrm{d}t^2}=\boldsymbol{F},\quad m\frac{\mathrm{d}\boldsymbol{v}}{\mathrm{d}t}=\boldsymbol{F}$$

改写后得

$$\frac{\mathrm{d}\boldsymbol{v}}{\mathrm{d}t}=\frac{1}{m}\boldsymbol{F}$$

对 $t$ 积一次分，得

$$\boldsymbol{v}=\frac{t}{m}\boldsymbol{F}+\boldsymbol{C}$$

$\boldsymbol{C}$ 为积分常量，将初始条件 $t=0$ 时，$\boldsymbol{v}=\boldsymbol{v}_0$ 代入可得 $\boldsymbol{C}=\boldsymbol{v}_0$，速度方程为

$$\boldsymbol{v}=\frac{t}{m}\boldsymbol{F}+\boldsymbol{v}_0$$

由 $\boldsymbol{v}=\dfrac{\mathrm{d}\boldsymbol{r}}{\mathrm{d}t}$，再对 $t$ 积一次分，得

$$\boldsymbol{r}=\frac{t^2}{2m}\boldsymbol{F}+\boldsymbol{v}_0t+\boldsymbol{D}$$

积分常量 $\boldsymbol{D}$ 由初始条件 $t=0$ 时，$\boldsymbol{r}=\boldsymbol{r}_0$ 代入可得 $\boldsymbol{D}=\boldsymbol{r}_0$，质点的运动方程为

$$\boldsymbol{r}=\frac{t^2}{2m}\boldsymbol{F}+\boldsymbol{v}_0t+\boldsymbol{r}_0$$

质点作自由落体运动时，$F=mg$，运动方程就是大家熟悉的 $y=\dfrac{g}{2}t^2+v_0t+y_0$。

(2)作用于质点的合力是速度的函数。

质点作直线运动，可用分离变量法对运动微分方程积分。

【例 10-3】 质量为 $m$ 的物体在静止的液体中自由沉降(见图 10-1)，液体对物体运动的阻力为 $F=\mu v$，设初始时刻位置为零，速度为零。求小球的速度方程及极限速度。

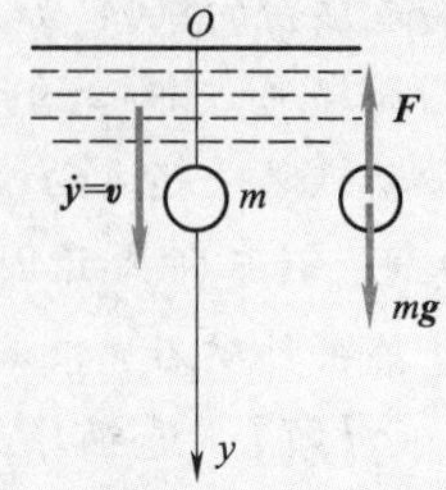


图 10-1

【解】 将物体视为质点，受到重力和液体阻力的作用，在沉降的一般位置时，其运动微分方程为

$$m\frac{\mathrm{d}v}{\mathrm{d}t}=mg-\mu v$$

可改写为

$$\frac{\mathrm{d}v}{\mathrm{d}t}=\frac{\mu}{m}\left(\frac{mg}{\mu}-v\right)$$

令 $\dfrac{mg}{\mu}=c$，则 $\mu=\dfrac{mg}{c}$，可进一步改写为

$$\frac{\mathrm{d}v}{\mathrm{d}t}=\frac{g}{c}(c-v)$$

分离变量得

$$\frac{\mathrm{d}v}{c-v}=\frac{g}{c}\mathrm{d}t$$

积分得

$$-\ln(c-v)=\frac{g}{c}t+D$$

初始条件为 $t=0$ 时，$v=0$，得 $D=-\ln c$，因此

$$-\ln(c-v)=\frac{g}{c}t-\ln c$$

解出

$$\frac{c-v}{c}=e^{-\frac{g}{c}t}$$

$$v=c(1-e^{-\frac{g}{c}t})$$

随着时间变量 $t$ 增大，沉降速度 $v$ 随之增大，当时间 $t\to\infty$ 时，沉降速度趋于极限值 $v_j$，且

$$v_j=c=\frac{mg}{\mu}$$

由于不同物体的质量密度不同，因此沉降速度不同，这一原理可以在选矿工业中分离不同的矿石，农业中可以用于选种。

(3)作用于质点的合力是质点位置的函数。

质点运动轨迹已知，可用分离变量的方法对运动微分方程积分一次。

除了上述两类基本问题外，有时也会遇到两类问题的综合问题，即已知部分力和部分运动，求另一部分力和运动。

**【例 10-4】** 球磨粉碎机是利用在旋转圆筒内的钢球对于矿石或煤块冲击，同时也靠运动时的磨剥作用而磨制矿石粉或煤粉的机器，如图 10-2(a)所示。当圆筒绕通过中心的水平轴匀速转动时，带动钢球一起运动，待转至一定角度 $\theta=\theta_0$ 时，钢球即离开圆筒并沿抛物线轨迹下落击打矿石。求滚筒每分钟的转数 $n$。

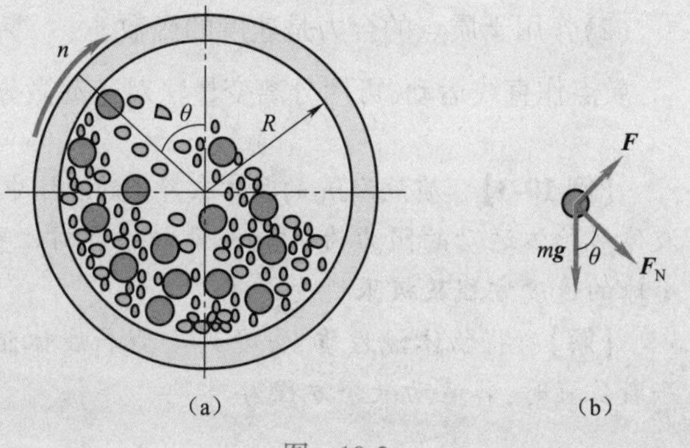


图 10-2

**【解】** 选钢球为研究对象，由于钢球的直径比滚筒直径小很多，因此将钢球视为质点，受力图如图 10-2(b)所示。

取自然坐标轴系，列出质点运动微分方程

$$m\frac{dv}{dt}=0,\quad m\frac{v^2}{R}=F_N+mg\cos\theta$$

质点在未离开筒壁前的速度等于圆筒筒壁一点的速度

$$v=\omega\cdot R=\frac{2\pi n}{60}\cdot R=\frac{\pi nR}{30}$$

当 $\theta=\theta_0$ 时，钢球将落下，这时 $F_N=0$，于是得

$$m\frac{\left(\frac{\pi nR}{30}\right)^2}{R}=mg\cos\theta_0$$

$$n=\frac{30}{\pi}\sqrt{\frac{g}{R}\cos\theta_0}$$

显然，$\theta_0$ 越小，要求圆筒转速 $n$ 越大。

当 $n=\frac{30}{\pi}\sqrt{\frac{g}{R}}$ 时，$\theta_0=0$，钢球就会紧贴筒壁转过最高点而不脱离筒壁落下，起不到粉碎矿石的作用。

## 小　结

本章简要地复习了动力学基本定律，即物理学中讲过的牛顿运动三定律，它们是动力学也是整个理论力学的理论基础。

在运动学的研究中，可以任选一物体为参考系统，并用以描述其他物体相对于它的运动。但在动力学的研究中，为了应用牛顿运动定律，只能选用惯性参考系。

用投影形式的质点运动微分方程求解质点动力学问题是个基本而且有效的方法。在建立方程时，要先明确采用哪种投影形式(取决于如何确定质点的加速度)和研究的是什么状态(任意瞬时还是指定位置)。在积分方程时，要注意如何分离变量和根据运动的初始条件确定积分常数。

## 思　考　题

10-1　火车在加速运动时，水箱中的水面是否保持水平？应该是什么形状？试说明将水箱分成许多隔层的优点。

10-2　如图所示，绳拉力 $F=2$ kN，物重 $P_2=1$ kN，$P_1=2$ kN。若滑轮质量不计，问在图中(a)、(b)两种情况下，重物Ⅱ的加速度是否相同？两根绳中的张力是否相同？

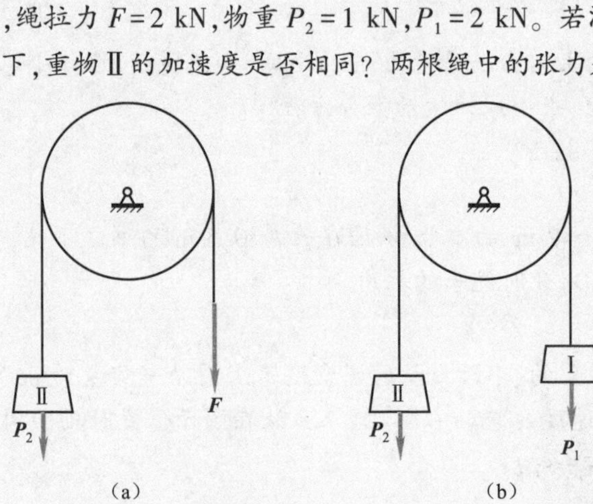


思考题 10-2 图

10-3　已知自由质点 $M$ 沿曲线 $AB$ 运动，质点上所受的力能否出现图示情况？

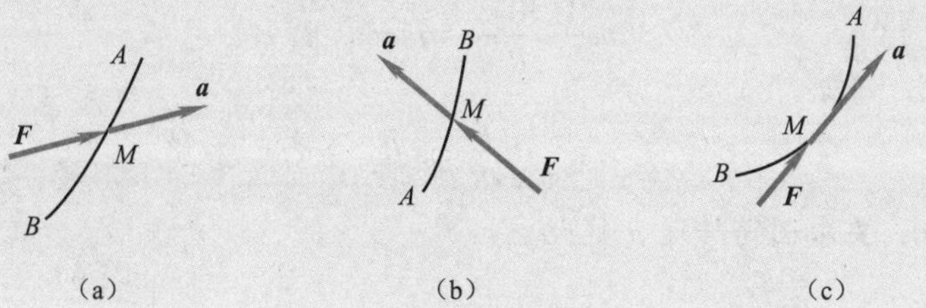


思考题 10-3 图

10-4　质点在空间运动，已知作用力。为求质点的运动方程需要几个初始条件？在平面内运动呢？沿给定的轨道运动呢？

10-5　两个运动的质量相同的质点，初始速度大小相同，但方向不同。如果任意时刻两个质点所受外力大小、方向都完全相同，下述各说法是否正确？(1)任意时刻两质点的速度大小相同。(2)任意时刻两质点的加速度相同。(3)两质点运动轨迹形状相同。(4)两质点的切向加速度相同。

10-6　如果一质点在有心力作用下运动，且力心固定不动，那么质点的运动轨迹是否一定是平面曲线？质点的速度大小是否一定不变？

10-7　假设地球的引力增加一倍，下列现象是否变化？(1)单摆的振动周期。(2)弹簧质量系统的振动周期。(3)轮船的吃水线。(4)重物沿粗糙斜面向下滑动的加速度。

## 习　　题

10-1　图示小车的侧面铅直，物块 $M$ 与小车间的静摩擦因数为 $f_a$。若使物块 $M$ 不致下落，求小车运动的加速度 $\boldsymbol{a}$。

答案：$a \geqslant \dfrac{g}{f_a}$

10-2　在介质中向上抛出一质量为 $m$ 的小球，如图所示，已知小球所受阻力 $F=-kv$，若选择坐标轴 $x$ 铅垂向上，求小球的运动微分方程。

答案：$mx=-mg-k\dfrac{\mathrm{d}x}{\mathrm{d}t}$

10-3　图示质量 $m=2$ kg 的重物 $M$ 挂在长 $l=0.5$ m 的细绳下端，重物受到水平冲击后获得了速度 $v_0=5$ m/s，求此时绳子的拉力。

答案：119.6 N

10-4　在一水平放置的、不计质量的圆盘边缘上固结一质量为 $m$ 的质点 $M$，如图所示，圆盘以角速度 $\omega$，角加速度 $\alpha$ 绕轴 $O$ 转动，求系统在图示位置时轴 $D$ 处约束力。

答案：$F_{\mathrm{N}}=mR\omega^2$，$F_{\mathrm{t}}=mR\alpha$

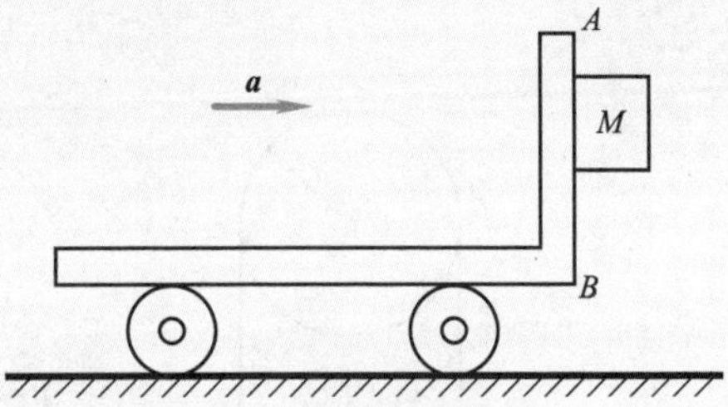


习题 10-1 图

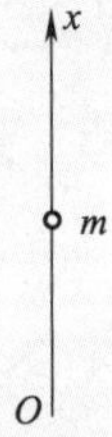


习题 10-2 图

习题 10-3 图

10-5　如图所示为在倾斜轨道上运动的加料子车，其速度 $v$ 的变化规律如图(b)所示，求下列三段时间内钢绳的拉力 $F_T$：(1) $t=0\sim3$ s；(2) $t=3\sim15$ s；(3) $t=15\sim20$ s。已知车重 $V=200$ N。设轨道摩擦不计。

答案：$F_{T1}=273$ N，$F_{T2}=173$ N，$F_{T3}=113$ N

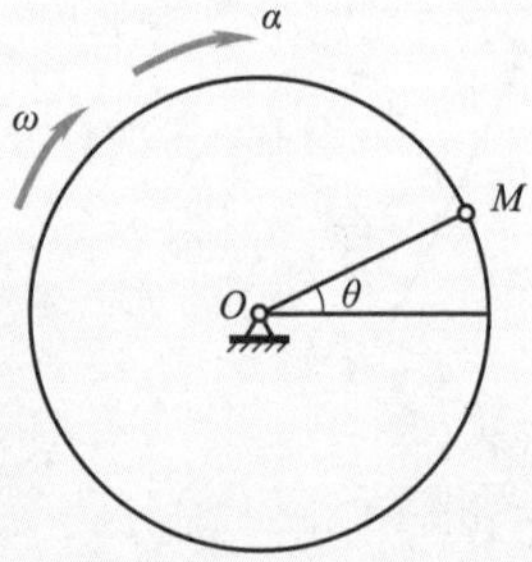


习题 10-4 图

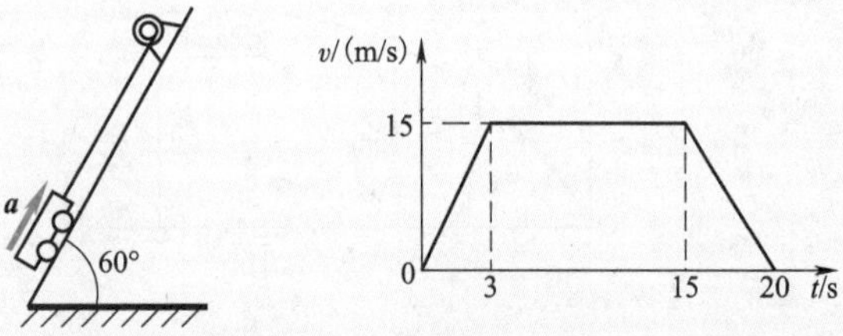


(a)　(b)

习题 10-5 图

10-6　在曲柄滑道机构中，滑杆与活塞的质量为 50 kg，曲柄长 30 cm，绕 $O$ 轴匀速转动，转速为 $n=120$ r/min。求当曲柄 $OA$ 运动至右侧水平及铅垂向上两位置时，作用在活塞上的气体压力。曲柄质量不计。

答案：$F_1=-2.73$ kN，$F_2=0$

10-7　两物体各重 $W_1$ 和 $W_2$，用长为 $l$ 的绳连接，此绳跨过一半径为 $r$ 的滑轮，如开始时两物体的高差为 $h$，且 $W_2>W_1$，不计滑轮和绳的质量，求由静止释放后，两物体达到相同高度时所需的时间。

答案：$t=\sqrt{\dfrac{h(W_2+W_1)}{g(W_2-W_1)}}$

10-8　煤矿用填充机进行填充时，为保证充填材料抛到距离为 $s=5$ m，$H=1.5$ m 的顶板 $A$ 处。求：(1) 充填材料需有多大的初速度 $v_0$；(2) 初速 $v_0$ 与水平的夹角 $\varphi_0$。

答案：$v_0=10.5$ m/s，$\varphi_0=31°$

10-9　质量为 $m$ 长为 $l$ 的摆在铅垂面内微幅摆动。初始时小球的速度为 $u$，$\theta=0°$。求绳作用在小球上的力 $F(\theta)$，并分析小球的运动。

答案：$F=mg(3\cos\theta-2)+m\dfrac{u^2}{l}$

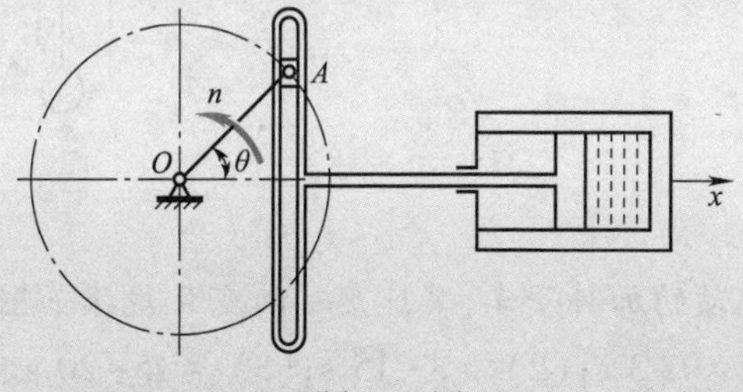


习题 10-6 图

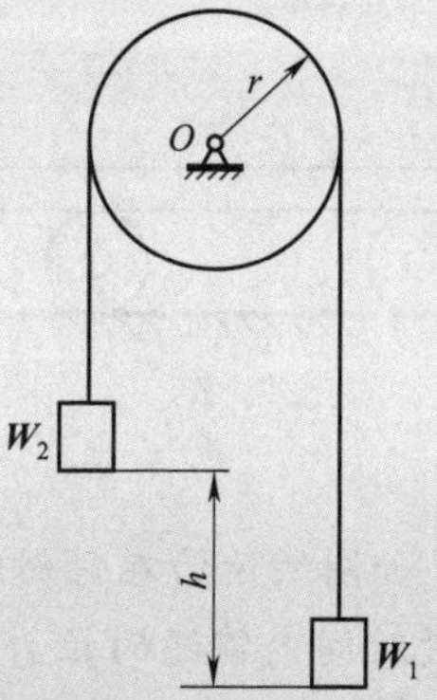


习题 10-7 图

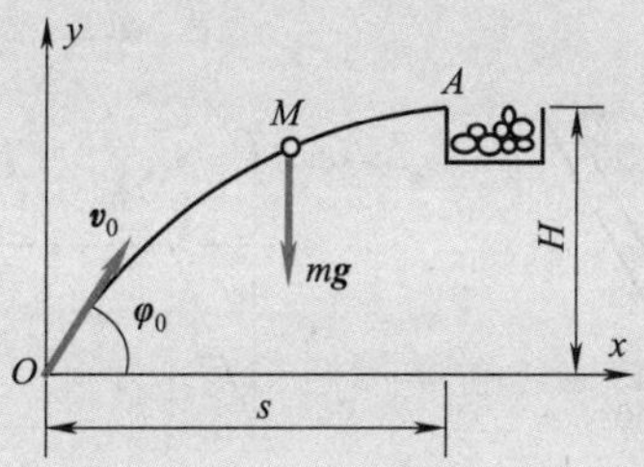


习题 10-8 图

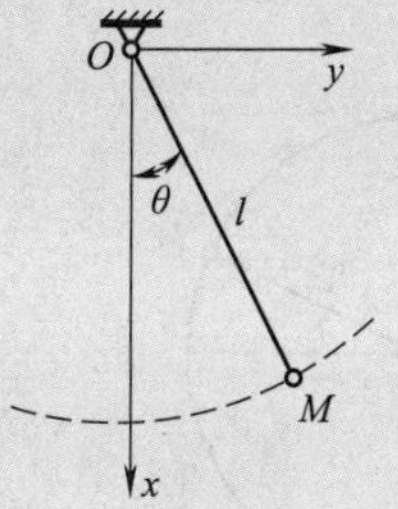


习题 10-9 图

10-10　质量为 $m=10$ kg 的质点，在水平面作直线运动，受到阻力为 $F=\dfrac{2v^2g}{3+s}$ 的作用，其中 $v$ 为质点的速度，$g=10\ \text{m/s}^2$ 为重力加速度，$s$ 为质点的运动路程，当 $t=0$ 时，$v_0=5$ m/s，$s_0=0$，试求质点的运动规律。

答案：$s=3(\sqrt[3]{5t+1}-1)$

10-11　如图所示，半径为 $r$ 的绕线轮以角速度 $\omega$ 匀速转动，拉动质量为 $m$ 的滑块 $A$ 沿 $OA$ 杆水平运动，不计摩擦，求绳的拉力 $F_T$ 与 $x$ 的关系。

答案：$F_T=m\dfrac{r^2\omega^2x^2}{(x^2-r^2)^{5/2}}$

10-12　图示质量为 $m$ 的质点 $M$ 受指向原点 $O$ 的力 $F=kr$，作用力与质点到点 $O$ 的距离成正比，如初瞬时质点的坐标为 $x=x_0$，$y=0$，而速度分量为 $v_x=0$，$v_y=v_0$。求质点的运动轨迹。

答案：$\dfrac{x^2}{x_0^2}+\dfrac{k}{m}\dfrac{y^2}{v_0^2}=1$

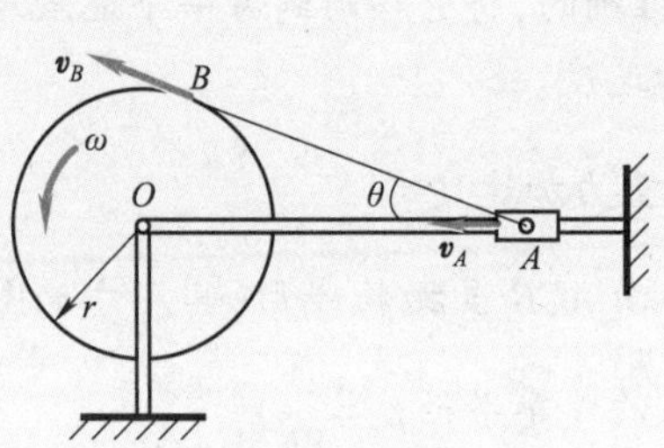


习题 10-11 图

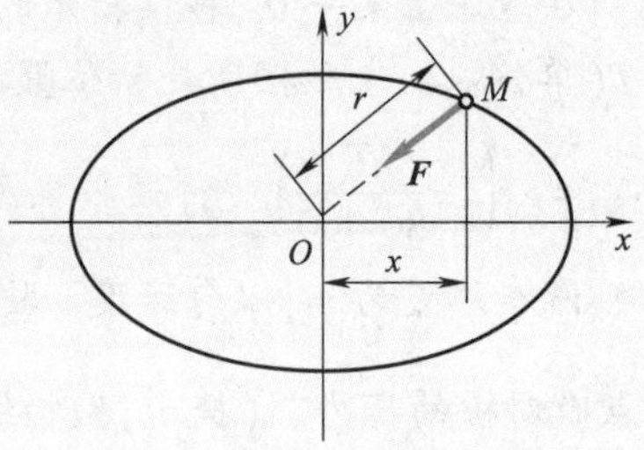


习题 10-12 图

10-13　质量为 1 kg 的小球 $M$，用两绳系住，两绳的另一端分别连接在固定点 $A$、$B$，如图所示。已知小球以速度 $v=2.5$ m/s 在水平面内作匀速圆周运动，轨迹为水平面圆，半径 $r=$ 0.5 m/s，求两绳的拉力。

答案：$F_A=8.65$ N，$F_B=7.38$ N

10-14　如图所示，物块 $M$ 自点 $A$ 沿光滑的圆弧轨道无初速地滑下，落到传送带上 $B$，已知圆弧的半径为 $R$，物块 $M$ 的质量为 $m$，试求物块 $M$ 在圆弧轨道上点 $B$ 的法向约束力，若物块 $M$ 与传送带间无相对滑动，试确定半径为 $r$ 的传送轮的转速。

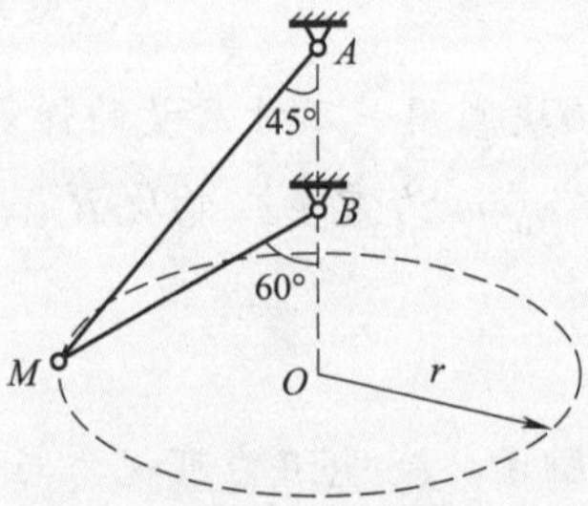


习题 10-13 图

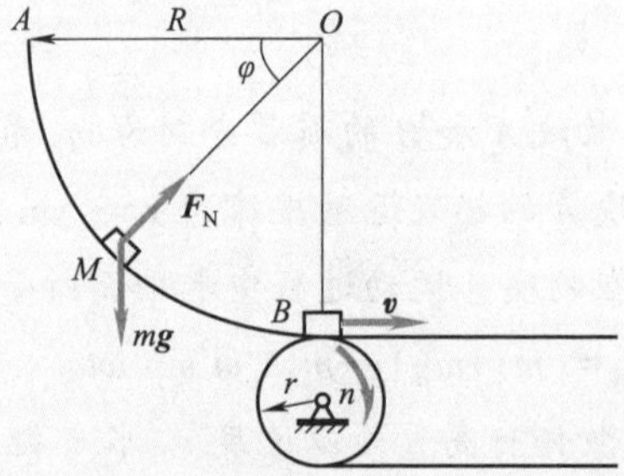


习题 10-14 图

答案：$F_N=3$ mg，$n=\dfrac{30\sqrt{2gR}}{\pi r}$

10-15　如图所示，重为 $W$ 的小球用两绳悬挂。若将绳 $AB$ 突然剪断，则小球开始运动。求小球刚开始运动瞬时绳 $AC$ 的拉力及 $AC$ 在铅垂位置时的拉力。

答案：$F_{T1}=W\cos\theta$，$F_{T2}=W(3-2\cos\theta)$

10-16　电车车身的质量是 10 000 kg，车架连同车轮的质量是 1 000 kg，设车身在弹簧上按 $x=0.02\sin(10t)$ 的规律作铅垂简谐运动（$x$ 单位为 m），求电车对水平直线轨道的最大和最小压力。

答案：$F_{Nmax}=127.8$ kN，$F_{Nmin}=87.8$ kN

10-17　飞机水平飞行，空气的阻力与速度的平方成正比，当速度为 1 m/s，阻力等于 0.5 N。牵引力恒定不变，等于 30 760 N，并与飞机方向成 10°，求飞机的最大速度。

答案：$v_{max}=246$ m/s

10-18 在地球上某一点,秒摆指示的时间是准确的,将它移动到另一个地点后,在一昼夜内慢了 $T$(单位:s),求秒摆所处新位置的重力加速度。

答案:$g_1=g_0\left(1-\frac{T}{86\ 400}\right)^2$,$g_0$ 是秒摆原位置的重力加速度

10-19 汽车质量为 $m$,以匀速度 $v$ 驶过桥,桥面 $ACB$ 呈抛物线形,其尺寸如图所示,求汽车过 $C$ 点时对桥的压力。(提示:抛物线在 $C$ 点的曲率半径 $\rho_c=\frac{l^2}{8h}$)

答案:$mg\frac{8mv^2h}{l^2}$

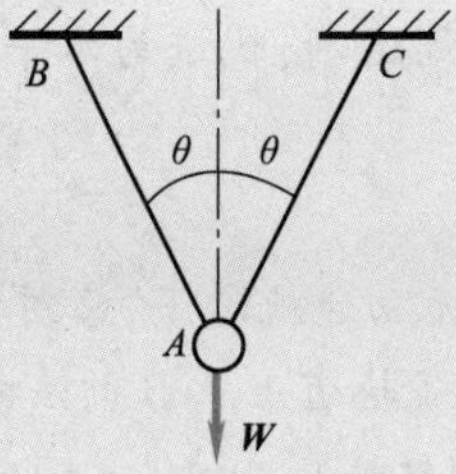


习题 10-15 图

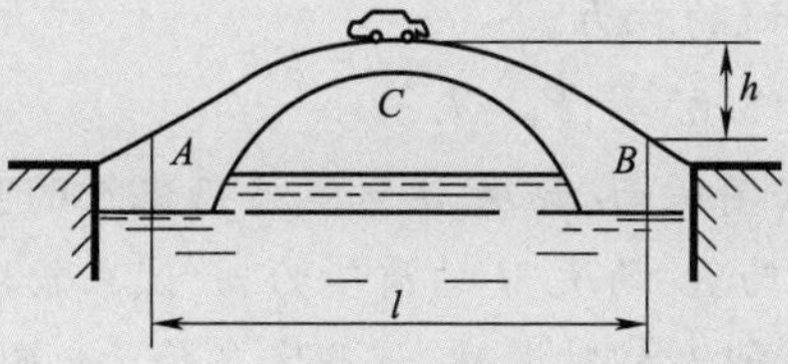


习题 10-19 图

10-20 物块 $A$ 和 $B$ 的质量分别为 $m_A$ 和 $m_B$,两物块间用一不计质量的弹簧连接,如图所示。设物块 $A$ 的铅直运动规律为 $x=x_0\sin\omega t$(其中 $x_0$、$\omega$ 为常量),物块 $B$ 保持静止在水平面上。求在物块 $A$ 运动过程中水平面所受的压力。

答案:$F_{\mathrm{N}}=(m_A+m_B)g-m_Ax_0\omega^2\sin\omega t$

10-21 物体自高 $h$ 处以速度 $v_0$ 水平抛出,如图所示。空气阻力可视为与速度的一次方成正比,即 $F=-kmv$,其中 $m$ 为物体的质量,$v$ 为物体的速度,$k$ 为常数。求物体的运动方程和轨迹。

答案:$x=\frac{v_0}{k}(1-\mathrm{e}^{-kt})$,$y=h-\frac{gt}{k}-\frac{g}{k^2}(1-\mathrm{e}^{-kt})$,$y=h-\frac{g}{k^2}\ln\frac{v_0}{v_0-kx}+\frac{gx}{kv_0}$

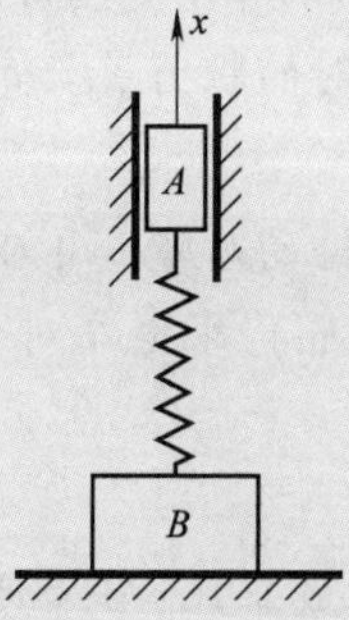


习题 10-20 图

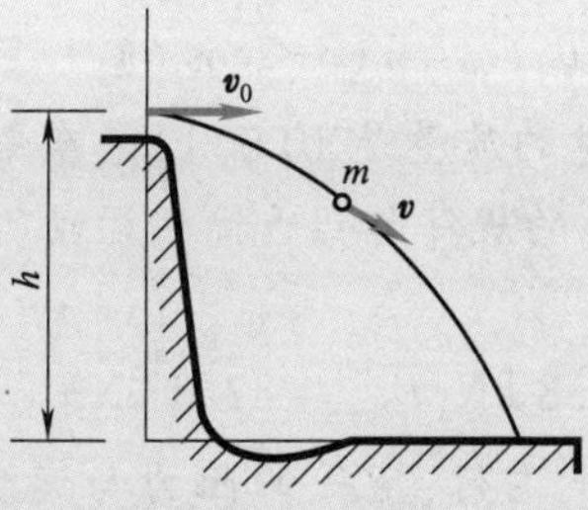


习题 10-21 图

10-22 物块 $A$、$B$ 的质量分别为 $m_1=20$ kg 和 $m_2=40$ kg，并以弹簧互相连接，如图所示。物块 $A$ 沿铅垂线以 $y=H\cos\dfrac{2\pi}{T}t$ 作简谐运动，式中，振幅 $H=10$ mm，周期 $T=0.25$ s。弹簧的质量不计。求支承面 $CD$ 所受压力的最大值和最小值。

答案：$F_{\text{Nmax}}=714.2$ N，$F_{\text{Nmin}}=461.8$ N

10-23 图示筛矿砂的筛体按 $x=50\sin\omega t$ mm，$y=50\cos\omega t$ mm 的规律作简谐运动。为使筛上的矿砂砂粒开始与筛分开而抛起，求曲柄转动角速度 $\omega$ 的最小值。

答案：$\omega_{\min}=\sqrt{\dfrac{g}{0.05}}=14$ rad/s

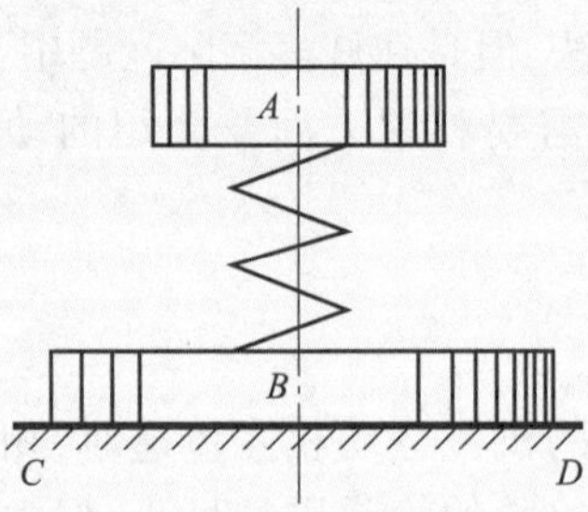

习题 10-22 图

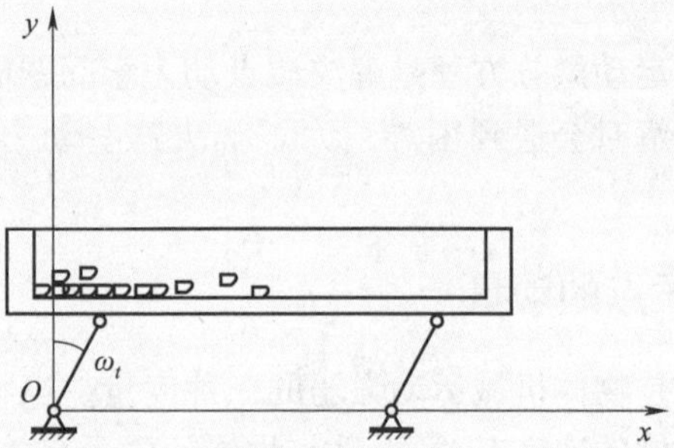

习题 10-23 图

10-24 设有一穿过地心的直隧道，今有一小球自地面放入隧道，其初速为零。已知小球在地球内部所受的引力与它到地心的距离成正比，且指向地心。如地球的半径 $R=6\ 370$ km，在地球表面的重力加速度 $g=9.8$ m/s$^2$。求：(1) 小球的运动方程；(2) 当小球穿过地心时的速度和到达地心的时间。

答案：$r-R\cos\sqrt{\dfrac{g}{R}}t$，$\dot{r}=-\sqrt{gR}\sin\sqrt{\dfrac{g}{R}}t=-7.9$ km，$t=21.1$ min

10-25 伞兵带降落伞从高空无初速度落下，伞兵的质量为 65 kg，所受空气阻力 $F=\dfrac{1}{2}c\rho Av^2$，其中 $c$ 为量纲一的阻力系数，$A$ 为垂直运动方向的最大截面积，$\rho$ 为空气密度。对完全张开的球面降落伞而言，$c=0.96$，$A=50$ m$^2$，在标准状态下，$\rho=1.225$ kg/m$^3$。求伞兵下降的极限速度和达到 95% 的极限速度值时所需的时间。

答案：$v_{\max}=4.65$ m/s，$t=0.88$ s

10-26 列车以 72 km/h 的速度匀速转弯，车厢内用弹簧秤称一重物。重物原重 10 N，弹簧秤示数为 10.2 N，求轨道的曲率半径。

答案：$\rho=203$ m

# 第 11 章 动 量 定 理

本章给出质点和质点系的动量定理及相应的守恒定律,质点系的质心位置以及质点系的质心运动定理,并利用动量定理和质心运动定理求解有关动力学问题。

## §11-1 质点的动量定理

质点运动微分方程是解决质点动力学问题的基本方法,但是在许多实际问题中,由微分方程积分求解时会遇到困难。为了解决这些动力学问题,需要利用下面要介绍的动力学普遍定理。

### 1. 质点的动量

动量是物体机械运动强弱的一种度量。当物体之间的机械运动相互传递时,相互作用力不仅与物体的速度有关,而且与物体的质量有关。例如,出膛的枪弹质量虽小,但由于具有很高的速度,从而具有很强的穿透力;而靠岸的轮船,尽管速度非常缓慢,但因具有很大的质量,倘若缓冲措施不当,也会造成船体的损坏。故可用质点的质量与速度的乘积来表征质点的这种运动量。

质点的质量 $m$,某瞬时的速度为 $\boldsymbol{v}$,定义质量 $m$ 与速度 $\boldsymbol{v}$ 的乘积为质点的动量,用符号 $\boldsymbol{p}$ 表示,即

$$\boldsymbol{p}=m\boldsymbol{v} \tag{11-1}$$

动量是矢量,其方向与速度方向一致。在国际单位制中,动量的单位是 kg · m/s。

### 2. 力的冲量

经验告诉我们,一个物体运动的改变,不仅取决于作用在物体上的力,而且与力所作用的时间有关。因此,需要了解力在作用时间内的积累作用效果,我们将力在一段时间间隔内的累积效应定义为力的冲量,用符号 $\boldsymbol{I}$ 表示。若作用力为常力 $\boldsymbol{F}$,作用时间为 $t$,则常力的冲量用矢量表达式为

$$\boldsymbol{I}=\boldsymbol{F}t \tag{11-2}$$

冲量是矢量,其方向与力的方向相同。它的单位是 N · s。

如果作用力 $\boldsymbol{F}$ 为变力,在无穷小的时间间隔 $\mathrm{d}t$ 内,力 $\boldsymbol{F}$ 可以看作常量,因此在 $\mathrm{d}t$ 时间内的元冲量为

$$\mathrm{d}\boldsymbol{I}=\boldsymbol{F}\mathrm{d}t \tag{11-3}$$

在时间间隔 $t_1 \sim t_2$ 内,力 $\boldsymbol{F}$ 的冲量为

$$\boldsymbol{I}=\int_{t_1}^{t_2}\boldsymbol{F}\mathrm{d}t \tag{11-4}$$

### 3. 质点的动量定理

质点运动微分方程又可表示为

$$\frac{\mathrm{d}}{\mathrm{d}\boldsymbol{t}}(m\boldsymbol{v}) = \sum_{i=1}^{n}\boldsymbol{F}_i$$
$$\mathrm{d}(m\boldsymbol{v}) = \sum_{i=1}^{n}\boldsymbol{F}_i\mathrm{d}\boldsymbol{t} = \mathrm{d}\boldsymbol{I} \tag{11-5}$$

即质点的动量对时间的导数等于作用于质点的力或质点动量的增量等于作用于质点上的力的元冲量，这就是质点动量定理的微分形式。

设$\boldsymbol{v}_1$、$\boldsymbol{v}_2$分别为对应于$t_1$、$t_2$瞬时的速度，则将上式在时间间隔$t_1\sim t_2$内积分，即在某一时间间隔内，质点动量的变化等于作用于质点上的力在此段时间间隔内的冲量，得到质点动量定理的积分形式：

$$\boldsymbol{p}_2 - \boldsymbol{p}_1 = m\boldsymbol{v}_2 - m\boldsymbol{v}_1 = \int_{t_1}^{t_2}\boldsymbol{F}\mathrm{d}t = \boldsymbol{I} \tag{11-6}$$

将式(11-6)投影在直角坐标轴上，可得质点的动量定理的投影形式：

$$\begin{cases} p_{2x} - p_{1x} = mv_{2x} - mv_{1x} = \int_{t_1}^{t_2}F_x\mathrm{d}t = I_x \\ p_{2y} - p_{1y} = mv_{2y} - mv_{1y} = \int_{t_1}^{t_2}F_y\mathrm{d}t = I_y \\ p_{2z} - p_{1z} = mv_{2z} - mv_{1z} = \int_{t_1}^{t_2}F_z\mathrm{d}t = I_z \end{cases} \tag{11-7}$$

**【例 11-1】** 锤的质量$m=3\ 000$ kg，从高度$h=1.5$ m 处自由下落到受锻压的工件上，工件发生变形，历时$\Delta t=0.01$ s，求锤对工件的平均压力。

**【解】** 取锤为研究对象，作用于锤上的力有重力$mg$及与工件作用后工件的反力。工件的反力是变力，在短暂的时间间隔$\Delta t$内迅速变化，我们用平均反力$F_{\mathrm{N}}^*$来表示(见图 11-1)。

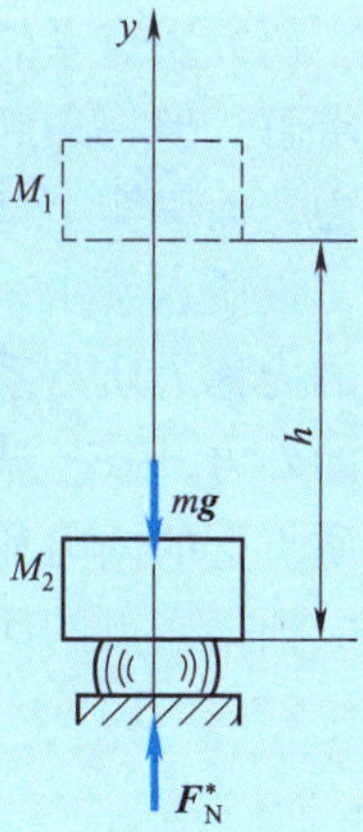

图　11-1

设锤自由下落$h$经过的时间为$t$，由运动学可知

$$t=\sqrt{\frac{2h}{g}}$$

取铅垂轴$y$向上为正。根据题意，由锤开始自由下落到工件变形完成这一过程中，锤的初速度$v_{1y}=0$，经过时间$t+\Delta t$后的速度$v_{2y}=0$；重力的冲量为$mg(t+\Delta t)$，方向铅垂向下，反力的冲量为$F_{\mathrm{N}}^*\Delta t$，方向铅垂向上。由质点的动量定理，得

$$0-0=-mg(t+\Delta t)+F_{\mathrm{N}}^*\Delta t$$

由此求得

$$F_{\mathrm{N}}^* = mg\left(\frac{t}{\Delta t}+1\right) = mg\left(\frac{1}{\Delta t}\sqrt{\frac{2h}{g}}+1\right)$$

代入已知数据，得

$$F_{\mathrm{N}}^{*}=mg\left(\frac{t}{\Delta t}+1\right)=3\ 000\times9.8\left(\frac{1}{0.01}\sqrt{\frac{2\times1.5}{9.8}}+1\right)\mathrm{kN}=1\ 656\ \mathrm{kN}$$

锤对工件的平均压力与反力$\boldsymbol{F}_{\mathrm{N}}^{*}$大小相等、方向相反，与锤的重量$G=29.4$ kN 比较，是它的 56 倍，可见这个力是相当大的。

### 4. 质点的动量守恒定理

在特殊情形下，若质点不受力的作用或作用于质点上的合力恒等于零，即 $\sum_{i=1}^{n}\boldsymbol{F}_i=\boldsymbol{0}$ 时，则由式(11-5)得

$$m\boldsymbol{v}=\text{常矢量}$$

这就表明：若作用于质点上的合力恒等于零，则该质点的动量保持不变，得出质点的动量守恒定律。显然，这时质点将作匀速直线运动或处于静止状态。这个结论就是牛顿第一定律。

如果作用于质点上的力在 $x$ 轴上的投影代数和恒等于零，即 $\sum_{i=1}^{n}F_{ix}=0$，则由式(11-7)的第一式，得

$$mv_{2x}=mv_{1x}=\text{常量}$$

## §11-2 质点系的动量定理

研究质点系的动力学问题，从理论上讲可列出各质点的运动微分方程及约束条件，然后联立求解。但将遇到两方面的困难：其一是方程数目太多；其二是约束力与质点系的内力均为未知力。而事实上，许多质点系的动力学问题，还可以从研究整体运动的某些特征入手。

设质点系由 $n$ 个质点组成，每个质点所受的力分为内力和外力，质点系内各质点间相互作用的力称为质点系的内力，用$\boldsymbol{F}^{(\mathrm{i})}$表示，质点系以外的物体作用于质点系内质点的力称为质点系的外力，用$\boldsymbol{F}^{(\mathrm{e})}$表示。任取质点系中一个质点，质量为 $m_i$，速度为 $\boldsymbol{v}_i$，其动量为 $m_i\boldsymbol{v}_i$，作用在该质点上的内力和与外力和分别为$\boldsymbol{F}_i^{(\mathrm{i})}$、$\boldsymbol{F}_i^{(\mathrm{e})}$。

根据质点的动量定理有

$$\frac{\mathrm{d}}{\mathrm{d}t}(m_i\boldsymbol{v}_i)=\boldsymbol{F}_i^{(\mathrm{e})}+\boldsymbol{F}_i^{(\mathrm{i})}$$

对于质点系的每个质点都可以写出这样的一个方程，将这 $n$ 个方程两端分别相加，则有

$$\sum\frac{\mathrm{d}}{\mathrm{d}t}(m_i\boldsymbol{v}_i)=\sum\boldsymbol{F}_i^{(\mathrm{e})}+\sum\boldsymbol{F}_i^{(\mathrm{i})}$$

改变求和与求导的次序，则得

$$\frac{\mathrm{d}}{\mathrm{d}t}\sum m_i\boldsymbol{v}_i=\sum\boldsymbol{F}_i^{(\mathrm{e})}+\sum\boldsymbol{F}_i^{(\mathrm{i})}$$

式中，$\sum m_i\boldsymbol{v}_i$ 为质点系内各质点动量的矢量和(主矢)，是整个质点系运动强度的度量，称为质点系的动量，用$\boldsymbol{p}$ 表示，即

$$\boldsymbol{p} = \sum m_i \boldsymbol{v}_i$$

由于质点系各质点上作用的内力总是成对出现,大小相等,方向相反,相互抵消,因此所有内力的矢量和(内力系的主矢)等于零,即

$$\sum \boldsymbol{F}_i^{(\mathrm{i})} = \boldsymbol{0}$$

则可将上式简化为

$$\frac{\mathrm{d}\boldsymbol{p}}{\mathrm{d}t} = \frac{\mathrm{d}}{\mathrm{d}t}\sum m_i \boldsymbol{v}_i = \sum \boldsymbol{F}_i^{(\mathrm{e})} \tag{11-8}$$

即质点系的动量对时间的导数等于作用于质点系上所有外力的矢量和(外力系的主矢),这就是质点系动量定理的微分形式。由此可见,质点系的内力不能改变质点系的动量。

将式(11-8)投影在直角坐标轴上,可得质点系动量定理的微分投影形式:

$$\left\{\begin{aligned} \frac{\mathrm{d}p_x}{\mathrm{d}t} &= \sum F_{ix}^{(\mathrm{e})} \\ \frac{\mathrm{d}p_y}{\mathrm{d}t} &= \sum F_{iy}^{(\mathrm{e})} \\ \frac{\mathrm{d}p_z}{\mathrm{d}t} &= \sum F_{iz}^{(\mathrm{e})} \end{aligned}\right. \tag{11-9}$$

将式(11-8)的两边同时乘以 d$t$,并在时间间隔 $t_1 \sim t_2$ 内积分,得到

$$\boldsymbol{p}_2 - \boldsymbol{p}_1 = \sum m_i \boldsymbol{v}_{i2} - \sum m_i \boldsymbol{v}_{i1} = \sum \int_{t_1}^{t_2} \boldsymbol{F}_i^{(\mathrm{e})} \mathrm{d}t = \boldsymbol{I}$$

式中,$\int_{t_1}^{t_2} \boldsymbol{F}_i^{(\mathrm{e})} \mathrm{d}t$ 是力$\boldsymbol{F}_i^{(\mathrm{e})}$ 在时间间隔 $t_1 \sim t_2$ 内的冲量,以符号$\boldsymbol{I}_i^{(\mathrm{e})}$ 表示,则上式可写为

$$\boldsymbol{p}_2 - \boldsymbol{p}_1 = \sum \boldsymbol{I}_i^{(\mathrm{e})} \tag{11-10}$$

式(11-10)表明,质点系的动量在任一时间间隔内的变化,等于在同一时间间隔内作用在该质点系上所有外力的冲量的矢量和,这就是质点系动量定理的积分形式。

将式(11-10)投影在直角坐标轴上,可得质点系动量定理的积分投影形式:

$$\left\{\begin{aligned} p_{2x} - p_{1x} &= \sum I_{ix}^{(\mathrm{e})} \\ p_{2y} - p_{1y} &= \sum I_{iy}^{(\mathrm{e})} \\ p_{2z} - p_{1z} &= \sum I_{iz}^{(\mathrm{e})} \end{aligned}\right. \tag{11-11}$$

若质点系不受外力的作用,或作用于质点系的所有外力的矢量和恒等于零,即 $\sum \boldsymbol{F}_i^{(\mathrm{e})} = \boldsymbol{0}$ 时,由式(11-8)得

$$\frac{\mathrm{d}\boldsymbol{p}}{\mathrm{d}t} = \boldsymbol{0}$$

这就表明,该质点系的动量保持不变,这就是质点系的动量守恒定律:

$$\boldsymbol{p} = \sum m_i \boldsymbol{v}_i = \text{常矢量} \tag{11-12}$$

由此可见,内力及其冲量虽然可以引起质点系中质点间的动量互相交换,但不能改变整个质点系的动量,要改变质点系的动量,必须有外力的作用。

如果作用在质点系的所有外力在 $x$ 轴上投影的代数和恒等于零，即 $\sum F_{ix}^{(e)}=0$，则由式(11-9)的第一式，得

$$p_x=\sum m_i v_{ix}=\text{常量}$$

质点系的动量定理不包含内力，适于求解质点系内部相互作用复杂或中间过程复杂的问题，如流体在管道中或叶片上的流动、射流对障碍面的压力及碰撞问题等。只受内力作用需求速度的问题宜用动量守恒定律，守恒定律在研究各种反冲现象时得到广泛应用。

【例 11-2】 图 11-2 为流体流经变截面弯管时的示意图。设流体是不可压缩的，且为定常流动(也称稳定流动，即流体中各点流速分布不随时间改变)。求管壁的附加动约束力。

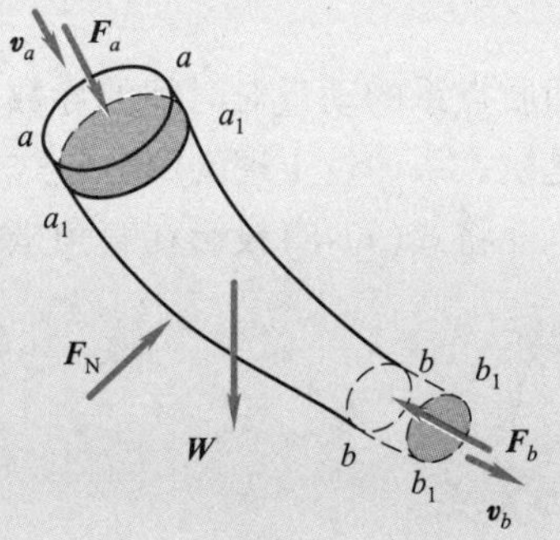


图 11-2

【解】 取管中 $aa$ 与 $bb$ 两截面之间的流体作为质点系进行研究，经过时间 $\mathrm{d}t$，这部分流体流动到 $a_1a_1$ 与 $b_1b_1$ 两截面之间。

设 $q_V$ 为流体在单位时间内流过截面的体积流量，$\rho$ 为密度，由于流体不可压缩，则质点系在时间 $\mathrm{d}t$ 内流过各截面的质量为

$$\mathrm{d}m=q_V\rho\mathrm{d}t$$

因为管内的流体为稳定流动，所以，在时间 $\mathrm{d}t$ 内，$a_1a_1$ 与 $bb$ 两截面之间的流体动量不会发生变化，故在时间 $\mathrm{d}t$ 内质点系动量的变化为

$$\mathrm{d}\boldsymbol{p}=\boldsymbol{p}_{a_1b_1}-\boldsymbol{p}_{ab}=\boldsymbol{p}_{bb_1}-\boldsymbol{p}_{aa_1}$$

$\mathrm{d}t$ 为极小，可认为 $aa$ 与 $a_1a_1$ 两截面之间的各质点速度相同，设为 $\boldsymbol{v}_a$，认为 $bb$ 与 $b_1b_1$ 两截面之间的各质点速度相同，设为 $\boldsymbol{v}_b$，于是

$$\mathrm{d}\boldsymbol{p}=\mathrm{d}m(\boldsymbol{v}_b-\boldsymbol{v}_a)=q_V\rho(\boldsymbol{v}_b-\boldsymbol{v}_a)\mathrm{d}t$$

作用于质点系的外力有：均匀分布于体积的流体重力 $\boldsymbol{W}$，管壁对流体的约束反力 $\boldsymbol{F}_\mathrm{N}$，以及流体在 $aa$ 和 $bb$ 截面处所受到相邻流体的压力 $\boldsymbol{F}_a$ 和 $\boldsymbol{F}_b$。由质点系的动量定理式(11-10)，得

$$q_V\rho(\boldsymbol{v}_b-\boldsymbol{v}_a)=\boldsymbol{W}+\boldsymbol{F}_\mathrm{N}+\boldsymbol{F}_a+\boldsymbol{F}_b$$

得管壁的约束反力为

$$\boldsymbol{F}_\mathrm{N}=-(\boldsymbol{W}+\boldsymbol{F}_a+\boldsymbol{F}_b)+q_V\rho(\boldsymbol{v}_b-\boldsymbol{v}_a)$$

由此可见，管壁的约束反力包括两部分：第一部分是由于流体的重力和进出截面处相邻流体的压力所引起的，表示为

$$\boldsymbol{F}'_\mathrm{N}=-(\boldsymbol{W}+\boldsymbol{F}_a+\boldsymbol{F}_b)$$

这部分约束反力与流体的运动无关，称为静约束力；第二部分是由于流体的动量变化所引起，称为附加动约束力，由下式来确定

$$\boldsymbol{F}''_\mathrm{N}=q_V\rho(\boldsymbol{v}_b-\boldsymbol{v}_a) \tag{11-13}$$

若截面 $aa$ 和 $bb$ 的面积分别为 $A_a$、$A_b$，则由不可压缩流体的连续性定律可知

$$q_V=A_av_a=A_bv_b$$

因此，只要知道流速和管道尺寸，即可根据式(11-13)求得附加动约束反力。

**【例 11-3】** 用移动式胶带输送机堆积砂子。已知输送机的输送量为 360 $m^3/h$，砂子的密度为 1 520 $kg/m^3$，输送带与水平面的仰角为 20°，输送速度为 1.6 m/s。设砂子在入口处的速度铅垂向下，在出口处的速度沿输送带方向如图 11-3 所示，问地面沿水平方向的约束力至少多大才能使输送机的位置保持不动。

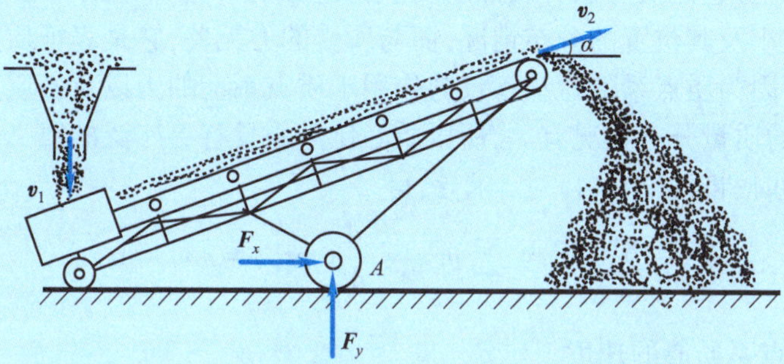


图　11-3

**【解】** 取输送机及其上的砂子作为质点系进行研究。在输送的过程中，砂子可视为定常流动的连续质量流。设 A 轮被卡死，则水平方向的阻力集中作用于 A 轮轮轴，其他外力均为铅垂力。

根据已知条件，砂子的流量、流速及密度分别为

$$q_V = 360\ m^3/h = \frac{360\ m^3}{3\ 600\ s} = 0.1\ m^3/s,\quad v_2 = 1.6\ m/s,\quad \rho = 1\ 520\ kg/m^3$$

则将式(11-13)向 $x$ 轴进行投影，得

$$F_x = q_V \rho v_2 \cos\alpha$$

代入已知数据，得

$$F_x = 0.1 \times 1\ 520 \times 1.6 \times \cos 20°\ N = 228.53\ N$$

## §11-3　质心运动定理

### 1. 质心

设有 $n$ 个质点组成的质点系，其中第 $i$ 个质点的质量 $m_i$，其矢径为 $\boldsymbol{r}_i$，质点系的总质量 $m = \sum m_i$，则由矢径

$$\boldsymbol{r}_C = \frac{\sum m_i \boldsymbol{r}_i}{\sum m_i} = \frac{\sum m_i \boldsymbol{r}_i}{m} \tag{11-14}$$

所确定的几何点 $C$ 称为质点系的质量中心(简称质心)。

将式(11-14)投影在直角坐标系中，质心位置坐标为

$$x_C = \frac{\sum m_i x_i}{m}, \quad y_C = \frac{\sum m_i y_i}{m}, \quad z_C = \frac{\sum m_i z_i}{m} \tag{11-15}$$

若将式(11-15)中各式等号右边的分子与分母同乘以重力加速度 $g$,就变成重心的坐标公式。可见,在均匀重力场内,质点系的质心与重心相重合,因此,可通过静力学中所介绍的求重心的各种方法,找出质心的位置坐标。但是,质心与重心是两个不同的概念,重心只在质点系受重力作用时才存在,它是质点系各质点所受重力组成的平行力系的中心。质心取决于质点系各质点的质量大小及其位置的分布情况,而与所受的力无关,它是表征质点系的质量分布情况的特征量之一。因为质点系的运动不仅与作用于质点系上的力以及各质点的质量的大小有关,而且与质点系的质量分布状况有关,所以质心比重心具有更广泛的意义。

当质点系运动时,将式(11-14)对 $t$ 求导,得

$$\frac{\mathrm{d}}{\mathrm{d}t}\sum m_i \boldsymbol{r}_i = \sum m_i \boldsymbol{v}_i = \frac{\mathrm{d}}{\mathrm{d}t}(m\boldsymbol{r}_C) = m\boldsymbol{v}_C = \boldsymbol{p} \tag{11-16}$$

式中,$\boldsymbol{v}_C = \dfrac{\mathrm{d}\boldsymbol{r}_C}{\mathrm{d}t}$为质点系质心的速度。

式(11-16)表明,质点系的动量等于质点系的全部质量与质心速度的乘积,如已知质点系的质量 $m$ 及质心的速度 $\boldsymbol{v}_C$,即可求出质点系的动量。式(11-16)为计算质点系特别是刚体的动量提供了简便的方法,刚体是由无限多个质点组成的不变质点系,质心是刚体内(或外)部某一确定的点。对于质量均匀分布的规则刚体,质心也就是几何形心,用式(11-16)计算刚体的动量非常简便。

## 2. 质心运动定理

将式(11-16)再对 $t$ 求导,结合质点系的动量定理,得

$$m\boldsymbol{a}_C = \frac{\mathrm{d}}{\mathrm{d}t}(m\boldsymbol{v}_C) = \frac{\mathrm{d}}{\mathrm{d}t}\left(\sum m_i \boldsymbol{v}_i\right) = \sum \boldsymbol{F}_i^{(\mathrm{e})} \tag{11-17}$$

式中,$\boldsymbol{a}_C$ 为质心的加速度。式(11-17)表明,质点系的质量与该瞬时质心加速度的乘积等于质点系所受外力的矢量和(外力系的主矢),此即质心运动定理。对于质量不变的质点系,式(11-17)可改写为

$$m\frac{\mathrm{d}\boldsymbol{v}_C}{\mathrm{d}t} = \sum \boldsymbol{F}_i^{(\mathrm{e})} \quad 或 \quad m\frac{\mathrm{d}^2\boldsymbol{r}_C}{\mathrm{d}t^2} = \sum \boldsymbol{F}_i^{(\mathrm{e})} \tag{11-18}$$

式(11-18)与动力学基本方程 $m\boldsymbol{a} = \sum \boldsymbol{F}$ 的形式相同,可见质点系质心这个几何点的运动,可以看作一个质点的运动,该质点的质量等于整个质点系的质量,作用于质心上的力等于作用在整个质点系上所有外力的矢量和。

将式(11-17)和式(11-18)投影在直角坐标系中,得到质心运动定理的直角坐标投影形式:

$$\left\{\begin{aligned} ma_{Cx} &= m\frac{\mathrm{d}v_{Cx}}{\mathrm{d}t} = m\frac{\mathrm{d}^2x_C}{\mathrm{d}t^2} = \sum F_{ix}^{(\mathrm{e})} \\ ma_{Cy} &= m\frac{\mathrm{d}v_{Cy}}{\mathrm{d}t} = m\frac{\mathrm{d}^2y_C}{\mathrm{d}t^2} = \sum F_{iy}^{(\mathrm{e})} \\ ma_{Cz} &= m\frac{\mathrm{d}v_{Cz}}{\mathrm{d}t} = m\frac{\mathrm{d}^2z_C}{\mathrm{d}t^2} = \sum F_{iz}^{(\mathrm{e})} \end{aligned}\right. \tag{11-19}$$

同理可得质心运动定理的自然坐标投影形式：

$$\begin{cases} m\dfrac{\mathrm{d}v_C}{\mathrm{d}t}=\sum F_{i\tau}^{(\mathrm{e})} \\ m\dfrac{v_C^2}{\rho}=\sum F_{in}^{(\mathrm{e})} \\ \sum F_b^{(\mathrm{e})}=0 \end{cases} \tag{11-20}$$

由质心运动定理可知，若要改变质心的运动，必须有外力的作用，若只有作用于质点系的内力，不能改变质心的运动。例如，汽车发动机汽缸内燃气的压力对整个汽车来说是内力，内力不能使汽车的质心获得加速度，也就是不能直接推动整个车子前进；但当汽车开动后，气体压力推动气缸内的活塞，经过一套机构驱动主动轮，促使主动轮转动，使路面对于车轮作用了向前的摩擦力，这才是促使汽车前进的有用外力。同样的道理，人们在光滑的平面上只靠自己筋肉的力量是不能行走的。

质心运动定理是动量定理的另一种形式，质心运动定理虽然只是给出了质点系的质心这一点的运动规律，但却有很多用处，因为在许多实际问题中，质心的运动往往是问题的主要方面。例如，发射后的炮弹由于自身的旋转，运动是很复杂的，但是若能知道炮弹质心运动规律，对射击来说就够了。又如，采矿、土建、水利等工程中采用的定向爆破，爆破后土石块的运动比较复杂，但对其整体来说，如果不计空气阻力，就只受重力作用，则其质心的运动就像一个质点在重力作用下作抛射运动，因此只要控制好质心的初速度，就可使爆破后大部分的土石块抛掷到指定的地方。

**【例 11-4】** 设有一电动机用螺栓固定在水平基础上，如图 11-4 所示，电动机外壳及其定子重 $\boldsymbol{W}_1$，质心 $O_1$ 在转子的轴线上，转子重 $\boldsymbol{W}_2$，质心 $O_2$ 由于制造上的偏差而与其轴线相距为 $r$，转子以匀角速度 $\omega$ 转动，求螺栓和基础对电动机的约束反力。

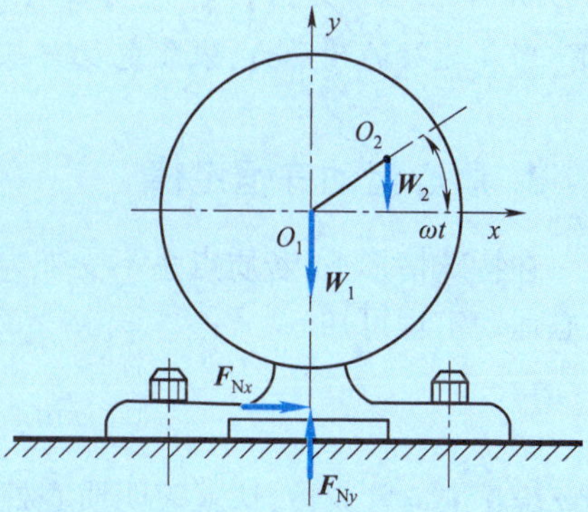

图 11-4

**【解】** 取电动机为研究对象，作用在其质点系的外力有重力 $\boldsymbol{W}_1$、$\boldsymbol{W}_2$ 及约束力 $\boldsymbol{F}_{Nx}$、$\boldsymbol{F}_{Ny}$。选点 $O_1$ 为坐标原点，建立固定坐标系 $O_1xy$，则外壳与定子的质心 $O_1$ 的坐标为

$$x_1=0,\quad y_1=0$$

而转子的质心 $O_2$ 的坐标为

$$x_2=r\cos\omega t,\quad y_2=r\sin\omega t$$

由式(11-15)可知电动机质心 $C$ 的坐标为

$$x_C=\frac{W_1x_1+W_2x_2}{W_1+W_2}=\frac{W_2r\cos\omega t}{W_1+W_2}$$

$$y_C=\frac{W_1y_1+W_2y_2}{W_1+W_2}=\frac{W_2r\sin\omega t}{W_1+W_2}$$

根据质心运动定理，电动机质心 $C$ 的运动微分方程为

$$\frac{W_1+W_2}{g}\cdot\frac{\mathrm{d}^2x_C}{\mathrm{d}t^2}=-\frac{W_2r\omega^2\cos\ \omega t}{g}=F_{\mathrm{N}x}$$

$$\frac{W_1+W_2}{g}\cdot\frac{\mathrm{d}^2y_C}{\mathrm{d}t^2}=-\frac{W_2r\omega^2\sin\ \omega t}{g}=F_{\mathrm{N}y}-W_1-W_2$$

解得

$$F_{\mathrm{N}x}=-\frac{W_2r\omega^2\cos\ \omega t}{g}$$

$$F_{\mathrm{N}y}=W_1+W_2-\frac{W_2r\omega^2\sin\ \omega t}{g}$$

可见,由于转子偏心而引起的水平和铅垂方向的动约束力都是随时间周期性变化的,其中静约束力为

$$F'_{\mathrm{N}x}=0,\quad F'_{\mathrm{N}y}=W_1+W_2$$

附加动约束力为

$$F''_{\mathrm{N}x}=-\frac{W_2r\omega^2\cos\ \omega t}{g},\quad F''_{\mathrm{N}y}=-\frac{W_2r\omega^2\sin\ \omega t}{g}$$

附加动约束力为与静约束力相比,一般大得多,会引起基础的振动及机件的损坏,因此在设计安装时常须分析考虑附加动约束力。当 $F_{\mathrm{N}y}>0$ 时,方向铅锤向上,是基础作用在电动机上的约束力,而当 $F_{\mathrm{N}y}<0$ 时,方向铅锤向下,则是螺栓作用在电动机上的约束力。如果不计摩擦力和螺栓预紧力时,$\boldsymbol{F}_{\mathrm{N}x}$ 是螺栓作用在电动机上的约束力。实际上,一般是预先拧紧螺帽,形成足够的预紧力,依靠电机与基础间的摩擦力提供水平约束力。

### 3. 质心运动守恒定律

在特殊情形下,若质点系不受外力的作用,或作用于质点系上外力系的主矢恒等于零,由质心运动定理可知

$$m\boldsymbol{a}_C=m\frac{\mathrm{d}\boldsymbol{v}_C}{\mathrm{d}t}=\sum\boldsymbol{F}_i^{(\mathrm{e})}=\boldsymbol{0}$$

即 $\boldsymbol{a}_C=\boldsymbol{0}$, $\boldsymbol{v}_C$=常矢量,这就表明质心处于静止或匀速直线运动状态。

如果所有作用于质点系的外力在 $x$ 轴上投影的代数和恒等于零,即 $\sum F_{ix}^{(\mathrm{e})}=0$,则 $a_{Cx}=0$, $v_{Cx}$=常量,这就表明质心的坐标 $x_C$ 保持不变或质心沿 $x$ 轴的运动是匀速的。

以上两种情况称为质心运动守恒定律,常用来求解质点系在内力作用下求位移或轨迹的问题,下面举例说明。

**【例 11-5】** 有一长为 $AB=2a$、质量为 $m_1$ 的船,船上有质量为 $m_2$ 的人,如图 11-5 所示,设人从船上 $A$ 处,沿甲板向右行走,不计水对船的阻力,求当人走到船上 $B$ 处时,船向左移动多少距离?

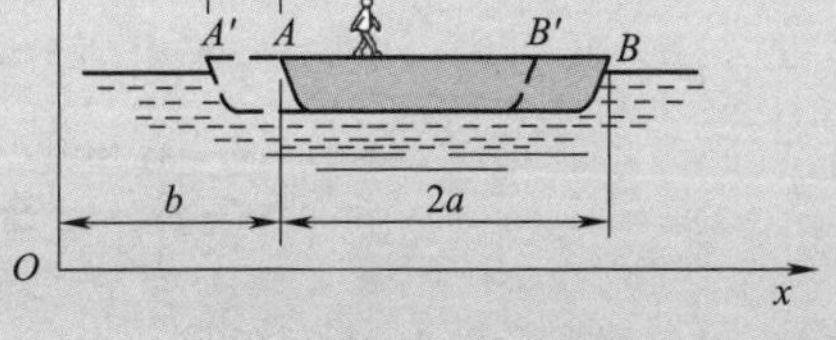

图 11-5

**【解】** 将人与船视为质点系,作用于该质点系上

的外力是人和船的重力及水对于船的作用力，由于不计水对船的阻力，各力在 $x$ 轴上投影等于零。而人与船最初都是静止的，根据质心运动守恒定律可得，质点系的质心的横坐标 $x_C$ 保持不变。当人在 $A$ 处，船在 $AB$ 位置时，质心的坐标为

$$x_{C1}=\frac{m_1(b+a)+m_2b}{m_1+m_2}$$

当人走到船上 $B$ 处时，设船向左移动的距离为 $l$，这时船在 $A'B'$ 位置，此时质点系的质心坐标为

$$x_{C2}=\frac{m_1(b+a-l)+m_2(b+2a-l)}{m_1+m_2}$$

由 $x_{C1}=x_{C2}$ 得到

$$\frac{m_1(b+a)+m_2b}{m_1+m_2}=\frac{m_1(b+a-l)+m_2(b+2a-l)}{m_1+m_2}$$

计算可得船向左移动的距离为

$$l=\frac{2m_2a}{m_1+m_2}$$

由计算结果能够看出，人向右走动时，船向左移动，改变人和船运动的力是人与船之间的摩擦力，这是质点系的内力，内力虽然不能直接改变质心的运动，但能改变质点系内各质点的运动。同时，船移动的距离取决于人相对船移动的距离与人和船组成质点系质量的比值，比值越小则船移动的距离也越小。由此可知，为什么水平活塞式发动机（如蒸汽机、内燃机）和工作机（如压气机）需要固定安装在很大的基础上。对于汽车这种没有很大基础的非固定的发动机情况，当发动机工作时，车厢就会产生振动，这时主要靠合理安排各汽缸的活塞运动，使有的朝下运动，有的朝上运动，来减小振动。

## 小　结

（1）本章研究动量定理，其微分形式和积分形式分别为

$$\frac{\mathrm{d}\boldsymbol{p}}{\mathrm{d}t}=\sum \boldsymbol{F}_i^{(\mathrm{e})},\quad \boldsymbol{p}_2-\boldsymbol{p}_1=\sum \boldsymbol{I}_i^{(\mathrm{e})}$$

式中不包含内力，它是研究碰撞理论、流体力学和变质量力学的重要理论基础之一。

（2）质心运动定理建立了质点系的质心运动与作用于质点系的外力之间的关系，即

$$m\boldsymbol{a}_C=m\frac{\mathrm{d}\boldsymbol{v}_C}{\mathrm{d}t}=m\frac{\mathrm{d}^2\boldsymbol{r}_C}{\mathrm{d}t^2}=\sum \boldsymbol{F}_i^{(\mathrm{e})}$$

式中不包含内力，它是动量定理的另一种形式，也是研究刚体动力学常用的方程之一。

（3）动量定理和质心运动定理中都不包含内力，但不能认为内力不影响质点系的动量和质心的运动。当作用有依赖 $\boldsymbol{r}_i$、$\boldsymbol{v}_i$ 的外力 $\boldsymbol{F}_i^{(\mathrm{e})}$ 时，由于内力能直接改变质点的运动，即 $\boldsymbol{r}_i$、$\boldsymbol{v}_i$ 会发生变化，从而使 $\boldsymbol{F}_i^{(\mathrm{e})}$ 改变，则在 $\boldsymbol{F}_i^{(\mathrm{e})}\neq 0$ 时，内力将影响质点系的动量和质心的运动。对于刚体来说内力是平衡力系，因此内力不影响刚体的运动。

# 思 考 题

11-1　质点系的每个质点都静止，总动量是否一定为零？质点系的总动量是否一定大于其中任一质点的动量？质点系的总动量为零，该质点系是否处于运动状态？

11-2　均质球、圆柱体、厚圆筒和薄圆筒的质量、半径均相同，由静止同时从同一高度沿完全相同的斜面在重力作用下向下作纯滚动。由初始至任一瞬时，重力的冲量是否相等？

11-3　三根相同的均质杆分别用细绳悬挂，使质心在同一水平线上，且使一杆水平，一杆铅直，一杆倾斜，若同时剪断三根绳，使其自由下落，不计空气阻力，三根杆质心的运动规律是否相同？

11-4　物体在月球上的质量是地球上的1/6，若在同一高度以相同的初速度将炮弹水平射出，不计空气阻力，炮弹落地之前，在地球上与月球上哪一个动量（各自相对于地球与月球的动量）更大？

11-5　质点系只受力偶作用，则质点系的总动量、各质点的动量、质心的运动状态与各质点的运动状态是否改变？

11-6　两均质直杆 $AC$ 和 $CB$，长度相同，质量分别为 $m_1$ 和 $m_2$，在点 $C$ 用铰链连接，初始时在铅垂面内静止不动，设地面绝对光滑，两杆被释放后将分别倒向地面。当 $m_1=m_2$ 时，点 $C$ 运动轨迹是否相同？$m_1 \neq m_2$ 时，点 $C$ 运动轨迹又是否相同？

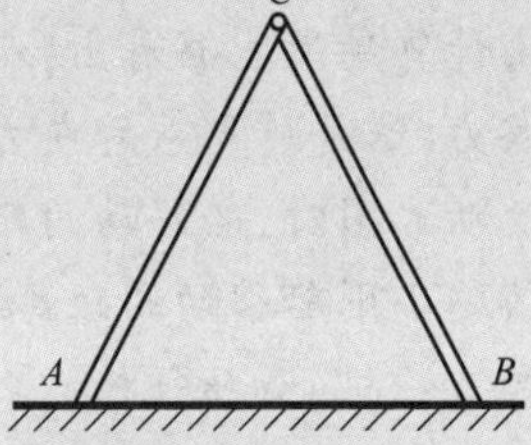

思考题 11-6 图

11-7　炮弹飞出炮膛后，如无空气阻力，质心沿抛物线运动。炮弹爆炸后，质心运动规律不变，若有一弹片落地后，质心是否仍沿原抛物线运动？

11-8　一热气球下悬吊一软梯，质量为 $m_1$，软梯上爬有一人，质量为 $m_2$，系统在浮力作用下加速上升，若人以相对软梯的加速度 $\boldsymbol{a}_r$ 上升，则气球的加速度如何？

11-9　图示水槽可绕其对称面上的轴 $O$ 转动，最初处于静止状态。现在其右端底部阀门突然失灵，水从小口流出，水槽是否仍旧静止？若否，会作何运动？

11-10　两个质量不同的质点用弹簧相连，平放在光滑的水平面上。弹簧刚度系数为 $k$，弹簧原长为 $l_0$。现将两质点拉开，使弹簧拉长到 $l$ 后无初速地释放，当弹簧恢复到原长瞬时，两个质点动量的大小是否相等？

11-11　图示轮Ⅰ、Ⅱ为均质圆盘，质量分别为 $m_1$、$m_2$，半径分别为 $r_1$、$r_2$，胶带为均质，总质量为 $m_3$，轮Ⅰ的角速度为 $\omega_1$，此系统的动量为多少？如果轮的转速、系统的质量有变化，系统的动量有无变化？

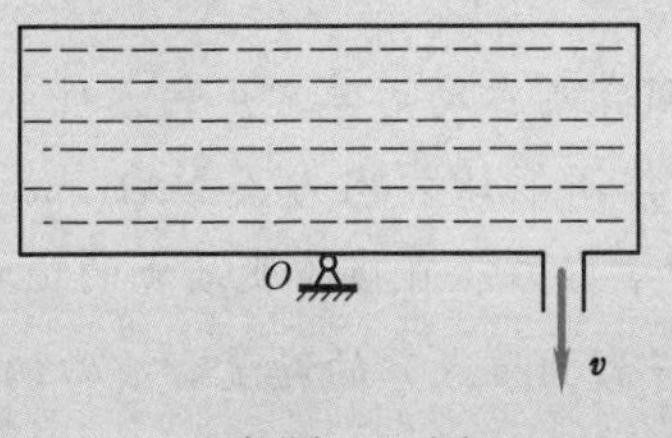

思考题 11-9 图

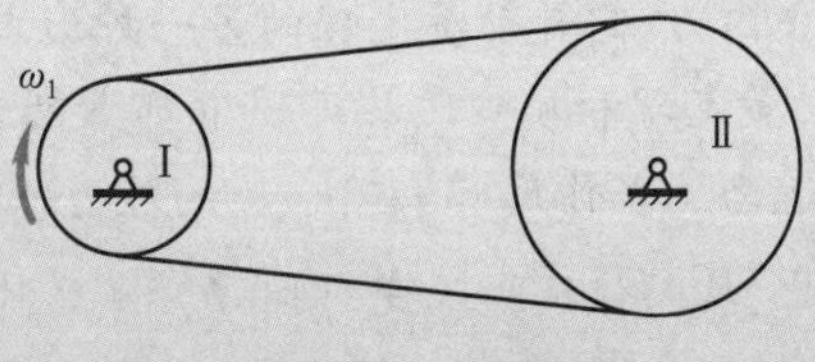

思考题 11-11 图

# 习　　题

11-1 图示平面机构中，均质杆 $AB$ 质量为 $m_1$，长为 $2l$，以匀速度 $\boldsymbol{v}$ 向上运动。均质摇杆 $OC$ 长为 $a$，质量为 $m_2$，滑块 $A$ 的质量为 $m_3$，若设 $m_1=m_2=m_3=m$，$\varphi=45°$，求图示瞬时系统的动量。

答案：$\left(1+\dfrac{\sqrt{2}}{2}+\dfrac{a}{4l}\right)mv$

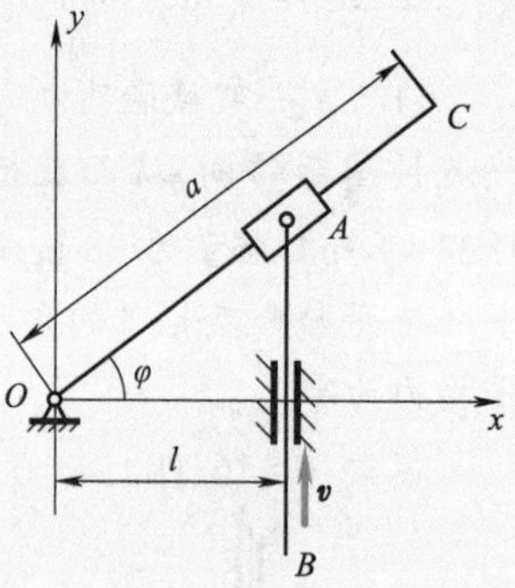

习题 11-1 图

11-2 图中各均质物体的质量均为 $m$，求各物体动量的大小。

答案：(a) $p=\dfrac{1}{2}m\omega l$；(b) $p=\dfrac{l}{6}m\omega$；(c) $p=\dfrac{ma\omega}{2}$；(d) $p=mR\omega$

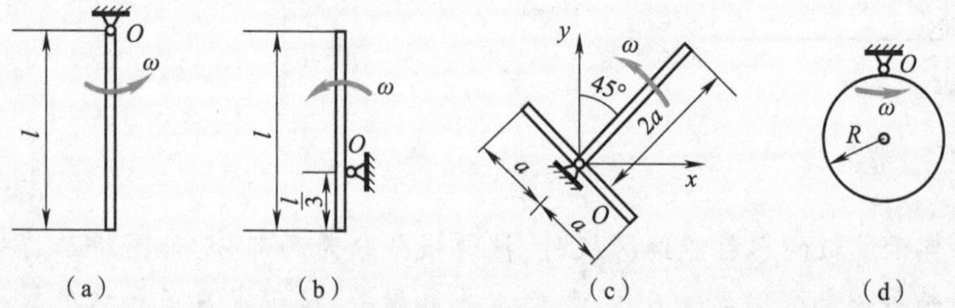

习题 11-2 图

11-3 图中各均质物体的质量均为 $m$，图(c)中 $O_1A=O_2B$，$O_1A//O_2B$，且不计杆 $O_1A$、$O_2B$ 的质量，杆 $AB$ 的质量为 $m$，求各物体动量的大小。

答案：(a) $p=\dfrac{\sqrt{3}}{3}mv$；(b) $p=mv$；(c) $p=mO_1A\cdot\omega$

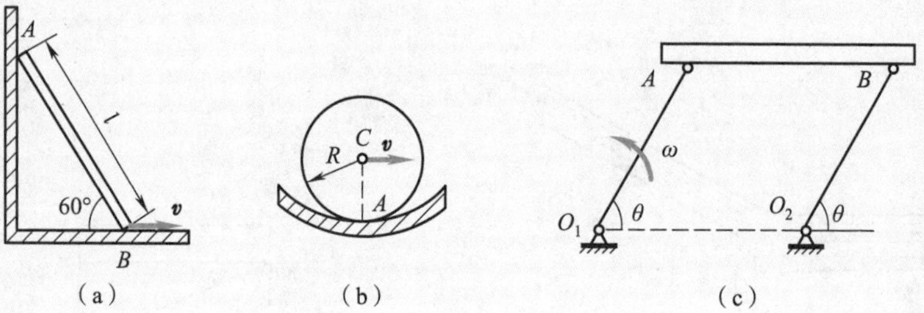

习题 11-3 图

11-4 质量均质正方形框架 $ABCD$ 的质量为 $m_1$，边长为 $l$，以角速度 $\omega_1$ 绕定轴 $AD$ 转动。框架中心有一均质圆盘，质量为 $m_2$，半径为 $r$，以角速度 $\omega_2$ 绕对角线 $BD$ 转动，如图所示。则此系统的动量为多少？

答案：$p=\frac{1}{2}l\omega_1(m_1+m_2)$

11-5　一架试验飞机总重44.5 kN，设计成可垂直起飞和着陆。活动机翼使发动机排出气流按图示转向，从而获得垂直上升的分力。该机有两台发动机，每台每秒可吸进密度为1.23 $kg/m^2$、质量为38 kg的空气，且以610 m/s的速度排出热空气。燃料的质量忽略不计，求即将开始垂直起飞的角度$\theta$及每台喷气发动机进口的截面积$A$。假定作用在飞机上的水平推力为零。

答案：$\theta=16.29°$；$A=0.025\ m^2$

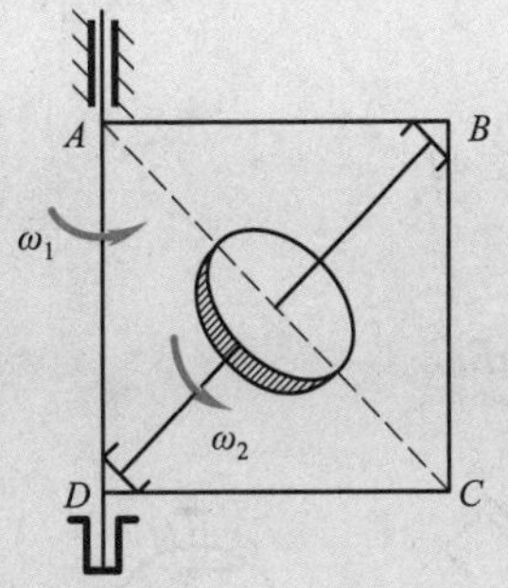


习题11-4图

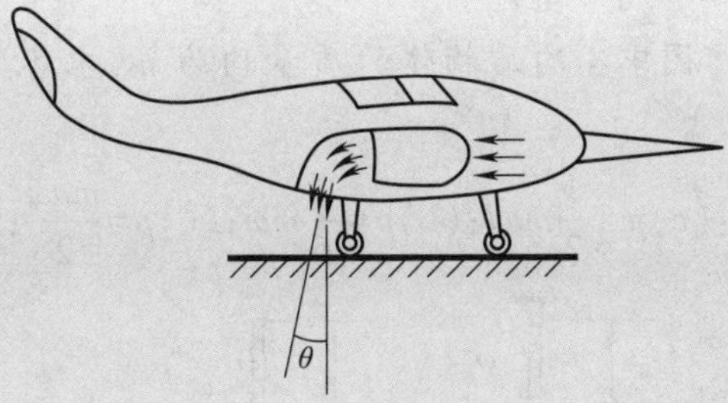


习题11-5图

11-6　垂直于薄板的水柱流经薄板时，被薄板截分为两部分，如图所示。一部分的流量为$Q_1=7$ L/s，而另一部分偏离一$\theta$角，忽略水重和摩擦，试确定$\theta$角和水对薄板的压力。设水柱速度$v_1=v_2=28$ m/s，总流量$Q=21$ L/s。

答案：$\theta=30°$，$F_x=249$ N

11-7　光滑水平面上放一均质三棱柱$A$，在其斜面上又放一均质三棱柱$B$，如图所示。两三棱柱的横截面均为直角三角形，$A$的质量为$B$的3倍。求当柱$B$沿柱$A$滑下刚接触水平面时，三棱柱$A$所移动的距离。

答案：$x=\frac{a-b}{4}$

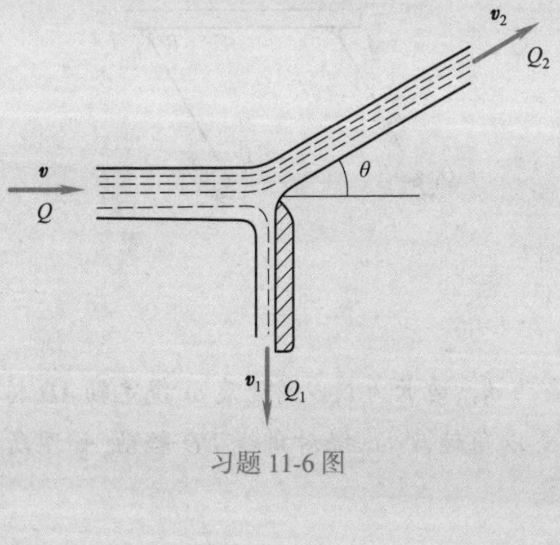


习题11-6图

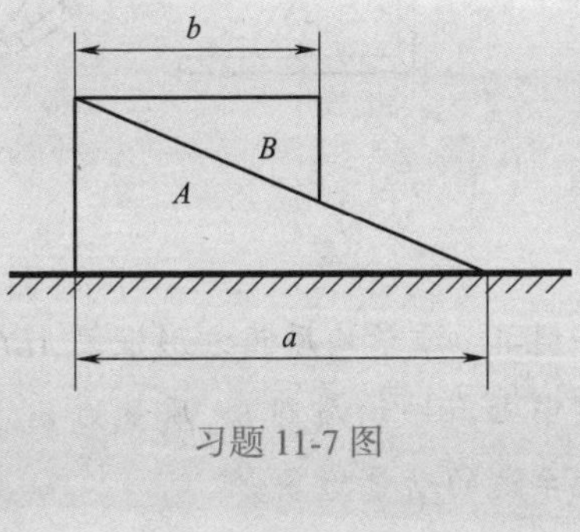


习题11-7图

11-8　一质量为 210 kg 的小船，静止地靠在岸边附近。设船头站立一人，质量为 70 kg。此人估计如跨出一步 0.8 m 即可上岸。不过，当他跨出 0.8 m 的一步时，由于其重心相应向前移动了 0.4 m，导致船体后移，他却踏入水中，只好涉水上岸。假设他原来估计离岸边的距离是正确的，试求此人跨步着水时，脚离岸边的距离。船所受的阻力可以忽略。

答案：-0.13 m

11-9　一质量为 15 kg 的物块，以 $v_0=3$ m/s 的初速度沿光滑水平面向左运动。假若沿速度方向作用一力 $F$，且 $F=40\cos\left(\frac{\pi}{4}t\right)$。求该物块运动到 15 s 时的速度。

答案：11.5 m/s

11-10　质量 $m=0.15$ kg 的物体，在两共线同向的水平力 $F_1=0.98\sqrt{t}$ 和 $F_2=9.8\times10^{-3}(t-20)$ 作用下，沿光滑水平面由静止开始作直线运动，求该物体 10 s 末的速度。

答案：128 m/s

11-11　火车以 54 km/h 的速度沿平直轨道行驶，今沿轨道垂直的方向从车上水平掷出一质量 $m=5$ kg 的邮包，掷出的速度 $v=3$ m/s；若此邮包落在一质量 $m_1=20$ kg 并与轨道成 30°的静止的小推车上，小车与地面的摩擦可以忽略不计。求当邮包落上后，小车的速度。

答案：15 m/s

11-12　如图所示，均质杆 $AB$，长 $l$，直立在光滑的水平面上。求它从铅直位置无初速地倒下时，端点 $A$ 相对图示坐标系的轨迹。

答案：$4x^2+y^2=l^2$

11-13　跳伞者的质量为 70 kg，自停留在高空中的直升机中跳出，落下 100 m 后将降落伞打开。假设打开伞以前，空气阻力不计；伞张开后，所受的阻力不变；经 5 s 后，跳伞者的速度减至 4.3 m/s。求将人系于伞上之绳索中的拉力。

答案：126.42 N

11-14　如图所示，已知水的流量为 $Q$，密度为 $\rho$，水打在叶片上的速度为 $\boldsymbol{v}_1$，方向沿水平向左，水流出叶片的速度为 $\boldsymbol{v}_2$，与水平成 $\theta$ 角。求水柱对涡轮固定叶片上的水平压力。

答案：$\frac{Q\gamma}{g}(v_1+v_2\cos\theta)$

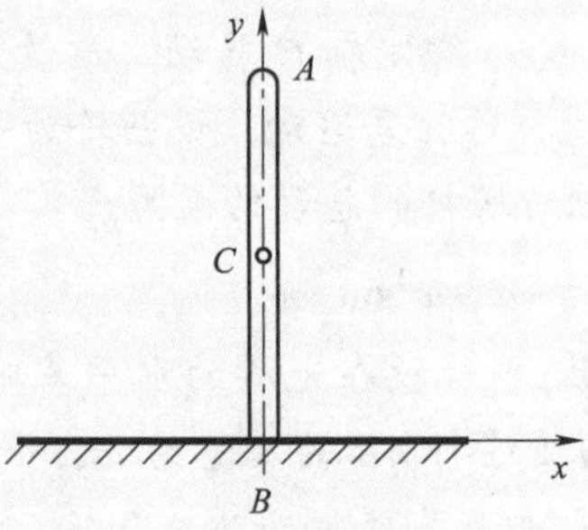

习题 11-12 图

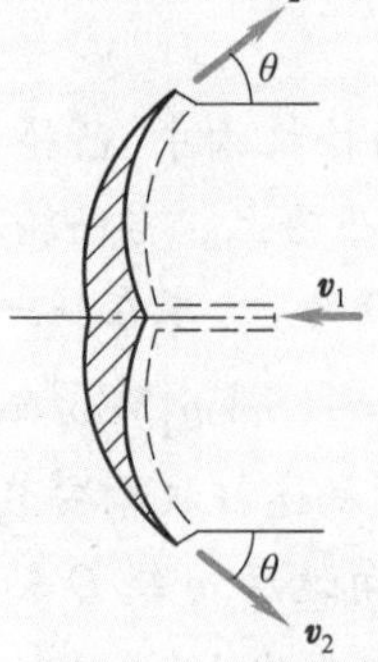

习题 11-14 图

11-15　如图所示，浮动式起重机吊起重 $P_1=19.6$ kN 的重物 $M$。设起重机重 $P_2=196$ kN，杆长 $OA=8$ m，开始时系统静止，水的阻力及杆的重量不计，起重机与铅垂线成 $\theta$ 角，求当 $\theta$ 由 60°转到 30°的位置时起重机的水平位移。

答案：−0.266 m

11-16　平台车的质量为 $m_1=630$ kg，可沿光滑的水平轨道运动。车上站有一人，质量为 $m_2=70$ kg。开始时，车与人以共同速度 $v_0$ 向右方运动。如人相对平台车以速度 $v_r=2$ m/s 向左方跳出，问平台车增加的速度为多少。

答案：0.2 m/s

11-17　质量为 $m_1$、长为 $l$ 的均质杆 $OD$，在其端部连接一质量为 $m_2$、半径为 $r$ 的小球，如图所示。杆 $OD$ 以匀角速度 $\omega$ 绕基座上的轴 $O$ 转动，基座的质量为 $m$。求基座对突台 $A$、$B$ 的水平压力与对光滑水平面的垂直压力。

答案：$F_x=\dfrac{m_1l+2m_2(l+r)}{2}\omega^2\sin\omega t$；$F_y=(m_1+m_2+m)g+\dfrac{m_1l+2m_2(l+r)}{2}\omega^2\cos\omega t$

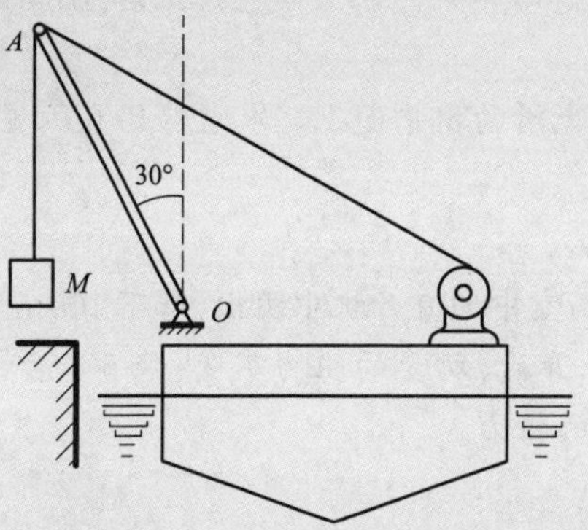


习题 11-15 图

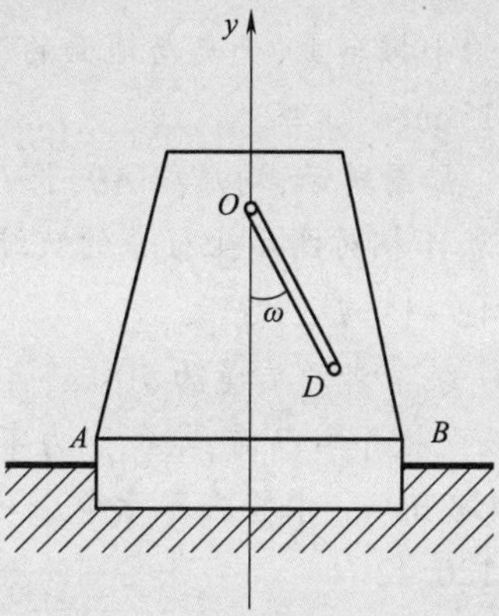


习题 11-17 图

11-18　某人的质量为 70 kg，从高 0.6 m 的站台上跳下，其初速甚小，可忽略。设地面对人脚底的约束力，在前 0.075 s 内按线性变化增加至最大值，在后 0.075 s 内又按线性变化递减至其体重。试求此人着地时，脚底受到的最大约束力。

答案：3.93 kN

11-19　图示凸轮机构中，凸轮以等角速度 $\omega$ 绕定轴 $O$ 转动。质量为 $m$ 的滑杆借右端弹簧的推压而顶在凸轮上。当凸轮转动时，滑杆作往复运动。设凸轮为一均质圆盘，质量为 $m_1$，半径为 $r$，偏心距为 $e$。求在任一瞬时基础与螺杆的总动约束力。

答案：$F_{x动}=F_x=-(m+m_1)e\omega^2\cos\omega t$；$F_{y动}=-m_1e\omega^2\sin\omega t$

11-20　图示曲柄连杆机构安装在平台上，平台放在光滑的水平基础上。均质曲柄 $OA$ 的质量为 $m_1$，以等角速度 $\omega$ 绕 $O$ 轴转动。均质连杆 $AB$ 的质量为 $m_2$，平台的质量为 $m_3$，质心 $C_3$ 与 $O$ 在同一铅垂线上，滑块的质量不计；曲柄和连杆的长度相等，即 $OA=AB=l$。如当 $t=0$ 时，曲柄和连杆在同一水平线上，即 $\varphi=0$，并且平台速度为零。求：

(1)平台的水平运动规律;

(2)基础对平台的约束力。

答案:(1) $x=\dfrac{l(m_1+3m_2)(1-\cos\omega t)}{2(m_1+m_2+m_3)}$;(2) $F_N=(m_1+m_2+m_3)g-(m_1+m_2)\dfrac{\omega^2 l}{2}\sin\omega t$

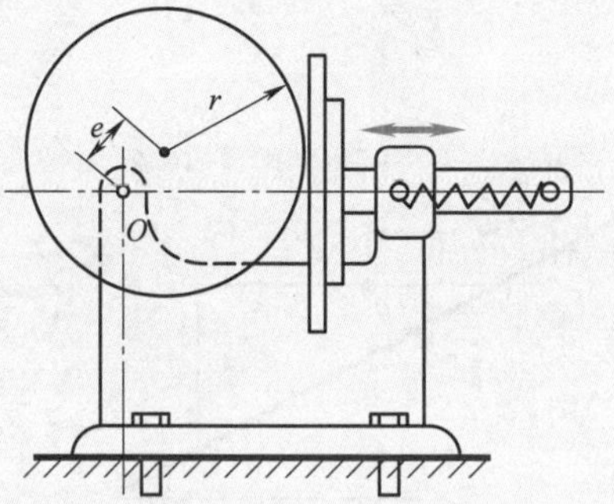


习题 11-19 图

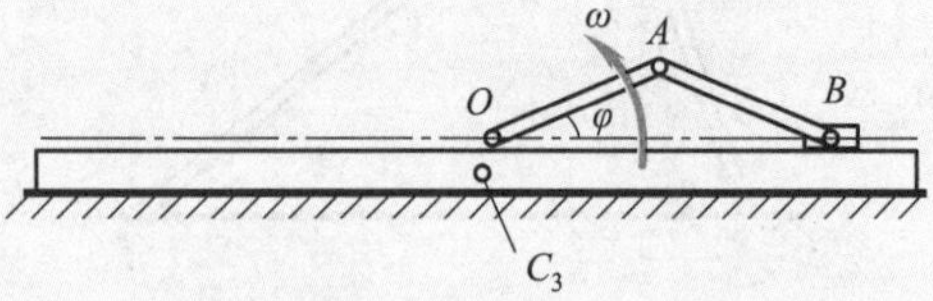


习题 11-20 图

11-21　如图所示,质量 $m=5$ kg 的物块 $D$,在初瞬时以相对于胶带的速度 $v_{Dr}=0.6$ m/s 向左运动,支承物块 $D$ 的胶带又以匀速 $v=1.6$ m/s 向右运动。设物块与胶带间的动滑动摩擦因数 $f=0.3$,试问经过多长时间,物块相对胶带的速度将减少一半(方向仍向左)?

答案:0.102 s

11-22　如图所示,矿车 $A$ 质量 $m_1=4$ t,在倾角 $\theta=10°$的斜面上由一质量 $m_2=1$ t 的重物 $B$ 拉住。设系统初瞬时处于静止状态,且滑轮的质量与各处摩擦均忽略不计。问在重物 $B$ 上应再增加质量为多少的重物,才能使矿车在 1.2 s 内速度达到 1.5 m/s。

答案:1.577 t

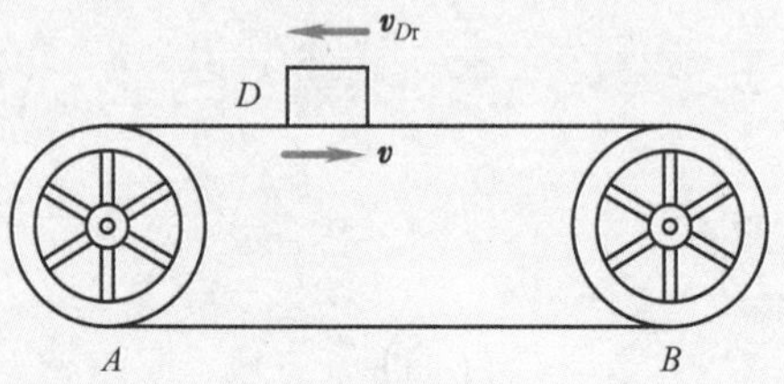


习题 11-21 图

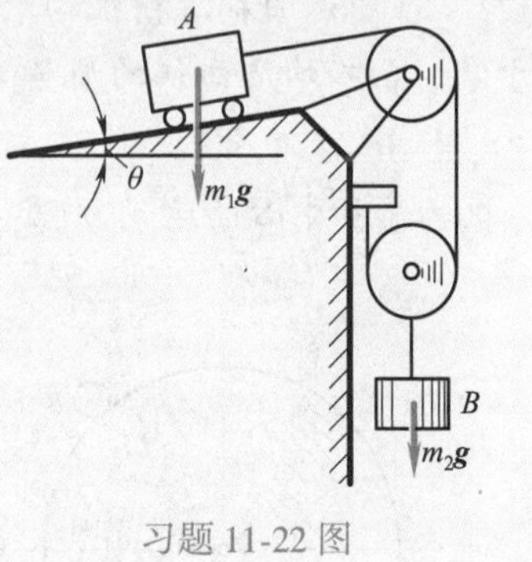


习题 11-22 图

11-23　均质杆 $AG$ 与 $BG$ 由相同材料制成,在 $G$ 点铰接,二杆位于同一铅垂面内,如图所示。$AG=250$ mm,$BG=400$ mm。若 $GG_1=240$ mm 时,系统由静止释放,求当 $A,B,G$ 在同一直线上时,$A$ 与 $B$ 二端点各自移动的距离。

答案:$x_A=-170$ mm;$x_B=90$ mm

11-24　质量为 $m_1$ 的三棱柱 $A$ 沿倾角为 $\theta$ 的斜面下滑，其加速度为 $\boldsymbol{a}$，如图所示。在三棱柱 $A$ 上又放一质量为 $m_2$ 的物体 $B$，忽略一切摩擦，试求斜面对三棱柱 $A$ 的约束力及三棱柱 $A$ 对物块 $B$ 的约束力。

答案：$(m_1+m_2)g\cos\theta-\dfrac{m_2a}{2}\sin 2\theta$；$m_2(g-a\sin\theta)$

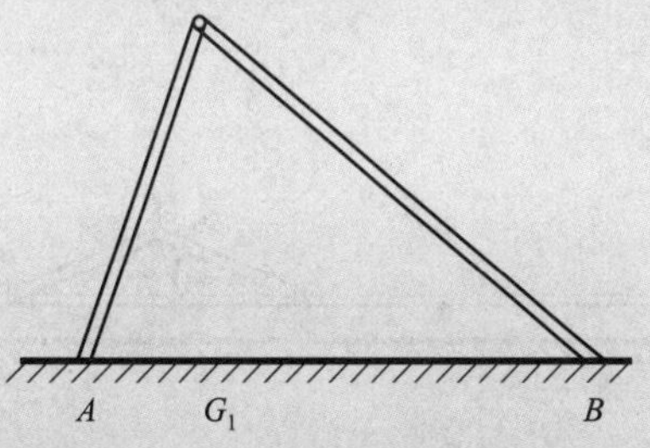


习题 11-23 图

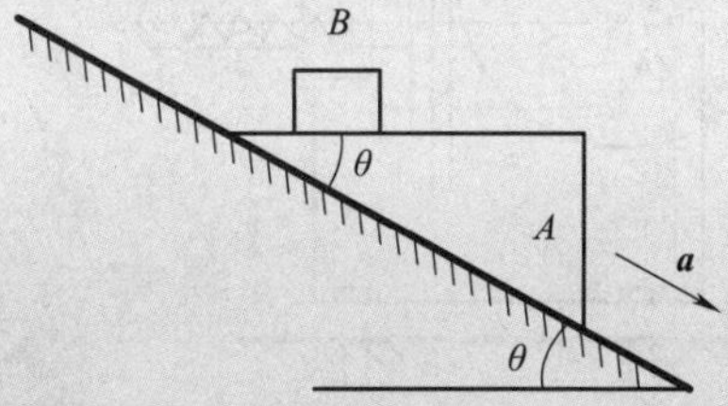


习题 11-24 图

11-25　机枪子弹的质量 $m=12.5$ g，每分钟射出 600 发，以 $v_0=800$ m/s 的水平速度射入铅直的靶挡内。求靶挡所受的平均压力。

答案：100 N

11-26　小球 $B$ 沿光滑圆柱体的表面滑下，圆柱体又放在光滑水平面上，如图所示。已知小球的质量为 $m$，圆柱体的质量为 $m_1$，半径为 $r$。求小球 $B$ 的运动路径(轨迹)。

答案：$\dfrac{x_B^2}{\left(\dfrac{m_1 r}{m_1+m}\right)^2}+\dfrac{y_B^2}{r^2}=1$

11-27　在图示曲柄滑槽机构中，长为 $l$ 的曲柄以匀角速度 $\omega$ 绕 $O$ 轴转动，运动开始时 $\varphi$ 角等于零。已知均质曲柄的质量为 $m_1$，滑块 $A$ 的质量为 $m_2$，导杆 $BD$ 的质量为 $m_3$；点 $G$ 为其质心，且 $BC=l/2$，求：

(1)机构质量中心的运动方程；

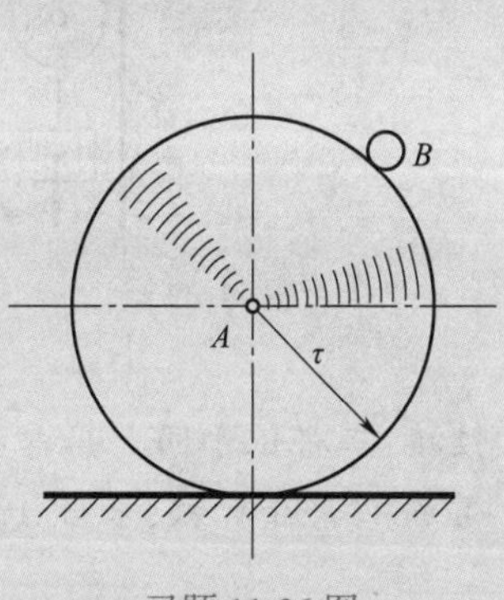


习题 11-26 图

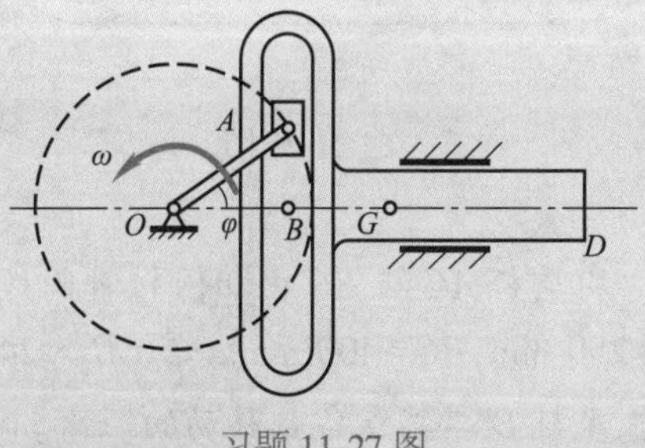


习题 11-27 图

(2)作用在 $O$ 轴的最大水平力。

答案:(1)$x=\dfrac{m_3l}{2(m_1+m_2+m_3)}+\dfrac{m_1+2m_2+2m_3}{2(m_1+m_2+m_3)}l\cos\omega t$;$y=\dfrac{m_1+2m_2}{2(m_1+m_2+m_3)}l\sin\omega t$

(2)$\left(\dfrac{1}{2}m_1+m_2+m_3\right)l\omega^2$

11-28　在一重 100 kN 的驳船上,用绞车拉动一重 5 kN 的箱子。设开始时,船与箱子均处于静止,水的阻力略去不计。求:

(1)当箱子在船上移动的速度为 3 m/s 时,驳船移动的速度;

(2)当箱子在船上拉过 10 m 时,驳船移动的水平距离。

答案:(1)0. 15 m/s;(2)6. 67 m

11-29　如图所示,扫雪车以 4. 5 m/s 的速度行驶在水平路上,每分钟把质量为 5 t 的雪扫至路旁。若雪受推后相对于铲雪刀片以 2. 5 m/s 的速度离开,求轮胎与道路间的侧向力 $F$ 和驱动扫雪车工作时的牵引力 $F_{\mathrm{T}}$。

答案:195. 77 N;303. 75 N

11-30　质量分别为 $m_A=12$ kg,$m_B=10$ kg 的物块 $A$ 和 $B$ 用一轻杆连接,倚放在铅直墙面和水平地板上,如图所示。在物块 $A$ 上作用一常力 $F=250$ N,使它从静止开始向右运动。假设经过 1 s 后,物块 $A$ 移动了 1. 0 m,速度 $v_{\mathrm{A}}=4. 15$ m/s,摩擦忽略不计,求作用在墙面和地面的冲量。

答案:200. 2 N · s;247 N · s

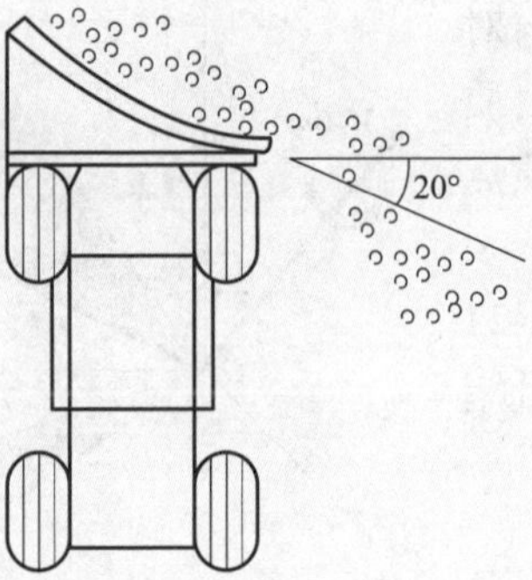


习题 11-29 图

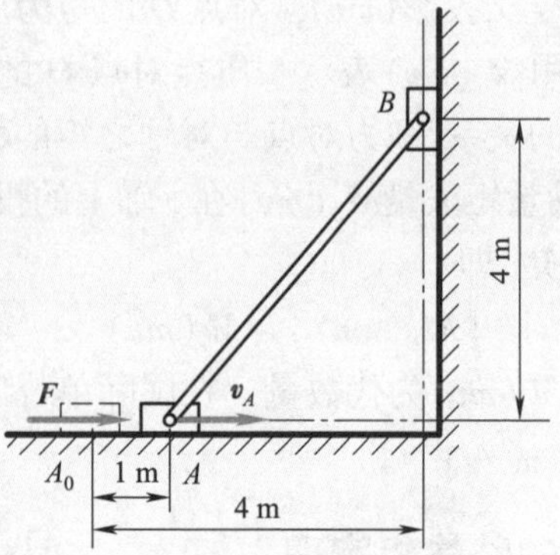


习题 11-30 图

# 第 12 章 动量矩定理

本章从动量矩的角度研究质点和质点系的动力学问题。首先介绍质点和质点系的动量矩及动量矩定理，然后给出刚体的定轴转动微分方程及转动惯量的计算，最后阐述质点系相对质心的动量矩定理和刚体的平面运动微分方程。

## §12-1 质点的动量矩定理

### 1. 质点的动量矩

质量为 $m$ 的质点 $Q$ 在力 $\boldsymbol{F}$ 作用下沿空间曲线运动，如图 12-1 所示，某瞬时质点的动量为 $m\boldsymbol{v}$，定义动量 $m\boldsymbol{v}$ 对点 $O$ 的矩为质点对点 $O$ 的动量矩，用 $\boldsymbol{M}_O(m\boldsymbol{v})$ 表示，即

$$\boldsymbol{M}_O(m\boldsymbol{v})=\boldsymbol{r}\times m\boldsymbol{v} \tag{12-1}$$

式中，动量矩 $\boldsymbol{M}_O(m\boldsymbol{v})$、矢径 $\boldsymbol{r}$、动量 $m\boldsymbol{v}$ 均为矢量，动量矩 $\boldsymbol{M}_O(m\boldsymbol{v})$ 的方向由右手螺旋法则确定（见图 12-1），大小可由动量 $m\boldsymbol{v}$ 与矢径 $\boldsymbol{r}$ 所构成的 $\triangle QAO$ 面积的两倍来表示。

将质点的动量 $m\boldsymbol{v}$ 投影在 $Oxy$ 平面内，用 $(m\boldsymbol{v})_{xy}$ 表示（见图 12-1），定义投影 $(m\boldsymbol{v})_{xy}$ 对点 $O$ 的矩为质点动量对 $z$ 轴的动量矩，用 $M_z(m\boldsymbol{v})$ 表示。质点对点 $O$ 的动量矩与对 $z$ 轴的动量矩的关系，和力对点与对轴之矩的关系相似，质点对点 $O$ 的动量矩矢量 $\boldsymbol{M}_O(m\boldsymbol{v})$ 在 $z$ 轴上的投影等于质点对 $z$ 轴的动量矩，即

$$[\boldsymbol{M}_O(m\boldsymbol{v})]_z=M_z(m\boldsymbol{v}) \tag{12-2}$$

式中，动量矩 $M_z(m\boldsymbol{v})$ 为代数量。在国际单位制中，动量矩的单位是 $\mathrm{kg\cdot m^2/s}$。

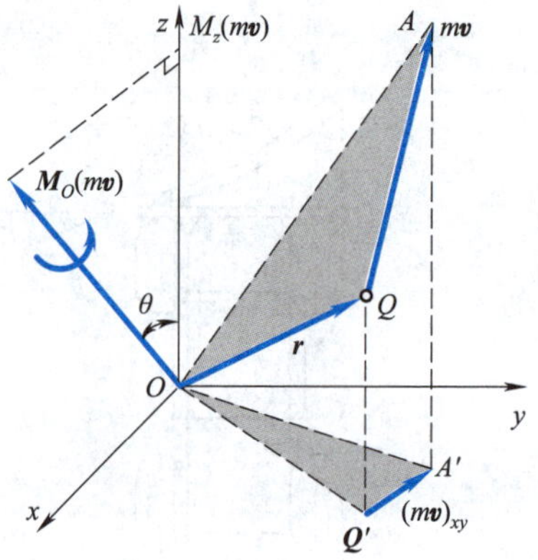


图 12-1

### 2. 质点的动量矩定理

将质点对定点 $O$ 的动量矩 $\boldsymbol{M}_O(m\boldsymbol{v})$ 对时间 $t$ 求导，得

$$\frac{\mathrm{d}}{\mathrm{d}t}\boldsymbol{M}_O(m\boldsymbol{v})=\frac{\mathrm{d}}{\mathrm{d}t}(\boldsymbol{r}\times m\boldsymbol{v})=\frac{\mathrm{d}\boldsymbol{r}}{\mathrm{d}t}\times m\boldsymbol{v}+\boldsymbol{r}\times\frac{\mathrm{d}}{\mathrm{d}t}(m\boldsymbol{v})$$

因矩心 $O$ 为定点，式中 $\frac{\mathrm{d}\boldsymbol{r}}{\mathrm{d}t}\times m\boldsymbol{v}=\boldsymbol{v}\times m\boldsymbol{v}=\boldsymbol{0}$；由质点的动量定理，$\frac{\mathrm{d}}{\mathrm{d}t}(m\boldsymbol{v})=\boldsymbol{F}$，而 $\boldsymbol{r}\times\boldsymbol{F}=\boldsymbol{M}_O(\boldsymbol{F})$，于是

$$\frac{\mathrm{d}}{\mathrm{d}t}\boldsymbol{M}_O(m\boldsymbol{v})=\boldsymbol{M}_O(\boldsymbol{F}) \tag{12-3}$$

式(12-3)表明，质点对固定点的动量矩对时间的一阶导数等于作用在质点上的力对同一固定

点的力矩，这就是质点对固定点的动量矩定理。

当 $O$ 为坐标原点时，将式(12-3)投影在直角坐标轴上，可得

$$\begin{cases}\dfrac{\mathrm{d}}{\mathrm{d}t}M_x(m\boldsymbol{v})=M_x(\boldsymbol{F})\\\dfrac{\mathrm{d}}{\mathrm{d}t}M_y(m\boldsymbol{v})=M_y(\boldsymbol{F})\\\dfrac{\mathrm{d}}{\mathrm{d}t}M_z(m\boldsymbol{v})=M_z(\boldsymbol{F})\end{cases}\tag{12-4}$$

式(12-4)表明，质点对任意固定轴的动量矩对时间的一阶导数等于作用在质点上的力对同一轴之矩，这就是质点对固定轴的动量矩定理。

**【例 12-1】** 图 12-2 所示为一单摆(数学摆)，摆锤质量为 $m$，摆线长为 $l$。如给摆锤以初位移或初速度(统称为初扰动)，它就在经过 $O$ 点的铅垂平面内摆动。求此单摆在微小摆动时的运动规律。

**【解】** 取直角坐标系如图 12-2 所示。在任一瞬时 $t$，设摆锤的速度为 $\boldsymbol{v}$，摆的偏角为 $\varphi$，则其对 $O$ 点($z$ 轴)的动量矩为

$$M_z(m\boldsymbol{v})=mv\cdot l=ml\frac{\mathrm{d}\varphi}{\mathrm{d}t}\cdot l=ml^2\frac{\mathrm{d}\varphi}{\mathrm{d}t}$$

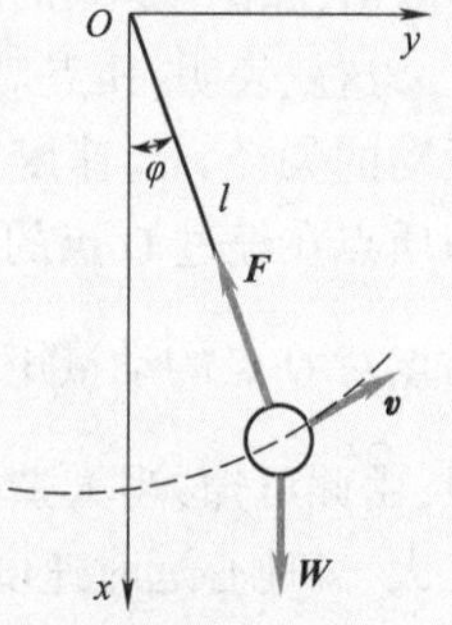

图　12-2

摆锤的作用力有重力 $\boldsymbol{W}$ 和绳子的约束力 $\boldsymbol{F}$，而力 $\boldsymbol{F}$ 始终通过悬挂点 $O$，其对 $O$ 点之矩恒等于零，因此作用于摆锤上的力对 $O$ 点之矩为

$$M_z(\boldsymbol{F})=-Wl\sin\varphi=-mgl\sin\varphi$$

式中，负号表示对 $O$ 点力矩与角坐标 $\varphi$ 的正负号始终相反，即力矩总是有使摆锤回到平衡位置的趋势。由质点的动量矩定理：

$$\frac{\mathrm{d}}{\mathrm{d}t}\left(ml^2\frac{\mathrm{d}\varphi}{\mathrm{d}t}\right)=-mgl\sin\varphi$$

简化后得单摆的运动微分方程：

$$\frac{\mathrm{d}^2\varphi}{\mathrm{d}t^2}+\frac{g}{l}\sin\varphi=0$$

当偏角 $\varphi$ 很小时，$\sin\varphi\approx\varphi$，上式变为

$$\frac{\mathrm{d}^2\varphi}{\mathrm{d}t^2}+\frac{g}{l}\varphi=0$$

此微分方程的解为

$$\varphi=A\sin\left(\sqrt{\frac{g}{l}}t+\alpha\right)$$

式中，$A$、$\alpha$ 为积分常数，由初始条件可确定。可见单摆的微幅摆动为简谐运动，摆动周期为

$$T=\frac{2\pi}{\omega}=2\pi\sqrt{\frac{l}{g}}$$

可见摆的周期与初始条件和摆的振幅无关，只与摆线长 $l$ 有关。

### 3. 质点的动量矩守恒定律

当$\boldsymbol{M}_O(\boldsymbol{F})=\mathbf{0}$,作用在质点上的力对固定点 $O$ 的力矩等于零时,由式(12-3)可知

$$\frac{\mathrm{d}}{\mathrm{d}t}\boldsymbol{M}_O(m\boldsymbol{v})=\mathbf{0}$$

此时,质点对点 $O$ 的动量矩保持不变,即 $\boldsymbol{M}_O(m\boldsymbol{v})=\boldsymbol{r}\times m\boldsymbol{v}=$常矢量。

当 $M_x(\boldsymbol{F})=0$,作用于质点上的力对固定轴 $x$ 的力矩等于零时,由式(12-4)可知

$$\frac{\mathrm{d}}{\mathrm{d}t}M_x(m\boldsymbol{v})=0$$

质点对 $x$ 轴的动量矩保持不变,即 $M_x(m\boldsymbol{v})=$常量。

质点的动量矩保持不变,称为质点的动量矩守恒定律。其应用之一,就是用来分析万有引力作用下天体的运动。例如,太阳对行星的引力和地球对人造地球卫星的引力等,其作用线始终通过某固定点 $O$,称为有心力,该固定点 $O$ 称为力心。若质点在有心力 $\boldsymbol{F}$ 作用下运动,力心为点 $O$,如图 12-3 所示,根据质点的动量矩守恒定律得$\boldsymbol{M}_O(m\boldsymbol{v})=\boldsymbol{r}\times m\boldsymbol{v}=$常矢量。

这就表明:质点对 $O$ 点的动量矩方向保持不变,质点运动的矢径 $\boldsymbol{r}$ 与速度 $\boldsymbol{v}$ 所组成的平面在空间的方位不变,即质点在经过 $O$ 点的平面内运动,运动轨迹为平面曲线;质点对 $O$ 点的动量矩大小保持不变,$\boldsymbol{r}\times m\boldsymbol{v}=\boldsymbol{r}\times m\dfrac{\mathrm{d}\boldsymbol{r}}{\mathrm{d}t}=$常矢量,由此可知,当人造卫星绕地球运动时,离地心近时速度大,离地心远时速度小。

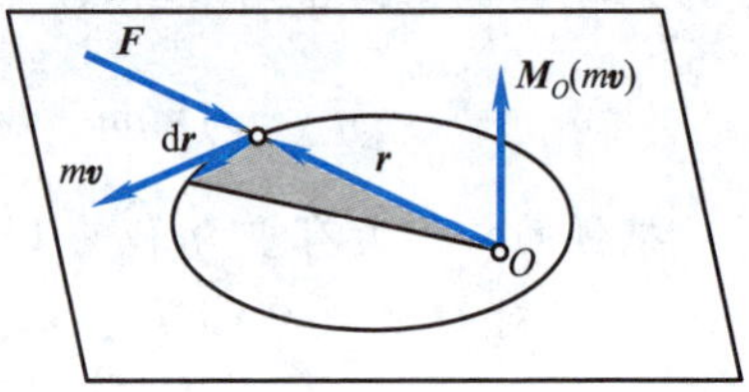

图 12-3

## §12-2 质点系的动量矩定理

### 1. 质点系的动量矩

设质点系由若干质点组成,其中质点 $i$ 的质量为 $m_i$,速度为 $\boldsymbol{v}_i$,定义各质点对一点 $O$ 的动量矩的矢量和为质点系对点 $O$ 的动量矩,以 $\boldsymbol{L}_O$ 表示,即

$$\boldsymbol{L}_O=\sum\boldsymbol{M}_O(m_i\boldsymbol{v}_i)=\sum(\boldsymbol{r}_i\times m_i\boldsymbol{v}_i) \tag{12-5}$$

定义质点系各质点对轴 $z$ 的动量矩的代数和为质点系对轴 $z$ 的动量矩,以 $L_z$ 表示,即

$$L_z=\sum M_z(m_i\boldsymbol{v}_i) \tag{12-6}$$

当 $O$ 为 $z$ 轴上一点时,两者间的关系为

$$[\boldsymbol{L}_O]_z=L_z \tag{12-7}$$

即质点系对点 $O$ 的动量矩矢量在过该点的 $z$ 轴上的投影等于质点系对该轴的动量矩。

刚体平移时,可将其看作全部质量集中于质心的一个质点来计算其动量矩。

刚体绕定轴转动时,如图 12-4 所示,任取刚体内质点 $M_i$,其质量为 $m_i$,至转轴 $z$ 的距离为 $r_i$,速度 $\boldsymbol{v}_i$ 的大小为 $r_i\omega$,则由式(12-6)可得转动刚体对转轴 $z$ 的动量矩为

$$L_z = \sum M_z(m_i v_i) = \sum m_i v_i r_i = \sum m_i r_i \omega r_i = \omega \sum m_i r_i^2 \quad (12\text{-}8)$$

定义 $J_z = \sum m_i r_i^2$，$J_z$ 称为刚体对转轴 $z$ 的转动惯量（单位 $\mathrm{kg \cdot m^2}$），式（12-8）可写为

$$L_z = J_z \omega \quad (12\text{-}9)$$

表明绕定轴转动的刚体对其转轴的动量矩等于刚体对转轴的转动惯量与其角速度的乘积，刚体转动惯量的计算将在本章第 4 节介绍。

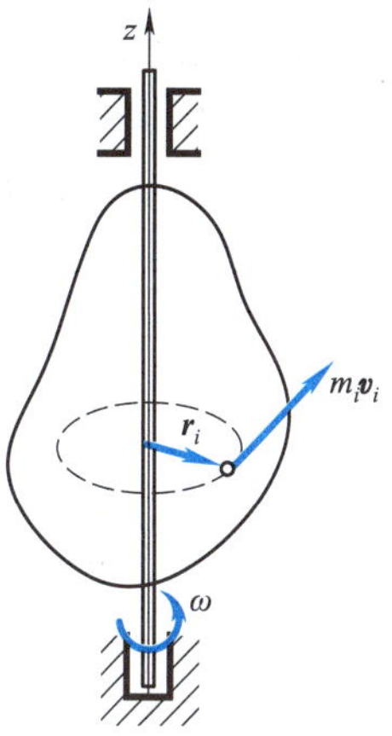

图　12-4

### 2. 质点系的动量矩定理

设质点系由若干质点组成，其中质点 $i$ 的质量为 $m_i$，速度为 $\boldsymbol{v}_i$，作用于该质点的内力为 $\boldsymbol{F}_i^{(i)}$，外力为 $\boldsymbol{F}_i^{(e)}$。根据式（12-3）质点对固定点 $O$ 的动量矩定理，有

$$\frac{\mathrm{d}}{\mathrm{d}t}\boldsymbol{M}_O(m_i \boldsymbol{v}_i) = \boldsymbol{M}_O\left(\boldsymbol{F}_i^{(i)}\right) + \boldsymbol{M}_O\left(\boldsymbol{F}_i^{(e)}\right)$$

列出各质点的动量矩定理方程，相加可得

$$\sum \frac{\mathrm{d}}{\mathrm{d}t}\boldsymbol{M}_O(m_i \boldsymbol{v}_i) = \sum \boldsymbol{M}_O\left(\boldsymbol{F}_i^{(i)}\right) + \sum \boldsymbol{M}_O\left(\boldsymbol{F}_i^{(e)}\right)$$

将方程左边的求导与求和次序交换后，上式改写为

$$\frac{\mathrm{d}}{\mathrm{d}t}\sum \boldsymbol{M}_O(m_i \boldsymbol{v}_i) = \sum \boldsymbol{M}_O\left(\boldsymbol{F}_i^{(i)}\right) + \sum \boldsymbol{M}_O\left(\boldsymbol{F}_i^{(e)}\right)$$

式中，$\sum \boldsymbol{M}_O(m_i \boldsymbol{v}_i)$ 为质点系的动量矩 $\boldsymbol{L}_O$，而质点系内力总是成对出现的，内力之矩的矢量和等于零，即 $\sum \boldsymbol{M}_O\left(\boldsymbol{F}_i^{(i)}\right) = 0$，所以有

$$\frac{\mathrm{d}\boldsymbol{L}_O}{\mathrm{d}t} = \sum \boldsymbol{M}_O\left(\boldsymbol{F}_i^{(e)}\right) \quad (12\text{-}10)$$

表明质点系对固定点 $O$ 的动量矩对时间的一阶导数等于质点系所受外力对同一点之矩的矢量和（或外力系对点 $O$ 的主矩），此即质点系的动量矩定理。

将式（12-10）投影在直角坐标轴上，则得

$$\begin{cases} \dfrac{\mathrm{d}L_x}{\mathrm{d}t} = \sum M_x\left(\boldsymbol{F}_i^{(e)}\right) \\ \dfrac{\mathrm{d}L_y}{\mathrm{d}t} = \sum M_y\left(\boldsymbol{F}_i^{(e)}\right) \\ \dfrac{\mathrm{d}L_z}{\mathrm{d}t} = \sum M_z\left(\boldsymbol{F}_i^{(e)}\right) \end{cases} \quad (12\text{-}11)$$

表明质点系对于某固定轴的动量矩对于时间的一阶导数，等于质点系所受外力对于同一轴之矩的代数和，此即投影形式的质点系的动量矩定理。

质点系的动量矩定理用于解决质点系有关转动的动力学问题，需要注意上述动量矩定理的表达形式只适用于对固定点或固定轴，对于运动的点或轴，其动量矩定理的表达形式需另作研究，其一般较为复杂。

【例 12-2】 高炉运送矿石用的卷扬机如图 12-5 所示，已知鼓轮的半径为 $R$，作用在鼓轮上的力偶矩为 $M$，鼓轮对固定轴 $O$ 的转动惯量为 $J$，小车和矿石的总质量为 $m$，轨道的倾角为 $\theta$，不计绳子的质量并忽略摩擦，求小车的加速度 $\boldsymbol{a}$。

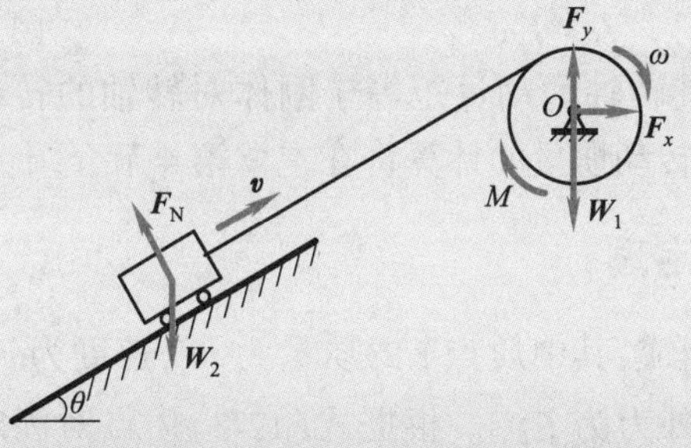


图 12-5

【解】 将小车视为质点，取小车与鼓轮组成质点系，此质点系对轴 $O$ 的动量矩为

$$L_O=-J\omega-mvR$$

作用于质点系的外力有力偶 $M$，重力 $\boldsymbol{W}_1$、$\boldsymbol{W}_2$，轴承 $O$ 的约束力 $\boldsymbol{F}_x$、$\boldsymbol{F}_y$ 及轨道对小车的约束力 $\boldsymbol{F}_{\mathrm{N}}$。其中，$\boldsymbol{W}_1$、$\boldsymbol{F}_x$、$\boldsymbol{F}_y$ 对轴 $O$ 的矩均为零，系统外力对轴 $O$ 的矩为

$$M_O\left(\boldsymbol{F}_i^{(e)}\right)=-M+mg\sin\theta\cdot R$$

由质点系动量矩定理有

$$\frac{\mathrm{d}}{\mathrm{d}t}(-J\omega-mvR)=-M+mg\sin\theta\cdot R$$

由 $\omega=\dfrac{v}{R}$，$\dfrac{\mathrm{d}v}{\mathrm{d}t}=a$，得

$$a=\frac{MR-mgR^2\sin\theta}{J+mR^2}$$

### 3. 质点系动量矩守恒定律

由质点系的动量矩定理可知，质点系的内力不能改变质点系的总动量矩，如果外力系对某固定点的主矩恒等于零，即 $\sum \boldsymbol{M}_O\left(\boldsymbol{F}_i^{(e)}\right)=0$ 时，则由式(12-10)得 $\boldsymbol{L}_O$ = 常矢量，表明该质点系对于同一固定点 $O$ 的动量矩保持不变，称为质点系的动量矩守恒定律。

如果作用于质点系上的外力系对于某固定轴 $x$ 之矩的代数和恒为零，则由式(12-11)得，质点系对于该轴的动量矩保持不变。例如，若 $\sum M_x\left(\boldsymbol{F}_i^{(e)}\right)=0$，则 $L_x$ = 常量，就是投影形式的质点系动量矩守恒定律。

【例 12-3】 旋转调速器如图 12-6 所示，在外伸刚性臂上悬挂两个质量为 $m$ 的小球，转轴转动时初始角速度为 $\omega_0$，当悬挂小球与垂直线夹角为 $\alpha$ 时，求转轴的角速度。

【解】 选转轴与小球整体进行分析，系统的重力及轴承处的约束力对转轴的力矩恒为零，系统对转轴的动量矩守恒，运动初始时

$$L_1=2mv_0\cdot a=2m(a\omega_0)\cdot a=2ma^2\omega_0$$

当悬挂小球与垂直线夹角为 $\alpha$ 时

$$L_2=2mv\cdot(a+l\sin\alpha)=2m(a+l\sin\alpha)\omega\cdot(a+l\sin\alpha)$$
$$=2m(a+l\sin\alpha)^2\omega$$

由 $L_1=L_2$ 得图示瞬时

$$\omega=\frac{a^2}{(a+l\sin\alpha)^2}\omega_0$$

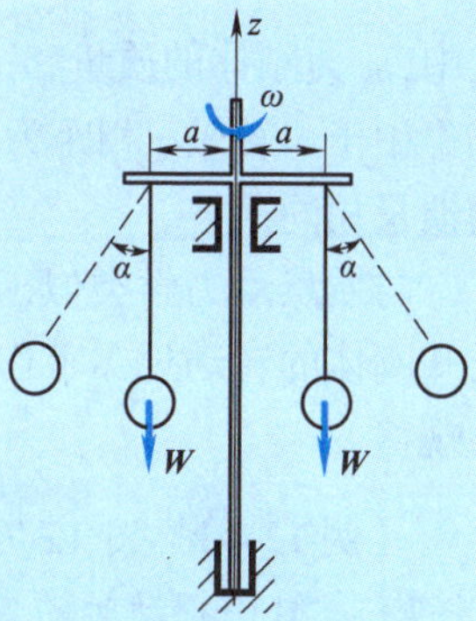


图 12-6

## §12-3 刚体的定轴转动微分方程

设刚体受力系的作用绕定轴 $z$ 转动，刚体对 $z$ 轴的转动惯量为 $J_z$，某瞬时的角速度为 $\omega$，角加速度为 $\alpha$，则刚体对 $z$ 轴的动量矩为 $L_z=J_z\omega$，代入质点系对 $z$ 轴的动量矩定理，得

$$\frac{\mathrm{d}L_z}{\mathrm{d}t}=\frac{\mathrm{d}}{\mathrm{d}t}(J_z\omega)=J_z\frac{\mathrm{d}\omega}{\mathrm{d}t}=\sum M_z\left(\boldsymbol{F}_i^{(e)}\right)$$

将外力系对转轴 $z$ 之矩简写为 $M_z^{(e)}$，结合转角 $\varphi$、角速度 $\omega$、角加速度为 $\alpha$ 之间的关系，则上式可表示为

$$J_z\frac{\mathrm{d}\omega}{\mathrm{d}t}=M_z^{(e)} \tag{12-12}$$

或

$$J_z\alpha=M_z^{(e)} \tag{12-13}$$

或

$$J_z\frac{\mathrm{d}^2\varphi}{\mathrm{d}t^2}=M_z^{(e)} \tag{12-14}$$

式(12-12)~式(12-14)中为刚体绕定轴转动微分方程的不同形式，刚体对转轴的转动惯量与其角加速度的乘积，等于作用在刚体上的外力系对转轴之矩的代数和，刚体绕定轴转动状态的变化取决于外力系对转轴的矩。在 $M_z^{(e)}$ 一定时，$J_z$ 越大，$\alpha$ 越小，反之 $\alpha$ 越大。由此可见，转动惯量 $J_z$ 是刚体对转轴 $z$ 的转动惯性的度量。

工程中，常常根据工作需要来选定转动惯量的大小。例如，往复式活塞发动机、冲床和剪床等机器常在转轴上安装一个大飞轮，并使飞轮的质量大部分分布在轮缘，这样的飞轮转动惯量大，机器受到冲击时，角加速度小，可以保持比较平稳的运转状态。又如，仪表中的某些零件必须具有较高的灵敏度，因此这些零件的转动惯量必须尽可能地小，就会用轻金属制成这些零件，并且尽量减小体积。

为了方便起见，有时将转动惯量写为

$$J_z = m\rho_z^2 \tag{12-15}$$

式中,$m$ 为刚体的质量,$\rho_z$ 是相当于长度的一个量,称为回转半径或惯性半径。设刚体的质量都集中于与转轴 $z$ 相距为 $\rho_z$ 的点上,则此集中的质量对于转轴 $z$ 的转动惯量与原有刚体的转动惯量相同。

与质点动力学类似,应用刚体的定轴转动微分方程可解决转动刚体动力学的两类问题,即已知刚体的转动规律求作用于刚体的外力矩或外力,或已知作用于刚体的外力矩求刚体的转动规律。

**【例 12-4】** 图 12-7 所示复摆(物理摆)的质量为 $m$,$C$ 为质心,摆对悬挂点的转动惯量为 $J$。求微小摆动时的周期。

**【解】** 复摆受重力 $\boldsymbol{W}$ 及轴承约束反力 $\boldsymbol{F}_x$、$\boldsymbol{F}_y$ 作用,如图 12-7 所示,设在任一瞬时的摆动角度为 $\varphi$,偏角 $\varphi$ 为正时重力对点 $O$ 之矩为负,摆的转动微分方程为

$$J\frac{\mathrm{d}^2\varphi}{\mathrm{d}t^2} = -mga\sin\varphi$$

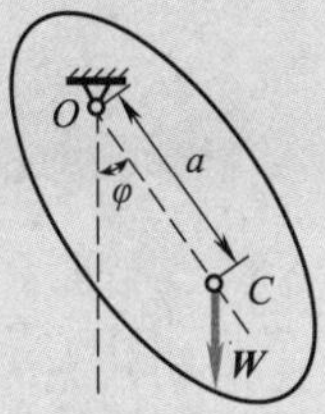

图 12-7

微小摆动时,$\sin\varphi \approx \varphi$,于是转动微分方程可写成

$$J\frac{\mathrm{d}^2\varphi}{\mathrm{d}t^2} = -mga\varphi$$

化简得

$$\frac{\mathrm{d}^2\varphi}{\mathrm{d}t^2} + \frac{mga}{J}\varphi = 0$$

此方程的通解为

$$\varphi = A\sin\left(\sqrt{\frac{mga}{J}}t + \alpha\right)$$

式中 $A$、$\alpha$ 分别为角振幅和初相位,它们都需由初始条件确定。摆的周期为

$$T = 2\pi\sqrt{\frac{J}{mga}}$$

工程中常利用微幅摆动的周期性,通过试验测定周期来确定一些非均质、非规则形状物体的转动惯量,如曲柄、连杆等,测得摆动的周期 $T$、质量 $m$ 及质心 $C$ 到转轴 $O$ 的距离 $a$,即可利用公式算得连杆的转动惯量

$$J = \left(\frac{T}{2\pi}\right)^2 mga$$

## §12-4 转动惯量

本章第 2 节介绍质点系动量矩计算时,引入了转动惯量的概念

$$J_z = \sum m_i r_i^2 \tag{12-16}$$

与式(12-15)所表示的转动惯量都表明其大小取决于刚体质量相对 $z$ 轴的分布情况，恒为正，与运动状态无关。

质量连续分布的刚体，转动惯量的表达式可写成积分形式

$$J_z = \int_M r^2 \mathrm{d}m \tag{12-17}$$

## 1. 简单形状均质物体的转动惯量计算

对具有规则形状的均质物体，转动惯量一般可通过积分运算得到，下面举例说明。

(1)均质细长直杆。

图 12-8 所示均质细长直杆，质量为 $m$，长为 $l$，取杆的轴线为 $x$ 轴，转轴 $z$ 轴过形心点 $C$。在距 $z$ 轴为 $x$ 处取长度为 $\mathrm{d}x$ 的微元段，其质量为 $\mathrm{d}m = \frac{m}{l}\mathrm{d}x$，对 $z$ 轴的微转动惯量为 $x^2\mathrm{d}m = \frac{m}{l}x^2\mathrm{d}x$。则整个细长杆对于 $z$ 轴的转动惯量为

$$J_z = \int_{-\frac{l}{2}}^{\frac{l}{2}} \frac{m}{l}x^2 \mathrm{d}x = \frac{1}{12}ml^2$$

若转轴为杆端点处 $z_1$ 轴，细长直杆对 $z_1$ 轴的转动惯量为

$$J_{z_1} = \int_{-\frac{l}{2}}^{\frac{l}{2}} \frac{m}{l}\left(\frac{l}{2}+x\right)^2 \mathrm{d}x = \int_{-\frac{l}{2}}^{\frac{l}{2}} \frac{m}{l}\left(\frac{l}{2}+x\right)^2 \mathrm{d}\left(\frac{l}{2}+x\right) = \frac{1}{3}ml^2$$

(2)均质矩形薄板。

图 12-9 所示均质矩形薄板，质量为 $m$，边长为 $l$、$b$，将其划分为平行于 $x$ 轴的细长直杆，任选细长直杆，如图中阴影部分所示，其质量为 $\Delta m_i$，对于 $y$ 轴的转动惯量为$\frac{1}{3}\Delta m_i l^2$。则整个矩形薄板对 $y$ 轴的转动惯量为

$$J_y = \sum \frac{1}{3}\Delta m_i l^2 = \frac{1}{3}l^2 \sum \Delta m_i = \frac{1}{3}ml^2$$

同法可得矩形薄板对 $x$ 轴的转动惯量为

$$J_x = \frac{1}{3}mb^2$$

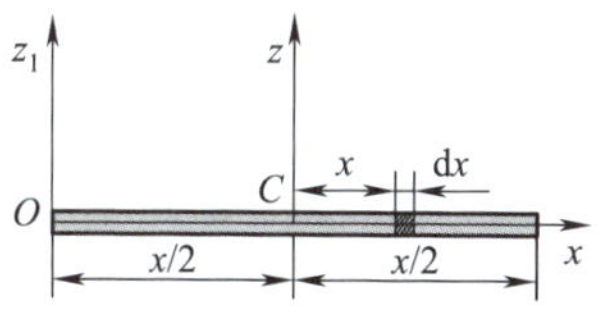


图 12-8

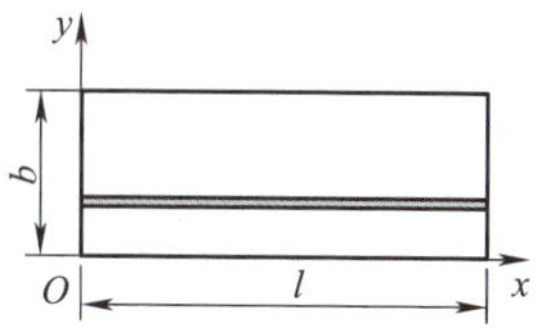


图 12-9

(3)均质薄壁圆环。

图 12-10 所示均质薄壁圆环，质量为 $m$，平均半径为 $R$，转轴 $z$ 轴垂直于圆环平面通过圆心 $O$ 点。将圆环划分成许多微小段，任选其中一段，如图中阴影部分所示，其质量为 $\Delta m_i$，对 $z$ 轴的转动惯量为 $\Delta m_i R^2$。则整个薄壁圆环对 $z$ 轴的转动惯量为

$$J_z = \sum \Delta m_i R^2 = R^2 \sum \Delta m_i = mR^2$$

(4)均质薄圆板。

图 12-11 所示均质薄圆板，质量为 $m$，半径为 $R$，将其划分为无限多个同心薄壁圆环，从中任选一半径为 $r$ 圆环，如图中阴影部分所示，壁厚为 $\mathrm{d}r$，则质量为 $m_i = \dfrac{2\pi r \mathrm{d}r}{\pi R^2} \cdot m$，对 $z$ 轴的转动惯量为 $m_i r^2$。则整个薄圆板对 $z$ 轴的转动惯量为

$$J_z = \int_0^R \frac{2\pi r \mathrm{d}r}{\pi R^2} \cdot mr^2 = \frac{2m}{R^2}\int_0^R r^3 \mathrm{d}r = \frac{1}{2}mR^2$$

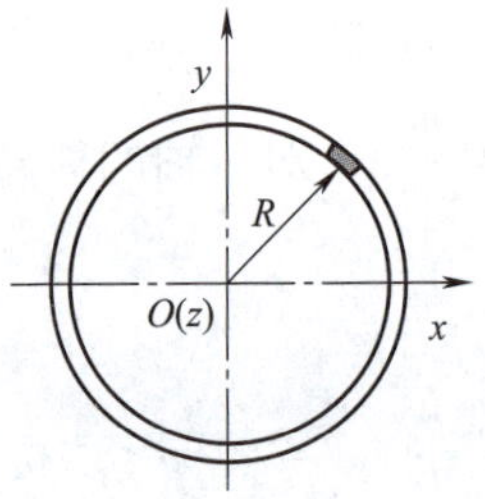


图 12-10

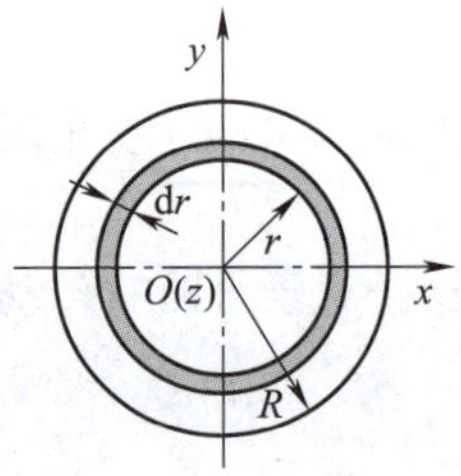


图 12-11

对于薄壁圆环与薄圆板，它们对过 $O$ 点且与图形所在平面垂直的转轴计算得出的转动惯量，有时也称为对于 $O$ 点的转动惯量，记为 $J_O$。

表 12-1 中给出了一些常见均质物体转动惯量的计算公式。

**表 12-1 常见均质物体的转动惯量**

| 物体的形状 | 简 图 | 转动惯量 |
|---|---|---|
| 细长直杆 | 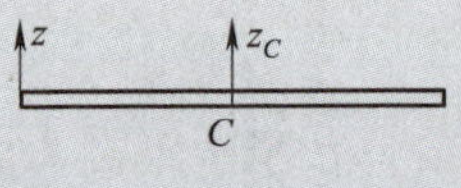 | $J_{z_C} = \frac{1}{12}ml^2$ <br> $J_z = \frac{1}{3}ml^2$ |
| 矩形薄板 | 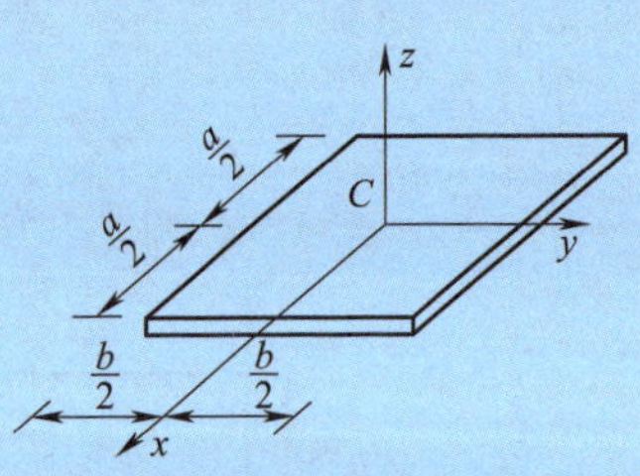 | $J_z = \frac{1}{12}m(a^2+b^2)$ <br> $J_x = \frac{1}{12}mb^2$ <br> $J_y = \frac{1}{12}ma^2$ |
| 长方体 | 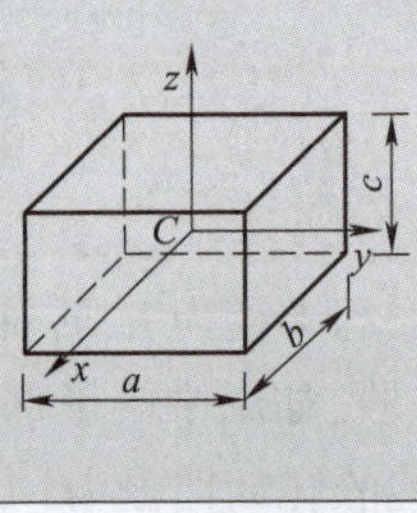 | $J_z = \frac{1}{12}m(a^2+b^2)$ <br> $J_x = \frac{1}{12}m(a^2+c^2)$ <br> $J_y = \frac{1}{12}m(b^2+c^2)$ |

续上表

| 物体的形状 | 简　图 | 转动惯量 |
|---|---|---|
| 薄圆板 | 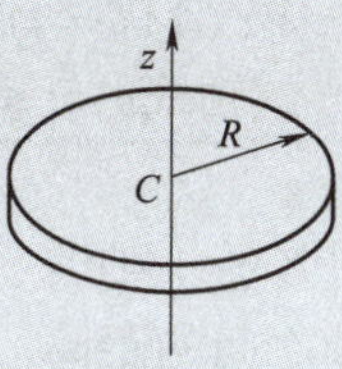 | $J_z=\frac{1}{2}mR^2$ |
| 圆柱 | 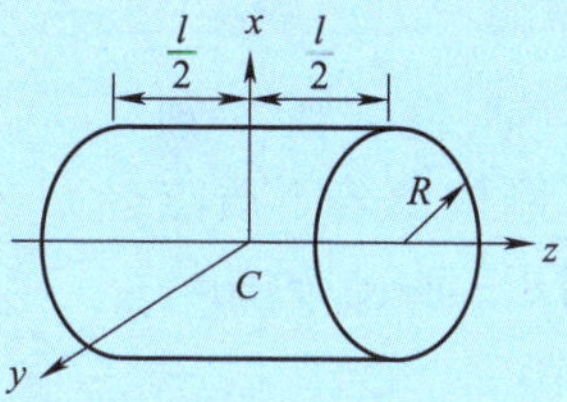 | $J_x=J_y=\frac{1}{12}m(3R^2+l^2)$<br>$J_z=\frac{1}{2}mR^2$ |
| 空心圆柱 | 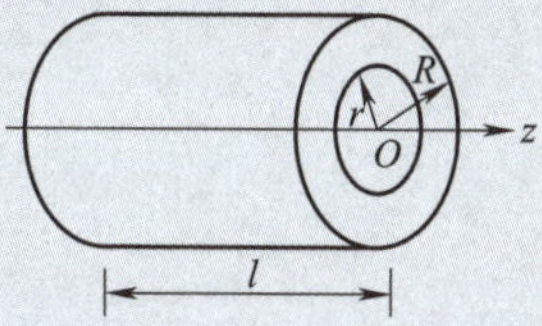 | $J_z=\frac{1}{2}m(R^2+r^2)$ |
| 薄壁空心球 | 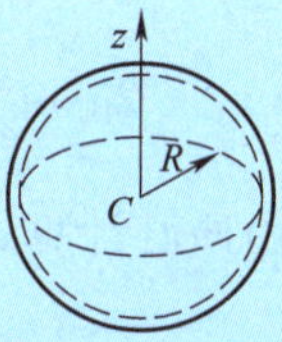 | $J_z=\frac{2}{3}mR^2$ |
| 实心球 | 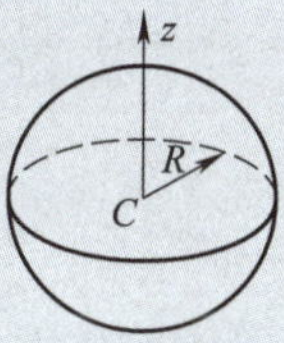 | $J_z=\frac{2}{5}mR^2$ |
| 圆锥 | 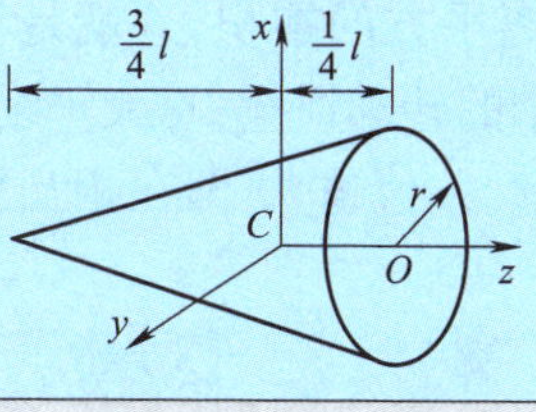 | $J_z=\frac{3}{10}mr^2$<br>$J_x=J_y=\frac{3}{80}m\left(4r^2+l^2\right)$ |
| 圆截面圆环 | 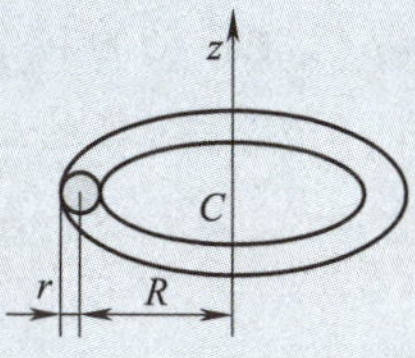 | $J_z=m\left(R^2+\frac{3}{4}r^2\right)$ |

## 2. 平行轴定理

简单形状均质物体的转动惯量可以查询有关手册找到，但转动惯量一般都是对通过物体质心轴的计算式，有时还需要刚体对不通过质心的轴线的转动惯量，因此需要研究刚体对于两平行轴线的转动惯量间的关系。

设刚体的质量为 $m$，$z_C$ 轴过其质心 $C$ 点，刚体对 $z_C$ 轴的转动惯量为 $J_{z_C}$。取另一轴 $z$ 与 $z_C$ 轴平行，两轴之间的距离为 $d$，计算刚体对 $z$ 轴的转动惯量为 $J_z$。

取坐标系 $Oxyz$，过质心 $C$ 点作 $x'$ 轴、$y'$ 轴，使 $x'$ 轴、$y'$ 轴分别与 $x$ 轴、$y$ 轴平行，如图 12-12 所示。刚体由若干质点组成，任取质点 $M_i$，其质量为 $m_i$，则刚体对于 $z$ 轴、$z_C$ 轴的转动惯量分别为

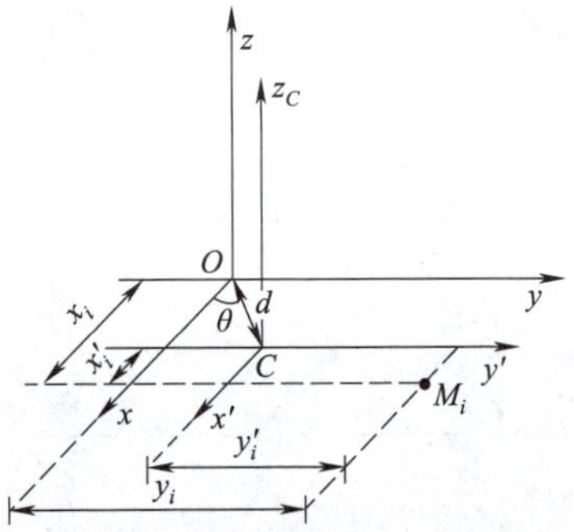

图 12-12

$$J_z = \sum m_i \left(x_i^2 + y_i^2\right)$$

$$J_{z_C} = \sum m_i \left(x_i'^2 + y_i'^2\right)$$

由于 $x_i = x_i' + d\cos\theta, y_i = y_i' + d\sin\theta$，可得

$$J_z = \sum m_i \left[\left(x_i' + d\cos\theta\right)^2 + \left(y_i' + d\sin\theta\right)^2\right]$$

展开后得 $J_z = \sum m_i \left(x_i'^2 + y_i'^2\right) + 2d\cos\theta \sum m_i x_i' + 2d\sin\theta \sum m_i y_i' + d^2 \sum m_i$

式中，$\sum m_i \left(x_i'^2 + y_i'^2\right) = J_{z_C}, d^2 \sum m_i = md^2$，由质心计算式得

$$mx_C' = \sum m_i x_i', \quad my_C' = \sum m_i y_i'$$

而质心 $C$ 点是 $Cx'y'$ 坐标系的坐标原点，即 $x_C' = 0, y_C' = 0$，因此 $2d\cos\theta \sum m_i x_i' = 0$，$2d\sin\theta \sum m_i y_i' = 0$，可得

$$J_z = J_{z_C} + md^2 \tag{12-18}$$

式(12-18)表明，刚体对任一轴的转动惯量，等于刚体对于通过质心、并与这条轴平行的轴的转动惯量，加上刚体的质量与两轴间距离平方的乘积，这就是计算转动惯量时的平行轴定理。能够看出，刚体对任一不通过质心的轴的转动惯量，总大于刚体对于通过其质心且与这条轴平行的轴的转动惯量，并且两轴距离越远，差值越大，即在相互平行的各轴中，刚体对通过质心的轴的转动惯量最小。

**【例 12-5】** 均质直杆绕转轴 $O$ 转动，质量为 $m_1$，杆长为 $l$，另一端与均质圆盘固结，圆盘质量为 $m_2$，半径为 $r$，如图 12-13 所示。求系统对转轴的转动惯量。

**【解】** 系统对转轴的转动惯量等于直杆、圆盘对转轴的转动惯量之和，即

$$J_O = J_{O杆} + J_{O盘}$$

均质直杆对端点轴的转动惯量

$$J_{O杆} = \frac{1}{3} m_1 l^2$$

均质圆盘对自身质心的转动惯量

$$J_C=\frac{1}{2}m_2r^2$$

利用平行轴定理计算圆盘对系统转轴的转动惯量

$$J_{O盘}=J_C+m_2d^2=\frac{1}{2}m_2r^2+m_2(l+r)^2=m_2\left(\frac{3}{2}r^2+l^2+2lr\right)$$

系统对转轴的转动惯量

$$J_O=\frac{1}{3}m_1l^2+m_2\left(\frac{3}{2}r^2+l^2+2lr\right)$$

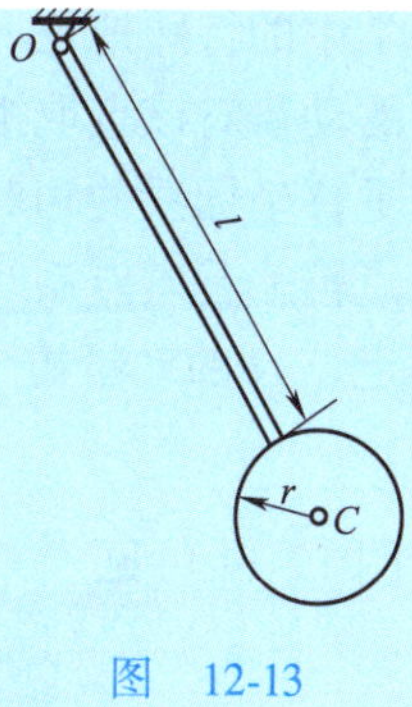


图　12-13

## §12-5　质点系相对于质心的动量矩定理

本章前两节阐述的动量矩定理适用于惯性参考系中的固定点或固定轴，对于动点或动轴，动量矩定理的形式较为复杂。但质心作为质点系特殊的点，质点系相对质心或通过质心的动轴的动量矩定理，形式仍能简单。

### 1. 对质心的动量矩

选质点系的质心点 $C$ 为坐标原点，建立平移的动参考系 $Cx'y'z'$，如图 12-14 所示，任选质量为 $m_i$ 的质点，其相对动系 $Cx'y'z'$ 的运动矢径、相对速度分别为 $\boldsymbol{r}'_i$、$\boldsymbol{v}_{ir}$。任选一固定点 $O$，建立参考系 $Oxyz$，质点相对定系 $Oxyz$ 的运动矢径、绝对速度分别为 $\boldsymbol{r}_i$、$\boldsymbol{v}_i$，质点系相对质心的动量矩为

$$\boldsymbol{L}_C=\sum(\boldsymbol{r}'_i\times m_i\boldsymbol{v}_i)\qquad(12\text{-}19)$$

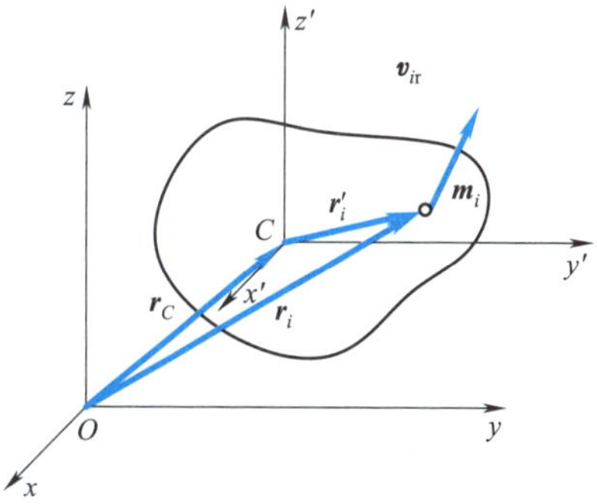


图　12-14

将点的速度合成定理 $\boldsymbol{v}_i=\boldsymbol{v}_C+\boldsymbol{v}_{ir}$ 代入式(12-19)，得

$$\boldsymbol{L}_C=\sum[\boldsymbol{r}'_i\times m_i(\boldsymbol{v}_C+\boldsymbol{v}_{ir})]=\sum(\boldsymbol{r}'_i\times m_i\boldsymbol{v}_C)+\sum(\boldsymbol{r}'_i\times m_i\boldsymbol{v}_{ir})$$

上式的第一项 $\sum(\boldsymbol{r}'_i\times m_i\boldsymbol{v}_C)$ 中，$\boldsymbol{v}_C$ 对各质点为常矢量，可改写为 $\left(\sum m_i\boldsymbol{r}'_i\right)\times\boldsymbol{v}_C$。

又由质心计算式得

$$m\boldsymbol{r}'_C=\sum m_i\boldsymbol{r}'_i$$

而质心 $C$ 点相对动系 $Cx'y'z'$ 的矢径 $\boldsymbol{r}'_C=0$，所以

$$\boldsymbol{L}_C=\sum(\boldsymbol{r}'_i\times m_i\boldsymbol{v}_{ir})=\sum(\boldsymbol{r}'_i\times m_i\boldsymbol{v}_i)\qquad(12\text{-}20)$$

式(12-20)表明，计算质点系对于质心的动量矩时，以质点的相对速度与以其绝对速度的计算结果是相等的，即质点系相对于质心的动量矩，也等于质点系各质点相对于质心平移参考系的动量对质心 $C$ 点的矩之矢量合。对于一般运动的质点系，各质点的运动可分解为随质心的牵连运动加上相对固连在质心的平动参考系的相对运动，应用相对速度计算质点系相对于质心的动量矩更为方便。

在证明式(12-20)时，应用了质心的特殊性质，因此该式仅对质心成立，也表明了质心在动

力学中的特殊地位。在求质点系对普通的点的动量矩时，通常用质点系中各质点在绝对运动中的动量对该点取矩，再求矢量合。因为对普通的点，质点系在绝对运动中与在以该点为基点的平移坐标系的相对运动中，计算出的对该点的动量矩是不等的。

再来看质点系对固定点 $O$ 的动量矩与对质心点 $C$ 的动量矩之间的关系。质点系相对于固定点 $O$ 的动量矩

$$\boldsymbol{L}_O=\sum(\boldsymbol{r}_i\times m_i\boldsymbol{v}_i) \tag{12-21}$$

由图 12-14 可见

$$\boldsymbol{r}_i=\boldsymbol{r}_C+\boldsymbol{r}'_i$$

于是

$$\boldsymbol{L}_O=\sum[(\boldsymbol{r}_C+\boldsymbol{r}'_i)\times m_i\boldsymbol{v}_i]=\boldsymbol{r}_C\times\left(\sum m_i\boldsymbol{v}_i\right)+\sum\left(\boldsymbol{r}'_i\times m_i\boldsymbol{v}_i\right) \tag{12-22}$$

根据质点系动量的计算公式

$$m\boldsymbol{v}_C=\sum m_i\boldsymbol{v}_i$$

式(12-22)可写成

$$\boldsymbol{L}_O=\boldsymbol{r}_C\times m\boldsymbol{v}_C+\sum\left(\boldsymbol{r}'_i\times m_i\boldsymbol{v}_i\right)=\boldsymbol{r}_C\times m\boldsymbol{v}_C+\boldsymbol{L}_C \tag{12-23}$$

式(12-23)表明，质点系对任一固定点 $O$ 的动量矩，等于质点系随质心平移动量对点 $O$ 的动量矩加上质点系对质心点 $C$ 的动量矩。

### 2. 相对质心的动量矩定理

将式(12-23)对时间求一阶导数，得质点系对固定点 $O$ 的动量矩定理

$$\frac{\mathrm{d}\boldsymbol{L}_O}{\mathrm{d}t}=\frac{\mathrm{d}}{\mathrm{d}t}(\boldsymbol{r}_C\times m\boldsymbol{v}_C+\boldsymbol{L}_C)=\sum\boldsymbol{M}_O\left(\boldsymbol{F}_i^{(e)}\right)=\sum\left(\boldsymbol{r}_i\times\boldsymbol{F}_i^{(e)}\right)$$

将 $\boldsymbol{r}_i=\boldsymbol{r}_C+\boldsymbol{r}'_i$ 代入上式并展开，得

$$\frac{\mathrm{d}\boldsymbol{r}_C}{\mathrm{d}t}\times(m\boldsymbol{v}_C)+\boldsymbol{r}_C\times\frac{\mathrm{d}}{\mathrm{d}t}(m\boldsymbol{v}_C)+\frac{\mathrm{d}\boldsymbol{L}_C}{\mathrm{d}t}=\sum\boldsymbol{r}_C\times\boldsymbol{F}_i^{(e)}+\sum\boldsymbol{r}'_i\times\boldsymbol{F}_i^{(e)} \tag{12-24}$$

式中

$$\frac{\mathrm{d}\boldsymbol{r}_C}{\mathrm{d}t}\times(m\boldsymbol{v}_C)=\boldsymbol{v}_C\times(m\boldsymbol{v}_C)=m(\boldsymbol{v}_C\times\boldsymbol{v}_C)=0$$

$$\boldsymbol{r}_C\times\frac{\mathrm{d}}{\mathrm{d}t}(m\boldsymbol{v}_C)=\boldsymbol{r}_C\times m\frac{\mathrm{d}\boldsymbol{v}_C}{\mathrm{d}t}=\boldsymbol{r}_C\times m\boldsymbol{a}_C=\boldsymbol{r}_C\times\sum\boldsymbol{F}_i^{(e)}$$

式(12-24)简化为

$$\frac{\mathrm{d}\boldsymbol{L}_C}{\mathrm{d}t}=\sum\boldsymbol{r}'_i\times\boldsymbol{F}_i^{(e)} \tag{12-25}$$

式(12-25)的右端是外力系对于质心点 $C$ 的主矩，于是

$$\frac{\mathrm{d}\boldsymbol{L}_C}{\mathrm{d}t}=\sum\boldsymbol{M}_C\left(\boldsymbol{F}_i^{(e)}\right) \tag{12-26}$$

即质点系相对于质心的动量矩对时间的导数，等于作用于质点系的外力对质心的主矩，称为质点系对质心的动量矩定理，该定理在形式上与质点系对于固定点的动量矩定理完全一样。

对于刚体，质心运动定理确立了外力与质心运动的关系，相对于质心的动量矩定理确立了外力与刚体在平动参考系内绕质心转动的关系，二者完全确定了刚体一般运动的动力学方程，将在下一节进行介绍。

## §12-6 刚体的平面运动微分方程

由前面所学刚体平面运动的知识可知，图 12-15 所示刚体的运动分解为随质心的平动和绕质心的转动两部分。

图 12-15 中 $Cx'y'$ 为固连于质心 $C$ 的平动参考系，平面运动刚体相对于此动系的运动就是绕质心 $C$ 的转动，则刚体对质心的动量矩为

$$L_C = J_C\omega \tag{12-27}$$

式中，$J_C$ 为刚体对通过质心 $C$ 且与运动平面垂直的轴的转动惯量；$\omega$ 为其角速度。

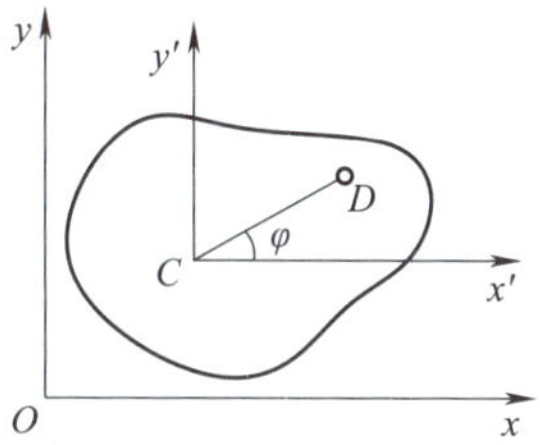


图 12-15

设在刚体上作用的外力可向质心所在的运动平面简化为一平面力系 $\boldsymbol{F}_1, \boldsymbol{F}_2, \cdots, \boldsymbol{F}_n$，则应用质心运动定理和相对于质心的动量矩定理，得

$$\begin{cases} m\boldsymbol{a}_C = \sum \boldsymbol{F}_i^{(e)} \\ \dfrac{\mathrm{d}}{\mathrm{d}t}(J_C\omega) = J_C\alpha = \sum M_C\left(\boldsymbol{F}_i^{(e)}\right) \end{cases} \tag{12-28}$$

式中，$m$ 为刚体质量；$\boldsymbol{a}_C$ 为质心加速度；$\alpha = \dfrac{\mathrm{d}\omega}{\mathrm{d}t}$ 为刚体角加速度。式(12-28)也可写为

$$\begin{cases} m\dfrac{\mathrm{d}^2\boldsymbol{r}_C}{\mathrm{d}t^2} = \sum \boldsymbol{F}_i^{(e)} \\ J_C\dfrac{\mathrm{d}^2\varphi}{\mathrm{d}t^2} = \sum M_C\left(\sum \boldsymbol{F}_i^{(e)}\right) \end{cases} \tag{12-29}$$

式(12-28)与式(12-29)称为刚体的平面运动微分方程。应用时，常利用其投影形式，投影在直角坐标系中，得

$$\begin{cases} ma_{Cx} = \sum F_{ix}^{(e)} \\ ma_{Cy} = \sum F_{iy}^{(e)} \\ J_C\alpha = \sum M_C\left(\boldsymbol{F}_i^{(e)}\right) \end{cases} \quad 或 \quad \begin{cases} m\dfrac{\mathrm{d}^2x_C}{\mathrm{d}t^2} = \sum F_{ix}^{(e)} \\ m\dfrac{\mathrm{d}^2y_C}{\mathrm{d}t^2} = \sum F_{iy}^{(e)} \\ J_C\dfrac{\mathrm{d}^2\varphi}{\mathrm{d}t^2} = \sum M_C\left(\boldsymbol{F}_i^{(e)}\right) \end{cases} \tag{12-30}$$

投影在自然坐标系中，得

$$\begin{cases} ma_C^{\mathrm{t}} = \sum F_{i\mathrm{t}}^{(\mathrm{e})} \\ ma_C^{\mathrm{n}} = \sum F_{i\mathrm{n}}^{(\mathrm{e})} \\ J_C\alpha = J_C \dfrac{\mathrm{d}^2\varphi}{\mathrm{d}t^2} = \sum M_C\left(\boldsymbol{F}_i^{(\mathrm{e})}\right) \end{cases} \tag{12-31}$$

式(12-30)与式(12-31)也称刚体的平面运动微分方程。需要注意方程中的 $C$ 点必须是刚体的质心这一特殊的动点,对一般的动点,方程一般不成立。下面举例说明刚体的平面运动微分方程的应用。

**【例 12-6】** 均质圆轮质量为 $m$,半径为 $r$,受到轻微扰动后,在半径为 $R$ 的圆弧上往复滚动,如图 12-16 所示。假设圆弧表面足够粗糙,使圆轮在滚动时无滑动。求质心 $C$ 的运动规律。

**【解】** 圆轮在曲面上作平面运动,受到的外力有重力 $\boldsymbol{W}$,圆弧表面的法向约束力 $\boldsymbol{F}_{\mathrm{N}}$ 和摩擦力 $\boldsymbol{F}$。

设 $\theta$ 角以逆时针方向为正,取切线轴向正向如图,设圆轮以顺时针转动为正,则图示瞬时刚体平面运动微分方程在自然轴上的投影式为

$$ma_C^{\mathrm{t}} = F - mg\sin\theta$$

$$m\frac{v_C^2}{R-r} = F_{\mathrm{N}} - mg\cos\theta$$

$$J_C\alpha = -Fr$$

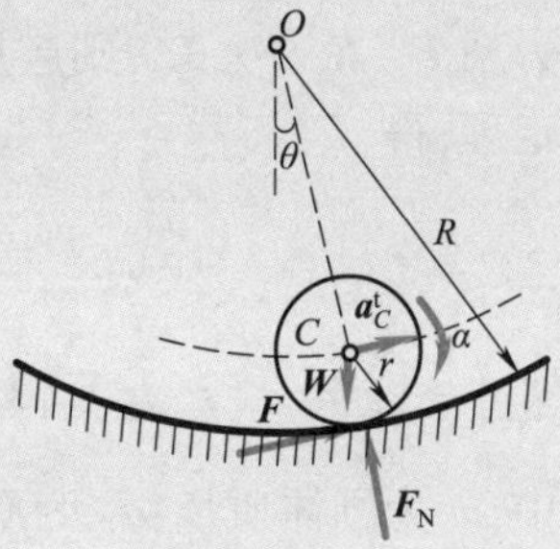


图 12-16

由运动学知,当圆轮只滚动不滑动时,角加速度

$$\alpha = \frac{a_C^{\mathrm{t}}}{r}$$

且

$$a_C^{\mathrm{t}} = \frac{\mathrm{d}^2 s}{\mathrm{d}t^2}$$

$$J_C = \frac{1}{2}mr^2$$

取 $s$ 为质心的弧坐标

$$s = (R-r)\theta$$

当 $\theta$ 很小时,$\sin\theta \approx \theta$,联立上述方程,可求得

$$\frac{3}{2}\frac{\mathrm{d}^2 s}{\mathrm{d}t^2} + \frac{g}{R-r}s = 0$$

令 $\omega_0^2 = \dfrac{2g}{3(R-r)}$,则上式成为

$$\frac{\mathrm{d}^2 s}{\mathrm{d}t^2} + \omega_0^2 s = 0$$

此方程的解为

$$s = s_0\sin(\omega_0 t + \beta)$$

式中，$s_0$ 和 $\beta$ 为两个常数，由运动起始条件确定。当 $t=0$ 时，$s=0$，初速度为 $v_0$，于是

$$0=s_0\sin\beta$$

$$v_0=s_0\omega_0\cos\beta$$

解得

$$\tan\beta=0,\quad \beta=0^\circ$$

$$s_0=\frac{v_0}{\omega_0}=v_0\sqrt{\frac{3(R-r)}{2g}}$$

最后得质心沿轨迹的运动方程

$$s=v_0\sqrt{\frac{3(R-r)}{2g}}\sin\left(\sqrt{\frac{2g}{3(R-r)}}t\right)$$

**【例 12-7】**　均质圆柱体 $A$ 和 $B$ 的质量均为 $m$，半径均为 $r$，如图 12-17 所示，一绳缠在绕固定轴 $O$ 转动的圆柱 $A$ 上，绳的另一端绕在圆柱 $B$ 上，直线绳段铅垂，摩擦忽略不计。求：(1)圆柱体 $B$ 下落时质心的加速度及绳子的拉力；(2)若逆时针转向的力偶 $M$ 作用在圆柱体 $A$ 上，使得圆柱体 $B$ 的质心加速度向上，力偶 $M$ 的最小取值。

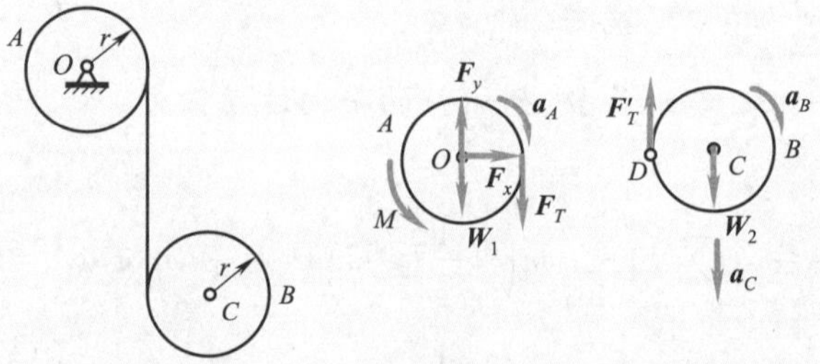


图　12-17

**【解】**　(1)分析轮 $A$、轮 $B$ 的受力，如图所示，轮 $A$ 绕 $O$ 点定轴转动，轮 $B$ 作平面运动。对轮 $A$ 列出刚体绕定轴转动微分方程

$$J_A\alpha_A=F_Tr$$

对轮 $B$ 列出刚体平面运动微分方程

$$J_B\alpha_B=F'_Tr$$

$$F'_T-mg=-ma_C$$

轮 $A$、轮 $B$ 的转动惯量

$$J_A=J_B=\frac{1}{2}mr^2$$

以 $D$ 点为基点，分析轮 $B$ 质心 $C$ 点加速度

$$a_C=a_D+a_{CD}=\alpha_A\cdot r+\alpha_B\cdot r$$

联立解得

$$a_C=\frac{4}{5}g,\quad F'_T=\frac{1}{5}mg$$

(2)轮 $A$ 上作用逆时针力偶 $M$ 时,其将作逆时针转动,列出定轴转动微分方程

$$J_A\alpha_A = M - F_T r$$

临界状态时,以 $D$ 点为基点,分析轮 $B$ 质心 $C$ 点加速度

$$a_C = a_D + a_{CD} = -\alpha_A \cdot r + \alpha_B \cdot r$$

可以求出

$$M = 2mgr$$

即当力偶 $M>2mgr$ 时,轮 $B$ 质心的加速度将向上。

**【例 12-8】** 均质细杆 $AB$ 质量为 $m$,长为 $l$,两端分别沿铅垂墙和水平面滑动,如图 12-18 所示。若杆在铅垂位置时受到扰动,由静止状态沿铅垂墙面下滑,不计摩擦,求杆在任意位置时的角加速度。

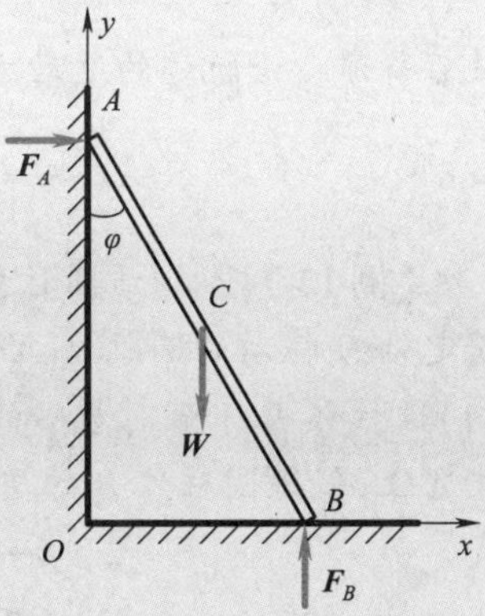


图 12-18

**【解】** 杆在任意位置处的受力情况如图所示,$\boldsymbol{F}_A$、$\boldsymbol{F}_B$ 为相应的约束力。为分析杆的质心运动,建立图 12-18 所示的坐标系,则质心坐标分别为

$$x_C = \frac{1}{2}l\sin\varphi,\quad y_C = \frac{1}{2}l\cos\varphi$$

将它们分别对时间求一阶、二阶导数,列出杆的平面运动微分方程

$$m\frac{\mathrm{d}^2x_C}{\mathrm{d}t^2} = \sum F_x^{(e)},\quad m\left(-\frac{1}{2}l\dot{\varphi}^2\sin\varphi + \frac{1}{2}l\ddot{\varphi}\cos\varphi\right) = F_A$$

$$m\frac{\mathrm{d}^2y_C}{\mathrm{d}t^2} = \sum F_y^{(e)},\quad m\left(-\frac{1}{2}l\dot{\varphi}^2\cos\varphi - \frac{1}{2}l\ddot{\varphi}\sin\varphi\right) = F_B - mg$$

$$J_C\frac{\mathrm{d}^2\varphi}{\mathrm{d}t^2} = \sum M_C^{(e)},\quad \frac{1}{12}ml^2\frac{\mathrm{d}^2\varphi}{\mathrm{d}t^2} = F_B\frac{1}{2}l\sin\varphi - F_A\frac{1}{2}l\sin\varphi$$

联立可得杆在任意位置时的角加速度

$$\alpha = \frac{\mathrm{d}^2\varphi}{\mathrm{d}t^2} = \frac{3g}{2l}\sin\varphi$$

在本例中,如果要求解杆在任意位置时的约束力,可用分离变量法积分求出杆在任意瞬时的角速度,再代入质心运动方程,即可求出。

## 小　结

动量矩定理除描述质点在有心力作用下的动量矩守恒之外,一般主要应用于分析具有转动系统的动力学问题,与刚体的转动紧密相关。

(1)质点的动量矩定理:

质点对点 $O$ 的动量矩 $\boldsymbol{M}_O(m\boldsymbol{v}) = \boldsymbol{r}\times m\boldsymbol{v}$;

质点对固定点的动量矩定理$\dfrac{\mathrm{d}}{\mathrm{d}t}\boldsymbol{M}_O(m\boldsymbol{v})=\boldsymbol{M}_O(\boldsymbol{F})$；

质点的动量矩守恒定律，$\boldsymbol{M}_O(\boldsymbol{F})=\boldsymbol{0}$，$\dfrac{\mathrm{d}}{\mathrm{d}t}\boldsymbol{M}_O(m\boldsymbol{v})=\boldsymbol{0}$，$\boldsymbol{M}_O(m\boldsymbol{v})=\boldsymbol{r}\times m\boldsymbol{v}=$常矢量。

(2)质点系的动量矩定理：

质点系对点 $O$ 的动量矩 $\boldsymbol{L}_O=\sum(\boldsymbol{r}_i\times m_i\boldsymbol{v}_i)$；

质点系对固定点的动量矩定理 $\dfrac{\mathrm{d}\boldsymbol{L}_O}{\mathrm{d}t}=\sum\boldsymbol{M}_O\left(\boldsymbol{F}_i^{(\mathrm{e})}\right)$；

质点系的动量矩守恒定律，$\sum\boldsymbol{M}_O\left(\boldsymbol{F}_i^{(\mathrm{e})}\right)=\boldsymbol{0}$，$\boldsymbol{L}_O=$常矢量。

(3)刚体绕定轴转动微分方程 $J_z\alpha=M_z^{(\mathrm{e})}$，或 $J_z\dfrac{\mathrm{d}\omega}{\mathrm{d}t}=M_z^{(\mathrm{e})}$，或 $J_z\dfrac{\mathrm{d}^2\varphi}{\mathrm{d}t^2}=M_z^{(\mathrm{e})}$。

(4)刚体的平面运动微分方程 $m\boldsymbol{a}_C=\sum\boldsymbol{F}_i^{(\mathrm{e})}$，$J_C\alpha=\sum M_C\left(\boldsymbol{F}_i^{(\mathrm{e})}\right)$。

(5)质点系的转动惯量 $J_z=\sum m_ir_i^2$，或 $J_z=\int_M r^2\mathrm{d}m$；

计算转动惯量时的平行轴定理 $J_z=J_{z_C}+md^2$。

(6)质点系对质心的动量矩定理 $\dfrac{\mathrm{d}\boldsymbol{L}_C}{\mathrm{d}t}=\sum\boldsymbol{M}_C\left(\boldsymbol{F}_i^{(\mathrm{e})}\right)$。

## 思　考　题

12-1　月球绕地球运动，以地球及月球作为一个系统。在原点固结于地球中心的平移坐标系中，系统对地球中心的动量矩为 $L$。若在原点固结于系统质心的平移坐标系中，则此系统对系统质心的动量矩 $L_1$ 与 $L$ 相比哪一个更大？

12-2　静止地放置在光滑水平面上的两个质量相同的圆形薄板 $A$、$B$，受到相同的力 $\boldsymbol{F}$ 的作用，但圆板 $A$ 的力作用在圆心，圆板 $B$ 的力的作用线不通过圆心。分析此时圆板 $A$ 和圆板 $B$ 的运动状态，判断两者是否发生移动或转动。

12-3　两个半径相同、均质等厚的铁圆盘与木圆盘，它们的质心位置相同，判断对通过质心且垂直于圆盘平面的轴的转动惯量是否也相同。

12-4　若取坐标轴 $Oy_1$ 沿惯性椭圆的长轴方向，$Ox_1$ 沿惯性椭圆的短轴方向，则 $J_{y1}$ 与 $J_{x1}$ 各是刚体对过该点各轴的转动惯量的最大值还是最小值？

12-5　绕定点转动刚体是否在任何时刻都有瞬时轴？利用瞬时轴的连续运动和刚体绕瞬时轴的连续运动，是否可以形成刚体绕定点的任意运动？

12-6　某运动的刚体对空间某定点的动量矩守恒，若刚体的动量也守恒，刚体可能作什么样的运动？若刚体对质心的动量矩也守恒，则刚体质心的运动轨迹一定是直线或圆，对吗？

12-7　两个均质圆盘质量相同，$A$ 盘半径为 $R$，$B$ 盘半径为 $r$，且 $R>r$。两盘由同一时刻，从同一高度无初速的沿完全相同的斜面在重力作用下向下作纯滚动。则哪个圆盘先到达底部？由初始至到达底部，哪个圆盘受重力冲量较大？到达底部瞬时，哪个圆盘动量较大？到达底部瞬时，哪个圆盘对质心的动量矩较大？

12-8　计算系统的动量与动量矩时，用不用考虑此时系统具有不具有加速度与角加速度？

12-9　一小球水平抛出，沿抛物线落到地面上点 $A$，另一质量相同的小球在相同位置以相同速度水平抛出后与一铅直墙壁发生完全弹性碰撞后落到地面上点 $B$。两球落地时动量是否相同？两球落地的时间是否相同？

12-10　一水平放置半径为 $R$ 质量为 $m$ 的均质大圆盘可绕圆心 $O$ 转动（圆心 $O$ 为水平面上的固定点），其上有一质量为 $m$ 半径为 $r$ 的均质小圆盘可绕固定在大圆盘上的 $O_1$ 点转动。初始大圆盘角速度为 $\omega$，小圆盘绕 $O_1$ 转动的角速度为 $\omega_1$，如图所示。大盘与水平面间无摩擦。若大、小圆盘间存在摩擦，那么整个系统的动量及对 $O$ 点的动量矩是否守恒？

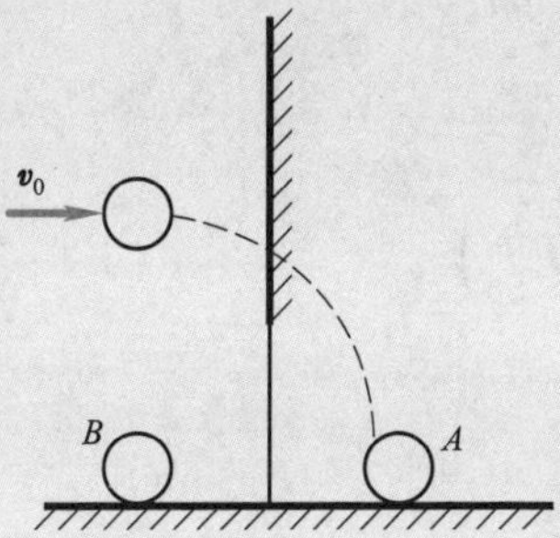


思考题 12-9 图

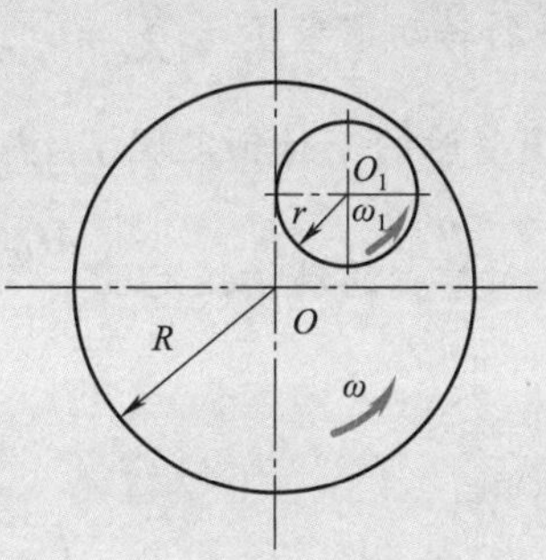


思考题 12-10 图

12-11　质量为 $m$ 的均质圆盘，平放在光滑的水平面上，其受力情况如图所示。开始时，圆盘静止，且 $R=2r$。则各圆盘将如何运动？

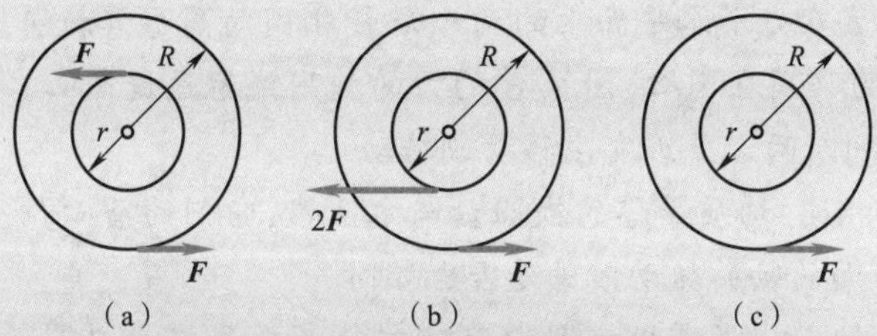


思考题 12-11 图

# 习　题

12-1　已知某质点的质量为 $m$，在 $Oxy$ 平面内运动，其运动方程为：$x=a\cos\omega t$，$y=b\sin\omega t$，式中，$a$，$b$，$\omega$ 均为常量，则质点对坐标原点 $O$ 的动量矩的大小为多少？

答案：$L_O=mab\omega$

12-2　计算下列物体对转轴 $O$ 的动量矩：(a)均质圆盘半径为 $r$，质量为 $m$，以角速度 $\omega$ 转动；(b)均质偏心圆盘半径为 $r$，偏心距为 $e$，质量为 $m$，以角速度 $\omega$ 转动；(c)均质杆长为 $l$，质量为 $m$，以角速度 $\omega$ 转动。

答案：(a) $-\dfrac{m}{2}r^2\omega$；(b) $-\dfrac{m}{2}(r^2+2e^2)\omega$；(c) $\dfrac{m}{3}l^2\omega$

12-3　如图所示，均质杆 $OA$ 长 $2l$，重 $P$，绕着通过 $O$ 端的水平轴在铅直面内转动。当转到与水平线成 $\varphi$ 角时，角速度和角加速度分别为 $\omega$ 及 $a$。求此时 $O$ 端的约束力。

答案：$F_{Ox}=-\dfrac{Pl}{g}(\omega^2\cos\varphi+\alpha\sin\varphi)$；$F_{Oy}=P+\dfrac{Pl}{g}(\omega^2\sin\varphi-\alpha\cos\varphi)$

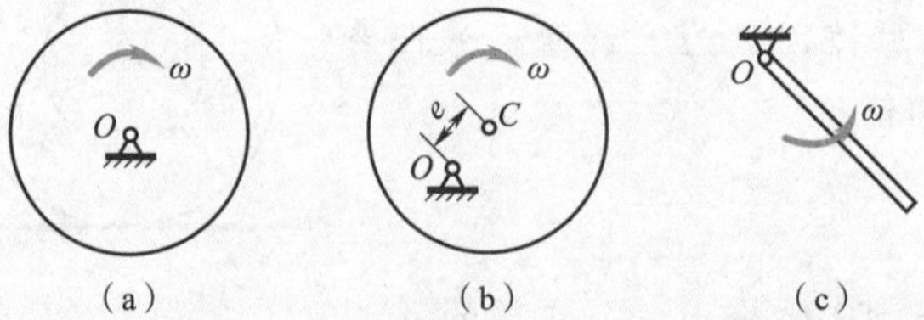


习题 12-2 图

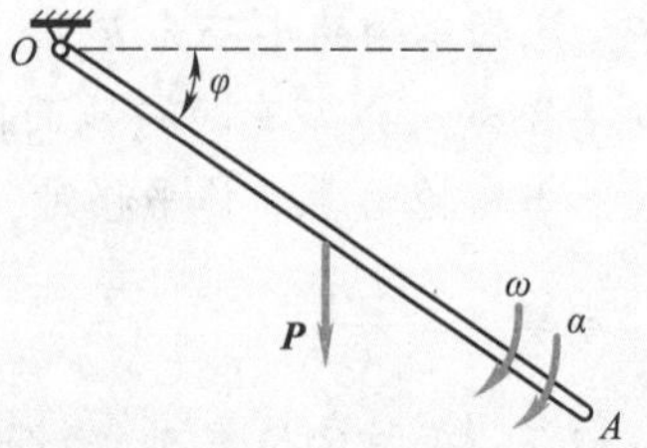


习题 12-3 图

12-4　如图所示的传动系统，已知主动轮 $A$ 的半径为 $r_1$，它与电动机转子对转动轴的转动惯量为 $J_1$，从动轮 $B$ 的半径为 $r_2$，它与输出轴对其转动轴的转动惯量为 $J_2$，均质胶带长为 $l$，质量为 $m$。假如电动机启动后，作用在传动轴 $A$ 上的转动力矩为 $M$，求主动轮的角加速度。

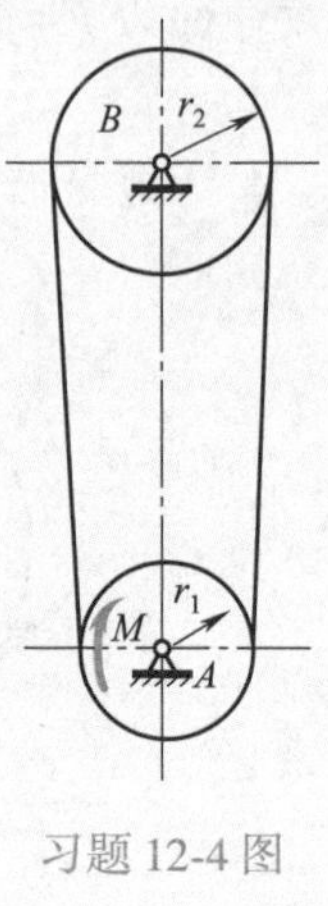


习题 12-4 图

答案：$\alpha_1=\dfrac{M}{J_1+\dfrac{r_1^2}{r_2^2}J_2+mr_1^2}$

12-5　图中杆 $OA$ 长为 $l$，质量不计，均质圆盘半径为 $R$，质量为 $m$，圆心在 $A$ 点。已知杆 $OA$ 以角速度 $\omega$ 绕 $O$ 轴转动，如图所示，试求如下几种情况下圆盘对定点 $O$ 的动量矩：

(1)圆盘固结于 $OA$ 杆上。

(2)圆盘绕轴 $A$ 相对于杆以角速度 $-\omega$ 转动。

(3)圆盘绕轴 $A$ 相对于杆以角速度 $\omega$ 转动。

(4)圆盘以绝对角速度 $\omega$ 绕 $A$ 轴转动。

(5)圆盘以绝对角速度 $-\omega$ 绕 $A$ 轴转动。

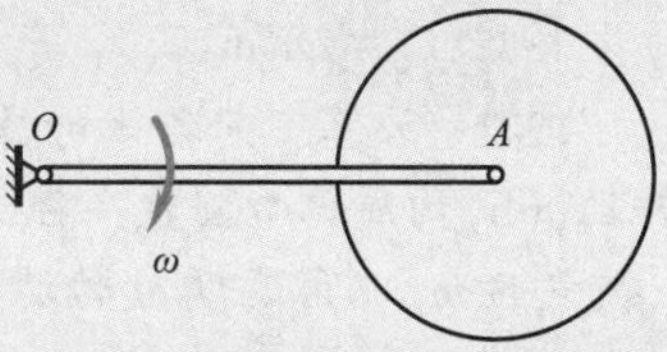

习题 12-5 图

答案：(1) $L_O=m\omega\left(\dfrac{1}{2}R^2+l^2\right)$；(2) $L_O=m\omega l^2$；

(3) $L_O=m\omega(R^2+l^2)$；(4) $L_O=m\omega\left(\dfrac{R^2}{2}+l^2\right)$；(5) $L_O=m\omega\left(-\dfrac{R^2}{2}+l^2\right)$

12-6　在一重 $P$ 的车轮的轮轴上绕有软绳，绳的一端作用一水平力 $\boldsymbol{F}$。已知车轮的半径为 $R$，轮轴的半径为 $r$，车轮及轮轴对中心 $O$ 的回转半径为 $\rho$，以及车轮与地面间的滑动摩擦因数为 $f$，绳重和滚阻皆不计。当车轮沿地面作平移时，求力 $\boldsymbol{F}$ 的值。

答案：$F=\dfrac{fPR}{r}$

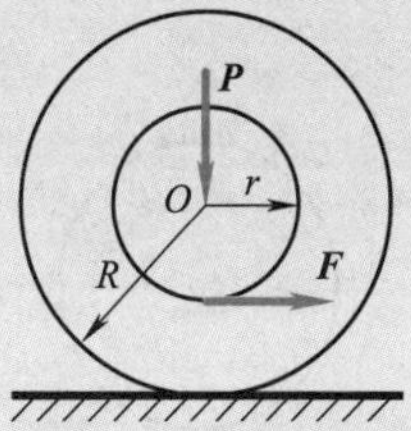

习题 12-6 图

12-7　在图示位置时，轻绳 $BD$ 水平，$AB$ 梁静止。今在梁的 $A$ 端作用一个水平拉力 $F=1\ 200$ N，杆与地面的摩擦因数 $f=0.3$，$AB$ 梁可视作质量 $m=100$ kg 的均质细直杆，它的长度 $l=3$ m。试求 $BD$ 绳的张力。

答案：$F=575$ N

12-8　如图所示，均质圆柱体的质量为 4 kg，半径为 0.5 m，置于两光滑的斜面上。设有与圆柱轴线成垂直，且沿圆柱面的切线方向的力 $F=20$ N 作用，求圆柱的角加速度及斜面的约束力。

答案：左边斜面的约束力 $F_{N1}=13.6$ N，右边斜面的约束力 $F_{N2}=41.9$ N，$\alpha=20\ \text{rad/s}^2$

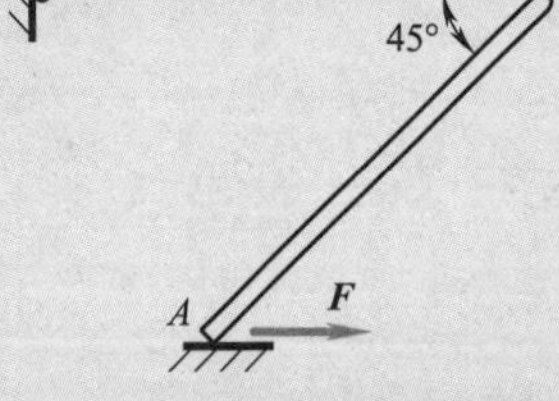

习题 12-7 图

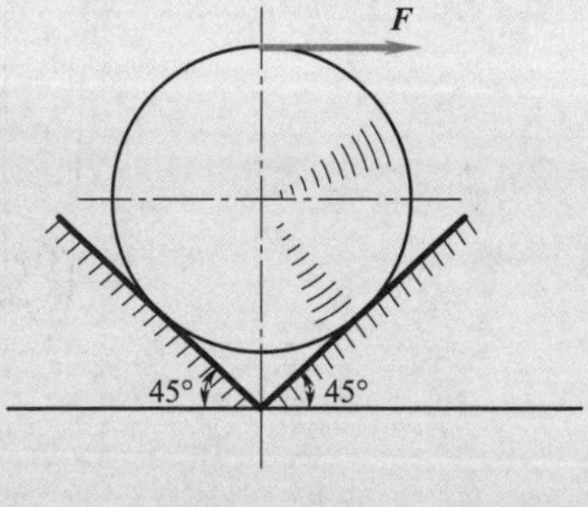

习题 12-8 图

12-9　飞轮由直流电动机带动，已知电动机产生的转矩 $M$ 与其角速度 $\omega$ 的关系为 $M=M_1\left(1-\dfrac{\omega}{\omega_1}\right)$，式中，$M_1$ 表示电动机的起动转矩，$\omega_1$ 表示电动机无负载时的空转角速度，且 $M_1$ 与 $\omega_1$ 都是已知常量。飞轮对 $O$ 轴的转动惯量为 $J_O$，设作用在飞轮上的阻力矩 $M_F$ 为常量，如图所示。当 $M>M_F$ 时，飞轮开始起动，求角速度 $\omega$ 随时间 $t$ 的变化规律。

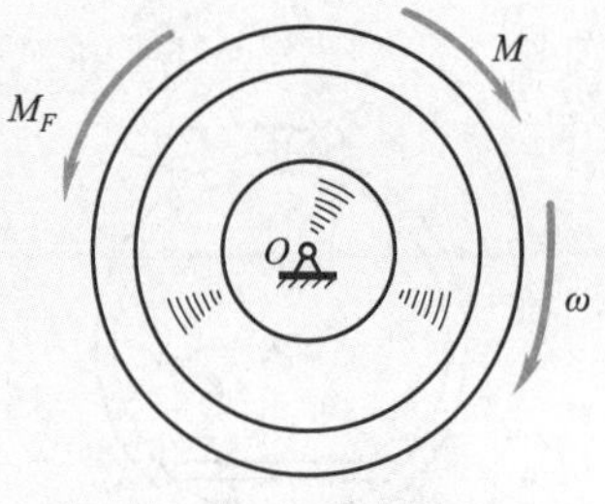

习题 12-9 图

答案：$\omega=\dfrac{(M_1-M_F)\omega_1}{M_1}\left(1-e^{\frac{-M_1t}{\omega_1J_O}}\right)$

12-10　(1)计算图(a)、(b)所示的系统对 $O$ 点的动量矩。其中均质滑轮半径为 $r$，质量为 $m$；物块 $A$，$B$ 质量均为 $m_1$；速度为 $\boldsymbol{v}$，绳质量不计。(2)计算图(c)所示的系统对 $AB$ 轴的动量矩。其中小球 $C$、$D$ 质量均为 $m$，用质量为 $m_1$ 的均质杆连接，杆与铅直轴 $AB$ 固结，且 $DO=OC$，交角为 $\theta$，轴以匀角速度 $\omega$ 转动。

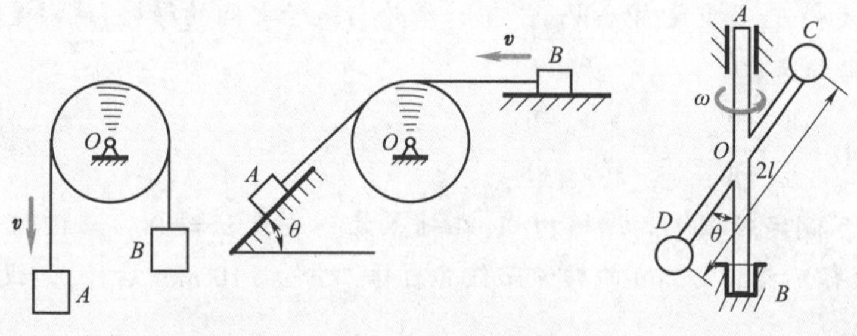

习题 12-10 图

答案：(1)相同，均为 $L_0=(0.5m+2m_1)rv$；(2)$L_{AB}=\left(\dfrac{1}{3}m_1+2m\right)\omega l^2\sin^2\theta$

12-11　图示均质细圆环质量为 $m_1$，半径为 $R$，其上固接一质量为 $m_2$ 的均质细杆 $AB$，系统在铅垂面内以角速度 $\omega$ 绕 $O$ 轴转动，已知 $\angle CAB=60°$，求系统对 $O$ 轴的动量矩的大小。

答案：$L_O=\left[2m_1R^2+\dfrac{m_2R^2}{12}+m_2R^2\left(1+\dfrac{\sqrt{3}}{2}\right)^2\right]\omega$

12-12　不计质量的杆 $OA$，以匀角速度 $\omega$ 绕 $O$ 轴转动，其 $A$ 端用铰链与质量为 $m$，半径为 $r$ 的均质小圆盘相连，小圆盘在半径为 $R$ 的固定圆盘的圆周表面作纯滚动(如图示)，求系统对 $O$ 轴的动量矩的大小。

答案：$L_O=\dfrac{mr\omega(R+r)}{2}+m(R+r)^2\omega$

12-13　质量为 $m$，半径为 $R$ 的均质圆板，挖去半径为 $r=\dfrac{R}{2}$ 的圆洞。该刚体在铅垂平面内绕水平轴 $O$ 以角速度 $\omega$ 转动，求图示该瞬时刚体对 $O$ 轴的动量矩的大小。

答案：$L_O=\dfrac{29mR^2\omega}{32}$

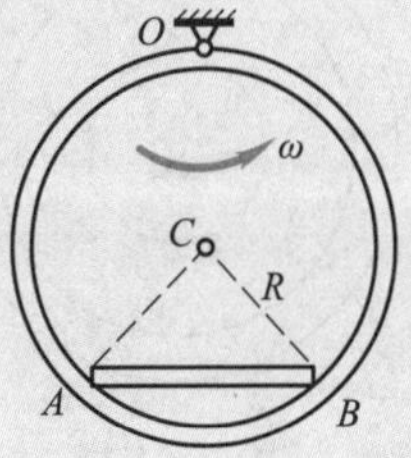

习题 12-11 图

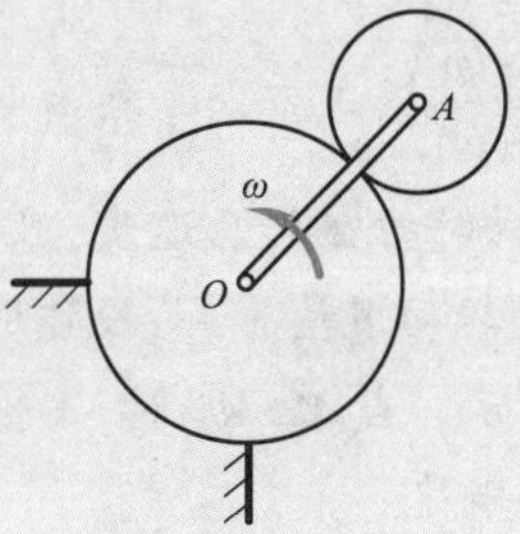

习题 12-12 图

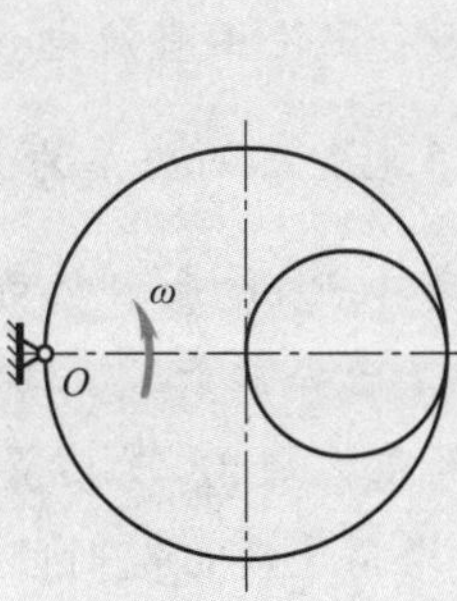

习题 12-13 图

12-14 半径为 $r$,重为 $W_1$ 的均质圆盘固连在长为 $l$,重为 $W_2$ 的均质水平直杆 $AB$ 的 $B$ 端,绕铅垂轴 $Oz$ 以匀角速度 $\omega$ 转动,如图所示,求系统对转轴的动量矩。

答案:$L_z=\left(\dfrac{3W_1+W_2}{3g}l^2+\dfrac{W_1}{4g}r^2\right)\omega$

12-15 如图所示,半径为 $r$,质量不计的滑轮可以绕定轴 $O$ 转动,滑轮上绕有一细绳,其两端各系重物 $A$ 和 $B$,且重量 $W_A>W_B$,若不计滑轮与绳子之间的摩擦,试求重物 $A$ 和 $B$ 的加速度及滑轮的角加速度。

答案:$a_A=a_B=\dfrac{W_A-W_B}{W_A+W_B}g,\alpha=\dfrac{W_A-W_B}{r(W_A+W_B)}g$

12-16 为了测定轴承中的摩擦力矩,在轴上装一质量 $m=500$ kg,回转半径 $\rho=1.5$ m 的飞轮,使飞轮有 $n=240$ r/min 的转速而任其自转,飞轮在 10 min 后停止,设摩擦力可视为常数,试求其矩。

答案:$M=47.1\ \text{N}\cdot\text{m}$

12-17 图示系统中小球 $A$、$B$ 以细绳相连,质量均为 $m$,其余构件质量不计。忽略摩擦,系统绕铅垂轴 $z$ 自由转动,初始时系统的角速度为 $\omega_0$。当细绳拉断后,求各杆与铅垂线成 $\theta$ 角时系统的角速度 $\omega$。

答案:$\omega=\dfrac{a^2}{(a+l\sin\theta)^2}\omega_0$

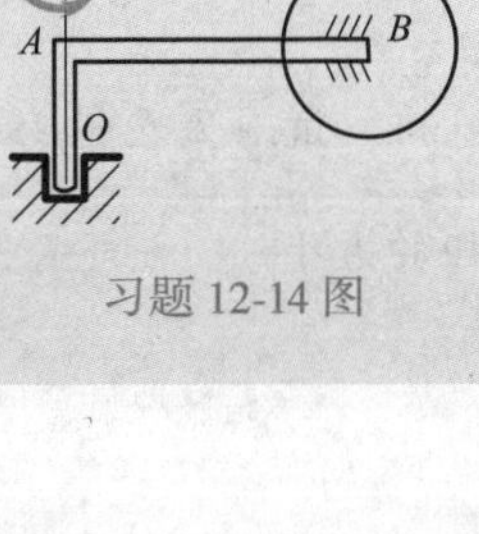

习题 12-14 图

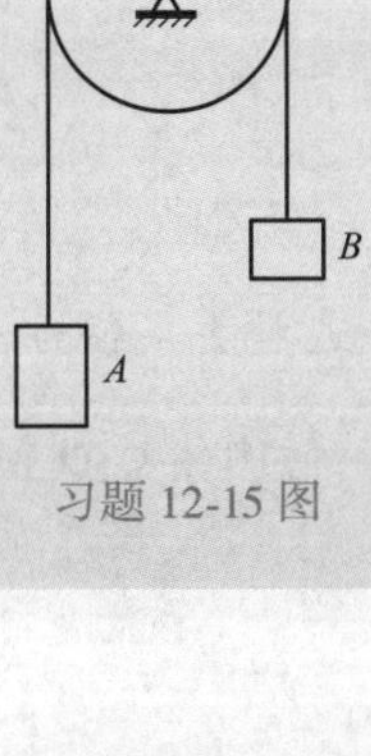

习题 12-15 图

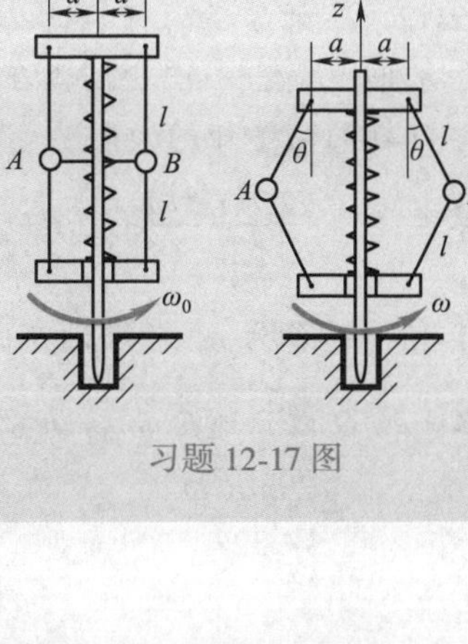

习题 12-17 图

12-18 通风机的转动部分对于其转轴的转动惯量为 $J$，以初角速度 $\omega_0$ 转动。空气的阻力矩与角速度成正比，即 $M=k\omega$，其中 $k$ 为常数。问经过多少时间其角速度降到初角速度的一半？又在此时间内共转过多少转？

答案：$t=\dfrac{J}{k}\ln 2, n=\dfrac{J\omega_0}{4k\pi}$

12-19 均质圆轮重为 $W$，半径为 $r$，对转轴的回转半径为 $\rho$，以角速度 $\omega_0$ 绕水平轴 $O$ 转动。要求在 $t$ 秒内停止，用闸杆制动时需要施加多大的铅垂力 $\boldsymbol{F}$？设动摩擦系数 $f$ 为常数，轴承摩擦不计。

答案：$F=\dfrac{W\rho^2 b\omega_0}{8frlt}$

12-20 圆轮 $A$ 重为 $W_1$，半径为 $r_1$，可绕 $OA$ 杆的 $A$ 端转动；圆轮 $B$ 重为 $W_2$，半径为 $r_2$，可绕其转轴转动。现将轮 $A$ 放置在 $B$ 上，两轮开始接触时，轮 $A$ 的角速度为 $\omega_1$，轮 $B$ 静止。放置后，轮 $A$ 的重量由轮 $B$ 支持。略去轴承的摩擦和杆 $OA$ 的重量，两轮可视为均质圆盘，并设两轮之间的动摩擦系数为 $f$，问自轮 $A$ 放在轮 $B$ 上起到两轮间没有相对滑动时止，经过多少时间。

答案：$t=\dfrac{r_1\omega_1}{2fg\left(1+\dfrac{W_1}{W_2}\right)}$

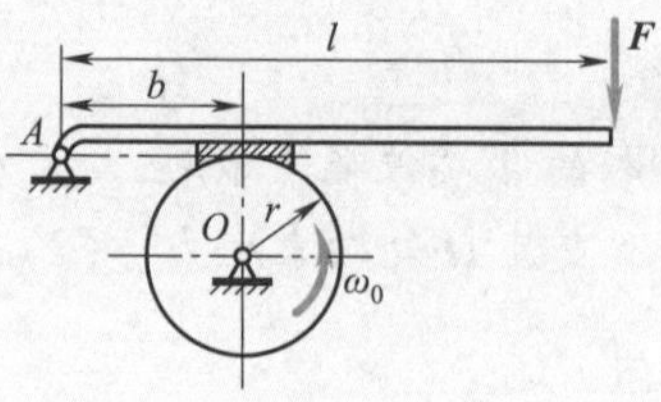

习题 12-19 图

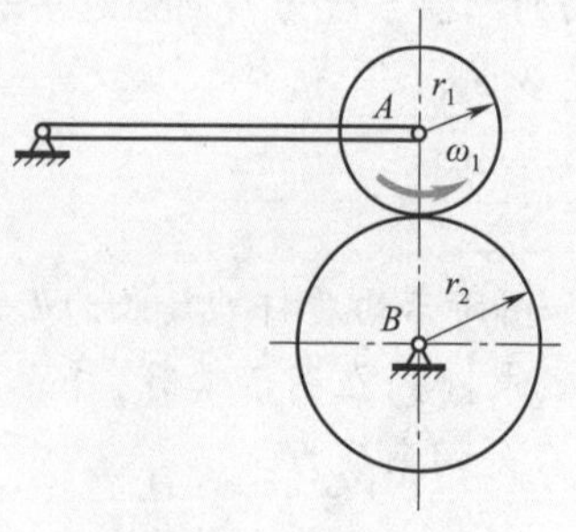

习题 12-20 图

12-21 为求半径 $R=50$ cm 的飞轮 $A$ 对于通过其质心轴的转动惯量，在飞轮上绕以细绳，绳子的末端系一质量 $m_1=8$ kg 重锤，重锤自高度 $h=2$ m 处落下，测得落下的时间 $t_1=16$ s。为消去轴承摩擦的影响，再用质量 $m_2=4$ kg 重锤作第二次试验，此重锤自同一高度处落下的时间 $t_2=25$ s。假定摩擦力矩为一常数，且与重锤质量无关，求飞轮的转动惯量。

答案：$J=1\ 060\ \text{kg}\cdot\text{m}^2$

12-22 质量为 $m$，半径为 $r$，质心在 $C$ 点的均质圆盘在 $O$ 点安装一铅垂轴，在图示力偶 $M$ 的作用下，该圆盘在水平面内转动。求从静止开始至圆盘作用在轴上的法向和切向分力变成相等一瞬间所需要的时间 $t$。

答案：$t=e\cdot\sqrt{\dfrac{mr^2+2me^2}{2M}}$

12-23 图示连杆的质量为 $m$，质心在点 $C$。若 $AC=a$，$BC=b$，连杆对 $B$ 轴的转动惯量为 $J_B$。求连杆对 $A$ 轴的转动惯量。

答案：$J_A=J_B+m(a^2-b^2)$

习题 12-21 图

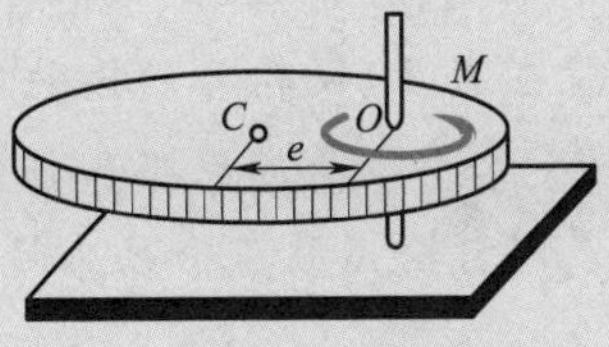


习题 12-22 图

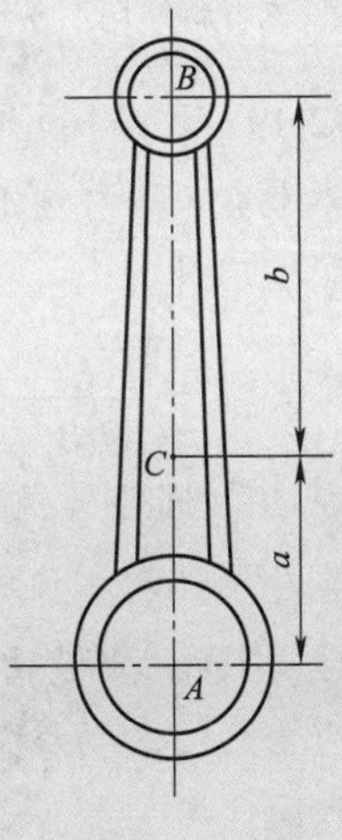


习题 12-23 图

12-24 半径为 $r$，质量为 $m$ 的均质圆柱放在粗糙的水平面上，如图所示。设其质心 $C$ 的速度为 $\boldsymbol{v}_0$，方向水平向右，同时圆柱如图所示方向转动，其初角速度为 $\omega_0$，且有 $r\omega_0<v_0$。如圆柱与水平面的摩擦系数为 $f$，问经过多长时间，圆柱才能只滚不滑地向前运动，该瞬时圆柱质心的速度是多少。

答案：$t=\dfrac{v_0-r\omega_0}{3fg}$，$v=\dfrac{2v_0+r\omega_0}{3}$

12-25 如图所示均质杆 $OA$，长为 $l$，重为 $W$。杆的 $A$ 端被绳子吊起，处于水平状态。若绳子突然剪断，求：(1)在图示瞬时，杆的角加速度及支座 $O$ 处约束反力。(2)当杆转至铅垂位置时，支座 $O$ 处约束反力。

答案：(1) $\alpha=\dfrac{3g}{2l}$，$F_{Ox}=0$，$F_{Oy}=\dfrac{1}{4}W$；(2) $F_{Ox}=0$，$F_{Oy}=\dfrac{5}{2}W$

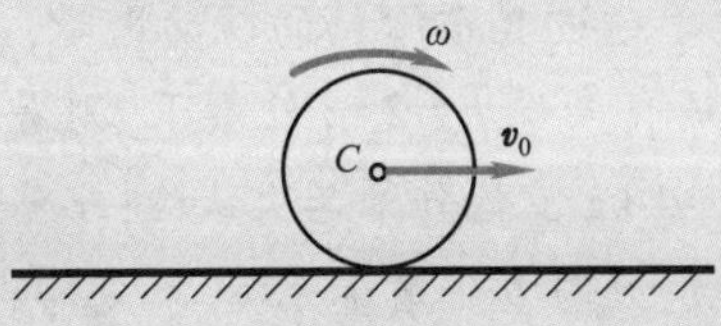


习题 12-24 图

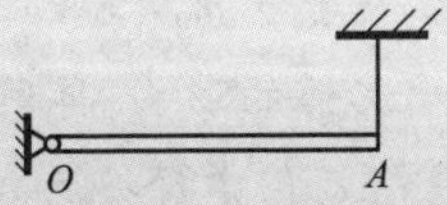


习题 12-25 图

12-26 在铅直平面内有质量为 $m$ 的细铁环和质量为 $m$ 的均质圆盘，分别如图(a)、(b)所示。当 $OC$ 为水平时，由静止释放，求各自的初始角加速度及铰链 $O$ 的约束力。

答案：(a) $\alpha=\dfrac{g}{2r}$，$F_{Ox}=0$，$F_{Ox}=0$；(b) $\alpha=\dfrac{2g}{3r}$，$F_{Ox}=0$，$F_{Oy}=\dfrac{1}{3}mg$

12-27　均质杆 $AB$，长 $L$，质量 $m$，在已知力 $\boldsymbol{F}_A$、$\boldsymbol{F}_B$（$\boldsymbol{F}_A \neq \boldsymbol{F}_B$）作用下，在铅垂面内作平面运动，若对端点 $B$、中点 $C$ 的转动惯量分别为 $J_B$、$J_C$，则图示瞬时杆 $AB$ 的角加速度为多少？（以逆时针为正）

答案：$\alpha = \dfrac{F_B L - F_A L}{2J_C}$

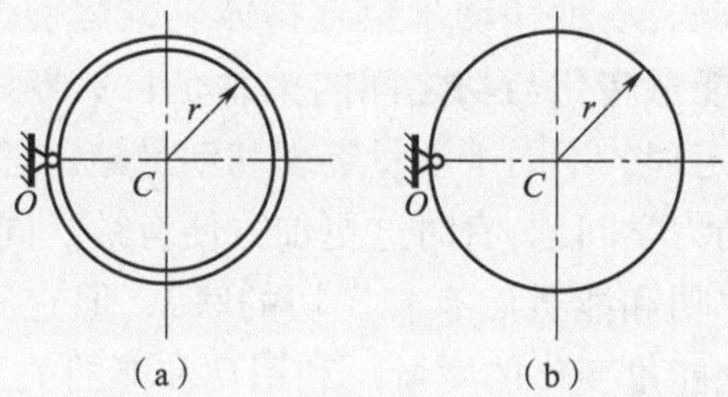


习题 12-26 图

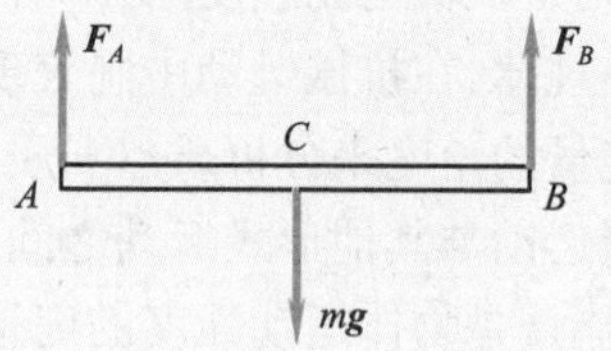


习题 12-27 图

12-28　均质实心圆柱体 $A$ 和薄铁环 $B$ 的质量均为 $m$，半径都等于 $r$，两者用杆 $AB$ 铰接，无滑动地沿斜面滚下，斜面与水平面的夹角为 $\theta$，如图所示。如杆的质量忽略不计，求 $AB$ 的加速度和杆的内力。

答案：$a = \dfrac{4}{7} g\sin\theta$；$F = -\dfrac{1}{7} mg\sin\theta$

12-29　均质细直杆 $AB$，质量为 $m$，长为 $l$，在铅垂位置由静止释放，借 $A$ 端的滚子沿倾角为 $\theta = 30°$ 的斜面滑下，如图所示。如不计滚子的质量和各处摩擦，求刚释放时：（1）杆 $AB$ 的角加速度；（2）点 $A$ 的加速度；（3）杆 $AB$ 的 $A$ 端所受的反力。

答案：（1）12. 12 $\text{rad/s}^2$；（2）11. 2 $\text{m/s}^2$；（3）$F_{NA} = 14.5$ N

12-30　用一轻绳将一均质细长杆悬挂起来，企图使其像一个摆那样作摆动，如图所示。试证明在运动过程中，该杆不可能与绳索共线。

答案：证明二者的转动角加速度是不同的。

习题 12-28 图

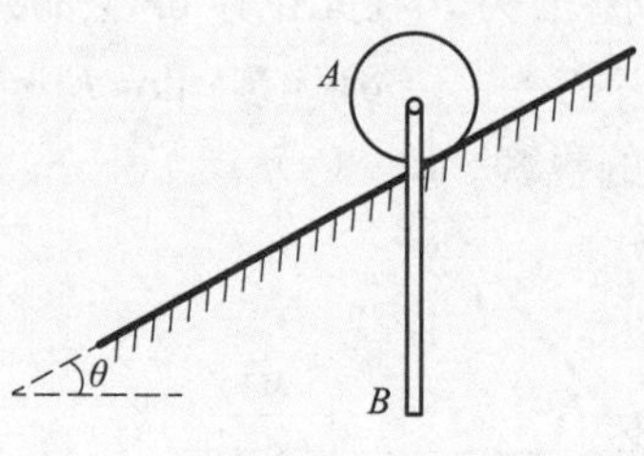


习题 12-29 图

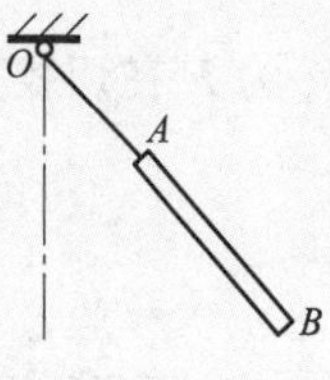


习题 12-30 图

# 第13章 动能定理

物体的机械运动强度可以有不同的度量方法,动量和动量矩是物体机械运动强度的一种度量,动能则是机械运动强度的另一种度量。能量转化与功之间的关系是自然界中各种形式运动的普遍规律,在机械运动中则表现为动能定理。不同于动量定理和动量矩定理,动能定理是从功与能量的角度来分析质点和质点系的动力学问题,有时这更加方便有效。同时,它还可以建立机械运动与其他形式运动之间的联系。功和能虽然有着密切的联系,但它们是两个不同的概念:能量是物体运动强度的度量,而功是能量变化的度量。利用功和能的关系来研究物体的机械运动是理论力学最重要的方法之一。

本章将讨论力与力偶的功、动能和势能的概念,推导给出了质点和质点系的动能定理,并将综合运用动量定理、动量矩定理和动能定理分析较复杂的动力学问题。

## §13-1 功

力的功是力对物体的作用在一段路程上累积效果的度量,在物理学中已经介绍了常力在物体(视为质点或平动物体)的直线运动中(见图13-1)所作的功为

$$W=Fs\cos\alpha=\boldsymbol{F}\cdot\boldsymbol{s} \tag{13-1}$$

式中,$\alpha$ 为力 $\boldsymbol{F}$ 与直线位移方向之间的夹角。功是代数量,在国际单位制中,功的单位为J(焦耳),1 J等于1 N的力在同一方向1 m路程上作的功。

### 1. 力的元功

设质点 $M$ 在变力 $\boldsymbol{F}$ 的作用下沿曲线运动,如图13-2所示。将曲线 $M_1M_2$ 分成一系列微小的元弧段,任取一元弧段 $MM'$ 作为元路程 $\mathrm{d}s$。用 $\mathrm{d}\boldsymbol{r}=\boldsymbol{MM'}$ 表示位移矢量,其大小 $\mathrm{d}r\approx\mathrm{d}s$。在每个弧段中,力 $\boldsymbol{F}$ 可视为不变,力 $\boldsymbol{F}$ 在元位移 $\mathrm{d}\boldsymbol{r}$ 上的元功

$$\delta W=\boldsymbol{F}\cdot\mathrm{d}\boldsymbol{r}=F_t\cdot\mathrm{d}s \tag{13-2}$$

式中,$F_t$ 为 $\boldsymbol{F}$ 在切线方向的投影。

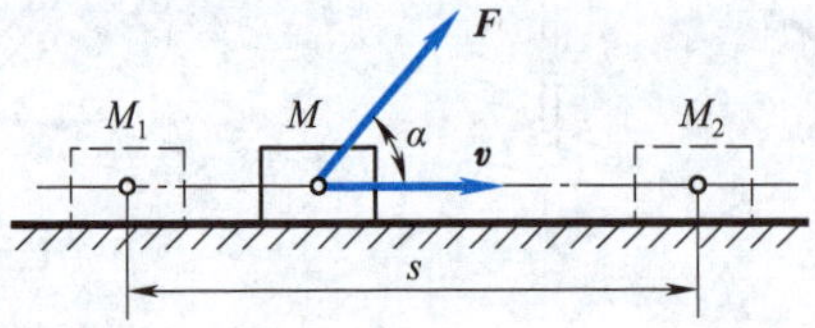

图 13-1

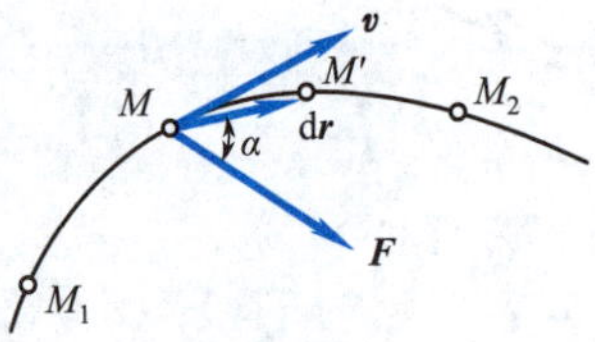

图 13-2

建立直角坐标系 $Oxyz$,设力 $\boldsymbol{F}$ 及作用点的元位移 $\mathrm{d}\boldsymbol{r}$ 的解析表达式为

$$\boldsymbol{F}=F_x\boldsymbol{i}+F_y\boldsymbol{j}+F_z\boldsymbol{k} \tag{13-3}$$

$$\mathrm{d}\boldsymbol{r}=\mathrm{d}x\boldsymbol{i}+\mathrm{d}y\boldsymbol{j}+\mathrm{d}z\boldsymbol{k} \tag{13-4}$$

则

$$\delta W=\boldsymbol{F}\cdot\mathrm{d}\boldsymbol{r}=F_x\cdot\mathrm{d}x+F_y\cdot\mathrm{d}y+F_z\cdot\mathrm{d}z \tag{13-5}$$

在曲线路程 $M_1M_2$ 上，力 $\boldsymbol{F}$ 对质点所作的功，等于在此路程上所有元功的总和，即

$$W=\int_{M_1M_2}(\boldsymbol{F}\cdot\mathrm{d}\boldsymbol{r})$$

或

$$W=\int_{M_1M_2}(F_x\cdot\mathrm{d}x+F_y\cdot\mathrm{d}y+F_z\cdot\mathrm{d}z) \tag{13-6}$$

## 2. 作用于定轴转动刚体上的力及力偶的功

设刚体可绕固定轴 $Oz$ 转动。刚体上各点的元位移都可用刚体的转角 $\mathrm{d}\varphi$ 表示。设力 $\boldsymbol{F}_i$ 作用于 $M_i$ 点，如图 13-3 所示。当刚体有一微小转角 $\mathrm{d}\varphi$ 时，力 $\boldsymbol{F}_i$ 作用点的元位移为 $\mathrm{d}\boldsymbol{r}_i$ 沿切线方向元弧长为 $\mathrm{d}s_i=R_i\cdot\mathrm{d}\varphi=|\mathrm{d}\boldsymbol{r}_i|$。则力 $\boldsymbol{F}_i$ 的元功

$$\delta W_i=\boldsymbol{F}_i\cdot\mathrm{d}\boldsymbol{r}_i=F_{i\tau}\cdot\mathrm{d}s_i=F_{i\tau}\cdot R_i\cdot\mathrm{d}\varphi=M_z(\boldsymbol{F}_i)\cdot\mathrm{d}\varphi$$

力系各力的元功之和

$$\delta W=\sum M_z(\boldsymbol{F}_i)\cdot\mathrm{d}\varphi$$

设 $M_z=\sum M_z(\boldsymbol{F}_i)$ 为对转轴 $Oz$ 的主矩，则力系的元功为

$$\delta W=M_z\cdot\mathrm{d}\varphi$$

当刚体转过有限转角 $\varphi$ 时，力系所作的功为

$$W=\int_0^{\varphi}M_z\cdot\mathrm{d}\varphi \tag{13-7}$$

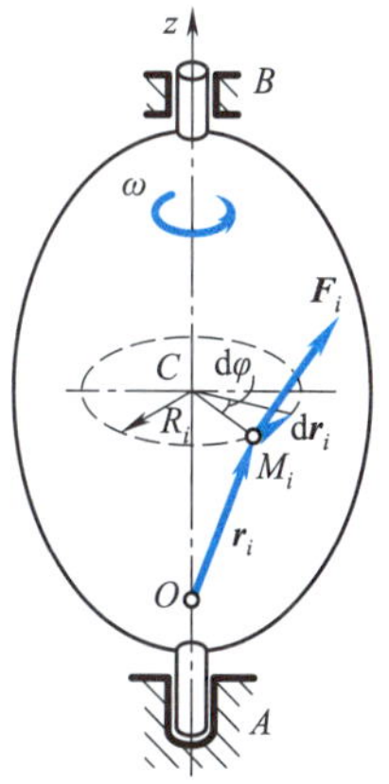


图　13-3

设在刚体上作用一个力偶，力偶矩矢量与转轴 $Oz$ 平行，大小 $M$ 不变，则力偶对 $Oz$ 的主矩 $M_z=\pm M$，当刚体转过有限转角 $\varphi$ 时，力偶所作的功为

$$W=\pm\int_0^{\varphi}M\cdot\mathrm{d}\varphi=\pm M\cdot\varphi \tag{13-8}$$

式(13-8)也可以用来计算力偶对平面运动刚体所作的功。

## 3. 几种常见力的功

(1)重力的功。

设重为 $\boldsymbol{G}$ 的质点 $M$ 由点 $M_1(x_1,y_1,z_1)$ 运动到 $M_2(x_2,y_2,z_2)$(见图 13-4)，其中 $z$ 轴铅垂向上。由式(13-6)得

$$W=\int_{M_1M_2}-G\cdot\mathrm{d}z=G(z_1-z_2) \tag{13-9}$$

质点系由位置Ⅰ运动到位置Ⅱ过程中重力的功为

$$W=\sum G_i(z_{i_1}-z_{i_2})=\sum G_iz_{i_1}-\sum G_iz_{i_2}=\left(\sum G_i\right)(z_{c_1}-z_{c_2}) \tag{13-10}$$

式中，$\sum G_i$ 为整个质点系的重量，$z_{c_1}$ 和 $z_{c_2}$ 分别为质点系在位置Ⅰ、Ⅱ时的质心坐标。由式(13-9)和式(13-10)可见，重力的功与质点(心)运动的路径无关。

(2)弹性力的功。

设质点 $M$ 与弹簧连接,如图 13-5 所示。弹簧的自然长度为 $l_0$,在弹性范围内,弹性力的大小为

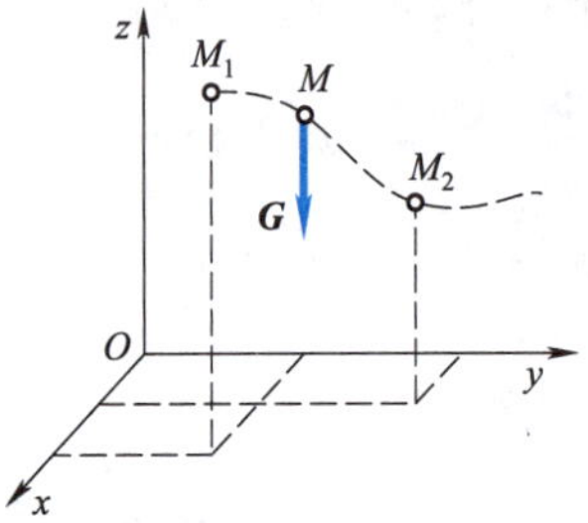


图 13-4

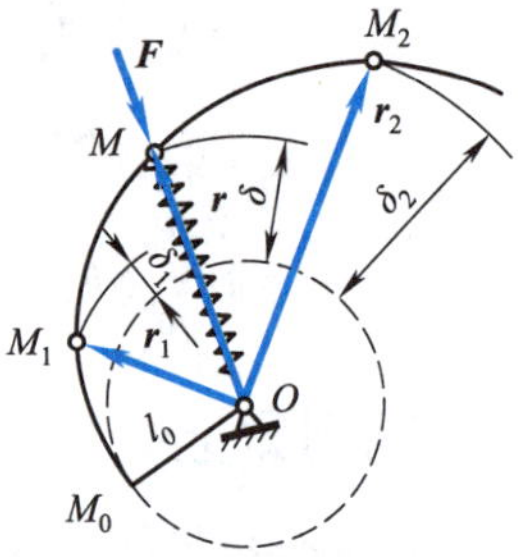


图 13-5

$$F=k(r-l_0) \tag{13-11}$$

式中,$k$ 为弹簧的刚度系数,其单位为牛顿/米(N/m),$r$ 为任意位置时弹簧的长度。弹性力 $F$ 的方向与弹簧变形方向相反。因此,弹性力 $\boldsymbol{F}$ 可表示为

$$\boldsymbol{F}=-k(r-l_0)\frac{\boldsymbol{r}}{r}$$

元功
$$\delta W=\boldsymbol{F}\cdot \mathrm{d}\boldsymbol{r}=-k(r-l_0)\frac{\boldsymbol{r}}{r}\cdot \mathrm{d}\boldsymbol{r}$$

因为$\dfrac{\boldsymbol{r}}{r}\cdot \mathrm{d}\boldsymbol{r}=\dfrac{\mathrm{d}(\boldsymbol{r}\cdot\boldsymbol{r})}{2r}=\dfrac{\mathrm{d}(r^2)}{2r}=\mathrm{d}r$,于是

$$\delta W=-k(r-l_0)\cdot \mathrm{d}r \tag{13-12}$$

当质点由点 $M_1$ 运动到 $M_2$ 时,弹性力所作的功为

$$W=\int_{M_1M_2}-k(r-l_0)\cdot \mathrm{d}r=\frac{1}{2}k\left[(r_1-l_0)^2-(r_2-l_0)^2\right]=\frac{1}{2}k(\delta_1^2-\delta_2^2) \tag{13-13}$$

即弹性力的功等于弹簧的初变形($\delta_1$)的平方与末变形($\delta_2$)的平方差与弹簧刚度系数($k$)的乘积的一半。它也与质点运动的路径无关。

(3)万有引力的功。

质量为 $m$ 的质点 $M$ 在另一质点 $O$(质量为 $m_0$)的引力作用下,由位置 $M_1$ 运动到 $M_2$(见图 13-6);由牛顿万有引力定律得引力 $\boldsymbol{F}$ 为

$$\boldsymbol{F}=-G\frac{m_0m}{r^2}\cdot\frac{\boldsymbol{r}}{r}$$

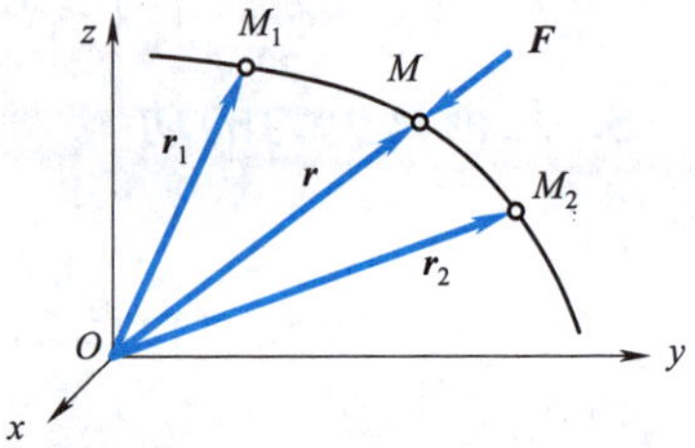


图 13-6

式中,$\boldsymbol{r}$ 是引力中心 $O$ 至质点 $M$ 的矢径;$G$ 是引力常数。

$$\delta W=\boldsymbol{F}\cdot \mathrm{d}\boldsymbol{r}=-G\frac{m_0m}{r^2}\cdot\frac{\boldsymbol{r}}{r}\cdot \mathrm{d}\boldsymbol{r}=-G\frac{m_0m}{r^2}\mathrm{d}r$$

于是,万有引力的功为

$$W=\int_{M_1}^{M_2}\boldsymbol{F}\cdot \mathrm{d}\boldsymbol{r}=\int_{M_1}^{M_2}Gm_0m\cdot \mathrm{d}\frac{1}{r}=Gm_0m\left(\frac{1}{r_2}-\frac{1}{r_1}\right) \tag{13-14}$$

万有引力的功也与质点的运动路径无关。

(4)约束力的功。

第一章在进行了一定的简化(如假设绳不可伸长,链杆长度不变,所有接触面光滑)后,得出常见约束的约束力。容易证明,当这些约束力为质点系外力时,它们的元功总为零(见图 13-7)。

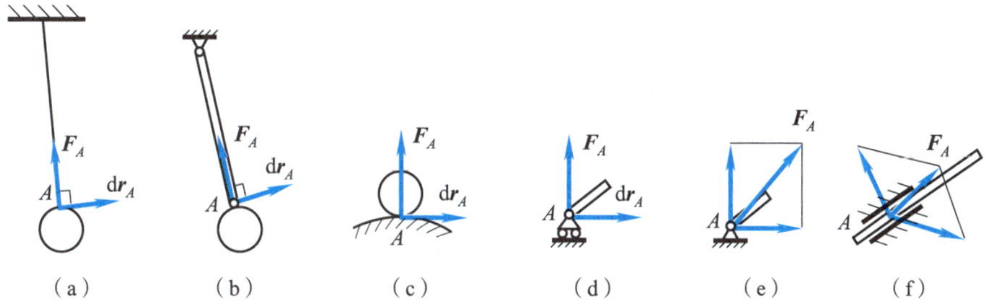


图　13-7

在图 13-7(a)、(b)、(c)、(d)中,绳索、铰链、光滑面、滚动铰支座的约束反力 $\boldsymbol{F}_A$ 总与力作用点的元位移 $\mathrm{d}\boldsymbol{r}_A$ 垂直。在图 13-7(e)、(f)中,固定铰支座和轴承的约束反力 $\boldsymbol{F}_A$ 的作用线过铰链或轴中心 $A$,而铰链中心或轴心的元位移 $\mathrm{d}\boldsymbol{r}_A$ 总为零。

当约束反力为质点系内力时,总是成对出现的。图 13-8(a)、(b)中,绳索直接或穿过光滑小环连接系统中的两个物体。$\boldsymbol{F}_A$、$\boldsymbol{F}_B$ 大小相等,作用线沿绳。由于绳索不可伸长,作用点位移 $\mathrm{d}\boldsymbol{r}_A$、$\mathrm{d}\boldsymbol{r}_B$ 有关系 $\mathrm{d}r_A\cos\alpha=\mathrm{d}r_B\cos\beta$。$\boldsymbol{F}_A$、$\boldsymbol{F}_B$ 元功之和为

$$\boldsymbol{F}_A\cdot\mathrm{d}\boldsymbol{r}_A+\boldsymbol{F}_B\cdot\mathrm{d}\boldsymbol{r}_B=F_A\mathrm{d}r_A\cos\alpha-F_A\mathrm{d}r_B\cos\beta=F_A(\mathrm{d}r_A\cos\alpha-\mathrm{d}r_B\cos\beta)=0$$

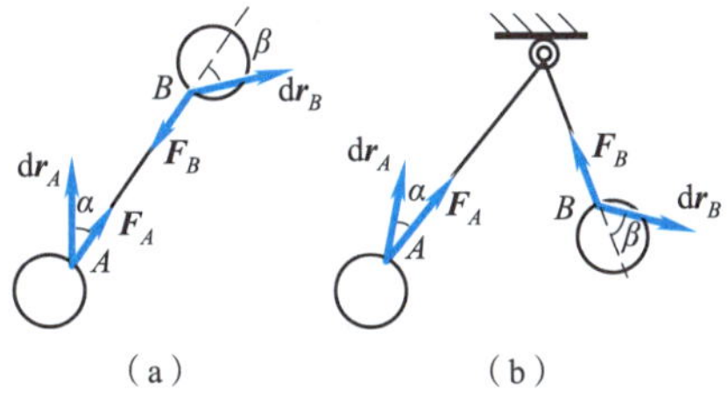


图　13-8

系统内的物体也可以通过光滑铰链或光滑面相连接(见图 13-9)。图 13-9(a)中一对内力 $\boldsymbol{F}_A$、$\boldsymbol{F}'_A$ 互为作用力、反作用力。铰接点 $A$ 的元位移为 $\mathrm{d}\boldsymbol{r}_A$。$\boldsymbol{F}_A$、$\boldsymbol{F}'_A$ 的元功之和为

$$\boldsymbol{F}_A\cdot\mathrm{d}\boldsymbol{r}_A+\boldsymbol{F}'_A\cdot\mathrm{d}\boldsymbol{r}_A=(\boldsymbol{F}_A-\boldsymbol{F}_A)\cdot\mathrm{d}\boldsymbol{r}_A=0$$

图 13-9(b)中以物体 $B$ 为动参考系,$B$ 作用于 $A$ 的力 $\boldsymbol{F}_A$ 的作用点为动点,反作用力 $\boldsymbol{F}'_A$ 的作用点恰为牵连点,约束力 $\boldsymbol{F}_A$、$\boldsymbol{F}'_A$ 与相对位移 $\mathrm{d}\boldsymbol{r}_\mathrm{r}$ 垂直。由速度合成定理乘 $\mathrm{d}t$ 可得

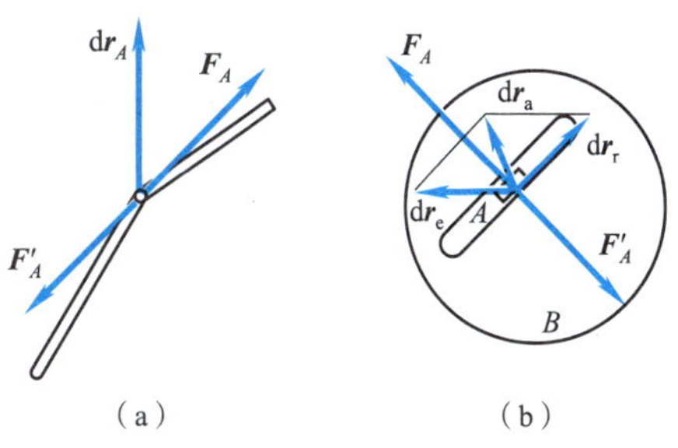


图　13-9

$$\mathrm{d}\boldsymbol{r}_\mathrm{a}=\mathrm{d}\boldsymbol{r}_\mathrm{e}+\mathrm{d}\boldsymbol{r}_\mathrm{r}$$

$\boldsymbol{F}_A$、$\boldsymbol{F}'_A$ 的元功之和为

$$\boldsymbol{F}_A \cdot \mathrm{d}\boldsymbol{r}_\mathrm{a}+\boldsymbol{F}'_A \cdot \mathrm{d}\boldsymbol{r}_\mathrm{e}=\boldsymbol{F}_A \cdot (\mathrm{d}\boldsymbol{r}_\mathrm{a}-\mathrm{d}\boldsymbol{r}_\mathrm{e})=\boldsymbol{F}_A \cdot \mathrm{d}\boldsymbol{r}_\mathrm{r}=0$$

上述约束统称为理想约束。从以上分析可知,理想约束约束力作功的总和一定为零。在引入动能定理解决问题时,受力图中可以不画约束力;或者换个说法,只需画出作功的力,包括作功的内力。

(5)质点系内力的功。

设 $A$、$B$ 为质点系内任意两质点,它们之间的相互作用力分别为 $\boldsymbol{F}_A$ 和 $\boldsymbol{F}_B$。设 $\boldsymbol{r}_A$ 和 $\boldsymbol{r}_B$ 分别为 $A$、$B$ 两点对定点 $O$ 的矢径(见图 13-10)。由于 $\boldsymbol{F}_A$ 和 $\boldsymbol{F}_B$ 互为作用力与反作用力,所以 $\boldsymbol{F}_A=-\boldsymbol{F}_B$。这一对内力的元功之和为

$$\delta W=\boldsymbol{F}_A \cdot \mathrm{d}\boldsymbol{r}_A+\boldsymbol{F}_B \cdot \mathrm{d}\boldsymbol{r}_B=\boldsymbol{F}_A \cdot (\mathrm{d}\boldsymbol{r}_A-\mathrm{d}\boldsymbol{r}_B)=\boldsymbol{F}_A \cdot \mathrm{d}\boldsymbol{r}_{BA}=-\boldsymbol{F}_A \cdot \mathrm{d}\boldsymbol{r}_{AB}$$

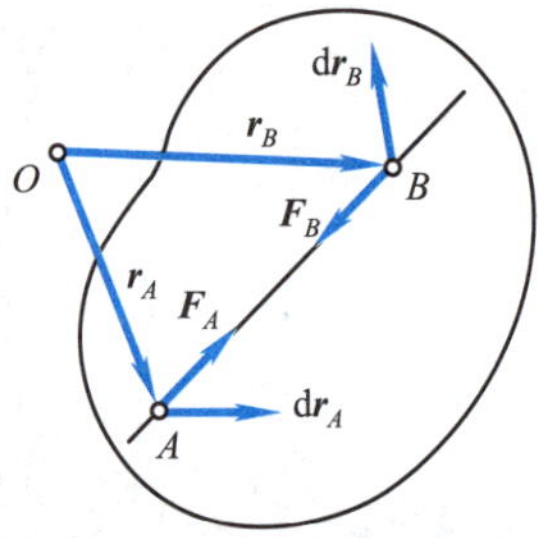

图 13-10

由于刚体内任意两点间的距离保持不变,故刚体内力的功之和为零。根据这一特点,也可把刚体内力归入理想约束的约束力。

若质点系是可变质点系,则 $A$、$B$ 两点间的距离可能发生变化,则两质点间的相互作用力的元功之和将不为零,这就是说,可变质点系内力的功一般不为零。

(6)摩擦力的功。

当两刚体沿接触面有相对滑动时,摩擦力是作功的。一般情况下摩擦力方向与其作用点的运动方向相反,所以摩擦力作负功,其大小等于摩擦力与滑动距离的乘积。如果摩擦力作用点没有位移,尽管有静滑动摩擦力存在,但静滑动摩擦力不作功(如轮子在地面上作无滑动的纯滚动的情形)。

## §13-2 动 能

### 1. 质点的动能

质点的质量为 $m$,速度为 $v$,则质点的动能为

$$T=\frac{1}{2}mv^2 \tag{13-15}$$

【例 13-1】 杆 $OB$ 绕 $O$ 以 $\theta=A\sin \omega t$ 作摆动,质量为 $m$ 的质点 $M$ 相对 $OB$ 杆以作直线运动(见图 13-11)。当 $M$ 距离 $O$ 为 $s$ 时,求质点 $M$ 动能的一般表达式。

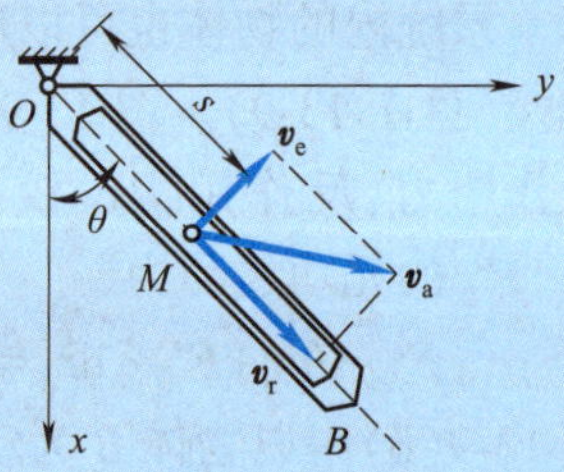

图 13-11

【解】 以 $M$ 为动点,杆 $OB$ 为动系,则有

$$\boldsymbol{v}_\mathrm{a}=\boldsymbol{v}_\mathrm{e}+\boldsymbol{v}_\mathrm{r}$$

质点 $M$ 的动能

$$T=\frac{1}{2}mv_\mathrm{a}^2=\frac{1}{2}m(v_\mathrm{e}^2+v_\mathrm{r}^2)=\frac{1}{2}m\left[(s\dot{\theta})^2+\dot{s}^2\right]$$

$$=\frac{1}{2}m(s^2A^2\omega^2\cos^2\omega t+\dot{s}^2)$$

注意:计算质点的动能时要用绝对速度。

### 2. 质点系的动能

设由 $n$ 个质点组成的质点系，对于惯性系 $Oxyz$ 作任意运动，在任一瞬时，系内任一质量为 $m_i$ 的质点 $M_i$ 的速度为 $\boldsymbol{v}_i$(见图 13-12)，其动能为$\frac{1}{2}m_i v_i^2$。质点系在某瞬时所有各质点动能的总和，称为该瞬时质点系的动能。用 $T$ 表示，即

$$T=\sum \frac{1}{2}m_i v_i^2 \tag{13-16}$$

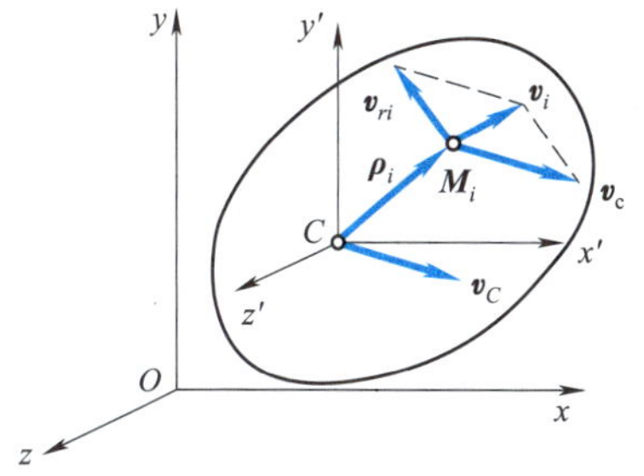

图　13-12

设质点系的质心为 $C$，坐标系 $Cx'y'z'$为随质心 $C$ 作平动的参考系。对于质点 $M_i$ 根据速度合成定理，有$\boldsymbol{v}_i=\boldsymbol{v}_c+\boldsymbol{v}_{ri}$。由于 $v_i^2=v_c^2+v_{ri}^2+2\boldsymbol{v}_c\cdot\boldsymbol{v}_{ri}$，将其代入式(13-16)得

$$T=\sum \frac{1}{2}m_i v_i^2=\frac{1}{2}\left(\sum m_i\right)v_c^2+\sum \frac{1}{2}m_i v_{ri}^2+\boldsymbol{v}_c\cdot\sum m_i\,\boldsymbol{v}_{ri}=\frac{1}{2}Mv_c^2+T_r+\boldsymbol{v}_c\cdot M\,\boldsymbol{v}_{cr}$$

其中

$$T_r=\sum \frac{1}{2}m_i v_{ri}^2 \tag{13-17}$$

称为质点系相对质心平动参考系的动能。考虑到质心 $C$ 相对于质心平动坐标系 $Cx'y'z'$运动的速度 $v_{cr}=0$，于是，质点系动能计算式可写为

$$T=\frac{1}{2}Mv_c^2+T_r \tag{13-18}$$

即质点系的动能等于它随质心平动的动能与它相对于质心的相对运动动能之和，称为柯尼西定理。

### 3. 刚体的动能

计算刚体的动能，首先要区分刚体运动的类型。

(1)平动刚体的动能。

各点的速度相同，$\boldsymbol{v}_i=\boldsymbol{v}_C$，故其动能为

$$T=\sum \frac{1}{2}m_i v_i^2=\frac{1}{2}\sum(m_i)v_i^2=\frac{1}{2}Mv_C^2 \tag{13-19}$$

(2)定轴转动刚体的动能。

可用瞬时角速度 $\omega$ 求出各点速度 $v_i=\omega r_i$，刚体的动能为

$$T=\sum \frac{1}{2}m_i v_i^2=\frac{1}{2}(m_i r_i^2)\omega^2=\frac{1}{2}J_z\omega^2 \tag{13-20}$$

式中，$J_z$ 为定轴转动刚体对转轴的转动惯量。

(3)平面运动刚体的动能。

对于平面运动刚体，相对质心 $C$ 的运动为定轴转动，由式(13-20)，$T_r=\frac{1}{2}J_C\omega^2$，式中 $J_C$ 为

刚体对于垂直于运动平面的质心轴的转动惯量。于是,根据柯尼西定理,平面运动刚体的动能

$$T=\frac{1}{2}Mv_c^2+\frac{1}{2}J_c\omega^2 \tag{13-21}$$

即平面运动刚体的动能等于刚体随质心平动的动能和绕质心转动的动能之和。

当 $\omega\neq 0$ 时,刚体的平面运动可看作绕“瞬轴”(垂直于运动平面并通过刚体速度瞬心 $P$ 的轴)的转动,则 $v_c=\overline{PC}\cdot\omega$,代入式(13-21)得

$$T=\frac{1}{2}(M\cdot\overline{PC}^2+J_C)\omega^2=\frac{1}{2}J_P\omega^2 \tag{13-22}$$

式中,$J_P=J_C+M\cdot\overline{PC}^2$ 为刚体对瞬轴的转动惯量。不同瞬时长度 $\overline{PC}$ 可能不同,$J_P$ 的大小可能随时间而变化。

如果某个系统包含若干刚体,而每个刚体又按照不同的形式运动,则计算该系统的动能时,可先按各个刚体的运动形式分别计算出其动能,然后把它们相加起来,所得的总和就是该系统的动能。

## §13-3 质点的动能定理

质量为 $m$ 的质点 $M$ 在合力 $\boldsymbol{F}$ 作用下沿曲线轨迹由点 $M_1$ 运动至点 $M_2$,其任一瞬时的速度为 $\boldsymbol{v}$,由质点运动微分方程

$$m\frac{\mathrm{d}\boldsymbol{v}}{\mathrm{d}t}=\boldsymbol{F}$$

两边点乘 $\mathrm{d}t$ 时间内的位移 $\mathrm{d}\boldsymbol{r}$,并注意到 $\frac{\mathrm{d}\boldsymbol{r}}{\mathrm{d}t}=\boldsymbol{v}$,得

$$m\boldsymbol{v}\cdot\mathrm{d}\boldsymbol{v}=\boldsymbol{F}\cdot\mathrm{d}\boldsymbol{r}=\delta W$$

于是

$$\mathrm{d}\left(\frac{1}{2}mv^2\right)=\delta W \tag{13-23}$$

式(13-23)称为质点动能定理的微分形式。

将式(13-23)进行积分

$$\int_{v_1}^{v_2}\mathrm{d}\left(\frac{1}{2}mv^2\right)=\int_{M_1}^{M_2}\boldsymbol{F}_\tau\cdot\mathrm{d}s$$

得到

$$\frac{1}{2}mv_2^2-\frac{1}{2}mv_1^2=W_{12} \tag{13-24}$$

此即质点动能定理的积分形式:在质点运动的某个过程中,质点动能的变化等于作用于质点的力作的功。力作正功,质点动能增加;力作负功,质点动能减小。

## §13-4 质点系的动能定理

设质点系由 $n$ 个质点组成,其中任一个质量为 $m_i$ 的质点 $M_i$ 在瞬时 $t$ 的速度为 $\boldsymbol{v}_i$。设其所

受来自质点系以外的力的合力为 $\boldsymbol{F}_i^{(e)}$，来自质点系内其他质点的力的合力为 $\boldsymbol{F}_i^{(i)}$，则由质点动能定理的微分形式(13-23)有

$$\mathrm{d}\left(\frac{1}{2}m_i v_i^2\right)=\boldsymbol{F}_i^{(e)}\cdot \mathrm{d}\boldsymbol{r}_i+\boldsymbol{F}_i^{(i)}\cdot \mathrm{d}\boldsymbol{r}_i=\delta W_i^{(e)}+\delta W_i^{(i)}$$

对于质点系，这样的式子共有 $n$ 个，将它们相加，可有

$$\mathrm{d}T=\mathrm{d}\sum\left(\frac{1}{2}m_i v_i^2\right)=\sum\delta W_i^{(e)}+\sum\delta W_i^{(i)} \tag{13-25}$$

此式为质点系动能定理的微分形式。它表明质点系动能的微分，等于作用于质点系上全部力的元功之和。

设质点系从位置Ⅰ运动到位置Ⅱ，其动能由 $T_1$ 变为 $T_2$，质点系所受全部力在此过程中所作的功之和为 $\sum W_{12}^{(e)}+\sum W_{12}^{(i)}$，将上式积分得

$$T_2-T_1=\sum W_{12}^{(e)}+\sum W_{12}^{(i)}=\sum W_{12} \tag{13-26}$$

此式为质点系动能定理的积分形式或有限形式。它表明：质点系的动能在某一段时间内的改变，等于作用在质点系的全部力在相应的一段路程中的功之和。

**【例 13-2】** 卷扬机如图 13-13 所示。鼓轮在矩为 $M$ 的力偶作用下，将均质圆柱沿斜面上拉。已知鼓轮半径为 $R_1$，重为 $\boldsymbol{G}_1$，质量均匀地分布在轮缘上；圆柱的半径为 $R_2$，重为 $\boldsymbol{G}_2$，可沿倾角为 $\alpha$ 的斜面作纯滚动。系统从静止开始运动。不计绳重，求圆柱中心 $C$ 经过路程 $l$ 时的速度和加速度。

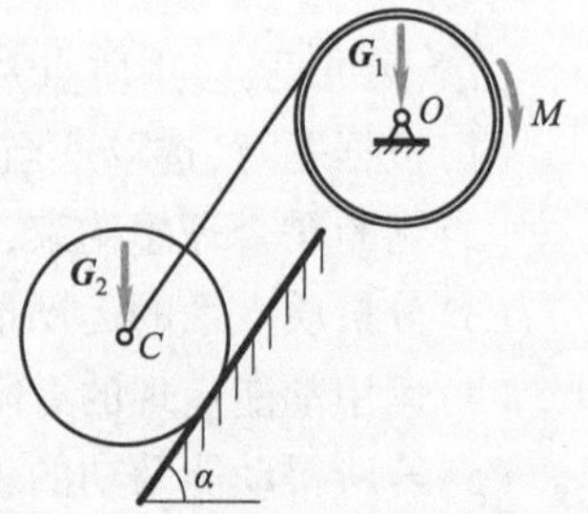

图　13-13

**【解】** 取由圆柱、鼓轮和绳索组成的系统为研究对象。系统受理想约束，只有力偶矩 $M$ 及重力 $\boldsymbol{G}_2$ 作功(见图 13-13)，当系统从静止开始运动到圆柱中心 $C$ 经过路程 $l$ 的过程中，力的功为

$$\sum W=M\varphi-G_2 l\sin\alpha=\left(\frac{M}{R_1}-G_2\sin\alpha\right)l \tag{①}$$

式中，$\varphi=\dfrac{l}{R_1}$为鼓轮的转角。

质点系初瞬时的动能 $T_1=0$；当圆柱中心经过路程 $l$ 时，设中心 $C$ 的速度为 $\boldsymbol{v}_C$。圆柱作平面运动，其角速度为 $\omega_2$；鼓轮作定轴转动，其角速度为 $\omega_1$，系统的动能为

$$T_2=\frac{1}{2}J_1\omega_1^2+\frac{1}{2}J_2\omega_2+\frac{1}{2}\frac{G_2}{g}v_C^2$$

式中，$J_1$ 和 $J_2$ 分别为鼓轮对中心轴 $O$ 和圆柱对中心轴 $C$ 的转动惯量，其中 $J_1=\dfrac{G_1}{g}R_1^2$，$J_2=\dfrac{1}{2}\dfrac{G_2}{g}R_2^2$。

从运动学关系 $\omega_1=\dfrac{v_C}{R_1}$，$\omega_2=\dfrac{v_C}{R_2}$，代入得

$$T_2=\frac{1}{4}\cdot\frac{(2G_1+3G_2)}{g}v_C^2 \tag{②}$$

根据质点系动能定理 $T_2 - T_1 = \sum W_{12}$，有

$$\frac{1}{4}\cdot\frac{(2G_1+3G_2)}{g}v_c^2=\left(\frac{M}{R_1}-G_2\sin\alpha\right)l \qquad ③$$

求得

$$v_C=\sqrt{\frac{(M/R_1-G_2\sin\alpha)gl}{2G_1+3G_2}}$$

式③对任何位置都成立，两边对 $t$ 求导，并注意到 $\frac{\mathrm{d}l}{\mathrm{d}t}=v_C$ 得

$$\frac{2G_1+3G_2}{2g}v_Ca_C=\left(\frac{M}{R_1}-G_2\sin\alpha\right)v_C$$

消去 $v_C$，解得圆柱中心的加速度为

$$a_C=\frac{2g\left(\frac{M}{R_1}-G_2\sin\alpha\right)}{2G_1+3G_2}$$

由上例可见，应用质点系动能定理解题的基本步骤如下：

(1)根据题意，选取适当的质点系作为研究对象；

(2)判断是否理想约束，仅考虑作功的力，作出受力图，计算功；

(3)分析质点系的运动情况及运动关系，计算系统始、末的动能并用独立的变量表示；

(4)运用动能定理的有限形式求出速度或角速度；

(5)若所得动能及功的表达式为一般表达式，则可由动能定理微分形式求加速度或角加速度。

## §13-5　功率和功率方程

### 1. 功率

在工程中，不仅要计算功，有时还要知道完成这些功所用时间。

单位时间内所作的功称为功率，以 $P$ 表示

$$P=\frac{\delta W}{\mathrm{d}t}=\frac{\boldsymbol{F}\cdot\mathrm{d}\boldsymbol{r}}{\mathrm{d}t}=\boldsymbol{F}\cdot\boldsymbol{v}=F_\tau v \qquad (13\text{-}27)$$

式中，$\boldsymbol{v}$是 $\boldsymbol{F}$ 作用点的速度。由此可见，功率等于切向力与力作用点速度的乘积。例如，用机床加工零件时，如果切削力越大，切削速度越高，则要求机床的功率越大。又如，汽车上坡需要较大的驱动力，为了控制发电机功率不超过额定值，驾驶员一般选用低速挡。

作用在定轴转动刚体上的力的功率为

$$P=\frac{\mathrm{d}W}{\mathrm{d}t}=M_z\frac{\mathrm{d}\varphi}{\mathrm{d}t}=M_z\omega \qquad (13\text{-}28)$$

式中，$M_z$ 是力对转轴 $z$ 的矩；$\omega$ 是角速度。

功率的单位在国际单位制中是瓦特(W)、千瓦(kW)或兆瓦(MW)。

$$1\ \mathrm{W}=1\ \mathrm{J/s}=1\ \mathrm{N\cdot m/s}$$

$$1\ \mathrm{MW}=10^3\ \mathrm{kW}=10^6\ \mathrm{W}$$

知道了电动机的额定功率 $P(\mathrm{kW})$ 和额定转速 $n(\mathrm{r/min})$，也可计算电动机输出的力偶矩(转矩，单位 N·m)

$$M=\frac{1\ 000P}{\omega}=\frac{60\ 000P}{2\pi N}=9\ 549\ \frac{P}{n}\approx 9\ 550\ \frac{P}{n}$$

### 2. 功率方程

取质点系动能定理的微分形式，两边除以 $\mathrm{d}t$，得

$$\frac{\mathrm{d}T}{\mathrm{d}t}=\sum\frac{\delta W_i}{\mathrm{d}t}=\sum P_i \tag{13-29}$$

式(13-29)称为功率方程，即质点系动能对时间的变化率等于作用于质点系上所有力的功率的代数和。

对于一般的工作机器，如车床，可将其分成三部分：输入功率 $P_{输入}$，指机器的输入功率或原动机(如电动机)的输出功率；有用阻力(如切削阻力)的功率或输出功率 $P_{有用}$；无用阻力(如传动过程中的摩擦力)的功率或损耗功率 $P_{无用}$。考虑到上述功率的正、负，式(13-29)可写为

$$\frac{\mathrm{d}T}{\mathrm{d}t}=P_{输入}-P_{有用}-P_{无用} \tag{13-30}$$

或

$$P_{输入}=P_{有用}+P_{无用}+\frac{\mathrm{d}T}{\mathrm{d}t} \tag{13-31}$$

即系统的输入功率等于有用功率、无用功率和系统动能变化率的和。这一关系式表面上看简单，实际上涉及的因素错综复杂。机器运转速度不仅影响动能，也影响各项功率。原动机(如电动机)的功率并非常数，而是与转速有关，只有在铭牌上的额定转速工作时，输出功率才是额定值，且有较高的效率，可长时间工作。工作部分的速度(转速)由传动机构的传动比控制，有用阻力的大小也往往与工作速度有关。无用阻力机理复杂，它的影响只能通过实验测定。

## §13-6 动力学普遍定理的综合应用

动量定理、动量矩定理和动能定理统称为动力学普遍定理。这些定理都是从动力学基本方程推导而来的，它们建立了质点或质点系运动的变化与受力之间的关系。这些定理各自反映了力和运动之间的一个方面，既有共性也有其特殊性。例如，动量定理和动量矩定理是矢量形式，因此在其关系中不仅反映了速度的大小变化，也反映了速度的方向变化；而动能定理呈标量形式，只反映了速度大小的变化。在所涉及的力方面，动量定理和动量矩定理涉及所有外力(包括约束力)，却与内力无关；而动能定理则涉及所有作功的力(不论是内力还是外力)。

动力学普遍定理中的各个定理有各自的特点，它们也有一定的适用范围，因此，在求解动力学问题时，需要根据质点或质点系的运动及受力特点、给定的条件和要求的未知量，适当选择定理，灵活应用。

下面举例说明动力学普遍定理的综合运用。

**【例 13-4】** 图 13-14 所示的均质塔轮的质量为 $m$，外轮半径 $R$，内轮半径 $r$，对其中心轴的回转半径 $\rho$。今在塔轮的内圆上缠绕一条软绳，绳的另一端通过定滑轮 $B$ 悬挂一质量为 $m_A$ 的重物。水平面足够粗糙，塔轮沿水平面纯滚动，设滑轮 $B$ 和软绳的质量及滚动摩阻不计，试求绳子的张力和水平面对塔轮的摩擦力。

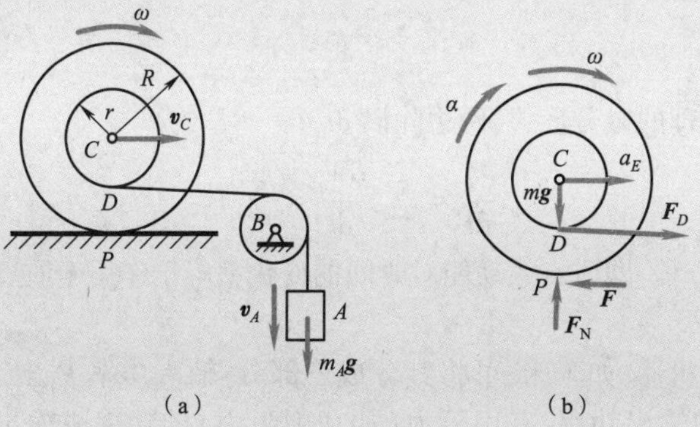


图 13-14

**【解】** 取系统为研究对象（受理想约束），受力如图 13-14(a)所示，只有重物 $A$ 的重力作功，其元功为

$$\delta W=m_Agv_A\cdot dt=m_Ag(R-r)\omega\cdot dt$$

系统运动时，系统的动能

$$T=T_{轮}+T_A=\frac{1}{2}J_P\omega^2+\frac{1}{2}m_Av_A^2$$

$P$ 为塔轮的速度瞬心，由运动学关系

$$v_A=v_D=(R-r)\omega,a_A=a_D^\tau=(R-r)\alpha$$

得

$$T=\frac{1}{2}m(\rho^2+R^2)\omega^2+\frac{1}{2}m_Av_A^2$$

$$=\frac{1}{2}\left[m(\rho^2+R^2)+m_A(R-r)^2\right]\omega^2$$

由 $dT/dt=dW/dt$，有

$$\left[m(\rho^2+R^2)+m_A(R-r)^2\right]\omega\alpha=m_Ag(R-r)\omega$$

解得

$$\alpha=\frac{m_Ag(R-r)}{m(\rho^2+R^2)+m_A(R-r)^2},\quad a_C=R\alpha$$

取塔轮为研究对象，受力和运动分析如图 13-14(b)所示。瞬心 $P$ 到质心 $C$ 的距离为常数，所以

$$J_P\alpha=\sum M_P(\boldsymbol{F}^e)=F_D(R-r)$$

$$ma_C=\sum F_x^e=F_D-F$$

解得

$$F_D=\frac{m(\rho^2+R^2)}{R-r}\alpha, F=F_D-ma_C=\frac{m(\rho^2+Rr)}{R-r}\alpha$$

**【例 13-5】** 质量皆为 $m$、半径分别为 $2r$ 和 $r$ 的两均质圆盘固连在一起。初瞬时两盘心连线 $AB$ 铅垂，系统静止[见图 13-15(a)]。试求当 $AB$ 受微小扰动后运动至水平位置时系统的角速度、角加速度及光滑固定水平面约束力的大小。

**【解】** 取系统为研究对象，系统在任意位置时的受力与运动分析如图 13-15(b)所示。由于系统初始静止，在运动过程中水平方向没有外力作用，故其质心 $C$ 的水平坐标守恒，质心沿铅垂方向运动。系统对质心的转动惯量

$$J_C=\left[\frac{1}{2}m(2r)^2+m\left(\frac{3}{2}r\right)^2\right]+\left[\frac{1}{2}mr^2+m\left(\frac{3}{2}r\right)^2\right]=7mr^2$$

其速度瞬心 $P$ 由 $\boldsymbol{v}_A$、$\boldsymbol{v}_C$ 确定。系统的初动能 $T_1=0$，运动至任意位置时的动能

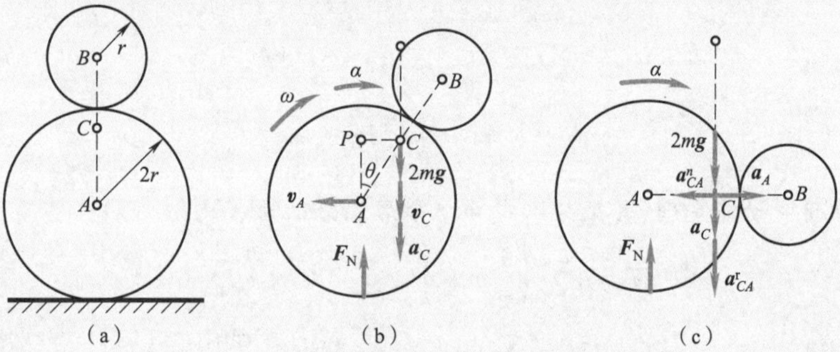


图　13-15

$$T_2=\frac{1}{2}J_P\omega^2=\frac{1}{2}\left[J_C+2m\left(\frac{3}{2}r\sin\theta\right)^2\right]\dot\theta^2=\frac{1}{4}(14+9\sin^2\theta)mr^2\dot\theta^2$$

在此过程中作功的力只有重力，其功为

$$W=2mg(1.5r)(1-\cos\theta)=3mgr(1-\cos\theta)$$

根据动能定理 $T_2-T_1=W$，有

$$\frac{1}{4}(14+9\sin^2\theta)mr^2\dot\theta^2=3mgr(1-\cos\theta) \qquad ①$$

即可求得

$$\dot\theta^2=2\sqrt{\frac{3(1-\cos\theta)g}{(14+9\sin^2\theta)r}}$$

当 $AB$ 处于水平位置，即 $\theta=90°$ 时，系统的角速度为

$$\omega=\dot\theta=2\sqrt{\frac{3g}{23r}} \qquad ②$$

将①式两端对时间 $t$ 求导数，在任意瞬时有

$$\frac{1}{2}(14+9\sin^2\theta)mr^2\dot\theta\ddot\theta^2+\frac{9}{2}\sin\theta\cos\theta mr^2\theta^3=3mgr\sin\theta\dot\theta$$

故当 $AB$ 处于水平位置时（$\theta=90°$），系统的角加速度为

$$\alpha=\ddot{\theta}=\frac{6g}{23r} \quad ③$$

当 $AB$ 处于水平位置时，系统的受力与运动分析如图 13-15(c)所示。以 $A$ 为基点，有

$$\boldsymbol{a}_C=\boldsymbol{a}_A+\boldsymbol{a}_{CA}^n+\boldsymbol{a}_{CA}^\tau \quad ④$$

将上式向铅垂方向投影，可得

$$a_C=a_{CA}^\tau=\frac{3}{2}r\alpha=\frac{3}{2}r\frac{6g}{23r}=\frac{9g}{23} \quad ⑤$$

根据质心运动定理，有

$$2ma_C=2mg-\boldsymbol{F}_{\mathrm{N}} \quad ⑥$$

即可求得光滑固定水平面的约束力为

$$\boldsymbol{F}_{\mathrm{N}}=2m(g-a_C)=2m\left(g-\frac{9g}{23}\right)=\frac{28}{23}mg$$

## 小　　结

(1)本章研究动能定理，其微分形式和积分形式分别为

$$\mathrm{d}T=\mathrm{d}\sum\left(\frac{1}{2}m_iv_i^2\right)=\sum\delta W_i^{(\mathrm{e})}+\sum\delta W_i^{(\mathrm{i})}$$

$$T_2-T_1=\sum W_{12}^{(\mathrm{e})}+\sum W_{12}^{(\mathrm{i})}=\sum W_{12}$$

(2)动能定理是用途较广的动力学方程，应用时力系一般按主动力和约束力来分，并要注意：①定理形式的选择；②运动过程的选择；③动能与功的计算；④应用的限制；⑤单独使用限于单自由系统，尤其是已知主动力求运动问题。

(3)动力学普遍定理提供了解决质点系动力学问题的一般方法。动力学普遍定理的综合应用有两方面的内容：①同一问题用不同的定理方法求解(一题多解)；②一个大问题包含几个不同的小问题，每个小问题可以用一个定理简直接求解；③一个问题的求解需要综合运用几个不同的定理。

## 思 考 题

13-1　摩擦力可能作正功吗？试举例说明。

13-2　一个人站在高塔上，以大小相同的初速度分别沿水平、铅直向上、铅直向下抛出小球，忽略空气阻力，当这些小球落地时，其速度的大小是否相等？

13-3　运动员起跑时，什么力使运动员的质心加速运动？什么力使运动员的动能增加？产生加速度的力一定作功吗？

13-4　质点系的内力有什么性质？它们能否改变质点系的动量、动量矩和动能？为什么？

13-5　动力学普遍定理都适用于什么坐标系？当应用于刚体时有哪些特点？

13-6　若质点系的动量守恒，对任意点的动量矩也守恒，则其动能是否为常量？

13-7　质量为 $m$ 的均质圆盘放在光滑的水平面上，其上绕有绳索（相对圆盘无滑动），初始静止。若在绳索上施加作用力[分(a)、(b)、(c)三种情况]，$t$ 秒后，哪个物体获得的动能最大？

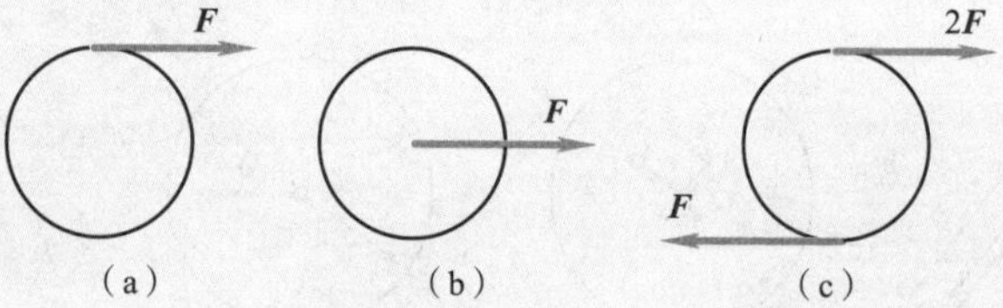

思考题 13-7 图

13-8　小球连一不可伸缩的细绳，绳子绕于半径为 $R$ 的圆柱上，如图所示。如小球在水平光滑面上运动，初始速度 $v_0$ 垂直于细绳。问小球在以后的运动中动能不变吗？对圆柱中心轴的动量矩守恒吗？小球的速度总是与细绳垂直吗？

13-9　甲乙两人重量相同。沿绕过无重滑轮的细绳，由静止起同时向上爬升，如图所示。如甲比乙更努力上爬，问：

(1) 谁先到达上端？

(2) 谁的动能大？

(3) 谁作的功多？

(4) 如何对甲、乙两人分别应用动能定理？

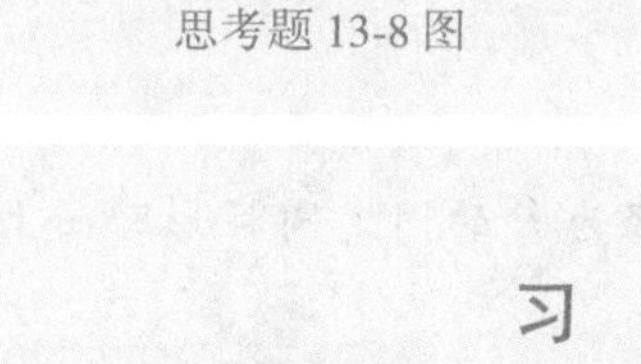

思考题 13-8 图

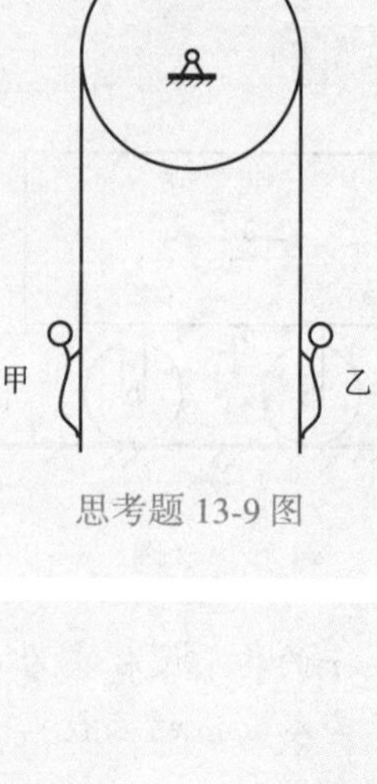

思考题 13-9 图

## 习　题

13-1　质量为 65 kg 的人在坡道上行走，每走一步他的重心被抬高 2 cm。如果他每一步的距离为 75 cm，求他上坡行走 3 km 路程时所作的功。

答案：52 000 N · m

13-2　计算下列情况下各物体的动能:(a)质量为 $m$、长为 $l$ 的均质直杆以角速度 $\omega$ 绕 $O$ 轴转动;(b)质量为 $m$、半径为 $r$ 的圆盘以角速度 $\omega$ 绕 $O$ 轴转动,其对质心 $C$ 的转动惯量为 $J_C$;(c)质量为 $m$、半径为 $r$ 的均质圆轮在水平面上作纯滚动,质心 $C$ 的速度为 $v$;(d)质量为 $m$、长为 $l$ 的均质杆以角速度 $\omega$ 绕球铰 $O$ 转动,杆与铅垂线的夹角为 $\theta$(常数)。

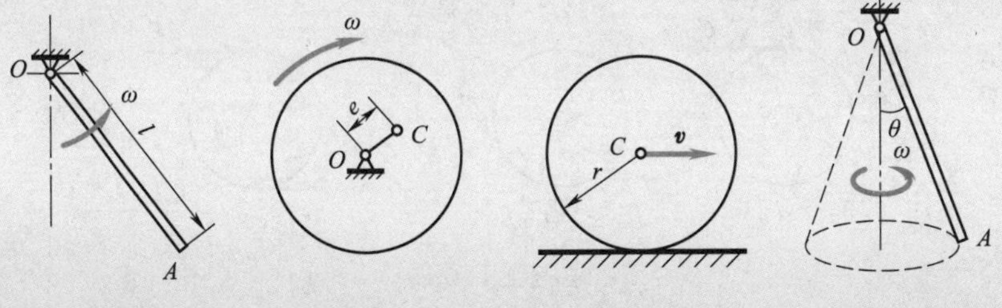


习题 13-2 图

答案:(a)$\frac{1}{6}ml^2\omega^2$;(b)$\frac{1}{2}(J_C+me^2)\omega^2$;(c)$\frac{3}{4}mv^2$;(d)$\frac{1}{6}ml^2\omega^2\sin^2\theta$

13-3　车身的质量为 $M_1$,支承在两对相同的车轮上,每对车轮的质量为 $M_2$,并可视为半径为 $r$ 的均质圆盘,已知车身的速度为 $\boldsymbol{v}$,车轮沿水平面滚而不滑,求整个车子的动能。

答案:$(M_1+6M_2)v^2/2$

13-4　均质杆 $AB$ 的质量为 $M$,长为 $l$,放在铅垂平面内,一端靠着墙壁,另一端 $B$ 沿水平地面滑动。已知当 $\varphi=30°$ 时,$B$ 端的速度为 $\boldsymbol{v}_B$,如图所示,求该瞬时杆 $AB$ 的动能。

答案:$2Mv_B^2/9$

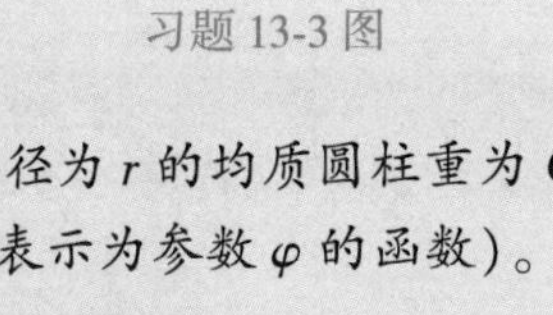


习题 13-3 图

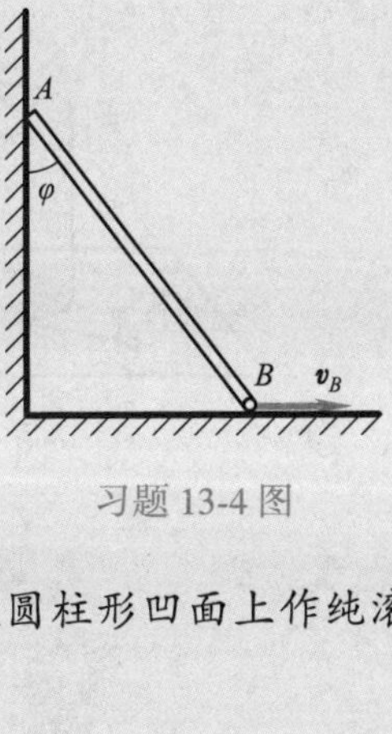


习题 13-4 图

13-5　半径为 $r$ 的均质圆柱重为 $\boldsymbol{G}$,在半径为 $R$ 的固定圆柱形凹面上作纯滚动。试求圆柱的动能(表示为参数 $\varphi$ 的函数)。

答案:$\frac{3G}{4g}(R-r)^2\dot{\varphi}^2$

13-6　滑块 $A$ 的质量为 $m$,以速度 $v=at$ 沿水平面向右作直线运动。滑块上悬挂一单摆,其质量为 $m$,摆长为 $l$,以 $\varphi=\varphi_0\sin bt$ 作相对摆动(以上二式中 $a$、$b$、$\varphi_0$ 均为常量)。试计算系统在瞬时 $t$ 的动能。

答案：$ma^2t^2+\frac{1}{2}ml^2b^2\varphi_0^2\cos^2bt+malbt\varphi_0\cos bt[\cos(\varphi_0\sin bt)]$

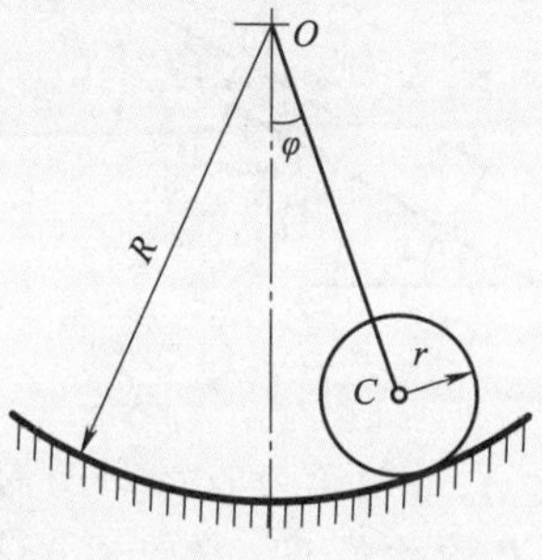


习题 13-5 图

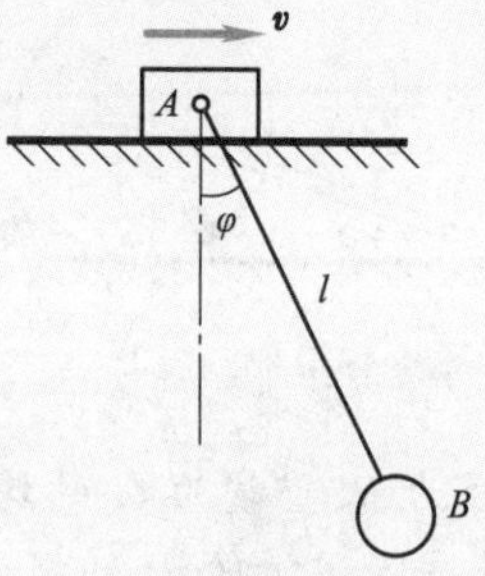


习题 13-6 图

13-7　罐笼的质量 $m=6\,000$ kg，以 $v=12$ m/s 的速度下降；如悬挂钢丝绳突然断裂，问欲使罐笼在 $S=10$ m 路程内停止，断绳保险器的插爪与罐道间应产生多大的摩擦力（摩擦力可视为不变）。

答案：102 kN

13-8　图示滑道连杆机构，位于水平面内。曲柄长 $r$，对转轴的转动惯量为 $J$；滑道连杆重 $\boldsymbol{P}$，连杆与导轨间的摩擦力可认为等于常值 $F$；滑块 $A$ 的质量不计。今在曲柄上作用一不变转矩 $M$，初瞬时系统处于静止，且 $\angle AOB=\varphi_0$，求曲柄转一周后的角速度。

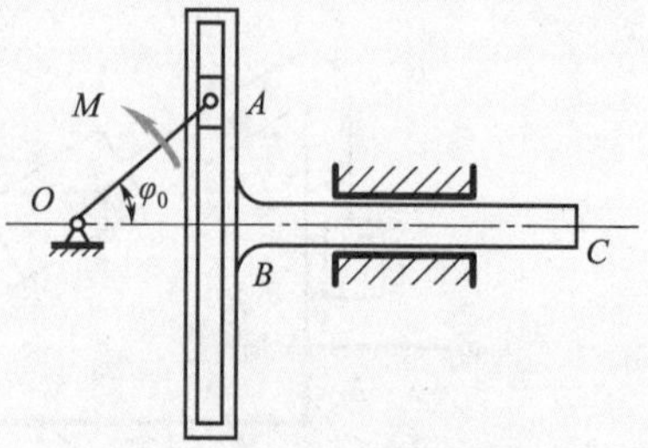


习题 13-8 图

答案：$2\sqrt{\dfrac{\pi M-Fr}{J+\dfrac{Pr^2}{g}\sin^2\varphi_0}}$

13-9　一半径为 $r$ 的圆柱形碾子搁在水平地面上，它的把手（当作细直杆）也靠在地面上。假定碾子和把手一样重，并且都是均质的。把手与地面之间的夹角为 $\alpha$，摩擦系数为 $f$。开始时，碾子中心 $O$ 的水平速度为 $\boldsymbol{v}_0$，碾子只滚不滑。求碾子在停止前所行的距离 $s$。

答案：$s=\dfrac{(f\tan\alpha+5)v_0^2}{2gf}$

13-10　一不变的转矩 $M$ 作用在绞车的鼓轮上，使轮转动如图所示。轮的半径为 $r$，质量为 $m_1$，缠绕在鼓轮上的绳子另一端系着一个质量为 $m_2$ 的重物，使其沿倾角为 $\alpha$ 的倾面上升，重物与斜面间的滑动摩擦系数为 $f$，绳子质量不计，鼓轮可视为均质圆柱。在开始时，此系统静止，求鼓轮转过 $\varphi$ 角时的角速度和角加速度。

答案：$\omega=\dfrac{2}{r}\sqrt{\dfrac{M-m_2gfr\cos\varphi}{m_1+2m_2}}$；$\alpha=\dfrac{2(M-m_2gfr\cos\varphi)}{(m_1+2m_2)r^2}$

13-11　物 $A$ 重为 $\boldsymbol{P}_1$，沿三棱柱 $D$ 的斜面下降，同时借绕过滑轮 $C$ 的绳使重 $\boldsymbol{P}_2$ 的物体 $B$ 上升，如图所示。斜面倾角为 $\alpha$，滑轮和绳的质量以及摩擦均略去不计，求三棱柱 $D$ 作用于地板小凸台 $E$ 处的水平压力。

答案：$\dfrac{P_1\sin\alpha-P_2}{P_1+P_2}P_1\cos\alpha$

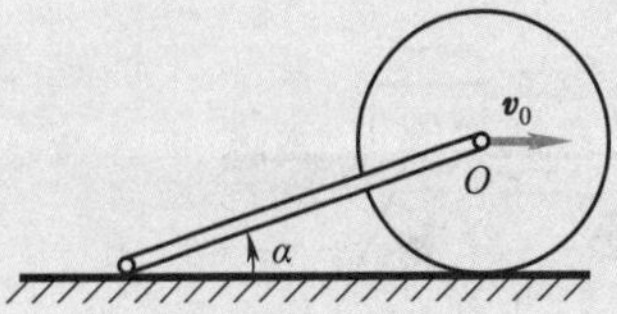


习题 13-9 图

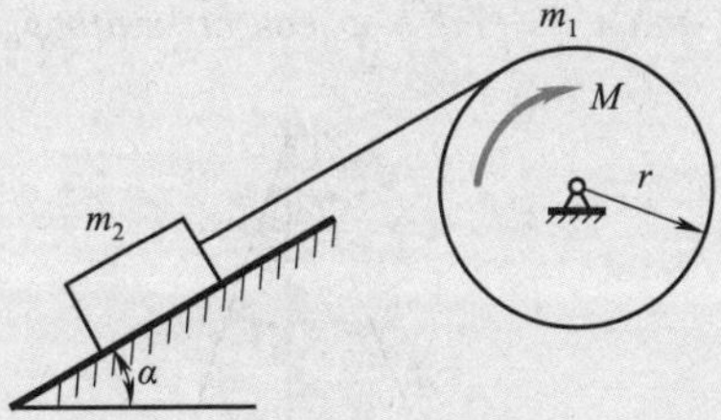


习题 13-10 图

13-12　半径为 $R$、重量为 $\boldsymbol{G}$ 的均质圆柱形滚子 $A$，沿倾角为 $\alpha$ 的斜面向下作纯滚动，如图所示。滚子借一跨过滑轮 $B$ 的绳索提升一重为 $\boldsymbol{P}$ 的物体 $C$。滑轮 $B$ 为与滚子 $A$ 半径相等，重量相等的均质圆盘。若不计轴承 $O$ 处的摩擦，求滚子 $A$ 重心的加速度和系在滚子上绳索的张力。

答案：$a=\dfrac{G\sin\alpha-P}{2G+P}g$；$F_T=\dfrac{3P+(2P+G)\sin\alpha}{2(2G+P)}G$

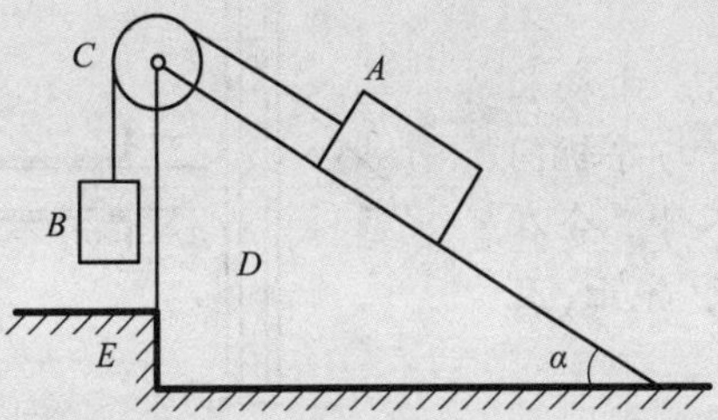


习题 13-11 图

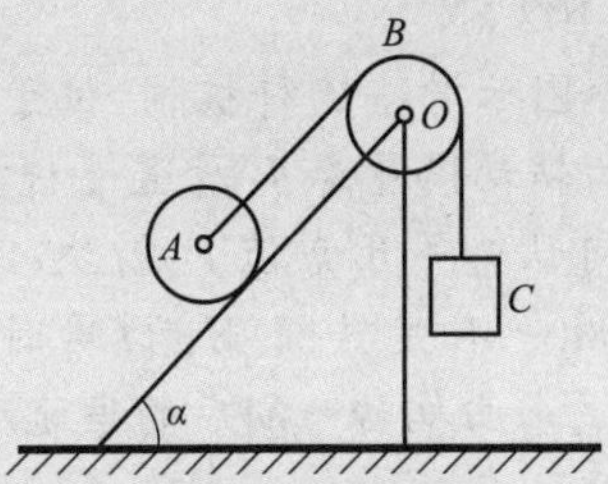


习题 13-12 图

13-13　在图示系统中，纯滚动的均质圆轮与物块 $A$ 的质量均为 $m$，圆轮的半径为 $r$，斜面倾角为 $\theta$，物块 $A$ 与斜面间的动摩擦因数为 $f$。不计杆 $OA$ 的质量。试求：(1)点 $O$ 的加速度；(2)杆 $OA$ 的内力。

答案：$a=\dfrac{2(2\sin\theta-f\cos\theta)}{5}g$；$F=\dfrac{\sin\theta-3f\cos\theta}{5}mg$

13-14　在图示机构中，沿斜面纯滚动的圆柱体 $O'$ 和鼓轮 $O$ 为均质物体，质量均为 $m$，半径均为 $R$。绳子不能伸缩，其质量略去不计。粗糙斜面的倾角为 $\theta$，不计滚阻力偶。如在鼓轮上作用一常力偶 $M$，求：(1)鼓轮的角加速度；(2)轴承 $O$ 的水平约束力。

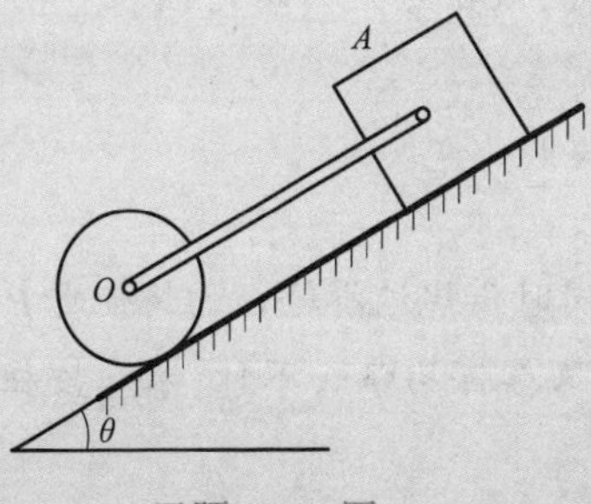


习题 13-13 图

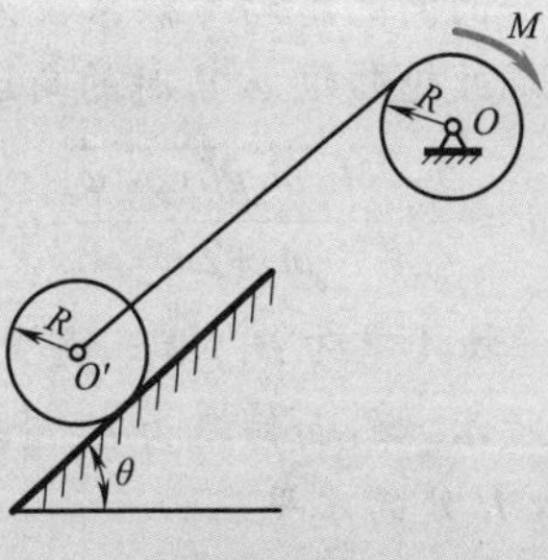


习题 13-14 图

答案：$a=\dfrac{M-mgR\sin\theta}{2mR^2}$；$F_x=\dfrac{1}{8R}(6M\cos\theta+mgR\sin 2\theta)$

13-15　均质细杆重 $\boldsymbol{W}$、长为 $l$，上端 $B$ 靠在光滑的墙上，下端 $A$ 以铰链和一均质圆柱的中心相连。圆柱重 $\boldsymbol{P}$、半径为 $R$，放在粗糙的地面上，从图示位置（$\theta=45°$）由静止开始作纯滚动。求 $A$ 点在初瞬时的加速度。

答案：$\dfrac{3W}{9P+4W}g$

13-16　图示机构中，物块 $A$、$B$ 的质量均为 $m$，两均质圆轮 $C$、$D$ 的质量均为 $2m$，半径均为 $R$。$C$ 轮铰接于无重悬臂梁 $CK$ 上，$D$ 为动滑轮，梁长度为 $3R$，绳与轮间无滑动，系统由静止开始运动。求：(1) $A$ 物块上升的加速度；(2) $HE$ 段绳的拉力；(3) 固定端 $K$ 处的约束力。

答案：(a) $a_A=1/6g$；(b) $F=4/3mg$；(c) $F_{Kx}=0$，$F_{Ky}=4.5mg$，$M_K=13.5mgR$

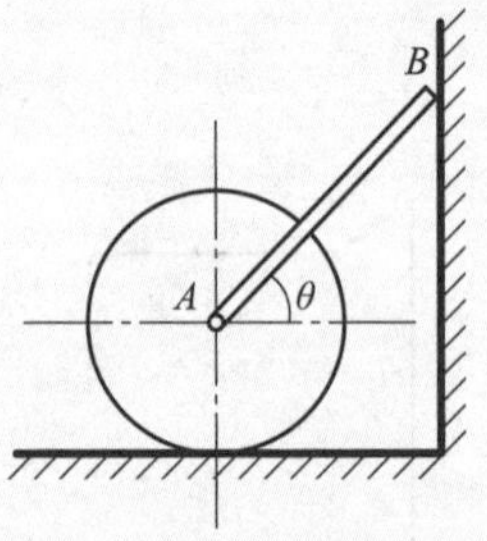


习题 13-15 图

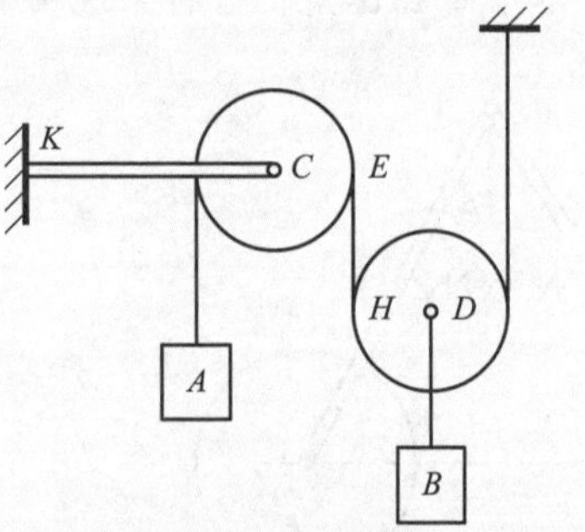


习题 13-16 图

13-17　均质细杆 $AB$ 长为 $l$，质量为 $m$，起初紧靠在铅垂墙壁上，由于微小干扰，杆绕 $B$ 点倾倒如图。不计摩擦。求：(1) $B$ 端未脱离墙时 $AB$ 杆的角速度、角角速度及 $B$ 处的约束力；(2) $B$ 端脱离墙壁时的 $\theta$ 角；(3) 杆着地时质心的速度及杆的角速度。

答案：(1) $\omega=\sqrt{\dfrac{3g}{l}(1-\cos\theta)}$，$\alpha=\dfrac{3g}{2l}\sin\theta$；(2) $\theta_1=\arccos\dfrac{2}{3}$；(3) $v_C=\dfrac{1}{3}\sqrt{7gl}$，$\omega=\sqrt{\dfrac{8g}{3l}}$

13-18　周转齿轮传动机构放在水平面内，如图所示。已知太阳轮半径为 $R$；行星轮半径为 $r$，重 $\boldsymbol{P}$，可看作均质圆盘；曲柄 $OA$ 重 $\boldsymbol{Q}$，可看作均质直杆。今在曲柄上作用一不变的转矩 $M$，该机构从静止开始运动，求曲柄转过 $\varphi$ 角时的角速度和角加速度。

答案：$\omega_1=\dfrac{2}{R+r}\sqrt{\dfrac{3Mg\varphi}{9P+2Q}}$，$\alpha_1=\dfrac{6Mg}{(R+r)^2(9P+2Q)}$

13-19　在图示机构的铰链 $B$ 处，作用一铅垂向下的力 $P=60$ N，它使杆 $AB$、$BC$ 张开而圆柱 $C$ 向右作纯滚动。此两杆的长度均为 $l=1$ m，质量均为 $m=2$ kN。圆柱的半径 $R=250$ mm，质量 $M=4$ kN，在两杆的中点 $D$、$E$ 处连接一根弹簧，其刚度系数 $k=50$ N/m，原长 $l_0=1$ m，若将系统在 $\theta=60°$ 时由静止释放，试求运动到 $\theta=0°$ 时杆 $AB$ 的角速度。

答案：10.6 rad/s

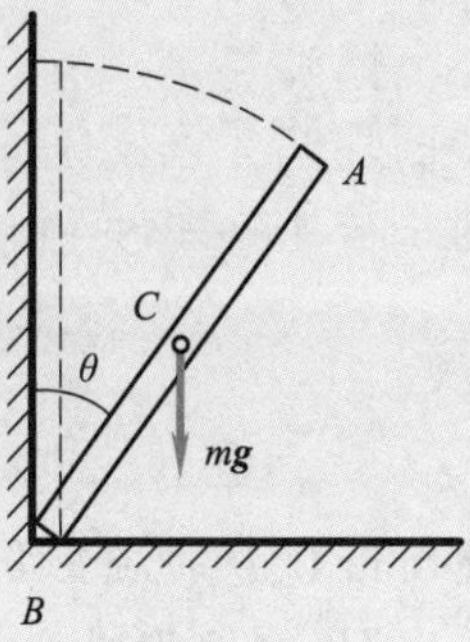


习题 13-17 图

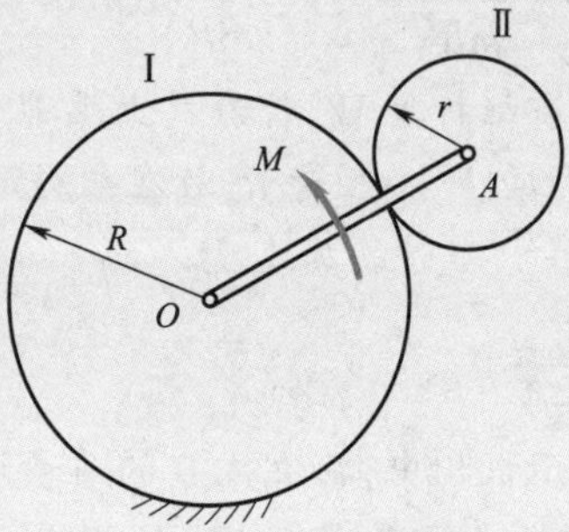


习题 13-18 图

13-20　图示三棱柱 $A$ 沿三棱柱 $B$ 的光滑斜面滑动，$A$ 和 $B$ 重量分别为 $\boldsymbol{P}$ 和 $\boldsymbol{Q}$，三棱柱 $B$ 的斜面与光滑水平面成 $\alpha$ 角。若将系统由静止开始释放，求运动时三棱柱 $B$ 的加速度。

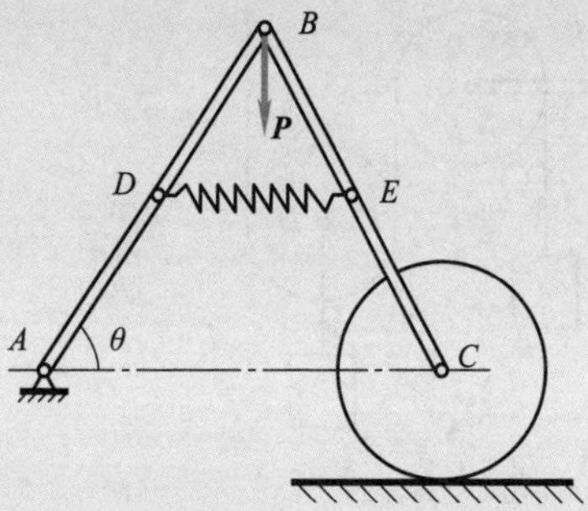


习题 13-19 图

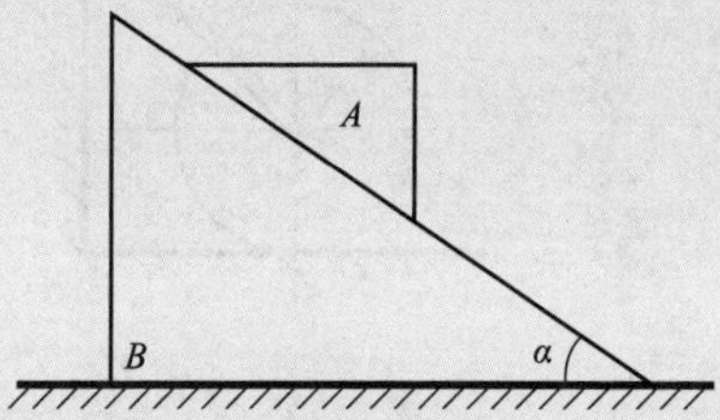


习题 13-20 图

答案：$\dfrac{P\sin 2\alpha}{2(Q+P\sin^2\alpha)}g$

13-21　重 $Q=2P$，半径为 $r$ 的圆柱体放在重 $W=P$ 的水平木板上（只滚不滑），木板放在水平桌面上。有一轻绳，一端 $A$ 拴在木板上，另一端绕过光滑且不计重量的小轮 $B$ 挂一重 $P$ 的物块。木板和圆柱、桌面间的摩擦系数都是 $f$。初始时系统静止，圆柱的对称轴垂直绳子。求物块的加速度 $a$ 和圆柱的角加速度 $\alpha$。

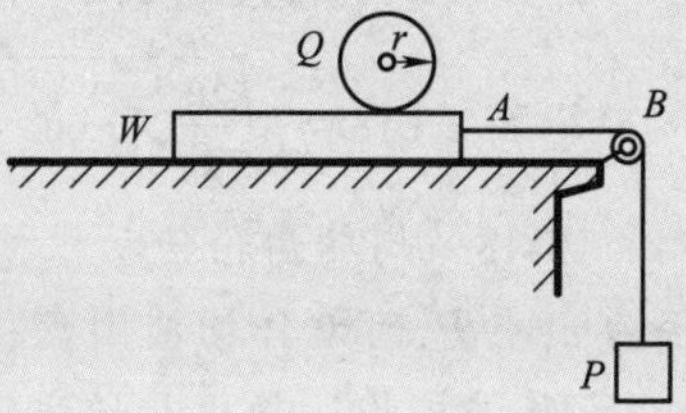


习题 13-21 图

答案：$a=\dfrac{2(1-3f)}{5}g,\alpha=\dfrac{(1-3f)g}{5r}$

13-22　图示弹簧原长 $l_0=10$ cm，刚度系数 $k=4.9$ kN/m，一端固定在半径 $R=10$ cm 的圆周上的 $O$ 点，另一端可以在此圆周上移动。如果弹簧的另一端从 $B$ 点移至 $A$ 点，再从 $A$ 点移至 $D$ 点，问两次移动过程中，弹簧力所作之功各为多少？图中 $OA$、$BD$ 为圆的直径，且 $OA\perp BD$。

答案：$-20.3$ N·m，$20.3$ N·m

13-23　图示系统在同一铅垂面内。套筒的质量 $m=1$ kg，可在光滑的固定斜杆上滑动，套筒上连接一刚度系数 $k=200$ N/m 的弹簧，其另一端固定于 $D$ 点，原长 $l=0.4$ m。已知 $DA$ 沿铅垂方向，$DB$ 垂直于斜杆。套筒受一沿斜杆向上的常力 $F=100$ N 作用，使套筒由 $A$ 点移动到 $B$ 点，试求在此运动过程中，其上各力所作功的总和。

答案：55 N · m

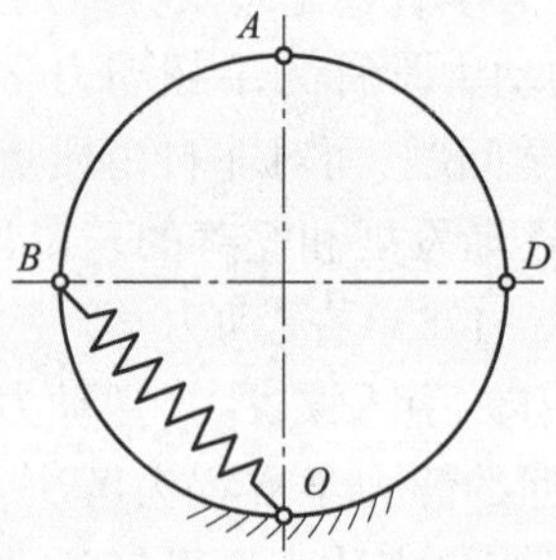


习题 13-22 图

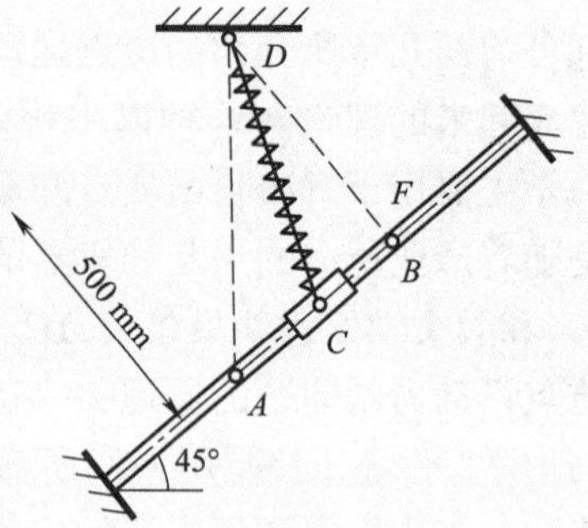


习题 13-23 图

13-24　链条全长 $l=100$ cm，单位长重 $p=200$ N/m，对称地悬挂在半径 $R=10$ cm，重 $Q=10$ N 的均质滑轮上，因受微小扰动，链条自静止开始从一边下落，设链条与滑轮间无相对滑动，求链条离开滑轮时的速度。

答案：2.5 m/s

13-25　图示系统在同一铅垂面内。质量 $m=5$ kg 的小球固连在 $AB$ 杆的 $B$ 端，杆的 $C$ 点处连接着一弹簧，刚度系数 $k=800$ N/m，弹簧的另一端固定于 $D$ 点。$A$、$D$ 在同一条铅垂线上。若不考虑 $AB$ 杆的质量，当摆杆自水平静止位置无初速地释放，此时弹簧恰好没有变形，试求当 $AB$ 杆摆到下方铅垂位置时，小球 $B$ 的速度。

答案：3.64 m/s

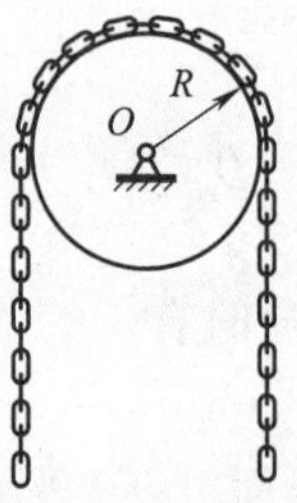


习题 13-24 图

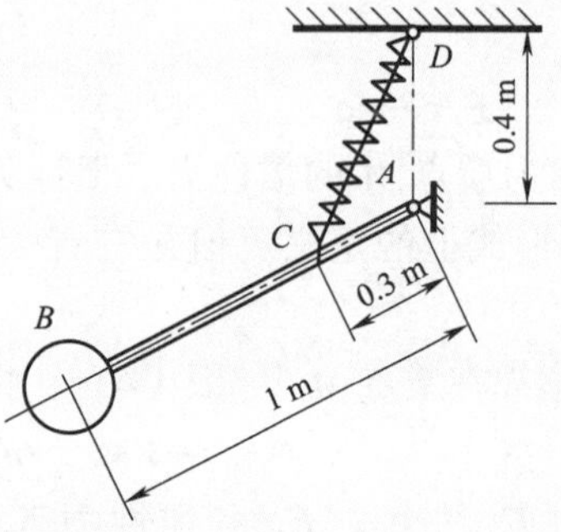


习题 13-25 图

# 第 14 章 达朗贝尔原理

动力学部分前面几章所介绍的质点运动微分方程、动力学普遍定理及其应用，都是以牛顿定律为基础建立起来的理论。这种以牛顿定律为基础的动力学称为牛顿动力学或古典动力学。牛顿动力学主要用于解决自由质点和质点系的动力学问题，而对非自由质点系的动力学问题的研究是随着产业革命的兴起和机器的广泛应用而逐渐发展和完善的。1743 年，法国物理学家、数学家和天文学家达朗贝尔（J. D' Alembert，1717—1783）在《动力学》一书中，提出了解决非自由质点系动力学问题的原理——达朗贝尔原理，即：引入惯性力，把动力学问题转化为形式上的静力学"平衡"问题，用人们所熟知和容易掌握的静力学方程去解决，因此又称为动静法。动静法在工程中得到了广泛的应用，特别是对于非自由质点系已知运动求未知动约束反力的问题，此法显得尤为方便。

本章首先引入惯性力的概念，接着导出质点和质点系的达朗贝尔原理，给出刚体惯性力的简化及结果，最后给出应用动静法求解动力学问题的一些示例。

## §14-1 惯性力、达朗贝尔原理

设有一非自由质点 $M$ 在约束容许的条件下发生运动（见图 14-1）。如质点的质量为 $m$，在主动力 $\boldsymbol{F}$ 及约束力 $\boldsymbol{F}_N$ 作用下产生的加速度为 $\boldsymbol{a}$，则根据牛顿第二定律有

$$\boldsymbol{F}_R=\boldsymbol{F}+\boldsymbol{F}_N=m\boldsymbol{a}$$

将 $m\boldsymbol{a}$ 移到力的一侧，有

$$\boldsymbol{F}+\boldsymbol{F}_N+(-m\boldsymbol{a})=\boldsymbol{0}$$

定义

$$\boldsymbol{F}_I=-m\boldsymbol{a} \tag{14-1}$$

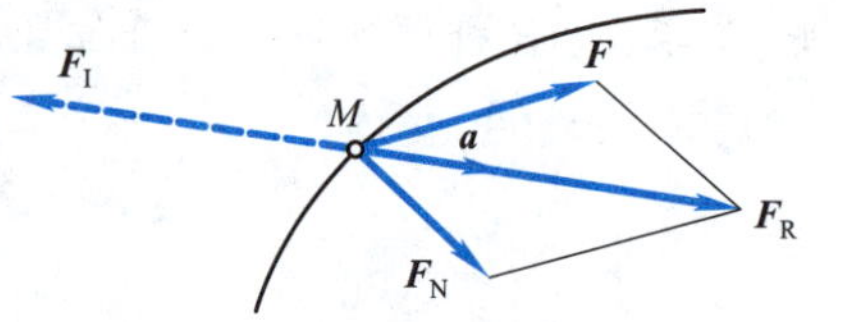

图 14-1

$\boldsymbol{F}_I$ 具有力的量纲，称为质点 $M$ 的惯性力。惯性力并非真的是力，而是一个形式上的定义。但是它有大小、有方向：大小等于 $ma$，方向与 $\boldsymbol{a}$ 的方向相反。

如果把惯性力虚加在质点 $M$ 上（图 14-1 中用虚线表示），这时有

$$\boldsymbol{F}+\boldsymbol{F}_N+\boldsymbol{F}_I=\boldsymbol{0} \tag{14-2}$$

即质点 $M$ 在主动力 $\boldsymbol{F}$、约束力 $\boldsymbol{F}_N$ 和惯性力 $\boldsymbol{F}_I$ 共同作用下而处于"平衡"状态。它满足式（14-2），如同一个质点在汇交力系作用下处于平衡、各力矢量和等于零一样，即：主动力 $\boldsymbol{F}$、约束力 $\boldsymbol{F}_N$ 和惯性力 $\boldsymbol{F}_I$ 构成形式上的平衡力系，这就是质点的达朗贝尔原理。

虽然惯性力是一种形式上的定义，但我们在日常生活中却能处处感受到它的存在。例如，公共汽车急刹车，乘客向前倾倒，是由于刹车时，汽车连同乘客获得一个向后的加速度，而乘客受到向前的惯性力，对车上的乘客而言，如同受到一个向前的推力。

根据前面的介绍可知，车上的乘客并没有真的受到向前的推力，那么"乘客向前倾倒"的

原因到底是什么呢？我们知道，汽车刹车，产生向后的加速度，但汽车连同乘客仍然有保持原有速度的惯性，会继续向前运动，从而向前倾倒。因此，“乘客向前倾倒”的根本原因是惯性。

一般地，当物体有加速度时，物体具有的惯性会使物体保持原有运动状态，看起来就仿佛有一股与加速度方向相反的力作用在该物体上，令该物体有发生位移的趋势，因此称之为惯性力。

引入惯性力以后，把动力学方程写成平衡方程的形式，实质仍是动力学问题。方程在形式上的这种变换，带来分析问题和列写方程的方便，也引出了新观点，即对于作任何运动的质点，除真实作用的主动力和约束力外，只要在质点上虚加上它的惯性力，就可直接应用静力学中的平衡理论来建立质点的运动与作用于质点的力之间的关系，从而求解动力学的问题。这种观点和方法还可以推广到质点系、刚体，甚至刚体系统的动力学问题。

**【例 14-1】** 重为 $\boldsymbol{P}$ 的小球 $M$ 系于长为 $l$ 的软绳下端，并以匀角速度绕铅垂线回转，如图 14-2 所示。如绳与铅垂线成 $\theta$ 角，求绳中拉力和小球的速度。

**【解】** 以小球 $M$ 为研究对象，在任一瞬时其所受的力有重力 $\boldsymbol{P}$ 和绳子的拉力 $\boldsymbol{F}$。小球在水平面内作匀速圆周运动，在任一瞬时的加速度仅有法向加速度，且

$$a_n=\frac{v^2}{l\sin\theta}$$

故惯性力

$$\boldsymbol{F}_I=-m\boldsymbol{a}_n=-\frac{P}{g}\cdot\frac{v^2}{l\sin\theta}\boldsymbol{e}_n$$

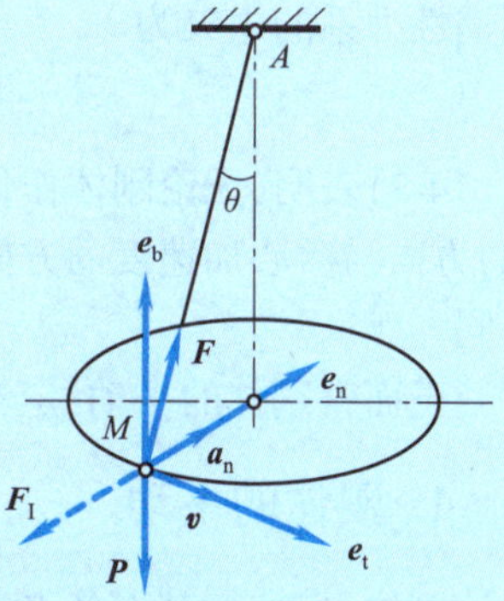

图 14-2

由动静法，作用于小球 $M$ 上的力 $\boldsymbol{P}$、$\boldsymbol{F}$ 和虚加的惯性力 $\boldsymbol{F}_I$ 组成平衡力系。取自然坐标系如图 14-2 所示，列动平衡方程

$$\sum F_n=0,\quad F\sin\theta-\frac{P}{g}\cdot\frac{v^2}{l\sin\theta}=0$$

$$\sum F_b=0,\quad F\cos\theta-P=0$$

解得

$$F=\frac{P}{\cos\theta},\quad v=\sqrt{gl\frac{\sin^2\theta}{\cos\theta}}$$

对于有 $n$ 个质点组成的质点系，今取系中任一质点 $M_i$，其质量为 $m_i$，作用于质点 $M_i$ 上的主动力的合力为 $\boldsymbol{F}_i$，约束力的合力为 $\boldsymbol{F}_{Ni}$，若加速度为 $\boldsymbol{a}_i$，则惯性力为 $\boldsymbol{F}_{Ii}=-m\boldsymbol{a}_i$。于是由质点的达朗贝尔原理有

$$\boldsymbol{F}_i+\boldsymbol{F}_{Ni}+\boldsymbol{F}_{Ii}=\boldsymbol{0}$$

式中，主动力 $\boldsymbol{F}_i$ 和约束力 $\boldsymbol{F}_{Ni}$ 都包括内力和外力。这就表明，在质点系运动的任意瞬时，作用于每一个质点上的主动力、约束力、和虚拟的惯性力在形式上组成平衡力系。这就是质点系的达朗贝尔原理。

对于整个质点系来说，作用于质点系的主动力系、约束力系和虚拟的惯性力系在形式上组成平衡力系。由质点系内力的性质及静力学中力系的简化理论，这三个力系的主矢和对于任

意点 $O$ 的主矩应分别有

$$\sum \boldsymbol{F}_i^{(e)} + \sum \boldsymbol{F}_{Ni}^{(e)} + \sum \boldsymbol{F}_{Ni}^{(e)} = \boldsymbol{0}$$

$$\sum \boldsymbol{M}_O(\boldsymbol{F}_i^{(e)}) + \sum \boldsymbol{M}_O(\boldsymbol{F}_{Ni}^{(e)}) + \sum \boldsymbol{M}_O(\boldsymbol{F}_{Ni}^{(e)}) = \boldsymbol{0}$$

式中,上标(e)表示外部作用。内力都是成对出现的,在平衡方程中相互抵消,故不用列出。

## §14-2 刚体惯性力系的简化

刚体可以看成由无穷多质点构成质点系。应用动静法解决刚体或刚体系的动力学问题时,不可能对无穷多个质点来列写平衡方程,因此应先将其惯性力系进行简化。

由静力学中力系的简化理论知道:任一力系向已知点简化的结果可得到一个作用于简化中心的力和一个力偶,它们由力系的主矢和对于简化中心的主矩决定;力系的主矢与简化中心的选择无关。

设刚体内任一质点 $M_i$ 的质量为 $m_i$,加速度为 $\boldsymbol{a}_i$,刚体的质量为 $m$,其质心的加速度为 $\boldsymbol{a}_C$,则惯性力系的主矢为

$$\boldsymbol{F}_{IR} = \sum \boldsymbol{F}_{Ii} = \sum - m_i \boldsymbol{a}_i = - m\boldsymbol{a}_C \tag{14-3}$$

式(14-3)表明,无论刚体作什么运动,惯性力系的主矢都等于刚体的质量与其质心加速度的乘积,方向与质心加速度的方向相反。至于惯性力系的主矩,一般来说,由于刚体运动的不同而不同。

下面就刚体的平动、定轴转动和平面运动这三种情形下惯性力系的简化结果作如下说明:

### 1. 刚体的平动

刚体平动时,其上各点的加速度都相同,惯性力系是与重力相似的平行力系,因此,刚体作平动时,惯性力系简化为通过质心 $C$ 的一力 $\boldsymbol{F}_{IR} = -m\boldsymbol{a}_C$,如图 14-3 所示。

### 2. 刚体的定轴转动

为了简单起见,仅讨论具有质量对称平面的刚体。图 14-4 所示刚体关于 $N$ 截面对称:若 $N$ 截面上侧有质点 $A_i$,则在 $N$ 截面下侧一定有对称的质点 $B_i$。

设具有质量对称平面 $N$ 的刚体绕与 $N$ 平面垂直的 $z$ 轴转动,如图 14-4 所示。过 $N$ 平面内任一点 $M_i$ 作垂线 $A_iM_iB_i$:

(1)根据对称性,点 $M_i$ 为该垂线的质心;

(2)该垂线在运动时,始终与转轴 $z$ 平行,故垂线的运动可以看成平动;

(3)该垂线上各点的惯性力可以简化为点 $M_i$ 处的一个力;

(4)垂线 $A_iM_iB_i$ 随整个刚体绕轴转动 $z$ 转动,简化到点 $M_i$ 处的这个力与垂线 $A_iM_iB_i$ 垂直,在 $N$ 平面内。

可先将刚体的空间惯性力系简化为在对称平面内的平面力系,再将此平面力系向对称平面与转轴的交点 $O$ 简化,则惯性力系的主矢和对于 $O$ 点的主矩为

$$\begin{cases} \boldsymbol{F}_{IR} = \sum \boldsymbol{F}_{Ii} = \sum - m_i \boldsymbol{a}_i = - m\boldsymbol{a}_C \\ M_{IO} = \sum M_O(\boldsymbol{F}_{Ii}^{t}) + \sum M_O(\boldsymbol{F}_{Ii}^{n_1}) = - \sum r_i \cdot m_i r_i \alpha = - J_O \alpha = - J_z \alpha \end{cases} \tag{14-4}$$

上式表明，刚体作绕定轴转动时，惯性力系简化为通过 $O$ 点的一力和一力偶，此力 $\boldsymbol{F}_{IR}=-m\boldsymbol{a}_C$，此力偶之矩 $M_{IO}=-J_z\alpha$，如图 14-5 所示。

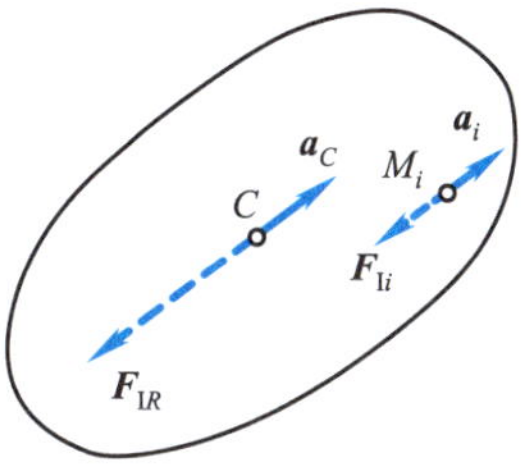


图　14-3

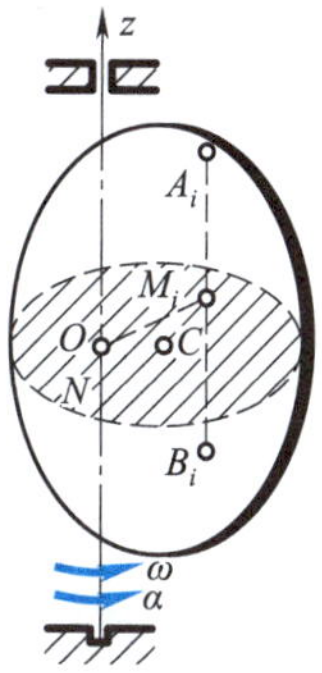


图　14-4

刚体定轴转动有几种特殊情况：

(1)若转轴通过质心 $C$，则主矢为零，此时惯性力系简化为一力偶，力偶之矩 $M_{IO}=-J_z\alpha$，如图 14-6 所示。

(2)若刚体匀速转动，则主矩为零，此时惯性力系简化为通过 $O$ 点的一力，$F_{IR}=-ma_C^n=me\omega^2$，其中 $e$ 为质心到转轴的距离，如图 14-7 所示。

(3)若转轴通过质心，刚体作匀速转动，则主矢和主矩都为零，此时惯性力系为一平衡力系。

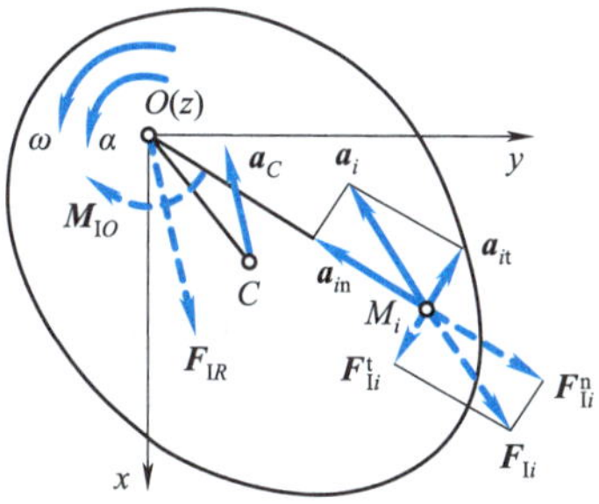


图　14-5

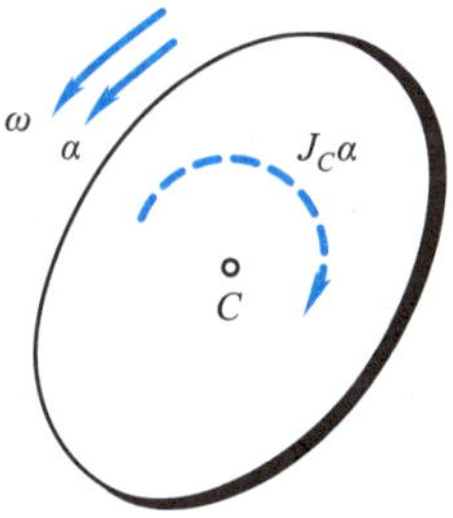


图　14-6

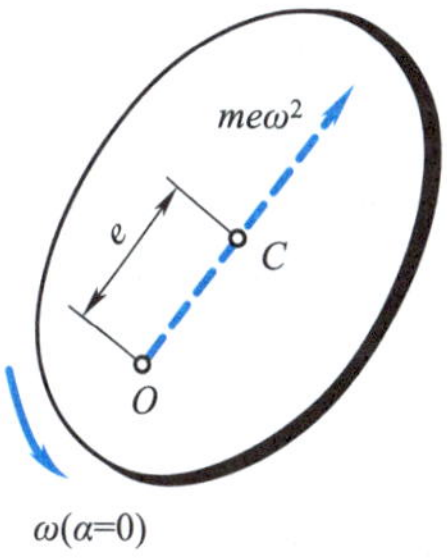


图　14-7

### 3. 刚体的平面运动

仅讨论刚体具有质量对称平面且刚体平行此平面运动的情形。此时仍先将刚体的惯性力系简化为在质量对称平面内的平面力系，然后在质量对称平面内进行力系简化。质量对称平面内任一点 $M_i$ 的加速度等于随同质心 $C$ 平动的加速度与相对质心转动的加速度之矢量和，如图 14-8(a)所示。为了简单起见，现在将刚体平面运动随同质心平动成分的惯性力系和相对质心转动成分的惯性力系，分别进行简化。对随同质心的平动成分，向质心简化，得一过质心的惯性力 $\boldsymbol{F}_{IR}=-m\boldsymbol{a}_C$，如图 14-8(b)所示；对绕质心转动成分的惯性力系，向转轴(也是质心)简化，可得一惯性力偶，其矩 $M_{IC}=-J_C\alpha$，如图 14-8(c)所示。将以上结果叠加起来，可知刚体平面运动惯性力系在质量对称平面内向质心简化，可得一惯性力和一惯性力偶，相应的主

矢、主矩为

$$\begin{cases} \boldsymbol{F}_{\mathrm{IR}} = \sum \boldsymbol{F}_{\mathrm{I}i} = - m\boldsymbol{a}_C \\ M_{\mathrm{I}C} = \sum M_C(\boldsymbol{F}_{\mathrm{I}i}) = - J_C\alpha \end{cases} \tag{14-5}$$

如图 14-8(d)所示。

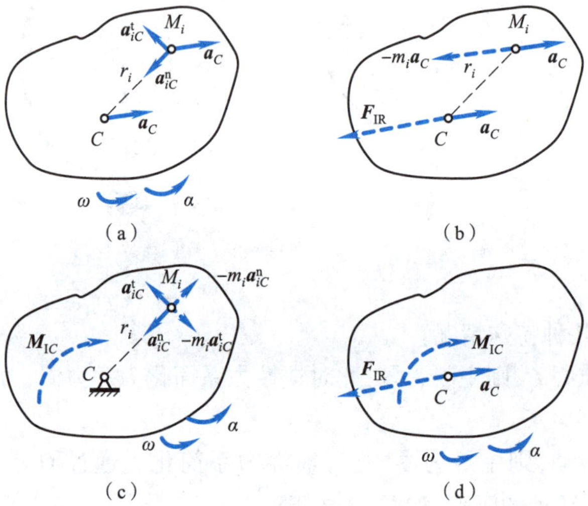

图 14-8

【例 14-2】 重为 $\boldsymbol{P}$ 的货箱放在一平车上，货箱与平车间的摩擦因数为 $f$，尺寸如图 14-9 所示。欲使货箱在平车上不滑也不翻，平车的加速度 $\boldsymbol{a}$ 应满足什么条件？

【解】 作用于货箱上的力有重力 $\boldsymbol{P}$、摩擦力 $\boldsymbol{F}$ 和法向约束力 $\boldsymbol{F}_{\mathrm{N}}$。由于货箱作平动，惯性力

$$F_{\mathrm{I}} = \frac{P}{g}a$$

虚加于质心 $C$，方向与加速度 $\boldsymbol{a}$ 相反。

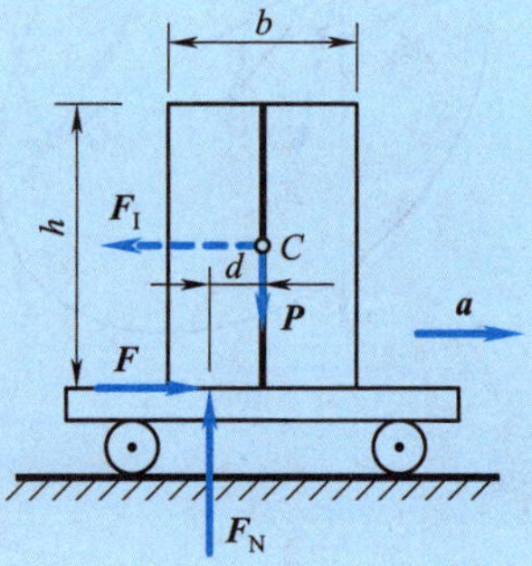

图 14-9

列写形式上的平衡方程

$$\sum F_x = 0, \quad F - F_{\mathrm{I}} = 0$$

$$\sum F_y = 0, \quad F_{\mathrm{N}} - P = 0$$

$$\sum M_C(\boldsymbol{F}) = 0, \quad F \times \frac{h}{2} - F_{\mathrm{N}}d = 0$$

解得

$$F = F_{\mathrm{I}} = \frac{P}{g}a$$

$$F_{\mathrm{N}} = P$$

$$d = \frac{ah}{2g}$$

货箱不滑的条件是 $F \leqslant f\boldsymbol{F}_{\mathrm{N}}$，即

$$\frac{P}{g}a \leqslant fP$$

由此得

$$a \leqslant fg$$

货箱不翻倒的条件是 $d \leqslant b/2$，即

$$\frac{ah}{2g} \leqslant \frac{b}{2}$$

由此得

$$a \leqslant \frac{b}{h}f$$

综上，欲使货箱在平车上不滑也不翻，平车的加速度 $a$ 应取 $\min\left\{fg, \frac{b}{h}f\right\}$。

**【例 14-3】** 一提升装置，已知转矩为 $M$，滚筒重为 $G$，转动惯量为 $\boldsymbol{J}$，重物重 $\boldsymbol{P}$，支座与梁共重 $\boldsymbol{W}$，尺寸如图 14-10(a)所示；求重物上升的加速度和梁 $A$、$B$ 处的约束力。

**【解】** 先研究重物滚筒系统，其所受的力有重力 $\boldsymbol{P}$、$\boldsymbol{G}$ 和支座约束力 $\boldsymbol{F}_{Ox}$、$\boldsymbol{F}_{Oy}$，虚加惯性力为 $\boldsymbol{F}_{\mathrm{I}}$ 及 $M_{\mathrm{I}O}$，即

$$F_{\mathrm{I}} = \frac{P}{g}a,\quad M_{\mathrm{I}O} = J\alpha = J\frac{a}{R}$$

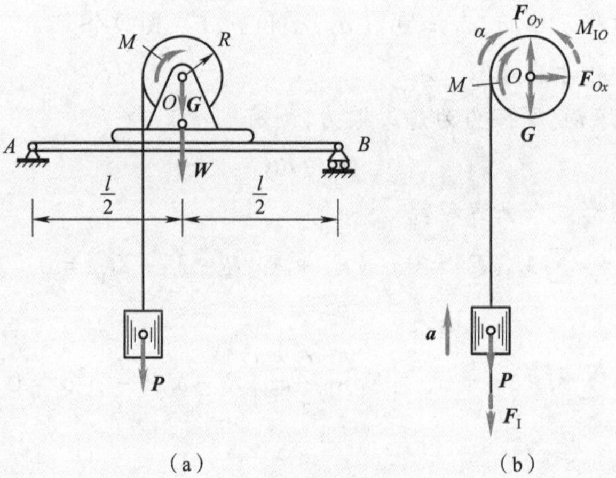


图 14-10

如图 14-10(b)所示，由形式上的平衡方程：

$$\sum F_x = 0,\quad F_{Ox} = 0$$

$$\sum F_y = 0,\quad F_{Oy} - G - P - F_{\mathrm{I}} = 0$$

$$\sum M_O(\boldsymbol{F}) = 0,\quad (P + F_{\mathrm{I}})R - M + M_{\mathrm{I}O} = 0$$

解得

$$a=\frac{M/R-P}{P/g+J/R^2}=\frac{M-PR}{PR^2+Jg}Rg$$

$$F_{Ox}=0, F_{Oy}=G+P+\frac{P}{g}a=G+P\frac{Jg+MR}{PR^2+Jg}$$

再研究支座与梁，由对称条件可知

$$F_{Ax}=0,\quad F_{Ay}=F_B=\frac{W+F_{Oy}}{2}=\frac{1}{2}\left(W+G+P\frac{Jg+MR}{PR^2+Jg}\right)$$

**【例 14-4】** 车辆的主动轮沿水平直线轨道运动（见图 14-11）。设轮重为 $\boldsymbol{G}$、半径为 $R$，对轮轴的回转半径为 $\rho$，车身的作用力可简化为作用于轮的质心 $C$ 的力 $\boldsymbol{F}_1$ 和 $\boldsymbol{F}_2$ 及驱动力偶矩 $M$，轮与轨道间的摩擦因数为 $f$；不计滚动摩擦的影响，求轮心的加速度。

**【解】** 以主动轮为研究对象。作用于轮上的主动力有重力 $\boldsymbol{G}$，车身的作用力 $\boldsymbol{F}_1$、$\boldsymbol{F}_2$ 及驱动转矩 $M$；约束力有轨道的法向约束力 $\boldsymbol{F}_{\mathrm{N}}$ 和摩擦力 $\boldsymbol{F}$；惯性力系向质心 $C$ 简化可有惯性主矢 $\boldsymbol{F}_{\mathrm{I}}$ 及惯性主矩为 $M_{\mathrm{IC}}$，即

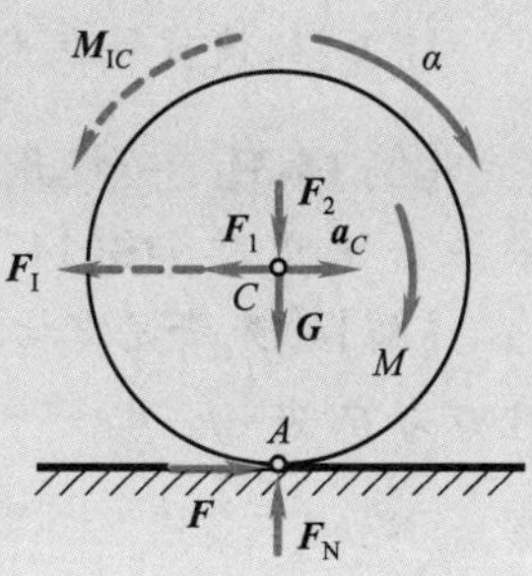

图 14-11

$$F_{\mathrm{I}}=\frac{G}{g}a,\quad M_{\mathrm{IC}}=J_C\alpha=\frac{G}{g}\rho^2\alpha$$

方向如图 14-11 所示。由动静法，作用于车轮的所有主动力、约束力和虚加的惯性力组成平衡力系，为一平面任意力系，可列出三个形式上的平衡方程。然而，未知量有 $\boldsymbol{a}_C$、$\alpha$ 和 $\boldsymbol{F}$、$\boldsymbol{F}_{\mathrm{N}}$ 共四个，因此需要补充一个方程才能求解。

（1）若车轮作纯滚动，摩擦力为静摩擦力，则有

$$a_C=R\alpha$$

对于瞬心 $A$ 点取矩列形式平衡方程：

$$\sum M_A(\boldsymbol{F})=0,\quad (F_1+F_{\mathrm{I}})R-M+M_{\mathrm{IC}}=0$$

即

$$\sum M_A(\boldsymbol{F})=0,\quad \left(F_1+\frac{G}{g}a_C\right)R-M+\frac{G}{g}\rho^2\alpha=0$$

可求得

$$a_C=R\frac{M-F_1R}{G(R^2+\rho^2)}g$$

要保证车轮纯滚而不滑动，必须

$$F\leqslant fF_{\mathrm{N}}$$

由形式平衡方程：

$$\sum F_x=0,\quad F-F_1-F_{\mathrm{I}}=0$$

$$\sum F_y=0,\quad F_{\mathrm{N}}-G-F_2=0$$

得

$$F=F_1+\frac{G}{g}a_C=\frac{MR-F_1\rho^2}{R^2+\rho^2},\quad F_N=G+F_2$$

因此保证车轮作纯滚的条件为

$$\frac{MR-F_1\rho^2}{R^2+\rho^2}\leqslant f(G+F_2)$$

即

$$M\leqslant f(G+F_2)\frac{(R^2+\rho^2)}{R}-F_1\frac{\rho^2}{R}$$

可见，当 $M$ 一定时，摩擦因数 $f$ 愈大，则车轮愈不易滑动，因此雨雪天车轮缠绕防滑链，或从砂箱中向轨道撒砂，以增大摩擦因数。

(2)若车轮有滑动，摩擦力为动摩擦力，则有

$$F=f'F_N\approx fF_N$$

式中，$f'$为动摩擦因数。由

$$F_1+\frac{G}{g}a_C=f(G+F_2)$$

可求得这时的加速度为

$$a_C=\frac{f(G+F_2)-F_1}{G}$$

显然，这也就是纯滚时加速度所能达到的最大值。

**【例 14-5】** 两完全相同的均质杆 $OA$ 和 $AB$ 质量为 $m$，长为 $l$，在 $A$ 处铰接，如图 14-12 所示。试求从水平位置无初速释放的瞬时两杆的角加速度以及 $O$、$A$ 处反力。

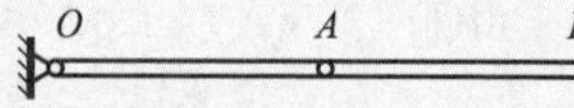


图 14-12

**【解】** 这是刚体系统的动力学问题，可以采用动静法求解。

先研究整体，画出主动力和约束力：系统中重力和 $O$ 处约束力。然后分析运动，虚加惯性力。

设在释放的瞬时，杆 $OA$ 角加速度为 $\alpha_1$，杆 $AB$ 角加速度为 $\alpha_2$。根据突然解除约束问题的特点可知，两杆在此瞬时是角速度 $\omega_1=\omega_2=0$。故两杆质心的加速度分为

$$a_{C_1}=a_{C_1}^{t}=\frac{1}{2}l\alpha_1$$

$$a_{C_2}=a_{C_2}^{t}=a_A^{t}+a_{C_2A}^{t}=l\alpha_1+\frac{1}{2}l\alpha_2$$

对杆 $OA$，定轴转动，将惯性力系向转轴 $O$ 简化，有

$$F_{I1}=m\frac{l}{2}\alpha_1,\quad M_{I1}=\frac{1}{3}ml^2\alpha_1$$

对杆 $AB$，平面运动，将惯性力系向质心 $C_2$ 简化，有

$$F_{I2}=m\left(l\alpha_1+\frac{l}{2}\alpha_2\right),\quad M_{I2}=\frac{1}{12}ml^2\alpha_2$$

整体的运动和受力如图 14-13(a)所示。对整体列写关于点 $O$ 取矩的形式平衡方程：

$$\sum M_O(\boldsymbol{F}) = 0,\quad M_{I1} + M_{I2} - mg\frac{l}{2} - mg\frac{3l}{2} + F_{I2}\frac{3l}{2} = 0$$

化简得

$$11\alpha_1 + 5\alpha_2 = \frac{12g}{l} \qquad ①$$

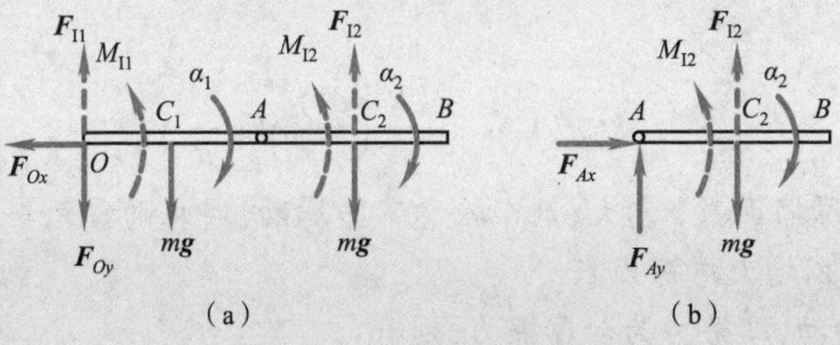


图 14-13

再研究杆 $AB$，运动和受力如图 14-13(b)所示，列写关于点 $A$ 取矩的形式平衡方程

$$\sum M_A(\boldsymbol{F}) = 0,\quad M_{I2} - mg\frac{l}{2} + F_{I2}\frac{l}{2} = 0$$

化简得

$$3\alpha_1 + 2\alpha_2 = \frac{3g}{l} \qquad ②$$

由①、②两式联立，可以解出

$$\alpha_1 = \frac{9g}{7l},\quad \alpha_2 = -\frac{3g}{7l}$$

为负值，说明杆 $AB$ 的角加速度应为逆时针。

对杆 $AB$，再列写两个投影的平衡方程：

$$\sum F_x = 0,\quad F_{Ax} = 0$$

$$\sum F_y = 0,\quad F_{Ay} - mg + F_{I2} = 0$$

解得

$$F_{Ax} = 0,\quad F_{Ay} = -\frac{1}{14}mg$$

对杆 $OA$，再列写两个投影的平衡方程：

$$\sum F_x = 0,\quad F_{Ox} = 0$$

$$\sum F_y = 0,\quad F_{Oy} - mg - mg + F_{I1} + F_{I2} = 0$$

解得

$$F_{Ox} = 0,\quad F_{Oy} = \frac{2}{7}mg$$

【例 14-6】 设转子的质量 $m=20$ kg，由于材料、制造和安装等原因造成的偏心距 $e=0.01$ cm，转子安装于轴的中部，转轴垂直于转子的对称面(见图 14-14)。若转子以匀转速 $n=12\ 000$ r/min 转动，求当转子的重心处于最低位置时轴承 $A$、$B$ 的动约束力。

【解】 由于转轴垂直于转子的对称面，且转子作匀速转动，故其惯性力系可简化为通过质心 $C$ 的一力 $\boldsymbol{F}_{\mathrm{I}}$，其大小为

$$F_{\mathrm{I}}=ma_C=\frac{P}{g}e\omega^2$$

方向与质心加速度(此处为法向加速度)的方向相反。

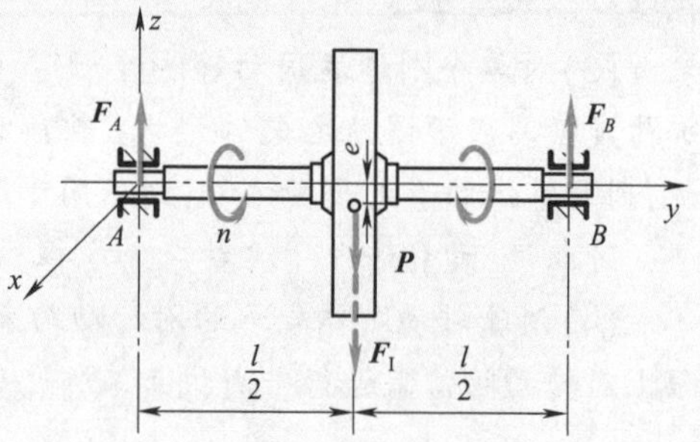

图 14-14

应用动静法：重力 $\boldsymbol{P}$，反力 $\boldsymbol{F}_A$、$\boldsymbol{F}_B$ 和惯性力 $\boldsymbol{F}_{\mathrm{I}}$ 构成一平衡力系。选取固连于转轴的坐标系 $Axyz$ 为投影轴系，设两轴承之间的距离为 $l$，列形式平衡方程：

$$\sum F_z=0,\quad -P+F_A-F_B-F_{\mathrm{I}}=0$$

$$\sum M_x(\boldsymbol{F})=0,\quad -P\times\frac{l}{2}+F_Bl-F_{\mathrm{I}}\times\frac{l}{2}=0$$

由此解出

$$F_A=F_B=\frac{1}{2}(P+F_{\mathrm{I}})$$

将已知数据代入后得

$$F_A=F_B=\frac{1}{2}\left[20\times9.8+20\times\frac{0.01}{100}(400\pi)^2\right]\ \mathrm{N}=1\ 677\ \mathrm{N}$$

如果只考虑重力(即主动力)的作用，则在轴承处引起的静约束力为

$$F'_A=F'_B=\frac{1}{2}mg=98\ \mathrm{N}$$

结果表明轴承动约束力由两部分组成：一部分是由主动力系所引起的约束力，称为静约束力；另一部分是由转动刚体的惯性力系所引起的约束力，称为附加动约束力；在本题的条件下，附加动约束力为静约束力的 16 倍。

当刚体高速转动时，惯性力常常对于轴承引起巨大的附加动约束力，如不防止，容易造成机件的损坏，应设法消除。

## 小　　结

(1)随着现代工程力学的发展，达朗贝尔原理发展成现在的形式。该原理提供了解决非自由质点系动力学的普遍方法，即动静法。该方法研究问题简单有效，在工程技术中有着广泛的应用。

(2)惯性力不是作用于物体上的真实力,是物体因有加速度而体现的一种惯性表现,对运动物体而言是虚拟的力。

应用动静法解决刚体或质点系问题时,需将惯性力系进行简化。刚体的惯性力系的简化结论应熟练掌握。

(3)对单个刚体运用动静法时,形式的平衡方程实质上跟运动微分方程是一样的,只是加速度项写成了惯性主矢的形式(或角加速度项写成了惯性主矩的形式);但对于刚体系统,列写整体的形式平衡方程,则不同于运动微分方程。

可以说,动静法源于运动微分方程,又超越了运动微分方程。

(4)消除转动刚体轴承的附加动约束力的条件是转轴应为刚体的中心惯性主轴。在工程上对转动物体需进行平衡找正工作,以使不平衡程度减小至允许范围以内。

## 思考题

14-1 什么是惯性力?物体的惯性力与作用在物体上的一般力有何不同?

14-2 在直线轨道上加速行驶的一列火车中,哪一节车厢挂钩受力最大?为什么?匀速行驶时,各挂钩的受力情况又如何?

14-3 乘公交车时,如果突然刹车,人会由于惯性力向前倾。试问公交车是否也受到了惯性力的作用?有什么运动变化上的表现?

14-4 选择不同的简化中心,对惯性力系的主矢和主矩有何影响?

14-5 在什么条件下定轴转动刚体的惯性力系是个平衡力系?

14-6 能不能说应用达朗贝尔原理将动力学问题转换成静力学问题?

14-7 如图所示平面机构,$AC/\!/BD=a$,均质杆 $AB$ 的质量为 $m$,长为 $l$。试问 $AB$ 的惯性力系简化结果是什么?如果 $AB$ 非均质,则其惯性力系又如何简化?

14-8 如图所示,刚体系统由质量均为 $m$ 的两物块 $A$ 和 $B$ 组成,放在光滑水平面上,物体 $A$ 上作用一水平力 $\boldsymbol{F}$、试用动静法说明 $A$ 物体对 $B$ 物体作用力的大小是否等于 $F$?

14-9 均质圆盘质量为 $m$,半径为 $R$,由两个无重杆 $O_1A$、$O_2B$ 及绳 $O_1B$ 维持在铅垂面内平衡,如图所示,已知:$O_1A=O_2B=l$,$O_1A/\!/O_2B$。问剪断绳子 $O_1B$ 的瞬时,圆盘 $C$ 的惯性力如何计算?

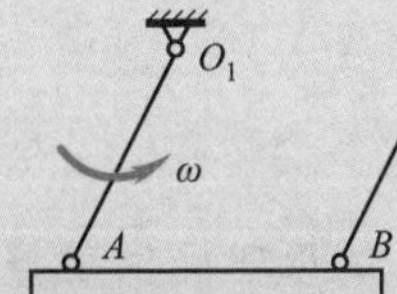


思考题 14-7 图

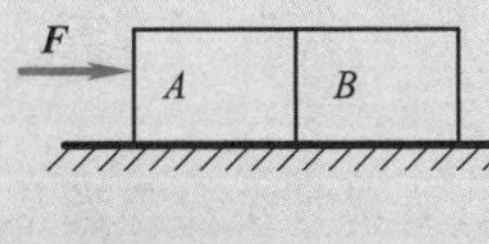


思考题 14-8 图

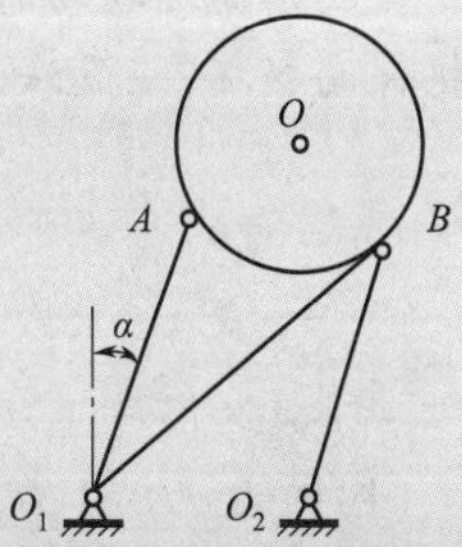


思考题 14-9 图

14-10　对于定轴转动刚体，一般将其惯性力系向转轴简化。试问是否可以向其质心简化？结果如何？

14-11　对于平面运动的刚体，一般将其惯性力系向其质心简化。试问是否可以向任意点简化？结果又如何？

14-12　中国传统杂技“切砖”很有趣：杂技演员每只手拿一木块，中间夹着若干木块，如图(a)所示；突然向上抬起右手，用右手拿着的木块自上而下砍击和它相邻的木块；作这些动作时，其他木块始终整齐地靠着左手上的木块不掉下来，如图(b)所示。试解释一下其中的力学原理。

思考题 14-12 图

14-13　研究刚体的动力学问题可应用动力学普遍定理，也可应用动静法。请同学们想一想，这两类方法有什么联系，又有什么不同呢？

14-14　悬浮背包成为网上热卖的产品。悬浮背包真的省力吗？其中有什么力学原理呢？

14-15　1971 年 3 月 3 日，成功将科学卫星实践一号送入太空，但是起初几天地面收到的卫星信号极其微弱，到了第八天，卫星信号才突然恢复正常。分析(猜想)其中的原因。

14-16　压路机的滚子是空心的吗？如何才能把路压得更紧实呢？

14-17　图(a)所示系统平衡，绳的拉力 $\boldsymbol{F}_T$[见图(b)]作用线延长后过地球的球心吗？

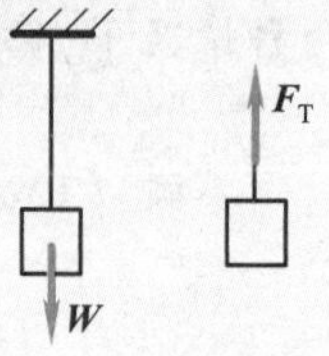


思考题 14-17 图

14-18　在各种飞行中都设有惯性导航系统。惯性导航系统有许多优势，组成惯性导航系统的设备都安装在运载体内，工作时不依赖外界信息，也不向外界辐射能量，不易受到干扰，是一种自主式导航系统。分析其中的力学原理。

## 习　题

14-1　提升矿石用的传送带与水平成倾角 $\theta$。设传送带以匀加速度 $\boldsymbol{a}$ 运动，为保持矿石不在带上滑动，求所需的摩擦因数。

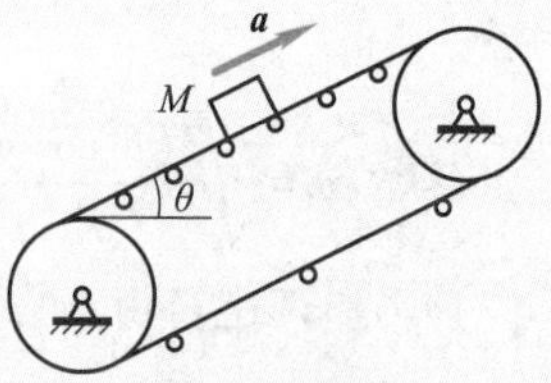


习题 14-1 图

答案：$f \geqslant \dfrac{a}{g\cos\theta} + \tan\theta$

14-2　图示物块 $M$ 的大小可略而不计，其质量 $m=25$ kg。物块放在水平圆盘上，到圆盘的铅垂轴线 $Oz$ 的距离 $r=1$ m。圆盘由静止开始以匀角加速度 $\alpha=1\ \mathrm{rad/s^2}$ 绕 $Oz$ 轴转动，物块与圆盘间的静滑动摩擦系数 $f=0.5$。当圆盘的角速度值增大到 $\omega_1$ 时，物块与圆盘间开始出现滑动，求 $\omega_1$ 的值。并求当圆盘的角速度由零增加到 $\omega_1/2$ 时，物块与盘面间摩擦力的大小。

答案：$\omega_1=\sqrt{0.5g}=2.21$ rad/s，$F=3.125g=30.63$ N

14-3　图示由相互铰接的水平臂连成的传送带，将圆柱形零件由一个高度传送到另一个高度。设零件与臂之间的滑动摩擦系数 $f=0.2$，角 $\alpha=30°$。求：(1)降落加速度 $\boldsymbol{a}$ 多大时，零件不致在水平臂上滑动；(2)比值 $h/d$ 等于多少时，零件在滑动之前先倾倒。

答案：(1) $a\leqslant 2.91\ \mathrm{m/s^2}$；(2) $\dfrac{h}{d}\geqslant 5$

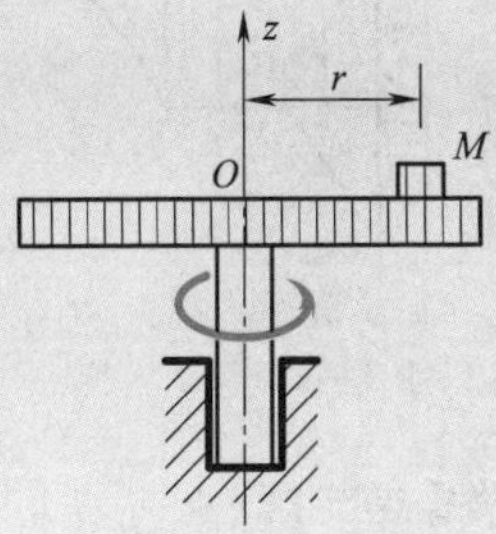


习题 14-2 图

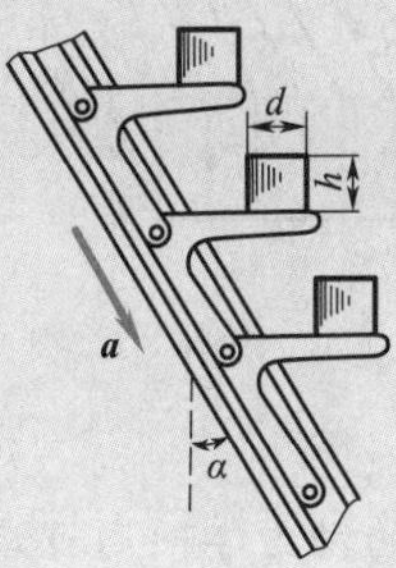


习题 14-3 图

14-4　图示为一转速计(测量角速度的仪表)的简化图。小球 $A$ 的质量为 $m$，固连在杆 $AB$ 的 $A$ 端；杆 $AB$ 长为 $l$，可绕轴 $BC$ 转动，在此杆上与 $B$ 点相距为 $l_1$ 的一点 $E$ 联有一弹簧 $DE$，其自然长度为 $l_0$，刚度系数为 $k$；杆对 $BC$ 轴的偏角为 $\theta$，弹簧在水平面内。试求在下述两种情况下，稳态运动的角速度：(1)杆 $AB$ 的质量不计；(2)均质杆 $AB$ 的质量为 $m_2$。

答案：(1) $\omega=\sqrt{\dfrac{2[m_1gl\sin\theta+k(l_1\sin\theta-l_0)l_1\cos\theta]}{m_1l^2\sin 2\theta}}$

(2) $\omega=\sqrt{\dfrac{3[(m_2+2m_1)gl\sin\theta+k(l_1\sin\theta-l_0)l_1\sin\theta]}{(m_2+3m_1)l^2\sin 2\theta}}$

14-5　两均质直杆，长各为 $a$ 和 $b$，互成直角地固结在一起，其顶点 $O$ 则与铅垂轴用铰链相连，此轴以匀角速度 $\omega$ 转动，如图所示。求长为 $a$ 的杆与铅垂线的偏角 $\varphi$ 和 $\omega$ 之间的关系。

答案：$\omega=\sqrt{\dfrac{3(b^2\cos\varphi-a^2\sin\varphi)}{(b^3-a^3)\sin 2\varphi}g}$

14-6　调速器由两个重 $\boldsymbol{P}_1$ 的均质圆盘所构成，圆盘偏心地悬于距转轴为 $a$ 的两侧，圆盘中心至悬挂点的距离为 $l$。调速器的外壳重 $\boldsymbol{P}_2$，放在这两个圆盘上并与调速装置相连。如不计摩擦，求调速器的匀角速度 $\omega$ 与圆盘离铅垂线的偏角 $\varphi$ 之间的关系。

答案：$\omega^2=\dfrac{2P_1+P_2}{2P_1(a+l\sin\varphi)}g\tan\varphi$

14-7　图示振动器用于压实土壤，已知机座重 $\boldsymbol{G}$，对称的偏心锤重 $P_1=P_2=P$，偏心距为 $e$；两锤以相同的匀角速度 $\omega$ 相向转动，求振动器对地面压力的最大值。

答案：$F_{\mathrm{Nmax}}=G+2P\left(1+\dfrac{e\omega^2}{g}\right)$

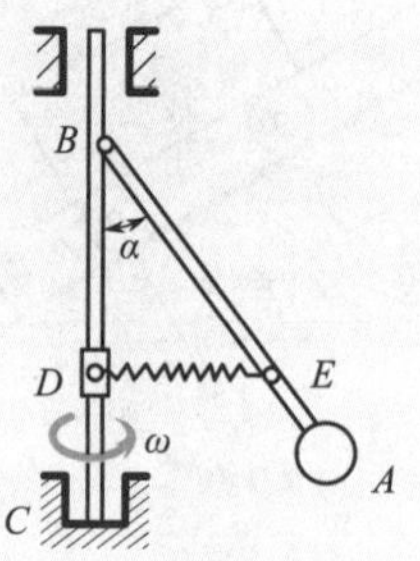


习题 14-4 图

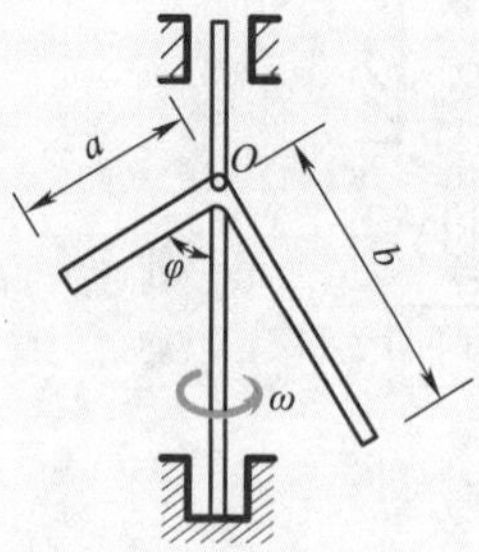


习题 14-5 图

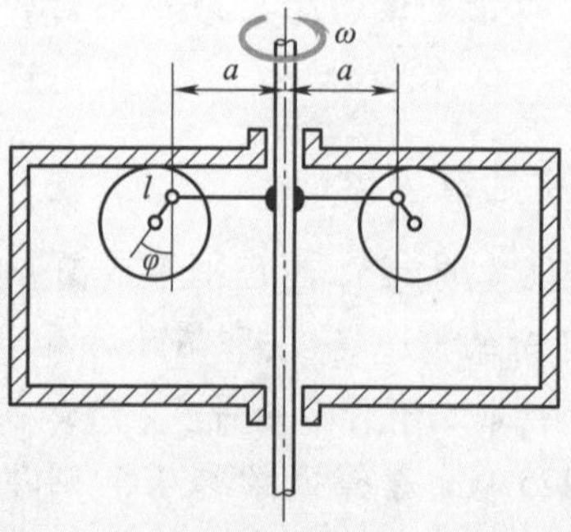


习题 14-6 图

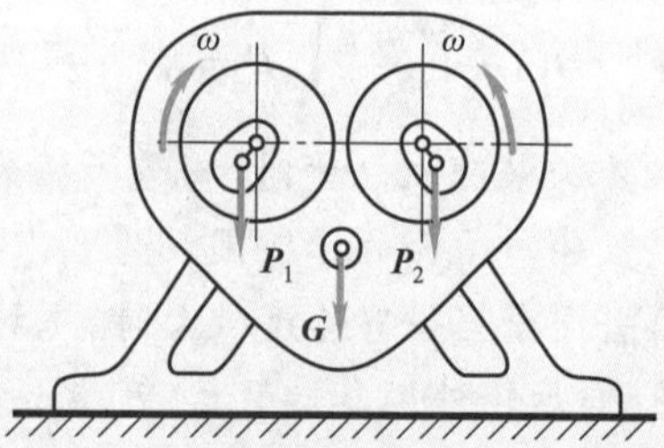


习题 14-7 图

14-8　为研究交变的拉力和压力对金属杆的影响，将受实验的金属杆的上端固定在曲柄连杆机构的滑块 $B$ 上，而在其下端系一重为 $\boldsymbol{P}$ 的重物。设连杆长为 $l$，曲柄长为 $r$，求当曲柄以匀角速度 $\omega$ 绕 $O$ 轴转动时，金属试件所受的拉力。

答案：$F=P\left[1+\dfrac{r\omega^2}{g}\left(\cos\omega t+\dfrac{r}{l}\cos 2\omega t\right)\right]$

14-9　矿车重 $\boldsymbol{P}$ 以速度 $v$ 沿倾角为 $\theta$ 的斜坡匀速下降，运动总阻力因数为 $f$，尺寸如图；不计轮的转动惯量，求钢丝绳的拉力。当制动时，矿车作匀减速运动，制动时间 $t$，求此时钢丝绳的拉力和轨道法向约束力。

答案：(1) $F=P(\sin\theta-\cos\theta)$；

(2) $F=P\left(\sin\theta-f\cos\theta+\dfrac{v}{gt}\right)$，$F_{\mathrm{NA}}=P\cos\theta-F_{\mathrm{NB}}$

$F_{\mathrm{NB}}=\dfrac{P}{b}\left[(h-d)\left(\sin\theta+\dfrac{v}{gt}\right)+\left(\dfrac{b}{2}+fd\right)\cos\theta\right]$

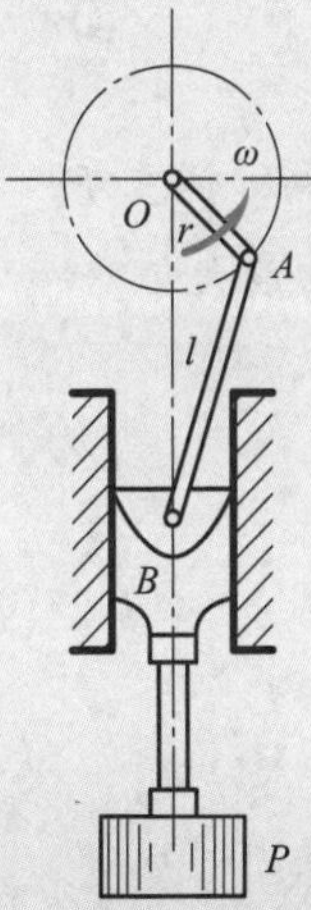


习题 14-8 图

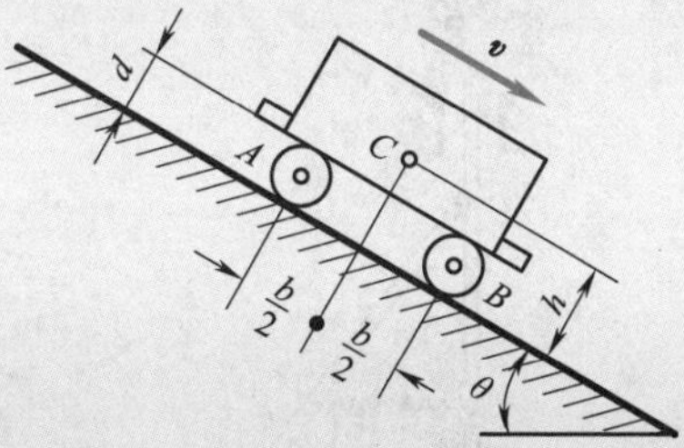


习题 14-9 图

14-10 装载机铲斗插入料堆时,由于岩石阻力的作用使装载机减速,其减速度为 $\boldsymbol{a}$;设装载机重为 $\boldsymbol{G}$,其重心 $C$ 的高度为 $h$,重心距前轮中心铅垂线的距离为 $c$,前后轮皆为主动轮,轮轴距为 $l$。求轨道的法向约束力及稳定条件。

答案:$F_A=G\left(1-\dfrac{c-ha/g}{l}\right)$,$F_A=G\dfrac{c-ha/g}{l}$;稳定性条件为 $a<gc/h$

14-11 露天装载机转弯时,弯道半径为 $\rho$,装载机重 $\boldsymbol{P}$,重心高出水平地面 $h$,内外轮间的距离为 $b$,设轮与地面的摩擦因数为 $f$,求:(1)转弯时的极限速度,即不致打滑和倾倒的最大速度;(2)若要求当转弯速度较大时,先打滑后倾倒,则应有什么条件?(3)如装载机的最小转弯半径(自后轮外侧算起)为 570 cm,轮距为 225 cm,摩擦因数取 0.5,则极限速度为多少?

答案:(1)不打滑的极限速度 $v_{\max}=\sqrt{fg\rho}$,不倾倒的极限速度 $v_{\max}=\sqrt{bg\rho/2h}$;

(2)$h<b/2f$;

(3)$v_{\max}=17$ km/h

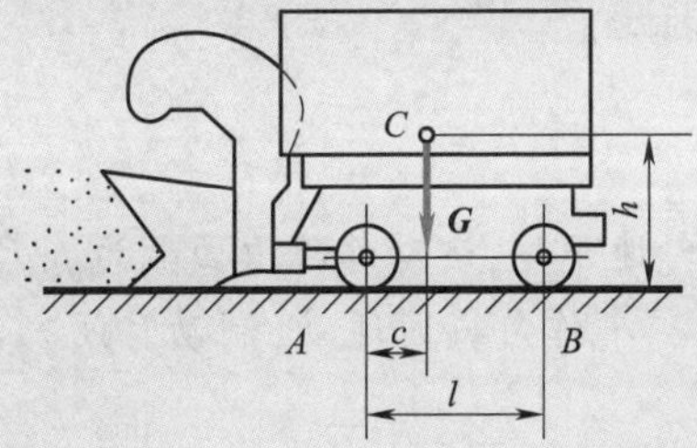


习题 14-10 图

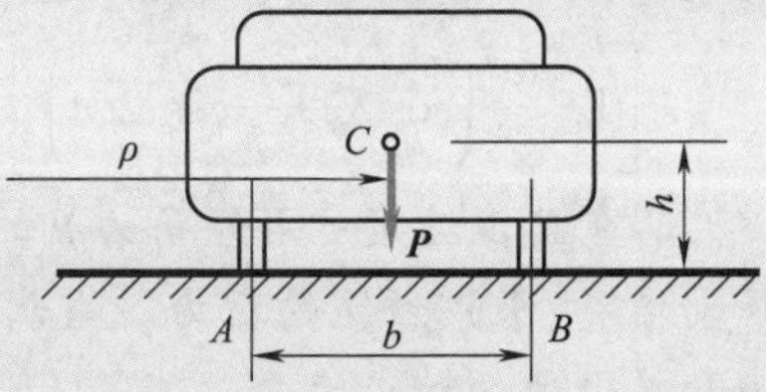


习题 14-11 图

14-12 两均质杆 $OA$ 与 $OB$,长为 $l$、重为 $\boldsymbol{P}$,一端用铰链固定在铅垂轴上的 $O$ 点,另一端用水平绳连在轴上的 $D$ 处,杆与轴的夹角为 $\varphi$。今$\triangle AOB$ 随轴 $OD$ 以匀角速度 $\omega$ 转动,求绳的拉力及铰链 $O$ 对杆 $OB$ 的约束力。

答案：$F_T=P\left(\frac{1}{2}\tan\varphi+\frac{l\omega^2}{3g}\sin\varphi\right)$，$F_{Ox}=P\left(\frac{1}{2}\tan\varphi-\frac{l\omega^2}{6g}\sin\varphi\right)$，$F_{Oy}=P$

14-13　嵌入墙内的悬臂梁 $AB$ 的端点 $B$ 装有质量为 $m_B$、半径为 $R$ 的均质鼓轮，如图所示。一主动力偶，其矩为 $M$，作用于鼓轮提升质量为 $m_C$ 的物体。设 $\overline{AB}=l$，梁和绳子的质量都略去不计。求 $A$ 处的支座反作用力和反作用力偶。

答案：$F_{Ax}=0$，$F_{Ay}=(m_B+m_C)g+\frac{2m_C(M-m_CgR)}{(m_B+2m_C)R}$

$$M_A=\left[\frac{2m_C(M-m_CgR)}{(m_B+2m_C)R}+m_Bg+m_Cg\right]l$$

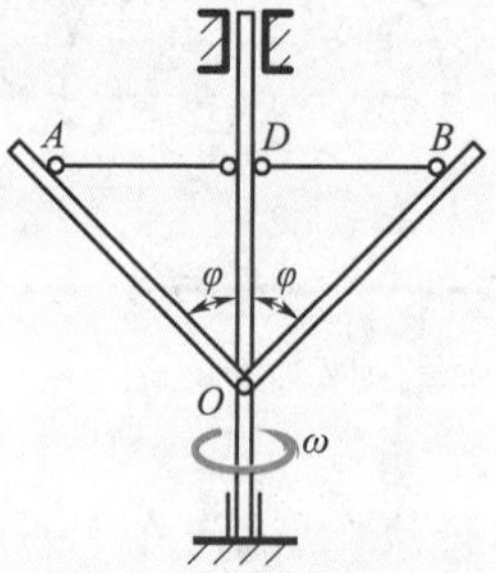

习题 14-12 图

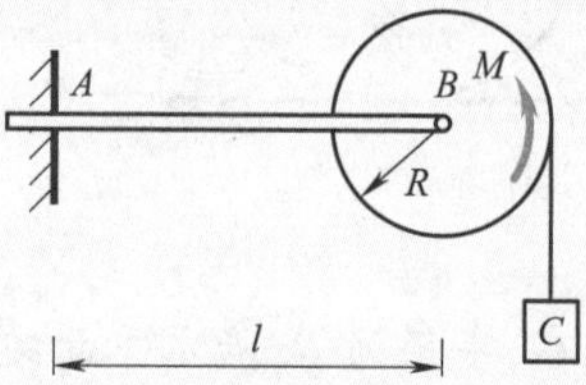

习题 14-13 图

14-14　两物块 $M_1$ 与 $M_2$ 的质量分别为 $m_1$ 和 $m_2$，用跨过定滑轮 $B$ 的细绳连接，如图所示。已知 $\overline{AC}=l_1$，$\overline{AB}=l_2$，$\angle ACD=\alpha$，若杆 $AB$ 水平，不计各杆、滑轮和细绳质量及各铰边处的摩擦，试求 $CD$ 杆的内力。

答案：$F_{CD}=\frac{4m_1m_2gl_2}{(m_1+m_2)l_1\sin\alpha}$

14-15　均质杆 $AB$ 长为 $l$，质量为 $m$，被两根铅垂细绳悬挂在水平位置。现将绳 $O_2B$ 烧断，求 $O_2B$ 刚被烧断时，杆的角加速度和其质心的加速度。

答案：$\alpha=\frac{3g}{2l}$，$a_C=\frac{3}{4}g$

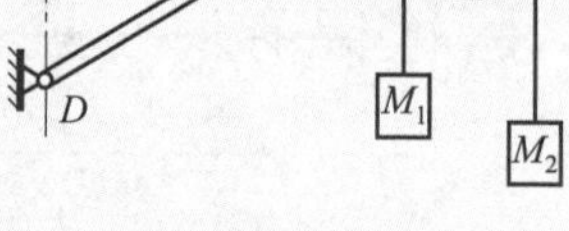

习题 14-14 图

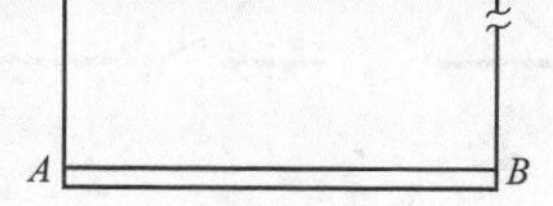

习题 14-15 图

14-16　均质圆柱重 $\boldsymbol{P}$、半径为 $R$，在常力 $\boldsymbol{F}_T$ 作用下沿水平面纯滚；求轮心的加速度及地面的约束力。

答案：$a_O=\dfrac{2F_{\mathrm{T}}\cos\theta}{3P}g, F_{\mathrm{N}}=P-F_{\mathrm{T}}\sin\theta, F=\dfrac{1}{3}F_{\mathrm{T}}\cos\theta$

14-17　绕线轮重 $\boldsymbol{P}$、半径为 $R$ 及 $r$，对质心 $C$ 的转动惯量为 $J_C$，在与水平成 $\theta$ 角的常力 $\boldsymbol{F}_{\mathrm{T}}$ 作用下纯滚，不计滚阻，求：(1)轮心的加速度，并分析运动；(2)纯滚条件。

答案：(1) $a_C=\dfrac{F_{\mathrm{T}}R(R\cos\theta-r)}{J_C+\dfrac{P}{g}R^2}$；(2) $f\geqslant\dfrac{F_{\mathrm{T}}\left(\dfrac{P}{g}Rr+J_C\cos\theta\right)}{(P-F_{\mathrm{T}}\sin\theta)\left(J_C+\dfrac{P}{g}R^2\right)}$

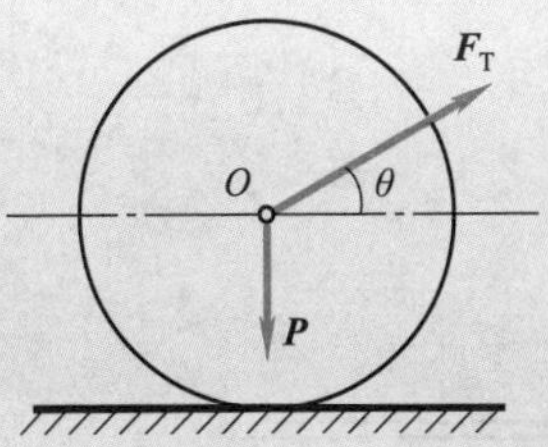


习题 14-16 图

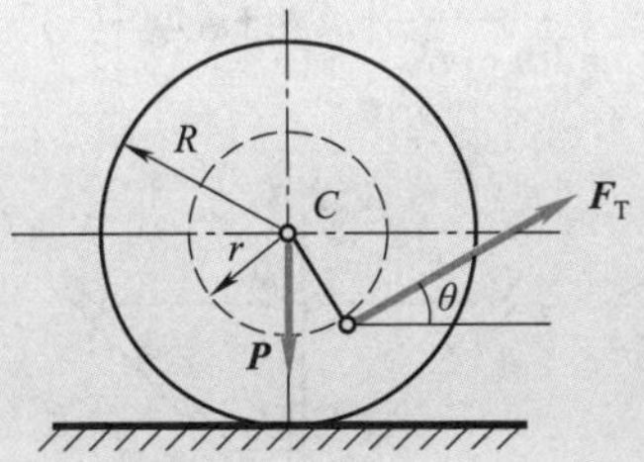


习题 14-17 图

14-18　圆轮重 $\boldsymbol{G}$、半径为 $R$，沿水平面纯滚，不计滚阻，试问在下列两种情况下，轮心的加速度及接触面的摩擦力是否相等：(1)在轮上作用一矩为 $M$ 的顺钟向力偶；(2)在轮心上作用一水平向右、大小为 $M/R$ 的力 $\boldsymbol{F}$。

答案：加速度相同，摩擦力不相同。

14-19　图示一拖车在水平面上运动，加速度为 $\boldsymbol{a}$，轮子沿水平面上作纯滚动。拖车总重为 $\boldsymbol{G}$，其中车轮重 $\boldsymbol{P}$，半径为 $r$，对轮轴的回转半径 $\rho=0.8r$，轮心在质心，轮轴过质心，拖车的重心 $C$ 与 $A$ 在同一水平线上，距地面为 $h$，轮轴距 $A$ 为 $l$。试求 $A$、$B$ 两处的约束力。

答案：$F_{Ax}=(G+0.64P)\dfrac{a}{g}, F_{Ay}=0.64P\dfrac{(h-r)a}{gl}$

$F_{NB}=G-0.64\dfrac{Pa}{gl}(h-r), F=0.64\dfrac{Pa}{gl}$

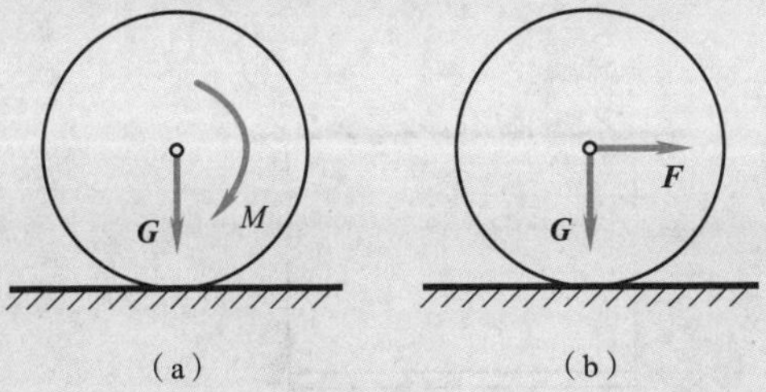


习题 14-18 图

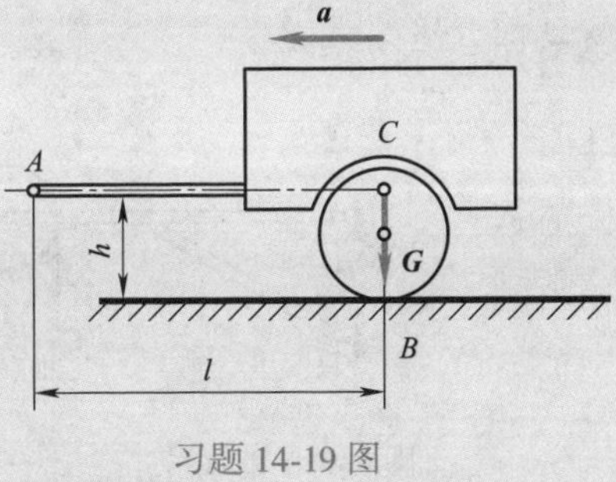


习题 14-19 图

14-20　一均质偏心轮固结在水平轴 $AB$ 上，轮重 $P=196$ N，半径 $r=0.25$ m，偏心距 $OC=0.125$ m，在图示位置时一水平力 $F_{\mathrm{T}}=10$ N 作用于轮之上缘，角速度 $\omega=4$ rad/s，不计轴承摩擦及轴重，求角加速度 $\alpha$ 及轴承 $A$、$B$ 处的约束力。

答案：$\alpha=4\ \mathrm{rad/s^2}$；$F_{Ax}=0$，$F_{Ay}=93.7\ \mathrm{N}$，$F_{Bx}=0$，$F_{By}=62.5\ \mathrm{N}$

14-21　圆盘 $A$、$B$、$C$ 的质量各为 12 kg，固结在轴上如图所示，盘 $A$ 的质心 $G$ 距轴 $e_A=0.5\ \mathrm{cm}$，盘 $B$ 和 $C$ 的质心在轴上。今若将 1 kg 的平衡质量分别放在盘 $B$ 和 $C$ 上，应如何放置可使物系达到动平衡？

答案：此两点至轴的距离分别为 $e_B=12\ \mathrm{cm}$，$e_C=6\ \mathrm{cm}$，并与 $G$ 共面；$e_B$ 与 $G$ 在轴的两侧，$e_C$ 与 $G$ 在轴的同一侧

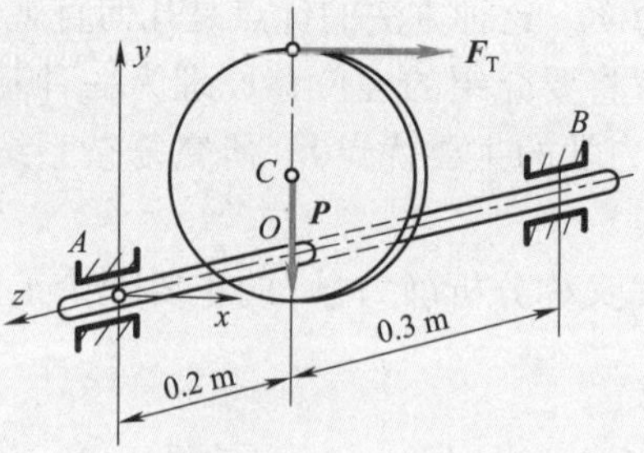


习题 14-20 图

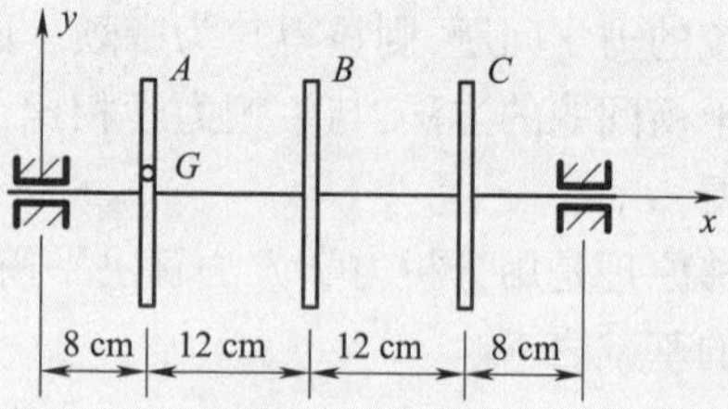


习题 14-21 图

14-22　均质细杆 $AB$ 的质量 $m=45.4\ \mathrm{kg}$，$A$ 端搁在光滑水平面上，$B$ 端用不计质量的软绳 $DB$ 固定，如图所示。若杆 $AB$ 长 $l=3.05\ \mathrm{m}$，绳长 $h=1.22\ \mathrm{m}$；当绳子铅直时，杆与水平面的倾角 $\theta=30°$，点 $A$ 以匀速 $v_A=2.44\ \mathrm{m/s}$ 向左运动。求在该瞬时：(1) 杆的角加速度；(2) 在 $A$ 端作用的水平力 $\boldsymbol{P}$ 的大小；(3) 细绳的张力。

答案：(1) $\alpha=1.85\ \mathrm{rad/s^2}$，逆时针；(2) $F=64\ \mathrm{N}$；(3) $F_T=321\ \mathrm{N}$

14-23　杆 $AB$ 和 $BC$ 的单位长度的质量为 $m$，连接如图所示。圆盘在铅垂平面内绕 $O$ 轴以匀角速度 $\omega$ 转动。若 $\overline{AB}=2r$，$\overline{BC}=\overline{OA}=r$，不计摩擦，在图示位置时，$O$、$A$、$B$ 三点在同一条水平直线上。求此瞬时作用在 $AB$ 杆上点 $A$ 和点 $B$ 的力。

答案：$F_{Ax}=-3r^2m\omega^2$，$F_{Ay}=rmg$；$B_{Bx}=\dfrac{1}{2}r^2m\omega^2$，$F_{By}=rmg$

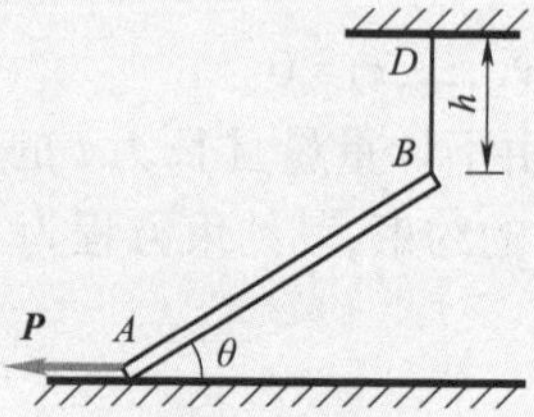


习题 14-22 图

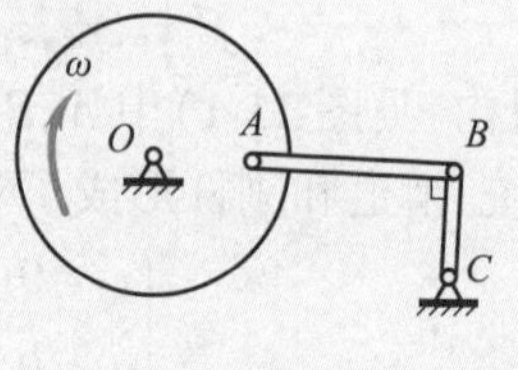


习题 14-23 图

# 第 15 章　虚位移原理

前述研究动力学问题(静力学可视为其特殊情形)的各章,都是以牛顿定律为基础的,常称为牛顿力学。它以矢量为特征,因而也称矢量力学。这种方法的优点是几何直观性强,但对于复杂系统的力学问题,则显得较为麻烦。而本章将要介绍的虚位移原理为一种基于分析力学来处理平衡问题的方法,与牛顿力学相比,分析力学的主要优点是,研究复杂系统的力学问题较为简便。

虚位移原理是用分析力学方法解决平衡问题(又称分析静力学)的主要理论工具,也是分析动力学的基础之一。

## §15-1　虚位移的基本概念

### 1. 约束及约束方程

在静力学中约束的定义:限制非自由体在空间位移的周围物体。在更广泛和抽象的意义上约束还可以从另外的角度给以定义及进行描述。

约束:对物体(质点或质点系)运动预先给定的限制条件(既可以限制位置,也可以限制速度甚至于加速度)。

约束方程:描述的限制条件(也称约束条件)的数学方程称为约束方程。

工程中的实际约束种类繁多,依据约束对物体运动限制的不同情况分类如下:

(1)几何约束与运动约束。

几何约束:限制质点或质点系在空间的几何位置的约束称为几何约束。其约束方程的一般形式为

$$f(x_1,y_1,z_1,\cdots,x_N,y_N,z_N,t)=0$$

例如,椭圆规机构(见图 15-1)中 $A$、$B$ 两滑块由不计重量且长为 $l$ 的刚杆相连,可看作由两个质点组成的系统,滑道和刚杆形成了对质点系的约束,其约束方程为

$$\begin{cases} x_A=0 \\ y_B=0 \\ (x_A-x_B)^2+(y_A-y_B)^2=l^2 \end{cases} \tag{15-1}$$

对球面摆(见图 15-2)来说,无重刚杆限制着质点 $M$ 必须在以 $O$ 为球心、杆长 $l$ 为半径的球面上运动。质点 $M$ 的坐标应满足的约束方程为一球面方程,即

$$x_A^2+y_A^2+z_A^2=l^2 \tag{15-2}$$

一个质点 $M$ 被限制在某固定曲面内运动时(见图 15-3),质点坐标应满足的约束方程就是该固定曲面的方程,即

$$f(x,y,z)=0 \tag{15-3}$$

以上分析的约束都属于几何约束。几何约束的约束方程中只包含各质点的坐标。

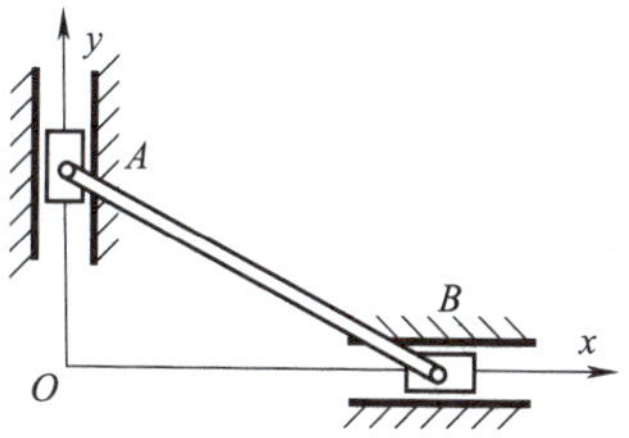

图 15-1

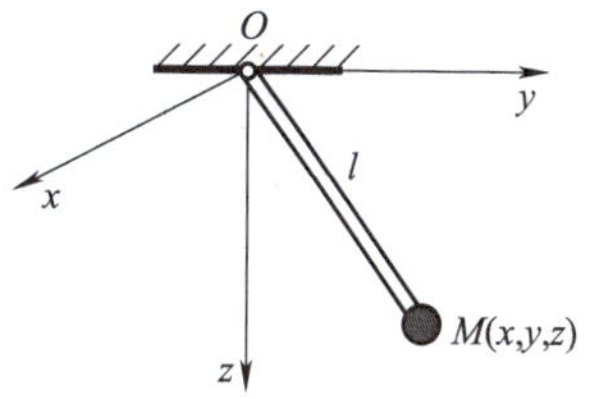

图 15-2

运动约束:除限制质点或质点系的几何位置外,还限制质点的速度的约束称为运动约束。其约束方程的一般形式为

$$f(x_1,y_1,z_1,\cdots,x_N,y_N,z_N,\dot{x}_1,\dot{y}_1,\dot{z}_1,\cdots,\dot{x}_N,\dot{y}_N,\dot{z}_N,t)=0 \tag{15-4}$$

例如,半径为 $r$ 的车轮沿直线作纯滚动(见图 15-4),轮与轨道接触点 $C$ 的速度将被限定为零。车轮作平面运动,如取轮心坐标 $x_A$,$y_A$ 以及转角 $\varphi$(取顺钟向为正)描述车轮的位置,则车轮的约束方程为

$$\left.\begin{aligned} y_A&=0\\ \dot{x}_A-r\dot{\varphi}&=0 \end{aligned}\right\} \tag{15-5}$$

其中,第一个方程属于几何约束,第二个方程属于运动约束,由于 $r$ 为常数,可积分为

$$x_A-r\varphi=\text{const} \tag{15-6}$$

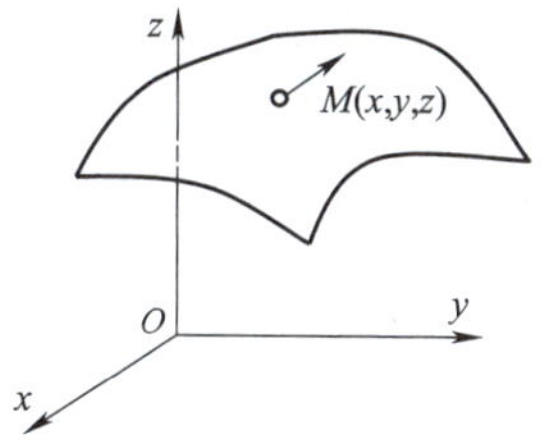

图 15-3

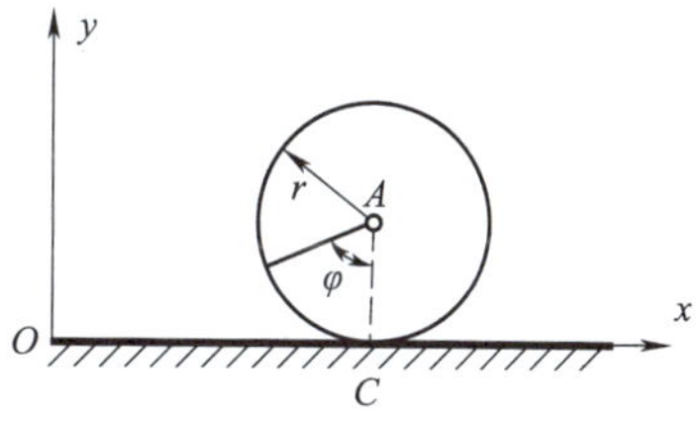

图 15-4

一般来说,描述运动约束的约束方程为微分方程,如果这类方程可以积分,且积分后的方程中不再包含坐标的导数,则此时运动约束与几何约束已无区别。几何约束以及可以积分的运动约束统称为完整约束;不能积分的运动约束为非完整约束,保龄球沿曲线滚动时就属于这种情况。非完整约束比完整约束要复杂得多,本章只讨论完整约束。

(2)定常约束和非定常约束。

约束还可依据是否随时间变化来分类。图 15-5 表示一个质点 $M$ 与刚性杆 $AB$ 组成的球面摆,与图 15-2 不同的是球铰链 $A$ 沿 $z$ 轴以已知规律 $z_A=H\sin\omega t$ 运动,其约束方程为

$$x^2+y^2+(z-H\sin\omega t)^2=l^2 \tag{15-7}$$

非定常约束:约束条件随时间而变化(即约束方程中显含时间 $t$)的约束称为非定常约束。

定常约束:约束条件不随时间变化(即约束方程中不显含时间 $t$)的约束称为定常约束。方程(15-1)~方程(15-4)描述的约束均为定常约束。

(3)双面约束和单面约束。

图 15-2 中的摆杆为一根刚杆,它既限制质点 $M$ 沿拉伸方向的位移,又限制质点 $M$ 沿杆压缩方向的位移,这类约束称为双面约束(也称双侧约束),约束方程(15-2)为一等式。

双面约束:约束方程为等式的约束称为双面约束。

图 15-6 中摆长为一根长 $l$ 的不可伸长的绳索,此约束只能限制质点沿绳的拉伸方向的位移,这时约束方程应为

$$x^2+y^2+z^2\leqslant l^2 \tag{15-9}$$

单面约束:约束方程为不等式的约束称为单面约束(也称单侧约束)。本章中只讨论双面、定常、几何约束。

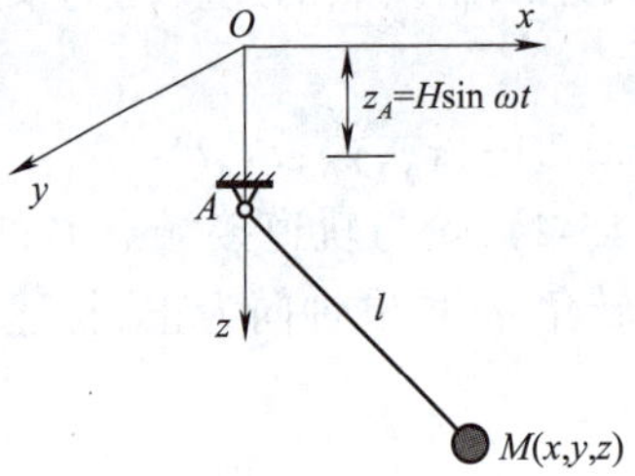


图 15-5

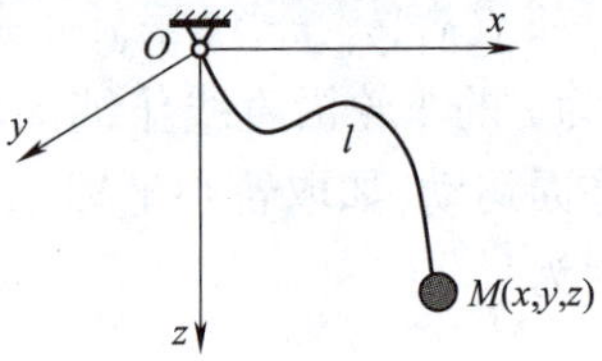


图 15-6

## 2. 广义坐标和自由度

分析力学的特点之一,就是在研究力学系统运动时采用广义坐标概念,而它与系统的自由度又密不可分。

确定质点系在空间位置的独立参数称为广义坐标,记为 $q$。广义坐标必须是独立变量;它可以是线坐标、角坐标或其他坐标;其选择不是唯一的,可视求解问题的性质与难易程度而定。对完整约束系统而言,广义坐标的个数称为该系统的自由度。

设系统由 $n$ 个质点组成,受有 $s$ 个完整约束,则系统的自由度,亦即广义坐标个数为 $N=3n-s$。

该式表明,研究由 $n$ 个质点组成的系统时,一般用 $3n$ 个直角坐标确定它的位形,但由于系统还受有完整约束,这 $3n$ 个直角坐标不是完全独立的。广义坐标的引入,将确定位形的坐标数目减少到最小。这样做有很大的好处,因为描述一个力学系统的数学方程数目,对静力学来说是平衡方程数目,对动力学而言是运动微分方程数目,与位形坐标的数目是相同的。

将图 15-7 所示的曲柄-滑块机构近似看成质点集中在 $A$、$B$ 两处的两质点系统,又因为质点只能在平面内运动,存在以下三个约束方程:

$$\begin{cases} x_A=R\cos\varphi \\ y_A=R\sin\varphi \\ x_B=R\cos\varphi+\sqrt{l^2-R^2\sin^2\varphi} \end{cases} \tag{15-10}$$

所以其自由度 $N=2\times2-3=1$。

### 3. 虚位移

虚位移:质点或质点系(包括刚体),在某瞬时为约束所容许的任何无限小的位移(包括角位移),称为虚位移。

通常,用 $\delta \boldsymbol{r}$ 表示虚位移矢量,用 $\delta x$、$\delta y$、$\delta z$ 表示虚位移在 $x$、$y$、$z$ 轴上的投影。从数学角度来看,$\delta$ 为变分符号,$\delta x$ 是坐标 $x$ 的变分,表示 $x$ 的无限小的“变更”。如果虚位移以角位移的形式出现,则以角度 $\varphi$ 的变分 $\delta\varphi$ 表示,又称为广义虚位移。变分与微分属不同数学概念。但同属无限小量,忽略高阶小量后,运算规则形式相同。

虚位移与实际位移(简称实位移)在概念上是有区别的。虚位移 $\delta \boldsymbol{r}$ 在满足约束条件的前提下,大小或方向有一定的任意性,且不涉及经历的时间。实位移 $\mathrm{d}\boldsymbol{r}$ 则是给定作用于质点的主动力和初始条件,经历一定的时间 $\mathrm{d}t$,且为约束所容许的有确定方向及大小的位移。在定常约束情况下,由于约束条件不随时间改变,实位移 $\mathrm{d}\boldsymbol{r}$ 可看作虚位移 $\delta \boldsymbol{r}$ 中的一个,也可以把虚位移理解为可能的实位移。在图 15-8 所示的非定常约束情况下,由于约束条件随时间改变,实位移 $\mathrm{d}\boldsymbol{r}$ 就不是虚位移 $\delta \boldsymbol{r}$ 中的一个。

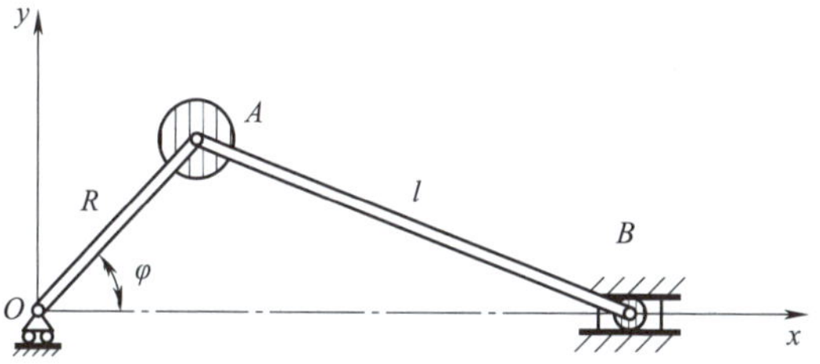

图　15-7

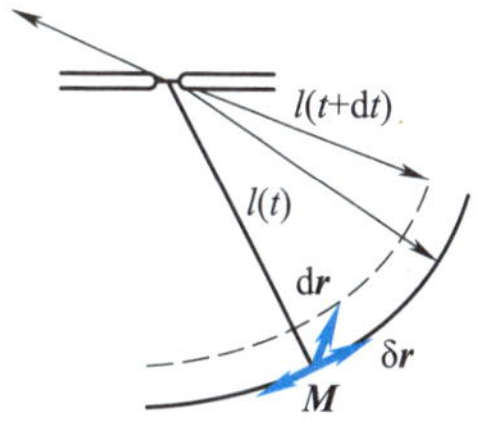

图　15-8

下面给出质点系虚位移关系的三种分析方法:

(1)几何法。

根据虚位移是约束所允许的假想无限小的位移,根据机构中各点在需满足约束的情况下的几何关系可以确定出各点虚位移之间的关系,或者根据点和刚体在需满足约束的情况下的几何关系确定出点和刚体的虚位移之间的关系。

(2)虚速度法。

在定常约束条件下,微小的实位移是虚位移之一。因此可以用质点间实位移的关系来给出质点间虚位移的关系。由运动学知,质点无限小实位移与该点的速度成正比 $\mathrm{d}r=v\mathrm{d}t$,所以可用分析速度的方法来建立质点间虚位移的关系。质点系中任意两点 $A$、$B$ 的虚位移有如下关系:

$$\frac{\delta r_B}{\delta r_A}=\frac{v_B\delta t}{v_A\delta t}=\frac{v_B}{v_A} \tag{15-11}$$

质点系中任意一点 $B$ 和某刚体的虚位移有如下关系:

$$\frac{\delta r_B}{\delta\varphi}=\frac{v_B\delta t}{\omega\delta t}=\frac{v_B}{\omega} \tag{15-12}$$

(3)解析法。

设由 $n$ 个质点组成的质点系受到 $s$ 个完整、双面和定常的约束,具有 $3n-s$ 个自由度。以 $k$ 个广义坐标 $q_1,q_2,\cdots,q_k$ 来确定质点系的位置。当质点系发生一般虚位移时,各广义坐标分别有微小的变更(称为广义虚位移),任一质点的虚位移 d$r$;可表示为 $k$ 个独立变分的函数。即对式(15-3)用类似求微分的方法得到其变分(虚位移)为

$$\delta r_i = \frac{\partial r_i}{\partial q_1}\delta q_1 + \frac{\partial r_i}{\partial q_2}\delta q_2 + \cdots + \frac{\partial r_i}{\partial q_k}\delta q_k = \sum_{j=1}^{k} \frac{\partial r_i}{\partial q_j}\delta q_j \quad (i = 1,2,\cdots,n) \qquad (15\text{-}13)$$

**【例 15-1】** 图 15-9(a)所示顶重装置中,$OA=AB=l$。求 $A$ 和 $B$ 点虚位移之间的关系。

**【解】** 本例中的约束为理想、双面约束,自由度数 $N=1$,取广义坐标 $q=\theta$。

(1)几何法。

假设 $OA$ 杆有虚转角 $\delta\theta$,则点 $A$ 和点 $B$ 有相应方向的虚位移 $\delta \boldsymbol{r}_A$ 和 $\delta \boldsymbol{r}_B$,如图 15-9(b)所示,且

$$\delta r_A = OA \cdot \delta\theta \quad ①$$

又因为 $AB$ 为刚性杆,所以 $\delta r_A$ 在 $AB$ 上的投影等于 $\delta r_B$ 在 $AB$ 上的投影,即

$$\delta r_A \sin 2\theta = \delta r_B \cos\theta \quad ②$$

即

$$\delta r_B = 2\delta r_A \sin\theta = 2OA\sin\theta\delta\theta \quad ③$$

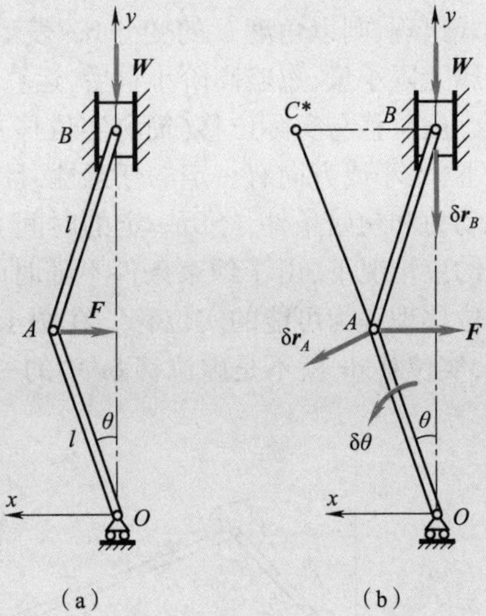


图 15-9

(2)虚速度法。

本例中根据点 $A$ 和 $B$ 的速度,可确定平面运动刚体 $AB$ 的速度瞬心 $C^*$,如图 15-9(b)所示,则有

$$\frac{v_A}{AC^*} = \frac{v_B}{BC^*} \quad ④$$

于是

$$\frac{\delta r_A}{AC^*} = \frac{\delta r_B}{BC^*} \quad ⑤$$

即

$$\delta r_B = 2\delta r_A \sin\theta \quad ⑥$$

(3)解析法。

根据图示坐标系和几何关系有

$$\begin{cases} x_A = l\sin\theta \\ y_A = l\cos\theta \\ y_B = 2l\cos\theta \end{cases}$$

上式求变分后,得

$$\begin{cases} \delta x_A = l\cos\theta\delta\theta \\ \delta y_A = -l\sin\theta\delta\theta \\ \delta y_B = -2l\sin\theta\delta\theta \end{cases}$$

## 4. 虚功

可以把功的计算推广到虚位移,定义力 $\boldsymbol{F}$ 在虚位移 $\delta\boldsymbol{r}$ 上的元功(或称虚功)$\delta W =$

$\boldsymbol{F}\cdot\delta\boldsymbol{r}$,或

$$\delta W=F_x\delta x+F_y\delta y+F_z\delta z$$

虚功可看成从数学角度定义的运算,不涉及物理过程,也与能量的变化无关。

## §15-2　虚位移原理的形式

虚位移原理:如果质点系受的是双面、定常、理想约束,则静止的质点系在给定位置上保持平衡的**必要且充分**条件是:所有作用在质点系上的主动力在该位置的任何虚位移上所作元功之和等于零。该原理的数学表达式为

$$\sum \boldsymbol{F}_i\cdot\delta\boldsymbol{r}_i=0 \tag{15-14}$$

式中,$\boldsymbol{F}_i$ 为作用于第 $i$ 个质点的主动力的合力;$\delta\boldsymbol{r}_i$ 为该质点的虚位移。

虚位移原理又称虚功原理,式(15-14)又称虚功方程。

## §15-3　虚位移原理的应用

运用虚位移原理解题的明显优点之一,是无须分析考虑理想约束的约束力,因此可以方便地求解系统平衡时主动力之间的关系及系统的平衡位置。应用虚位移原理也可以求解理想约束的约束力,方法是解除相应的约束,代之以约束力,并将其视为主动力即可。下面分别举例加以说明。

**【例 15-2】**　如图 15-10(a)所示,由八根长为 $L$ 的直杆铰接成的平行四边形机构,$A$、$C$ 为两个滑块。忽略摩擦及杆、滑块和平板的自重。平板上所载物重为 $W=100$ N,试求为保持机构在图示位置平衡时($\beta=30°$),作用于滑块 $A$ 的水平力 $\boldsymbol{F}$ 的大小。

**【解】**　取整个机构为研究对象,系统受理想约束,主动力只有 $\boldsymbol{W}$、$\boldsymbol{F}$ 两个力,直接寻找两个受力点虚位移之间的关系比较困难。根据机构受力及几何特点,取固定坐标轴如图 15-10(b) 所示,应用坐标变分法建立虚位移方程,注意坐标变分以坐标轴正向为正。平台作直线运动,当机构平衡时,据虚位移原理有

$$-F\cdot\delta x_A-W\cdot\delta y_B=0 \quad ①$$

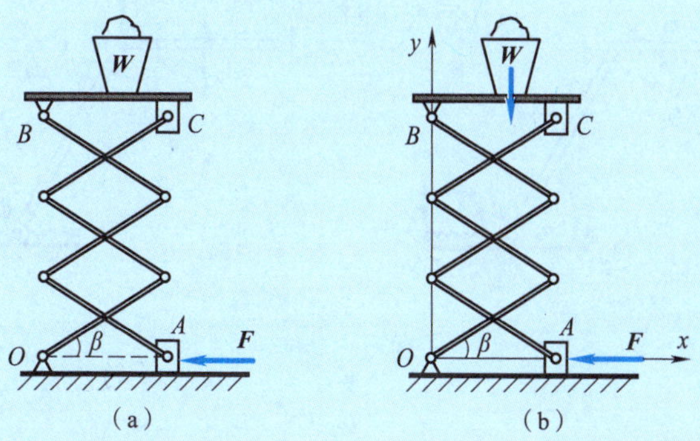


图　15-10

注意到 $x_A$、$y_B$、$\beta$ 之间存在如下关系

$$\begin{cases} x_A = L\cos\beta \\ y_B = 3L\sin\beta \end{cases} \quad ②$$

对②式取变分得

$$\begin{cases} \delta x_A = -L\sin\beta \cdot \delta\beta \\ \delta y_B = 3L\cos\beta \cdot \delta\beta \end{cases} \quad ③$$

若视 $\delta x_A$ 可独立取值，则有

$$\delta y_B = -3\cot\beta \cdot \delta x_A \quad ④$$

代入式①得

$$(3W\cot\beta - F)\delta x_A = 0 \quad ⑤$$

因 $\delta x_A$ 可取任意值，必有

$$3W\cot\beta - F = 0 \quad ⑥$$

求得

$$F = 3W\cot\beta = 519.62\ \text{N} \quad ⑦$$

本例通过对约束方程②取变分，得到了虚位移 $\delta x_A$、$\delta y_B$ 之间的关系。这是建立虚位移之间关系的常用方法之一，称为**坐标变分法**（解析法），但约束方程必须是一般性表达式，往往在“菱形、等腰三角形”等特殊情况下才便于操作。

**思考：**当重物的重量减为 50 N，而作用在滑块上的水平力 $F=519.26$ N 时，升降机能否平衡，若能平衡，则平衡时的 $\beta$ 角为何值？

**【例 15-3】** 图 15-11(a)所示一平面机构，已知，$OA=R$，$AB=L$，杆 $OA$ 重为 $\boldsymbol{W}$，不计 $AB$ 杆自重。当曲柄 $OA$ 水平时，线性弹簧由原长为 $R$ 压缩到现长为 $\dfrac{R}{2}$，$\varphi=60°$。试求，机构在此位置平衡时应有的刚性系数 $k$。

**【解】** 本例也属于已知平衡求主动力之间关系的问题。首先拆去弹簧代之以弹性力 $\boldsymbol{F}$，取系统为研究对象，给曲柄 $OA$ 以虚转角 $\delta\theta$，整个系统受的主动力及相应的虚位移矢量如图 15-11(b) 所示。由建立虚功方程

$$-M\delta\theta - W\delta r_C + F\delta r_B = 0 \quad ①$$

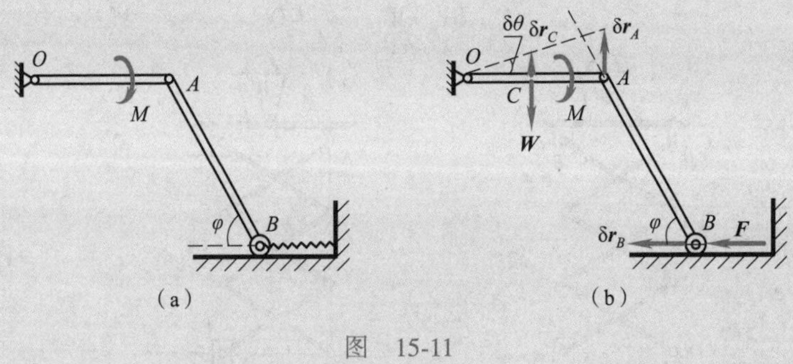


图 15-11

式中，$F=k\left(R-\dfrac{R}{2}\right)=\dfrac{R}{2}k$，注意给系统任何虚位移时弹性力的大小保持不变，因为在平衡位置弹簧的长度为一定值。

本题中虚位移矢量之间的关系可依照运动学中分析速度的方法来建立。由运动学知识可知

$$\delta r_C=\frac{R}{2}\delta\theta,\delta r_A=R\delta\theta,\delta r_B\cos\varphi=\delta r_A\cos(90°-\varphi)=\delta r_A\sin\varphi$$

代入虚功方程①得

$$-M\delta\theta-W\frac{R}{2}\delta\theta+\frac{R}{2}k\tan\varphi R\delta\theta=0 \tag{②}$$

$$\left(-M-W\frac{R}{2}+\frac{k}{2}R^2\tan\varphi\right)\delta\theta=0 \tag{③}$$

因为 $\delta\theta$ 可以任意选取，故可从上式解得

$$k=2\cot\varphi\left(\frac{M}{R^2}+\frac{Q}{2R}\right) \tag{④}$$

**思考**：通过写出 $\theta$、$x_A$、$y_A$、$x_B$ 之间的一般性关系，再对它们取变分求得虚位移方程的方法，对本题是否可行？是否方便？

**【例 15-4】** 图 15-12(a)所示平面机构中，杆 $AB=l$，线性弹簧的刚性系数为 $k$，当杆水平时弹簧不受力，重物 $B$ 质量为 $m$，不计小轮及杆 $AB$ 的重量及各处摩擦。试求系统的平衡位置。

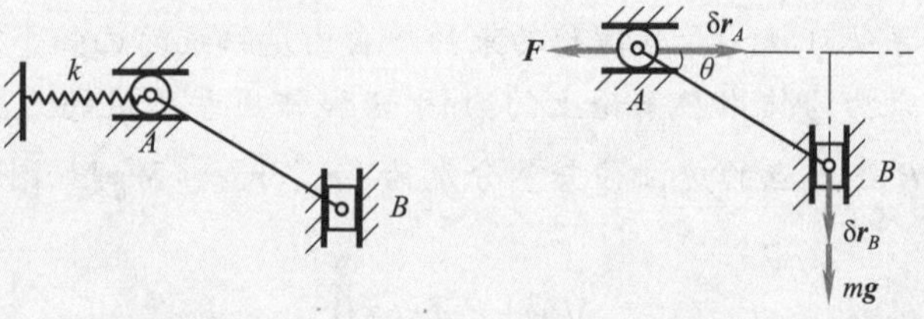


图 15-12

**【解】** 此例为已知主动力求系统的平衡位置。首先拆除弹簧代之以弹性力，使系统仅受理想约束。取整个系统为研究对象，设系统平衡时杆 $AB$ 与水平方向夹角为 $\theta$，系统受到的主动力及相应的虚位移矢量如图 15-12(b)所示，由虚功方程

$$-F\delta r_A+mg\delta r_B=0 \tag{①}$$

式中，$F=kl(1-\cos\theta)$。

由虚速度法可求出虚位移之间的关系为

$$\delta r_A\cos\theta=\delta r_B\cos(90°-\theta)=\delta r_B\sin\theta,\delta r_A=\delta r_B\tan\theta$$

代入虚功方程①得

$$-kl(1-\cos\theta)\delta r_B\tan\theta+mg\delta r_B=0 \tag{②}$$

$$[-kl(1-\cos\theta)\tan\theta+mg]\delta r_B=0 \tag{③}$$

因为 $\delta r_B$ 可任意选取，故解得

$$\tan\theta-\sin\theta=\frac{mg}{kl} \tag{④}$$

解此超越方程可得系统平衡时的具体位置。

【例 15-5】 螺旋压榨机如图 15-13(a)所示。手轮上作用一力偶矩为 $M$ 的力偶，手轮轴两端各有螺距为 $h$，转向相反的螺纹，套在轴上的螺母 $A$、$B$ 分别与边长为 $a$ 的菱形 $ABCD$ 的两个顶点 $A$、$B$ 铰接。菱形的上顶点 $D$ 固定，下顶点 $C$ 铰按在水平压板上。求当顶角为 $2\theta$ 时，压板作用于被压物体的力。

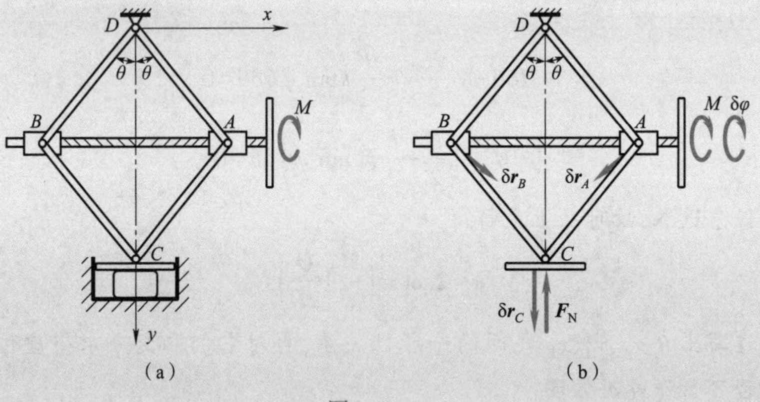


图 15-13

【解】 可以将被压物体看成压榨机的约束，解除该约束代之以约束反力 $\boldsymbol{F}_{\mathrm{N}}$，此时取整个机构为研究对象，系统可视为受到理想约束的单自由度系统的已知平衡求约束反力问题。现在，系统受到的主动力为作用在手轮上的力偶 $M$ 和作用于压板的力 $\boldsymbol{F}_{\mathrm{N}}$。当给手轮以虚转角 $\delta\varphi$ 时，螺母 $A$、$B$ 及 $C$ 点的虚位移矢量分别为 $\delta\boldsymbol{r}_A$、$\delta\boldsymbol{r}_B$ 和 $\delta\boldsymbol{r}_C$，如图 15-13(b)所示。依据虚功方程可得

$$M\delta\varphi-F_{\mathrm{N}}\delta r_C=0 \tag{①}$$

注意到杆 $DA$、$DB$ 和 $AC$ 均作平面运动，由速度投影定理可得

$$\delta r_C\cos\theta=\delta r_A\cos(180°-90°-2\theta)=\delta r_A\sin 2\theta$$

即

$$\delta r_C=2\delta r_A\sin\theta \tag{②}$$

然而，虚转角 $\delta\varphi$ 与螺母 $A$ 的虚位移矢量在水平方向的投影存在如下关系

$$\delta r_A\cos\theta=\frac{h}{2\pi}\delta\varphi \tag{③}$$

将式③代入式②可得

$$\delta r_C=\frac{h}{\pi}\tan\theta\delta\varphi \tag{④}$$

将式④代入虚功方程①可得

$$\left(M-F_{\mathrm{N}}\frac{h}{\pi}\tan\theta\right)\delta\varphi=0 \tag{⑤}$$

因为 $\delta\varphi$ 可以任意选取，故可从上式解得压力 $\boldsymbol{F}_{\mathrm{N}}$ 的大小为

$$F_{\mathrm{N}}=\frac{M\pi}{h}\cot\theta$$

**思考**:此题能否运用坐标变分法建立虚位移方程? 其中 $\delta x_A$ 与 $\delta\varphi$ 之间的关系如何建立?

**【例 15-6】** 图 15-14(a)为一平面摇杆机构。已知,$OO_1=OA=l$,若不计各部件的自重,试求机构在任意位置(角度 $\theta$ 为任意值)处于平衡时,作用在曲柄 $OA$ 上的力偶 $M_1$ 与作用在摇杆 $O_1A$ 上的力偶 $M_2$ 之力偶矩之间的关系。

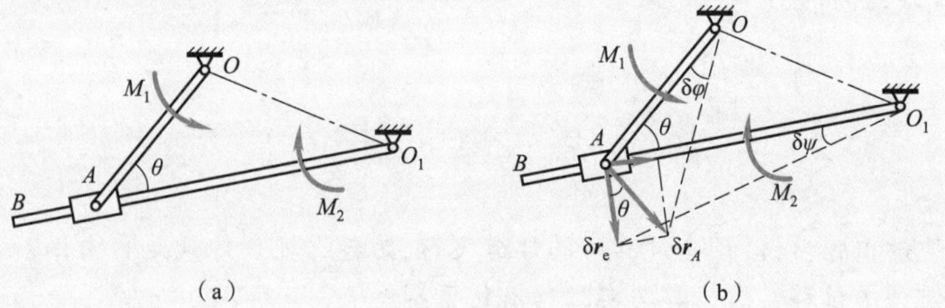


图 15-14

**【解】** 该机构为受到理想约束的单自由度系统,求平衡时主动力偶之间的关系的关键在于建立与两主动力偶相关的虚位移方程,即建立虚转角 $\delta\varphi$ 与 $\delta\psi$ 之间的关系。若将滑块 $A$ 视为动点,可利用复合运动速度分析的知识建立这一关系。

依据虚功方程可得

$$M_1\delta\varphi-M_2\delta\psi=0 \qquad ①$$

动点 $A$ 的虚速度矢量如图 15-14(b)所示,从图中可知

$$\begin{cases}\delta r_A=l\delta\varphi\\ \delta r_e=2l\cos\theta\delta\psi\\ \delta r_e=\delta r_A\cos\theta\end{cases} \qquad ②$$

故

$$\delta\varphi=2\delta\psi \qquad ③$$

将式③代入虚功方程①可得

$$M_1 2\delta\psi-M_2\delta\psi=0 \qquad ④$$

即

$$(2M_1-M_2)\delta\psi=0 \qquad ⑤$$

由于 $\delta\psi$ 可以任意选取,故可由式⑤解得

$$M_2=2M_1 \qquad ⑥$$

## 小　结

虚位移原理是分析静力学的主要理论工具,与第一编静力学中解决平衡问题的方法相比各有特色。静力学中的方程为力的投影平衡方程和力矩平衡方程,物理意义清晰。对于解系统平衡问题,关键环节是:选取研究对象,正确分析受力,选择平衡方程。在这方面,存在着较大的灵活性和一定的技巧;决策方案的失误,不仅会增加受力分析、列方程、解方程的

工作量，也增加了出错的机会。用虚位移原理解系统平衡问题，可直接取系统为研究对象，把力（包括内力及外力）分为理想约束约束力及作功的主动力，平衡条件则是虚功方程，思路规范；关键是正确理解虚位移的概念和建立虚位移之间的关系。

不难看出，确定虚位移之间关系，是“瓶颈”所在；确定虚位移之间的关系，可以选用几何法、虚速度法、解析法。

## 思 考 题

15-1 炮弹出膛后，沿预先计算好的弹道飞行，为什么还说炮弹是自由体？

15-2 何谓虚位移？虚位移与实位移有何区别？

15-3 图示机构处于平衡状态，图中所给的虚位移有无错误？

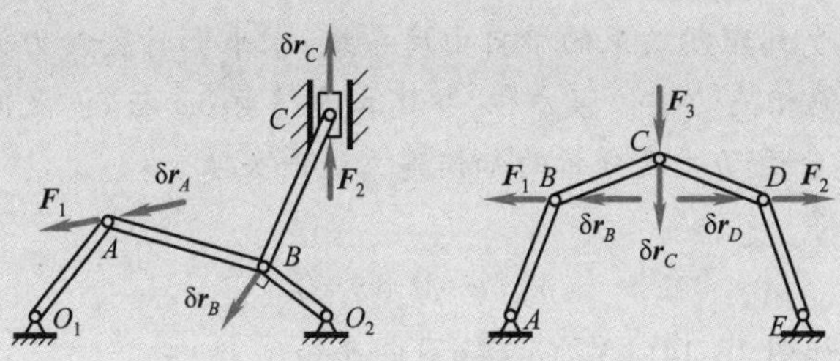


（a） （b）

思考题 15-3 图

15-4 系统中有弹簧的时候，在用虚位移原理时需要计算弹簧所作的虚功吗？

15-5 试说明用虚位移原理与静力学平衡方程解决平衡问题的差异？

15-6 如何应用虚位移原理求约束反力？

## 习 题

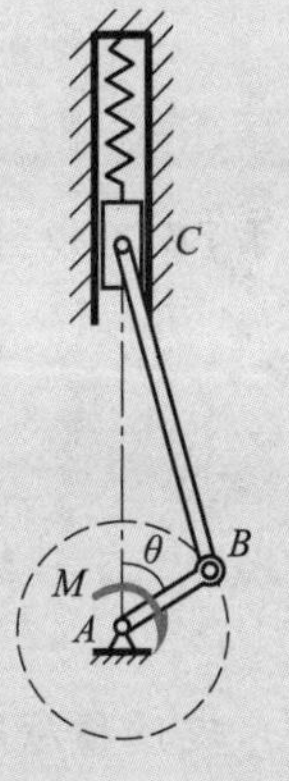


习题 15-1/2 图

15-1 平面机构如图，活塞可在光滑的竖直滑道内运动，不计各物体的自重。已知 $AB=0.4$ m，$BC=0.6$ m 弹簧的刚性系数 $k=1.5$ kN/m。当 $\theta=0°$ 时，弹簧无伸长。试求机构保持在 $\theta=30°$ 时平衡所需的力偶 $M$ 之力偶矩的大小。

答案：92.3 N · m

15-2 平面机构如图，活塞可在光滑的竖直滑道内运动，不计各物体的自重。已知 $AB=0.4$ m，$BC=0.6$ m 弹簧的刚性系数 $k=1.5$ kN/m。当 $\theta=0°$ 时，弹簧无伸长。若已知作用在曲柄 $AB$ 上的力偶之力偶矩的大小 $M=200$ N · m，试求该机构平衡时的 $\theta$ 角。

答案：90°

15-3　平行四边形机构如图所示，四根不计重量的直杆由光滑铰链连接。已知杆长均为 $l$，刚性系数为 $k$ 的弹簧原长为 $l$。试求，该机构在 $\theta=45°$ 时平衡所需的作用在 $D$、$B$ 两铰接点上的水平作用力的大小。

答案：$F=lk(2\cos\theta-1)\tan\theta$

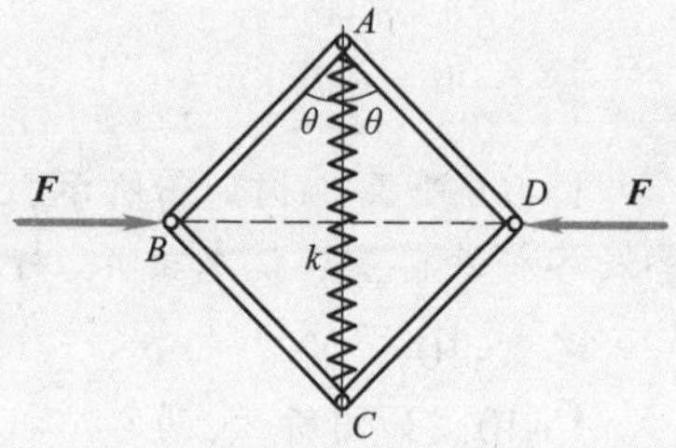


习题 15-3 图

15-4　在如图所示机构中，连接 $D$、$E$ 两点的弹簧之刚度系数为 $k$，$AB=BC=l$，$BD=BE=h$。当 $AC=b$ 时，弹簧拉力为零。设在 $C$ 处作用一水平力 $F$，使系统处于平衡，试求 $A$、$C$ 间的距离 $x$。

答案：$x=Fl^2/kh^2+b$

15-5　平面机构如图所示，已知在 $D$ 作用水平力 $F_2$，$AC=BC=EC=GC=DE=DG=1$，不计各处摩擦及构件自重。试求该机构平衡时竖直力 $F_1$ 的大小。

答案：$F_1=1.5F_2\cot\theta$

15-6　平面机构如图所示，已知 $DB=0.4$ m，$AB=1.0$ m，$BC=0.6$ m，$W=300$ N。不计各处摩擦及构件自重。欲使该机构在 $\theta=90°$ 的位置上平衡，试求应在曲柄 $DB$ 上施加的主动力偶之力偶矩的大小及转向。

答案：$M=90$ N · m

15-7　平面机构如图所示，已知 $DB=0.4$ m，$AB=1.0$ m，$BC=0.6$ m，$W=300$ N。不计各处摩擦及构件自重。欲使该机构在 $\theta=90°$ 的位置上平衡，试求应在滑块 $C$ 上施加的主动力的大小及方向。

答案：$F_C=2\ 240$ N

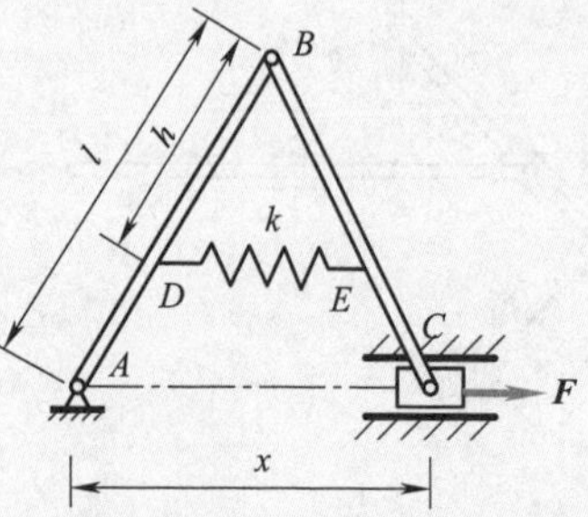


习题 15-4 图

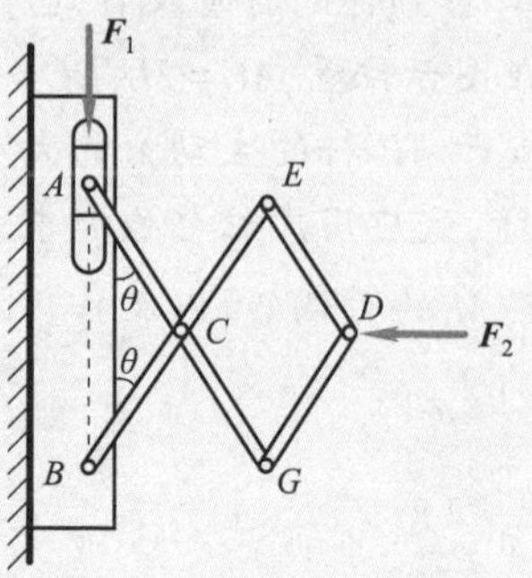


习题 15-5 图

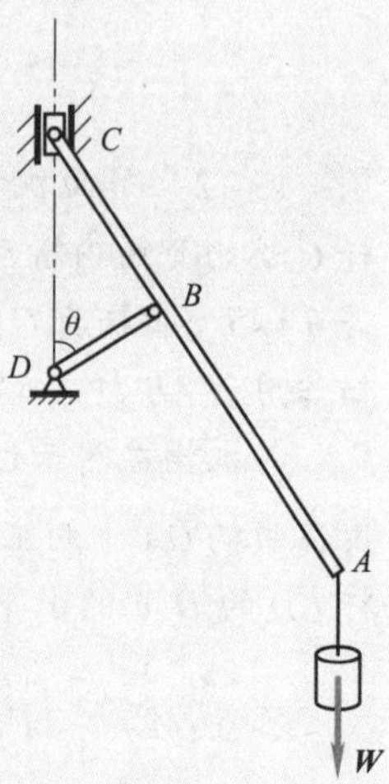


习题 15-6/7 图

15-8　平面机构如图所示，不计各杆及滑块重量，略去所有接触面上的摩擦。试求该机构在图示位置平衡时，作用在曲柄 $O_1A$ 上的主动力偶之力偶矩 $M$ 与作用在滑块 $C$ 上的主动力 $\boldsymbol{F}$ 的关系。

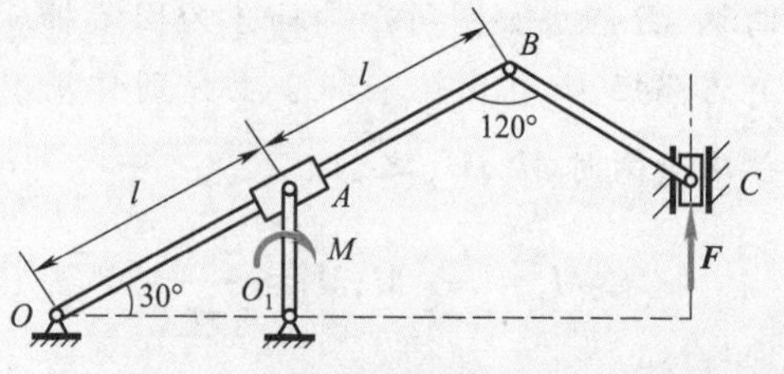


习题 15-8 图

答案：$M=\frac{\sqrt{3}}{2}lF$

15-9 平面机构如图所示，已知 $AB=0.6$ m，$BC=0.7$ m，$\theta=45°$，$W=200$ N，不计各处摩擦及各杆件自重。试求出 $AC$ 杆的内力。

答案：$10\sqrt{2}$ N

15-10 如图所示，两匀质杆 $A_1B_1$ 与 $A_2B_2$ 各长为 $l_1$ 与 $l_2$，重量分别为 $\boldsymbol{G}_1$ 与 $\boldsymbol{G}_2$；两杆的一端分别靠在铅直墙上，另一端搁在水平面的同一处。试求机构平衡时，两杆与水平面所成夹角之间的关系。

答案：$\tan\varphi_1/\tan\varphi_2=G_1/G_2$

15-11 平面机构如图所示。已知 $AB=BC=l$，不计杆件自重；弹簧原长为 $l_0(l_0<l)$，刚性系数为 $k$。不计各处摩擦。试求机构在 $\theta=30°$时平衡时，需施加在铰链 $B$ 上的水平力的大小。

答案：$F=\frac{2\sqrt{3}}{3}\left[k(\sqrt{3}l-l_0)-P\right]$

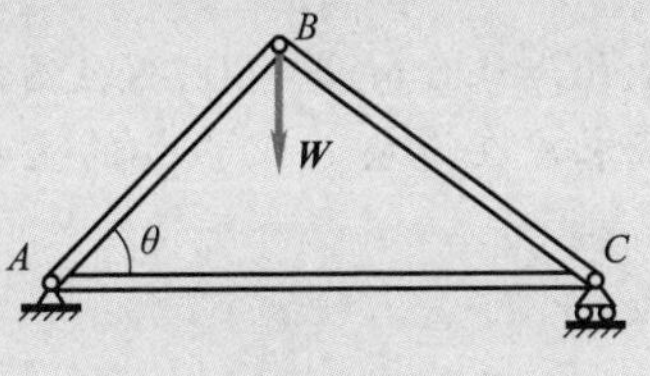


习题 15-9 图

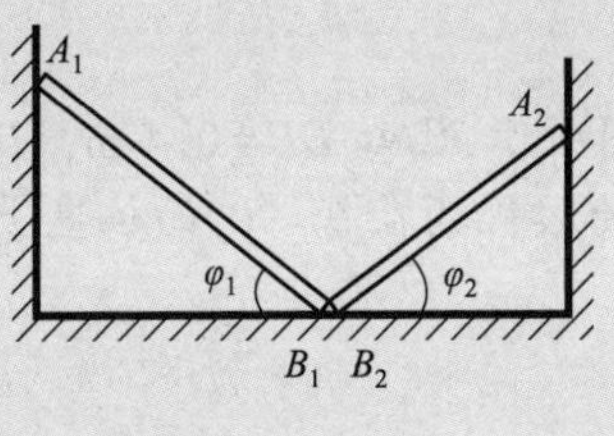


习题 15-10 图

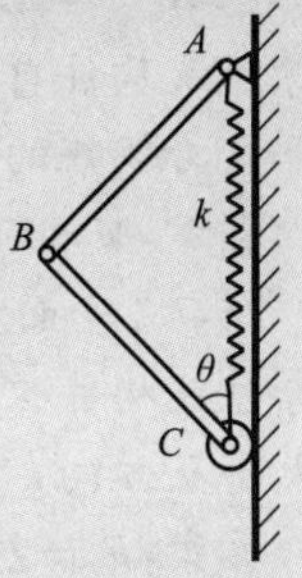


习题 15-11 图

15-12 平面机构如图所示，杆 $AB$ 可在铰接与 $CD$ 杆 $C$ 端的套筒内滑动。不计各部件的自重及各处摩擦，若 $\theta=45°$，曲柄长 $OA=L$，在图示位置，$AC=2L$，$BC=L$ 已知作用于 $AB$ 杆 $B$ 端且垂直于 $AB$ 杆的主动力的大小为 $F_1$。若机构在图示位置平衡，试应用虚位移原理求出作用在曲柄 $OA$ 上的主动力偶 $M$ 的力偶矩，以及作用在滑杆 $CD$ 的 $D$ 端的水平主动力 $\boldsymbol{F}_2$。

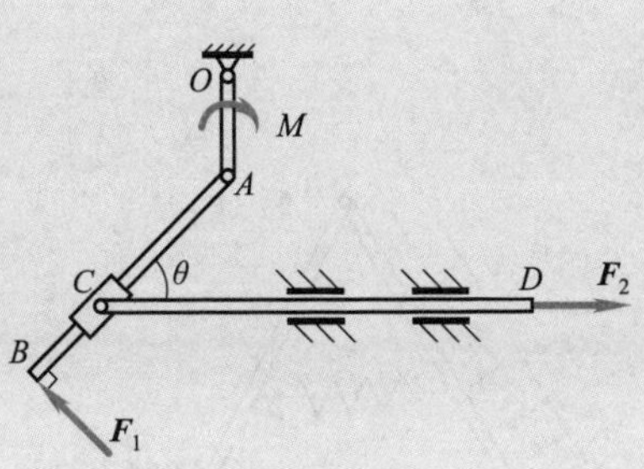


习题 15-12 图

答案：$M=\frac{\sqrt{2}}{4}LF_1$；$F_2=\frac{3}{4}\sqrt{2}F_1$

15-13 差动齿轮系统由半径各为 $r_1$、$r_2$ 的齿轮 1 和 2 及曲柄 $AB$ 组成如图所示。轴 $A$ 为固定轴。在曲柄 $AB$ 上作用有力偶矩 $M$，在齿轮 1 和 2 上分别作用有阻力矩 $M_1$ 和 $M_2$。试求平衡时 $M_1$、$M_2$ 之值。

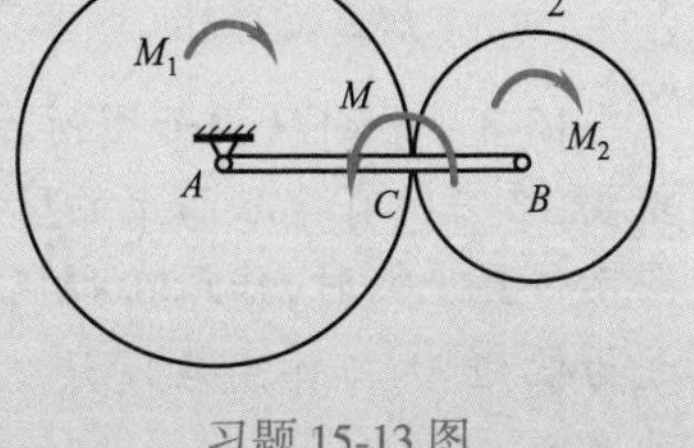


习题 15-13 图

答案：$M_1=\frac{r_1}{r_1+r_2}M$；$M_2=\frac{r_2}{r_1+r_2}M$

# 参考文献


[1] 哈尔滨工业大学理论力学教研室. 理论力学:Ⅰ[M]. 9版. 北京:高等教育出版社,2023.

[2] 哈尔滨工业大学理论力学教研室. 理论力学:Ⅱ[M]. 9版. 北京:高等教育出版社,2023.

[3] 郝桐生. 理论力学[M]. 5版. 北京:高等教育出版社,2023.

[4] 朱照宣,周起钊,殷金生. 理论力学:上册[M]. 北京:北京大学出版社,1982.

[5] 朱照宣,周起钊,殷金生. 理论力学:下册[M]. 北京:北京大学出版社,1982.

[6] 哈尔滨工业大学理论力学教研室. 简明理论力学[M]. 北京:高等教育出版社,2019.

[7] 哈尔滨工业大学理论力学教研室. 理论力学思考题集[M]. 北京:高等教育出版社,2004.

[8] 张功学. 理论力学[M]. 西安:西安电子科技大学出版社,2008.

[9] 王志伟. 理论力学[M]. 北京:机械工业出版社,2006.

[10] 经来旺,陈国平. 工程力学[M]. 武汉:武汉理工大学出版社,2008.

[11] 严圣平,马占国. 工程力学[M]. 2版. 北京:高等教育出版社,2020.